中国国家标准汇编

387

GB 22114～22150

（2008年制定）

中国标准出版社　编

中国标准出版社

北京

图书在版编目（CIP）数据

中国国家标准汇编：2008年制定．387：GB 22114～22150/中国标准出版社编．—北京：中国标准出版社，2009

ISBN 978-7-5066-5292-6

Ⅰ．中…　Ⅱ．中…　Ⅲ．国家标准-汇编-中国-2008　Ⅳ．T-652.1

中国版本图书馆CIP数据核字（2009）第074176号

中国标准出版社出版发行
北京复兴门外三里河北街16号
邮政编码：100045

网址 www.spc.net.cn
电话：68523946　68517548
中国标准出版社秦皇岛印刷厂印刷
各地新华书店经销

*

开本 880×1230　1/16　印张 38.5　字数 1 144 千字
2009年6月第一版　2009年6月第一次印刷

*

定价 200.00 元

ISBN 978-7-5066-5292-6

出 版 说 明

1.《中国国家标准汇编》是一部大型综合性国家标准全集。自1983年起,按国家标准顺序号以精装本、平装本两种装帧形式陆续分册汇编出版。它在一定程度上反映了我国建国以来标准化事业发展的基本情况和主要成就,是各级标准化管理机构,工矿企事业单位,农林牧副渔系统,科研、设计、教学等部门必不可少的工具书。

2.《中国国家标准汇编》收入我国每年正式发布的全部国家标准,分为"制定"卷和"修订"卷两种编辑版本。

"制定"卷收入上一年度我国发布的、新制定的国家标准,顺延前年度标准编号分成若干分册,封面和书脊上注明"20××年制定"字样及分册号,分册号一直连续。各分册中的标准是按照标准编号顺序连续排列的,如有标准顺序号缺号的,除特殊情况注明外,暂为空号。

"修订"卷收入上一年度我国发布的、被修订的国家标准,视篇幅分设若干分册,但与"制定"卷分册号无关联,仅在封面和书脊上注明"20××年修订-1,-2,-3,……"字样。"修订"卷各分册中的标准,仍按标准编号顺序排列(但不连续);如有遗漏的,均在当年最后一分册中补齐。需提请读者注意的是,个别非顺延前年度标准编号的新制定的国家标准没有收入在"制定"卷中,而是收入在"修订"卷中。

读者配套购买《中国国家标准汇编》"制定"卷和"修订"卷则可收齐上一年度我国制定和修订的全部国家标准。

3. 由于读者需求的变化,自1996年起,《中国国家标准汇编》仅出版精装本。

4. 2008年我国制修订国家标准共5946项。本分册为"2008年制定"卷第387分册,收入国家标准GB 22114~22150的最新版本。

中国标准出版社
2009年5月

目　　录

ICS 71.100.40
Y 43

GB

中华人民共和国国家标准

GB 22114—2008

牙膏用保湿剂　甘油和聚乙二醇

Humectants for toothpastes—Glycerin and macrogol

2008-06-27 发布　　　　2009-06-01 实施

中华人民共和国国家质量监督检验检疫总局
中国国家标准化管理委员会　发布

前　　言

本标准表1和表2中的黑体字部分为强制性条款，其余为推荐性条款。

本标准是在参考了美国药典(USP 30/NF 25)的基础上，结合我国牙膏行业的具体情况编制而成。

本标准由中国轻工业联合会提出。

本标准由全国牙膏蜡制品标准化中心归口。

本标准主要起草人：邹斌、叶婷婷、马萱。

牙膏用保湿剂　甘油和聚乙二醇

1　范围

本标准规定了牙膏用保湿剂中甘油和聚乙二醇的要求、试验方法、检验规则及包装、标志、运输、贮存等。

本标准适用于作为牙膏用保湿剂甘油和聚乙二醇。

2　规范性引用文件

下列文件中的条款通过本标准的引用而成为本标准的条款。凡是注日期的引用文件，其随后所有的修改单(不包括勘误的内容)或修订版均不适用于本标准，然而，鼓励根据本标准达成协议的各方研究是否可使用这些文件的最新版本。凡是不注日期的引用文件，其最新版本适用于本标准。

GB/T 191　包装储运图示标志(GB/T 191—2008,ISO 780:1997,MOD)

GB/T 601　化学试剂　标准滴定溶液的制备

GB/T 602　化学试剂　杂质测定用标准溶液的制备

GB/T 603　化学试剂　试验方法中所用制剂及制品的制备

GB/T 6682　分析实验室用水规格和试验方法

GB/T 6678　化工产品采样总则

GB/T 13216.2—1991　甘油试验方法　透明度的测定

GB/T 13216.3—1991　甘油试验方法　气味的测定

GB/T 13216.4—1991　甘油试验方法　色泽的测定(Hazen单位　铂-钴色度)

GB/T 13216.5—1991　甘油试验方法　20 ℃时密度的测定

GB/T 13216.6—1991　甘油试验方法　甘油含量的测定

GB/T 13216.7—1991　甘油试验方法　氯化物的限量试验

GB/T 13216.8—1991　甘油试验方法　硫酸化灰分的测定(重量法)

GB/T 13216.9—1991　甘油试验方法　酸度或碱度的测定(滴定法)

GB/T 13216.10—1991　甘油试验方法　皂化当量的测定

GB/T 13216.13—1991　甘油试验方法　还原性物质的试验

JJF 1070—2005　定量包装商品净含量计量检验规则

中华人民共和国国家质量监督检验检疫总局令[2005]第75号《定量包装商品计量监督管理办法》

中华人民共和国药典(2005年版)(二部)

3　要求

3.1　甘油

甘油感官指标、理化指标和有毒物质限量指标应符合表1要求。

表1

项目		指标	
		皂化法	发酵法
感官指标	外观(透明度)	透明，无悬浮物和沉淀	
	气味	无异味	
	色泽(Hazen)　　≤	30	20

表 1（续）

项目			指标	
			皂化法	发酵法
理化指标	丙三醇含量/%	≥	98.0	95.0
	密度(20 ℃)/(g/mL)	≥	1.255 9	1.248 1
	氯化物(以 Cl 计)/%	≤	0.01	0.001
	硫酸化灰分/%	≤	0.01	
	酸度或碱度/(mmol/100 g)	≤	0.10	
	还原性物质		无沉淀或无银镜反应	—
	皂化当量/(mmol/100 g)		1.0	—
	铁盐(以 Fe 计)/(mg/kg)	≤	—	2
有毒物质限量	二甘醇和相关化合物/%	≤	1.0(指二甘醇和相关杂质含量的总和，其他单一杂质的含量分别≤0.1)	
	重金属含量(以 Pb 计)/(mg/kg)	≤	5	
	砷含量(以 As 计)/(mg/kg)	≤	2	

3.2 聚乙二醇

聚乙二醇感官指标、理化指标、有毒物质限量指标应符合表 2 要求。

表 2

项目			指标
感官指标	外观		无色或几乎无色、澄清的粘稠液体，或半透明蜡状软物，或白色蜡状固体薄片或颗粒状粉末
理化指标	平均分子量		200～8 000
	pH		4.0～7.5
	灼烧残渣/%		0.2
有毒物质限量	二甘醇和乙二醇/%	≤	0.25(两者总和)
	重金属(以 Pb 计)/(mg/kg)	≤	5
	砷/(mg/kg)		3

3.3 净含量

牙膏用保湿剂包装产品的净含量应符合 JJF 1070—2005 的规定。

4 试验方法

本标准所用的试剂和水，除特殊规定外，均为分析纯试剂和符合 GB/T 6682 规定的水。

本标准中滴定分析用的标准溶液、杂质测定用的标准溶液、试验方法所用的制剂和制品，除特殊规定外，均按 GB/T 601、GB/T 602 和 GB/T 603 的规定制备。

4.1 牙膏用甘油试验方法

4.1.1 外观

按 GB/T 13216.2 的规定进行。

4.1.2 气味

按 GB/T 13216.3 的规定进行。

4.1.3 色泽

按 GB/T 13216.4 的规定进行。

4.1.4 丙三醇含量

按 GB/T 13216.6 的规定进行。

4.1.5 密度

按 GB/T 13216.5 的规定进行。

4.1.6 氯化物

按 GB/T 13216.7 的规定进行。

4.1.7 硫酸化灰分

按 GB/T 13216.8 的规定进行。

4.1.8 酸度或碱度

按 GB/T 13216.9 的规定进行。

4.1.9 还原性物质

按 GB/T 13216.13 的规定进行。

4.1.10 皂化当量

按 GB/T 13216.10 的规定进行。

4.1.11 铁盐

按中华人民共和国药典(2005 年版)(二部)附录ⅧG 的规定进行。

4.1.12 二甘醇和相关化合物

4.1.12.1 仪器

气相色谱:配有火焰离子化检测器,色谱柱为 G43(6% 氰丙基苯基-94%对甲基聚硅氧烷,物质的量百分数)(0.53 mm×30 m×3 μm)弹性石英毛细管柱,进样口衬管类型为内卷杯状。色谱程序设置如下:色谱柱初始温度为 100 ℃,进样后,温度以 7.5 ℃/min 的速度升高至 220 ℃,并保持 4 min。进样口的温度保持在 220 ℃,检测器温度保持在 250 ℃。载气为氦气。分流比为 10∶1,线速度:38 cm/s。分辨液进样后,按测定法项下规定的条件记录色谱峰响应,色谱图中二甘醇和甘油两峰的分离度不应低于 7.0。标准溶液重复进样,记录色谱峰面积,其相对标准差不应超过 15%。

4.1.12.2 试剂

a) 甘油和乙二醇:色谱纯;

b) 分辨液:精确称取色谱纯二甘醇和甘油,用水溶解,定量稀释,必要时用水逐级稀释,制成二甘醇和甘油浓度均约为 0.5 mg/mL 的溶液;

c) 标准液:精确称取二甘醇,用水溶解,定量稀释,必要时逐级稀释,制成二甘醇浓度约为 0.05 mg/mL 的溶液;

d) 供试液:精确称取甘油约 5 g 置于 100 mL 容量瓶,用水溶解并稀释至刻度,摇匀。

4.1.12.3 测试步骤

将相同体积(约 0.5 μL)的标准液和供试液分别进样,记录色谱图,测量所有峰面积。按式(1)计算甘油样品中二甘醇含量(C_1):

$$C_1 = \frac{c_S \times r_u}{c_U \times r_s} \times 100 \quad \cdots\cdots(1)$$

式中:

C_1——二甘醇含量,%;

c_S——标准液中二甘醇的浓度,单位为毫克每毫升(mg/mL);

c_U——供试液中甘油样品的浓度,单位为毫克每毫升(mg/mL);

r_u——供试液色谱中二甘醇的峰面积;

r_s——标准液色谱中二甘醇的峰面积。

按式(2)计算在甘油样品中其他杂质(不含溶剂峰)含量(C_2):

$$C_2 = \frac{r_i}{r_s} \times 100 \quad \cdots\cdots(2)$$

式中:

C_2——甘油样品中其他杂质(不含溶剂峰)含量,%;

r_i——从待测溶液中得到的每一种杂质的峰面积;

r_s——从测试溶液中获得的所有峰面积的总和。

4.1.13 砷

按中华人民共和国药典(2005 年版)(二部)附录ⅧJ 中的二乙基二硫代氨基甲酸银法的规定进行。

4.1.14 重金属

按中华人民共和国药典(2005 年版)(二部)附录ⅧH 中的第一法的规定进行。

4.2 聚乙二醇

4.2.1 外观

按中华人民共和国药典(2005 年版)(二部)《聚乙二醇》方法的规定进行。

4.2.2 平均分子量

4.2.2.1 主要仪器

耐热压力瓶。

4.2.2.2 试剂

a) 邻苯二甲酸酐溶液:将 49.0 g 邻苯二甲酸酐放入棕色瓶中,溶于新蒸馏的或从新开封的瓶中取出的 300 mL 的吡啶,用力振荡直至彻底溶解。加入 7 g 咪唑,小心摇动至溶解,使用前静置 16 h。

b) 聚乙二醇供试液:小心地将 25.0 mL 的邻苯二甲酸酐溶液放入干燥耐热的压力瓶中。加入精确称量的聚乙二醇样品,其质量约为预期平均分子量的 1/160。盖好瓶塞,用布包将压力瓶严密包裹起来。

c) 氢氧化钠:0.5 mol/L。

4.2.2.3 测定步骤

将瓶子浸于 96 ℃～100 ℃水浴中,水浸没瓶子的深度与压力瓶中液体的高度齐平。5 min 后从水浴中取出瓶子,不打开包裹,摇动 30 s 混匀。继续水浴加热 30 min,取出后冷却至室温。将压力瓶从布袋中取出,小心地打开瓶盖,释放压力,加入 10 mL 水,充分摇动。静置 2 min,加入 0.5 mL 酚酞:吡啶为 1+100 的溶液,用 0.5 mol/L 氢氧化钠滴定到初次出现持续 15 s 的粉红色,记录消耗的滴定液的体积,记做 S。用同样方法用 25.0 mL 的邻苯二甲酸酐溶液中和其中的吡啶做空白测定,记录消耗的 0.5 mol/L 氢氧化钠的体积,记做 B。

4.2.2.4 平均分子量的计算

按式(3)计算样品中聚乙二醇的平均分子量(M):

$$M = \frac{2\,000 \times m}{c \times (B - S)} \times 100 \quad \cdots\cdots(3)$$

式中:

M——聚乙二醇的平均分子量;

m——制备供试液所用的聚乙二醇质量,单位为克(g);

B——空白所消耗的 0.5 mol/L 氢氧化钠量,单位为毫升(mL);

S——样本所消耗的 0.5 mol/L 氢氧化钠量,单位为毫升(mL);

c——氢氧化钠溶液的浓度,单位为摩尔每升(mol/L)。

4.2.3 pH

按中华人民共和国药典(2005 年版)(二部)附录Ⅵ H 的规定进行。

4.2.4 二甘醇和乙二醇

4.2.4.1 平均分子量低于 450 的聚乙二醇样品中的二甘醇和乙二醇含量测定

4.2.4.1.1 主要仪器

气相色谱:配备有火焰离子探测器,填充不锈钢 3 mm×1.5 m 色谱柱由承载 12%山梨醇的未经处理的硅藻土填充。载气为氮气或其他适合的惰性气体,流速 50 mL/min。柱温保持在 140 ℃,进样口温度保持在 250 ℃,火焰离子化探测器的温度保持在 280 ℃。

4.2.4.1.2 试剂

a) 二甘醇和乙二醇:色谱纯;

b) 标准液:用色谱纯二甘醇和乙二醇配制标准溶液,两者浓度均为 500 μg/mL;

c) 供试液:将精确称量的约 4 g 的聚乙二醇置于 10 mL 容量瓶,加水稀释至刻度,摇匀。

4.2.4.1.3 测定步骤

将 2.0 μL 标准液进样,记录其色谱图,调整操作条件使峰高不低于 100 mm。测定第一色谱峰(乙二醇)和第二色谱峰(二甘醇)的峰高,分别记为 P_1 和 P_2。将 2.0 μL 供试液进样,在同样操作条件下记录其色谱图。测定第一色谱峰(乙二醇)和第二色谱峰(二甘醇)的峰高,分别记为 p_1 和 p_2。

4.2.4.1.4 二甘醇和乙二醇含量的计算

样品中乙二醇的含量(C_3)按式(4)计算:

$$C_3 = \frac{c_1 \times p_1}{P_1 \times m} \times 100 \qquad \cdots\cdots(4)$$

式中:

C_3——乙二醇的含量,%;

c_1——标准液中的乙二醇浓度,单位为微克每毫升(μg/mL);

p_1——供试液乙二醇峰高,单位为毫米(mm);

P_1——标准液乙二醇峰高,单位为毫米(mm);

m——试验中所用乙二醇的质量,单位为毫克(mg)。

样品中二甘醇的含量(C_4)按式(5)计算:

$$C_4 = \frac{c_2 \times p_2}{P_2 \times m} \times 100 \qquad \cdots\cdots(5)$$

式中:

C_4——二甘醇的含量,%;

c_2——标准液中的二甘醇浓度,单位为微克每毫升(μg/mL);

p_2——供试液二甘醇峰高,单位为毫米(mm);

P_2——标准液二甘醇峰高,单位为毫米(mm);

m——试验中所用二甘醇的质量,单位为毫克(mg)。

4.2.4.2 平均分子量高于 450 低于 1 000 的聚乙二醇样品中的二甘醇和乙二醇含量测定

4.2.4.2.1 主要仪器

a) 蒸馏瓶;

b) 分光光度计。

4.2.4.2.2 试剂

a) 硝酸:0.25 mol/L;

b) 硝酸铈铵:将 6.25 g 硝酸铈铵溶于 100 mL 0.25 mol/L 硝酸溶液,配制后 3 d 内使用;

c) 标准液:将 62.5 mg 二甘醇置于 25 mL 容量瓶中,并用新蒸馏的乙腈和水等体积混合的溶液溶解二甘醇并稀释至刻度，混匀；

d) 供试液：在 250 mL 蒸馏瓶中，将 50.0 g 聚乙二醇溶于 75 mL 二苯醚。如遇到结晶，可预热溶液使结晶溶解。在 1 mm～2 mm 汞柱的压力下缓慢蒸馏，蒸馏液收集到有 1 mL 刻度的 100 mL 接收容器中，直至收集到 25 mL 蒸馏液后蒸馏停止。向蒸馏液中加入 20.0 mL 水，用力振荡，再静置分层。冰浴该混合物使二苯醚凝固并分离固液两相。过滤分离得到的水层，收集滤液。用 5.0 mL 冰水洗涤二苯醚，过滤洗涤液并收集。将滤液和洗涤液混合入一个 25 mL 容量瓶，加水稀释至刻度，摇匀，如有必要，可将溶液加热至室温。在有玻璃塞的 125 mL 锥形瓶中，将该溶液与 25.0 mL 新蒸馏的乙腈混合均匀。

4.2.4.2.3 **测试步骤**

分别移取 10.0 mL 标准液和供试液到装有 15.0 mL 的硝酸铈铵溶液的 50 mL 的烧瓶中，混匀。2 min～5 min 内，使用 1 cm 比色皿，最大吸收波长 450 nm 的分光光度计同时测定两种溶液的吸光度。空白对照为含 15.0 mL 的硝酸铈铵溶液和 10.0 mL 新蒸馏的乙腈与水等体积的混合物的溶液。供试液的吸光度不应超过标准液，即乙二醇和二甘醇的总含量不应超过 0.25%。

4.2.5 **灼烧残渣**

按中华人民共和国药典(2005 年版)(二部)附录ⅧN 的规定进行。

4.2.6 **重金属**

按中华人民共和国药典(2005 年版)(二部)附录ⅧH 中的第一法的规定进行。

4.2.7 **砷**

按中华人民共和国药典(2005 年版)(二部)附录ⅧJ 中的二乙基二硫代氨基甲酸银法的规定进行。

4.3 **净含量指标**

牙膏用保湿剂包装产品净含量按照 JJF 1070—2005 的规定进行。

5 检验规则

5.1 **检验分类**

5.1.1 **出厂检验**

甘油出厂检验项目为感官指标和理化指标、“二甘醇和相关化合物”要求。

聚乙二醇出厂检验项目为感官指标和理化指标、“二甘醇和乙二醇”要求。

5.1.2 **型式检验**

本标准技术要求中所规定的全部项目为型式检验项目，正常情况下每三个月进行一次型式检验。在以下情况下应进行型式检验：

a) 更新关键生产工艺时；

b) 主要原料有变化时；

c) 停产又恢复生产时；

d) 国家质量监督机构或需方提出进行型式检验要求时。

5.1.3 **接收检验**

需方有权按照供需双方所签合同的有关条款及本标准的规定，对所收到产品进行验收，验收应在货到之日起的 15 d 内完成。

5.2 **组批与抽样规则**

5.2.1 以一次交货的同规格产品为一批。

5.2.2 产品应先由生产企业质检部门按本标准规定检验合格，出具检验报告方可出厂，收货单位按本标准验收。

5.2.3 甘油、聚乙二醇的采样按照 GB/T 6678 执行，采样量不少于 500 g。

5.3 判定规则

试验结果如不符合标准要求时，应重新采样复验，复验结果仍不符合要求时，则整批产品作不合格品处理。

5.4 存样和样本保留

每批验收产品需保留样品作存样，样本保留 30 d。

6 包装、标志、运输、贮存

6.1 包装

本产品为高洁度口腔用品，应保证容器清洁，可选用内涂铁桶、聚乙烯塑料桶、聚乙烯塑料方罐、内衬聚乙烯塑料袋的集装箱、镀锌铁桶、不锈钢制的桶或槽车灌装等包装。

包装应执行 GB/T 191 的规定。

6.2 标志

包装产品应有明显的标志，内容包括：产品名称、生产厂名、厂址、商标、生产批号或生产日期、保质期、净重、采用标准编号等。

6.3 运输

产品不应与有毒有害物质混运，搬运时注意小心轻放，避免包装桶变形或破裂。

6.4 贮存

本产品应贮存于通风干燥的仓库内，不宜露天堆放，应避免包装物积尘、积水，不得与有毒、有害或其他污染物品混放，贮存期间应做到先进先出尽量缩短库存期。

ICS 71.100.40
Y 43

中华人民共和国国家标准

GB 22115—2008

牙膏用原料规范

General requirements on raw materials of toothpastes

2008-06-27 发布　　2009-06-01 实施

中华人民共和国国家质量监督检验检疫总局
中国国家标准化管理委员会　发布

前　言

牙膏作为日常必需的个人护理产品，其产品质量和卫生安全与消费者健康密切相关。为了保证牙膏产品的安全性，防止牙膏由于原料使用不当使消费者的健康受到危害，特制定本标准。

本标准的制定主要参照了欧盟化妆品规范(European Cosmetic Directive，76/768/EEC)，基本采用了其对原料的全部技术要求，但没有采用其中涉及管理模式而不适合中国国情的部分。本标准与欧盟化妆品规范(European Cosmetic Directive，76/768/EEC)的一致性程度为非等效。

本标准在制定过程中充分考虑到与现行国家法律法规、标准一致性的问题，在保证与现行牙膏法律、法规、标准一致的前提下，参考了中国化妆品、食品、保健食品、药品等其他相关行业的法规。

本标准由中国轻工业联合会提出。

本标准由全国牙膏蜡制品标准化中心归口。

本标准主要起草人：姜宜凡、孙东方。

牙膏用原料规范

1 范围

本标准规定了对牙膏用原料的要求，包括禁用组分、限用组分、许用防腐剂和许用色素。

本标准适用于牙膏的生产以及销售。

2 规范性引用文件

下列文件中的条款通过本标准的引用而成为本标准的条款。凡是注日期的引用文件，其随后所有的修改单(不包括勘误的内容)或修订版均不适用于本标准，然而，鼓励根据本标准达成协议的各方研究是否可使用这些文件的最新版本。凡是不注日期的引用文件，其最新版本适用于本标准。

卫生部2002年第3号公告

3 要求

3.1 牙膏所使用的原料应该保证成品的使用安全，即在正常以及合理的、可预见的使用条件下，牙膏不应对人体健康产生危害。

3.2 表1、表2、表3中所列禁用组分不能作为生产原料添加到牙膏中。在符合国家强制要求的生产条件下，如果技术上无法避免禁用组分作为杂质带入牙膏时，则应保证牙膏成品的使用安全，即在正常及合理的、可预见的使用条件下，不应对人体健康产生危害。

3.3 凡以表4中所列组分为牙膏原料的，应符合表中的规定。

3.4 牙膏中所用防腐剂应为表5中所列物质，并应符合表中的规定。

3.5 牙膏中所用色素应为表6中所列物质，并应符合表中的规定。

表 1　牙膏中禁用组分Ⅰ

（按英文字母顺序排列）

序号	中文名称	英文名称
1	α,α,α-三氯甲苯	α,α,α-trichlorotoluene (CAS No 98-07-7)
2	α,α-二氯甲苯	α,α-dichlorotoluene (CAS No 98-87-3)
3	α-氯甲苯	α-chlorotoluene (CAS No100-44-7)
4	1-(1-萘基甲基)喹啉嗡	1-(1-naphthylmethyl) quinolinium (CAS No 65322-65-8)
5	1-(4-氯苯基)-4,4-二甲基-3-(1,2,4-三唑-1-基甲基)戊-3-醇	1-(4-chlorophenyl)-4,4-dimethyl-3-(1,2,4-triazol-1-ylmethyl) pentan-3-ol(CAS No 107534-96-3)
6	1-(4-甲氧基苯基)-1-戊烯-3-酮	1-(4-methoxyphenyl)-1-penten-3-one (CAS No 104-27-8)
7	1,1,2-三氯乙烷	1,1,2-trichloroethane (CAS No 79-00-5)
8	1,1,3,3,5-五甲基-4,6-二硝基茚满(伞花麝香)	1,1,3,3,5-pentamethyl-4,6-dinitroindane (moskene)
9	硫酸[(1,1′-联苯)-4,4′-二基]二铵	[(1,1′-biphenyl)-4,4′-diyl]diammonium sulphate (CAS No 531-86-2)
10	苯甲酸[1,1-双(二甲氨基甲基)]丙基酯(戊胺卡因，阿立平)及其盐类	1,1-bis(dimethylaminomethyl)propyl benzoate (amydricaine, alypine) and its salts
11	1,2,3,4,5,6-六氯环己烷，在本表中别处详细说明的那些除外	1,2,3,4,5,6-hexachlorcyclohexanes with the exception of those specified elsewhere in this list
12	1,2,3-三氯丙烷	1,2,3-trichloropropane (CAS No 96-18-4)
13	1,2,4-三唑	1,2,4-triazole (CAS No 288-88-0)
14	1,2-苯基二羧酸支链和直链二 C7-11 基酯	1,2-benzenedicarboxylic acid di-C7-11, branched and linear alkylesters (CAS No 68515-42-4)
15	1,2-苯基二羧酸支链和直链二戊基酯 正戊基异戊基邻苯二甲酸酯 双正戊基邻苯二甲酸酯 双异戊基邻苯二甲酸酯	1,2-benzenedicarboxylic acid, dipentylester, branched and linear(CAS No 84777-06-0) *n*-pentyl-isopentylphthalate di-*n*-pentyl phthalate (CAS No 131-18-0) diisopentylphthalate (CAS No 605-50-5)
16	1,2-双(2-甲氧乙氧基)乙烷 三乙二醇二甲醚	1,2-bis(2-methoxyethoxy)ethane triethylene glycol dimethyl ether (CAS No 112-49-2)
17	1,2-二溴-3-氯丙烷	1,2-dibromo-3-chloropropane (CAS No 96-12-8)
18	1,2-二溴乙烷	1,2-dibromoethane (CAS No 106-93-4)
19	1,2-环氧-3-苯氧基丙烷	1,2-epoxy-3-phenoxypropane (CAS No 122-60-1)

表 1（续）

序号	中文名称	英文名称
20	1,2-环氧丁烷	1,2-epoxybutane
21	1,3,5-三(环氧乙基甲基)-1,3,5-三嗪-2,4,6(1*H*,3*H*,5*H*)三酮	1,3,5-tris(oxiranylmethyl)-1,3,5-triazine-2,4,6(1*H*,3*H*,5*H*)-trione (CAS No 2451-62-9)
22	1,3,5-三-[(2*S* 和 2*R*)-2,3-环氧丙基]-1,3,5 三嗪-2,4,6-(1*H*,3*H*,5*H*)-三酮	1,3,5-tris-[(2*S* and 2*R*)-2,3-epoxypropyl]-1,3,5-triazine-2,4,6-(1*H*,3*H*,5*H*)-trione (CAS No 59653-74-6)
23	1,3-双(乙烯基磺酰基乙酰氨基)-丙烷	1,3-bis(vinylsulfonylacetamido)-propane (CAS No 93629-90-4)
24	1,3-二氯-2-丙醇	1,3-dichloropropan-2-ol (CAS No 96-23-1)
25	1,3-二甲戊胺及其盐类	1,3-dimethylpentylamine and its salts
26	1,3-二苯胍	1,3-diphenylguanidine (CAS No 102-06-7)
27	1,3-丙磺酸内酯	1,3-propanesultone (CAS No 1120-71-4)
28	1,4,5,8-四氨基蒽醌(分散蓝 1)	1,4,5,8-tetraaminoanthraquinone (Disperse Blue 1) (CAS No 2475-45-8)
29	1,4-二氯苯(对-二氯苯)	1,4-dichlorobenzene(p-dichlorobenzene) (CAS No 106-46-7)
30	1,4-二氯-2-丁烯	1,4-dichlorobut-2-ene (CAS No 764-41-0)
31	11-α-羟基孕(甾)-4-烯-3,20-二酮及其酯类,羟基孕甾烯醇酮	11-alpha-hydroxypregn-4-ene-3,20-dione and its esters
32	1-萘胺和 2-萘胺及它们的盐类	1-and 2-naphthylamines and their salts
33	1-溴-3,4,5-三氟苯	1-bromo-3,4,5-trifluorobenzene (CAS No 138526-69-9)
34	1-溴丙烷(正丙基溴化物)	1-bromopropane(*n*-propyl bromide) (CAS No 106-94-5)
35	1-丁基-3-(*N*-巴豆酰对氨基苯磺酰)脲	1-butyl-3-(*N*-crotonoylsulphanilyl)urea
36	1-氯-2,3-环氧丙烷	1-chloro-2,3-epoxypropane (CAS No 106-89-8)
37	1-氯-4-硝基苯	1-chloro-4-nitrobenzene (CAS No 100-00-5)
38	1-二甲基氨基甲基-1-甲基丙基苯甲酸(阿米卡因)及其盐类	1-dimethylaminomethyl-1-methylpropyl benzoate (amylocaine) and its salts
39	1-乙基-1-甲基吗啉溴化物	1-ethyl-1-methylmorpholinium bromide (CAS No 65756-41-4)
40	溴化 1-乙基-1-甲基吡咯烷鎓(盐)	1-ethyl-1-methylpyrrolidinium bromide (CAS No 69227-51-6)
41	1-甲氧基-2,4-二氨基苯(2,4-二氨基茴香-CI76050)及其盐类	1-methoxy-2,4-diaminobenzene (2,4-diaminoanisole-CI 76050) and their salts
42	1-甲氧基-2,5-二氨基苯(2,5-二氨基茴香)及其盐类	1-methoxy-2,5-diaminobenzene (2,5-diaminoanisole) and their salts

表 1 (续)

序号	中文名称	英文名称
43	1-甲基-3-硝基-1-亚硝基胍	1-methyl-3-nitro-1-nitrosoguanidine (CAS No 70-25-7)
44	斑蝥素	(1*R*,2*S*)-hexahydro-1,2-dimethyl-3,6-epoxyphthalic anhydride (cantharidin)
45	异艾氏剂	(1*R*,4*S*,5*R*,8*S*)-1,2,3,4,10,10-hexachloro-1,4,4a,5,8,8a-hexahydro-1,4:5,8-dimethano-naphthalene (isodrin-ISO)
46	异狄氏剂	(1*R*,4*S*,5*R*,8*S*)-1,2,3,4,10,10-hexachloro-6,7-epoxy-1,4,4a,5,6,7,8,8a-octahydro-1,4:5,8-dimethano-naphthalene (endrin-ISO)
47	1-乙烯基-2-吡咯烷酮	1-vinyl-2-pyrrolidone (CAS No 88-12-0)
48	氯鼠酮	2-[2-(4-chlorophenyl)-2-phenylacetyl] indan 1,3-dione (chlorophacinone-ISO)
49	(+/−)-2-(2,4-二氯苯基)-3-(1*H*-1,2,4-三唑-1-基)丙基-1,1,2,2-四氟乙醚	(+/−)-2-(2,4-dichlorophenyl)-3-(1*H*-1,2,4-triazol-1-yl) propyl-1,1,2,2-tetrafluoroethyl-ether (CAS No 112281-77-3)
50	2-(2-甲氧基乙氧基)乙醇	2-(2-methoxyethoxy)ethanol (CAS No 111-77-3)
51	2-(4-烯丙基-2-甲氧苯氧基)-*N*,*N*-二乙基乙酰胺及其盐类	2-(4-allyl-2-methoxyphenoxy)-*N*,*N*-diethylacetamide and its salts
52	2-(4-叔-丁苯基)乙醇	2-(4-*tert*-butylphenyl)ethanol (CAS No 5406-86-0)
53	2,2,2-三溴乙醇	2,2,2-tribromoethanol (tribromoethyl alcohol)
54	2,2,2-三氯乙-1,1-二醇	2,2,2-trichloroethane-1,1-diol
55	2,2,6-三甲基-4-哌啶基苯甲酸(苯扎明)及其盐类	2,2,6-trimethyl-4-piperidyl benzoate (benzamine) and its salts
56	2,2′-(亚硝基亚氨基)双乙醇	2,2′-(nitrosoimino) bisethanol (CAS No 1116-54-7)
57	2,2-二环氧乙烷	2,2′-bioxirane (CAS No 1464-53-5)
58	2,2′-二羟基-3,3′,5,5′,6,6′-六氯代二苯基甲烷(六氯酚)	2,2′-dihydroxy-3,3′,5,5′,6,6′-hexachlorodiphenylmethane (hexachlorophene)
59	2,2-二溴-2-硝基乙醇	2,2-dibromo-2-nitroethanol (CAS No 69094-18-4)
60	2,3,4-三氯-1-丁烯	2,3,4-trichlorobut-1-ene (CAS No 2431-50-7)
61	2,3,7,8-四氯二苯并-对-二噁唳	2,3,7,8-tetrachlorodibenzo-*p*-dioxin
62	2,3-二溴-1-丙醇	2,3-dibromopropan-1-ol (CAS No 96-13-9)
63	2,3-二氯-2-甲基丁烷	2,3-dichloro-2-methylbutane

表 1（续）

序号	中 文 名 称	英 文 名 称
64	2,3-二氯丙烯	2,3-dichloropropene (CAS No 78-88-6)
65	2,3-二硝基甲苯	2,3-dinitrotoluene (CAS No 602-01-7)
66	2,3-环氧-1-丙醇	2,3-epoxypropan-1-ol (CAS No 556-52-5)
67	2,3-环氧丙基邻-甲苯基醚	2,3-epoxypropyl o-tolyl ether (CAS No 2210-79-9)
68	2,4,5-三甲基苯胺 2,4,5-三甲基苯胺盐酸盐	2,4,5-trimethylaniline (CAS No 137-17-7) 2,4,5-trimethylaniline hydrochloride (CAS No 21436-97-5)
69	2,4,6-三氯苯酚	2,4,6-trichlorophenol (CAS No 88-06-2)
70	2,4-二氨基苯乙醇及其盐类	2,4-diaminophenylethanol and its salts
71	2,4-二羟基-3-甲基苯甲醛	2,4-dihydroxy-3-methylbenzaldehyde (CAS No 6248-20-0)
72	2,5-二硝基甲苯	2,5-dinitrotoluene (CAS No 619-15-8)
73	辛酸 2,6-二溴-4-氰苯酯	2,6-dibromo-4-cyanophenyl octanoate (CAS No 1689-99-2)
74	(2,6-二甲基-1,3-二恶烷-4-基)乙酸酯	2,6-dimethyl-1,3-dioxan-4-yl acetate (dimethoxane)
75	2,6-二硝基甲苯	2,6-dinitrotoluene (CAS No 606-20-2)
76	2-[2-羟基-3-(2-氯苯基)氨基甲酰-1-萘基偶氮]-7-[2-羟基-3-(3-甲基苯基)-2-[2-羟基-3-(3-甲基苯基)-氨基甲酰-1-萘基偶氮]-7-[2-羟基-3-(3-甲基苯基)-氨基甲酰-1-萘基偶氮]芴-9-酮	2-[2-hydroxy-3-(2-chlorophenyl) carbamoyl-1-naphthylazo]-7-[2-hydroxy-3- (3-methylphenyl) -2-[2-hydroxy-3-(3-methylphenyl)-carbamoyl-1-naphthylazo]-7-[2-hydroxy-3-(3-methylphenyl) -carbamoyl-1-naphthylazo]fluoren-9-one(EC No 420-580-2)
77	2-[4-甲氧苄基-N-(2-吡啶基)氨基]乙基二甲胺马来酸盐	2-[4-methoxybenzyl-N-(2-pyridyl) amino] ethyldimethylamine maleate
78	2-{4-(2-氨 丙基氨基)-6-[4-羟基-3-(5-甲基-2-甲氧基-4-氨磺酰苯基偶氮)-2-磺化萘-7-基氨基]-1,3,5-三嗪基氨基}-2-氨基丙基甲酸盐	2-{4-(2-ammonio propylamino)-6-[4-hydroxy-3-(5-methyl-2-methoxy-4-sulfamoylphenylazo)-2-sulfonatonaphth-7-ylamino]-1,3,5-triazin-2-ylamino}-2-aminopropyl formate(EC No 424-260-3)
79	乙酰胆碱及其盐类	2-acetoxyethyltrimethylammonium hydroxide (acetylcholine)and its salts
80	2-α-环己烷基苯基(N,N,N′,N′-四乙基)三亚甲基二胺	2-alpha-cyclohexylbenzyl (N,N,N′,N′-tetraethyl) trimethylenediamine (phenetamine)
81	2-氨基-1,2-双(4-甲氧苯基)乙醇及其盐类	2-amino-1,2-bis(4-methoxyphenyl)ethanol and its salts
82	2-氨基-4-硝基苯酚	2-amino-4-nitrophenol
83	2-氨基-5-硝基苯酚	2-amino-5-nitrophenol

表 1（续）

序号	中文名称	英文名称
84	2-溴丙烷	2-bromopropane（CAS No 75-26-3）
85	2-丁酮肟	2-butanone oxime（CAS No 96-29-7）
86	2-氯-6-甲基嘧啶-4-基二甲基胺（杀鼠嘧啶）	2-chloro-6-methylpyrimidin-4-yldimethylamine（crimidine-ISO）
87	3-羟基-4-苯基苯甲酸-2-二乙氨乙基酯及其盐类	2-diethylaminoethyl 3-hydroxy-4-phenylbenzoate and its salts
88	2-乙氧基乙醇	2-ethoxyethanol（CAS No110-80-5）
89	乙酸 2-乙氧基乙酯	2-ethoxyethyl acetate（CAS No 111-15-9）
90	2-乙基己酸	2-ethylhexanoic acid（CAS No 149-57-5）
91	乙酸 2-乙基己基〔{[3,5-双（1,1-二甲基乙基）-4-羟苯基]-甲基}-硫代〕酯	2-ethylhexyl〔{[3,5-bis(1,1-dimethylethyl)-4-hydroxyphenyl]-methyl}thio〕acetate（CAS No 80387-97-9）
92	（2-异丙基戊-4-烯酰基）脲	（2-isopropylpent-4-enoyl） urea（apronalide）
93	2-甲氧基乙醇	2-methoxyethanol（CAS No109-86-4）
94	乙酸 2-甲氧基乙酯	2-methoxyethyl acetate（CAS No 110-49-6）
95	乙酸 2-甲氧基丙酯	2-methoxypronyl aceate（CAS No 70657-70-4）
96	2-甲氧基丙醇	2-methoxypropanol（CAS No 1589-47-5）
97	2-甲基氮丙啶	2-methylaziridine（CAS No 75-55-8）
98	2-甲基庚胺及其盐类	2-methylheptylamine and its salts
99	二异氰酸 2-甲基-间-亚苯酯	2-methyl-*m*-phenylene diisocyanate（CAS No 91-08-7）
100	2-甲基-间苯二胺	2-methyl-*m*-phenylenediamine
101	2-萘酚	2-naphthol
102	2-硝基茴香醚	2-nitroanisole（CAS No 91-23-6）
103	2-硝基萘	2-nitronaphthalene（CAS No 581-89-5）
104	2-硝基丙烷	2-nitropropane（CAS No 79-46-9）
105	2-硝基甲苯	2-nitrotoluene（CAS No 88-72-2）
106	2-亚戊基环己酮	2-pentylidenecyclohexanone（CAS No 25677-40-1）

表 1（续）

序号	中文名称	英文名称
107	2-苯基茚满-1,3-二酮(苯茚二酮)	2-phenylindan-1,3-dione (phenindione)
108	(2*RS*,3*RS*)-3-(2-氯苯基)-2-(4-氟苯基)-[(1*H*-1,2,4-三吡咯-1-基)甲基]环氧乙烷	(2*RS*,3*RS*)-3(2-chlorophenyl)-2-(4-fluorophenyl)-[(1*H*-1,2,4-triazol-1-yl)methyl]oxirane (CAS No 133855-98-8)
109	3-(1-萘基)-4-羟基香豆素	3-(1-naphthyl)-4-hydroxycoumarin
110	3-(4-氯苯基)-1,1-二甲基尿素三氯乙酸盐；灭草隆-TCA	3-(4-chlorophenyl)-1,1-dimethyluronium trichloroacetate;monuron-TCA (CAS No 140-41-0)
111	3-(4-异丙苯基)-1,1-二甲脲	3-(4-isopropylphenyl)-1,1-dimethylurea (CAS No 34123-59-6)
112	3,3′-二氯联苯胺	3,3′-dichlorobenzidine (CAS No 91-94-1)
113	3,3′-二氯联苯胺二盐酸盐	3,3′-dichlorobenzidine dihydrochloride (CAS No 612-83-9)
114	二硫酸二氢 3,3′-二氯联苯胺	3,3′-dichlorobenzidine dihydrogen bis(sulphate) (CAS No 64969-34-2)
115	3,3′-二氯联苯胺硫酸盐	3,3′-dichlorobenzidine sulphate (CAS No 74332-73-3)
116	3,3′-二甲氧基联苯胺	3,3′-dimethoxybenzidine (CAS No119-90-4)
117	二硫酸氢[3,3′-二甲基(1,1′-联苯)-4,4′-二基]二铵	[3,3′-dimethyl (1,1′-biphenyl)-4,4′-diyl]diammonium bis(hydrogen sulphate) (CAS No 64969-36-4)
118	3,3-二(4-羟基苯基)2-苯并[C]呋喃酮(酚酞)	3,3-bis (4-hydroxyphenyl) phthalide (phenolphthalein)
119	3,4,5-三甲氧苯乙基胺及其盐类	3,4,5-trimethoxyphenethylamine and its salts
120	3,4′,5-三溴水杨酰苯胺(三溴沙仑)	3,4′,5-tribromosalicylanilide (tribromsalan)
121	3,4-二羟基-2-甲氧基-2-甲基-4-苯基-2*H*,5*H* 吡咯(3,2-c)-(1)苯并吡喃-5-酮(环香豆素)	3,4-dihydro-2-methoxy-2-methyl-4-phenyl-2*H*,5*H*,pyrano (3,2-c)-(1) benzopyran-5-one (cyclocoumarol)
122	3,4-二硝基甲苯	3,4-dinitrotoluene (CAS No 610-39-9)
123	3,5,5-三甲基环-2-己烯酮	3,5,5-trimethylcyclohex-2-enone (CAS No 78-59-1)
124	3,5-二溴-4-羟基苄腈	3,5-dibromo-4-hydroxybenzonitrile (CAS No 1689-84-5)
125	3,5-二硝基甲苯	3,5-dinitrotoluene (CAS No 618-85-9)
126	3,6,10-三甲基-3,5,9-十一碳三烯-2-酮	3,6,10-trimethyl-3,5,9-undecatrien-2-one (CAS No 1117-41-5)
127	3,7-二甲基辛烯醇(6,7-二氢拢牛儿醇)	3,7-dimethyl-2-octen-1-ol (6,7-Dihydrogeraniol) (CAS No 40607-48-5)

表 1（续）

序号	中 文 名 称	英 文 名 称
128	3′-乙基-5′,6′,7′,8′-四氢-5′,5′,8′,8′-四甲基-2′-乙酰萘(乙酰乙基四甲萘满，AETT)或 7-乙酰基-6-乙基-1,1,4,4-四甲基-1,2,3,4-四羟萘酚	3′-ethyl-5′,6′,7′,8′-tetrahydro-5′,5′,8′,8′-tetramethyl-2′-acetonaphthone (acetyl ethyl tetra methyl tetralin, AETT) or 7- acetyl-6-ethyl-1, 1, 4, 4-tetramethyl-1, 2, 3, 4- tetrahydronaphtalen
129	(3-氯苯基)-(4-甲氧基-3-硝基苯基)-2-甲基环乙酮	(3-chlorophenyl)-(4-methoxy-3-nitrophenyl)methanone (CAS No 66938-41-8)
130	肉桂酸-3-二乙氨基丙酯	3-diethylaminopropyl cinnamate
131	3-乙基-2-甲基-2-(3-甲基丁基)-1,3-氧氮杂环戊烷	3-ethyl-2-methyl-2-(3-methylbutyl)-1,3-oxazolidine (CAS No 143860-04-2)
132	3-咪唑-4-基丙烯酸(尿刊酸)及其乙酯	3-iimidazol-4-ylacrylic acid and its ethyl ester (urocanic acid)
133	[4-(4-羟基-3-碘苯氧基)-3,5-二碘苯基]乙酸及其盐类	[4-(4-hydroxy-3-iodophenoxy)-3,5-diiodophenyl] acetic acid and its salts
134	4-(4-甲氧基苯基)-2-丁烯-2-酮	4-(4-methoxyphenyl)-3-butene-2-one (CAS No 943-88-4)
135	4,4′-(4-亚氨基-2,5-亚环己二烯基亚甲基)双苯胺盐酸盐	4,4′-(4-iminocyclohexa-2,5-dienylidenemethylene) dianiline hydrochloride (CAS No 569-61-9)
136	4,4′-二邻甲苯胺	4,4′-bi-*o*-toluidine (CAS No 119-93-7)
137	4,4′-二-邻-甲苯胺二盐酸盐	4,4′-bi-*o*-toluidine dihydrochloride (CAS No 612-82-8)
138	4,4′-二-邻-甲苯胺硫酸盐	4,4′-bi-*o*-toluidine sulphate (CAS No74753-18-7)
139	4,4′-双(二甲基氨基)苯甲酮	4,4′-bis(dimethylamino)benzophenone (Michler′s ketone) (CAS No 90-94-8)
140	4,4′-碳亚氨基双(*N*,*N*-二甲基苯胺)	4,4′-carbonimidoyl bis(*N*,*N*-dimethylaniline) (CAS No 492-80-8)
141	4,4′-二羟基-3,3′-(3-甲基硫代亚丙基) 双香豆素	4,4′-dihydroxy-3,3′-(3-methylthiopropylidene) dicoumarin
142	4,4′-异丁基亚乙基联苯酚	4,4′-isobutylethylidenediphenol (CAS No 6807-17-6)
143	4,4′-亚甲基双(2-乙基苯胺)	4,4′-methylene bis (2-ethylaniline) (CAS No 19900-65-3)
144	4,4′-二苯氨基甲烷	4,4′-methylenedianiline (CAS No 101-77-9)
145	4,4′-亚甲基-二-邻-甲苯胺	4,4′-methylenedi-*o*-toluidine (CAS No 838-88-0)
146	4,4′-二氨基二苯醚(对氨基苯基醚)及其盐类	4,4′-oxydianiline (*p*-aminophenyl ether) and its salts (CAS No 101-80-4)
147	4,4′-二氨基二苯硫醚及其盐类	4,4′-thiodianiline and its salts (CAS No 139-65-1)
148	4,6-二甲基-8-特丁基香豆素	4,6-dimethyl-8-*tert*-butylcoumarin (CAS No 17874-34-9)

表 1（续）

序号	中 文 名 称	英 文 名 称
149	〔4-{[4-(二甲基氨基)苯基][4-乙基(3-磺苯基)氨基]苯基}亚甲基-2,5-亚环己二烯-1-基〕(乙基)(3-磺苯基)铵、钠盐	〔4-{[4-(Dimethylamino)phenyl][4-ethyl(3-sulphonatobenzyl)amino]phenyl]methylene}cyclohexa-2,5-dien-1-ylidene〕(ethyl)(3-sulphonatobenzyl)ammonium, sodium salt (CAS No 1694-09-3)
150	4-[4-(1,3-二羟基丙-2-基)苯氨基]-1,8-二羟基-5-硝基蒽醌	4-[4-(1,3-dihydroxyprop-2-yl)phenylamino]-1,8-dihydroxy-5-nitroanthraquinone (CAS No 114565-66-1)
151	4′-乙氧基-2-苯并咪唑苯胺	4′-ethoxy-2-benzimidazoleanilide (CAS No 115-96-8)
152	4-氨基-2-硝基酚	4-amino-2-nitrophenol
153	4-氨基偶氮苯	4-aminoazobenzene (CAS No 60-09-3)
154	4-氨基水杨酸及其盐类	4-aminosalicylic acid and its salts
155	4-苄氧基苯酚和 4-乙氧基苯酚	4-benzyloxyphenol and 4-ethoxyphenol
156	辛酸 4-氰基-2,6-二碘苯酯	4-cyano-2,6-diiodophenyl octanoate (CAS No 3861-47-0)
157	4-乙氧基-间-苯二胺及其盐类	4-ethoxy-*m*-phenylenediamine and its salts
158	(4-肼基苯基)-*N*-甲基甲烷磺酰胺盐酸盐	(4-hydrazinophenyl)-*N*-methylmethanesulfonamide hydrochloride (CAS No 81881-96-8)
159	二异氰酸 4-甲基-间-亚苯酯	4-methyl-*m*-phenylene diisocyanate (CAS No 584-84-9)
160	4-甲基-间-苯二胺及其盐类	4-methyl-*m*-phenylenediamine and its salts
161	4-硝基联苯	4-nitrobiphenyl (CAS No 92-93-3)
162	4-亚硝基苯酚	4-nitrosophenol (CAS No 104-91-6)
163	4-邻-甲苯基偶氮-邻-甲苯胺	4-*o*-tolylazo-*o*-toluidine(CAS No 97-56-3)
164	盐酸柠檬酸柯衣定盐	4-phenylazophenylene-1, 3-diamine citrate hydrochloride (chrysoidine citrate hydrochloride)
165	4-苯基丁-3-烯-2-酮	4-phenylbut-3-en-2-one
166	4-叔丁基-3-甲氧基-2,6-二硝基甲苯(葵子麝香)	4-*tert*-butyl-3-methoxy-2,6-dinitrotoluene (musk ambrette)
167	4-叔丁基苯酚	4-*tert*-butylphenol
168	4-叔丁基邻苯二酚	4-*tert*-butylpyrocatechol
169	5-(α,β-二溴苯乙基)-5-甲基乙内酰脲	5-(α,β-dibromophenethyl)-5-methylhydantoin

表 1 (续)

序号	中文名称	英文名称
170	5-(2,4-二氧代-1,2,3,4-四氢嘧啶)-3-氟-2-羟基甲基四氢呋喃	5-(2,4-dioxo-1,2,3,4-tetrahydropyrimidine)-3-fluro-2-hydroxymethylterahydrofuran (CAS No 41107-56-6)
171	5-(3-丁酰基-2,4,6-甲基苯基)-2-[1-(乙氧基亚氨基)丙基]-3-羟基环已-2-烯-1-酮	5-(3-butyryl-2,4,6-trimethylphenyl)-2-[1-(ethoxyimino)propyl]-3-hydroxycyclohex-2-en-1-one (CAS No 138164-12-2)
172	二次亚碘酸 5,5′-二异丙基-2,2′-二甲基联苯-4,4′-二基酯	5,5′-di-isopropyl-2,2′-dimethylbiphenyl-4,4′-diyl dihypoiodite
173	5,5-二苯基-4-咪唑酮	5,5-diphenyl-4-imidazolidone
174	5,6,12,13-四氯蒽(2,1,9-d,e,f,:6,5,10-d′,e′,f′)二异喹啉-1,3,8,10(2*H*,9*H*)四酮	5,6,12,13-tetrachloroanthra(2,1,9-def:6,5,10-d′e′f′)diisoquinoline-1,3,8,10(2*H*,9*H*)-tetrone (CAS No 115662-06)
175	5-氯-1,3-二羟基-2*H*-吲哚-2-酮	5-chloro-1,3-dihydro-2*H*-indol-2-one (CAS No 17630-75-0)
176	5-乙氧基-3-三氯甲基-1,2,4-硫代二唑	5-ethoxy-3-trichloromethyl-1,2,4-thiadiazole (CAS No 2593-15-9)
177	5-甲基-2,3-已二酮	5-methyl-2,3-hexanedione (CAS No 13706-86-0)
178	5-硝基二氢苊	5-nitroacenaphthene (CAS No 602-87-9)
179	5-硝基-*o*-甲苯胺 5-硝基-*o*-甲苯胺盐酸盐	5-Nitro-*o*-toluidine (CAS No 99-55-8) 5-Nitro-*o*-toluidine hydrochloride (CAS No 51085-52-0)
180	5-叔丁基-1,2,3-三甲基-4,6-二硝基苯(西藏麝香)	5-*tert*-butyl-1, 2, 3-trimethyl-4, 6-dinitrobenzene (musk tibetene)
181	6-(2-氯乙基)-6-(2-甲氧乙氧基)-2, 5, 7, 10-四氧杂-6-硅杂十一烷	6-(2-chloroethyl)-6-(2-methoxyethoxy)-2,5,7,10-tetraoxa-6-silaundecane (CAS No 37894-46-5)
182	甲酸{6-[4-羟基-3-(2-甲氧基苯偶氮基)-2-磺基-7-萘胺基]-1,3,5-三嗪-2,4-基}双[(氨基-1-甲基乙基)铵]	{6-[4-hydroxy-3-(2-methoxyphenylazo)-2-sulfonato-7-naphthylamino]-1, 3, 5-triazine-2, 4-diyl}bis[(amino-1-methylethyl)ammonium]formate (CAS No 108225-03-2)
183	6-(哌嗪基)-2,4-嘧啶二胺-3-氧化物(米诺地尔)及其盐和衍生物	6-(piperidinyl)-2,4-pyrimidinediamine-3-oxide (minoxidil) and its salts and derivatives
184	6,10-二甲基-3,5,9-十二碳三烯-2-酮	6,10-dimethyl-3,5,9-undecatrien-2-one (CAS No 141-10-6)
185	6-羟基-1-(3-异丙氧基丙基)-4-甲基-2-氧-5-[4-(苯偶氮基)苯偶氮基]-1,2-二羟-3-吡啶腈	6-hydroxy-1-(3-isopropoxypropyl)-4-methyl-2-oxo-5-[4-(phenylazo) phenylazo]-1, 2-dihydro-3-pyridinecarbo-nitrile (CAS No 85136-74-9)
186	6-异丙基-2-十氢萘酚	6-isopropyl-2-decahydronaphthalenol (CAS No 34131-99-2)
187	2-甲氧基-5-甲基苯胺	6-methoxy-*m*-toluidine(*p*-cresidine) (CAS No 120-71-8)

表 1（续）

序号	中文名称	英文名称
188	7,11-二甲基-4,6,10-十二碳三烯-3-酮	7,11-dimethyl-4,6,10-dodecatrien-3-one (CAS No 26651-96-7)
189	7-[2-羟基-3-(2-羟乙基-*N*-甲氨基)丙基]茶碱	7-[2-hydroxy-3-(2-hydroxyethyl-*N*-methylamino) propyl] theophylline (xanthinol)
190	7-乙氧基-4-甲基香豆素	7-ethoxy-4-methylcoumarin(CAS No 87-05-8)
191	7-甲氧基香豆素	7-methoxycoumarin (CAS No 531-59-9)
192	7-甲基香豆素	7-methylcoumarin (CAS No 2445-83-2)
193	9-乙烯基咔唑	9-vinylcarbazole (CAS No 1484-13-5)
194	4-(7-羟基-2,4,4-三甲基-2-苯并二氢吡喃基)间苯二酚-4-基-三(6-重氮基-5,6-二氢化-5-氧代萘-1-磺酸盐)和4-(7-羟基-2,4,4-三甲基-2-苯并二氢吡喃基)间苯二酚双(6-重氮基-5,6-二氢化-5-氧代萘-1-磺酸盐)的2∶1混合物	A 2∶1 mixture of: 4-(7-hydroxy-2,4,4-trimethyl-2-chromanyl) resorcinol-4-yl-tris(6-diazo-5,6-dihydro-5-oxonaphthalen-1-sulfonate) and 4-(7-hydroxy-2,4,4-trimethyl-2-chromanyl) resorcinolbis(6-diazo-5,6-dihydro-5-oxonaphthalen-1-sulfonate) (CAS No 140698-96-0)
195	1,3,5-三(3-氨基甲基苯基)-1,3,5-(1*H*,3*H*,5*H*)-三嗪-2,4,6-三酮和3,5-双(3-氨基甲基苯基)-1-聚[3,5-双(3-氨基甲基苯基)-2,4,6-三氧代-1,3,5-(1*H*,3*H*, 5*H*)-三嗪-1-基]-1,3,5-(1*H*,3*H*,5*H*)-三嗪-2,4,6-三酮混合低聚物的混合物	a mixture of: 1,3,5-tris(3-aminomethylphenyl)-1,3,5-(1*H*,3*H*,5*H*)-triazine-2,4,6-trione and a mixture of oligomers of 3,5-bis(3-aminomethylphenyl)-1-poly[3,5-bis(3-aminomethylphenyl) -2,4,6-trioxo-1,3,5-(1*H*,3*H*,5*H*)-triazin-1-yl]-1,3,5-(1*H*,3*H*,5*H*)-triazine-2,4,6-trione(EC No 421-550-1)
196	4-{[双-(4-氟苯基)甲基甲硅烷基]甲基}-4*H*-1,2,4-三唑和1-{[双-(4-氟苯基)甲基甲硅烷基]甲基}-1*H*-1,2,4-三唑的混合物	a mixture of: 4-{[bis-(4-fluorophenyl) methylsilyl]methyl}-4*H*-1,2,4-triazole and 1-{[bis-(4-fluorophenyl)methyl-silyl]methyl}-1*H*-1,2,4-triazole(EC No 403-250-2)
197	下列化合物的混合物：4-烯丙基-2,6-双(2,3-环氧丙基)苯酚，4-烯丙基-6-〈3-〔6-{3-[4-烯丙基-2,6-双(2,3-环氧丙基)-苯氧基]2-羟基丙基}-4-烯丙基-2-(2,3-环氧丙基)-苯氧基〕-2-羟基丙基〉-4-烯丙基-2-(2,3-环氧丙基)-苯氧基-2-羟基丙基-2-(2,3-环氧丙基)苯酚，4-烯丙基-6-{3-[4-烯丙基-2,6-双(2,3-环氧丙基)- 苯氧基-2-羟基丙基]-2-(2,3-环氧丙基)苯氧基}苯酚和4-烯丙基-6-〈3-〔6-{3-[4-烯丙基-2,6-双(2,3-环氧丙基)-苯氧基]-2-羟基丙基}-4-烯丙基-2-(2,3-环氧丙基)苯氧基〕2-羟基丙基〉-2-(2,3-环氧丙基)苯酚	a mixture of: 4-allyl-2,6-bis (2,3-epoxypropyl) phenol, 4-allyl-6-〈3-〔6-{3-[4-allyl-2,6-bis (2, 3-epoxypropyl)-phenoxy] 2-hydroxypropyl}-4-allyl-2-(2, 3-epoxypropyl) phenoxy〕-2-hydroxypropyl〉-4-allyl-2-(2,3-epoxypropyl)-phenoxy-2-hydroxypropyl-2-(2,3-epoxypropyl) phenol,4-allyl-6-{3-[4-allyl-2, 6-bis (2, 3-epoxypropyl)-phenoxy-2-hydroxypropyl]-2-(2, 3-epoxypropyl) phenoxy} phenol and 4-allyl-6-〈3-〔6-{3-[4-allyl-2,6-bis(2,3-epoxypropyl)-phenoxy]-2-hydroxypropyl}-4-allyl-2-(2,3-epoxypropyl) phenoxy〕2-hydroxypropyl〉-2-(2,3-epoxypropyl) phenol(EC No 417-470-1)
198	5-〔{4-[(7-氨基-1-羟基-3-硫代-2-萘基)偶氮]-2,5-二乙氧基苯基}偶氮〕-2-[(3-膦酰基苯基)偶氮]苯甲酸和5-〔{4-[(7-氨基-1-羟基-3-硫代-2-萘基)偶氮]-2,5-二乙氧基苯基}偶氮〕-3-[(3-膦酰基苯基)偶氮]苯甲酸的混合物	a mixture of: 5-〔{4-[(7-amino-1-hydroxy-3-sulfo-2-naphthyl) azo]-2, 5-diethoxyphenyl} azo〕-2 -[(3-phosphonophenyl) azo] benzoic acid and 5-〔{4-[(7-amino-1-hydroxy-3-sulfo-2-naphthyl)azo]- 2, 5-diethoxyphenyl} azo〕-3-[(3-phosphonophenyl) azo] benzoic acid (CAS No 163879-69-4)

表 1（续）

序号	中 文 名 称	英 文 名 称
199	4-〔3-乙氧基羰基-4-{5-[3-乙氧基羰基-5-羟基-1-(4-磺酸基苯基)吡唑-4-基]戊-2,4-二烯基}-4,5-二氢化-5-氧代吡唑-1-基〕苯磺酸二钠盐和4-〔3-乙氧基羰基-4-{5-[3-乙氧基羰基-5-环氧基-1-(4-磺酸基苯基)吡唑-4-基]戊-2,4-二烯基}-4,5-二氢化-5-氧代吡唑-1-基〕苯磺酸三钠盐的混合物	a mixture of: disodium 4-〔3-ethoxycarbonyl-4-{5-[3-ethoxycarbonyl-5-hydroxy-1-(4-sulfonatophenyl) pyrazol-4-yl] penta-2, 4-dienylidene}-4, 5-dihydro-5-oxopyrazol-1-yl〕 benzenesulfonate and trisodium 4-〔3-ethoxycarbonyl-4-{5-[3-ethoxycarbonyl-5-oxido-1- (4-sulfonatophenyl) pyrazol-4-yl] penta-2, 4-dienylidene}-4, 5-dihydro-5-oxopyrazol-1-yl〕 benzenesulfonate (EC No 402-660-9)
200	*N*-[3-羟基-2-(2-甲基丙烯酰氨基甲氧基)丙氧基甲基]-2-甲基丙烯酰胺和 *N*-2,3-双-(2-甲基丙烯酰氨基甲氧基)丙氧基甲基-2-甲基丙烯酰胺和甲基丙烯酰胺和 2-甲基-*N*-(2-甲基丙烯酰氨基甲氧基甲基)-丙烯酰胺和 *N*-(2,3-二羟基丙氧基甲基)-2-甲基丙烯酰胺的混合物(EC No 412-790-8)	a mixture of: *N*-[3-hydroxy-2-(2-methylacryloylaminomethoxy) propoxymethyl]-2-methylacrylamide and *N*-2,3-bis-(2-methylacryloylaminomethoxy) propoxymethyl-2-methylacrylamide and methacrylamide and 2-methyl-*N*-(2-methylacryloylaminomethoxymethyl)-acrylamide and *N*-(2,3-dihydroxypropoxymethyl)-2-methylacrylamide(EC No 412-790-8)
201	4,4′-亚甲基双[2-(4-羟基苄基)-3,6-二甲基苯酚]和 6-重氮基-5,6-二氢化-5-氧代-萘磺酸盐的 1∶2 反应产物及 4,4′-亚甲基双[2-(4-羟基苄基)-3,6-二甲基苯酚]和 6-重氮基-5,6-二氢化-5-氧代萘磺酸盐的 1∶3反应产物的混合物	a mixture of: reaction product of 4,4′-methylenebis[2-(4-hydroxybenzyl)-3,6-dimethylphenol] and 6- diazo-5,6-dihydro-5-oxo-naphthalenesulfonate(1∶2) and reaction product of 4,4′-methylenebis [2-(4- hydroxybenzyl)-3,6-dimethylphenol] and 6-diazo-5,6-dihydro-5-oxonaphthalenesulfonate(1∶3)(EC No 417-980-4)
202	苯并[*a*]芘的含量大于 0.005%(*w*/*w*)的吸收油，来自双环芳烃和杂环碳氢化合物馏分	absorption oils, bicyclo arom and heterocylic hydrocarbon fraction (CAS No 101316-45-4), if they contain>0.005% (mass percentage) benzo[*a*]pyrene
203	醋硝香豆素	acenocoumarol{3-[2-acetyl-1-(p-nitrophenyl) ethyl]-4-hydroxycoumarin}
204	乙酰胺	acetamide (CAS No 60-35-5)
205	乙腈	acetonitrile
206	乌头碱(欧乌头主要生物碱)及其盐类	aconitine (principal alkaloid of *aconitum napellus* L.) and its salts
207	欧乌头属(叶子、根和草药制剂)	*Aconitum napellus* L. (leaves, roots and galenical preparations)
208	丙烯酰胺，在本规范的别处规定的除外	acrylamide, unless regulated dlsewhere in this Directive (CAS No 79-06-1)
209	丙烯腈	acrylonitrile (CAS No 107-13-1)
210	侧金盏花及其制剂	*Adonis vernalis* L. and its preparations
211	甲草胺；草不绿	alachlor (CAS No 15972-60-8)
212	土木香根油	alanroot oil (*Inula helenium*) (CAS No 97676-35-2)

表 1（续）

序号	中文名称	英文名称
213	艾氏剂	aldrin (CAS No 309-00-2)
214	五氰亚硝酰基高铁酸碱金属盐	alkali pentacyanonitrosylferrate (2-)
215	五氯苯酚的碱金属盐	alkali salts of pentachlorophenol (CAS No 131-52-2and7778-73-6)
216	丁二烯含量大于0.1%(质量分数)的 C_{1-2} 链烷烃	alkanes, C_{1-2} (CAS No 68475-57-0), if they contain >0.1%(mass percentage) butadiene
217	C_{12-26} 支链和直链烷烃，除非清楚全部精炼过程并且能够证明所获得的物质不是致癌物	alkanes, C_{12-26}-branched and linear (CAS No 90622-53-0), except if the full refining history is known and it can be shown that the substance from which it is produced is not a carcinogen
218	丁二烯含量大于0.1%(质量分数)的富 C_3 的 C_{1-4} 烷烃	alkanes, C_{1-4}, C_3-rich (CAS No 90622-55-2), if they contain >0.1%(mass percentage) butadiene
219	丁二烯含量大于0.1%(质量分数)的 C_{2-3} 链烷烃	alkanes, C_{2-3} (CAS No 68475-58-1), if they contain >0.1%(mass percentage) butadiene
220	丁二烯含量大于0.1%(质量分数)的 C_{3-4} 链烷烃	alkanes, C_{3-4} (CAS No 68475-59-2), if they contain >0.1%(mass percentage) butadiene
221	丁二烯含量大于0.1%(质量分数)的 C_{4-5} 链烷烃	alkanes, C_{4-5} (CAS No 68475-60-5), if they contain >0.1%(mass percentage) butadiene
222	氯代 C_{10-13} 烷烃	alkanes, C_{10-13} chloro (CAS No 85535-84-8)
223	炔醇类以及它们的酯类、醚类、盐类	alkyne alcohols, their esters, ethers and salts
224	阿洛拉胺及其盐类	alloclamide and its salts [2-allyloxy-4-choro-*N*-(2-diethylaminoethyl) benzamide]
225	烯丙基氯(3-氯丙烯)	allyl chloride (3-chloropropene) (CAS No 107-05-1)
226	烯丙缩水甘油醚	allyl glycidyl ether (CAS No 106-92-3)
227	烯丙基芥子油(异硫氰酸烯丙酯)	allyl isothiocyanate
228	α-哌嗪-2-基苄基乙酸酯左旋的苏型(左法哌酯)及其盐类	alpha-piperidin-2-yl benzyl acetate laevorotatory threoform (levophacetoperane) and its salts
229	α-山道年	alpha-santonin [(3*S*,5a*R*,9b*S*)-3,3a,4,5,5a,9b-hexahydro-3,5a,9-trimethylnaphto (1,2-b) furan-2,8-dione]
230	氨基已酸及其盐类	aminocaproic acid (6-aminohexanoic acid) and its salts
231	阿米替林及其盐类	amitriptyline [5-(3-dimethylaminopropylidene)-10, 11-dihydro-5*H*-dibenzo-(a,d) cycloheptene] and its salts
232	杀草强(氨三唑)	amitrole (CAS No 61-82-5)

表 1（续）

序号	中文名称	英文名称
233	大阿米芹及其植物制剂	*Ammi majus* and its galenical preparations
234	4-二甲氨基苯甲酸戊酯，混合的异构体（帕地马酯）	amyl 4-dimethylaminobenzoate, mixed isomers [padimate A (INN)]
235	亚硝酸戊酯类	amyl nitrites
236	印防己（果实）	*Anamirta cocculus* L. (fruit)
237	苯胺及其盐类以及卤化、磺化的衍生物类	aniline, its salts and its halogenated and sulphonated derivatives
238	蒽油	anthracene oil
239	甾族结构的抗雄激素物质	antiandrogens of steroidal structure
240	抗生素类（包括但不限于甲硝唑、酮康唑和替硝唑）	antibiotics (including but not limited to metronidazole, ketoconazole, Tinidazole)
241	锑及锑化合物	antimony and its compounds
242	加拿大大麻（夹竹桃麻，大麻叶罗布麻）及其制剂	*Apocynum cannabinum* L. and its preparations
243	阿扑吗啡及其盐类	apomorphine [R5,6,6a,7-tetrahydro-6-methyl-4*H*-dibenzo (de,g)-quinoline-10,11-diol] and its salts
244	槟榔碱	arecoline (methyl 1,2,5,6-tetrahydro-1-methylnicotinate)
245	马兜铃酸及其酯（盐）；马兜铃属及其制剂	aristolochic acid and its salts; aristolochia spp and their preparations
246	苯并[*a*]芘的含量大于 0.005%（质量分数）的 C_{20-28} 多环烃芳碳氢化合物，来自煤焦油沥青与聚乙烯聚丙烯混合物的热解衍生物	aromatic hydrocarbons, C_{20-28}, polycyclic, mixed coal-tar pitch-polyethylene polypropylene pyrolysis-derived (CAS No 101794-74-5), if they contain > 0.005% (mass percentage) benzo[*a*]pyrene
247	苯并[*a*]芘的含量大于 0.005%（质量分数）的 C_{20-28} 多环芳烃碳氢化合物，来自煤焦油沥青与聚乙烯混合物的热解衍生物	aromatic hydrocarbons, C_{20-28}, polycyclic, mixed coal-tar pitch-polyethylene pyrolysis-derived (CAS No101794-75-6), if they contain >0.005% (mass percentage) benzo[*a*]pyrene
248	苯并[*a*]芘的含量大于 0.005%（质量分数）的 C_{20-28} 多环芳烃碳氢化合物，来自煤焦油沥青与聚苯乙烯混合物的热解衍生物	aromatic hydrocarbons, C_{20-28}, polycyclic, mixed coal-tar pitch-polystyrene pyrolysis-derived (CAS No 101794-76-7), if they contain >0.005% (mass percentage) benzo[*a*]pyrene
249	砷及砷化合物	arsenic and its compounds
250	石棉	asbestos (CAS No 12001-28-4)
251	颠茄及其制剂	*Atropa belladonna* L. and its preparations
252	阿托品及其盐类和衍生物	atropine, its salts and derivatives

表 1(续)

序号	中 文 名 称	英 文 名 称
253	阿扎环醇及其盐类	azacyclonol (α,α-diphenyl-α-piperid-4-ylmethanol) and its salts
254	唑啶草酮	azafenidin(CAS No 68049-83-2)
255	吖丙啶；1-氮杂环丙烷；环乙亚胺	aziridine (CAS No 151-56-4)
256	偶氮苯	azobenzene (CAS No 103-33-3)
257	巴比妥酸盐类	barbiturates
258	钡盐类(除硫酸钡和表 6 中着色剂的不溶性钡盐，色淀和颜料外)	barium salts, with the exception of barium sulphate, and lakes, salts and pigments prepared from the colouring agents listed in table 6
259	贝美格及其盐类	bemegride (ethyl-3-methylglutarimide)and its salts
260	贝那替秦	benactyzine (2-diethylaminoethyl benzilate)
261	苄氟噻嗪及其衍生物	bendroflumethiazide (3-benzyl-3,4-dihydro-6-trifluoromethyl-2*H*-1,2,4- benzothiadiazine-7-sulfonamide 1,1-dioxide) and its derivatives
262	苯菌灵；苯雷特	benomyl (CAS No 17804-35-2)
263	苯并[*e*]醋亚菲	benz(*e*)acephenanthrylene (CAS No 205-99-2)
264	苯并[*a*]蒽	benz[*a*]anthracene (CAS No 56-55-3)
265	苯扎托品及其盐类	benzatropine [tropine benzhydryl ether; 3-(diphenylmethoxy)tropane] and its salts
266	苯并吖庚因及苯并二吖庚因	benzazepines and benzodiazepines
267	苯	benzene
268	联苯胺(4,4′-二氨基联苯)	benzidine (4,4′-diaminobiphenyl)
269	乙酸联苯胺	benzidine acetate (CAS No 36341-27-2)
270	联苯胺基偶氮染料	benzidine based azo dyes
271	二盐酸联苯胺	benzidine dihydrochloride (CAS No 531-85-1)
272	硫酸联苯胺	benzidine sulphate (CAS No 21136-70-9)
273	苯咯溴铵	benzilonium bromide (1,1-diethyl-3-hydroxypyrrolidinium bromide benzilate)
274	苯并咪唑-2(3*H*)-酮	benzimidazol-2(3*H*)-one

表 1（续）

序号	中文名称	英文名称
275	苯并[*k*]荧蒽	benzo(*k*)fluoranthene (CAS No 207-08-9)
276	苯并[*a*]芘	benzo[def]chrysene (=benzo[*a*]pyrene) (CAS No 50-32-8)
277	苯并[*e*]芘	benzo[*e*]pyrene (CAS No 192-97-2)
278	苯并[*j*]荧蒽	benzo[*j*]fluoranthene (CAS No 205-99-2)
279	4-羟基-3-甲氧基肉桂醇的苯甲酸酯(天然精油中的规定含量除外)	benzoates of 4-hydroxy-3-methoxycinnamyl alcohol except for normal content in natural essences used
280	2,4-二溴-丁酸苄酯	benzyl 2,4-dibromobutanoate (CAS No 23085-60-1)
281	苯基丁基邻苯二甲酸酯	benzyl butyl phthalate(CAS No 85-68-7)
282	苄基氰	benzyl cyanide (CAS No 140-29-4)
283	铍及铍化合物	beryllium and its compounds
284	贝托卡因及其盐类	betoxycaine [2-(2-diethylaminoethoxy) ethyl 3-amino-4-butoxybenzoate] and its salts
285	比他维林	bietamiverine (2-diethylaminoethyl α-phenyl-1-piperidineacetate)
286	乐杀螨	binapacryl (CAS No 485-31-4)
287	联苯-2-基胺	biphenyl-2-yl amine (CAS No 90-41-5)
288	4-氨基联苯及其盐	biphenyl-4-ylamine (CAS No 92-67-1) and its salts
289	邻苯二甲酸双(2-乙基己基)酯	bis (2-ethylhexyl) phthalate (CAS No 117-81-7)
290	邻苯二甲酸双(2-甲氧乙基)酯	bis (2-methoxyethyl) phthalate (CAS No 117-82-8)
291	双(2-甲氧基乙基)醚	bis (2-methyoxyethyl) ether (CAS No 111-96-6)
292	双-(2-氯乙基)醚	bis(2-chloroethyl) ether (CAS No 111-44-4)
293	双(环戊二烯基)-双[2,6-二氟-3-(吡咯-1-基)-苯基]钛	bis(cyclopentadienyl)-bis[2,6-difluoro-3-(pyrrol-1-yl)-phenyl]titanium(CAS No125051-32-3)
294	双酚 A(二酚基丙烷)	bisphenol A(4,4′-isopropylidenediphenol) (CAS No 80-05-7)
295	硫氯酚	bithionol [2,2′-thiobis (4,6-dichlorophenol)]
296	托西溴苄铵	bretylium tosilate [(*o*-bromobenzyl) ethyldimethylammonium-*p*-toluenesulfonate]
297	溴(元素状态)	bromine, elemental

表 1（续）

序号	中文名称	英文名称
298	溴米索伐	bromisoval [1-(2-bromo-3-methylbutyryl) urea]
299	溴乙烷	bromoethane (CAS No 74-96-6)
300	溴乙烯	bromoethylene (CAS No593-60-2)
301	溴代甲烷	bromomethane (CAS No 74-83-9)
302	溴苯腈庚酸酯	bromoxynil heptanoate (ISO)(CAS No 56634-95-8)
303	溴苯那敏及其盐类	brompheniramine [3-(p-bromophenyl)-*N*,*N*-dimethyl-3-pyrid-2-ylpropylamine] and its salts
304	番木鳖碱	brucine
305	丁二烯	buta-1,3-diene (CAS No 106-99-0)
306	丁二烯含量大于或等于 0.1%(质量分数)的丁烷	butane (CAS No 106-97-8), if it contains ≥0.1%(mass percentage) butadiene
307	布坦卡因及其盐类	butanilicaine (2-butylamino-6′-chloro-o-acetotoluidide) and its salts
308	布托哌啉及其盐类	butopiprine (2-butoxyethyl *α*-phenyl-1-piperidineacetate) and its salts
309	缩水甘油丁醚	butyl glycidyl ether (CAS No 2426-08-6)
310	溶剂黄 14	solvent yellow 14 (CAS No 842-07-9)
311	镉和镉的化合物	cadmium and its compounds
312	斑蝥	cantharides, *cantharis vesicatoria*
313	敌菌丹	captafol (2425-06-1)
314	卡普托胺	captodiame [2-(*p*-butylmercaptobenzhydrylmercapto)-*N*,*N*-dimethylethylamine]
315	卡拉美芬及其盐类	caramiphen (2-diethylaminoethyl ester of 1-phenylcyclopentanecarboxylic acid) and its salts
316	卡巴多司	carbadox (CAS No 6804-07-5)
317	甲萘威(甲氨甲酸萘酯)	carbaryl (CAS No 63-25-2)
318	多菌灵	carbendazim (CAS No 10605-21-7)
319	二硫化碳	carbon disulphide
320	一氧化碳	carbon monoxide (CAS No 630-08-0)

表 1(续)

序号	中文名称	英文名称
321	四氯化碳	carbon tetrachloride
322	卡溴脲	carbromal [1-(2-bromo-2-ethylbutyryl) urea]
323	氨磺丁脲	carbutamide [*N*′- (butylcarbamoyl) sulfanilamide; 1-butyl-3-sulfanilylurea]
324	卡立普多	carisoprodol (2-carbamyloxymethyl-2-isopropylcarbamyloxymethylpentane)
325	过氧化氢酶	catalase
326	儿茶酚	catechol
327	人的细胞、组织或其产品	cells, tissues or products of human origin
328	吐根酚碱及其盐	cephaeline and its salts
329	土荆芥(精油)	*Chenopodium ambrosioides* (essential oil)
330	灭螨猛	chinomethionate (CAS No 2439-01-2)
331	纯氯丹	chlordane, pur (CAS No 57-74-9)
332	开蓬;十氯酮	chlordecone (CAS No 143-50-0)
333	氯苯甲脒	chlordimeform (CAS No 6164-98-3)
334	氯	chlorine
335	氮芥及其盐类	chlormethine [2,2′-dichloro-*N*-methyldiethylamine; bis (2-chloroethyl) methylamine] and its salts
336	氯乙醛	chloroacetaldehyde (CAS No 107-20-0)
337	氯乙烷	chloroethane
338	三氯甲烷	chloroform
339	氯代甲烷	chloromethane (CAS No 74-87-3)
340	氯气甲基甲基醚	chloromethyl methyl ether (CAS No 107-30-2)
341	氯美扎酮	chloromezanone
342	氯丁二烯(2-氯-1,3-丁二烯)	chloroprene (stabilized) (2-chlorobuta-1,3-diene) (CAS No 126-99-8)

表 1(续)

序号	中文名称	英文名称
343	四氯二氰苯；百菌清	chlorothalonil (CAS No 1897-45-6)
344	绿麦隆[N′-(3-氯-4-甲苯基)-N,N-甲基脲]	chlorotoluron[3-(3-chloro-*p*-tolyl)-1,1-dimethylurea] (CAS No 15545-48-9)
345	氯苯沙明	chlorphenoxamine {2-[1-(*p*-chlorophenyl)-1-phenylethoxy]-*N*,*N*-dimethylethylamine}
346	氯磺丙脲	chlorpropamide [1-(*p*-chlorophenylsulfonyl)-3-propylurea]
347	氯普噻吨及其盐类	chlorprothixene [trans isomer of 3-(2-chlorothioxanthen-9-ylidene) -*N*,*N*-dimethylpropylamine; taractan] and its salts
348	氯噻酮	chlortalidone [2-chloro-5-(1-hydroxy-3-oxo-1-isoindolinyl) benzenesulfonamide]
349	氯唑沙宗	chlorzoxazone (5-chloro-2-benzoxazolinone)
350	乙菌利	chlozolinate (CAS No 84332-86-5)
351	胆碱盐类及它们的酯类,例如氯化胆碱	choline salts and their esters, e.g. choline chloride [(2-hydroxyethyl)- trimethylammonium chloride]
352	铬、铬酸及其盐类	chromium; chromic acid and its salts
353	䓛	chrysene (CAS No 205-99-2)
354	辛可卡因及其盐类	cinchocaine [2-butoxy-*N*-(2-diethylamincethyl) cinchoninamide] and its salts
355	辛可芬及其盐类,衍生物以及衍生物的盐类	cinchophen (2-phenylcinchoninic acid), its salts, derivatives and salts of these derivatives
356	催化裂解处理的澄清油(石油)	clarified oils (petroleum),catalytic cracked (CAS No 64741-75-9)
357	加氢脱硫催化裂解的澄清油(石油)	clarified oils(petroleum), hydrodesulfurised catalytic cracked (CAS No 68333-26-6)
358	麦角菌及其生物碱和草药制剂	*claviceps purpurea tul.*, its alkaloids and galenical preparations
359	氯非那胺	clofenamide (4-chloro-1,3-benzenedisulfon-amide)
360	滴滴涕	clofenotane; DDT (ISO)
361	苯并[*a*]芘的含量大于0.005%(质量分数)的液体溶剂萃取的液态煤	coal liquids, liq solvent extn (CAS No 94114-48-4), if they contain >0.005% (mass percentage) benzo[*a*]pyrene
362	苯并[*a*]芘的含量大于0.005%(质量分数)的液态煤,来自液体溶剂萃取的煤溶液	coal liquids, liq solvent extn soln(CAS No 94114-47-3), if they contain >0.005% (mass percentage) benzo[*a*]pyrene

表 1(续)

序号	中文名称	英文名称
363	苯磺酸钴	cobalt benzenesulphonate
364	二氯化钴	cobalt dichloride (CAS No7646-79-9)
365	硫酸钴	cobalt sulphate (CAS No 10124-43-3)
366	秋水仙碱及其盐类和衍生物	colchicine, its salts and derivatives
367	秋水仙糖苷及其衍生物	colchicoside and its derivatives
368	秋水仙及其草药制剂	*Colchicum autumnale* L. and its galenical preparations
369	着色剂 CI 12075 及其色淀、颜料及盐类	colouring agent CI 12075 and its lakes, pigments and salts
370	着色剂 CI 12140	colouring agent CI 12140
371	着色剂 CI 13065	colouring agent CI 13065
372	着色剂 CI 15585	colouring agent CI 15585
373	着色剂 CI 26105	colouring agent CI 26105
374	着色剂 CI 42535	colouring agent CI 42535
375	着色剂 CI 42555 着色剂 CI 42555-1 着色剂 CI 42555-2	colouring agent CI 42555 colouring agent CI 42555-1 colouring agent CI 42555-2
376	着色剂 CI 42640	colouring agent CI 42640
377	着色剂 CI 45170 和 CI 45170:1	colouring agent CI 45170 and CI 45170:1
378	着色剂 CI 61554	colouring agent CI 61554
379	毒芹碱	coniine
380	毒参(果实、粉末和草药制剂)	*conium maculatum* L. (fruit, powder, galenical preparations)
381	铃兰毒甙	convallatoxin
382	木香根油	costus root oil(saussurea lappa clarke)
383	库美香豆素	coumetarol [3,3′-(2-methoxyethylidene) bis (4-hydroxycoumarin)]

表 1（续）

序号	中 文 名 称	英 文 名 称
384	苯并[*a*]芘的含量大于 0.005%（质量分数）的不含二氢苊的杂酚油，来自二氢苊馏分	creosote oil, acenaphthene fraction, acenaphthene-free (CAS No 90640-85-0), if it contains >0.005% (mass percentage) benzo[*a*]pyrene
385	苯并[*a*]芘的含量大于 0.005%（质量分数）的杂酚油，来自洗涤油的二氢苊馏分	creosote oil, acenaphthene fraction, wash oil, if it contains > 0.005 %(mass percentage) benzo[*a*]pyrene (CAS No 90640-84-9)
386	苯并[*a*]芘的含量大于 0.005%（质量分数）的杂酚油，来自洗涤油的高沸点馏分	creosote oil, high-boiling distillate, wash oil, if it contains > 0.005 %(mass percentage) benzo[*a*]pyrene (CAS No 70321-79-8)
387	苯并[*a*]芘的含量大于 0.005%（质量分数）的杂酚油	creosote oil, if it contains > 0.005 %(mass percentage) benzo[*a*]pyrene (CAS No 61789-28-4)
388	苯并[*a*]芘的含量大于 0.005%（质量分数）的杂酚油，来自洗涤油的低沸点馏分	creosote oil, low-boiling distillate, wash oil, if it contains > 0.005 %(mass percentage) benzo[*a*]pyrene (CAS No 70321-80-1)
389	苯并[*a*]芘的含量大于 0.005%（质量分数）的杂酚油	creosote, if it contains > 0.005 %(mass percentage) benzo[*a*]pyrene (CAS No 8001-58-9)
390	巴豆（巴豆油）	*Croton tiglium* (oil)
391	巴豆醛	crotonaldehyde (CAS No 4170-30-3)
392	粗制和精制煤焦油	crude and refined coal tars
393	箭毒和箭毒碱	curare and curarine
394	仙客来醇	cyclamen alcohol (CAS No 4756-19-8)
395	环拉氨酯	cyclarbamate [1,1-bis (phenylcarbamoyloxymethyl) cyclopentane]
396	赛克利嗪及其盐类	cyclizine (1-benzhydryl-4-methylpiperazine) and its salts
397	放线菌酮	cycloheximide (CAS No 66-81-9)
398	环美酚及其盐类	cyclomenol (2-cyclohexyl-3,5-xylenol; 2-cyclohexyl-3,5-dimethylphenol) and its salts
399	环磷酰胺及其盐类	cyclophosphamide {2[bis(2-chloroethyl) amino] tetralydro-2*H*-1, 3, 2- oxazaphesphorine 2-oxide} and its salts
400	丁酰肼：*N*-二甲氨基琥珀酰胺酸	daminozide (CAS No 1596-84-5)
401	曼陀罗及其草药制剂	*Datura stramonium* L. and its galenical preparations
402	醋谷地阿诺	deanol aceglumate

表 1（续）

序号	中 文 名 称	英 文 名 称
403	癸亚甲基双(三甲铵)盐类，例如：十烃溴铵	decamethylenebis (trimethylammonium) salts, e. g. decamethonium bromide
404	右美沙芬及其盐类	dextromethorphan [(+)-3-methoxy-*N*-methylmorphinan] and its salts
405	右丙氧吩	dextropropoxyphene [a-(+)-4-dimethylamino-3-methyl-1, 2-diphenyl-2-butanol propionate ester]
406	燕麦敌	di-allate (CAS No 2303-16-4)
407	二氨基甲苯，工业品—4-甲基-间-苯二胺和 2-甲基-间-苯二胺的混合物(甲基苯二胺)	diaminotoluene, technical product -mixture of 4-methyl-m-phenylene diamine and 2-methyl-m-phenylene diamine methyl-phenylenediamine(CAS No 25376-45-8)
408	重氮甲烷	diazomethane (CAS No 334-88-3)
409	二苯并[*a*,*h*]蒽	dibenz[*a*,*h*]anthracene (CAS No 53-70-3)
410	二溴 *N*-水杨酰苯胺类	dibromosalicylanilides
411	邻苯二甲酸二丁酯	dibutyl phthalate (CAS No84-74-2)
412	二氯乙烷类(乙烯基氯类)	dichloroethanes (ethylene chlorides)
413	二氯乙烯类(乙炔基氯类)	dichloroethylenes (acetylene chlorides)
414	二氯 *N*-水杨酰苯胺类	dichlorosalicylanilides
415	双香豆素	dicoumarol [3,3′-methylenebis (4-hydroxyconmarin)]
416	狄氏剂	dieldrin (CAS No 60-57-1)
417	磷酸-4-硝基苯基二乙基酯	diethyl-4-nitrophenyl phosphate
418	马来酸二乙酯	diethyl maleate (CAS No 141-05-9)
419	硫酸二乙酯	diethyl sulphate (CAS No 64-67-5)
420	二乙基氨基甲酰氯	diethylcarbamoyl-chloride (CAS No 88-10-8)
421	二苯沙秦	difencloxazine {4-[2-(*p*-chloro-*a*-phenylhenzyloxy) ethyl]morpholine}
422	毛地黄苷和洋地黄的各种苷	digitaline and all heterosides of *digitalis purpurea* L.
423	二氢香豆素	dihydrocoumarine (CAS No 119-84-6)

表 1（续）

序号	中文名称	英文名称
424	二氢速甾醇	dihydrotachysterol (dichystrol)
425	二甲基柠康酸酯	dimethyl citraconate (CAS No 617-54-9)
426	二甲基亚砜	dimethyl sulfoxide
427	硫酸二甲酯	dimethyl sulphate (CAS No 77-78-1)
428	二甲胺	dimethylamine
429	二甲基氨基甲酰氯	dimethylcarbamoyl chloride (CAS No 79-44-7)
430	二甲基甲酰胺	dimethylformamide
431	二甲基亚硝胺	dimethylnitrosoamine (CAS No 62-75-9)
432	二甲基氨磺酰氯化物	dimethylsulphamoyl-chloride (CAS No 13360-57-1)
433	地美戊胺及其盐类	dimevamide (4-dimethylamino-2,2-diphenylvaleramide) and its salts
434	三氧化二镍	dinickel trioxide (CAS No 1314-06-3)
435	二硝基苯酚同分异构体	dinitrophenol isomers
436	二硝基甲苯，工业级	dinitrotoluene, technical grade (CAS No 121-14-2)
437	二硝基甲苯	dinitrotoluene (CAS No 25321-14-6)
438	敌螨普	dinocap (ISO) (CAS No 39300-45-3)
439	地乐酚[2-(1-甲基正丙基)-4,6-二硝基苯酚]及其盐类和酯类，在本表的别处规定的除外	dinoseb (CAS No 88-85-7), its salts and esters with the exception of those specified elsewhere in this list
440	地乐硝酚，它的盐和酯	dinoterb (CAS No1420-07-1), its salts and esters
441	二恶烷	dioxane
442	二羟西君及其盐类	dioxethedrin [1-(3,4-dihydroxyphenyl)-2-ethylamino-1-propanol] and its salts
443	苯海拉明及其盐类	diphenhydramine (2-diphenylmethoxy-*N*,*N*-dimethylaminc;dimedrol) and its salts
444	地芬诺酯	diphenoxylate hydrochloride [ethyl ester of 1-(3-cyano-3,3-diphenylpropyl)-4- phenylisonipecotic acid]
445	二苯胺	diphenylamine (CAS No 122-39-4)

表 1（续）

序号	中 文 名 称	英 文 名 称
446	二苯醚的八溴衍生物	diphenylether；octabromo derivate（CAS No 32536-52-0）
447	二苯拉林及其盐类	diphenylpyraline（4-benzhydryloxy-1-methylpiperidine）and its salts
448	3,3′-[(1,1′-联苯)-4,4′-二基双(偶氮)]双(4-萘胺-1-磺酸)二钠	disodium 3,3′-[(1,1′-biphenyl)-4,4′-diyl bis(azo)] bis（4-aminonaphthalene-1-sulphonate）（CAS No 573-58-0）
449	4-氨基-3-〔{4′-[(2,4-二氨基苯)偶氮](1,1′-联苯)-4-基}偶氮〕-5-羟基-6-(苯偶氮基)萘-2,7-二磺酸二钠	disodium 4-amino-3-〔{4′-[(2,4-diaminophenyl)azo]（1,1′-biphenyl)-4-yl}azo〕-5-hydroxy-6-(phenylazo)naphthalene-2,7-disulphonate（CAS No 1937-37-7）
450	5-[〈4′-〔{2,6-二羟基-3-[(2-羟基-5-磺苯基)偶氮]苯基}(1,1′-联苯)-4-基〕偶氮〉水杨酰(4-)]铜酸(2-)二钠	disodium5-[〈4′-〔{2,6-dihydroxy-3-[(2-hydroxy-5-sulphophenyl)azo]phenyl}(1,1′-biphenyl)-4-yl〕azo〉salicylato(4-)]cuprate(2-)（CAS No 16071-86-6）
451	分散黄 3	disperse yellow 3（CAS No 2832-40-8）
452	苯并[*a*]芘的含量大于 0.005%(质量分数)的含稠环芳烃的煤-石油馏分	distillates（coal-petroleum），condensed-ring arom(CAS No 68188-48-7)，if they contain ＞0.005%（mass percentage）benzo[*a*]pyrene
453	酸处理的(石油)轻馏分，除非清楚全部精炼过程并且能够证明所获得的物质不是致癌物	distillates（petroleum），acid-treated light（CAS No 64742-14-9），except if the full refining history is known and it can be shown that the substance from which it is produced is not a carcinogen
454	酸处理的(石油)中间馏分，除非清楚全部精炼过程并且能够证明所获得的物质不是致癌物	distillates（petroleum），acid-treated middle（CAS No 64742-13-8），except if the full refining history is known and it can be shown that the substance from which it is produced is not a carcinogen
455	丁二烯含量大于 0.1%(质量分数)富戊间二烯的含 C_{3-4} 的石油馏分	distillates（petroleum），C_{3-6}，piperylene-rich（CAS No 68477-35-0），if they contain ＞0.1%（mass percentage）butadiene
456	活性炭处理的轻石蜡馏分(石油)，除非清楚全部精炼过程并且能够证明所获得的物质不是致癌物	distillates（petroleum），carbon-treated light paraffinic（CAS No 100683-97-4），except if the full refining history is known and it can be shown that the substance from which it is produced is not a carcinogen
457	催化重整分馏塔处理的(石油)残液高沸点馏分，除非清楚全部精炼过程并且能够证明所获得的物质不是致癌物	distillates（petroleum），catalytic reformer fractionator residue，high-boiling（CAS No 68477-29-2），except if the full refining history is known and it can be shown that the substance from which it is produced is not a carcinogen

表 1(续)

序号	中文名称	英文名称
458	催化重整分馏塔处理的(石油)残液中沸点馏分，除非清楚全部精炼过程并且能够证明所获得的物质不是致癌物	distillates (petroleum), catalytic reformer fractionator residue, intermediate-boiling (CAS No 68477-30-5), except if the full refining history is known and it can be shown that the substance from which it is produced is not a carcinogen
459	催化重整分馏塔处理的(石油)残液低沸点馏分，除非清楚全部精炼过程并且能够证明所获得的物质不是致癌物	distillates (petroleum), catalytic reformer fractionator residue, low-boiling (CAS No 68477-31-6), except if the full refining history is known and it can be shown that the substance from which it is produced is not a carcinogen
460	含浓重芳烃的催化重整(石油)馏分，除非清楚全部精炼过程并且能够证明所获得的物质不是致癌物	distillates (petroleum), catalytic reformer, heavy arom conc (CAS No 91995-34-5), except if the full refining history is known and it can be shown that the substance from which it is produced is not a carcinogen
461	化学中和的(石油)中间馏分，除非清楚全部精炼过程并且能够证明所获得的物质不是致癌物	distillates (petroleum), chemically neutralised middle (CAS No 64742-30-9), except if the full refining history is known and it can be shown that the substance from which it is produced is not a carcinogen
462	二甲基亚砜提取物含量大于 3%(质量分数)的粘土处理的重环烷(石油)馏分	distillates (petroleum), clay-treated heavy naphthenic (CAS No 64742-44-5), if they contain >3% (mass percentage) DMSO extract
463	二甲基亚砜提取物含量大于 3%(质量分数)的粘土处理的重石蜡(石油)馏分	distillates (petroleum), clay-treated heavy paraffinic (CAS No 64742-36-5), if they contain >3% (mass percentage) DMSO extract
464	二甲基亚砜提取物含量大于 3%(质量分数)的粘土处理的轻环烷(石油)馏分	distillates (petroleum), clay-treated light naphthenic (CAS No 64742-45-6), if they contain >3% (mass percentage) DMSO extract
465	二甲基亚砜提取物含量大于 3%(质量分数)的粘土处理的轻石蜡(石油)馏分	distillates (petroleum), clay-treated light paraffinic (CAS No 64742-37-6), if they contain >3% (mass percentage) DMSO extract
466	粘土处理的(石油)中间馏分，除非清楚全部精炼过程并且能够证明所获得的物质不是致癌物	distillates (petroleum), clay-treated middle (CAS No 64742-38-7), except if the full refining history is known and it can be shown that the substance from which it is produced is not a carcinogen
467	二甲基亚砜提取物含量大于 3%(质量分数)的复合脱蜡处理的重石蜡馏分(石油)	distillates (petroleum), complex dewaxed heavy paraffinic (CAS No 90640-91-8), if they contain >3% (mass percentage) DMSO extract
468	二甲基亚砜提取物含量大于 3%(质量分数)的复合脱蜡处理的轻石蜡馏分(石油)	distillates (petroleum), complex dewaxed light paraffinic (CAS No 90640-92-9), if they contain >3% (mass percentage) DMSO extract

表 1（续）

序号	中文名称	英文名称
469	二甲基亚砜提取物含量大于3%(质量分数)的加氢脱蜡的重环烷馏分(石油)	distillates (petroleum), dewaxed heavy paraffinic, hydrotreated (CAS No 91995-39-0) if they contain >3% (mass percentage) DMSO extract
470	二甲基亚砜提取物含量大于3%(质量分数)的加氢脱蜡的轻环烷馏分(石油)	distillates (petroleum), dewaxed light paraffinic, hydrotreated (CAS No 91995-40-3), if they contain >3% (mass percentage) DMSO extract
471	二甲基亚砜提取物含量大于3%(质量分数)的重加氢裂解的(石油)馏分	distillates (petroleum), heavy hydrocracked (CAS No 64741-76-0), if they contain >3% (mass percentage) DMSO extract
472	深度精炼的(石油)中间馏分，除非清楚全部精炼过程并且能够证明所获得的物质不是致癌物	distillates (petroleum), highly refined middle (CAS No 90640-93-0), except if the full refining history is known and it can be shown that the substance from which it is produced is not a carcinogen
473	二甲基亚砜提取物含量大于3%(质量分数)的加氢裂解溶剂精制的轻馏分(石油)	distillates (petroleum), hydrocracked solvent-refined light (CAS No 97488-73-8), if they contain > 3% (mass percentage) DMSO extract
474	二甲基亚砜提取物含量大于3%(质量分数)的脱蜡的加氢裂解溶剂精制馏分(石油)	distillates (petroleum), hydrocracked solvent-refined, dewaxed (CAS No 91995-45-8), if they contain >3% (mass percentage) DMSO extract
475	加氢脱硫的全程中间馏分(石油)	distillates (petroleum), hydrodesulfurised full-range middle (CAS No 101316-57-8)
476	加氢脱硫重度催化裂解馏分(石油)	distillates (petroleum), hydrodesulfurised heavy catalytic cracked (CAS No 68333-28-8)
477	加氢脱硫中度催化裂解馏分(石油)	distillates (petroleum), hydrodesulfurised intermediate catalytic cracked (CAS No 68333-27-7)
478	加氢脱硫处理的(石油)中间馏分，除非清楚全部精炼过程并且能够证明所获得的物质不是致癌物	distillates (petroleum), hydrodesulfurised middle (CAS No 64742-80-9), except if the full refining history is known and it can be shown that the substance from which it is produced is not a carcinogen
479	二甲基亚砜提取物含量大于3%(质量分数)的加氢重环烷(石油)馏分	distillates (petroleum), hydrotreated heavy naphthenic (CAS No 64742-52-5), if they contain > 3% (mass percentage) DMSO extract
480	二甲基亚砜提取物含量大于3%(质量分数)的加氢重石蜡(石油)馏分	distillates (petroleum), hydrotreated heavy paraffinic (CAS No 64742-54-7), if they contain >3% (mass percentage) DMSO extract
481	二甲基亚砜提取物含量大于3%(质量分数)的加氢轻环烷(石油)馏分	distillates (petroleum), hydrotreated light naphthenic (CAS No 64742-53-6), if they contain >3% (mass percentage) DMSO extract
482	二甲基亚砜提取物含量大于3%(质量分数)的加氢轻石蜡(石油)馏分	distillates (petroleum), hydrotreated light paraffinic (CAS No 64742-55-8), if they contain >3% (mass percentage) DMSO extract

表 1（续）

序号	中 文 名 称	英 文 名 称
483	加氢的(石油)中间馏分，除非清楚全部精炼过程并且能够证明所获得的物质不是致癌物	distillates (petroleum), hydrotreated middle (CAS No 64742-46-7), except if the full refining history is known and it can be shown that the substance from which it is produced is not a carcinogen
484	活性炭处理的中间馏分石蜡(石油)，除非清楚全部精炼过程并且能够证明所获得的物质不是致癌物	distillates (petroleum), intermediate paraffinic, carbon-treated (CAS No 100683-98-5), except if the full refining history is known and it can be shown that the substance from which it is produced is not a carcinogen
485	粘土处理的中间馏分石蜡(石油)，除非清楚全部精炼过程并且能够证明所获得的物质不是致癌物	distillates (petroleum), intermediate paraffinic, clay-treated (CAS No 100683-99-6), except if the full refining history is known and it can be shown that the substance from which it is produced is not a carcinogen
486	轻链烷馏分(石油)	distillates (petroleum), light paraffinic (CAS No 64741-50-0)
487	二甲基亚砜提取物含量大于3%(质量分数)的粘土处理的溶剂脱蜡的重石蜡馏馏分(石油)	distillates (petroleum), solvent dewaxed heavy paraffinic, clay-treated (CAS No 90640-94-1), if they contain >3% (mass percentage) DMSO extract
488	二甲基亚砜提取物含量大于3%(质量分数)的粘土处理的溶剂脱蜡轻石蜡馏分(石油)	distillates (petroleum), solvent dewaxed light paraffinic, clay-treated (CAS No 90640-96-3), if they contain >3% (mass percentage) DMSO extract
489	二甲基亚砜提取物含量大于3%(质量分数)的氢化的溶剂脱蜡轻石蜡馏分(石油)	distillates (petroleum), solvent dewaxed light paraffinic, hydrotreated (CAS No 90640-97-4), if they contain >3% (mass percentage) DMSO extract
490	二甲基亚砜提取物含量大于3%(质量分数)的溶剂脱蜡处理的重环烷(石油)馏分	distillates (petroleum), solvent-dewaxed heavy naphthenic (CAS No 64742-63-8), if they contain >3% (mass percentage) DMSO extract
491	二甲基亚砜提取物含量大于3%(质量分数)的溶剂脱蜡处理的重石蜡(石油)馏分	distillates (petroleum), solvent-dewaxed heavy paraffinic (CAS No 64742-65-0), if they contain >3% (mass percentage) DMSO extract
492	二甲基亚砜提取物含量大于3%(质量分数)的溶剂脱蜡处理的轻环烷(石油)馏分	distillates (petroleum), solvent-dewaxed light naphthenic (CAS No 64742-64-9), if they contain >3% (mass percentage) DMSO extract
493	二甲基亚砜提取物含量大于3%(质量分数)的溶剂脱蜡处理的轻石蜡(石油)馏分	distillates (petroleum), solvent-dewaxed light paraffinic (CAS No 64742-56-9), if they contain >3% (mass percentage) DMSO extract
494	二甲基亚砜提取物含量大于3%(质量分数)的溶剂精制处理的重环烷(石油)馏分	distillates (petroleum), solvent-refined heavy naphthenic (CAS No 64741-96-4), if they contain >3% (mass percentage) DMSO extract

表 1（续）

序号	中文名称	英文名称
495	二甲基亚砜提取物含量大于 3%(质量分数)的溶剂精制处理的重石蜡(石油)馏分	distillates (petroleum), solvent-refined heavy paraffinic (CAS No 64741-88-4), if they contain >3% (mass percentage) DMSO extract
496	二甲基亚砜提取物含量大于 3%(质量分数)的溶剂精制的加氢裂解轻馏分(石油)	distillates (petroleum), solvent-refined hydrocracked light (CAS No 94733-09-2), if they contain >3% (mass percentage) DMSO extract
497	二甲基亚砜提取物含量大于 3%(质量分数)的溶剂精制的加氢重馏分(石油)	distillates (petroleum), solvent-refined hydrogenated heavy (CAS No 97488-74-9), if they contain >3% (mass percentage) DMSO extract
498	二甲基亚砜提取物含量大于 3%(质量分数)的加氢的溶剂精制氢化重馏分(石油)	distillates (petroleum), solvent-refined hydrotreated heavy, hydrogenated (CAS No 94733-08-1), if they contain >3% (mass percentage) DMSO extract
499	二甲基亚砜提取物含量大于 3%(质量分数)的溶剂精制处理的轻环烷(石油)馏分	distillates (petroleum), solvent-refined light naphthenic (CAS No 64741-97-5), if they contain >3% (mass percentage) DMSO extract
500	二甲基亚砜提取物含量大于 3%(质量分数)的加氢的溶剂精制的轻环烷馏分(石油)	distillates (petroleum), solvent-refined light naphthenic, hydrotreated (CAS No 91995-54-9), if they contain >3% (mass percentage) DMSO extract
501	二甲基亚砜提取物含量大于 3%(质量分数)的溶剂精制处理的轻度石蜡(石油)馏分	distillates (petroleum), solvent-refined light paraffinic (CAS No 64741-89-5), if they contain > 3% (mass percentage) DMSO extract
502	溶剂精制的(石油)中间馏分，除非清楚全部精炼过程并且能够证明所获得的物质不是致癌物	distillates (petroleum), solvent-refined middle (CAS No 64741-91-9), except if the full refining history is known and it can be shown that the substance from which it is produced is not a carcinogen
503	脱硫的(石油)中间馏分，除非清楚全部精炼过程并且能够证明所获得的物质不是致癌物	distillates (petroleum), sweetened middle (CAS No 64741-86-2), except if the full refining history is known and it can be shown that the substance from which it is produced is not a carcinogen
504	酸处理的重环烷馏分(石油)	distillates (petroleum), acid-treated heavy naphthenic (CAS No 64742-18-3)
505	酸处理的重链烷馏分(石油)	distillates (petroleum), acid-treated heavy paraffinic (CAS No 64742-20-7)
506	酸处理的轻环烷馏分(石油)	distillates (petroleum), acid-treated light naphthenic (CAS No 64742-19-4)
507	酸处理的轻链烷馏分(石油)	distillates (petroleum), acid-treated light paraffinic (CAS No 67742-21-8)
508	化学中和的轻环烷馏分(石油)	distillates (petroleum), chemically neutralized light naphthenic (CAS No 64742-03-6)
509	化学中和的轻链烷馏分(石油)	distillates (petroleum), chemically neutralized light paraffinic (CAS No 64742-28-5)

表 1（续）

序号	中文名称	英文名称
510	裂解蒸汽裂解石油馏分(石油)	distillates (petroleum), cracked steam-cracked petroleum distillates(CAS No 68477-38-3)
511	重环烷馏分(石油)	distillates (petroleum), heavy naphthenic (CAS No 64741-53-3)
512	重链烷馏分(石油)	distillates (petroleum), heavy paraffinic (CAS No 64741-51-1)
513	重度热裂解馏分(石油)	distillates (petroleum), heavy thermal cracked (CAS No 64741-81-7)
514	重度催化裂解馏分(石油)	distillates (petroleum), heavy, catalytic cracked (CAS No 64741-61-3)
515	重度蒸汽裂解馏分(石油)	distillates (petroleum), heavy, steam-cracked (CAS No 101631-14-5)
516	加氢脱硫、轻度催化裂解的馏分(石油)	distillates (petroleum), hydrodesulfurised light catalytic cracked (CAS No 68333-25-5)
517	加氢脱硫中度焦化馏分(石油)	distillates (petroleum), hydrodesulfurised middle coker (CAS No 101316-59-0)
518	加氢脱硫、热裂解的中间馏分(石油)	distillates (petroleum), hydrodesulfurised thermal cracked middle (CAS No 85116-53-6)
519	中度催化裂解及热降解的馏分(石油)	distillates (petroleum), intermediate catalytic cracked, thermally degraded (CAS No 92201-59-7)
520	减压蒸馏的中等沸点馏分(石油)	distillates (petroleum), intermediate vacuum(CAS No 70592-76-6)
521	轻度催化裂解的馏分(石油)	distillates (petroleum), light catalytic cracked (CAS No 64741-59-9)
522	轻度催化裂解热降解处理的馏分(石油)	distillates (petroleum), light catalytic cracked, thermally degraded (CAS No 92201-60-0)
523	轻度加氢裂化处理的石油馏出液	distillates (petroleum), light hydrocracked (CAS No 64741-77-1)
524	轻环烷馏分(石油)	distillates (petroleum), light naphthenic (CAS No 64741-52-2)
525	轻度蒸汽裂解石脑油馏分(石油)	distillates (petroleum), light steam-cracked naphtha (CAS No 68475-80-9)
526	轻度热裂解的馏分(石油)	distillates (petroleum), light thermal cracked (CAS No 64741-82-8)
527	减压蒸馏的低沸点馏分(石油)	distillates (petroleum), light vacuum(CAS No 70592-77-7)
528	石油残油减压蒸馏馏分(石油)	distillates (petroleum), petroleum residues vacuum(CAS No 68955-36-2)
529	减压蒸馏馏分(石油)	distillates (petroleum), vacuum (CAS No 70592-78-8)
530	化学中和的重环烷馏分(石油)	distillates(petroleum), chemically neutralized heavy naphthenic (CAS No 64742-34-3)
531	化学中和的重链烷馏分(石油)	distillates(petroleum), chemically neutralized heavy paraffinic (CAS No 64742-27-4)
532	中度催化裂解的馏分(石油)	distillates(petroleum), intermediate catalytic cracked (CAS No 64741-60-2)

表 1（续）

序号	中文名称	英文名称
533	双硫仑；塞仑	disulfiram [tetraethylthiuram disulfide; bis (diethylthiocarbamyl) disulfide]; thiram(ISO)
534	二硫代-2,2′-双吡啶-二氧化物 1,1′(添加三水合硫酸镁)(双吡硫酮+硫酸镁)	dithio-2,2′-bispyridine-dioxide 1,1′(additive with trihydrated magnesium sulphate)-(pyrithione disulphide+magnesium sulphate)
535	敌草隆	diuron (CAS No 330-54-1)
536	五氧化二钒	divanadium pentaoxide (CAS No 1314-62-1)
537	4,6-二硝基邻甲酚	dNOC (CAS No534-52-1)
538	十二氯五环[5.2.1.$0^{2,6}$.$0^{3,9}$.$0^{5,8}$]癸烷	dodecachloropentacyclo[5.2.1.$0^{2,6}$.$0^{3,9}$.$0^{5,8}$]decane (CAS No 2385-85-5)
539	多西拉敏及其盐类	doxylamine {2-[α-(2-dimethylaminoethoxy)-α-methylbenzyl] pyridine; histadoxylamine} and its salts
540	依米丁及其盐类和衍生物	emetine, its salts and derivatives
541	麻黄碱及其盐类	ephedrine and its salts
542	肾上腺素	epinephrine (3,4-dihydroxy-α-methylaminomethylbenzyl alcohol; adrenaline)
543	氟环唑	epoxiconazole (CAS No 133855-98-8)
544	(环氧乙基)苯	(epoxyethyl)benzene (CAS No 96-09-3)
545	骨化醇和胆骨化醇(维生素 D_2 和 D_3)	ergocalciferol and cholecalciferol (vitamins D_2 and D_3)
546	毛沸石	erionite (CAS No 12510-42-8)
547	毒扁豆碱(依色林)及其盐类	eserine or physostigmine and its salts
548	带游离氨基的 4-氨基苯甲酸酯类	esters of 4-aminobenzoic acid, with the free amino group
549	乙硫异烟胺	ethionamide (2-ethylisonicotinthioamide; α-ethylisonicotinic thioamide; 2-ethyl-4- thiocarbamoylpyridine)
550	依索庚嗪及其盐类	ethoheptazine (4-carbethoxy-1-methyl-4-phenylhexamethylenimine) and its salts
551	丙烯酸乙酯	ethyl acrylate (CAS No 140-88-5)
552	双(4-羟基-2-氧代-1-苯并吡喃-3-基)乙酸乙酯及酸的盐类	ethyl bis (4-hydroxy-2-oxo-1-benzopyran-3-yl) acetate and salts of the acid
553	乙二醇二甲醚	ethylene glycol dimethyl ether (CAS No 110-71-4)

表 1（续）

序号	中文名称	英文名称
554	环氧乙烷	ethylene oxide
555	苯丁酰脲	ethylphenacemide [1-(2-phenylbutyryl) urea]
556	苯并[a]芘的含量大于0.005%(质量分数)的褐煤提取残渣	extract residues (coal), brown (CAS No 91697-23-3), if they contain >0.005% (mass percentage) benzo[a]pyrene
557	苯并[a]芘的含量大于0.005%(质量分数)的煤提取残渣，来自洗涤油提取残渣的酸化杂酚油	extract residues (coal), creosote oil acid, wash oil extract residue, if it contains > 0.005 % (mass percentage) benzo[a]pyrene (CAS No 122384-77-4)
558	二甲基亚砜提取物含量大于3%(质量分数)的含高浓度芳烃的重环烷馏分溶剂提取液(石油)	extracts (petroleum), heavy naphthenic distillate solvent, arom conc (CAS No 68783-00-6), if they contain >3% (mass percentage) DMSO extract
559	二甲基亚砜提取物含量大于3%(质量分数)的加氢脱硫重环烷馏分溶剂提取物(石油)	extracts (petroleum), heavy naphthenic distillate solvent, hydrodesulfurised (CAS No 93763-10-1), if they contain >3% (mass percentage) DMSO extract
560	二甲基亚砜提取物含量大于3%(质量分数)的加氢重环烷馏分溶剂提取物(石油)	extracts (petroleum), heavy naphthenic distillate solvent, hydrotreated (CAS No 90641-07-9), if they contain >3% (mass percentage) DMSO extract
561	二甲基亚砜提取物含量大于3%(质量分数)的粘土处理的重石蜡馏分的溶剂提取物	extracts (petroleum), heavy paraffinic distillate solvent, clay-treated (CAS No 92704-08-0), if they contain >3% (mass percentage) DMSO extract
562	二甲基亚砜提取物含量大于3%(质量分数)的加氢重石蜡馏分溶剂提取物(石油)	extracts (petroleum), heavy paraffinic distillate solvent, hydrotreated (CAS No 90641-08-0), if they contain >3% (mass percentage) DMSO extract
563	二甲基亚砜提取物含量大于3%(质量分数)的重石蜡馏分溶剂脱沥青提取液(石油)	extracts (petroleum), heavy paraffinic distillates, solvent-deasphalted (CAS No 68814-89-1), if they contain >3% (mass percentage) DMSO extract
564	二甲基亚砜提取物含量大于3%(质量分数)的加氢轻石蜡馏分溶剂提取物(石油)	extracts (petroleum), hydrotreated light paraffinic distillate solvent (CAS No 91995- 73-2), if they contain >3% (mass percentage) DMSO extract
565	二甲基亚砜提取物含量大于3%(质量分数)的加氢脱硫轻环烷馏分溶剂提取物(石油)	extracts (petroleum), light naphthenic distillate solvent, hydrodesulfurised (CAS No 91995-75-4), if they contain >3% (mass percentage) DMSO extract
566	二甲基亚砜提取物含量大于3%(质量分数)的酸处理的轻石蜡馏出液溶剂提取物(石油)	extracts (petroleum), light paraffinic distillate solvent, acid-treated (CAS No 91995-76-5), if they contain >3% (mass percentage) DMSO extract
567	二甲基亚砜提取物含量大于3%(质量分数)的活性炭处理的轻石蜡馏分的溶剂提取物(石油)	extracts (petroleum), light paraffinic distillate solvent, carbon-treated (CAS No 100684-02-4), if they contain >3% (mass percentage) DMSO extract

表 1（续）

序号	中 文 名 称	英 文 名 称
568	二甲基亚砜提取物含量大于 3%（质量分数）的粘土处理的轻石蜡馏分的溶剂提取物（石油）	extracts (petroleum), light paraffinic distillate solvent, clay-treated (CAS No 100684- 03-5), if they contain >3%(mass percentage) DMSO extract
569	二甲基亚砜提取物含量大于 3%（质量分数）的加氢脱硫的轻石蜡馏出液溶剂提取物（石油）	extracts (petroleum), light paraffinic distillate solvent, hydrodesulfurised (CAS No 91995-77-6), if they contain >3% (mass percentage) DMSO extract
570	二甲基亚砜提取物含量大于 3%（质量分数）的加氢轻石蜡馏分溶剂提取物（石油）	extracts (petroleum), light paraffinic distillate solvent, hydrotreated (CAS No 90641-09-1), if they contain >3% (mass percentage) DMSO extract
571	二甲基亚砜提取物含量大于 3%（质量分数）的粘土处理的轻减压柴油溶剂提取物（石油）	extracts (petroleum), light vacuum gas oil solvent, clay-treated (CAS No 100684-05-7), if they contain >3% (mass percentage) DMSO extract
572	二甲基亚砜提取物含量大于 3%（质量分数）的加氢的轻减压瓦斯油溶剂提取物（石油）	extracts (petroleum), light vacuum gas oil solvent, hydrotreated (CAS No 91995-79-8), if they contain >3% (mass percentage) DMSO extract
573	二甲基亚砜提取物含量大于 3%（质量分数）的活性炭处理的轻减压柴油溶剂提取物（石油）	extracts (petroleum), light vacuum, gas oil solvent, carbon-treated (CAS No 100684-04-6), if they contain >3% (mass percentage) DMSO extract
574	二甲基亚砜提取物含量大于 3%（质量分数）的加氢脱硫的溶剂脱蜡重石蜡馏分溶剂提取物	extracts (petroleum), solvent-dewaxed heavy paraffinic distillate solvent, hydrodesulfurised (CAS No 93763-11-2), if they contain >3% (mass percentage) DMSO extract
575	二甲基亚砜提取物含量大于 3%（质量分数）的溶剂精制处理的重石蜡馏分溶剂提取液（石油）	extracts (petroleum), solvent-refined heavy paraffinic distillate solvent (CAS No 68783-04-0), if they contain >3% (mass percentage) DMSO extract
576	重环烷馏分的溶剂提取物（石油）	extracts (petroleum),heavy naphthenic distillate solvent (CAS No 64742-11-6)
577	重链烷馏分的溶剂提取物（石油）	extracts (petroleum),heavy paraffinic distillate solvent (CAS No 64742-04-7)
578	轻环烷馏分的溶剂提取物（石油）	extracts (petroleum),light naphthenic distillate solvent (CAS No 64742-03-6)
579	轻链烷馏分的溶剂提取物（石油）	extracts (petroleum),light paraffinic distillate solvent (CAS No 64742-05-8)
580	轻减压瓦斯油的溶剂提取物（石油）	extracts (petroleum),light vacuum gas oil solvent (CAS No 91995-78-7)
581	酚二唑	fenadiazole [*o*-(1,3,4-oxadiazol-2-yl) phenol]
582	异嘧菌醇	fenarimol (CAS No 60168-88-9)
583	非诺唑酮	fenozolone (2-ethylamino-5-phenyl-2-cxazolin-4-one)
584	丁苯吗啉	fenpropimorph (CAS No 67564-91-4)

表 1（续）

序号	中 文 名 称	英 文 名 称
585	倍硫磷	fenthion (CAS No 55-38-9)
586	薯瘟锡	fentin acetate (CAS No 900-95-8)
587	毒菌锡	fentin hydroxide (CAS No 76-87-9)
588	非尼拉朵	fenyramidol [α-(2-pyridylaminomethyl) benzyl alcohol]
589	无花果叶的净油	fig leaf absolute (*Ficus carica*) (CAS No 68916-52-9)
590	氟阿尼酮	fluanisone {4′-fluoro-4-[4-(*o*-methoxyphenyl) piperazin-1-yl] butyrophenone}
591	氟甲吡啶氧酚丙酸丁酯	fluazifop-buty1(CAS No 69806-50-4)
592	氟甲吡啶氧酚丙酸丁酯(稳杀得；吡氟乐草灵；氟草除)	fluazifo-*p*-butyl (CAS No 79241-46-6)
593	氟噁嗪酮	flumioxazin (CAS No 103361-09-07)
594	氟苯乙砜	fluoresone (ethyl *p*-fluorophenyl sulfone)
595	氟尿嘧啶	fluorouracil (5-fluorouracil)
596	氟硅唑	flusilazole (CAS No 85509-19-9)
597	二甲基亚砜提取物含量大于3%(质量分数)的脚子油(石油)	foots oil (petroleum) (CAS No 64742-67-2), if it contains >3% (mass percentage) DMSO extract
598	二甲基亚砜提取物含量大于3%(质量分数)的酸处理的脚子油(石油)	foots oil (petroleum), acid-treated (CAS No 93924-31-3), if it contains >3% (mass percentage) DMSO extract
599	二甲基亚砜提取物含量大于3%(质量分数)的活性炭处理的脚子油(石油)	foots oil (petroleum), carbon-treated (CAS No 97862-76-5), if it contains >3% (mass percentage) DMSO extract
600	二甲基亚砜提取物含量大于3%(质量分数)的粘土处理的脚子油(石油)	foots oil (petroleum), clay-treated (CAS No 93924-32-4), if it contains >3% (mass percentage) DMSO extract
601	二甲基亚砜提取物含量大于3%(质量分数)的加氢脚子油(石油)	foots oil (petroleum), hydrotreated (CAS No 92045-12-0), if it contains >3% (mass percentage) DMSO extract
602	二甲基亚砜提取物含量大于3%(质量分数)的硅酸处理的脚子油(石油)	foots oil (petroleum), silicic acid-treated (CAS No 97862-77-6), if it contains >3% (mass percentage) DMSO extract
603	甲酰胺	formamide (CAS No 75-12-7)

表 1（续）

序号	中文名称	英文名称
604	丁二烯含量大于 0.1%(质量分数)的燃料油，来自原油馏分	fuel gases, crude oil distillates (CAS No 68476-29-9), if they contain >0.1%(mass percentage) butadiene
605	6 号燃料油	fuel oil, No. 6(CAS No 68553-00-4)
606	4 号燃料油	fuel oil, No. 4 (CAS No 68476-31-3)
607	燃料油残液	fuel oil, residual (CAS No 68476-33-5)
608	高硫燃料油，来自直馏柴油残液	fuel oil, residues-straight-run gas oils, high-sulfur (CAS No 68476-32-4)
609	丁二烯含量大于 0.1%(质量分数)的燃料油	fuel-gases (CAS No 68476-26-6), if they contain >0.1%(mass percentage) butadiene
610	柴油机燃料，除非清楚全部精炼过程并且能够证明所获得的物质不是致癌物	fuels, diesel (CAS No 68334-30-5), except if the full refining history is known and it can be shown that the substance from which it is produced is not a carcinogen
611	柴油机燃料，来自加氢裂解氢化煤的溶剂提取液	fuels, diesel, coal solvent extn., hydrocracked hydrogenated (CAS No 94114-59-7)
612	2 号柴油机燃料	fuels, diesel, No. 2 (CAS No 68476-34-6)
613	喷气飞机燃料，来自加氢裂解氢化煤的溶剂提取液	fuels, jet aircraft, coal solvent extn., hydrocracked hydrogenated (CAS No 94114-58-6)
614	高硫高沸点燃料油	fuels oil, heavy, high-sulfur (CAS No 92045-14-2)
615	2 号燃料油	fuels oil, No. 2 (CAS No 68476-30-2)
616	呋喃	furan (CAS No 110-00-9)
617	呋喃唑酮	furazolidone [3-(5-nitro-2-furfurylideneamino)-2-oxazolidinone]
618	糠基三甲基铵盐类，例如：呋嗪碘铵	furfuryltrimethylammonium salts, e. g. furtrethonium iodide
619	呋喃香豆素类[如：三甲沙林，8-甲氧基补骨脂素(花椒毒素)，5-甲氧基补骨脂素(佛手柑内酯)等]，天然香精中存在的正常含量除外	furocoumarines (e. g. Trioxysalan, 8-methoxypsoralen, 5-methoxypsoralen) except for normal content in natural essences used
620	加兰他敏	galantamine (1, 2, 3, 4, 6, 7, 7a, 11c-octahydro-9-methoxy-2-methylbenzofuro- (4, 3, 2-e, f, g) (2) benzazocin-2-ol)
621	戈拉碘铵	gallamine triethiodide [1,2,3-tris(2-diethylaminoethoxy) benzene trethiodide]
622	酸处理的柴油(石油)，除非清楚全部精炼过程并且能够证明所获得的物质不是致癌物	gas oils (petroleum), acid-treated (CAS No 64742-12-7), except if the full refining history is known and it can be shown that the substance from which it is produced is not a carcinogen

表 1（续）

序号	中文名称	英文名称
623	化学中和的柴油(石油)，除非清楚全部精炼过程并且能够证明所获得的物质不是致癌物	gas oils (petroleum), chemically neutralised (CAS No 64742-29-6), except if the full refining history is known and it can be shown that the substance from which it is produced is not a carcinogen
624	常压蒸馏的高沸点柴油(石油)	gas oils (petroleum), heavy atmospheric (CAS No 68783-08-4)
625	加氢脱硫的柴油(石油)，除非清楚全部精炼过程并且能够证明所获得的物质不是致癌物	gas oils (petroleum), hydrodesulfurised (CAS No 64742-79-6), except if the full refining history is known and it can be shown that the substance from which it is produced is not a carcinogen
626	溶剂精制的柴油(石油)，除非清楚全部精炼过程并且能够证明所获得的物质不是致癌物	gas oils (petroleum), solvent-refined (CAS No 64741-90-8), except if the full refining history is known and it can be shown that the substance from which it is produced is not a carcinogen
627	重度减压处理的柴油(石油)	gas oils (petroleum), heavy, vacuum (CAS No 64741-57-7)
628	加氢脱硫焦化减压蒸馏高沸点柴油(石油)	gas oils (petroleum), hydrodesulfurised coker heavy vacuum (CAS No 85117-03-9)
629	加氢脱硫减压蒸馏高沸点柴油(石油)	gas oils (petroleum), hydrodesulfurised heavy vacuum (CAS No 64742-086-5)
630	加氢减压蒸馏的柴油(石油)	gas oils (petroleum), hydrotreated vacuum (CAS No 64742-59-2)
631	轻度减压热裂解加氢脱硫的柴油(石油)	gas oils (petroleum), light vacuum, thermal-cracked hydrodesulfurised (CAS No 97926-59-5)
632	蒸汽裂解的柴油(石油)	gas oils (petroleum), steam-cracked (CAS No 68527-18-4)
633	热裂解加氢脱硫处理的柴油(石油)	gas oils (petroleum), thermal-cracked, hydrodesulfurised (CAS No 92045-29-9)
634	加氢柴油，除非清楚全部精炼过程并且能够证明所获得的物质不是致癌物	gas oils, hydrotreated (CAS No 97862-78-7), except if the full refining history is known and it can be shown that the substance from which it is produced is not a carcinogen
635	石蜡柴油，除非清楚全部精炼过程并且能够证明所获得的物质不是致癌物	gas oils, paraffinic (CAS No 93924-33-5), except if the full refining history is known and it can be shown that the substance from which it is produced is not a carcinogen
636	丁二烯含量大于 0.1%(质量分数)的采用烷基化进料的汽油(石油)	gases (petroleum), alkylation feed (CAS No 68606-27-9), if they contain >0.1%(mass percentage) butadiene
637	丁二烯含量大于 0.1%(质量分数)的氨系统进料汽油(石油)	gases (petroleum), amine system feed (CAS No 68477-65-6), if they contain >0.1%(mass percentage) butadiene

表 1（续）

序号	中文名称	英文名称
638	丁二烯含量大于 0.1%（质量分数）的苯单元产生的加氢脱硫的汽油（石油）尾气	gases (petroleum), benzene unit hydrodesulferised off (CAS No 68477-66-7), if they contain >0.1%(mass percentage) butadiene
639	丁二烯含量大于 0.1%（质量分数）的汽油（石油），来自苯单元加氢脱戊烷塔塔顶馏馏分	gases (petroleum), benzene unit hydrotreater depentaniser overheads (CAS No 68602-82-4), if they contain>0.1%(mass percentage)butadiene
640	丁二烯含量大于 0.1%（质量分数）富氢的苯系统循环的汽油（石油）	gases (petroleum), benzene unit recycle, hydrogen-rich (CAS No 68477-67-8), if they contain >0.1%(mass percentage) butadiene
641	丁二烯含量大于 0.1%（质量分数）的汽油（石油），来自富氢氮的调合油	gases (petroleum), blend oil, hydrogen-nitrogen-rich (CAS No 68477-68-9), if they contain >0.1%(mass percentage) butadiene
642	丁二烯含量大于 0.1%（质量分数）的汽油（石油），丁烷分离塔塔顶馏分	gases (petroleum), butane splitter overheads (CAS No 68477-69-0), if they contain >0.1%(mass percentage) butadiene
643	丁二烯含量大于 0.1%（质量分数）的含 C_{1-5} 湿汽油（石油）	gases (petroleum), C_{1-5}, wet (CAS No 68602-83-5), if they contain >0.1%(mass percentage) Butadiene
644	丁二烯含量大于 0.1%（质量分数）的含 C_{2-3} 汽油（石油）	gases (petroleum), C_{2-3} (CAS No 68477-70-3), if they contain >0.1%(mass percentage) butadiene
645	丁二烯含量大于 0.1%（质量分数）的脱硫的 C_{2-4} 汽油（石油）	gases (petroleum), C_{2-4}, sweetened (CAS No 68783-65-3), if they contain >0.1%(mass percentage) butadiene
646	丁二烯含量大于 0.1%（质量分数）的 C_2 溢流汽油（石油）	gases (petroleum), C_2-return stream (CAS No 68477-84-9), if they contain >0.1%(mass percentage) butadiene
647	丁二烯含量大于 0.1%（质量分数）的含 C_{3-4} 汽油（石油）	gases (petroleum), C_{3-4} (CAS No 68131-75-9), if they contain >0.1%(mass percentage) butadiene
648	丁二烯含量大于 0.1%（质量分数）富异丁烷的含 C_{3-4} 的汽油（石油）	gases (petroleum), C_{3-4}, isobutane-rich (CAS No 68477-33-8), if they contain >0.1%(mass percentage) butadiene
649	丁二烯含量大于 0.1%（质量分数）的烯烃-烷烃烷基化进料的 C_{3-5} 汽油（石油）	gases (petroleum), C_{3-5} olefinic-paraffinic alkylation feed (CAS No 68477-83-8), if they contain >0.1%(mass percentage) butadiene
650	丁二烯含量大于 0.1%（质量分数）的富 C_4 汽油（石油）	gases (petroleum), C_4-rich (CAS No 68477-85-0), if they contain >0.1%(mass percentage) butadiene

表 1（续）

序号	中文名称	英文名称
651	丁二烯含量大于0.1%(质量分数)的 C_{6-8} 催化重整的汽油(石油)	gases (petroleum), C_{6-8} catalytic reformer (CAS No 68477-81-6), if they contain >0.1% (mass percentage) butadiene
652	丁二烯含量大于0.1%(质量分数)的 C_{6-8} 催化重整循环的汽油(石油)	gases (petroleum), C_{6-8} catalytic reformer recycle (CAS No 68477-80-5), if they contain >0.1%(mass percentage) butadiene
653	丁二烯含量大于0.1%(质量分数)的催化重整循环的富氢 C_{6-8} 汽油(石油)	gases (petroleum), C_{6-8} catalytic reformer recycle, hydrogen-rich (CAS No 68477-82-7), if they contain >0.1%(mass percentage) butadiene
654	丁二烯含量大于0.1%(质量分数)的汽油(石油),来自催化裂解石脑油脱丁烷塔	gases (petroleum), catalytic cracked naphtha debutanizer (CAS No 68952-76-1), if they contain >0.1%(mass percentage) butadiene
655	丁二烯含量大于0.1%(质量分数)的富 C_3 无酸汽油(石油),来自催化裂解石脑油脱丙烷塔塔顶馏分	gases (petroleum), catalytic cracked naphtha depropaniser overhead, C_3-rich acid-free (CAS No 68477-73-6), if they contain >0.1%(mass percentage) butadiene
656	丁二烯含量大于0.1%(质量分数)的汽油(石油),来自催化裂解塔顶馏分	gases (petroleum), catalytic cracked overheads (CAS No 68409-99-4), if they contain >0.1%(mass percentage) butadiene
657	丁二烯含量大于0.1%(质量分数)的催化裂解汽油(石油)	gases (petroleum), catalytic cracker (CAS No 68477-74-7), if they contain >0.1%(mass percentage) butadiene
658	丁二烯含量大于0.1%(质量分数)的富 C_{1-5} 催化裂解汽油(石油)	gases (petroleum), catalytic cracker, C_{1-5}-rich (CAS No 68477-75-8), if they contain >0.1%(mass percentage) butadiene
659	丁二烯含量大于0.1%(质量分数)的催化裂解汽油(石油)	gases (petroleum), catalytic cracking (CAS No 68783-64-2), if they contain >0.1%(mass percentage) butadiene
660	丁二烯含量大于0.1%(质量分数)的富 C_{2-4} 汽油(石油),来自催化聚合石脑油稳定塔塔顶馏分	gases (petroleum), catalytic polymd naphtha stabiliser overhead, C_{2-4}-rich (CAS No 68477-76-9), if they contain >0.1%(mass percentage) butadiene
661	丁二烯含量大于0.1%(质量分数)的汽油(石油),来自催化重整石脑油汽提塔塔顶馏分	gases (petroleum), catalytic reformed naphtha stripper overheads (CAS No 68477-77-0), if they contain >0.1%(mass percentage) butadiene
662	丁二烯含量大于0.1%(质量分数)的汽油(石油),来自催化重整直馏石脑油稳定塔塔顶馏分	gases (petroleum), catalytic reformed straight-run naphtha stabiliser overheads (CAS No 68513-14-4), if they contain >0.1%(mass percentage) butadiene
663	丁二烯含量大于0.1%(质量分数)的催化重整的富 C_{1-4} 汽油(石油)	gases (petroleum), catalytic reformer, C_{1-4}-rich (CAS No 68477-79-2), if they contain >0.1%(mass percentage) butadiene

表 1（续）

序号	中 文 名 称	英 文 名 称
664	丁二烯含量大于 0.1%（质量分数）的富 C_4 无酸汽油（石油），来自催化裂解柴油脱丙烷塔塔底物	gases (petroleum), catalytic-cracked gas oil depropaniser bottoms, C_4-rich acid-free (CAS No 68477-71-4), if they contain >0.1%(mass percentage) butadiene
665	丁二烯含量大于 0.1%（质量分数）的富 $C_{3\text{-}5}$ 汽油（石油），来自催化裂解石脑油脱丁烷塔塔底物	gases (petroleum), catalytic-cracked naphtha debutaniser bottoms, $C_{3\text{-}5}$-rich (CAS No 68477-72-5), if they contain >0.1%(mass percentage) butadiene
666	丁二烯含量大于 0.1%（质量分数）的原油蒸馏及催化裂解的汽油（石油）	gases (petroleum), crude distn and catalytic cracking (CAS No 68989-88-8), if they contain >0.1%(mass percentage) butadiene
667	丁二烯含量大于 0.1%（质量分数）的汽油（石油），来自原油分馏尾气	gases (petroleum), crude oil fractionation off (CAS No 68918-99-0), if they contain >0.1%(mass percentage) butadiene
668	丁二烯含量大于 0.1%（质量分数）的汽油（石油），来自脱乙烷塔塔顶馏分	gases (petroleum), deethaniser overheads (CAS No 68477-86-1), if they contain >0.1%(mass percentage) butadiene
669	丁二烯含量大于 0.1%（质量分数）的汽油（石油），来自脱己烷尾气	gases (petroleum), dehexaniser off (CAS No 68919-00-6), if they contain >0.1%(mass percentage)butadiene
670	丁二烯含量大于 0.1%（质量分数）的汽油（石油），来自脱异丁烷塔塔顶馏分	gases (petroleum), deisobutaniser tower overheads (CAS No 68477-87-2), if they contain >0.1%(mass percentage)butadiene
671	丁二烯含量大于 0.1%（质量分数）的汽油，来自脱丙烷油脚分馏塔尾气	gases (petroleum), depropaniser bottoms fractionation off (CAS No 68606-34-8), if they contain >0.1%(mass percentage) butadiene
672	丁二烯含量大于 0.1%（质量分数）的富丙烯汽油（石油），来自脱丙烷干塔	gases (petroleum), depropaniser dry, propene-rich (CAS No 68477-90-7), if they contain >0.1%(mass percentage)butadiene
673	丁二烯含量大于 0.1%（质量分数）的汽油（石油），来自脱丙烷塔塔顶馏分	gases (petroleum), depropaniser overheads (CAS No 68477-91-8), if they contain >0.1%(mass percentage) butadiene
674	丁二烯含量大于 0.1%（质量分数）的汽油，来自加氢精制脱硫汽提塔馏分尾气	gases (petroleum), distillate unifiner desulfurisation stripper off (CAS No 68919-01-7), if they contain >0.1%(mass percentage) butadiene
675	丁二烯含量大于 0.1%（质量分数）的干酸汽油（石油）尾气，来自汽油浓缩单元	gases (petroleum), dry sour, gas-concn- unit-off (CAS No 68477-92-9), if they contain >0.1%(mass percentage) butadiene
676	丁二烯含量大于 0.1%（质量分数）的汽油（石油），来自流化催化裂解分馏塔尾气	gases (petroleum), fluidised catalytic cracker fractionation off (CAS No 68919-02-8) if they contain >0.1%(mass percentage) butadiene

表 1（续）

序号	中 文 名 称	英 文 名 称
677	丁二烯含量大于 0.1%（质量分数）的汽油（石油），来自流化催化裂解洗气二级吸收塔尾气	gases (petroleum), fluidised catalytic cracker scrubbing secondary absorber off (CAS No 68919-03-9), if they contain >0.1%(mass percentage) butadiene
678	丁二烯含量大于 0.1%（质量分数）的汽油（石油），来自流化催化裂解分流塔塔顶馏分	gases (petroleum), fluidised catalytic cracker splitter overheads (CAS No 68919-20-0), if they contain >0.1%(mass percentage) butadiene
679	丁二烯含量大于 0.1%（质量分数）的汽油（石油），来自全程馏分的直馏石脑油脱己烷塔尾气	gases (petroleum), full-range straight-run naphtha dehexaniser off (CAS No 68513-15-5), if they contain>0.1%(mass percentage) butadiene
680	丁二烯含量大于 0.1%（质量分数）的经汽油浓缩再吸收塔蒸馏的汽油（石油）	gases (petroleum), gas concn reabsorber distn (CAS No 68477-93-0), if they contain >0.1%(mass percentage) butadiene
681	丁二烯含量大于 0.1%（质量分数）的汽油（石油），来自二乙醇胺洗涤塔尾气的柴油	gases (petroleum), gas oil diethanolamine scrubber off (CAS No 92045-15-3), if they contain >0.1%(mass percentage) butadiene
682	丁二烯含量大于 0.1%（质量分数）的汽油（石油），来自加氢脱硫的柴油流出液	gases (petroleum), gas oil hydrodesulfurisation effluent (CAS No 92045-16-4), if they contain >0.1%(mass percentage) butadiene
683	丁二烯含量大于 0.1%（质量分数）的汽油（石油），来自加氢脱硫清洗的柴油	gases (petroleum), gas oil hydrodesulfurisation purge (CAS No 92045-17-5), if they contain >0.1%(mass percentage) butadiene
684	丁二烯含量大于 0.1%（质量分数）的汽油（石油），来自汽油回收工厂脱丙烷塔塔顶馏分	gases (petroleum), gas recovery plant depropaniser overheads (CAS No 68477-94-1), if they contain >0.1%(mass percentage) butadiene
685	丁二烯含量大于 0.1%（质量分数）的经 Girbatol 单元进料处理的汽油（石油）	gases (petroleum), Girbatol unit feed (CAS No 68477-95-2), if they contain >0.1%(mass percentage) butadiene
686	丁二烯含量大于 0.1%（质量分数）的汽油（石油），来自加氢脱硫汽提塔重馏分尾气	gases (petroleum), heavy distillate hydrotreater desulfurisation stripper off (CAS No 68919-04-0), if they contain >0.1%(mass percentage) butadiene
687	丁二烯含量大于 0.1%（质量分数）的富碳氢汽油（石油），来自加氢裂解脱丙烷塔尾气	gases (petroleum), hydrocracking depropaniser off, hydrocarbon-rich (CAS No 68513-16-6), if they contain>0.1%(mass percentage) butadiene
688	丁二烯含量大于 0.1%（质量分数）的汽油（石泊），来自加氢裂解低压分离塔	gases (petroleum), hydrocracking low-pressure separator (CAS No 68783-06-2), if they contain >0.1%(mass percentage) butadiene
689	丁二烯含量大于 0.1%（质量分数）的汽油（石油）尾气，来自氢吸收塔	gases (petroleum), hydrogen absorber off (CAS No 68477-96-3), if they contain >0.1%(mass percentage) butadiene

表 1（续）

序号	中 文 名 称	英 文 名 称
690	丁二烯含量大于 0.1%(质量分数)的汽油(石油)，来自加氢流出液闪蒸槽尾气	gases (petroleum), hydrogenator effluent flash drum off (CAS No 92045-18-6), if they contain >0.1%(mass percentage) butadiene
691	丁二烯含量大于 0.1%(质量分数)的富氢汽油(石油)	gases (petroleum), hydrogen-rich (CAS No 68477-97-4), if they contain >0.1%(mass percentage) butadiene
692	丁二烯含量大于 0.1%(质量分数)的汽油(石油)，来自加氢酸化煤油脱戊烷稳定塔的尾气	gases (petroleum), hydrotreated sour kerosine depentaniser stabiliser off (CAS No 68911-58-0), if they contain>0.1%(mass percentage) butadiene
693	丁二烯含量大于 0.1%(质量分数)的汽油(石油)，来自加氢酸化煤油闪蒸槽	gases (petroleum), hydrotreated sour kerosine flash drum (CAS No 68911-59-1), if they contain >0.1%(mass percentage) butadiene
694	丁二烯含量大于 0.1%(质量分数)的富氢-氮汽油(石油)，来自循环加氢调和油	gases (petroleum), hydrotreater blend oil recycle, hydrogen-nitrogen-rich (CAS No 68477-98-5), if they contain>0.1%(mass percentage) butadiene
695	丁二烯含量大于 0.1%(质量分数)的无硫化氢富 C_4 汽油(石油)，来自异构化石脑油分馏塔	gases (petroleum), isomerised naphtha fractionator, C_4-rich, hydrogen sulfide-free (CAS No 68477-99-6), if they contain >0.1%(mass percentage) butadiene
696	丁二烯含量大于 0.1%(质量分数)的轻蒸汽裂浓丁二烯的汽油(石油)	gases (petroleum), light steam-cracked, butadiene conc(CAS No 68955-28-2), if they contain >0.1%(mass percentage) butadiene
697	丁二烯含量大于 0.1%(质量分数)的汽油(石油)，来自轻直馏汽油分馏稳定塔尾气	gases (petroleum), light straight run gasoline fractionation stabiliser off (CAS No 68919-05-1), if they contain>0.1%(mass percentage)butadiene
698	丁二烯含量大于 0.1%(质量分数)的汽油(石油)，来自轻直馏石脑油稳定塔尾气	gases (petroleum), light straight-run naphtha stabiliser off (CAS No 68513-17-7), if they contain >0.1%(mass percentage) butadiene
699	丁二烯含量大于 0.1%(质量分数)的汽油(石油)，来自石脑油蒸汽裂解的高压残液	gases (petroleum), naphtha steam cracking high-pressure residual (CAS No 92045-19-7), if they contain >0.1%(mass percentage)butadiene
700	丁二烯含量大于 0.1%(质量分数)的汽油(石油)，来自石脑油精制加氢脱硫汽提塔尾气	gases (petroleum), naphtha unifiner desulfurisation stripper off (CAS No 68919-06-2), if they contain >0.1%(mass percentage) butadiene
701	丁二烯含量大于 0.1%(质量分数)的汽油(石油)，来自炼油厂汽油蒸馏尾气	gases (petroleum), oil refinery gas distn off (CAS No 68527-15-1), if they contain >0.1%(mass percentage) butadiene
702	丁二烯含量大于 0.1%(质量分数)的汽油(石油)，来自铂重整产品分离塔尾气	gases (petroleum), platformer products separator off (CAS No 68814-90-4), if they contain >0.1%(mass percentage) butadiene

表 1（续）

序号	中文名称	英文名称
703	丁二烯含量大于0.1%(质量分数)的汽油(石油)，来自轻馏分分馏的铂重整稳定塔尾气	gases (petroleum), platformer stabiliser off, light ends fractionation (CAS No 68919-07-3), if they contain>0.1%(mass percentage) butadiene
704	丁二烯含量大于0.1%(质量分数)的汽油(石油)，来自原油蒸馏的预闪蒸塔尾气	gases (petroleum), preflash tower off, crude distn(CAS No 68919-08-4), if they contain >0.1%(mass percentage) butadiene
705	丁二烯含量大于0.1%(质量分数)的循环处理的富氢汽油(石油)	gases (petroleum), recycle, hydrogen-rich (CAS No 68478-00-2), if they contain >0.1% (mass percentage) butadiene
706	丁二烯含量大于0.1%(质量分数)的炼油厂汽油(石油)	gases (petroleum), refinery (CAS No 68814-67-5), if they contain >0.1%(mass percentage) butadiene
707	丁二烯含量大于0.1%(质量分数)的汽油(石油)，来自精炼厂的调合油	gases (petroleum), refinery blend (CAS No 68783-07-3), if they contain >0.1%(mass percentage) butadiene
708	丁二烯含量大于0.1%(质量分数)的汽油(石油)，来自重整流出液高压闪蒸槽尾气	gases (petroleum), reformer effluent high-pressure flash drum off (CAS No 68513-18-8), if they contain >0.1%(mass percentage) butadiene
709	丁二烯含量大于0.1%(质量分数)的汽油(石油)，来自重整流出液低压闪蒸槽尾气	gases (petroleum), reformer effluent low-pressure flash drum off (CAS No 68513-19-9), if they contain >0.1%(mass percentage) butadiene
710	丁二烯含量大于0.1%(质量分数)的重整补偿的富氢汽油(石油)	gases (petroleum), reformer make-up, hydrogen-rich (CAS No 68478-01-3), if they contain >0.1%(mass percentage) butadiene
711	丁二烯含量大于0.1%(质量分数)的重整加氢汽油(石油)	gases (petroleum), reforming hydrotreater (CAS No 68478-02-4), if they contain >0.1% (mass percentage) butadiene
712	丁二烯含量大于0.1%(质量分数)的富氢汽油(石油)，来自补偿重整加氢塔	gases (petroleum), reforming hydrotreater make-up, hydrogen-rich (CAS No 68478-04-6), if they contain>0.1%(mass percentage) butadiene
713	丁二烯含量大于0.1%(质量分数)的富氢-甲烷汽油(石油)，来自重整加氢塔	gases (petroleum), reforming hydrotreater, hydrogen-methane-rich (CAS No 68478-03-5), if they contain>0.1%(mass percentage) butadiene
714	丁二烯含量大于0.1%(质量分数)的汽油(石油)，来自残渣减粘轻度裂解尾气	gases (petroleum), residue visbreaking off (CAS No 92045-20-0), if they contain >0.1% (mass percentage) butadiene
715	丁二烯含量大于0.1%(质量分数)的汽油(石油)，来自流化催化裂解塔顶馏出物分馏塔的二级吸收塔尾气	gases (petroleum), secondary absorber off, fluidised catalytic cracker overheads fractionator (CAS No 68602-84-6), if they contain >0.1%(mass percentage) butadiene

表 1（续）

序号	中文名称	英文名称
716	丁二烯含量大于 0.1%(质量分数)的汽油(石油)，来自流化催化裂解及柴油脱硫塔顶馏分分馏的海绵吸收塔尾气	gases (petroleum), sponge absorber off, fluidised catalytic cracker and gas oil desulfuriser overhead fractionation(CAS No 68955-33-9), if they contain >0.1%(mass percentage) butadiene
717	丁二烯含量大于 0.1%(质量分数)的蒸汽裂解富 C_3 汽油(石油)	gases (petroleum), steam-cracker C_3-rich (CAS No 92045-22-2), if they contain >0.1% (mass percentage) butadiene
718	丁二烯含量大于 0.1%(质量分数)的汽油(石油)，来自直馏石脑油催化重整稳定塔塔顶馏分	gases (petroleum), straight-run naphtha catalytic reformer stabiliser overhead (CAS No 68955-34-0), if they contain >0.1%(mass percentage) butadiene
719	丁二烯含量大于 0.1%(质量分数)的汽油(石油)，来自直馏石脑油催化重整尾气	gases (petroleum), straight-run naphtha catalytic reforming off (CAS No 68919-09-5), if they contain >0.1%(mass percentage) butadiene
720	丁二烯含量大于 0.1%(质量分数)的汽油(石油)，直馏稳定塔尾气	gases (petroleum), straight-run stabiliser off (CAS No 68919-10-8), if they contain >0.1%(mass percentage) butadiene
721	丁二烯含量大于 0.1%(质量分数)的来自焦油汽提塔尾气的汽油(石油)	gases (petroleum), tar stripper off (CAS No 68919-11-9), if they contain >0.1%(mass percentage)butadiene
722	丁二烯含量大于 0.1%(质量分数)的热裂解蒸馏汽油(石油)	gases (petroleum), thermal cracking distn (CAS No 68478-05-7), if they contain >0.1% (mass percentage) butadiene
723	丁二烯含量大于 0.1%(质量分数)的来自加氢精制汽提塔尾气的汽油(石油)	gases (petroleum), unifiner stripper off (CAS No 68919-12-0), if they contain >0.1% (mass percentage) butadiene
724	糖皮质激素类	glucocorticoids
725	格鲁米特及盐类	glutethimide (2-ethyl-2-phenylglutarimide) and its salts
726	格列环脲	glycyclamide [1-cyclohexyl-3-(p-toluenesulfonyl) urea]
727	金盐类	gold salts
728	愈创甘油醚	guaifenesin [3-(0-methoxyphenoxy)-1,2-propanediol; glyceryl guaiacolate]
729	胍乙啶及其盐类	guanethidine {1-[2-(1-azacyclooctyl)ethyl] guanidine}and its salts
730	氟哌啶醇	haloperidol {4-[4-(p-chlorophenyl) -4-hydroxypiperidino]-4′-fluorobutyrophenone}
731	七氯	heptachlor (CAS No 76-44-8)
732	七氯一环氧化物	heptachlor-epoxide (CAS No 1024-57-3)

表 1（续）

序号	中　文　名　称	英　文　名　称
733	六氯苯	hexachlorobenzene (CAS No 118-74-1)
734	六氯乙烷	hexachloroethane
735	四磷酸六乙基酯	hexaethyl tetraphosphate
736	六氢化香豆素	hexahydrocoumarin(CAS No 700-82-3)
737	六氢化环戊(*c*)吡咯-1-(1*H*)-铵 *N*-乙氧基羰基-*N*-(聚砜基)氮烷化物	hexahydrocyclopenta(*c*) pyrrole-(1*H*)-ammorium *N*-ethoxycarbonyl-*N*-(polylsulfonyl) azanide (EC No418-350-1)
738	六甲基磷酸-三酰胺	hexamethylphosphoric-triamide (CAS No 680-31-9)
739	2-己酮	hexan-2-one (CAS No 591-78-6)
740	己烷	hexane (CAS No 110-54-3)
741	已丙氨酯	hexapropymate [1-(2-propynyl) cyclohexanol carbamate]
742	北美黄连碱和北美黄连次碱以及它们的盐类	hydrastine, hydrastinine and their salts
743	酰肼类及其盐类	hydrazides and their salts
744	肼，肼的衍生物以及它们的盐类	hydrazine, its derivatives and their salts
745	氢化松香基醇	hydroabietyl alcohol (CAS No 13393-93-6)
746	富含芳烃的 C_{26-55} 碳氢化合物	hydrocarbons C_{26-55}, arom. Rich (CAS No 97722-04-8)
747	来自溶剂萃取的轻环烷烃 C_{11-17} 碳氢化合物，除非清楚全部精炼过程并且能够证明所获得的物质不是致癌物	hydrocarbons, C_{11-17}, solvent-extd light naphthenic (CAS No 97722-08-2), except if the full refining history is known and it can be shown that the substance from which it is produced is not a carcinogen
748	来自加氢石蜡轻馏分的 C_{12-20} 碳氢化合物，除非清楚全部精炼过程并且能够证明所获得的物质不是致癌物	hydrocarbons, C_{12-20}, hydrotreated paraffinic, distn lights (CAS No 97675-86-0), except if the full refining history is known and it can be shown that the substance from which it is produced is not a carcinogen
749	丁二烯含量大于 0.1%(质量分数)的 C_{1-3} 碳氢化合物	hydrocarbons, C_{1-3} (CAS No 68527-16-2), if they contain >0.1%(mass percentage) butadiene
750	二甲基亚砜提取物含量大于 3%(质量分数)的 C_{13-27} 碳氢化合物，来自溶剂提取的轻环烷	hydrocarbons, C_{13-27}, solvent-extd light naphthenic (CAS No 97722-09-3), if they contain >3% (mass percentage) DMSO extract

表 1(续)

序号	中文名称	英文名称
751	二甲基亚砜提取物含量大于3%(质量分数)的 $C_{13\text{-}30}$ 碳氢化合物，来自富芳烃的溶剂提取的环烷馏分	hydrocarbons, $C_{13\text{-}30}$, arom-rich, solvent-extd naphthenic distillate (CAS No 95371-04-3), if they contain >3% (mass percentage) DMSO extract
752	丁二烯含量大于0.1%(质量分数)的 $C_{1\text{-}4}$ 碳氢化合物	hydrocarbons, $C_{1\text{-}4}$ (CAS No 68514-31-8), if they contain >0.1%(mass percentage) butadiene
753	丁二烯含量大于0.1%(质量分数)的脱丁烷馏分 $C_{1\text{-}4}$ 碳氢化合物	hydrocarbons, $C_{1\text{-}4}$, debutanizer fraction (CAS No 68527-19-5), if they contain >0.1% (mass percentage) butadiene
754	丁二烯含量大于0.1%(质量分数)的脱硫 $C_{1\text{-}4}$ 碳氢化合物	hydrocarbons, $C_{1\text{-}4}$, sweetened (CAS No 68514-36-3), if they contain >0.1%(mass percentage) butadiene
755	二甲基亚砜提取物含量大于3%(质量分数)的 $C_{14\text{-}29}$ 碳氢化合物，来自溶剂提取的轻环烷	hydrocarbons, $C_{14\text{-}29}$, solvent-extd light naphthenic (CAS No 97722-10-6), if they contain >3% (mass percentage) DMSO extract
756	来自加氢中间馏分的轻 $C_{16\text{-}20}$ 碳氢化合物，除非清楚全部精炼过程并且能够证明所获得的物质不是致癌物	hydrocarbons, $C_{16\text{-}20}$, hydrotreated middle distillate, distn Lights (CAS No 97675- 85-9), except if the full refining history is known and it can be shown that the substance from which it is produced is not a carcinogen
757	二甲基亚砜提取物含量大于3%(质量分数)的 $C_{16\text{-}32}$ 碳氢化合物，来自富芳烃的溶剂提取的环烷馏分	hydrocarbons, $C_{16\text{-}32}$, arom rich, solvent-extd naphthenic distillate (CAS No 95371-05-4), if they contain >3% (mass percentage) DMSO extract
758	二甲基亚砜提取物含量大于3%(质量分数)的 $C_{17\text{-}30}$ 碳氢化合物，来自加氢蒸馏的轻馏分	hydrocarbons, $C_{17\text{-}30}$, hydrotreated distillates, distn Lights (CAS No 97862-82-3), if they contain >3% (mass percentage) DMSO extract
759	二甲基亚砜提取物含量大于3%(质量分数)的 $C_{17\text{-}30}$ 碳氢化合物，来自加氢溶剂脱沥青常压蒸馏的残液的轻馏分	hydrocarbons, $C_{17\text{-}30}$, hydrotreated solvent-deasphalted atm distn residue, distn lights (CAS No 97675-87-1), if they contain >3% (mass percentage) DMSO extract
760	二甲基亚砜提取物含量大于3%(质量分数)的 $C_{17\text{-}40}$ 碳氢化合物，来自加氢溶剂脱沥青蒸馏残液的减压蒸馏轻馏分	hydrocarbons, $C_{17\text{-}40}$, hydrotreated solvent-deasphalted distn residue, vacuum distn lights (CAS No 97722-06-0), if they contain >3% (mass percentage) DMSO extract
761	二甲基亚砜提取物含量大于3%(质量分数)的 $C_{20\text{-}50}$ 碳氢化合物，来自残油的氢化减压馏分	hydrocarbons, $C_{20\text{-}50}$, residual oil hydrogenation vacuum distillate (CAS No 93924- 61-9), if they contain >3% (mass percentage) DMSO extract
762	二甲基亚砜提取物含量大于3%(质量分数)的氢化的溶剂脱蜡重石蜡 $C_{20\text{-}50}$ 碳氢化合物	hydrocarbons, $C_{20\text{-}50}$, solvent dewaxed heavy paraffinic, hydrotreated (CAS No 90640-95-2), if they contain >3% (mass percentage) DMSO extract
763	二甲基亚砜提取物含量大于3%(质量分数)的加氢 $C_{20\text{-}58}$ 碳氢化合物	hydrocarbons, $C_{20\text{-}58}$, hydrotreated (CAS No 97926-70-0), if they contain >3% (mass percentage) DMSO extract

表 1（续）

序号	中 文 名 称	英 文 名 称
764	丁二烯含量大于 0.1%（质量分数）的 C_{2-4} 碳氢化合物	hydrocarbons, C_{2-4} (CAS No 68606-25-7), if they contain >0.1% (mass percentage) butadiene
765	丁二烯含量大于 0.1%（质量分数）富 C_3 的 C_{2-4} 碳氢化合物	hydrocarbons, C_{2-4}, C_3-rich (CAS No 68476-49-3), if they contain >0.1% (mass percentage) butadiene
766	二甲基亚砜提取物含量大于 3%（质量分数）的脱芳构化 C_{27-42} 碳氢化合物	hydrocarbons, C_{27-42}, dearomatised (CAS No 97862-81-2), if they contain >3% (mass percentage) DMSO extract
767	二甲基亚砜提取物含量大于 3%（质量分数）的 C_{27-42} 环烷烃碳氢化合物	hydrocarbons, C_{27-42}, naphthenic (CAS No 97926-71-1), if they contain >3% (mass percentage) DMSO extract
768	二甲基亚砜提取物含量大于 3%（质量分数）的脱芳构化 C_{27-45} 碳氢化合物	hydrocarbons, C_{27-45}, dearomatised (CAS No 97926-68-6), if they contain >3% (mass percentage) DMSO extract
769	二甲基亚砜提取物含量大于 3%（质量分数）的 C_{27-45} 碳氢化合物，来自环烷减压蒸馏	hydrocarbons, C_{27-45}, naphthenic vacuum distn (CAS No 97862-83-4), if they contain >3% (mass percentage) DMSO extract
770	丁二烯含量大于 0.1%（质量分数）的 C_3 碳氢化合物	hydrocarbons, C_3 (CAS No 68606-26-8), if they contain >0.1% (mass percentage) butadiene
771	丁二烯含量大于 0.1%（质量分数）的 C_{3-4} 碳氢化合物	hydrocarbons, C_{3-4} (CAS No 68476-40-4), if they contain >0.1% (mass percentage) butadiene
772	丁二烯含量大于 0.1%（质量分数）的碳氢化合物，来自富 C_{3-4} 的石油馏分	hydrocarbons, C_{3-4}-rich, petroleum distillate (CAS No 68512-91-4), if they contain >0.1% (mass percentage) butadiene
773	二甲基亚砜提取物含量大于 3%（质量分数）的 C_{37-65} 碳氢化合物，来自加氢脱沥青的减压蒸馏的残液	hydrocarbons, C_{37-65}, hydrotreated deasphalted vacuum distn Residues (CAS No 95371-08-7), if they contain >3% (mass percentage) DMSO extract
774	二甲基亚砜提取物含量大于 3%（质量分数）的 C_{37-68} 碳氢化合物，来自脱蜡脱沥青加氢的减压蒸馏的残液	hydrocarbons, C_{37-68}, dewaxed deasphalted hydrotreated vacuum distn Residues (CAS No 95371-07-6), if they contain >3% (mass percentage) DMSO extract
775	丁二烯含量大于 0.1%（质量分数）的 C_4 碳氢化合物	hydrocarbons, C_4 (CAS No 87741-01-3), if they contain >0.1% (mass percentage) butadiene
776	丁二烯含量大于 0.1%（质量分数）的无 1,3-丁二烯和异丁烯的 C_4 碳氢化合物	hydrocarbons, $C_{4,\ 1,3}$-butadiene- and isobutene-free (CAS No 95465-89-7), if they contain >0.1% (mass percentage) butadiene

表 1 (续)

序号	中 文 名 称	英 文 名 称
777	丁二烯含量大于 0.1%(质量分数)的蒸汽裂解 C_4 馏分的碳氢化合物	hydrocarbons, C_4, steam-cracker distillate (CAS No 92045-23-3), if they contain >0.1% (mass percentage) butadiene
778	丁二烯含量大于 0.1%(质量分数)的 $C_{4\text{-}5}$ 碳氢化合物	hydrocarbons, $C_{4\text{-}5}$ (CAS No 68476-42-6), if they contain >0.1%(mass percentage) butadiene
779	二甲基亚砜提取物含量大于 3%(质量分数)的碳氢化合物，来自溶剂脱蜡的加氢裂的石蜡蒸馏残液	hydrocarbons, hydrocracked paraffinic distn residues, solvent-dewaxed (CAS No 93763-38-3), if they contain >3% (mass percentage) DMSO extract
780	$C_{16\text{-}20}$ 碳氢化合物，来自溶剂脱蜡、加氢裂解的烷烃蒸馏残液	hydrocarbons, $C_{16\text{-}20}$, solvent-dewaxed hydrocracked paraffinic distn. Residue (CAS No 97675-88-2)
781	氢氟酸及其正盐，配合物以及氢氟化物(表 2 中的氟化合物除外)	hydrofluoric acid, its normal salts, its complexes and hydrofluorides with the exception of those given in table 2
782	氰化氢及其盐类	hydrogen cyanide and its salts
783	8-羟喹啉及其硫酸盐	hydroxy-8-quinoline and its sulphate
784	羟嗪	hydroxyzine 〔2-{2-[4-(p-chlore-α-phenylbenzyl)-1-piperazinyl] ethoxy}ethanol〕
785	东莨菪碱及其盐类和衍生物	hyoscine, its salts and derivatives
786	莨菪碱及其盐类和衍生物	hyoscyamine, its salts and derivatives
787	莨菪(叶、果实、粉和草药制剂)	*Hyoscyamus niger* L. (leaves, seeds, powder and galenical preparations)
788	咪唑啉-2-硫酮	Imidazolidine-thione (CAS No 96-45-7)
789	欧前胡内酯	Imperatorin [9-(3-methoxylbut-2-enyloxy)furo(3, 2-g) chromen-7-one]
790	无机亚硝酸盐类(亚硝酸钠除外)	inorganic nitrites, with the exception of sodium nitrite
791	2,5-双(1-氮杂环丙烯基)-3,6-二丙氧基-1,4-苯醌	inproquone [2,5-bis (1-aziridinyl)-3,6-dipropoxy-1,4-benzoquinone]
792	碘	iodine
793	碘代甲烷	iodomethane (CAS No 74-88-4)
794	碘苯腈；4-羟基-3,5-二碘苯甲腈	ioxynil (CAS No 1689-83-4)
795	吐根(根、粉末及草药制剂)	ipecacuanha (*cephaelis ipecacuanha brot*. And related species) (roots, powder and galenical preparations)

表 1（续）

序号	中文名称	英文名称
796	异丙二酮	iprodione（CAS No 36734-19-7）
797	丁二烯含量大于或等于 0.1%（质量分数）的异丁烷	isobutane（CAS No 75-28-5），if it contains ≥0.1%（mass percentage） butadiene
798	亚硝酸异丁酯	isobutyl nitrite（CAS No 542-56-3）
799	异卡波肼	isocarboxazide［1-benzyl-2-（6-methylisoxazol-3-ylcarbonyl） hydrazine］
800	异美汀及其盐类	isometheptene（6-methyl-2-methylaminohept-5-ene） and its salts
801	异丙肾上腺素	isoprenaline［3，4-dihydroxy-α-（isopropylaminomethyl） benzyl alcohol］
802	稳定的橡胶基质（2-甲基-1，3-丁二烯）	isoprene（stabilized）（2-methyl-1，3-butadiene）（CAS No 78-79-5）
803	硝酸异山梨酯	isosorbide dinitrate（1，4：3，6-dianhydrosorbitol 2，5-dinitrate）
804	异噁氟草	isoxaflutole（CAS No 141112-29-0）
805	叉子园柏的叶子，精油及其草药制剂	*Juniperus sabina* L.（leaves，essential oil and galenical preparations）
806	亚胺菌	kresoxim-methyl（CAS No 143390-89-0）
807	铅和铅化合物	lead and its compounds
808	利多卡因	lidocaine
809	利农伦	linuron（CAS No 330-55-2）
810	北美山梗菜及其草药制剂	*Lobelia inflata* L. And its galenical preparations
811	洛贝林及其盐类	lobeline［2-（β-hydroxyphenethyl）-1-methyl-6-phenacylpiperidine］and its salts
812	润滑脂，除非清楚全部精炼过程并且能够证明所获得的物质不是致癌物	lubricating greases（CAS No 74869-21-9），except if the full refining history is known and it can be shown that the substance from which it is produced is not a carcinogen
813	二甲基亚砜提取物含量大于 3%（质量分数）的润滑油	lubricating oils（CAS No 74869-22-0），if they contain ＞3%（mass percentage） DMSO extract
814	二甲基亚砜提取物含量大于 3%（质量分数）的来自原油的石蜡润滑油（石油）	lubricating oils（petroleum），base oils，paraffinic（CAS No 93572-43-1），if they contain ＞3%（mass percentage） DMSO extract
815	二甲基亚砜提取物含量大于 3%（质量分数）的溶剂萃取、脱沥青、脱蜡加氢处理的碳原子数大于 25 的润滑油（石油）	lubricating oils（petroleum），C＞25，solvent-extd，deasphalted，dewaxed，hydrogenated（CAS No 101316-69-2），if they contain ＞3%（mass percentage） DMSO extract

表 1(续)

序号	中文名称	英文名称
816	二甲基亚砜提取物含量大于 3%(质量分数)的加氢中性油基高粘 C_{15-30} 润滑油(石油)	lubricating oils (petroleum), C_{15-30}, hydrotreated neutral oil-based (CAS No 72623-86-0), if they contain >3% (mass percentage) DMSO extract
817	二甲基亚砜提取物含量大于 3%(质量分数)的溶剂萃取、脱蜡加氢的 C_{17-32} 润滑油(石油)	lubricating oils (petroleum), C_{17-32}, solvent-extd, dewaxed, hydrogenated (CAS No 101316-70-5), if they contain >3% (mass percentage) DMSO extract
818	二甲基亚砜提取物含量大于 3%(质量分数)的加氢的溶剂萃取及脱蜡的 C_{17-35} 润滑油(石油)	lubricating oils (petroleum), C_{17-35}, solvent-extd, dewaxed, hydrotreated (CAS No 92045-42-6), if they contain >3% (mass percentage) DMSO extract
819	二甲基亚砜提取物含量大于 3%(质量分数)的加氢裂解溶剂脱蜡的润滑油(石油)	lubricating oils (petroleum), C_{18-27}, hydrocracked solvent-dewaxed (CAS No 97488-95-4), if they contain >3% (mass percentage) DMSO extract
820	二甲基亚砜提取物含量大于 3%(质量分数)的 C_{18-40} 润滑油，以溶剂脱蜡的加氢裂解轻馏分为基础	lubricating oils (petroleum), C_{18-40}, solvent-dewaxed hydrocracked distillate-based (CAS No 94733-15-0), if they contain >3% (mass percentage) DMSO extract
821	二甲基亚砜提取物含量大于 3%(质量分数)的 C_{18-40} 润滑油，以溶剂脱蜡的加氢残油为基础	lubricating oils (petroleum), C_{18-40}, solvent-dewaxed hydrogenated raffinate-based (CAS No 94733-16-1), if they contain >3% (mass percentage) DMSO extract
822	二甲基亚砜提取物含量大于 3%(质量分数)的溶剂萃取、脱蜡加氢的 C_{20-35} 润滑油(石油)	lubricating oils (petroleum), C_{20-35}, solvent-extd, dewaxed, hydrogenated (CAS No 101316-71-6), if they contain >3% (mass percentage) DMSO extract
823	二甲基亚砜提取物含量大于 3%(质量分数)的加氢中性油基高粘 C_{20-50} 润滑油(石油)	lubricating oils (petroleum), C_{20-50}, hydrotreated neutral oil-based, high-viscosity (CAS No 72623-85-9), if they contain >3% (mass percentage) DMSO extract
824	二甲基亚砜提取物含量大于 3%(质量分数)的加氢中性油基高粘 C_{20-50} 润滑油(石油)	lubricating oils (petroleum), C_{20-50}, hydrotreated neutral oil-based (CAS No 72623-87-1), if they contain >3% (mass percentage) DMSO extract
825	二甲基亚砜提取物含量大于 3%(质量分数)的溶剂萃取、脱蜡加氢的 C_{24-50} 润滑油(石油)	lubricating oils (petroleum), C_{24-50}, solvent-extd, dewaxed, hydrogenated (CAS No 101316-72-7), if they contain >3% (mass percentage) DMSO extract
826	二甲基亚砜提取物含量大于 3%(质量分数)的加氢裂解非芳香性的溶剂脱石蜡处理的润滑油(石油)	lubricating oils (petroleum), hydrocracked nonarom solvent-deparaffined (CAS No 92045-43-7), if they contain >3% (mass percentage) DMSO extract
827	麦角二乙胺及其盐类	lysergide (*N*,*N*-diethyllysergamide; lysergic acid diethylamide) and its salts
828	孔雀石绿的盐酸盐和草酸盐	malachite green hydrochloride (CAS No 569-64-2) malachite green oxalate (CAS No 18015-76-4)
829	丙二腈	malononitrile

表 1（续）

序号	中 文 名 称	英 文 名 称
830	甘露莫司汀及其盐类	mannomustine [1,6-bis (2-chloroethylamino)-1,6-dideoxy-D-mannitol]and its salts
831	美卡拉明(3-甲氨基异莰烷)	mecamylamine (3-methylaminoisobornane)
832	美非氯嗪及其盐类	mefeclorazine [1-(*o*-chlorophenyl)-4-(3,4-dimethoxyphenethyl) piperazine]and its salts
833	美芬新及其酯类	mephenesin [*o*-cresyl glyceryl ether; 3-(*o*-methylphenoxy)-1,2-propanediol] and its esters
834	甲丙氨酯	meprobamate (2-methyl-2-propyl-1,3-propanediol dicarbamate)
835	汞和汞化合物	mercury and its compounds
836	聚乙醛	metaldehyde
837	甲胺苯丙酮及其盐类	metamfepramone (2-dimethylaminopropiophenone) and its salts
838	美索庚嗪及其盐类	metethoheptazine (4-ethoxycarbonyl-1,3-dimethyl-4-phenylhexamethylenimine) and its salts
839	二甲双胍及其盐类	metformin (1,1-dimethylbiguanide; *N*,*N*-dimethylguanylguanidine) and its salts
840	甲醇	methanol
841	美沙吡林及其盐类	methapyrilene [*N*,*N*-dimethyl-*N*′-(2-pyridyl)-*N*′-(2-thenyl) ethylenediamine]and its salts
842	美庚嗪及其盐类	metheptazine (4-carbomethoxy-1,2-dimethyl-4-phenylhexamethylenimine) and its salts
843	美索巴莫	methocarbamol
844	甲氨喋呤	methotrexate [*N*-{*p*-[(2, 4-diamino-6-pteridylmethyl) methylamino] benzoyl}-L-(+)-glutamic acid]
845	甲氧基乙酸	methoxyacetic acid (CAS No 625-45-6)
846	异氰酸甲酯	methyl isocyanate (CAS No 624-83-9)
847	反式-2-丁烯酸甲基酯	methyl *trans*-2-butenoate (CAS No 623-43-8)
848	〈亚甲基双〔4,1-亚苯基偶氮{1-[3-(二甲基氨基)丙基]-1,2-二氢化-6-羟基-4-甲基-2-氧代嘧啶-5,3-二基}〕〉-1,1′-二吡啶盐的二氯化物二盐酸化物	〈Methylenebis〔4, 1-phenylenazo{1-[3-(dimethylamino) propyl]-1, 2-dihydro-6-hydroxy-4-methyl-2-oxopyridine-5,3-diyl}〕〉-1,1′-dipyridinium dichloride dihydrochloride(EC No 401-500-5)
849	甲基丁香酚，除天然香料含有并在产品中含量不大于以下浓度外：(a) 0.01%香精中含量；(b) 0.000 2% 口腔卫生产品	methyleugenol (CAS No 93-15-2) except for normal content in the natural essences used and provided that the concentration does not exceed: (a) 0.01% in fine fragrance; (b) 0.000 2% in oral hygiene products

表 1（续）

序号	中 文 名 称	英 文 名 称
850	乙酸(甲基-*ONN*-氧化偶氮基)甲酯	(Methyl-*ONN*-azoxy)methyl acetate (CAS No 592-62-1)
851	甲基环氧乙烷	methyloxirane (CAS No 75-56-9)
852	哌甲酯及其盐类	methylphenidate (methyl α-phenyl-2-piperid-2-ylacetate) and its salts
853	甲乙哌酮及其盐类	methyprylon (3,3-diethyl-5-methyl-2,4-piperidinedione) and its salts
854	美替拉酮	metyrapone (2-methyl-1,2-dipyrid-3-yl-1-propanone)
855	矿石棉，[不规则晶体排列，且碱金属氧化物和碱土金属氧化物(Na_2O + K_2O + CaO + MgO + BaO)含量大于18%(以质量计)的人造玻璃质(硅酸盐)纤维]，在本标准中别处详细说明的那些除外	mineral wool,with the exception of those specified elsewhere in this Annex;[Man-made vitreous (silicate) fibres with random orientation with alkaline oxide and alkali earth oxide (Na_2O+K_2O+CaO+MgO+BaO)content greater than 18% by weight]
856	莫非布宗	mofebutazone (4-butyl-1-phenyl-3,5-pyrazolidinedione)
857	禾草敌	molinate (ISO) (CAS No 2212-67-1)
858	久效磷	monocrotophos (CAS No 6923-22-4)
859	灭草隆	monuron (CAS No 150-68-5)
860	吗啉及其盐类	morpholine (diethyleneimideoxide) and its salts
861	吗啉-4-碳酰氯	morpholine-4-carbonyl chloride (CAS No 15159-40-7)
862	间苯二胺及其盐类	*m*-phenylenediamine and its salts (CAS No 108-45-2)
863	二异氰酸间-甲苯亚基酯	*m*-tolylidene diisocyanate (CAS No 26471-62-5)
864	[(间-甲苯氧基)甲基]环氧乙烷	[(*m*-tolyloxy)methyl]oxirane (CAS No 2186-25-6)
865	腈菌唑，2-(4-氯苯基)-2-(1*H*-1,2,4-三唑-1-基甲基)己腈	myclobutanil, 2-(4-chlorophenyl)-2-(1*H*-1,2,4-triazol-1-yl methyl) hexanenitrile (CAS No 88671-89-0)
866	*N*-(3-氨甲酰基-3,3-二苯丙基)-*N*,*N*-二异丙基甲基铵盐类。例如：异丙碘铵	*N*-(3-carbamoyl-3,3-diphenylpropyl)-*N*,*N*-diisopropylmethylammonium salts, e.g. Isopropamide iodide
867	*N*-(三氯甲基硫代)-4-环己烯-1,2-联羧酰胺(克霉丹)	*N*-(trichloromethylthio)-4-cyclohexene-1,2-dicarboximide (captan)
868	*N*-(三氯甲硫基)邻苯二甲酰亚胺	*N*-(trichloromethylthio)phthalimide (CAS No 133-07-3)
869	*N*,*N*,*N*′,*N*′-四缩水甘油基-4,4′-二氨基-3,3′-二乙基二苯基甲烷	*N*,*N*,*N*′,*N*′-tetraglycidyl-4,4′-diamino-3,3′-diethyldiphenylmethane (CAS No 130728-76-6)

表 1（续）

序号	中 文 名 称	英 文 名 称
870	*N*,*N*,*N*′,*N*′-四甲基-4,4′-二苯氨基甲烷	*N*,*N*,*N*′,*N*′-tetramethyl-4,4′-methylendianiline(CAS No 101-61-1)
871	*N*,*N*′-[(甲基亚氨基)二乙烯]双(乙基二甲基氨)盐，如：阿扎溴铵	*N*,*N*′-[(methylimino) diethylene] bis (ethyldimethylammonium) salts, e. g. Azamethonium bromide
872	*N*,*N*′-五甲亚基双(三甲基铵)盐，如：五甲溴铵	*N*,*N*′-pentamethylenebis (trimethylammonium) salts, e. g. Pentamethonium bromide
873	*N*,*N*-双(2-氯乙基)甲胺-*N*-氧化物及其盐类	*N*,*N*-bis(2-chloroethyl)methylamine *N*-oxide and its salts
874	*N*,*N*-二甲基乙酰胺	*N*,*N*-dimethylacetamide (CAS No 127-19-5)
875	*N*,*N*-二甲基苯胺	*N*,*N*-dimethylaniline (CAS No 121-69-7)
876	*N*,*N*-二甲基苯胺四(戊氟化苯基)硼酸盐	*N*,*N*-dimethylanilinium tetrakis (pentafluorophenyl)borate (CAS No 118612-00-3)
877	*N*,*N*-二甲基甲酰胺	*N*,*N*-dimethylformamide (CAS No 68-12-2)
878	*N*,*N*′-六甲亚基双(三甲基铵)盐，如：六甲溴铵	*N*,*N*′-hexamethylenebis(trimethylammonium) salts, e. g. hexamethonium bromide
879	*N*-[2-(3-乙酰基-5-硝基噻吩-2-基偶氮)-5-二乙基氨基苯基]乙酰胺	N-[2-(3-acetyl-5-nitrothiophen-2-ylazo)-5-diethylaminophenyl] acetamide (EC No 416-860-9)
880	*N*′-(4-氯-邻-甲苯基)-*N*,*N*-二甲基甲脒-氢氯化物	*N*′-(4-chloro-o-tolyl)-*N*,*N*-dimethylformamidine monohydrochloride (CAS No 19750-95-9)
881	*N*-2-萘基苯胺	*N*-2-naphthylaniline (CAS No 135-88-6)
882	*N*-5-氯苯噁唑-2-基乙酰胺	*N*-5-chlorobenzoxazol-2-ylacetamide
883	烯丙吗啡及其盐类和醚类	nalorphine (*N*-allylnormorphine; *N*-allyl-*N*-desmethylmorphine), its salts and ethers
884	萘甲唑啉及其盐类	naphazoline [2-(1-naphthylmethyl)-2-imidazoline] and its salts
885	溶剂精制、加氢脱硫的重石脑油(石油)，除非清楚全部精炼过程并且能够证明所获得的物质不是致癌物	naphtha (petroleum), solvent-refined hydrodesulfurised heavy (CAS No 97488-96-5), except if the full refining history is known and it can be shown that the substance from which it is produced is not a carcinogen
886	萘	naphthalene (CAS No 91-20-3)
887	二甲基亚砜提取物含量大于3%(质量分数)的催化脱蜡处理的重环烷油(石油)	naphthenic oils (petroleum), catalytic dewaxed heavy (CAS No 64742-68-3), if they contain >3% (mass percentage) DMSO extract
888	二甲基亚砜提取物含量大于3%(质量分数)的催化脱蜡处理的轻环烷油(石油)	naphthenic oils (petroleum), catalytic dewaxed light (CAS No 64742-69-4), if they contain >3% (mass percentage) DMSO extract

表 1（续）

序号	中文名称	英文名称
889	二甲基亚砜提取物含量大于 3%（质量分数）的复合脱蜡处理的重环烷油（石油）	naphthenic oils (petroleum), complex dewaxed heavy (CAS No 64742-75-2), if they contain >3% (mass percentage) DMSO extract
890	二甲基亚砜提取物含量大于 3%（质量分数）的复合脱蜡处理的轻环烷油（石油）	naphthenic oils (petroleum), complex dewaxed light (CAS No 64742-76-3), if they contain >3% (mass percentage) DMSO extract
891	麻醉药类（凡是中华人民共和国药政法规定管制的麻醉药品品种）	narcotics, natural and synthetic controlled by the drug administration law of the people's republic of China
892	*N*-环己基-*N*-甲氧基-2,5-二甲基-3-糠酰胺	*N*-cyclohexyl-*N*-methoxy-2,5-dimethyl-3-furamide (CAS No 60568-05-0)
893	钕和钕盐类	neodymium and its salts
894	新斯的明及其盐类，如溴新斯的明	neostigmine and its salts (e. g. neostigmine bromide)
895	镍	nickel (CAS No 7440-02-0)
896	碳酸镍	nickel carbonate (CAS No 3333-67-3)
897	二氢氧化镍	nickel dihydroxide (CAS No 12054-48-7)
898	二氧化镍	nickel dioxide (CAS No 12035-36-8)
899	一氧化镍	nickel monoxide (CAS No 1313-99-1)
900	硫酸镍	nickel sulphate (CAS No 7786-81-4)
901	硫化镍	nickel sulphide (CAS No 16812-54-7)
902	尼古丁及其盐类	nicotine [3- (1-methyl-2-pyrrolidyl) pyridine] and its salts
903	硝基苯	nitrobenzene
904	硝基甲酚类及其碱金属盐	nitrocresols and their alkali metal salts
905	咔唑的硝基衍生类	nitroderivatives of carbazole
906	除草醚	nitrofen (CAS No 1836-75-5)
907	呋喃妥因	nitrofurantoin [1-(5-nitro-2-furfurylideneamino)-hydantoin]
908	亚硝胺	nitrosamines
909	亚硝基二丙胺	nitrosodipropylamine (CAS No 621-64-7)

表 1（续）

序号	中文名称	英文名称
910	硝基芪（硝基 1,2 二苯乙烯）类，它们的同系物和衍生物	nitrostilbenes, their homologues and their derivatives
911	硝羟喹啉及其盐类	nitroxoline (5-nitro-8-quinolinol) and its salts
912	*N*-甲基乙酰胺	*N*-methylacetamide (CAS No 79-16-3)
913	*N*-甲基甲酰胺	*N*-methylformamide (CAS No 123-39-7)
914	壬基苯酚 支链 4-壬基苯酚	nonylphenol (CAS No 25154-52-3) 4-nonylphenol, branched (CAS No 84852-15-3)
915	去甲肾上腺素及其盐类	noradrenaline (norepinephrine) and its salts
916	那可丁及其盐类	noscapine [(-)-1-(6, 7-dimethoxy-3-phthalidyl) -8-methoxy-2-methyl-6,7- methylenedioxy-1,2,3,4-tetrahydroisoquinoline] and its salts
917	*O*,*O*′-（乙烯基甲基硅烯）二[（4-甲基-2-酮）]肟	*O*,*O*′-(ethenylmethylsilylene) di[(4-methylpentan-2-one) oxime](EC No 421-870-1)
918	*O*,*O*′-二乙酰基-*N*-烯丙基-*N*-去甲基吗啡	*O*,*O*′-diacetyl-*N*-allyl-*N*-normorphine
919	*O*,*O*′-二乙基-*O*-（4-硝基苯基）硫代磷酸酯（对硫磷）	*O*,*O*′-diethyl *O*-4-nitrophenyl phosphorothioate (parathion-ISO)
920	邻-茴香胺（甲氧基苯胺；氨基苯甲醚）	*o*-anisidine (CAS No 90-04-0)
921	奥他莫辛	octamoxin[1-(1-methylheptyl)-hydrazine] and its salts
922	辛戊胺	octamylamine (2-isoamylamino-6-methylheptane) and its salts
923	奥托君及其盐类	octodrine (1,5-dimethylhexylamine; 2-amino-6-methylheptane) and its salts
924	邻-联（二）茴香胺基偶氮染料	*o*-dianisidine based azo dyes
925	雌激素类	oestrogens
926	月桂树籽油	oil from the seeds of *Laurus nobilis* L.
927	欧夹竹桃苷	oleandrin
928	邻苯二胺及其盐类	*o*-phenylenediamine and its salts
929	邻-联甲苯胺基染料	*o*-tolidine based dyes
930	稻思达	oxadiargyl (ISO) (CAS No 39807-15-3)

表 1（续）

序号	中文名称	英文名称
931	（乙二酰双亚氨乙烯）双[（邻-氯苯基）二乙基铵]盐，如：安贝氯铵	(oxalylbisiminoethylene) bis [(*o*-chlorobenzyl) diethylammonium] salts, e. g. ambenomium chloride
932	奥沙那胺及其衍生物	oxanamide (2,3-epoxy-2-ethylhexanamide) and its derivatives
933	环氧乙烷甲醇，4-甲苯磺酸盐(S)-	oxiranemethanol, 4-methylbenzene-sulfonate, (S)- (CAS No 70987-78-9)
934	羟芬利定及其盐类	oxpheneridine [ethyl ester of 1-(β-hydroxyphenethyl)-4-phenylpiperidine-4- carboxylic acid] and its salts
935	氧代双(氯甲烷)，双(氯甲基)醚	oxybis(chloromethane), bis (Chloromethyl) ether (CAS No 542-88-1)
936	二甲基亚砜提取物含量大于 3%(质量分数)的催化脱蜡处理的重石蜡油(石油)	paraffin oils (petroleum), catalytic dewaxed heavy (CAS No 64742-70-7), if they contain >3% (mass percentage) DMSO extract
937	二甲基亚砜提取物含量大于 3%(质量分数)的催化脱蜡处理的轻石蜡油(石油)	paraffin oils (petroleum), catalytic dewaxed light (CAS No 64742-71-8), if they contain >3% (mass percentage) DMSO extract
938	二甲基亚砜提取物含量大于 3%(质量分数)的溶剂精制的脱蜡重石蜡油(石油)	paraffin oils (petroleum), solvent-refined dewaxed heavy (CAS No 92129-09-4), if they contain >3% (mass percentage) DMSO extract
939	苯并[*a*]芘的含量大于 0.005%(质量分数)的固体石蜡，来自褐煤高温煤焦油	paraffin waxes (coal), brown-coal high-temp tar (CAS No 92045-71-1), if they contain >0.005% (mass percentage) benzo[*a*]pyrene
940	苯并[*a*]芘的含量大于 0.005%(质量分数)的固体石蜡，来自活性炭处理的褐煤高温煤焦油	paraffin waxes (coal), brown-coal high-temp tar, carbon-treated (CAS No 97926-76-6), if they contain >0.005% (mass percentage) benzo[*a*]pyrene
941	苯并[*a*]芘的含量大于 0.005%(质量分数)的固体石蜡，来自粘土处理的褐煤高温煤焦油	paraffin waxes (coal), brown-coal high-temp tar, clay-treated (CAS No 97926-77-7), if they contain >0.005% (mass percentage) benzo[*a*]pyrene
942	苯并[*a*]芘的含量大于 0.005%(质量分数)的固体石蜡，来自加氢处理的褐煤高温煤焦油	paraffin waxes (coal), brown-coal high-temp tar, hydrotreated (CAS No 92045-72-2), if they contain >0.005% (mass percentage) benzo[*a*]pyrene
943	苯并[*a*]芘的含量大于 0.005%(质量分数)的固体石蜡，来自硅酸处理的褐煤高温煤焦油	paraffin waxes (coal), brown-coal high-temp tar, silicic acid-treated (CAS No 97926-78-8), if they contain>0.005% (mass percentage) benzo[*a*]pyrene
944	帕拉米松	paramethasone (6α-fluoro-16α-methylpregna-1,4-diene-11β,17,21-triol-3,20-dione)
945	对乙氧卡因及其盐类	parethoxycaine (2-diethylaminoethyl ester of pethoxybenzoic acid) and its salts
946	*p*-氯三氯甲基苯	*p*-chlorobenzotrichloride (CAS No 5216-25-1)

表 1（续）

序号	中 文 名 称	英 文 名 称
947	石榴皮碱(异石榴皮碱)及其盐类	pelletierine (isopelletierine) and its salts
948	匹莫林及其盐类	pemoline (2-amino-5-phenyl-2-oxazolin-4-one) and its salts
949	五氯乙烷	pentachloroethane
950	五氯苯酚	pentachlorophenol (CAS No 87-86-5)
951	戊四硝酯	pentaerithrityl tetranitrate (pentaerythritol tetranitrate)
952	秘鲁香酯	peru balsam(INCI name: Myroxylon pereirae; CAS No 8007-00-9)
953	陪曲氯醛	petrichloral [1,1′,1″,1‴-(neopentanetetryltetraoxy) tetrakis (2,2,2-trichloroethanol)]
954	矿脂，除非清楚全部精炼过程并且能够证明所获得的物质不是致癌物	petrolatum (CAS No 8009-03-8), except if the full refining history is known and it can be shown that the substance from which it is produced is not a carcinogen
955	氧化铝处理的矿脂(石油)，除非清楚全部精炼过程并且能够证明所获得的物质不是致癌物	petrolatum (petroleum), alumina-treated (CAS No 85029-74-9), except if the full refining history is known and it can be shown that the substance from which it is produced is not a carcinogen
956	活性炭处理的矿脂(石油)，除非清楚全部精炼过程并且能够证明所获得的物质不是致癌物	petrolatum (petroleum), carbon-treated (CAS No 97862-97-0), except if the full refining history is known and it can be shown that the substance from which it is produced is not a carcinogen
957	粘土处理的矿脂(石油)，除非清楚全部精炼过程并且能够证明所获得的物质不是致癌物	petrolatum (petroleum), clay-treated (CAS No 100684-33-1), except if the full refining history is known and it can be shown that the substance from which it is produced is not a carcinogen
958	加氢的矿脂(石油)；除非清楚全部精炼过程并且能够证明所获得的物质不是致癌物	petrolatum (petroleum), hydrotreated (CAS No 92045-77-7), except if the full refining history is known and it can be shown that the substance from which it is produced is not a carcinogen
959	氧化处理的矿脂(石油)，除非清楚全部精炼过程并且能够证明所获得的物质不是致癌物	petrolatum (petroleum), oxidised (CAS No 64743-01-7), except if the full refining history is known and it can be shown that the substance from which it is produced is not a carcinogen
960	硅酸处理的矿脂(石油)，除非清楚全部精炼过程并且能够证明所获得的物质不是致癌物	petrolatum (petroleum), silicic acid-treated (CAS No 97862-98-1), except if the full refining history is known and it can be shown that the substance from which it is produced is not a carcinogen

表 1(续)

序号	中文名称	英文名称
961	石油	petroleum (CAS No 8002-05-9)
962	丁二烯含量大于 0.1%(质量分数)的液化石油气	petroleum gases, liquefied (CAS No 68476-85-7), if they contain >0.1%(mass percentage) butadiene
963	丁二烯含量大于 0.1%(质量分数)的脱硫液化石油气	petroleum gases, liquefied, sweetened (CAS No 68476-86-8), if they contain >0.1%(mass percentage) butadiene
964	丁二烯含量大于 0.1%(质量分数)的脱硫 C_4 馏分液化石油气	petroleum gases, liquefied, sweetened, C_4 fraction (CAS No 92045-80-2), if they contain >0.1%(mass percentage) butadiene
965	丁二烯含量大于 0.1%(质量分数)的石油产品，来自炼油厂汽油	petroleum products, refinery gases (CAS No 68607-11-4), if they contain >0.1%(mass percentage) butadiene
966	醋醯尿素苯	phenacemide
967	非那二醇	phenaglycodol
968	芬美曲秦及其衍生物和盐类	phenmetrazine (3-methyl-2-phenylmorpheline) its derivatives and salts
969	苯酚	phenol (CAS No 108-95-2)
970	吩噻秦及其化合物	phenothiazine (dibenzoparathiazine; thiodiphenylamine) and its compounds
971	苯丙氨酯	phenprobamate (3-phenylpropyl carbamate)
972	苯丙香豆素	phenprocoumon [4-hydroxy-3-(1-phenylpropyl) coumarin]
973	保泰松	phenylbutazone (4-butyl-2,2-diphenyl-3,5-pyrazolidinedione)
974	磷胺；大灾虫	phosphamidon (CAS No 13171-21-6)
975	磷及金属磷化物	phosphorus and metal phosphides
976	毒扁豆	*Physostigma venenosum balf*
977	商陆及其制剂	*Phytolacca* spp. and their preparations
978	苦味酸(2,4,6-三硝基苯酚)	picric acid (2,4,6-trinitrophenol)
979	印防己毒素	picrotoxin
980	毛果云香碱及其盐类	pilocarpine {5-[(4-ethyl-2,3,4,5-tetrahydrofuran-5-on-3-yl) methyl]-1-methylimidazole} and its salts

表 1(续)

序号	中文名称	英文名称
981	毛果芸香及其草药制剂	*Pilocarpus jaborandi holmes* and its galenical preparations
982	匹哌氮酯及其盐类	pipazetate [2-(2-piperid-1-ylethoxy) ethyl ester of 10*H*-pyrido (3,2-b)(1,4) benzothiazine 10-carboxylic acid] and its salts
983	哌苯甲醇及其盐类	pipradrol (*α*-piperid-2-ylbenzhydrol) and its salts
984	哌库碘铵	piprocurarium
985	苯并[*a*]芘的含量大于 0.005%(质量分数)的沥青	pitch (CAS No 61789-60-4) if it contains >0.005%((mass percentage))benzo[*a*]pyrene
986	苯并[*a*]芘的含量大于 0.005%(质量分数)的沥青，来自热处理的高温煤焦油	pitch, coal tar, high-temp, heat-treated (CAS No 121575-60-8), if it contains >0.005% (mass percentage) benzo[*a*]pyrene
987	苯并[*a*]芘的含量大于 0.005%(质量分数)的沥青，来自高温煤焦油次级馏分	pitch, coal tar, high-temp, secondary (CAS No 94114-13-3), if it contains >0.005% (mass percentage) benzo[*a*]pyrene
988	苯并[*a*]芘的含量大于 0.005%(质量分数)的沥青，来自低温煤焦油	pitch, coal tar, low-temp(CAS No 90669-57-1), if it contains >0.005% (mass percentage) benzo[*a*]pyrene
989	苯并[*a*]芘的含量大于 0.005%(质量分数)的沥青，来自热处理的低温煤焦油	pitch, coal tar, low-temp, heat-treated (CAS No 90669-58-2), if it contains >0.005% (mass percentage) benzo[*a*]pyrene
990	苯并[*a*]芘的含量大于 0.005%(质量分数)的沥青，来自氧化的低温煤焦油	pitch, coal tar, low-temp, oxidised (CAS No 90669-59-3), if it contains >0.005% (mass percentage) benzo[*a*]pyrene
991	苯并[*a*]芘的含量大于 0.005%(质量分数)的沥青，来自煤焦油-石油	pitch, coal tar-petroleum (CAS No 68187-57-5), if it contains >0.005% (mass percentage) benzo[*a*]pyrene
992	甲硫泊尔定	poldine methylsulfate (2-benzilyloxymethyl-1,1-dimethylpyrrolidinium methosulfate)
993	溴酸钾	potassium bromate (CAS No 7758-01-2)
994	对氨基苯乙醚(4-乙氧基苯胺)	*p*-phenetidine (4-ethoxyaniline)(CAS No 156-43-4)
995	普莫卡因	pramocaine
996	丙磺舒	probenecid [*p*-(dipropylsulfamoyl) benzoic acid]
997	普鲁卡因胺及其盐类和衍生物	procainamide [*p*-amino-*N*-(2-diethylaminoethyl) benzamide], its salts and derivatives
998	孕激素类	progestogens

表 1（续）

序号	中文名称	英文名称
999	硝酸甘油(丙三醇三硝酸酯)	propane-1,2,3-triyl trinitrate
1000	克螨特	propargite (ISO) (CAS No 2312-35-8)
1001	丙帕硝酯	propatylnitrate [2-ethyl-2-(hydroxymethyl)-1, 3-propanediol trinitrate 1, 1, 1-trisnitrato methylpropane]
1002	丙唑嗪	propazine (CAS No 139-40-2)
1003	丙醇酸内酯	propiolactone (CAS No 57-57-8)
1004	异丙安替比林	propyphenazone (4-isopropyl-2, 3-dimethyl-1-phenyl-3-pyrazolin-5-one)
1005	氯甲丙炔基苯甲酰胺	propyzamide (CAS No 23950-58-5)
1006	桂樱(樱桂水)	*Prunus laurocerasus* L. (cherry laurel water)
1007	赛洛西宾	psilocybine [3-(2-dimethylaminoethyl) indol-4-yl dihydrogen phosphate]
1008	[(对-甲苯氧基)甲基]环氧乙烷	[(*p*-tolyloxy)methyl]oxirane (CAS No 2186-24-5)
1009	吡蚜酮	pymetrozine (ISO) (CAS No 123312-89-0)
1010	除虫菊及其草药制剂	*Pyrethrum album* L. and its galenical preparations
1011	吡硫鎓钠	pyrithione sodium (INNM)
1012	焦棓酚	pyrogallol
1013	一水化膦酸(*R*)-*α*-苯乙铵(-)-(1*R*,2*S*)-(1,2-环丙)酯	(*R*)-*α*-phenylethylammonium (-)-(1*R*, 2*S*)-(1, 2-epoxypropyl) phosphonate monohydrate (CAS No 25383-07-7)
1014	(*R*)-5-溴-3-(1-甲基-2-吡咯)	(*R*)-5-bromo-3-(1-methyl-2-pyrrolidinyl methyl)-1*H*-indole (CAS No 143322-57-0)
1015	*R*-1-氯-2,3-环氧丙烷	*R*-1-chloro-2,3-epoxypropane (CAS No 51594-55-9)
1016	*R*-2,3-环氧-1-丙醇	*R*-2,3-Epoxy-1-propanol (CAS No 57044-25-4)
1017	放射性物质	radioactive substances
1018	含饱和及不饱和 C_{3-5} 但不含丁二烯的残油(石油)，来自蒸汽裂解 C_4 馏分的乙酸亚铜铵萃取物	raffinates (petroleum), steam-cracked C_4 fraction cuprous ammonium acetate extn, C_{3-5} and C_{3-5} unsatd, butadiene-free (CAS No 97722-19-5)
1019	萝芙木生物碱类及其盐类	*Rauwolfia serpentina* alkaloids and their salts

表 1（续）

序号	中文名称	英文名称
1020	苯乙酮，甲醛，环己胺，甲醇和乙酸的反应产物	reaction product of acetophenone, formaldehyde, cyclohexylamine, methanol and acetic acid (EC No 406-230-1)
1021	石油残油	residual oils (petroleum) (CAS No 93821-66-0)
1022	二甲基亚砜提取物含量大于3%(质量分数)的活性炭处理的溶剂脱蜡的残油(石油)	residual oils (petroleum), carbon-treated solvent-dewaxed (CAS No 100684-37-5), if they contain >3% (mass percentage) DMSO extract
1023	二甲基亚砜提取物含量大于3%(质量分数)的催化脱蜡的石油残油	residual oils (petroleum), catalytic dewaxed (CAS No 91770-57-9), if they contain >3% (mass percentage) DMSO extract
1024	二甲基亚砜提取物含量大于3%(质量分数)的粘土处理的(石油)残油	residual oils (petroleum), clay-treated (CAS No 64742-41-2), if they contain >3% (mass percentage) DMSO extract
1025	二甲基亚砜提取物含量大于3%(质量分数)的粘土处理的溶剂脱蜡的残油(石油)	residual oils (petroleum), clay-treated solvent-dewaxed (CAS No 100684-38-6), if they contain >3% (mass percentage) DMSO extract
1026	二甲基亚砜提取物含量大于3%(质量分数)的加氢解酸处理及溶剂脱蜡处理的残油(石油)	residual oils (petroleum), hydrocracked acid-treated solvent-dewaxed (CAS No 92061-86-4), if they contain >3% (mass percentage) DMSO extract
1027	二甲基亚砜提取物含量大于3%(质量分数)的加氢(石油)残油	residual oils (petroleum), hydrotreated (CAS No 64742-57-0), if they contain >3% (mass percentage) DMSO extract
1028	二甲基亚砜提取物含量大于3%(质量分数)的加氢溶剂脱蜡的(石油)残油	residual oils (petroleum), hydrotreated solvent dewaxed (CAS No 90669-74-2), if they contain >3% (mass percentage) DMSO extract
1029	二甲基亚砜提取物含量大于3%(质量分数)的溶剂脱沥青处理的(石油)残油	residual oils (petroleum), solvent deasphalted (CAS No 64741-95-3), if they contain >3% (mass percentage) DMSO extract
1030	二甲基亚砜提取物含量大于3%(质量分数)的溶剂脱蜡处理的(石油)残油	residual oils (petroleum), solvent-dewaxed (CAS No 64742-62-7), if they contain >3% (mass percentage) DMSO extract
1031	二甲基亚砜提取物含量大于3%(质量分数)的溶剂精制处理的(石油)残油	residual oils (petroleum), solvent-refined (CAS No 64742-01-4), if they contain >3% (mass percentage) DMSO extract
1032	苯并[a]芘的含量大于0.005%(质量分数)的煤焦油残渣，来自杂酚油蒸馏	residues (coal tar), creosote oil distn., if it contains > 0.005 %(mass percentage) benzo[a]pyrene (CAS No 92061-93-3)
1033	苯并[a]芘的含量大于0.005%(质量分数)的液体溶剂萃取的煤残留物	residues (coal), liq solvent extn(CAS No 94114-46-2), if they contain >0.005% (mass percentage) benzo[a]pyrene

表 1（续）

序号	中文名称	英文名称
1034	丁二烯含量大于 0.1%（质量分数）的来自烷基化分馏塔的富 C_4 石油残渣	residues (petroleum), alkylation splitter, C_4-rich (CAS No 68513-66-6), if they contain >0.1%(mass percentage) butadiene
1035	催化重整分馏塔残渣蒸馏的残液（石油）	residues (petroleum), catalytic reformer fractionator residue distn. (CAS No 68478-13-7)
1036	含稠环芳烃的焦化洗涤塔处理物的蒸馏残液（石油）	residues (petroleum), coker scrubber,condensed-ring-arom.-contg (CAS No 68783-13-1)
1037	重焦化减压蒸馏的低沸点残液（石油）	residues (petroleum), heavy coker and light vacuum (CAS No 68512-61-8)
1038	重焦化柴油及减压蒸馏柴油的残液（石油）	residues (petroleum), heavy coker gas oil and vacuum gas oil (CAS No 68478-17-1)
1039	减压蒸馏的低沸点残液（石油）	residues (petroleum), light vacuum (CAS No 68512-62-9)
1040	蒸汽裂解低沸点残液（石油）	residues (petroleum), steam-cracked light (CAS No 68513-69-9)
1041	初馏低硫残液（石油）	residues (petroleum), topping plant ,low-sulfur(CAS No 68607-30-7)
1042	常压塔处理的残液（石油）	residues (petroleum),atm. tower (CAS No 64741-57-7)
1043	常压蒸馏残液（石油）	residues (petroleum),atmospheric (CAS No 68333-22-2)
1044	催化裂解残液（石油）	residues (petroleum),catalytic cracking (CAS No 92061-97-7)
1045	催化重整分馏塔处理的残液（石油）	residues (petroleum),catalytic reformer fractionator (CAS No 64741-67-9)
1046	加氢裂解残液（石油）	residues (petroleum),hydrocracked (CAS No 64741-75-9)
1047	加氢脱硫常压塔蒸馏残液（石油）	residues (petroleum),hydrodesulfurised atmospheric tower (CAS No 64742-78-5)
1048	加氢蒸汽裂解石脑油残液（石油）	residues (petroleum),hydrogenated steam-cracked naphtha (CAS No 92062-00-5)
1049	蒸汽裂解残液（石油）	residues (petroleum),steam-cracked (CAS No 64742-90-1)
1050	蒸汽裂解热裂解石脑油残液（石油）	residues (petroleum),steam-cracked heat-soaked naphtha (CAS No 93763-85-0)
1051	蒸汽裂解石脑油蒸馏残液（石油）	residues (petroleum),steam-cracked naphtha distn. (CAS No 92062-04-9)
1052	蒸汽裂解蒸馏残液（石油）	residues (petroleum),steam-cracked,distillates (CAS No 90669-75-3)
1053	蒸汽裂解的树脂状塔底残液（石油）	residues (petroleum),steam-cracked,resinous (CAS No 68955-36-2)
1054	热裂解残液（石油）	residues (petroleum),thermal cracked (CAS No 64741-80-6)
1055	减压蒸馏的低沸点残液（石油）	residues (petroleum),vacuum,light (CAS No 90669-76-4)
1056	蒸汽裂解及热处理的残液（石油）	residues, steam-cracked, thermally treated (CAS No 98219-64-8)

表 1（续）

序号	中文名称	英文名称
1057	间苯二酚二缩水甘油醚	resorcinol diglycidyl ether (CAS No 101-90-6)
1058	(*S*)-2,3-二氢-1*H*-吲哚-羧酸	(*S*)-2,3-dihydro-1*H*-indole-carboxylic acid (CAS No 79815-20-6)
1059	黄樟素(黄樟脑)，[当加入牙膏中的天然成分中含有，且不超过如下浓度时除外：牙膏成品中 100 mg/kg；牙齿及口腔卫生用品中 50 mg/kg(专供儿童使用的牙膏中禁止使用)]	safrole except for normal content in the natural essences used and provided the concentration does not exceed: 100 mg/kg in the finished product; 50 mg/kg in products for dental and oral hygiene, and provided that safrole is not present in toothpastes intended specifically for children
1060	4,4′-碳亚氨基双(*N*,*N*-二甲基苯胺)的盐	salts of 4,4′-carbonimidoyl bis(*N*,*N*-dimethylaniline)
1061	*O*-烷基二硫代碳酸的盐类	salts of *O*-alkyldithiocarbonic acids
1062	邻-联(二)茴香胺的盐	salts of *o*-dianisidine
1063	种子藜芦(沙巴草)(种子和草药制剂)	schoenocaulon officinale lind (seeds and galenical preparations)
1064	仲链烷胺和仲链烷醇胺类和它们的盐类	secondary alkyl and alkanolamine and their salts
1065	硒及其化合物	selenium and its compounds
1066	西玛津	simazine (CAS No 122-34-9)
1067	软蜡(石油)，除非清楚全部精炼过程并且能够证明所获得的物质不是致癌物	slack wax (petroleum) (CAS No 64742-61-6), except if the full refining history is known and it can be shown that the substance from which it is produced is not a carcinogen
1068	酸处理的软蜡(石油)，除非清楚全部精炼过程并且能够证明所获得的物质不是致癌物	slack wax (petroleum), acid-treated (CAS No 90669-77-5), except if the full refining history is known and it can be shown that the substance from which it is produced is not a carcinogen
1069	活性炭处理的软蜡(石油)，除非清楚全部精炼过程并且能够证明所获得的物质不是致癌物	slack wax (petroleum), carbon-treated (CAS No 100684-49-9), except if the full refining history is known and it can be shown that the substance from which it is produced is not a carcinogen
1070	粘土处理的软蜡(石油)，除非清楚全部精炼过程并且能够证明所获得的物质不是致癌物	slack wax (petroleum), clay-treated (CAS No 90669-78-6), except if the full refining history is known and it can be shown that the substance from which it is produced is not a carcinogen
1071	加氢的软蜡(石油)，除非清楚全部精炼过程并且能够证明所获得的物质不是致癌物	slack wax (petroleum), hydrotreated (CAS No 92062-09-4), except if the full refining history is known and it can be shown that the substance from which it is produced is not a carcinogen
1072	低熔点软蜡(石油)，除非清楚全部精炼过程并且能够证明所获得的物质不是致癌物	slack wax (petroleum), low-melting (CAS No 92062-10-7), except if the full refining history is known and it can be shown that the substance from which it is produced is not a carcinogen

表 1（续）

序号	中文名称	英文名称
1073	活性炭处理的低熔点软蜡（石油），除非清楚全部精炼过程并且能够证明所获得的物质不是致癌物	slack wax (petroleum), low-melting, carbon-treated (CAS No 97863-04-2), except if the full refining history is known and it can be shown that the substance from which it is produced is not a carcinogen
1074	粘土处理的低熔点软蜡（石油），除非清楚全部精炼过程并且能够证明所获得的物质不是致癌物	slack wax (petroleum), low-melting, clay-treated (CAS No 97863-05-3), except if the full refining history is known and it can be shown that the substance from which it is produced is not a carcinogen
1075	加氢的低熔点软蜡（石油），除非清楚全部精炼过程并且能够证明所获得的物质不是致癌物	slack wax (petroleum), low-melting, hydrotreated (CAS No 92062-11-8), except if the full refining history is known and it can be shown that the substance from which it is produced is not a carcinogen
1076	硅酸处理的低熔点软蜡（石油），除非清楚全部精炼过程并且能够证明所获得的物质不是致癌物	slack wax (petroleum), low-melting, silicic acid-treated (CAS No 97863-06-4), except if the full refining history is known and it can be shown that the substance from which it is produced is not a carcinogen
1077	2-(1-羟甲基环己基)乙酸钠	sodium hexacyclonate [sodium 2-(1-hydroxymethylcyclohexyl)acetate]
1078	龙葵及其草药制剂	*Solanum nigrum* L. and its galenical preparations
1079	司巴丁及其盐类	sparteine and its salts
1080	螺内酯	spironolactone (17-hydroxy-7-mercapto-3-oxo-17α-pregn-4-eno-21-carboxylic acid r-tactone 7-acetate)
1081	乳酸锶	strontium lactate
1082	多羧酸锶	strontium polycarboxylate
1083	羊角拗质素及其糖苷配基以及相应的衍生物	strophantines, their aglucones and their respective derivatives
1084	羊角拗及其草药制剂	*Strophantus* species and their galenical preparations
1085	士的宁及其盐类	strychnine and its salts
1086	马钱子和它的草药制剂	*Strychnos* species and their galenical preparations
1087	具有雄激素效应的物质	substances with androgenic effect
1088	丁二腈（琥珀腈）	succinonitrile
1089	草克死	sulfallate (CAS No 95-06-7)

表 1（续）

序号	中文名称	英文名称
1090	磺吡酮	sulfinpyrazone [1,2-diphenyl-4-(2-phenylsulfinylethyl)-3,5-pyrazolidinedione]
1091	磺胺类药物（磺胺和其氨基的一个或多个氢原子被取代的衍物）及其盐类	sulphonamides (sulphanilamide and its derivatives obtained by substitution of one or more H-atoms of the -NH_2 groups) and their salts
1092	舒噻美	sultiame {sulthiane; [2-(p-sulfamoylphenyl) tetrahydro-1,2-thiazine 1,1-dioxide]}
1093	对中枢神经系统起作用的拟交感胺类和中国卫生部发布的管制精神类药品（咖啡因除外）	sympathicomimetic amines acting on the central nervous system and the medicins, natural and synthetic, controlled by the Drug Administration Law of the People's Republic of China (except caffien)
1094	合成箭毒类	synthetic curarizants
1095	丁二烯含量大于0.1%（质量分数）的石油尾气，来自催化裂解澄清油及热裂解分馏回流接收器的减压渣油	tail gas (petroleum), catalytic cracked clarified oil and thermal cracked vacuum residue fractionation reflux drum (CAS No 68478-21-7), if it contains >0.1%(mass percentage) butadiene
1096	丁二烯含量大于0.1%（质量分数）的石油尾气，来自石油催化裂解的馏分及催化裂解石脑油馏分吸收塔	tail gas (petroleum), catalytic cracked distillate and catalytic cracked naphtha fractionation absorber (CAS No 68307-98-2), if it contains >0.1%(mass pereentage) butadiene
1097	丁二烯含量大于0.1%（质量分数）的石油尾气，来自催化裂解馏分及石脑油的稳定塔	tail gas (petroleum), catalytic cracked distillate and naphtha stabiliser (CAS No 68952-77-2), if it contains>0.1%(mass percentage) butadiene
1098	丁二烯含量大于0.1%（质量分数）的石油尾气，来自催化裂解石脑油稳定吸收塔	tail gas (petroleum), catalytic cracked naphtha stabilisation absorber (CAS No 68478-22-8), if it contains>0.1%(mass percentage) butadiene
1099	丁二烯含量大于0.1%（质量分数）的石油尾气，来自催化裂解分馏吸收塔	tail gas (petroleum), catalytic cracker refractionation absorber (CAS No 68478-25-1), if it contains >0.1%(mass percentage)butadiene
1100	丁二烯含量大于0.1%（质量分数）的石油尾气，来自催化裂解，催化重整及加氢脱硫联合分馏塔	tail gas (petroleum), catalytic cracker, catalytic reformer and hydrodesulferised combined fractionater (CAS No 68478-24-0), if it contains >0.1%(mass percentage) butadiene
1101	丁二烯含量大于0.1%（质量分数）的石油尾气，来自催化加氢脱硫石脑油分离塔	tail gas (petroleum), catalytic hydrodesulfurised naphtha separator (CAS No 68952-79-4), if it contains >0.1%(mass percentage)butadiene
1102	丁二烯含量大于0.1%（质量分数）的石油尾气，来自催化聚合石脑油分馏稳定塔	tail gas (petroleum), catalytic polymn. naphtha fractionation stabiliser (CAS No 68307-99-2), if it contains >0.1%(mass percentage) butadiene
1103	丁二烯含量大于0.1%（质量分数）的无硫化氢石油尾气，来自催化重整石脑油分馏稳定塔	tail gas (petroleum), catalytic reformed naphtha fractionation stabiliser, hydrogen sulfide-free (CAS No 68308-00-9), if it contains >0.1%(mass percentage) butadiene

表 1（续）

序号	中文名称	英文名称
1104	丁二烯含量大于 0.1%（质量分数）的石油尾气，来自催化重整石脑油分馏稳定塔	tail gas (petroleum), catalytic reformed naphtha fractionation stabiliser (CAS No 68478-26-2), if it contains >0.1%(mass percentage) butadiene
1105	丁二烯含量大于 0.1%（质量分数）的石油尾气，来自经催化重整石脑油分离器	tail gas (petroleum), catalytic reformed naphtha separator (CAS No 68478-27-3), if it contains >0.1%(mass percentage) butadiene
1106	丁二烯含量大于 0.1%（质量分数）的石油尾气，来自催化重整石脑油稳定塔	tail gas (petroleum), catalytic reformed naphtha stabiliser (CAS No 68478-28-4), if it contains >0.1%(mass percentage) butadiene
1107	丁二烯含量大于 0.1%（质量分数）的石油尾气，来自加氢分离塔的裂解馏分	tail gas (petroleum), cracked distillate hydrotreater separator (CAS No 68478-29-5), if it contains >0.1%(mass percentage) butadiene
1108	丁二烯含量大于 0.1%（质量分数）的石油尾气，来自石油裂解馏分催化加氢汽提塔	tail gas (petroleum), cracked distillate hydrotreater stripper (CAS No 68308-01-0), if it contains >0.1%(mass percentage) butadiene
1109	丁二烯含量大于 0.1%（质量分数）的石油尾气，来自柴油催化裂解吸收塔	tail gas (petroleum), gas oil catalytic cracking absorber (CAS No 68308-03-2), if it contains >0.1%(mass percentage) butadiene
1110	丁二烯含量大于 0.1%（质量分数）的石油尾气，来自汽油回收工厂	tail gas (petroleum), gas recovery plant (CAS No 68308-04-3), if it contains >0.1%(mass percentage) butadiene
1111	丁二烯含量大于 0.1%（质量分数）的石油尾气，来自汽油回收工厂脱乙烷塔	tail gas (petroleum), gas recovery plant deethaniser (CAS No 68308-05-4), if it contains >0.1%(mass percentage) butadiene
1112	丁二烯含量大于 0.1%（质量分数）的无酸石油尾气，来自加氢脱硫馏分及加氢脱硫石脑油分馏塔	tail gas (petroleum), hydrodesulfurised distillate and hydrodesulfurised naphtha fractionator, acid-free (CAS No 68308-06-5), if it contains >0.1%(mass percentage) butadiene
1113	丁二烯含量大于 0.1%（质量分数）的石油尾气，来自加氢脱硫直馏石脑油分离塔	tail gas (petroleum), hydrodesulfurised straight-run naphtha separator (CAS No 68478-30-8), if it contains>0.1%(mass percentage) butadiene
1114	丁二烯含量大于 0.1%（质量分数）的无硫化氢石油尾气，来自加氢脱硫真空柴油汽提塔	tail gas (petroleum), hydrodesulfurised vacuum gas oil stripper, hydrogen sulfide-free (CAS No 68308-07-6), if it contains >0.1%(mass percentage) butadiene
1115	丁二烯含量大于 0.1%（质量分数）的石油尾气，来自异构化石脑油分馏稳定塔	tail gas (petroleum), isomerised naphtha fractionation stabiliser (CAS No 68308-08-7), if it contains >0.1%(mass percentage) butadiene
1116	丁二烯含量大于 0.1%（质量分数）的无硫化氢石油尾气，来自直馏石脑油分馏稳定塔的轻馏分	tail gas (petroleum), light straight-run naphtha stabiliser, hydrogen sulfide-free (CAS No 68308-09-8), if it contains >0.1%(mass percentage) butadiene

表 1（续）

序号	中文名称	英文名称
1117	丁二烯含量大于 0.1%（质量分数）的石油尾气，来自丙烷-丙烯烷基化进料预处理脱乙烷塔	tail gas (petroleum), propane-propylene alkylation feed prep deethaniser (CAS No 68308-11-2), if it contains>0.1%(mass percentage) butadiene
1118	丁二烯含量大于 0.1%（质量分数）的石油尾气，来自饱和汽油工厂的富 C_4 混流	tail gas (petroleum), saturate gas plant mixed stream, C_4-rich (CAS No 68478-32-0), if it contains >0.1%(mass percentage) butadiene
1119	丁二烯含量大于 0.1%（质量分数）的富 C_{1-2} 石油尾气，来自饱和汽油回收工厂	tail gas (petroleum), saturate gas recovery plant, C_{1-2}-rich (CAS No 68478-33-1), if it contains >0.1%(mass percentage) butadiene
1120	丁二烯含量大于 0.1%（质量分数）的无硫化氢石油尾气，来自加氢脱硫处理的直馏馏分	tail gas (petroleum), straight-run distillate hydrodesulferised, hydrogen sulfide-free (CAS No 68308-10-1), if it contains >0.1%(mass percentage) butadiene
1121	丁二烯含量大于 0.1%（质量分数）的石油尾气，来自加氢脱硫的直馏石脑油	tail gas (petroleum), straight-run naphtha hydrodesulferised (CAS No 68952-80-7), if it contains >0.1%(mass percentage) butadiene
1122	丁二烯含量大于 0.1%（质量分数）的石油尾气，来自热裂解碳氢化合物分馏稳定塔的石油焦化产物	tail gas (petroleum), thermal cracked hydrocarbon fractionation stabiliser, petroleum coking (CAS No 68952-82-9), if it contains >0.1%(mass percentage) butadiene
1123	丁二烯含量大于 0.1%（质量分数）的石油尾气，来自热裂解馏分、柴油及石脑油吸收塔	tail gas (petroleum), thermal-cracked distillate, gas oil and naphtha absorber (CAS No 68952-81-8), if it contains >0.1%(mass percentage) butadiene
1124	丁二烯含量大于 0.1%（质量分数）的无硫化氢石油尾气，来自加氢脱硫的真空瓦斯油	tail gas (petroleum), vacuum gas oil hydrodesulferised, hydrogen sulfide-free (CAS No 68308-12-3), if it contains >0.1%(mass percentage) butadiene
1125	丁二烯含量大于 0.1%（质量分数）的石油尾气，来自热裂解真空渣油	tail gas (petroleum), vacuum residues thermal cracker (CAS No 68478-34-2), if it contains >0.1%(mass percentage) butadiene
1126	替法唑啉及其盐类	tefazoline [2-(5,6,7,8-tetrahydronaphth-1-ylmethyl)-2-imidazoline]and its salts
1127	碲及碲化合物	tellurium and its compounds
1128	丁苯那嗪及其盐类	tetrabenazine(1,3,4,6,7,11b-hexahydro-3-isobutyl-9,10-dimethoxy-2*H*-berzo(a)quinolizin-2-one) and its salts
1129	四溴 *N*-水杨酰苯胺	tetrabromosalicylanilides
1130	丁卡因及其盐类	tetracaine (deanol *p*-butylaminobenzoate) and its salts
1131	四羰基镍	tetracarbonyl nickel (CAS No 13463-39-3)
1132	四氯乙烯	tetrachloroethylene

表 1（续）

序号	中 文 名 称	英 文 名 称
1133	四氯 *N*-水杨酰苯胺	tetrachlorosalicylanilides
1134	焦磷酸四乙酯	tetraethyl pyrophosphate；TEPP（ISO）
1135	丙酸（＋/－）-四羟糠基-(*R*)-2-[4-(6-氯-2-喹喔啉氧基)苯氧基]酯	(＋/－)-tetrahydrofurfuryl-(*R*)-2-[4-(6-chloroquinoxalin-2-yloxy) phenyloxy] propionate (CAS No 119738-06-6)
1136	四氢化噻喃-3-甲醛	tetrahydrothiopyran-3-carboxaldehyde (CAS No 61571-06-0)
1137	四氢咪唑啉及其盐类	tetrahydrozoline and its salts
1138	3,3′-[(1,1′-联苯)-4,4′-二基-双(偶氮)]双(5-氨基-4-羟基萘-2,7-二磺酸四钠)	tetrasodium 3,3′-[(1,1′-biphenyl)-4,4′-diyl bis(azo)]bis (5-amino-4-hydroxynaphthalene-2,7-disulphonate) (CAS No 2602-46-2)
1139	四乙溴铵	tetrylammonium bromide (tetraethylammonium bromide)
1140	沙立度胺及其盐类	thalidomide [*N*-(2,6-dicxopiperid-3-yl) phthalimide] and its salts
1141	铊和铊的化合物	thallium and its compounds
1142	(1) 头颅骨，包括脑以及眼、扁桃体和脊髓： ——达到 12 月龄的牛科动物； ——12 月龄以上或从牙龈已萌出一个永久性门齿的羊和山羊科动物。 (2) 羊和山羊科动物的脾脏以及由此获得的原料。 (3) 卫生部 2002 年第 3 号公告中Ⅰ类牛、羊动物源性原料成分。 但是，牛羊脂衍生物(含在卫生部发布的 2002 年第 3 号公告中Ⅱ类牛、羊动物源性原料成分)可以使用，如果生产者使用下述方法，并且是严格保证的： ——酯基转移作用或水解作用至少是在 200 ℃，以及适宜的相应压力下 20 min(甘油和脂肪酸及酯)的条件下进行； ——与 NaOH(12 mol/L)皂化作用(甘油和肥皂)是在下述条件下进行： 分批法：95 ℃ 3 h； 连续法：140 ℃，2bars (2 000 h Pa) 8 min 或相等条件	(1) The skull , including the brain and eyes, tonsils and spinal cord of: ——bovine animals aged 12 months; ——ovine and caprine animals which are aged over 12 months or have a permanent incissor tooth erupted through the gum. (2) The spleens of ovine and caprine animals and ingredients derived therefrom (3) Ingredients list as class 1 substances in the bullten No. 3, 2002 promulgated by ministry of public health and it′s salts. However, tallow derivatives (including the substances list as class 2 ingredients in the bullten No. 3, 2002 promulgated by ministry of public health) may be used provided that the following methods have been used and strictly certified by the producer: ——transesterification or hydrolysis at at least 200℃ and at an appropriate corresponding pressure, for 20 minutes (glycerol, fatty acids and fatty acid esters); ——saponification with NaOH 12mol/L (glycerol and soap): batch process: at 95 ℃ for 3 hours; or continuous process : at 140 ℃, 2 bars (2000 h pa) for 8 minutes or equivalent conditions.
1143	黄花夹竹桃苷提取物	*Thevetia neriifolia juss.* (glycoside extract)
1144	甲巯咪唑	thiamazole (1-methyl-2-imidazolethiol)
1145	硫代乙酰胺	thioacetamide (CAS No 62-55-5)

表 1（续）

序号	中 文 名 称	英 文 名 称
1146	噻吩甲酸甲酯	thiophanate-methyl (CAS No 23564-05-8)
1147	噻替派	thiotepa [tris(1-aziridinyl) phosphine sulfide]
1148	硫脲及其衍生物	thiourea and its derivatives
1149	秋兰姆二硫化物类	thiuram disulphides
1150	秋兰姆单硫化物类	thiuram monosulphides
1151	甲状丙酸及其盐类	thyropropic acid [4-(4-hydroxy-3-iodophenoxy)-3,5-diiodohydrocinnamie acid] and its salts
1152	短杆菌素	thyrothricine
1153	托硼生	tolboxane (5-methyl-5-propyl-2-p-tolyl-1,3,2-dioxaborinane)
1154	甲苯磺丁脲	tolbutamide [1-butyl-3-(p-toluenesulfonyl) urea; 1-butyl-3-tosylurea]
1155	硫酸甲苯胺(1∶1)	toluidene sulphate(1∶1) (CAS No 540-25-0)
1156	甲苯胺类及其同分异构体，盐类以及卤化和磺化衍生物	toluidines, their isomers, salts and halogenated and sulphonated derivatives
1157	4-甲苯胺盐酸盐	toluidium chloride (CAS No 540-23-8)
1158	[(甲苯氧基)甲基]环氧乙烷，羟甲苯基缩水甘油醚	[(tolyloxy)methyl]oxirane, cresyl glycidyl ether (CAS No 26447-14-3)
1159	毒杀芬	toxaphene (CAS No 8001-35-2)
1160	反式-2-庚烯醛	*trans*-2-heptenal (CAS No 18829-55-5)
1161	反式-2-己烯醛二乙基乙缩醛	*trans*-2-hexenal diethyl acetal (CAS No 67746-30-9)
1162	反式-2-己烯醛二甲基乙缩醛	*trans*-2-hexenal dimethyl acetal (CAS No 18318-83-7)
1163	反式-4-环己基-*L*-脯氨酸-盐酸盐	*trans*-4-cyclohexyl-*L*-proline monohydro-chloride (CAS No 90657-55-9)
1164	反式-4-苯基-*L*-脯氨酸	*trans*-4-phenyl-*L*-proline(CAS No 96314-26-0)
1165	反苯环丙胺及其盐类	tranylcypromine (DL-trans-2-phenylcyclopropylamine) and its salts
1166	曲他胺	tretamine [2,4,6-tris (1-aziridinyl)-*s*-triazine; triethylenemelamine]
1167	维甲酸(视黄酸)及其盐类	tretinoin (retinoic acid) and its salts
1168	氨苯喋啶及其盐类	triamterene (2,4,7-triamino-6-phenylpteridine) and its salts

表 1（续）

序号	中文名称	英文名称
1169	磷酸三丁酯	tributyl phosphate (CAS No 126-73-8)
1170	三氯氮芥及其盐类	trichlormethine [tris (2-chloroethyl) amine; 2,2′,2′′-trichlorotriethylamine] and its salts
1171	三氯乙酸	trichloroacetic acid
1172	三氯乙烯	trichloroethylene (CAS No 79-01-6)
1173	三氯硝基甲烷(氯化苦)	trichloronitromethane (chloropicrine)
1174	克啉菌；十三吗啉	tridemorph (CAS No 24602-86-6)
1175	三氟碘甲烷	trifluoroiodomethane (CAS No 2314-97-8)
1176	三氟哌多	trifluperidol {1-[3-(p-fluorobenzoyl) propyl]-4-(m-trifluoromethylpheryl)-4- piperidinol}
1177	二硫化三镍	trinickel disulphide (CAS No 12035-72-2)
1178	三聚甲醛(1,3,5-三噁烷)	trioxymethylene(1,3,5-trioxan) (CAS No 110-88-3)
1179	曲帕拉醇	triparanol {2-(*p*-chlorophenyl)-1-[*p*-(2-diethylaminoethoxy)phenyl-1-(*p*-tolyl)]ethanol}
1180	曲吡那敏	tripelennamine [*N*-benzyl-*N*′,*N*′-dimethyl-*N*-(2-pyridyl) ethylenediamine]
1181	磷酸三(2-氯乙)酯	tris(2-chloroethyl) phosphate (CAS No 115-96-8)
1182	双(7-乙酰氨基-2-(4-硝基-2-氧苯偶氮基)-3-磺基-1-萘酚基)-1-铬酸三钠	trisodium bis (7-acetamido-2-(4-nitro-2-oxidophenylazo)-3-sulfonato-1-naphtholato) chromate (1-)(EC No 400-810-8)
1183	三钠[4′-(8-乙酰氨基-3,6-二磺基-2-萘偶氮基)-4′′-(6-苯甲酰氨基-3-磺基-2-萘偶氮基)-联苯-1,3′,3′′,1′′′-四羟连-O,O′,O′′,O′′′]铜(II)(EC No 413-590-3)	trisodium[4′-(8-acetylamino-3, 6-disulfonato-2-naphthylazo)-4′′-(6-benzoylamino-3-sulfonato-2-naphthylazo)-biphenyl-1, 3′, 3′′, 1′′′-tetraolato-O, O′, O′′, O′′′] copper (II) (EC No 413-590-3)
1184	磷酸三甲酚酯	tritolyl phosphate
1185	异庚胺及其同分异构体和盐类	tuaminoheptane (2-aminoheptane; 2-heptylamine), its isomers and salts
1186	尿烷；氨基甲酸乙酯	urethane (CAS No 51-79-6)
1187	(白)海葱及其草药制剂	*Urginea scilla* Stern. and its galenical preparations
1188	以下化合物的 UVCB 缩合产物：四倍-氯化羟基甲基膦，尿素和蒸镏的氢化 $C_{16\text{-}18}$ 牛油烷基胺	UVCB condensation product of: tetrakis-hydroxymethylphosphonium chloride, urea and distilled hydrogenated $C_{16\text{-}18}$ tallow alkylamine (CAS No 166242-53-1)

表 1（续）

序号	中 文 名 称	英 文 名 称
1189	疫苗、毒素或血清	vaccines, toxins or serums
1190	α-氨基异戊酰胺	valinamide (CAS No 20108-78-5)
1191	戊诺酰胺	valnoctamide (2-ethyl-3-methylvaleramide)
1192	藜芦碱，其盐类及其草药制剂	veratrine, its salts and galenical preparations
1193	藜芦的根及草药制剂	*Veratrum* spp. and their preparations
1194	马鞭草油	verbena oil (*Lippia citriodora* Kunth) (CAS No 8024-12-2)
1195	烯菌酮	vinclozolin (CAS No 50471-44-8)
1196	氯乙烯单体	vinyl chloride monomer
1197	偏氯乙烯（1,1-二氯乙烯）	vinylidene chloride(1,1-dichloroethylene) (CAS No 75-35-4)
1198	华法林及其盐类	warfarin [3- (α-acetonylbenzyl) -4-hydroxycaumarin] and its salts
1199	苯并[*a*]芘的含量大于 0.005%（质量分数）的固体废弃物，来自煤焦油的沥青炼焦过程	waste solids, coal-tar pitch coking (CAS No 92062-34-5), if they contain >0.005% (mass percentage) benzo[*a*]pyrene
1200	二甲苯胺类及它们的同分导构体，盐类以及卤化的和磺化的衍生物	xylidines, their isomers, salts and halogenated and sulphonated derivatives
1201	赛洛唑啉及其盐类	xylometazoline [2-(4-*tert*-butyl-2,6-dimethylbenzyl)-2-imidazoline] and its salts
1202	育亨宾及其盐类	yohimbine (16α-carbomethoxyyohimban-17α-ol; ester of yohimbic acid) and its salts
1203	二甲基二硫代氨基甲酸锌；福美锌	ziram (CAS No 137-30-4)
1204	锆和它的化合物（表 6 中着色剂的锆色淀，盐和颜料除外）	zirconium and its compounds, with the exception of zirconium lakes, salts and pigments of colouring agents listed in table 6
1205	氯苯唑胺	zoxazolamine (2-amino-5-chlorobenzoxazole)

注 1：天然放射性物质和人为环境污染带来的放射性物质未列入限制之内。但这些放射性物质的含量不应在牙膏生产过程中增加，而且也不应超过为保障工人健康和保证公众免受射线损害而设定的基本界限。

注 2：除本表中所列乳酸锶、多羧酸锶以外的锶及其化合物未包括在本规定中。

表 2 牙膏中禁用组分Ⅱ

（按拉丁文字母顺序排列）

序号	中文名称	原植(动)物拉丁文学名
1	毛茛科乌头属植物	*Aconitum* L.，(*Ranunculaceae*)
2	铁棒槌	*Aconitum szechenyianum* Gay
3	毛茛科侧金盏花属植物	*Adonis* L.，(*Ranunculaceae*)
4	卜芥	*Alocasia cucullata* (Lour.) Schott
5	海芋	*Alocasia odora* (Roxb.) K. Koch
6	蒟蒻	*Amorphophallus rivieri* Durieu；*Amorphophallus sinensis* Belval
7	打破碗花花	*Anemone hupehensis* Lemoine
8	杭白芷	*Angelica dahurica* (Fisch. ex Hoffm.) Benth. et Hook. f. var. *formosana* (Boiss.) Shan et Yuan
9	茄科山莨菪属植物	*Anisodus* Link et Otto，(*Solanaceae*)
10	槟榔	*Areca catechu* L.
11	青木香	*Aristolochia delilis* Siel et Zuuo.
12	广防己	*Aristolochia fangchi* Y. C. Wu ex L. D. Chou et S. M. Hwang
13	关木通	*Aristolochia manshuriensis* Kom.
14	生天南星(天南星科植物天南星、异叶天南星或东北天南星的干燥块茎)	天南星科植物天南星 *Arisaema erubescens* (Wall.) Schott. 异叶天南星 *Arisaema heterophyllum* Blume，东北天南星 *Arisaema amurense* Maxim
15	马兜铃科细辛属植物	*Asarum* L. (*Aristolochiaceae*)
16	芥子	*Brassica juncea* (L.) Czern. et Coss.；*Sinapis alba* L.
17	鸦胆子	*Brucea javanica* (L.) Merr.
18	蟾酥	*Bufo bufo gargarizans* Cantor；*Bufo melanostictus* Schneider
19	长春花	*Catharanthus roseus* (L.) G. Don
20	牛心茄子(海杧果)	*Cerbera manghas* L.
21	白屈菜	*Chelidonium majus* L.
22	藜	*Chenopodium album* L.

表 2（续）

序号	中文名称	原植(动)物拉丁文学名
23	威灵仙	*Clematis chinensis* Osbeck；*Clematis hexapetala* Pall.；*Clematis manshurica* Rupr.
24	铃兰	*Convallaria keiskei* Miq.
25	马桑	*Coriaria sinica* Maxim.
26	紫堇	*Corydalis incisa* (Thunb.) Pers.
27	文殊兰	*Crinum asiaticum* L. *var. sinicum* Bak.
28	野百合(农吉利)	*Crotalaria sessiliflora* L.
29	大戟科巴豆属植物	*Croton* L. (*Euphorbiaceae*)
30	芫花(根、全草)	*Daphne genkwa* Sieb. et Zucc.
31	茄科蔓陀罗属植物	*Datura* L. (*Solanaceae*)
32	鱼藤	*Derris trifoliata* Lour.
33	玄参科毛地黄属植物	*Digitalis* L. (*Scrophulariaceae*)
34	白薯莨	*Dioscorea hispida* Dennst.
35	茅膏菜	*Drosera peltata* Sm. *var. lunata* (Buch.-Ham.)C. B. Clarke
36	绵马贯众	*Dryopteris crassirhizoma* Nakai
37	六角莲	*Dysosma pleiantha*(Hance) woodson
38	八角莲(鬼臼)	*Dysosma versipellis*(Hance) M. Cheng
39	麻黄科麻黄属植物	*Ephedra* Tourn. ex L. (*Ephedraceae*)
40	葛上亭长	*Epicauta gorhami* Mars.
41	甘遂(大戟科植物甘遂的块根)	*Euphorbia kansui* T. N. Liouex T. P. Wang
42	大戟科大戟属植物	*Euphorbia* L. (*Euphorbiaceae*)
43	河豚	*Fugu ocellatus* (Osbeck)
44	藤黄	*Garcinia morella* Desv.

表 2（续）

序号	中文名称	原植(动)物拉丁文学名
45	钩吻	*Gelsemium elegans* Benth.
46	红娘子	*Huechys sanguinea* De Geer.
47	大风子	*Hydnocarpus anthelmintica* Pierre；*Hydnocarpus hainanensis*（Merr.）Sleum.
48	天仙子	*Hyoscyamus niger* L.（*Leaves Seeds*）
49	红茴香	*Illicium henryi* Diels
50	莽草	*Illicium lanceolatum* A. C. Smith
51	丽江山慈姑	*Iphigenia indica* Kunth et Benth.
52	桔梗科半边莲属植物	*Lobelia* L.（*Campanulaceae*）
53	石蒜	*Lycoris radiata* Herb.
54	青娘子	*Lytta caraganae* Pallas
55	博落回	*Macleaya cordata*（Willd.）R. Br.
56	地胆	*Meloe coarctatus* Motsch.
57	含羞草	*Mimosa pudica* L.
58	夹竹桃	*Nerium indicum* Mill.
59	臭常山	*Orixa japonica* Thunb.
60	骆驼蓬	*Peganum harmala* L.
61	北五加皮(香加皮)	*Periploca sepium* Bge.
62	牵牛子	*Pharbitis nil*（L.）Choisy. ；*Pharbitis purpurea*（L.）Voigt
63	商陆	*Phytolacca acinosa* Roxb；*Phytolacca americana* L.
64	半夏	*Pinellia ternata*（Thunb.）Breit.
65	紫雪花	*Plumbago indica* L.
66	白花丹	*Plumbago zeylanica* L.

表 2（续）

序号	中文名称	原植(动)物拉丁文学名
67	补骨脂	*Psoralea corylifolia* L.
68	川乌	*Radix Aconiti*
69	毛茛科毛茛属植物	*Ranunculus* L.（*Ranunculaceae*）
70	罗芙木	*Rauvolfia verticillata* (Lour.)Baill.
71	闹羊花(羊踯躅)	*Rhododendron molle* G. Don
72	万年青	*Rohdea japonica* Roth
73	乌桕	*Sapium sebiferum* (L.) Roxb.
74	一叶萩	*Securinega suffruticosa* (Pall.) Rehd.
75	千金子(大戟科植物续随子的种子)	*Semen Euphorbiae Lathyridis*
76	菊科千里光属植物	*Senecio* L.（*Compositae*）
77	茵芋	*Skimmia reevesiana* Fortune
78	苦参实	*Sophora flavescens* Ait.
79	狼毒	*Stellera chamaejasme* L.
80	羊角拗子	*Strophanthus divaricatus* (Lour.) Hook. et Arn.
81	马钱科马钱属植物	*Strychnos* L.（*Loganiaceae*）
82	红豆杉	*Taxus Chinensis*(Piger)Rehd.
83	黄花夹竹桃	*Thevetia peruviana* (Pers.) K. Schum.
84	昆明山海棠	*Tripterygium hypoglaucum* (LéVL.) Hutch.
85	雷公藤	*Tripterygium wilfordii* Hook. f.
86	白附子	*Typhonium giganteum* Engl.
87	百合科藜芦属植物	*Veratrum* L.（*Liliaceae*）
88	了哥王	*Wikstroemia indica* (L.) C. A. Mey.

注：此表中的禁用组分包括其提取物及制品。

表 3　牙膏中禁用组分Ⅲ

序号	中文名称	英文名称
1	二甘醇[a]	diethylene glycol
2	乙二醇[a]	ethylene glycol
3	碱金属的硫化物类	alkali sulphides
4	碱土金属的硫化物类	alkaline earth sulphides
5	氯化羟锆铝配合物[AlxZr(OH)yClz]和氯化羟锆铝甘氨酸配合物	aluminium zirconium chloride hydroxide complexes; AlxZr(OH)yClz and the aluminium zirconium chloride hydroxide glycine complexes
6	过氧苯甲酰	benzoyl peroxide
7	二氨基嘧啶氧化物	2,4-diamino-pyrimidine-3-oxide
8	二(羟甲基)亚乙基硫脲	1,3-bis(hydroxymethyl)imidazolidine-2-thione
9	羟乙磷酸及其盐类	etidronic acid and its salts(1-hydroxyethylidene-di-phosphonic acid and its salts)
10	氢醌二甲基醚	hydroquinone methylether
11	无机亚硫酸盐类和亚硫酸氢盐类	inorganic sulphites and hydrogen sulphites
12	麝香酮	musk ketone
13	麝香二甲苯	musk xylene
14	草酸及其酯类和碱金属盐类	oxalic acid, its esters and alkaline salts
15	奎宁及其盐类	quinine and its salts
16	硫化硒	selenium disulphide
17	硝酸银	silver nitrate
18	氢氧化锶	strontium hydroxide
19	过氧化锶	strontium peroxide
20	巯基乙酸及其盐类	thioglycollic acid and its salts
21	巯基乙酸酯类	thioglycollic acid esters
22	7-乙基二环噁唑啉	5-ethyl-3,7-dioxa-1-azabicyclo[3.3.0]octane (7-ethylbicyclooxazolidine)
23	苄索氯铵	benzethonium chloride

表 3（续）

序号	中文名称	英文名称
24	碘丙炔醇丁基氨甲酸酯	3-iodo-2-propynylbutylcarbamate (iodopropynyl butylcarbamate)
25	*p*-氯-*m*-甲酚	4-chloro-m-cresol (*p*-chloro-*m*-cresol)
26	苯汞的盐类，包括硼酸苯汞	phenylmercuric salts (including borate) (salts of phenylmercury, including borate)
27	沉积在二氧化钛上的氯化银	silver chloride deposited on titanium dioxide
28	硫柳汞	thiomersal (INN) (thimerosal)
29	吡硫翁锌	pyrithione zinc (INN) (zinc pyrithione)
30	着色剂 CI 10020(酸性绿 1)	acid green 1
31	着色剂 CI 11680(食品黄 1)	food yellow 1
32	着色剂 CI 11710(颜料黄 3)	pigment yellow 3
33	着色剂 CI 12010(溶剂红 3)	solvent red 3
34	着色剂 CI 15800(颜料红 64)	pigment red 64
35	着色剂 CI 16230(酸性橙 10)	acid orange 10
36	着色剂 CI 18050(食品红 10)	food red 10
37	着色剂 CI 21230(溶剂黄 29)	solvent yellow 29
38	着色剂 CI 42045(酸性蓝 1)	acid blue 1
39	着色剂 CI 42735(酸性蓝 104)	acid blue 104
40	着色剂 CI 47000(溶剂黄 33)	solvent yellow 33
41	着色剂 CI 50420(酸性黑 2)	acid black 2
42	着色剂 CI 59040(溶剂绿 7)	solvent green 7
43	着色剂 CI 71105(还原橙 7)	vat orange 7
44	着色剂酸性红 195	acid red 195
45	1,3-双-(2,4-二氨基苯氧基)丙烷 HCl	1,3-bis-(2,4-diaminophenoxy) propane HCl
46	1,3-双-(2,4-二氨基苯氧基)丙烷	1,3-bis-(2,4-diaminophenoxy) propane

表 3（续）

序号	中文名称	英文名称
47	1,5-萘二酚(CI76625)	1,5-naphthalenediol
48	1-羟乙基 4,5-二氨基吡唑硫酸盐	1-hydroxyethyl 4,5-diaminopyrazole sulfate
49	1-萘酚(CI76605)	1-naphthol
50	2,4-二氨基苯酚	2,4-diaminophenol
51	2,4-二氨基苯酚 HCl	2,4-diaminophenol HCl
52	2,4-二氨基苯氧基乙醇 HCl	2,4-diaminophenoxyethanol HCl
53	2,4-二氨基苯氧基乙醇硫酸盐	2,4-diaminophenoxyethanol sulfate
54	2,6-二氨基吡啶	2,6-diaminopyridine
55	2,6-二氨基吡啶硫酸盐	2,6-diaminopyridine sulfate
56	2,6-二羟乙基氨甲苯	2,6-dihydroxyethylaminotoluene
57	2,6-二甲氧基-3,5-吡啶二胺 HCl	2,6-dimethoxy-3,5-pyridinediamine HCl
58	2,7-萘二酚(CI76645)	2,7-naphthalenediol
59	2-氨基-3-羟基吡啶	2-amino-3-hydroxypyridine
60	2-氨基-4-羟乙氨基茴香醚	2-amino-4-hydroxyethylaminoanisole
61	2-氨基-4-羟乙氨基茴香醚硫酸盐	2-amino-4-hydroxyethylaminoanisole sulfate
62	2-氨基-6-氯-4-硝基苯酚	2-amino-6-chloro-4-nitrophenol
63	2-氨基-6-氯-4-硝基苯酚 HCl	2-amino-6-chloro-4-nitrophenol HCl
64	2-氯-*p*-苯二胺	2-chloro-*p*-phenylenediamine
65	2-氯-*p*-苯二胺硫酸盐	2-chloro-*p*-phenylenediamine sulfate
66	2-羟乙基苦氨酸	2-hydroxyethyl picramic acid
67	2-甲基-5-羟乙氨基苯酚	2-methyl-5-hydroxyethylaminophenol
68	2-甲基雷琐辛	2-methylresorcinol
69	2-硝基-*p*-苯二胺	2-nitro-*p*-phenylenediamine

表 3（续）

序号	中文名称	英文名称
70	2-硝基-*p*-苯二胺 2HCl	2-nitro-*p*-phenylenediamine dihydrochloride
71	2-硝基-*p*-苯二胺硫酸盐	2-nitro-*p*-phenylenediamine sulfate
72	3-硝基-*p*-羟乙氨基酚	3-nitro-*p*-hydroxyethylaminophenol
73	4,4′-二氨基二苯胺	4,4′-diaminodiphenylamine
74	4,4′-二氨基二苯胺硫酸盐	4,4′-diaminodiphenylamine sulfate
75	4-氨基-2-羟基甲苯	4-amino-2-hydroxytoluene
76	4-氨基-3-硝基苯酚	4-amino-3-nitrophenol
77	4-氨基-*m*-甲酚	4-amino-*m*-cresol
78	4-氯雷琐辛	4-chlororesorcinol
79	4-羟丙氨基-3-硝基苯酚	4-hydroxypropylamino-3-nitrophenol
80	4-硝基-*o*-苯二胺	4-nitro-*o*-phenylenediamine
81	4-硝基-*o*-苯二胺硫酸盐	4-nitro-*o*-phenylenediamine sulfate
82	5-氨基-4-氯-*o*-甲酚	5-amino-4-chloro-*o*-cresol
83	5-氨基-6-氯-*o*-甲酚	5-amino-6-chloro-*o*-cresol
84	6-氨基-*m*-甲酚	6-amino-*m*-cresol
85	6-氨基-*o*-甲酚	6-amino-*o*-cresol
86	6-羟基吲哚	6-hydroxyindole
87	6-甲氧基-2-甲氨基-3-氨基吡啶 HCl（HC 蓝 7 号）	6-methoxy-2-methylamino-3-aminopyridine HCl
88	酸性橙 3 号（CI10385）	acid orange 3
89	酸性紫 43 号（CI60730）	acid violet 43
90	碱性蓝 26 号（CI44045）	basic blue 26
91	碱性橙 31 号	basic orange 31
92	碱性红 51 号	basic red 51

表 3（续）

序号	中文名称	英文名称
93	碱性红 76 号(CI12245)	basic red 76
94	碱性紫 14 号(CI42510)	basic violet 14
95	碱性黄 87 号	basic yellow 87
96	分散黑 9 号	disperse black 9
97	分散紫 1 号	disperse violet 1
98	分散紫 4 号(CI61105)	disperse violet 4
99	HC 橙 1 号	HC orange No. 1
100	HC 红 1 号	HC red No. 1
101	HC 红 3 号	HC red No. 3
102	HC 黄 2 号	HC yellow No. 2
103	HC 黄 4 号	HC yellow No. 4
104	HC 黄 6 号	HC yellow No. 6
105	氢醌	hydroquinone
106	羟苯并吗啉	hydroxybenzomorpholine
107	羟乙基-2-硝基-*p*-甲苯胺	hydroxyethyl-2-nitro-*p*-toluidine
108	羟乙基-3,4-亚甲二氧基苯胺 HCl	hydroxyethyl-3,4-methylenedioxyaniline HCl
109	羟乙基-*p*-苯二胺硫酸盐	hydroxyethyl-*p*-phenylenediamine sulfate
110	羟丙基双(*N*-羟乙基-*p*-苯二胺)HCl	hydroxypropyl bis(*N*-hydroxyethyl-*p*- phenylenediamine) HCl
111	*m*-氨基苯酚	*m*-aminophenol
112	*m*-氨基苯酚 HCl	*m*-aminophenol HCl
113	*m*-氨基苯酚硫酸盐	*m*-aminophenol sulfate
114	*N*,*N*-双(2-羟乙基)-*p*-苯二胺硫酸盐	*N*,*N*-bis(2-hydroxyethyl)-*p*-phenylenediamine sulfate
115	*N*,*N*-二乙基-*p*-苯二胺硫酸盐	*N*,*N*-diethyl-*p*-phenylenediamine sulfate

表 3（续）

序号	中文名称	英文名称
116	*N*,*N*-二乙基甲苯-2,5-二胺 HCl	*N*,*N*-diethyltoluene-2,5-diamine HCl
117	*N*,*N*-二甲基-*p*-苯二胺	*N*,*N*-dimethyl-*p*-phenylene diamine
118	*N*,*N*-二甲基-*p*-苯二胺硫酸盐	*N*,*N*-dimethyl-*p*-phenylenediamine sulfate
119	*N*-苯基-*p*-苯二胺(CI76085)	*N*-phenyl-*p*-phenylenediamine
120	*N*-苯基-*p*-苯二胺 HCl(CI76086)	*N*-phenyl-*p*-phenylenediamine HCl
121	*N*-苯基-*p*-苯二胺硫酸盐	*N*-phenyl-*p*-phenylenediamine sulfate
122	*o*-氨基苯酚	*o*-aminophenol
123	*o*-氨基苯酚硫酸盐	*o*-aminophenol sulfate
124	*p*-氨基苯酚	*p*-aminophenol
125	*p*-氨基苯酚硫酸盐	*p*-aminophenol sulfate
126	苯基甲基吡唑啉酮	phenyl methyl pyrazolone
127	*p*-甲基氨基苯酚	*p*-methylaminophenol
128	*p*-甲基氨基苯酚硫酸盐	*p*-methylaminophenol sulfate
129	*p*-苯二胺	*p*-phenylenediamine
130	*p*-苯二胺 HCl	*p*-phenylenediamine HCl
131	*p*-苯二胺硫酸盐	*p*-phenylenediamine sulfate
132	间苯二酚	resorcinol
133	苦氨酸钠	sodium picramate
134	四氨基嘧啶硫酸盐	tetraaminopyrimidine sulfate
135	甲苯-2,5-二胺	toluene-2,5-diamine
136	甲苯-2,5-二胺硫酸盐	toluene-2,5-diamine sulfate
137	甲苯-3,4-二胺	toluene-3,4-diamine
138	着色剂 CI 10006	pigment green 8

表 3（续）

序号	中文名称	英文名称
139	着色剂 CI 11725	pigment orange 1
140	着色剂 CI 12120	pigment red 3
141	着色剂 CI 12370	pigment red 112
142	着色剂 CI 12420	pigment red 7
143	着色剂 CI 12480	pigment brown 1
144	着色剂 CI 12700	disperse yellow 16
145	着色剂 CI 15620	acid red 88
146	着色剂 CI 18130	acid red 155
147	着色剂 CI 18690	acid yellow 121
148	着色剂 CI 18736	acid red 180
149	着色剂 CI 18820	acid yellow 11
150	着色剂 CI 20040	pigment yellow 16
151	着色剂 CI 20470	acid black 1
152	着色剂 CI 21100	pigment yellow 13
153	着色剂 CI 21108	pigment yellow 83
154	着色剂 CI 24790	acid red 163
155	着色剂 CI 40215	direct orange 39
156	着色剂 CI 42080	acid blue 7
157	着色剂 CI 42100	acid green 9
158	着色剂 CI 42170	acid green 22
159	着色剂 CI 42520	basic violet 2
160	着色剂 CI 45100	acid red 52
161	着色剂 CI 45190	acid violet 9

表 3（续）

序号	中文名称	英文名称
162	着色剂 CI 45220	acid red 50
163	着色剂 CI 50325	acid violet 50
164	着色剂 CI 51319	pigment violet 23
165	着色剂 CI 60724	disperse violet 27
166	着色剂 CI 61585	acid blue 80
167	着色剂 CI 62045	acid blue 62
168	着色剂 CI 73900	pigment violet 19
169	着色剂 CI 73915	pigment red 122
170	着色剂 CI 74100	pigment blue 16
171	着色剂 CI 74180	direct blue 86
172	溴甲酚绿	bromcresol green
173	溴百里酚蓝	bromothymol blue

[a] 在牙膏的成品中，由其他原料作为杂质带入的二甘醇和乙二醇的和应该小于等于 0.1%。

表 4 牙膏组分中限用组分

（按 INCI 名称英文字母顺序排列）

序号	名称			限制			牙膏标签上应标注的使用条件和注意事项
	中文名称	英文名称	INCI 名称	适用及（或）使用范围	牙膏中最大允许使用浓度	其他限制和要求	
1	6-甲基香豆素	6-methyl coumarin	6-methyl coumarin		0.003%		
2	氟化铝	aluminium fluoride	aluminium fluoride		0.15%（以 F 计），当与本表允许的其他氟化物混合时，总 F 浓度不应超过 0.15%		含氟化铝

表 4（续）

序号	名称			限制			牙膏标签上应标注的使用条件和注意事项
	中文名称	英文名称	INCI 名称	适用及(或)使用范围	牙膏中最大允许使用浓度	其他限制和要求	
3	氨	ammonia	ammonia		6%(以 NH_3 计)		含 2% 以上氨时，应注明“含氨”
4	氟化铵	ammonium fluoride	ammonium fluoride		0.15%(以 F 计)，当与本表允许的其他氟化物混合时，总 F 浓度不应超过 0.15%		含氟化铵
5	氟硅酸铵	ammonium fluorosilicate	ammonium fluorosilicate		0.15%(以 F 计)，当与本表允许的其他氟化物混合时，总 F 浓度不应超过 0.15%		含氟硅酸铵
6	单氟磷酸铵	ammonium monofluorophosphate	ammonium monofluorophosphate		0.15%(以 F 计)，当与本表允许的其他氟化物混合时，总 F 浓度不应超过 0.15%		含单氟磷酸铵
7	苯甲酸及其钠盐[a]	benzoic acid sodium benzoate	benzoic acid sodium benzoate		1.7%(以酸计)		
8	苯甲醇[a]	benzyl alcohol	benzyl alcohol	溶剂、香精和香料			
9	硼酸，硼酸盐和四硼酸盐[禁用物质表 1(1)所列成分除外]	boric acid, borates and tetraborates with the exception of substances in table 1(1)	boric acid, borates and tetraborates with the exception of substances in table 1(1)		0.1%(以硼酸计)	不应用于三岁以下儿童使用的产品	勿吞服；三岁以下儿童勿用
10	氟化钙	calcium fluoride	calcium fluoride		0.15%(以 F 计)，当与本表允许的其他氟化物混合时，总 F 浓度不应超过 0.15%		含氟化钙

表 4（续）

序号	名称			限制			牙膏标签上应标注的使用条件和注意事项
	中文名称	英文名称	INCI 名称	适用及(或)使用范围	牙膏中最大允许使用浓度	其他限制和要求	
11	单氟磷酸钙	calcium monofluorophosphate	calcium monofluorophosphate		0.15%(以 F 计)，当与本表允许的其他氟化物混合时，总 F 浓度不应超过 0.15%		含单氟磷酸钙
12	鲸蜡基胺氢氟酸盐	hexadecyl ammonium fluoride	cetylamine hydrofluoride		0.15%(以 F 计)，当与本表允许的其他氟化物混合时，总 F 浓度不应超过 0.15%		含鲸蜡基胺氢氟酸盐
13	氯胺 T	tosylchloramide sodium	chloramine T		0.2%		
14	碱金属的氯酸盐类	chlorates of alkali metals	chlorates of alkali		5%		
15	二氯甲烷	dichloromethane	dichloromethane		35%(与 1,1,1-三氯乙烷混用时总浓度不应超过 35%)	最高杂质的含量不应超过 0.2%	
16	双氯酚	dichlorophen	dichlorophen		0.5%		含双氯酚
17	脂肪酸双链烷酰胺及脂肪酸双链烷醇酰胺	fatty acid dialkylamides and dialkanolamides	fatty acid dialkylamides and dialkanolamides		仲链烷胺最大含量 0.5%	不和亚硝基化体系(Nitrosating system)一起使用；仲链烷胺最大含量 5%(就原料而言)；亚硝胺最大含量 50 μg/kg；存放于无亚硝酸盐的容器内	

表 4（续）

序号	名　称			限　　制			牙膏标签上应标注的使用条件和注意事项
	中文名称	英文名称	INCI 名称	适用及(或)使用范围	牙膏中最大允许使用浓度	其他限制和要求	
18	过氧化氢和其他释放过氧化氢的化合物或混合物，如过氧化脲和过氧化锌	hydrogen peroxide, and other compounds or mixtures that release hydrogen peroxide, including carbamide peroxide and zinc peroxide	hydrogen peroxide and other compounds or mixtures that release hydrogen peroxide, including urea peroxide and zinc peroxide		≤3.0%(以存在或释放的 H_2O_2 计) >3.0%(以存在或释放的 H_2O_2 计)	产品质量责任者应提供产品安全的相关数据	含有过氧化氢
19	氟化镁	magnesium fluoride	magnesium fluoride		0.15%(以 F 计)，当与本表允许的其他氟化物混合时，总 F 浓度不应超过 0.15%		含氟化镁
20	氟硅酸镁	magnesium fluorosilicate	magnesium fluorosilicate		0.15%(以 F 计)，当与本表允许的其他氟化物混合时，总 F 浓度不应超过 0.15%		含氟硅酸镁
21	单链烷胺，单链烷醇胺及它们的盐类	monoalkylamines, monoalkanolamines and their salts	monoalkylamines, monoalkanolamines and their salts			不和亚硝基化体系(Nitrosating system)一起使用；最低纯度 99%；仲链烷胺最大含量 0.5%（就原料而言）；亚硝胺最大含量 50 μg/kg；存放于无亚硝酸盐的容器内	
22	尼克(甲)醇氢氟酸盐	nicomethanol hydrofluoride	nicomethanol hydrofluoride		0.15%(以 F 计)，当与本表允许的其他氟化物混合时，总 F 浓度不应超过 0.15%		含尼克醇氢氟酸盐

表 4（续）

序号	名称			限制			牙膏标签上应标注的使用条件和注意事项
	中文名称	英文名称	INCI 名称	适用及(或)使用范围	牙膏中最大允许使用浓度	其他限制和要求	
23	硝甲烷	nitromethane	nitromethane	防锈剂	0.3%		
24	氟化十八烯基铵	octadecenyl-ammonium fluoride	octadecenyl-ammonium fluoride		0.15%(以 F 计)，当与本表允许的其他氟化物混合时，总 F 浓度不应超过 0.15%		含氟化十八烯基铵
25	奥拉氟	3-(*N*-hexadecyl-*N*-2-hydroxyethylammonio) propylbis(2-hydroxy-ethyl) ammonium difluoride	olaflur		0.15%(以 F 计)，当与本表允许的其他氟化物混合时，总 F 浓度不应超过 0.15%		含奥拉氟
26	二氢氟酸棕榈酰基三羟乙基丙烯二胺	*NN'N'*-tris (polyoxyethylene)-*N*-hexadecylpropylenediamine dihydrofluoride	palmityl trihydroxyethyl propylenediamine dihydrofluoride		0.15%(以 F 计)，当与本表允许的其他氟化物混合时，总 F 浓度不应超过 0.15%		含二氢氟酸棕榈酰基三羟乙基丙烯二胺
27	聚丙烯酰胺	polyacrylamides	polyacrylamides			丙烯酰胺单体最大残留量 0.5 mg/kg	
28	氟化钾	potassium fluoride	potassium fluoride		0.15%(以 F 计)，当与本表允许的其他氟化物混合时，总 F 浓度不应超过 0.15%		含氟化钾
29	氟硅酸钾	potassium fluorosilicate	potassium fluorosilicate		0.15%(以 F 计)，当与本表允许的其他氟化物混合时，总 F 浓度不应超过 0.15%		含氟硅酸钾

表 4（续）

序号	名称			限制			牙膏标签上应标注的使用条件和注意事项
	中文名称	英文名称	INCI 名称	适用及(或)使用范围	牙膏中最大允许使用浓度	其他限制和要求	
30	单氟磷酸钾	potassium monofluorophosphate	potassium monofluorophosphate		0.15%(以 F 计)，当与本表允许的其他氟化物混合时，总 F 浓度不应超过 0.15%		含单氟磷酸钾
31	氟化钠	sodium fluoride	sodium fluoride		0.15%(以 F 计)，当与本表允许的其他氟化物混合时，总 F 浓度不应超过 0.15%		含氟化钠
32	氟硅酸钠	sodium fluorosilicate	sodium fluorosilicate		0.15%(以 F 计)，当与本表允许的其他氟化物混合时，总 F 浓度不应超过 0.15%		含氟硅酸钠
33	单氟磷酸钠	sodium monofluorophosphate	sodium monofluorophosphate		0.15%(以 F 计)，当与本表允许的其他氟化物混合时，总 F 浓度不应超过 0.15%		含单氟磷酸钠
34	亚硝酸钠	sodium nitrite	sodium nitrite	防锈剂	0.2%	不可同仲链烷胺和(或)叔链烷胺或其他可形成亚硝胺的物质混用	
35	氟化亚锡	stannous fluoride	stannous fluoride		0.15%(以 F 计)，当与本表允许的其他氟化物混合时，总 F 浓度不应超过 0.15%		含氟化亚锡

表 4（续）

序号	名称			限制			牙膏标签上应标注的使用条件和注意事项
	中文名称	英文名称	INCI 名称	适用及(或)使用范围	牙膏中最大允许使用浓度	其他限制和要求	
36	乙酸锶半水合物[b]	strontium acetate hemihydrate	strontium acetate hemihydrate		3.5%(以锶计)，当与其他允许的锶产品混合时，总锶含量不应超过3.5%		含乙酸锶；儿童不宜常用
37	氯化锶六水合物[b]	strontium chloride hexahydrate	strontium chloride hexahydrate		3.5%(以锶计)，当与其他允许的锶产品混合时，总锶含量不应超过3.5%	不应用于儿童牙膏	含氯化锶
38	三链烷胺，三链烷醇胺及它们的盐类	trialkylamines, trialkanolamines and their salts	trialkylamines, trialkanolamines and their salts			不和亚硝基化体系(nitrosating system)一起使用；最低纯度99%；仲链烷胺最大含量0.5%(就原料而言)；亚硝胺最大含量50 μg/kg；存放于无亚硝酸盐的容器内	
39	水溶性锌盐(苯酚磺酸锌和吡啶翁锌除外)	water-soluble zinc salts with the exception of zinc 4-hydroxybenzenesulph onate and zinc pyrithione	water-soluble zinc salts with the exception of zinc phenolsulphonate and zinc pyrithione		1%(以锌计)		

[a] 这些限用组分作为防腐剂使用时，具体要求见表5。

[b] 除本表中所列锶化合物以外的锶及其化合物未包括在本标准中。

表 5 牙膏中许用防腐剂

（按 INCI 名称英文字母顺序排列）

序号	名称			牙膏中最大允许使用浓度	使用范围和限制条件	标签上应标注的使用条件和注意事项
	中文名称	英文名称	INCI 名称			
1	2-溴-2-硝基丙烷-1,3 二醇[a]	bronopol (INN)	2-bromo-2-nitropropane-1, 3-diol	0.1%	避免形成亚硝胺	
2	5-溴-5-硝基-1,3-二噁烷	5-bromo-5-nitro-1,3-dioxane	5-bromo-5-nitro-1,3-dioxane	0.1%	避免形成亚硝胺	
3	烷基(C_{12}-C_{22})三甲基铵溴化物或氯化物	alkyl (C_{12}-C_{22}) trimethyl ammonium, bromide and chloride	alkyl (C_{12}-C_{22}) trimonium bromide and chloride	0.1%		
4	苯扎氯铵，苯扎溴铵，苯扎糖精铵	benzalkonium chloride, bromide and saccharinate	benzalkonium chloride, bromide and saccharinate	0.1%(以苯扎氯铵计)		
5	苯甲酸及其盐类和酯类[b]	benzoic acid, its salts and esters	benzoic acid, its salts and esters	0.5%(以酸计)		
6	苯甲醇[b]	benzyl alcohol	benzyl alcohol	1.0%		
7	甲醛苄醇半缩醛	benzylhemiformal	benzylhemiformal	0.15%		当成品中甲醛浓度超过0.05%(以游离甲醛计)时，应在产品标签上标注“含甲醛”
8	溴氯芬[a]	6, 6-dibromo-4, 4-dichloro-2,2′-methylene-diphenol	bromochlorophen	0.1%		
9	氯己定及其二葡萄糖酸盐，二醋酸盐和二盐酸盐[a]	chlorhexidine (INN) and its digluconate, diacetate and dihydrochloride	chlorhexidine and its digluconate, diacetate and dihydrochloride	0.3%(以氯己定表示)		
10	氯乙酰胺	2-chloroacetamide	chloroacetamide	0.3%		含氯乙酰胺
11	三氯叔丁醇	chlorobutanol (INN)	chlorobutanol	0.5%		含三氯叔丁醇
12	苄氯酚	2-benzyl-4-chlorophenol	chlorophene	0.2%		

表 5（续）

序号	名称			牙膏中最大允许使用浓度	使用范围和限制条件	标签上应标注的使用条件和注意事项
	中文名称	英文名称	INCI 名称			
13	氯二甲酚[a]	4-chloro-3,5-xylenol	chloroxylenol	0.5%		
14	氯苯甘醚	3-(*p*-chlorophenoxy)-propane-1,2-diol	chlorphenesin	0.3%		
15	氯咪巴唑[a]	1-(4-chlorophenoxy)-1-(imidazol-1-yl)-3,3-dimethylbutan-2-one	climbazole	0.5%		
16	脱氢醋酸及其盐类	3-acetyl-6-methylpyran-2,4(3H)-dione and its salts	dehydroacetic acid	0.6%(以酸计)		
17	双(羟甲基)咪唑烷基脲	*N*-(hydroxymethyl)-*N*-(dihydroxymethyl-1,3-dioxo-2,5-imidazolinidyl-4)-*N*′-(hydroxymethyl) urea	diazolidinyl urea	0.5%		
18	二溴己脒及其盐类，包括二溴己脒羟乙磺酸盐	3,3′-dibromo-4,4′-hexamethylenedioxydibenzamidine and its salts (including isethionate)	dibromohexamidine and its salts, including dibromohexamidine isethionate	0.1%		
19	二氯苯甲醇[a]	2,4-dichlorobenzyl alcohol	dichlorobenzyl alcohol	0.15%		
20	二甲基噁唑烷	4,4-dimethyl-1,3-oxazolidine	dimethyl oxazolidine	0.1%	终产品的 pH 不应低于 6	
21	DMDM 乙内酰脲[a]	1,3-bis(hydroxymethyl)-5,5-dimethylimidazolidine-2,4-dione	DMDM hydantoin	0.6%		
22	甲醛和多聚甲醛	formaldehyde and paraformaldehyde	formaldehyde and paraformaldehyde	0.1%(以游离甲醛计)		当成品中甲醛浓度超过0.05%(以游离甲醛计)时，应在产品标签上标注“含甲醛”

表 5（续）

序号	名称			牙膏中最大允许使用浓度	使用范围和限制条件	标签上应标注的使用条件和注意事项
	中文名称	英文名称	INCI 名称			
23	甲酸及其钠盐[a]	formic acid and its sodium salt	formic acid and its sodium salt	0.5%(以酸计)		
24	戊二醛	glutaraldehyde (Pentane-1,5-dial)	glutaral	0.1%		含戊二醛(当成品中戊二醛浓度超过 0.05%时)
25	己脒定及其盐，包括己脒定二个羟乙基磺酸盐和己脒定对羟基苯甲酸盐[a]	1,6-di(4-amidinophenoxy)-*n*-hexane and its salts (including isethionate and *p*-hydroxybenzoate)	hexamidine and its salts, including hexamidine diisethionate and hexamidine paraben	0.1%		
26	海克替啶[a]	hexetidine (INN)	hexetidine	0.1%		
27	咪唑烷基脲[a]	3,3′-bis(1-hydroxymethyl-2,5-dioxoimidazolidin-4-yl)-1,1′-methylenediurea	imidazolidinyl urea	0.6%		
28	无机亚硫酸盐类和亚硫酸氢盐类	inorganic sulphites and hydrogensulphites	inorganic sulfites and hydrogen sulfites	0.2%(以游离 SO_2 计)		
29	乌洛托品[a]	hexamethylenetetramine (INN)	methenamine	0.15%		
30	甲基二溴戊二腈	1,2-dibromo-2,4-dicyanobutane	methyldibromo glutaronitrile	0.1%		
31	甲基异噻唑啉酮	2-methylisothiazol-3(2H)-one	methylisothiazolinone	0.01%		
32	甲基氯异噻唑啉酮和甲基异噻唑啉酮与氯化镁及硝酸镁的混合物	mixture of 5-chloro-2-methylisothiazol-3(2*H*)-one and 2-methylisothiazol-3(2*H*)-one with magnesium chloride and magnesium nitrate	mixture of methylchloroisothiazolinone and methylisothiazolinone with magnesium chloride and magnesium nitrate	0.001 5%(以甲基氯异噻唑啉酮和甲基异噻唑啉酮为 3∶1的混合物计)		

表 5（续）

序号	名称			牙膏中最大允许使用浓度	使用范围和限制条件	标签上应标注的使用条件和注意事项
	中文名称	英文名称	INCI 名称			
33	*o*-伞花烃-5-醇	4-isopropyl-*m*-cresol	*o*-cymen-5-ol	0.1%		
34	*o*-苯基苯酚[a]	biphenyl-2-ol and its salts	*o*-phenylphenol	0.2%(以苯酚计)		
35	4-羟基苯甲酸及其盐类和酯类[a](尼泊金酯和盐类)	4-hydroxybenzoic acid and its salts and esters	4-hydroxybenzoic acid and its salts and esters	单一酯：0.4%(以酸计)混合酯：0.8%(以酸计)		
36	苯氧乙醇[a]	2-phenoxyethanol	phenoxyethanol	1.0%		
37	苯氧异丙醇	1-phenoxypropan-2-ol	phenoxyisopropanol	1.0%		
38	吡罗克酮乙醇胺盐[a]	1-hydroxy-4-methyl-6(2,4,4-trimethylpentyl) 2-pyridon and its monoethanolamine salt	piroctone olamine	1.0%		
39	盐酸聚氨丙基双胍[a]	poly(1-hexamethylenebiguanide) hydrochloride	polyaminopropyl biguanide hydrochloride	0.3%		
40	丙酸及其盐类[a]	propionic acid and its salts	propionic acid and its salts	2%(以酸计)		
41	聚季铵盐-15	methenamine 3-chloroallylochloride (INNM)	quaternium-15	0.2%		
42	水杨酸及其盐类	salicylic acid and its salts	salicylic acid and its salts	0.5%(以酸计)	不应用于三岁以下儿童使用的产品中	
43	羟甲基甘氨酸钠	sodium hydroxymethylamino acetate	sodium hydroxymethylglycinate	0.5%		
44	碘酸钠	Sodium iodate	Sodium iodate	0.1%		
45	山梨酸及其盐类[a]	sorbic acid (hexa-2,4-dienoic acid) and its salts	sorbic acid and its salts	0.6%(以酸计)		

表 5（续）

序号	名称			牙膏中最大允许使用浓度	使用范围和限制条件	标签上应标注的使用条件和注意事项
	中文名称	英文名称	INCI 名称			
46	三氯卡班	triclocarban (INN)	triclocarban	0.2%	纯度标准：3，3′，4，4′-四氯偶氮苯少于 1 mg/kg；3，3′，4，4′-四氯氧化偶氮苯少于 1 mg/kg	
47	三氯生[a]	triclosan (INN)	triclosan	0.3%		
48	十一烯酸及其盐类[a]	undec-10-enoic acid and salts	undecylenic acid and salts	0.2%(以酸计)		

注 1：表中所列防腐剂均为加入牙膏中以抑制微生物在该牙膏中生长为目的的物质。

注 2：牙膏产品中其他具有抗微生物作用的物质，如许多精油(essential oil)和某些醇类，不包括在本表之列。

注 3：表中“盐类”系指某防腐剂与阳离子钠、钾、钙、镁、铵和醇铵所成的盐类；或指某防腐剂与阴离子所成的氯化物、溴化物、硫酸盐和醋酸盐等盐类。表中“酯类”系指甲基、乙基、丙基、异丙基、丁基、异丁基和苯基酯。

[a] 这些防腐剂也可以作为其他用途添加在牙膏中，但是其在牙膏中的使用浓度同样应该满足本表的规定。

[b] 这些防腐剂也可以作为其他用途添加在牙膏中，但是其在牙膏中的使用浓度应该满足表 4 的规定。

表 6　牙膏中许用着色剂

序号	着色剂索引号 (Color Index)	着色剂索引通用名 (C. I. generic name)	颜色	着色剂索引通用中文名	其他限制和要求
1	CI 10316[a]	acid yellow 1	黄	酸性黄 1	
2	CI 11920	food orange 3	橙	食品橙 3	
3	CI 12085[a]	pigment red 4	红	颜料红 4	牙膏中浓度应≤3%。
4	CI 12490	pigment red 5	红	颜料红 5	
5	CI 13015	food yellow 2	黄	食品黄 2	
6	CI 14270	acid orange 6	橙	酸性橙 6	
7	CI 14700	food red 1	红	食品红 1	

表 6（续）

序号	着色剂索引号 (Color Index)	着色剂索引通用名 (C. I. generic name)	颜色	着色剂索引通用中文名	其他限制和要求
8	CI 14720	food red 3	红	食品红 3	
9	CI 14815	food red 2	红	食品红 2	
10	CI 15510[a]	acid orange 7	橙	酸性橙 7	
11	CI 15525	pigment red 68	红	颜料红 68	
12	CI 15580	pigment red 51	红	颜料红 51	
13	CI 15630[a]	pigment red 49	红	颜料红 49	牙膏中浓度应≤3%
14	CI 15850[a]	pigment red 57	红	颜料红 57	
15	CI 15865[a]	pigment red 48	红	颜料红 48	
16	CI 15880	pigment red 63	红	颜料红 63	
17	CI 15980	food orange 2	橙	食品橙 2	
18	CI 15985[a]	food yellow 3	黄	食品黄 3	
19	CI 16035	food red 17	红	食品红 17	
20	CI 16185	food red 9	红	食品红 9	
21	CI 16255[a]	food red 7	红	食品红 7	
22	CI 16290	food red 8	红	食品红 8	
23	CI 17200[a]	food red 12	红	食品红 12	
24	CI 18965	food,yellow 5	黄	食品黄 5	
25	CI 19140[a]	food yellow 4	黄	食品黄 4	
26	CI 27755	food black 2	黑	食品黑 2	
27	CI 28440	food black 1	黑	食品黑 1	
28	CI 40800	food orange 5	橙	食品橙 5	
29	CI 40820	food orange 6	橙	食品橙 6	

表 6（续）

序号	着色剂索引号 (Color Index)	着色剂索引通用名 (C.I. generic name)	颜色	着色剂索引通用中文名	其他限制和要求
30	CI 40825	food orange 7	橙	食品橙 7	
31	CI 40850	food orange 8	橙	食品橙 8	
32	CI 42051[a]	food blue 5	蓝	食品蓝 5	
33	CI 42053	food green 3	绿	食品绿 3	
34	CI 42090	food blue 2	蓝	食品蓝 2	
35	CI 44090	food green 4	绿	食品绿 4	
36	CI 45350	acid yellow 73	黄	酸性黄 73	牙膏中浓度应≤6%
37	CI 45370[a]	acid orange 11	橙	酸性橙 11	2-(6-羟基-3-氧-3H-占吨-9-基)苯甲酸[2-(6-Hydroxy- 3-oxo-3H-xanthen-9-yl) benzoic acid]不超过 1%；2-(溴-6-羟基-3-氧-3H-占吨-9-基)苯甲酸[2-(Bromo-6- hydroxy-3-oxo-3H-xanthen-9-yl) benzoic acid]不超过 2%
38	CI 45380[a]	acid red 87	红	酸性红 87	2-(6-羟基-3-氧-3H-占吨-9-基)苯甲酸[2-(6-Hydroxy-3- oxo-3H-xanthen-9-yl) benzoic acid]不超过 1%；2-(溴-6-羟基-3-氧-3H-占吨-9-基)苯甲酸[2-(Bromo-6- hydroxy-3-oxo-3H-xanthen-9-yl) benzoic acid]不超过 2%
39	CI 45396	solvent orange 16	橙	溶剂橙 16	仅许可着色剂以游离(酸的)形式，并且牙膏中浓度应≤1%
40	CI 45405	acid red 98	红	酸性红 98	2-(6-羟基-3-氧-3H-占吨-9-基)苯甲酸[2-(6-Hydroxy-3- oxo-3H-xanthen-9-yl) benzoic acid]不超过 1%；2-(溴-6-羟基-3-氧-3H-占吨-9-基)苯甲酸[2-(Bromo-6- hydroxy-3-oxo-3H-xanthen-9-yl) benzoic acid]不超过 2%
41	CI 45410[a]	acid red 92	红	酸性红 92	2-(6-羟基-3-氧-3H-占吨-9-基)苯甲酸[2-(6-Hydroxy-3-oxo-3H-xanthen-9-yl) benzoic acid]不超过 1%；2-(溴-6-羟基-3-氧-3H-占吨-9-基)苯甲酸[2-(Bromo-6- hydroxy-3-oxo-3H-xanthen-9-yl) benzoic acid]不超过 2%
42	CI 45425	acid red 95	红	酸性红 95	2-(6-羟基-3-氧-3H-占吨-9-基)苯甲酸[2-(6-Hydroxy-3-oxo-3H-xanthen-9-yl) benzoic acid]不超过 1%；2-(碘-6-羟基-3-氧-3H-占吨-9-基)苯甲酸[2-(iodo-6- hydroxy-3-oxo-3H-xanthen-9-yl) benzoic acid]不超过 3%

表 6（续）

序号	着色剂索引号（Color Index）	着色剂索引通用名（C. I. generic name）	颜色	着色剂索引通月中文名	其他限制和要求
43	CI 45430[a]	food red 14	红	食品红 14	2-(6-羟基-3-氧-3H-占吨-9-基)苯甲酸[2-(6-Hydroxy-3-oxo-3H-xanthen-9-yl) benzoic acid]不超过 1%；2-(碘-6-羟基-3-氧-3H-占吨-9-基)苯甲酸[2-(iodo-6- hydroxy-3-oxo-3H-xanthen-9-yl) benzoic acid]不超过 3%
44	CI 47005	food yellow 13	黄	食品黄 13	
45	CI 58000	pigment red 83	红	颜料红 83	
46	CI 60725	solvent violet 13	紫	溶剂紫 13	
47	CI 61565	solvent green 3	绿	溶剂绿 3	
48	CI 61570	acid green 25	绿	酸性绿 25	
49	CI 69800	food blue 4	蓝	食品蓝 4	
50	CI 69825	vat blue 6	蓝	还原蓝 6	
51	CI 73000	vat blue 1	蓝	还原蓝 1	
52	CI 73015	food blue 1	蓝	食品蓝 1	
53	CI 73360	vat red 1	红	还原红 1	
54	CI 73385	vat violet 2	紫	还原紫 2	
55	CI 74160	pigment blue 15	蓝	颜料蓝 15	
56	CI 74260	pigment green 7	绿	颜料绿 7	
57	CI 75100	natural yellow 6	黄	天然黄 6	
58	CI 75120	natural orange 4	橙	天然橙 4	
59	CI 75125	natural yellow 27	黄	天然黄 27	
60	CI 75130	natural yellow 26	橙	天然黄 26	
61	CI 75135	rubixanthin	黄	玉红黄	
62	CI 75170	natural white 1	白	天然白 1	

表 6（续）

序号	着色剂索引号 (Color Index)	着色剂索引通用名 (C. I. generic name)	颜色	着色剂索引通用中文名	其他限制和要求
63	CI 75300	natural yellow 3	黄	天然黄 3	
64	CI 75470	natural red 4	红	天然红 4	
65	CI 75810	natural green 3	绿	天然绿 3	
66	CI 77000	pigment metal 1	白	颜料金属 1（铝，Al）	
67	CI 77002	pigment white 24	白	颜料白 24	
68	CI 77004	pigment white 19	白	颜料白 19	
69	CI 77007	pigment blue 29	蓝	颜料蓝 29	
70	CI 77015	pigment red 101，102	红	颜料红 101，102（氧化铁着色的硅酸镁）	
71	CI 77019	pigment white 20	白	颜料白 20(云母)	
72	CI 77120	pigment white 21，22	白	颜料白 21，22（硫酸钡，$BaSO_4$）	
73	CI 77163	pigment white 14	白	颜料白 14（氯氧化铋，BiOCl）	
74	CI 77220	pigment white 18	白	颜料白 18（碳酸钙，$CaCO_3$）	
75	CI 77231	pigment white 25	白	颜料白 25（硫酸钙，$CaSO_4$）	
76	CI 77266	pigment black 6，7	黑	颜料黑 6，7	
77	CI 77267	pigment black 9	黑	颜料黑 9	
78	CI 77268:1	food black 3	黑	食品黑 3	

表 6（续）

序号	着色剂索引号（Color Index）	着色剂索引通用名（C. I. generic name）	颜色	着色剂索引通用中文名	其他限制和要求
79	CI 77288	pigment green 17	绿	颜料绿 17（三氧化二铬，Cr_2O_3）	无游离铬酸盐（chromate）离子
80	CI 77289	pigment green 18	绿	颜料绿 18[$Cr_2O(OH)_4$]	无游离铬酸盐（chromate）离子
81	CI 77346	pigment blue 28	蓝	颜料蓝 23	
82	CI 77400	pigment metal 2	棕	颜料金属 2（铜，Cu）	
83	CI 77480	pigment metal 3	棕	颜料金属 3（金，Au）	
84	CI 77489	ferrous oxide	橙	氧化亚铁，FeO	
85	CI 77491	pigment red 101，102	红	颜料红 101，102（氧化铁，Fe_2O_3）	
86	CI 77492	pigmrnt yellow 42，43	黄	颜料黄 42，43[$FeO(OH)\cdot nH_2O$]	
87	CI 77499	pigment black 11	黑	颜料黑 11（$FeO+Fe_2O_3$）	
88	CI 77510	pigment blue 27	蓝	颜料蓝 27{$Fe_4[Fe(CN)_6]_3+FeNH_4Fe(CN)_6$}	无氰化物离子
89	CI 77713	pigment white 18	白	颜料白 18（碳酸锰，$MnCO_3$）	
90	CI 77718	pigment white 26	白	颜料白 26（滑石）	
91	CI 77742	pigment violet 16	紫	颜料紫 16[$(NH_4)_2MnP_2O_7$]	

表 6（续）

序号	着色剂索引号 (Color Index)[a]	着色剂索引通用名 (C. I. generic name)	颜色	着色剂索引通用中文名	其他限制和要求
92	CI 77745	manganese phosphate	红	磷酸锰，$Mn_3(PO_4)_2 \cdot 7H_2O$	
93	CI 77820	silver	白	银，Ag	
94	CI 77891	pigment white 6	白	颜料白 6（二氧化钛，TiO_2）	
95	CI 77947	pigment white 4	白	颜料白 4（氧化锌，ZnO）	
96		aluminum, zinc, magnesinm and calcium stearate	白	硬脂酸铝、锌、镁、钙盐	
97		anthocyanins	红	花色素苷	
98		beet root red	红	甜菜根红	
99		capsanthin, capsorubin	橙	辣椒红	
100		caramel	棕	焦糖	
101		lactoflavin	黄	乳黄素	
102		sorghum red	咖啡	高粱红	

注 1：所列着色剂与未被包括在表 1 中的物质形成的盐和色淀也同样被允许使用。

注 2：着色剂如有多个盐类用冒号后数字表示，如 15850:1，15850:2。如没有特别注明，则通用中文名取其无冒号主名称。如有多个通用中文名，则取含“食品”名称。

注 3：对于序号从 1～95 的着色剂，使用本表时请以“着色剂索引号(Color Index)”为准。“着色剂索引通用名(C. I. generic name)”，“着色剂索引通用中文名”仅作为参考。

[a] 这些着色剂的不溶性钡、锶、锆色淀、盐和颜料也被允许使用，它们应通过不溶性测定。

ICS 03.100.99
A 02

中华人民共和国国家标准

GB/T 22116—2008

企业信用等级表示方法

Expression of enterprise's credit grade

2008-06-30 发布　　2008-11-01 实施

中华人民共和国国家质量监督检验检疫总局
中国国家标准化管理委员会　发布

前　言

本标准由中国标准化研究院提出。

本标准由全国信用标准化技术工作组归口。

本标准起草单位：中国标准化研究院、国务院国有资产监督管理委员会（全国）商业信用中心、中国质量检验协会、中国市场学会。

本标准主要起草人：咸奎桐、戴莹、付宏伟、高观、尹建军、林钧跃、叶如意。

企业信用等级表示方法

1 范围

本标准规定了企业信用等级表示方法。

本标准适用于企业信用等级划分及符号表示。

2 规范性引用文件

下列文件中的条款通过本标准的引用而成为本标准的条款。凡是注日期的引用文件,其随后所有的修改单(不包括勘误的内容)或修订版均不适用于本标准,然而,鼓励根据本标准达成协议的各方研究是否可使用这些文件的最新版本。凡是不注日期的引用文件,其最新版本适用于本标准。

GB/T 22117—2008 信用 基本术语

3 术语和定义

GB/T 22117—2008 确立的术语和定义适用于本标准。

4 企业信用等级表示方法及含义

4.1 企业信用等级表示方法

按照信用程度,企业信用等级原则上从高到低分为 A、B、C、D 四等。每等可进一步细分为级。每个信用等级的细分差别,可用表示字母的数量来区分。在同一等中,字母数量越多(最多三个),表示信用程度越高。例如,A 级可细分为 AAA 级、AA 级、A 级。每个细分级别的微调,可在细分级别表示字母后加上"+"或"-"表示。例如,A 级可微调为 A^+ 级或 A^- 级。AAA 级为最高,可向下微调。D 级为最低,不再细分差别、不做微调。

4.2 企业信用等级含义

a) 企业信用等级的 A 等,表明企业在一定期限内信用风险很小。

b) 企业信用等级的 B[1] 等,表明企业在一定期限内信用风险较小。

c) 企业信用等级 C 等,表明企业在一定期限内信用风险较大。

d) 企业信用等级 D 等,表明企业在一定期限内信用风险很大。

---

1) 在某些领域的信用风险评级中,BBB 及以上信用等级属于投资级,BB 及以下信用等级属于投机级。

ICS 03.080.99
A 22

中华人民共和国国家标准

GB/T 22117—2008

信用　基本术语

Credit—General vocabulary

2008-06-30 发布　　2008-11-01 实施

中华人民共和国国家质量监督检验检疫总局
中国国家标准化管理委员会　发布

前　　言

本标准由全国信用标准化技术工作组提出并归口。

本标准主要起草单位：中国标准化研究院、中国市场学会信用工作委员会、中国人民大学、鹏元资信评估有限公司、金诚国际信用管理有限公司、中利融科技发展有限公司、北京信用管理有限公司、中国商业联合会。

本标准主要起草人：陈玉忠、林钧跃、吴晶妹、尹彦、杨玉英、柳成洋、丁文兴、谷国良、裴永刚、丁韶年、钱玉民、高观、曹俐莉。

引　　言

社会信用体系是现代市场经济的一项重要基础制度，是规范市场经济秩序的治本之策。随着社会信用体系的建立和完善，统一信用基本术语及其定义的需求日益强烈。因此，明晰信用领域中一些基本术语及其简明定义对加强各部门、行业、企事业单位或个人在同一个平台上的交流与协调合作，提高信用管理和服务水平，全面推动信用标准化等工作都具有重大意义。

本标准以科学的信用概念体系为基础，兼顾国际趋势和中国特色。在充分参照国际及发达国家现有术语和定义的基础上，按照"精而专"的原则，重点精选了内涵或外延比较明确的基本信用专业术语，并结合中国实际和信用行业的发展趋势和特点，对这些基本术语的内涵或外延上做了适当的完善和发展。

信用　基本术语

1　范围

本标准规定了有关信用领域中基本概念的术语及其简明定义，并确立了不同概念之间的关系。

本标准涉及信用基础、信用形式、征信、信用评级、信用管理、其他信用服务以及信用监管等方面的基本术语。

本标准适用于信用服务、管理、科研、教学和出版等工作，其他涉及信用工作的相关领域也可参照使用。

2　基础术语

2.1　信用

2.1.1

信用　credit

建立在信任基础上，不用立即付款或担保就可获得资金、物资或服务的能力。这种能力以在约定期限内偿还的承诺为条件。

注：广义的信用指诚信原则在社会上的广泛应用。

2.1.2

信用主体　subject of credit

信用交易主体

参与信用交易(2.3.1)的组织[机构]或自然人。

注："组织[机构]"见 GB/T 19000—2000 定义 3.3.1。

2.1.3

信用工具　credit instrument

在信用活动(2.2.1)中，由授信方(2.2.3)投放、用来证明信用主体之间信用关系，以及受信方偿付能力的合法凭证。

2.2　信用活动

2.2.1

信用活动　credit activities

与授信(2.2.2)和受信(2.2.4)相关的经济活动。

2.2.2

授信　credit granting

组织[机构]提供信用工具的经济活动或行为。

2.2.3

授信方　credit grantor; credit provider

授信主体

提供信用工具的组织[机构]。

2.2.4

受信　credit receiving

组织[机构]或自然人接受信用工具的经济活动或行为。

2.2.5

受信方 credit receiver

受信主体

接受信用工具的组织[机构]或自然人。

2.2.6

信用行为 credit behavior

信用主体在经济和社会活动中影响其信用的各种行为。

2.2.7

守信 credibility

信用主体按照约定履行承诺的行为。

2.2.8

失信 discredit;faith breaking

信用主体没有按照约定履行承诺的行为。

2.3 信用交易

2.3.1

信用交易 credit transactions

以信用工具为媒介的市场交易活动。

2.3.2

信用销售 sale on credit;credit sales

赊销

不要求客户立即付款的销售形式,允许客户在约定时间内再支付货款或服务费的销售形式。

2.4 信用体系

2.4.1

信用体系 credit systems

由征信系统(4.8)、信用制度及其运行机制构成的有机整体。

注:一般包括社会信用体系、地方信用体系、行业信用体系等。

2.4.2

信用制度 credit institution;credit bylaw

规范和管理信用主体行为以及信用交易的规章或准则。

2.4.3

信用环境 credit environment

支持信用工具投放和流通的市场交易环境。

2.4.4

信用规模 credit scale

在一定时间、一定区域内用货币单位度量的信用交易总量。

2.4.5

信用风险 credit risk

因受信方无能力或没有意愿履行承诺而导致授信方潜在损失的可能性。

2.4.6

信用危机 credit crisis

由于信用主体失信所引发的信用交易关系被破坏的现象。

3 信用形式

3.1 政府信用

3.1.1

国家信用 state credit；national credit

一国中央政府对外举债的能力。

3.1.2

公共信用 public credit

各级政府借助于债券等信用工具向社会举债的能力。

3.2 企业信用

3.2.1

企业信用 enterprise credit

企业（含银行）赊购或融资的能力，这种能力建立在对企业偿还能力和意愿的评价基础之上。

3.3 个人信用

3.3.1

个人信用 consumer credit

消费者信用

由授信方向自然人提供的用于个人目的和家庭生活的信用工具。

3.3.2

零售信用 retail credit

生产经营企业利用自有资金支持的、提供给消费者的信用工具。

3.3.3

现金信用 cash credit

金融机构提供给消费者用于个人目的和家庭生活的信用工具。

3.3.4

服务信用 service credit

由服务提供者向消费者提供的挂账形式的信用工具。

3.3.5

循环信用 revolving credit

经过一次授信后，可重复使用的信用工具。

3.4 其他

3.4.1

商业信用 business credit

非金融企业向其客户提供的信用工具。

3.4.2

银行信用 bank credit

银行向市场投放的信用工具。

4 征信

4.1

征信 credit reporting；credit checking；credit investigation

信用调查

对**信用信息**（4.9）进行采集、调查、处理、使用等的商业性活动，包括报告式征信和调查式征信两种形式。

4.2

征信机构　credit reporting agency

合法生产和提供**征信产品**(4.3)和服务的专业机构。

4.3

征信产品　credit information reports and related products

征信机构生产和提供的各类**征信报告**(4.4)、专业软件和其他产品。

4.4

征信报告　credit information reports

[信用]调查报告

征信机构对组织[机构]或自然人某段时间内信用状况的记录和分析。主要包括企业征信报告和个人征信报告。

注1：企业征信报告主要包括基本信用信息报告、普通调查报告、深度调查报告和专项调查报告。

注2：个人征信报告主要包括当事人报告、雇主报告、商业信用报告和房贷信用报告。

4.5

企业征信　business credit reporting;business credit investigation

企业资信调查

征信机构接受委托对企(事)业法人进行的征信活动。

4.6

个人征信　consumer credit reporting;consumer credit investigation

消费者信用调查

自然人征信

征信机构对个人进行的征信活动。

4.7

个人信用评分　consumer credit scoring

对个人信用进行的量化分析和评价。

4.8

征信系统　credit information system;credit reporting system

征信机构用于生产和提供征信产品的数据、资料、软件、硬件、网络构成的整体，主要包括企业征信系统和个人征信系统。

4.9

信用信息　credit information

反映或描述信用主体信用状况的相关数据和资料等，主要包括政府信用信息、企业信用信息和个人信用信息。

4.10

信用记录　credit record

以一定格式记载并保存下来的信用主体在信用交易中的相关数据和资料。

4.11

信用跟踪　credit watch

信用追踪

对被调查对象信用状况进行的跟踪活动，以便随时了解被调查对象信用状况的变化趋势和特点。

4.12

信用修复　credit repairing

依法改善对受信方的负面记录和评价，允许受信方对其失信行为的客观原因进行解释的技术手段。

注：广义的信用修复指失信主体纠正其失信行为的过程。

5 信用评级

5.1

信用评级 credit rating

资信评级

资信评估

对各类组织[机构]、证券进行信用风险评价(估),并以专用的评级符号标明其**信用等级**(5.3)。

注:信用评级形式主要包括主动评级和被动评级。

5.2

信用评级机构 credit rating agency

合法提供信用评级服务的专业机构。

5.3

信用等级 credit rate

资信等级

反映信用风险的程度,用专用符号表示。

5.4

信用等级公告书 credit rate bulletin

资信等级公告书

评级结果公告

信用评级机构提供的关于信用评级结果及其主要依据的公示材料。

5.5

信用评级指标 credit rating indicators; credit grading indicators

资信评级指标

反映被评估对象信用状况和特征的系列指标。

6 信用管理

6.1

信用管理 credit management

防范、控制和转移信用风险的管理技术、业务操作及相关的制度安排。

6.2

企业信用管理 enterprise credit management

对企业信用风险进行防范、控制和转移的管理技术、业务操作及相关的制度安排。

6.3

消费者信用管理 consumer credit management

对消费者的信用风险进行防范、控制和转移的管理技术、业务操作及相关的制度安排。

6.4

信用档案 credit files;credit archives

受信方或潜在受信方的信用记录集合。

6.5

信用管理师 credit management licensee

从事信用管理和征信技术工作、并取得职业资格认证的专业人员。

7 其他信用服务

7.1

保理 factoring

保付代理

对客户的债权提供保障，接受客户的赊销合同抵押，由受让方处理债权债务的服务。

7.2

国际保理 international factoring

保理商为国际贸易赊销方式提供的专业金融服务，主要包括外贸应收账款融资、外资逾期应收款处理、收取应收账款、买方信用担保。

7.3

信用担保 credit guarantee;credit assurance

为防范信用风险，避免或减少授信方的损失，由第三方提供财产、资金等保障的服务。

7.4

信用保险 credit insurance

债权人作为投保人向保险公司投保，在债务人不能按时归还债务时，保险公司承担债务风险的服务，主要包括进出口信用保险和内贸信用保险。

7.5

信用管理咨询 credit management consulting

帮助组织[机构]建立信用管理部门或实现信用管理功能的服务。

8 信用监管

8.1

信用监管 credit supervision;credit monitoring

政府主管部门对信用主体、信用服务机构及信用活动实施的监督管理。

8.2

信用[信息]公示 credit opening;credit disclosing;credit notification

信用[信息]披露

依法以特定的方式和渠道将信用主体的信用信息向社会公开。

8.3

失信惩戒机制 credit rewarding and punishing system

信用奖惩机制

对失信主体进行处罚，对守信主体进行褒扬的制度和措施。

中 文 索 引

英 文 索 引

B

C

ICS 03.080.99
A 20

中华人民共和国国家标准

GB/T 22118—2008

企业信用信息采集、处理和提供规范

Rules for enterprises credit information collecting, processing and providing

2008-06-30 发布　　　　2008-11-01 实施

中华人民共和国国家质量监督检验检疫总局
中国国家标准化管理委员会　发布

前 言

本标准的附录A、附录B、附录C为规范性附录。本标准的附录D、附录E为资料性附录。

本标准由全国信用标准化技术工作组提出并归口。

本标准起草单位：中国标准化研究院、国家开发银行、商务部、国家工商行政管理总局、中国人民大学、中国市场学会信用工作委员会、鹏元资信评估有限公司、金诚国际信用管理有限公司、北京中利融科技发展有限公司、北京信用管理有限公司、上海三零卫士信息安全有限公司。

本标准主要起草人：柳成洋、尹彦、钱玉民、吴晶妹、林钧跃、丁文兴、谷国良、裴永刚、丁韶年、胡志荣、李党会、付宏伟、叶林。

企业信用信息采集、处理和提供规范

1 范围

本标准规定了企业信用信息采集、处理和提供的基本原则和要求。

本标准适用于从事企业信用信息采集、处理和提供的机构。

2 规范性引用文件

下列文件中的条款通过本标准的引用而成为本标准的条款。凡是注日期的引用文件，其随后所有的修改单(不包括勘误的内容)或修订版均不适用于本标准，然而，鼓励根据本标准达成协议的各方研究是否可使用这些文件的最新版本。凡是不注日期的引用文件，其最新版本适用于本标准。

GB/T 22117—2008 信用 基本术语

3 术语和定义

GB/T 22117—2008 确立的以及下列术语和定义适用于本标准。

3.1

信用信息 credit information

反映或描述信用主体信用状况的相关数据和资料等，主要包括政府信用信息、企业信用信息和个人信用信息。

[GB/T 22117—2008，定义 4.9]

3.2

机构 body

有特定任务和组成的法定或行政的实体。

注：机构如：组织、权力机构、公司和社团。

[GB/T 20000.1—2002，定义 2.4.1]

4 基本原则

4.1 合法性原则

应以符合国家法律、法规的途径采集企业信用信息，不应以欺诈、窃取、贿赂、利诱、胁迫、侵入计算机等非法手段获取企业信用信息，并应保护国家、社会公共利益及企业的合法权益。

4.2 一致性原则

采集的企业信用信息应与信息源提供的信息完全一致，不应有选择性地进行取舍、分割、随意修改或删除，应保持被采集信息的原始完整性。

4.3 独立性原则

采集、处理和提供企业信用信息的过程中不应受到调查对象及其他因素的影响。

4.4 保密性原则

对不同保密级别的企业信用信息应采取相应的管理措施，并应保证信息在保存及传输过程中的安全。

5 企业信用信息采集

5.1 信息来源

企业信用信息的来源主要包括：

——被采集对象；

——与被采集对象利益相关的机构；

——相关政府部门；

——其他拥有企业信用信息的机构和个人。

5.2 采集方式

5.2.1 公开方式

通过各种渠道采集已被合法公开的企业信用信息。

5.2.2 约定方式

通过与有关机构或个人约定的方式采集有关的企业信用信息。

5.2.3 其他方式

通过除5.2.1和5.2.2以外的其他合法方式采集有关企业信用信息。

5.3 采集范围

5.3.1 基本信息

基本信息指用于识别企业基本状况的信息。

5.3.2 经营管理信息

经营管理信息指用于反映企业经营管理状况的信息。

5.3.3 财务信息

财务信息指用于反映企业整体财务状况或某类特殊事项财务状况的相关信息。

5.3.4 银行往来信息

银行往来信息指用于反映企业偿还贷款能力的相关信息。

5.3.5 提示信息

提示信息指政府部门、司法机关或其他社会公共机构掌握的有关企业信用方面的各种信息。

5.3.6 其他信息

其他信息指除5.3.1、5.3.2、5.3.3、5.3.4、5.3.5以外的，其他有关企业信用的信息。

5.4 基本信息

基本信息应包括企业注册信息和组织机构代码登记信息。

基本信息见附录A。

5.5 经营管理信息

经营管理信息应包括：

——综合信息；

——股权结构信息；

——主要经营管理者信息；

——经营状况信息；

——商业往来信息；

——分支机构信息；

——进出口信息。

经营管理信息见附录B。

5.6 银行往来信息

银行往来信息应包括：

——开户行信息；

——贷款证信息；

——偿贷信息。

银行往来信息见附录C。

5.7 财务信息

财务信息应包括企业资产负债信息和损益信息。

财务信息参见附录D。

5.8 提示信息

提示信息应包括：

——公共信息(与企业有关的民事裁决结果等信息)；

——监管信息(政府部门和权威机构依法公开的企业获奖等信息，或政府部门和权威机构依法公开的企业受到行政处罚等信息)。

5.9 其他信息

其他信息宜包括税务登记信息、对外担保信息、非银行借款信息、对外提供借款记录、其他债权信息和债务信息等。

其他信息参见附录E。

6 企业信用信息处理

6.1 基本要求

企业信用信息处理时应满足以下基本要求：

——建立完善的内部(审核/控制)制度和从业人员职业规范；

——实现信用信息的可追溯管理，保证信息的可追溯性，不得篡改原始信息；

——采取必要的措施保证信息的安全性；

——采取必要的措施对信息进行核实，保证信息处理的合法性；

——对处理结果进行客观或主观标示；

——信用信息的保管期限一般不少于7年。

6.2 处理方法

对征信类信用产品，可按照机构内部标准和程序进行处理，需注明信息来源和信息采集时间。

对评级类信用产品，除注明信息来源和信息采集时间外，还需提出分析结论，并列明分析依据、分析方法和工作程序。

7 企业信用信息提供

7.1 基本要求

对外提供企业信用信息及处理结果应满足以下要求：

——按照合法的程序和渠道进行信息披露，并确保信息的保密性；

——对外提供的企业信用信息及处理结果仅供使用者参考。

7.2 提供方式

可通过书面文件、电子邮件等可靠与可确认的方式提供企业信用信息及处理结果，但应保证所提供信息处于安全状态。

7.3 异议处理

企业或他人对机构提供的企业信用信息及处理结果有异议的，可提出异议申诉。

经核对与信用信息源不一致的，应及时调整并通知申诉方。

经核对与信息源一致的，应以书面形式告知申诉方申诉无效。

附 录 A
（规范性附录）
基 本 信 息

表 A.1

类 别	子 类
企业注册信息	企业名称
	企业注册号
	企业住所
	成立日期
	执照发照机关
	法定代表人
	法定代表人证件名称
	法定代表人证件号码
	注册资本(金)
	注册资本币种
	实收资本
	经济性质
	经营范围
	经营期限
	邮政编码
	联系电话
	传真电话
	企业类型
	最新年检日期
	企业变更登记信息
	企业注销日期
组织机构代码登记信息	组织机构代码
	登记号码
	登记日期
	最新年检日期

附 录 B
（规范性附录）
经营管理信息

表 B.1

类　　别	子　　类
综合信息	历史沿革
	资质信息
	员工总数
	联系人姓名
	营业面积
	企业网址
	企业邮箱
股权结构信息	股东（投资人）名称
	股权比例
	股东（投资人）变更事项
	股东（投资人）变更日期
	出资方式
主要经营管理者（董事、监事、经理等）信息	姓名
	证件名称
	证件号码
	履历
经营状况信息	所属行业
	主营业务
	主要产品
	其他
商业往来（供应商）信息	供应商基本信息
	付款状况
	信用额度
	目前欠款
	过期账款
分支机构信息	分支机构名称
	分支机构注册地点
	分支机构负责人
	分支机构联系电话
	分支机构传真号码
	分支机构邮政编码
进出口信息	注册海关
	海关注册信息
	进出口企业代码
	进出口经营权
	年检状况
	最新年检日期

附　录　C
(规范性附录)
银行往来信息

表 C.1

类　　别	子　　类
开户行信息	基本账户开户行日期
	基本账户开户行账号
	基本账户开户行名称
	一般账户开户行日期
	一般账户开户行账号
	一般账户开户行名称
	专项账户开户行日期
	专项账户开户行账号
	专项账户开户行名称
贷款证(卡)信息	贷款证(卡)号
	贷款证(卡)登记日期
	贷款证(卡)年审日期
偿贷信息	首次贷款日期
	授信总额
	已用授信额度
	剩余授信额度
	累计贷款总额
	累计贷款总笔数
	目前贷款余额
	累计拖欠贷款总额
	目前拖欠贷款金额
	累计拖欠贷款总笔数
	目前拖欠贷款笔数

附 录 D
（资料性附录）
财 务 信 息

表 D.1

类 别	子 类
资产负债信息	货币资金
	短期投资
	应收票据
	应收账款
	应收账款净额
	预付账款
	应收出口退税
	应收补贴款
	应弥补亏损
	其他应收款
	存货
	待转其他业务支出
	待摊费用
	待处理流动资产净损失
	一年内到期的长期债券投资
	其他流动资产
	流动资产合计
	长期投资
	改转租企业占用资金
	固定资产原价
	固定资产净值
	固定资产清理
	在建工程
	待处理固定资产净损失
	固定资产合计
	无形资产
	递延资产
	无形资产及递延资产合计
	其他长期资产
	递延税款借项

表 D.1（续）

类　别	子　类
资产负债信息	资产总计
	短期借款
	应付票据
	应付账款
	预收账款
	其他应付款
	应付工资
	应付福利费
	未交税金
	未付利润
	其他未交款
	预提费用
	一年内到期的长期负债
	其他流动负债
	流动负债合计
	长期借款
	应付债券
	长期应付款
	其他长期负债
	长期负债合计
	递延税款贷项
	负债合计
	实收资本
	资本公积(金)
	盈余公积(金)
	未分配利润
	所有者权益合计
	负债及所有者权益总计
损益信息	主营业务收入
	主营业务成本
	营业费用
	主营业务税金及附加
	商品销售收入
	销售折扣与折让
	商品销售收入净额
	商品销售成本

表 D.1（续）

类　别	子　类
损益信息	商品销售毛利
	经营费用
	商品销售税金及附加
	商品销售利润
	代购代销收入
	主营业务利润
	其他业务利润
	管理费用
	财务费用
	汇兑损失
	营业利润
	投资收益
	补贴收入
	营业外收入
	营业外支出
	以前年度损益调整
	利润总额
	盈利企业利润总额
	亏损企业亏损总额
	所得税
	净利润
补充信息	全部职工工资总额
	缴纳税利总额
	商品购进总额
	独立核算单位个数
	汇编企业户数
	亏损企业户数
	期末职工人数
	离退休职工人数

附 录 E
（资料性附录）
其 他 信 息

表 E.1

类 别	子 类
税务登记信息	税务登记证号
	纳税人名称
	法定代表人(负责人)
	登记注册类型
	经营范围
	批准设立机关
	扣缴义务
	发证税务机关
	发证日期
	纳税核算方式
	最新年检日期
对外担保记录	首次对外提供担保日期
	累计对外担保总额
	目前对外担保余额
	已到期对外担保金额
	已履行担保义务金额
	已到期对外担保笔数
	已履行担保义务笔数
非银行借款信息记录	借款发生日期
	借款金额
	借款到期日
	提供借款单位
	借款用途
对外提供借款记录	提供借款发生日期
	提供借款金额
	借款到期日
	借款单位
	借款用途
其他债权信息	债权发生日期
	债权金额
	债权到期日
	债权对象
	债权描述

表 E.1（续）

类　别	子　类
其他债务信息	债务发生日期
	债务金额
	债务到期日
	债务对象
	债务描述

ICS 03.080.99
A 20

中华人民共和国国家标准

GB/T 22119—2008

信用中介组织评价服务规范 信用评级机构

Evaluation service specification for credit agency organization—Credit rating agency

2008-06-30 发布　　2008-11-01 实施

中华人民共和国国家质量监督检验检疫总局
中国国家标准化管理委员会　发布

前　言

本标准由全国信用标准化技术工作组提出并归口。

本标准主要起草单位：中国标准化研究院、中国人民大学、中国市场学会、金诚国际信用管理有限公司、联合资信评估有限公司、中国诚信信用管理有限公司、中关村企业信用促进会、中国电子商务协会、信息产业部电子标准化研究所。

本标准主要起草人：尹彦、钱玉民、吴晶妹、林钧跃、裴永刚、李振宇、黄建悦、刘海波、金彦平、李安渝、宋黎、李海波。

信用中介组织评价服务规范
信用评级机构

1 范围

本标准规定了信用评级机构评级服务的基本原则、组织、从业人员、信用评级程序、信用评级数据和信息的管理。

本标准适用于信用评级机构提供的评级服务，其他相关领域也可参照使用。

2 规范性引用文件

下列文件中的条款通过本标准的引用而成为本标准的条款。凡是注日期的引用文件，其随后所有的修改单(不包括勘误的内容)或修订版均不适用于本标准，然而，鼓励根据本标准达成协议的各方研究是否可使用这些文件的最新版本。凡是不注日期的引用文件，其最新版本适用于本标准。

GB/T 22117 信用 基本术语

3 术语和定义

GB/T 22117 确立的以及下列术语和定义适用于本标准。

3.1

信用中介组织 credit agency organization

信用服务机构

从事信用调查、信用评级、信用担保、保理、保险、信用管理咨询与服务等的专业机构。

3.2

信用评级 credit rating

资信评级

资信评估

对各类组织[机构]、证券进行信用风险评价(估)，并以专用的评级符号标明其信用等级。

3.3

信用评级机构 credit rating agency

提供信用评级服务的专业机构。

3.4

信用评级分析师 credit rating analyst

从事信用风险等级分析等技术工作，并取得职业资格的专业人员。

3.5

合规检查员 compliance officer

对信用评级机构及其员工在评级过程中是否遵循法律法规、标准及相关制度进行检查的专业人员。

3.6

主动信用评级服务 solicited rating service

在没有信用评级申请的情况下，信用评级机构主动提供的信用评价服务。

3.7

被动信用评级服务 unsolicited rating service

在接受信用评级申请方申请后，信用评级机构提供的信用评价服务。

4 基本原则

4.1 独立性原则

信用评级机构及其信用评级分析师应本着认真和专业的精神，确保信用评级结果的独立性和客观性。

4.2 公正性原则

信用评级机构及其信用评级分析师在评级过程中应公平、公正。

4.3 保密性原则

信用评级机构应严格保守其所获取的保密信息。

5 组织

5.1 总则

信用评级机构应根据相关法律法规，把信用评级业务与其他业务严格区分开来，确保其他业务不会给信用评级业务带来不必要的利益冲突。

5.2 建立业务管理制度

信用评级机构应建立以下业务管理制度：

——从业人员职业准则；

——信用评级评审委员会制度；

——信用评级服务质量控制制度；

——回避制度；

——实地调查制度；

——数据库管理制度；

——安全保密制度；

——档案制度。

5.3 工作指南的公示

信用评级机构应向公众发布具体的工作指南，阐述本机构的基本行为准则，保证信用评级过程的公正和完整，努力提高信用评级的透明度，以保护公众的利益。

5.4 信用评级小组

5.4.1 信用评级小组的组成

信用评级机构应根据每个信用评级项目的特点成立专门的信用评级小组。

信用评级小组一般由2名以上人员组成，其中至少应包括1名信用评级分析师。

对于大型的信用评级项目，信用评级小组宜包括行业专家和财务专家。

5.4.2 信用评级小组的职责

信用评级小组的工作职责包括：

——制定信用评级工作方案；

——收集信用评级所需要的资料和数据；

——组织实地调研；

——撰写信用评级报告初稿；

——提出信用等级建议。

5.5 信用评级评审委员会

5.5.1 信用评级评审委员会的组成

信用评级机构应在内部设立信用评级评审委员会。

信用评级评审委员会应由3名以上的信用评级分析师组成，其中至少应包括1名信用评级高级分析师。

信用评级评审委员会宜包括相关专业的外部分析师。

信用评级评审委员会应该尽可能保持成员的连续性。

5.5.2 信用评级评审委员会的职责

信用评级评审委员会的工作职责包括：

——审查信用评级小组提交的资料；

——审查信用评级报告初稿；

——审查信用等级建议；

——确定信用等级。

6 从业人员

6.1 从业人员执业基本要求

信用评级机构的从业人员应遵守职业道德，经过岗位培训，具备相关的专业知识，相关岗位应取得职业资格。

6.2 信用评级分析师

6.2.1 基本条件

信用评级分析师应有高度的正义感，诚实。

6.2.2 信用评级分析师的等级

信用评级分析师根据其从业经验和职业技能可分为信用评级高级分析师、信用评级中级分析师和信用评级初级分析师，分别应具备以下基本条件：

——信用评级高级分析师从事信用评级业务年限应为 6 年以上，或相关工作 8 年以上，并取得相关的职业资格；

——信用评级中级分析师从事信用评级业务年限应为 3 年以上，或相关工作 5 年以上，并取得相关的职业资格；

——信用评级初级分析师从事信用评级业务年限应为 1 年以上，或相关工作 3 年以上，并取得相关的职业资格。

6.3 合规检查员

6.3.1 基本条件

合规检查员应熟悉与信用评级业务相关的法律法规、标准和内部规定，具有一定的信用评级工作经验。

6.3.2 工作内容

合规检查员的主要工作包括：

——检查信用评级机构的业务部门设置、信用评级程序、制度安排等是否符合法律法规及相关标准；

——检查信用评级机构的员工在信用评级过程中是否遵循法律法规、标准及内部规章的要求。

6.3.3 工作要求

合规检查员应深入调研、广泛交流，探讨信用评级过程中可能遇到的各种问题，确保所有管理人员在制定机构政策时，能及时获得他们想要了解的各类信息。

合规检查员的报酬应独立于具体的信用评级项目收入。

7 定性与定量方法相结合的信用评级服务程序

7.1 基本要求

信用评级机构应建立书面的流程和机制，对各种利益冲突进行适当的识别、消除、管理或披露，如信用评级机构的分析师在受托期间不能拥有评级对象及相关实体发行的证券或衍生产品，与评级对象的现任员工不应存在直系亲属关系等。

信用评级机构应广泛收集与信用评级对象相关的各项信息，并对其进行深入的分析。

信用评级机构应制定合理必要的措施保护信用评级机构所拥有或掌握的财产和记录，防止被骗、被盗或滥用。

信用等级的审核和认定应通过信用评级评审委员会评审程序。

7.2 主动信用评级服务和被动信用评级服务的程序

根据是否有申请，定性与定量方法相结合的信用评级服务主要包括主动信用评级服务和被动信用评级服务。

主动信用评级服务一般包括成立信用评级小组、准备信用评级所需材料、实地调研、预评、初评、初评结果的通知、发布信用评级结果、跟踪评级等程序。

被动信用评级服务一般包括受理信用评级申请、签订协议、成立信用评级小组、准备信用评级所需材料、实地调研、预评、初评、初评结果的通知、受理复评申请、复评、发布信用评级结果、跟踪评级等程序。

7.3 受理信用评级申请

7.3.1 审核信用评级申请材料

信用评级机构在接收到申请后，应审核申请方提交材料的完整性和真实性。

7.3.2 初步调查

在接受申请之前，信用评级机构应考虑是否能保证充足的资源配置，包括是否可以提供充足的人员，人员的评级技术水平是否有保障，以及是否能够充分获得评级所需的必要信息等。

7.3.3 形成初步结论

信用评级机构根据前期审核和调查，确定是否能接受信用评级申请。

7.4 签订协议

7.4.1 签订委托协议

接受信用评级申请后，信用评级机构应与信用评级申请方签订信用评级委托协议，明确双方的权利和义务。

7.4.2 签订保密条款/协议

在委托协议中应包含保密条款。如有必要可另行签订保密协议。

信用评级机构与评级对象之间除另有保密协议规定外，不应把保密信息用于和信用评级活动不相关的事项中。

7.5 成立信用评级小组

信用评级机构应根据信用评级项目的特点成立信用评级小组，并指定负责人。

7.6 准备信用评级所需材料

信用评级小组应广泛收集各种必要信息和数据，准备信用评级所需要的各类材料。

在被动信用评级服务中，信用评级小组应与评级对象保持沟通，解决各项未尽事宜，可要求对方进一步提供信用评级所需信息。

7.7 实地调研

7.7.1 实地调研的方式

一般情况下，信用评级分析师应进行现场调查，主要方式包括：

——与评级对象及相关机构的员工进行访谈；

——对评级对象进行实地考察；

——对信用评级所需材料进行现场核查，如运营和财务现状以及管理制度等。

7.7.2 实地调研的要求

信用评级机构应保证有足够数量的信用评级分析师参与实地调研。信用评级分析师应该具备一定的实地调研知识和经验。

7.8 预评

7.8.1 整合信息

信用评级小组的负责人应把调查研究中获得的信息进行整合,形成信用评级资料包。

7.8.2 形成预评结果

信用评级分析师应采用信用评级机构既定的方法论对评级对象的信用风险进行评估,形成信用评级报告初稿,给出预评结果。

信用评级分析师在使用信用评级机构确定的方法论时必须保持一致。

7.9 初评

信用评级评审委员会应对信用评级小组提交的资料及预评结果进行审核。

当信用评级评审委员会达成一致意见时,应确定信用等级,形成初评结果。

当信用评级评审委员会无法确定信用级别时,应暂停信用评级评审委员会初评工作,将信息反馈给信用评级小组,由信用评级小组重新整理、核实相关数据,直到信用评级评审委员会能确定信用等级,形成初评结果。

7.10 初评结果的通知

在被动信用评级服务中,信用评级机构应将初评结果告知评级对象。当评级对象对初评结果没有异议时,初评结果为最终信用评级结果。当评级对象对该初评结果提出异议时,可提交相关材料向信用评级机构提出复评申请,信用评级机构应及时参考这些意见并做出反馈。

在主动信用评级服务中,信用评级机构在发布信用评级结果前,可以不通知评级对象。但是,应在发布信用评级结果后尽快通知评级对象。信用评级机构在一定的合理期间内或根据相关法律法规规定,对形成其信用评级结果的记录予以保存。

7.11 受理复评申请

当评级对象对初评结果提出异议时,信用评级机构应及时受理,并重新组织复评。

复评申请仅限一次。

7.12 复评

当组织复评时,信用评级评审委员会的高级分析师应全部参加,对初评结果进行重新审核。

在以下情况下,可对初评结果进行认可、修改,甚至是撤销初评结果:

——信息改变或增加;

——信息的准确性、可用性或者充分性出现了变化;

——信用评级评审委员会认为有其他充足理由。

7.13 发布信用评级结果

在被动信用评级服务中,应根据与信用评级申请方的协议确定是否发布信用评级结果、发布的内容及发布的对象范围。

在主动信用评级服务中,应根据国家法律法规及相关要求,发布信用评级结果及相关内容。

7.14 跟踪评级

在信用评级结果公布之后,信用评级机构应在信用评级结果有效期内进行定期或不定期跟踪,对相关信息进行及时更新。

当信用评级机构认为某些信息有可能导致评级对象的信用等级发生变化时,应主动重新审查信用评级结果。如评级对象的信用等级确实发生变化,信用评级机构应通知评级对象。

7.15 取消信用评级服务的书面通知

信用评级机构有权在任何时候,根据以下理由取消信用评级服务:

——委托方不履约;

——当信用评级分析师认为获取的信息不足以完成信用评级服务时,可以向信用评级评审委员会提出取消信用评级服务的申请,经信用评级评审委员会认可后可取消信用评级服务。

在被动信用评级服务中，信用评级机构应以书面方式告知委托方信用评级服务将被撤销。

7.16 对不正当行为的处理

当信用评级机构从业人员发现内部员工或机构有非法、不道德行为或者违反信用评级机构行为准则时，如篡改信用评级依据的数据和信息，歪曲信用评级结果，泄露在信用评级过程中获取的非公开信息等，应立即向合规检查员或者管理人员汇报。

合规检查员或管理人员在接到此类报告后，应根据有关法律法规及政策制度，采取适当的措施。

信用评级机构应该采取措施保护检举人。

7.17 投资者服务

7.17.1 违约率

信用评级机构应增加信用评级服务的透明度，对既往评级服务进行违约率分析与检测。在适当的时候，应充分公示各信用类型的历史违约率，说明随着时间的变化违约率是否发生变化。

7.17.2 债项信用等级转移矩阵

信用评级机构宜提供债项信用等级转移矩阵。

7.18 收费标准

信用评级机构应公开收费标准。

信用评级的费用应与信用评级结果无关。

8 定量评级服务的程序

定量评级服务的程序一般包括：

——建立信用评级数学模型；

——采集评级对象的数据和信息；

——采用信用评级数学模型开展初评；

——确定信用评级结果；

——检验、调整信用评级结果；

——发布信用评级结果；

——关注监管机构对信用评级结果的追踪和检验，适时调整定量评级技术。

9 信用评级数据、信息和报告的管理

信用评级机构应建立档案制度，对用于信用评级的数据和信息，包括复印件进行分类，建档保存。

信用评级机构应对信用评级报告的电子版和纸制版存档，并长期保留。

ICS 03.080.99
A 20

中华人民共和国国家标准

GB/T 22120—2008

企业信用数据项规范

Data item specification for enterprise credit

2008-06-30 发布

2008-11-01 实施

中华人民共和国国家质量监督检验检疫总局
中国国家标准化管理委员会 发布

前　言

本标准由全国信用标准化技术工作组提出并归口。

本标准主要起草单位：中国标准化研究院、国家开发银行、国家质量监督检验检疫总局、中国人民大学、中国市场学会信用工作委员会、北京信用管理有限公司、金诚国际信用管理有限公司、中国商业联合会等。

本标准主要起草人：尹彦、钱玉民、戴莹、于顺明、吴晶妹、林钧跃、金海鸿、安明、裴永刚、李祥波、金彦平、刘静、宋黎。

企业信用数据项规范

1 范围

本标准规定了基本的企业信用信息数据项，包括基本信息、经营管理信息、财务信息、银行往来信息、提示信息和其他信息。

本标准适用于企业信用信息系统的建立、企业信用信息的共享与交换，其他相关活动可参照使用。

2 规范性引用文件

下列文件中的条款通过本标准的引用而成为本标准的条款。凡是注日期的引用文件，其随后所有的修改单(不包括勘误的内容)或修订版均不适用于本标准，然而，鼓励根据本标准达成协议的各方研究是否可使用这些文件的最新版本。凡是不注日期的引用文件，其最新版本适用于本标准。

GB/T 2260 中华人民共和国行政区划代码

GB/T 2659 世界各国和地区名称代码

GB/T 4658 学历代码

GB/T 4754 国民经济行业分类与代码

GB/T 7408 数据元和交换格式 信息交换 日期和时间表示法

GB 11714 全国组织机构代码编制规则

GB/T 12402 经济类型分类与代码

GB/T 12406 表示货币和资金的代码

WM 1 中华人民共和国进出口企业代码规范

3 基本信息

基本信息指用于识别企业基本状况的信息。基本信息数据项如表1所示。

表 1 基本信息数据项

编码	类别	数据项名称	说明
0101	企业信用主体标识信息		
010101		企业信用主体标识码	
010102		企业名称	
0102	企业工商登记信息		
010201		营业执照注册号	
010202		登记机关	
010203		住所	
010204		法定代表人姓名	
010205		法定代表人国籍	采用 GB/T 2659
010206		法定代表人身份证件名称	
010207		法定代表人身份证件号码	
010208		法定代表人学历	采用 GB/T 4658
010209		法定代表人本企业职务	
010210		法定代表人履历	

表 1（续）

编码	类别	数据项名称	说明
010211		注册资本币种	采用 GB/T 12406
010212		注册资本	单位：万元
010213		实缴资本（金）	单位：万元
010214		企业类型	采用 GB/T 12402
010215		经营范围	
010216		成立日期	GB/T 7408，采用 YYYYMMDD 格式
010217		营业期限起始日期	GB/T 7408，采用 YYYYMMDD 格式
010218		营业期限终止日期	GB/T 7408，采用 YYYYMMDD 格式
010219		营业期限	
010220		邮政编码	
010221		联系电话	
010222		传真	
010223		最新年检日期	GB/T 7408，采用 YYYYMMDD 格式
010224		最新年检结果	"1"表示参检，"0"表示不参检
010225		原登记事项	
010226		申请变更登记事项	
010227		变更登记事项	
010228		变更核准日期	GB/T 7408，采用 YYYYMMDD 格式
010229		申请注销登记原因	
010230		注销登记日期	GB/T 7408，采用 YYYYMMDD 格式
0103	税务登记信息		
010301		税务登记代码	
010302		发证税务机关	
010303		批准设立机关	
010304		登记注册类型	
010305		经营方式	
010306		核算方式	
010307		纳税人名称	
010308		证件有效期	
010309		扣缴义务	
010310		税务登记变更事项	
010311		登记状态变更日期	GB/T 7408，采用 YYYYMMDD 格式
0104	组织机构代码登记信息		
010401		组织机构代码	采用 GB 11714
010402		登记号	
010403		登记日期	GB/T 7408，采用 YYYYMMDD 格式
010404		颁发单位	
010405		最新年检日期	GB/T 7408，采用 YYYYMMDD 格式
010406		最新年检结果	"0"表示不合格，"1"表示合格
010407		有效起始日期	GB/T 7408，采用 YYYYMMDD 格式
010408		有效终止日期	GB/T 7408，采用 YYYYMMDD 格式

4 经营管理信息

经营管理信息指用于反映企业经营管理状况的信息。经营管理信息数据项如表 2 所示。

表 2 经营管理信息数据项

编码	类别	数据项名称	说明
0201	综合信息		
020101		经营场所建筑面积	
020102		经营场所使用面积	
020103		经营场所使用方式	"0"表示自有,"1"表示租赁,"2"表示其他
020104		联系人姓名	指相关部门负责人
020105		联系人职务	
020106		联系人电话	
020107		联系人邮箱	
020108		企业网址	
020109		企业邮箱	
020110		专项许可与登记名称	
020111		专项许可与登记证号	
020112		专项许可与登记内容	
020113		专项许可与登记证核发日期	GB/T 7408,采用 YYYYMMDD 格式
020114		专项许可与登记证有效期起始日期	GB/T 7408,采用 YYYYMMDD 格式
020115		专项许可与登记证有效期终止日期	GB/T 7408,采用 YYYYMMDD 格式
020116		专项许可与登记证发证机关	
020117		专项许可与登记证状态	
020118		资质名称	
020119		资质证号	
020120		资质证核发日期	GB/T 7408,采用 YYYYMMDD 格式
020121		资质证有效期起始日期	GB/T 7408,采用 YYYYMMDD 格式
020122		资质证有效期终止日期	GB/T 7408,采用 YYYYMMDD 格式
020123		资质证发证机关	
020124		资质证状态	
020125		历史沿革	
020126		人员总数	
020127		大专及以上学历人员占人员总数比例	
020128		中高级技术职称人员占人员总数比例	
020129		持证上岗人员占人员总数比例	与所在职位相关的职业资格证书
020130		上市公司标识	"0"表示否,"1"表示是
020131		证券代码	
020132		上市地	
0202	股权结构信息		
020201		投资者名称或姓名	
020202		投资者住所/户籍登记地址	
020203		投资者证件名称	
020204		投资者证件号码	
020205		投资者出资方式	
020206		投资者出资币种	采用 GB/T 12406
020207		投资者认缴出资额	
020208		投资者出资比例	
020209		投资者实缴出资额	

表 2（续）

编码	类别	数据项名称	说明
020210		投资者分期缴付注册资本(金)情况	
020211		投资者法定代表人姓名	
020212		投资者组织机构代码	采用 GB 11714
020213		投资者变更事项	
020214		投资者变更日期	GB/T 7408,采用 YYYYMMDD 格式
020215		法人投资者注册号	
0203	董事、监事、经理及其他主要经营管理者信息		
020301		董事姓名	
020302		董事国籍	采用 GB/T 2659
020303		董事身份证件名称	
020304		董事身份证件号码	
020305		董事联系方式	
020306		董事长/执行董事履历	
020307		监事姓名	
020308		监事国籍	采用 GB/T 2659
020309		监事身份证件名称	
020310		监事身份证件号码	
020311		经理姓名	
020312		经理国籍	采用 GB/T 2659
020313		经理身份证件名称	
020314		经理身份证件号码	
020315		经理学历	采用 GB/T 4658
020316		经理履历	
020317		经理联系方式	
020318		高级管理人员姓名	
020319		高级管理人员国籍	
020320		高级管理人员身份证件名称	
020321		高级管理人员身份证件号码	
020322		高级管理人员职务	
020323		高级管理人员联系方式	
0204	生产经营状况信息		
020401		所属行业	采用 GB/T 4754
020402		主营业务	
020403		主要产品名称或服务项目	
020404		年产量/服务能力	
020405		主要产品应用/服务领域	
020406		主要采购方式	
020407		主要销售/服务地区	
020408		主要销售/服务方式	
020409		信用管理部门	
020410		信用管理人数	
020411		信用管理制度	
020412		信用管理方式	
020413		主要固定资产名称	
020414		主要固定资产原值	

表 2（续）

编码	类别	数据项名称	说明
020415		主要固定资产登记编号	
020416		主要固定资产登记机关	
020417		主要固定资产登记日期	GB/T 7408,采用 YYYYMMDD 格式
020418		受保护的无形资产名称	指专利、注册商标、技术、著作
020419		受保护的无形资产登记编号	
020420		受保护的无形资产登记机关	
020421		受保护的无形资产登记日期	GB/T 7408,采用 YYYYMMDD 格式
020422		受保护的无形资产受保护起始日期	GB/T 7408,采用 YYYYMMDD 格式
020423		受保护的无形资产受保护终止日期	GB/T 7408,采用 YYYYMMDD 格式
020424		受保护的无形资产评估价值	
0205	商业往来(供应商)信息		
020501		付款状况	
020502		信用额度	
020503		目前欠款	
020504		过期账款	
0206	分支机构信息		
020601		分支机构中文名称	
020602		分支机构营业执照注册号	
020603		分支机构住所	
020604		分支机构负责人	
020605		分支机构经营范围	
020606		分支机构成立日期	GB/T 7408,采用 YYYYMMDD 格式
020607		分支机构营业期限起始日期	GB/T 7408,采用 YYYYMMDD 格式
020608		分支机构营业期限终止日期	GB/T 7408,采用 YYYYMMDD 格式
020609		分支机构工商登记机关	
020610		分支机构经营地址	
020611		分支机构邮政编码	
020612		分支机构电话号码	
020613		分支机构传真号码	
020614		分支机构网址	
020615		分支机构电子邮箱	
0207	进出口信息		
020701		进出口经营权标识	“1”表示有,“0”表示没有
020702		进出口企业代码	采用 WM1
020703		进出口企业资格证书发证日期	GB/T 7408,采用 YYYYMMDD 格式
020704		进出口企业资格证书发证机关	
020705		进出口企业资格证书最新年审日期	GB/T 7408,采用 YYYYMMDD 格式
020706		进出口企业资格证书最新年审结果	“1”表示合格,“0”表示不合格
020707		注册海关	采用 GB/T 2260
020708		海关注册登记编码	
020709		海关注册登记日期	GB/T 7408,采用 YYYYMMDD 格式
020710		海关注册登记机关	
020711		海关注册登记证书有效期终止日期	GB/T 7408,采用 YYYYMMDD 格式
020712		海关注册登记证书换证日期	GB/T 7408,采用 YYYYMMDD 格式
020713		主要进口商品名称	
020714		主要进口国家或地区	采用 GB/T 2659
020715		主要出口商品名称	
020716		主要出口国家或地区	采用 GB/T 2659

5 财务信息

财务信息指用于反映企业整体财务状况或某类特殊事项财务状况的相关信息。财务信息数据项如表3所示。

表3 财务信息数据项

编码	类别	数据项名称	说明
0301	资产负债信息		
030101		货币资金	
030102		交易性金融资产	
030103		短期投资	
030104		应收票据	
030105		应收账款	
030106		预付款项	
030107		应收股利	
030108		应收利息	
030109		其他应收款	
030110		存货	
030111		一年内到期的长期债券投资	
030112		其他流动资产	
030113		流动资产合计	
030114		可供出售金融资产	
030115		持有至到期投资	
030116		长期债权投资	
030117		长期应收款	
030118		长期股权投资	
030119		股权分置流通权	
030120		投资性房地产	
030121		固定资产原价	
030122		固定资产净值	
030123		固定资产净额	
030124		在建工程	
030125		工程物资	
030126		固定资产清理	
030127		生产性生物资产	
030128		油气资产	
030129		无形资产	
030130		开发支出	
030131		商誉	
030132		合并价差	
030133		长期待摊费用	
030134		递延所得税资产	
030135		递延税款借项	
030136		其他非流动资产	
030137		非流动资产合计	
030138		资产总计	
030139		短期借款	
030140		交易性金融负债	
030141		应付权证	

表 3（续）

编码	类别	数据项名称	说明
030142		应付票据	
030143		应付账款	
030144		预收款项	
030145		应付职工薪酬	
030146		应交税费	
030147		应付利息	
030148		应付股利	
030149		其他应付款	
030150		一年内到期的非流动负债	
030151		其他流动负债	
030152		流动负债合计	
030153		长期借款	
030154		应付债券	
030155		长期应付款	
030156		专项应付款	
030157		预计负债	
030158		递延所得税负债	
030159		递延税款贷项	
030160		其他非流动负债	
030161		非流动负债合计	
030162		负债合计	
030163		股本	
030164		资本公积	
030165		库存股	
030166		盈余公积	
030167		未分配利润	
030168		股东权益合计	
030169		负债和股东权益总计	
0302	损益信息		
030201		营业收入	
030202		营业成本	
030203		营业税金及附加	
030204		销售费用	
030205		管理费用	
030206		财务费用	
030207		资产减值损失	
030208		公允价值变动收益	
030209		投资收益	
030210		对联营企业和合营企业的投资收益	
030211		营业利润营业外收入	
030212		营业外支出	
030213		非流动资产处置损失	
030214		非货币性资产交换损失	
030215		债务重组损失	
030216		利润总额	
030217		所得税费用	
030218		净利润	
030219		每股收益	
030220		基本每股收益	
030221		稀释每股收益	

表 3（续）

编码	类别	数据项名称	说明
030222		盈利企业利润总额	
030223		亏损企业亏损总额(用“－”号表示)	
030224		全部职工工资总额	
030225		商品购进总额	
030226		独立核算单位个数	
030227		汇编企业户数	
030228		亏损企业户数	
030229		期末职工人数	
030230		离退休职工人数	
0303	现金流量信息		
030301		销售商品、提供劳务收到的现金	
030302		收到的税费返还	
030303		收到的与其他经营活动有关的现金	
030304		经营活动现金流入小计	
030305		购买商品、接受劳务支付的现金	
030306		支付给职工以及为职工支付的现金	
030307		支付各项税费	
030308		支付的其他与经营活动有关的现金	
030309		经营活动现金流出小计	
030310		经营活动产生的现金流量净额	
030311		收回投资收到的现金	
030312		分得股利或利润所收到的现金	
030313		取得投资收益收到的现金	
030314		处置固定资产、无形资产和其他长期资产而收回的现金净额	
030315		处置子公司及其他营业单位收到的现金净额	
030316		收到其他与投资活动有关的现金	
030317		投资活动现金流入小计	
030318		购建固定资产、无形资产和其他长期资产所支付的现金	
030319		投资支付的现金	
030320		取得子公司及其他营业单位支付的现金净额	
030321		支付其他与投资活动有关的现金	
030322		投资活动现金流出小计	
030323		投资活动产生的现金流量净额	
030324		吸收投资收到的现金	
030325		取得借款收到的现金	
030326		收到的其他与筹资活动有关的现金	
030327		筹资活动现金流入小计	
030328		偿还债务支付的现金	
030329		分配股利、利润或偿付利息支付的现金	
030330		支付其他与筹资活动有关的现金	
030331		筹资活动现金流出小计	
030332		筹资活动产生的现金流量净额	
030333		汇率变动对现金及现金等价物的影响	
030334		现金及现金等价物净增加额	
030335		期初现金及现金等价物余额	
030336		期末现金及现金等价物余额	

6 银行往来信息

银行往来信息指用于反映企业偿还贷款能力的相关信息。银行往来信息数据项如表 4 所示。

表 4 银行信息数据项

编码	类别	数据项名称	说明
0401	开户信息		
040101		开户银行	
040102		开户银行机构代码	
040103		账户用途	"1"表示基本存款账户,"2"表示一般存款账户,"3"表示专用存款账户,"4"表示临时存款账户
040104		开户核准日期	GB/T 7408,采用 YYYYMMDD 格式
040105		账号	
040106		账户状态	"1"表示正常,"2"表示冻结,"3"表示查封
040107		账户往来情况	"1"表示正常,"0"表示不正常
0402	贷款证(卡)信息		
040201		贷款证(卡)编码	
040202		贷款证(卡)状态	"1"表示正常,"2"表示注销,"3"表示不存在
040203		贷款证(卡)发卡机关	
040204		贷款证(卡)发卡日期	GB/T 7408,采用 YYYYMMDD 格式
040205		贷款证(卡)年审日期	GB/T 7408,采用 YYYYMMDD 格式
0403	银行融资信息		
040301		银行融资标识	"1"表示有,"0"表示没有
040302		银行机构代码	
040303		融资用途	
040304		融资形式	指银行信贷业务种类,"1"表示贷款,"2"表示保理,"3"表示票据贴现,"4"表示贸易融资,"5"表示信用证,"6"表示保函,"7"表示银行承兑汇票,"8"表示公开授信,"9"表示其他
040305		融资币种	采用 GB/T 12406
040306		融资金额	
040307		融资利率	
040308		融资起始日期	GB/T 7408,采用 YYYYMMDD 格式
040309		融资还款日期	GB/T 7408,采用 YYYYMMDD 格式
040310		担保方式	"1"表示保证,"2"表示抵押,"3" 表示质押,"4" 表示留置,"5" 表示定金,"6"表示其他
040311		担保人名称	
040312		担保人贷款卡编号	
040313		还款方式	
040314		还款次数	
040315		协议偿清日期	GB/T 7408,采用 YYYYMMDD 格式
040316		当前余额	
040317		逾期标识	"1"表示有,"0"表示没有
040318		欠息标识	"1"表示有,"0"表示没有
040319		欠息余额	

7 提示信息

提示信息指政府部门、司法机关或其他社会公共机构掌握的有关企业信用方面的各种信息。提示信息数据项如表5所示。

表5 提示信息数据项

编码	类别	数据项名称	说明
0501	法院判决信息		
050101		判决机关	
050102		判决书名称	
050103		判决书编号	
050104		案件类型	
050105		诉讼地位	
050106		立案日期	GB/T 7408,采用YYYYMMDD格式
050107		结案日期	GB/T 7408,采用YYYYMMDD格式
050108		判决结果	
050109		执行期限	
050110		执行结果	
0502	欠缴税收信息		
050201		主管税务机关	
050202		欠税税种	
050203		欠税余额	
050204		欠税补缴日期	GB/T 7408,采用YYYYMMDD格式
050205		税收滞纳金欠缴余额	
050206		税收滞纳金欠缴起始日期	GB/T 7408,采用YYYYMMDD格式
050207		欠缴税收滞纳金补缴日期	GB/T 7408,采用YYYYMMDD格式
0503	劳动及社会保障保险信息		
050301		欠薪时段	
050302		欠薪总额	
050303		欠薪人(次)数	
050304		欠薪记录机关	
050305		社会保险参保险种	
050306		社会保险缴费状态	
050307		住房公积金个人缴存比例	
050308		住房公积金单位缴存比例	
050309		单位住房公积金缴存状态	
0504	公共事业欠费信息		
050401		公共事业单位名称	
050402		公共事业欠费业务种类	
050403		公共事业欠费金额	
050404		公共事业欠费所属时段	
050405		拖欠天数	
050406		公共事业欠费补缴日期	GB/T 7408,采用YYYYMMDD格式
0505	电信欠费信息		
050501		电信运营商名称	
050502		电信欠费事项	
050503		电信欠费业务种类	
050504		电信欠费金额	
050505		电信欠费所属时段	

表 5（续）

编码	类别	数据项名称	说明
050506		拖欠天数	
050507		电信欠费补缴日期	GB/T 7408,采用 YYYYMMDD 格式
0506	行政处罚信息		
050601		行政处罚机关	
050602		行政处罚决定文书编号	
050603		违法违规行为	
050604		行政处罚结果	
050605		行政处罚定性依据	
050606		行政处罚日期	GB/T 7408,采用 YYYYMMDD 格式
050607		行政处罚执行情况	
0507	行政强制信息		
050701		行政强制机关	
050702		行政强制决定文书编号	
050703		行政强制事项	
050704		行政强制依据	
050705		行政强制日期	GB/T 7408,采用 YYYYMMDD 格式
050706		行政强制执行情况	
0508	荣誉信息		
050801		荣誉名称	
050802		证书编号	
050803		荣誉事项	
050804		评(认)定日期	GB/T 7408,采用 YYYYMMDD 格式
050805		评(认)定单位	

8 其他信息

其他信息指除第 3、4、5、6、7 章以外的，与企业信用有关的信息，数据项如表 6 所示。

表 6 其他信息数据项

编码	类别	数据项名称	说明
0601	非银行融资记录		
060101		融资方式	“1”表示企业上市，“2”表示企业发债，“3”表示商业信用，“4”表示股权置换，“5”表示机构投资，“6”表示其他方式
060102		融资依据	
060103		融资用途	
060104		融资对象	
060105		融资金额	
060106		融资期限	指月数
060107		融资起始日期	GB/T 7408,采用 YYYYMMDD 格式
060108		非银行融资担保方式	“1”表示保证，“2”表示抵押，“3”表示质押，“4”表示留置，“5”表示定金，“6”表示其他
0602	对外担保记录		
060201		担保人名称	
060202		偿还/兑付方式	

表 6（续）

编码	类别	数据项名称	说明
060203		目前余额	
060204		最长逾期金额	
060205		最高逾期天数	
060206		被担保人名称	
060207		担保事项	
060208		担保方式	“1”表示保证，“2”表示抵押，“3”表示质押，“4”表示留置，“5”表示定金，“6”表示其他
060209		担保额度	
060210		担保期限	指月数
060211		担保起始日期	GB/T 7408，采用 YYYYMMDD 格式
060212		担保终止日期	GB/T 7408，采用 YYYYMMDD 格式
060213		目前余额	
0603	对外提供借款记录		
060301		借方机构名称	
060302		提供借款发生日期	GB/T 7408，采用 YYYYMMDD 格式
060303		提供借款到期日	GB/T 7408，采用 YYYYMMDD 格式
060304		提供借款金额	
060305		提供借款用途	
0604	其他债权信息		
060401		债务人名称	
060402		债权金额	
060403		债权起始日期	GB/T 7408，采用 YYYYMMDD 格式
060404		债权应到日期	GB/T 7408，采用 YYYYMMDD 格式
060405		债权逾期金额	
060406		债权逾期账龄	
060407		债权描述	
0605	其他债务信息		
060501		债权人名称	
060502		债务金额	
060503		债务发生日期	GB/T 7408，采用 YYYYMMDD 格式
060504		债务应到日期	GB/T 7408，采用 YYYYMMDD 格式
060505		债务逾期金额	
060506		债务逾期账龄	
060507		债务描述	

ICS 25.040.40
L 67

中华人民共和国国家标准

GB/T 22121—2008

装备制造业通用零部件数据字典元素注册规范

Registration specification for reference dictionary elements of general part and component in the field of equipment manufacturing

2008-06-30 发布　　2009-01-01 实施

中华人民共和国国家质量监督检验检疫总局
中国国家标准化管理委员会　发布

前　言

本标准的附录 A 和附录 B 是规范性附录。

本标准由中国标准化研究院提出。

本标准由中国标准化研究院归口。

本标准起草单位：中国标准化研究院。

本标准主要起草人：洪岩、秦光里、詹俊峰、李文武。

引　言

随着全球经济一体化，基础数据的不规范已成为制约制造企业间产品数据集成与共享的主要瓶颈，因此加强基础数据的标准化建设是振兴我国装备制造业、实现企业数据集成与共享的重要前提。

ISO 13584 是一个由众多部分组成的关于计算机可解释的零件库数据表达与交换的国际标准，目前已转化为国家标准 GB/T 17645。该标准提供了与应用系统无关的传输零件库数据的中性机制，其中第 42 部分规定了建立产品数据字典的原则、方法和数据模型等。产品数据字典是将与产品设计、制造、流通、管理等有关的产品全生命周期的数据按照标准格式进行字典式描述与管理的一种新兴技术。

由于产品在不断变化和更新，与产品设计、制造、流通、管理等有关的产品全生命周期的数据也是在不断变化，因此负责管理该数据的产品数据字典基础数据库的内容也需要不断地进行扩充和更新。为了保证数据字典具有开放性、可动态维护性、公众认可的权威性，我国需要建立和实施数据字典的注册维护机制。

本标准是 ISO 13584（即 GB/T 17645）《工业自动化系统与集成　零件库》的配套标准，是为我国实施和建立数据字典注册维护机制提供相关技术支撑的基础标准。本标准给出了基于 GB/T 17645 的数据字典的注册管理与评审过程总体框架以及对数据字典的元素进行增加、修改或删除时依据的规则，还规定了装备制造业通用零部件数据字典元素注册评审工作的组织机构、技术评审程序和技术评审规则。

装备制造业通用零部件
数据字典元素注册规范

1 范围

本标准规定了装备制造业通用零部件数据字典元素注册评审工作的总体框架，包括相关的维护组织、技术评审程序和技术评审规则。

本标准适用于基于GB/T 17645的装备制造业通用零部件数据字典元素的数据维护请求（DMR）的提交、注册机构对DMR的技术评审以及字典数据的更新与发布，也适用于用户对注册机构的监督。

2 规范性引用文件

下列文件中的条款通过本标准的引用而成为本标准的条款。凡是注日期的引用文件，其随后所有的修改单（不包括勘误的内容）或修订版均不适用于本标准，然而，鼓励根据本标准达成协议的各方研究是否可使用这些文件的最新版本。凡是不注日期的引用文件，其最新版本适用于本标准。

GB/T 16656.1—1998　工业自动化系统和集成　产品数据表达与交换　第1部分：概述与基本原理(idt ISO 10303-1:1994)

GB/T 17645.42—2001　工业自动化系统与集成　零件库　第42部分：描述方法学：构造零件族的方法学(idt ISO 13584-42:1998)

3 术语和定义

下列术语和定义适用于本标准。

3.1

字典　dictionary

包含一系列条目的表，一个含义对应字典中的一个条目，字典的一个条目只有一个含义。

[GB/T 17645.1—2001，定义3.2]

3.2

字典数据　dictionary data

描述了零件族的层次结构和这些零件特性的数据集。

[GB/T 17645.42—2001，定义3.4.6]

3.3

字典元素　dictionary element

属性集合，它组成了应用领域（例如类、数据元素类型）特定对象的字典描述。

[GB/T 17645.42—2001，定义3.4.7]

3.4

数据维护请求　data maintenance request；DMR

由用户提交的、对字典中的某个元素进行增加、修改或删除的申请。

3.5

基本语义单元　basic semantic unit;BSU

一种实体,它提供了应用领域(例如:类、数据元素类型)特定对象的一个绝对的和唯一的标识。

[GB/T 17645.42—2001,定义 3.4.1]

3.6

技术评审　technical review

对用户提交的 DMR 进行评估,以确定其是否符合所针对的标准的过程。

3.7

注册管理信息系统　registry management information system

能够对相关的存储库中的项及其有关的元数据进行登记,以检索这些项的位置及其所有元数据的指针的一种机制。

3.8

特性　property

用于区分和描述对象的参数。

[GB/T 17645.42—2001,定义 3.3]

3.9

注册机构　registration authority;RA

由主管部门认可的机构并委托这个机构负责对通用零部件的字典元素进行注册登记,并负责维护和更新字典元素。

[ISO 13584-501:2006]

3.10

注册机构认证的字典　RA dictionary

通过注册机构认证的符合 GB/T 17645 标准的字典及其字典元素,其中包括即将试验发布或正式发布的通用零部件数据字典。

[ISO 13584-501:2006]

3.11

注册机构秘书处　secretariat of registration authority;SORA

由注册机构主管部门任命的机构,负责注册管理、更新和维护字典元素。

[ISO 13584-501:2006]

3.12

注册机构技术委员会　technical committee of registration authority;TCRA

由注册机构聘任的专家组成的技术委员会。

4　注册管理与评审工作总体框架

图 1 给出了基于 GB/T 17645 的数据字典注册管理与评审过程的总体框架。

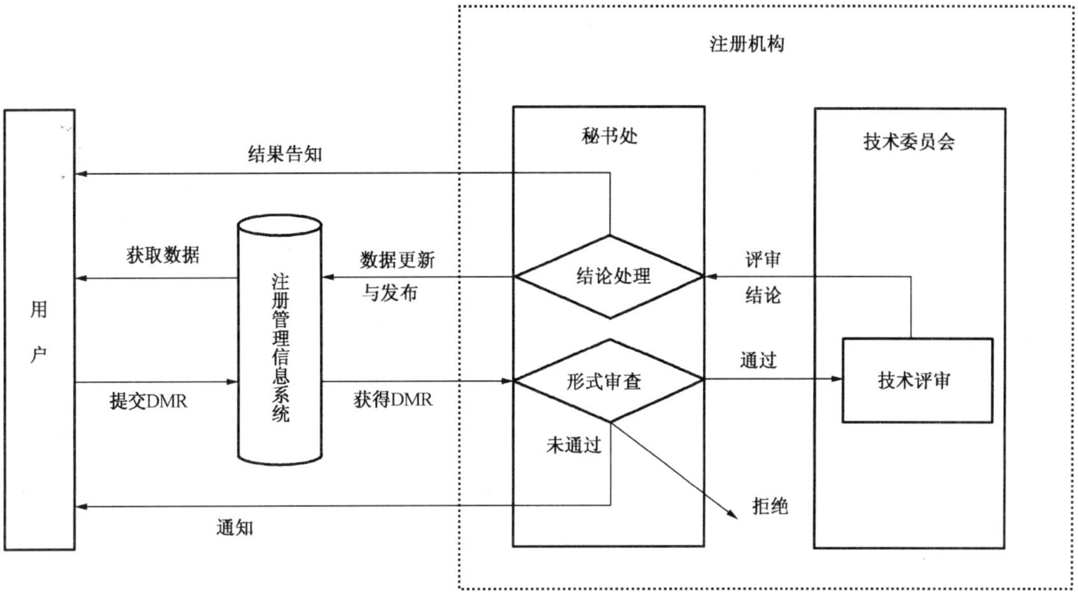

图 1 注册管理与评审过程总体框架

注册管理主要包括如下三个过程：

a) 用户提交 DMR

用户从注册管理信息系统获得通用零部件数据字典(注册机构认证的字典)的最新版本，并根据需求提交对这些数据字典中的某一项或多项字典元素进行增加、修改或删除的申请。

b) 注册机构对 DMR 进行评审

注册机构受理用户提交的 DMR，并按照本标准第 5 章和第 6 章的要求处理所收到的各种 DMR，并将对 DMR 的处理结果及时告知用户。

c) 数据更新与发布

注册机构根据对 DMR 的技术评审结论，对数据字典中的数据进行更新，并通过注册管理信息系统对更新数据进行发布。

5 注册相关方

5.1 用户

用户包括使用数据字典的个人、企事业单位和社会团体以及从事标准起草的工作组等。

用户可以进行以下三个方面的活动：

a) 通过注册管理信息系统或直接从注册机构秘书处获得装备制造业通用零部件数据字典的最新数据，并应用这些字典数据创建产品零部件库和进行电子商务等活动。

b) 根据通用零部件的应用需求，提交对字典数据增加、修改、删除的申请。提交的 DMR 应符合本标准附录 A 和附录 B 中的规定。

c) 就有关装备制造业通用零部件数据字典注册与管理的任何问题向注册机构进行咨询。

5.2 注册机构

5.2.1 机构设置

注册机构下设秘书处和技术委员会。

5.2.2 职责

注册机构是对装备制造业通用零部件数据字典进行维护和管理的专门组织，负责从总体上组织实施评审工作，并保证此项工作能够公开、公正、高效地进行。

秘书处的主要职责：

a） 负责受理用户提交的DMR，并按附录A和附录B的要求对DMR进行形式审查；

b） 根据所受理的DMR的形式审查情况，不定期地向技术委员会提交需要进行技术审查的DMR列表；

c） 根据技术委员会的审查结论对字典元素进行更新、发布和推广；

d） 向用户通报对用户提交的DMR的处理结果；

e） 解释和说明所维护的数据字典的内容。

技术委员会的主要职责：

a） 根据GB/T 16656、GB/T 17645以及相关国家标准，对用户提交的DMR进行技术评审；

b） 形成书面的评审结论并提交秘书处。

6 注册维护程序

注册维护程序主要由DMR的提交、形式审查、技术评审、数据的更新与发布等环节组成。

6.1 DMR的提交

用户从注册管理信息系统获取装备制造业通用零部件数据字典的最新数据后，根据自身的使用情况和业务需求，发现原标准的数据字典内容需要进行增加、修改或删除，可填写相应的数据维护请求表提交给注册机构秘书处。

用户填写的数据维护请求表应符合附录A、附录B的要求。

6.2 形式审查

注册机构秘书处对用户提交的DMR进行形式审查，形式审查的结论可有以下三种：

a） 通过——提交的资料完全符合附录A、附录B的要求；

b） 待定通过——提交的资料需要按照附录A、附录B的要求补充相关信息；

c） 未通过——提交的资料不符合附录A、附录B的要求。

6.3 技术评审

如果对DMR的形式审查结论为通过，则注册机构秘书处将DMR提交技术委员会进行技术评审，形成评审结论。技术评审的结论可有以下两种：

a） 采纳——当用户提交的DMR在技术上符合更新、维护的要求时，则“采纳”。当技术评审结论为“采纳”时，注册机构将根据该采纳的DMR进行相关数据字典的更新和发布。

b） 拒绝——当用户提交的DMR在技术上不符合更新、维护的要求时，则“拒绝”。当技术评审结论为“拒绝”时，由秘书处以通知单的形式通知用户或相关组织，并说明拒绝的原因。

6.4 数据的更新与发布

如果技术评审结论为“采纳”，则由秘书处通知提交DMR的用户，并依据该DMR进行字典数据的更新，同时将更新的结果在注册管理信息系统上发布，同时进行版本的管理与更新，并保存必要的记录。

附　录　A
（规范性附录）
数据字典新类或修订类申请表

如果需要增加新类或修订类，应填写表 A.1 的相关信息，并提交给注册管理信息系统。

表 A.1　数据字典新类或修订类申请表

<table>
<tr><td colspan="2">用　户</td><td colspan="5"></td></tr>
<tr><td colspan="2">联系地址</td><td colspan="3"></td><td>邮　编</td><td></td></tr>
<tr><td colspan="2">电　话</td><td></td><td>传真</td><td></td><td>邮　件</td><td></td></tr>
<tr><td rowspan="9">新类或修订类的信息</td><td>推荐名</td><td colspan="5"></td></tr>
<tr><td>同义名</td><td colspan="5"></td></tr>
<tr><td>短　名</td><td colspan="5"></td></tr>
<tr><td>定　义</td><td colspan="5"></td></tr>
<tr><td>注　释</td><td colspan="5"></td></tr>
<tr><td>备　注</td><td colspan="5"></td></tr>
<tr><td>定义源文档</td><td colspan="5"></td></tr>
<tr><td>超类名</td><td colspan="5"></td></tr>
<tr><td>超类 BSU</td><td colspan="5"></td></tr>
<tr><td rowspan="4">申请人信息</td><td>姓　名</td><td colspan="2"></td><td>电　话</td><td colspan="2"></td></tr>
<tr><td>机构/公司</td><td colspan="5"></td></tr>
<tr><td>传　真</td><td colspan="2"></td><td>邮　件</td><td colspan="2"></td></tr>
<tr><td>签　名</td><td colspan="2"></td><td>日　期</td><td colspan="2"></td></tr>
</table>

注：表中新类或修订类的信息含义见 GB/T 17645.42—2001 第 8 章。

附 录 B
（规范性附录）
数据字典新特性或修订特性申请表

如果需要增加新特性或修订特性，应填写表B.1的相关信息，并提交给注册管理信息系统。

表 B.1 数据字典新特性或修订特性申请表

<table>
<tr><td colspan="2">用 户</td><td colspan="5"></td></tr>
<tr><td colspan="2">联系地址</td><td colspan="3"></td><td>邮 编</td><td></td></tr>
<tr><td colspan="2">电 话</td><td></td><td>传真</td><td></td><td>邮 件</td><td></td></tr>
<tr><td rowspan="12">新特性或修订特性的信息</td><td>推荐名</td><td colspan="5"></td></tr>
<tr><td>同义名</td><td colspan="5"></td></tr>
<tr><td>短 名</td><td colspan="5"></td></tr>
<tr><td>定义类</td><td colspan="5"></td></tr>
<tr><td>定义类 BSU</td><td colspan="5"></td></tr>
<tr><td>定 义</td><td colspan="5"></td></tr>
<tr><td>定义的源文档</td><td colspan="5"></td></tr>
<tr><td>注 释</td><td colspan="5"></td></tr>
<tr><td>备 注</td><td colspan="5"></td></tr>
<tr><td>单 位</td><td colspan="2"></td><td>值格式</td><td colspan="2"></td></tr>
<tr><td>版本号</td><td colspan="2"></td><td>修订号</td><td colspan="2"></td></tr>
<tr><td>最初定义日期</td><td colspan="2"></td><td>当前版本日期</td><td colspan="2"></td></tr>
<tr><td rowspan="4">申请人信息</td><td>姓 名</td><td colspan="2"></td><td>电 话</td><td colspan="2"></td></tr>
<tr><td>机构/公司</td><td colspan="5"></td></tr>
<tr><td>传 真</td><td colspan="2"></td><td>邮 件</td><td colspan="2"></td></tr>
<tr><td>签 名</td><td colspan="2"></td><td>日 期</td><td colspan="2"></td></tr>
</table>

注：表中新特性或修订特性的信息含义见GB/T 17645.42—2001第7章。

参考文献

［1］ ISO/DIS 13584-501 工业自动化系统与集成 零件库 第501部分:测量仪器参考字典注册流程

［2］ GB/T 19256.6—2006 基于XML的电子商务 第6部分:业务过程规范模式

ICS 33.160.25
M 74

中华人民共和国国家标准

GB/T 22122—2008

数字电视环绕声伴音测量方法

Methods of measurement of surround audio for digital TV

2008-06-30 发布　　2009-01-01 实施

中华人民共和国国家质量监督检验检疫总局
中国国家标准化管理委员会　发布

前　言

本标准由中华人民共和国信息产业部提出。

本标准由全国音、视频及多媒体系统与设备标准委员会归口。

本标准主要起草单位:中国电子技术标准化研究所、广州广晟数码技术有限公司。

本标准主要起草人:杨震、刘云、伦继好、王琦、范科峰、曹玲。

数字电视环绕声伴音测量方法

1 范围

本标准规定了数字电视环绕声伴音、双声道伴音的电性能测量项目、测量条件和测量方法。

本标准适用于标准清晰度和高清晰度数字电视接收设备(数字电视接收机和数字电视接收器),是产品设计、生产、检验的主要依据。

2 规范性引用文件

下列文件中的条款通过本标准的引用而成为本标准的条款。凡是注日期的引用文件,其随后所有的修改单(不包括勘误的内容)或修订版均不适用于本标准,然而,鼓励根据本标准达成协议的各方研究是否可使用这些文件的最新版本。凡是不注日期的引用文件,其最新版本适用于本标准。

GB/T 17975.1—2000 信息技术 运动图像及其伴音信息的通用编码 第1部分:系统(idt ISO/IEC 13818-1:1996)

GB/T 17975.3—2002 信息技术 运动图像及其伴音信息的通用编码 第3部分:音频(ISO/IEC 13818-3:1998,IDT)

GB/T 17975.7—2002 信息技术 运动图像及其伴音信息的通用编码 第7部分:先进音频编码(ACC)(ISO/IEC 13818-7:1997,IDT)

SJ/T 11180—1998 音频和视听设备数字音响部分音频特性基本测量方法

SJ/T 11324—2006 数字电视接收设备术语

SJ/T 11368—2006 多声道数字音频编解码技术规范

ITU-R BS. 1196 -1 数字地面电视广播音频编码

3 术语、定义和缩略语

3.1 术语和定义

SJ/T 11324—2006 确立的以及下列术语和定义适用于本标准。

3.1.1

满刻度振幅 full scale

分别相应于最大正值和最大负值的最大正数字编码值和最大负编码值。

环绕声伴音 surround audio

环绕声伴音是用来传送5.1声道音频的通道。由6个独立声道组成,即左声道(L)、中置声道(C)、右声道(R)、左环绕声道(Ls)、右环绕声道(Rs)以及低频增强声道(LFE),通常也被称为0.1声道。

3.2 缩略语

下列缩略语适用于本标准。

AAC: Advanced audio coding 先进音频编码

C:Center channel 中置声道

dBFS:decibel full scale 数字音频信号电平的单位(0dBFS等于“满刻度”的数字音频参考电平)

L:Left channel 左声道

LFE:Low frequency enhanced channel 低频增强声道

Ls:Left surround channel 左环绕声道

MPEG-2: Coding of Moving Picture and Associated Audio 运动图像及其伴音信号的通用编码标准

PCM:Pulse-code modulation 脉冲编码调制

R: Right channel 右声道

Rs:Right surround channel 右环绕声道

TS:Transport stream 传送流，符合 GB/T 17975.1—2000 的规范要求

4 测试信号

4.1 音频测试信号频率

测试信号频率应从表 1 的实际值中选取。在产品目录和其他文件中允许选用表 1 中的标称值。除非另有规定，测量参考频率应为 997 Hz，但可标称为 1 kHz。

表 1 测量频率

单位为赫兹

优选频率		1/1 oct	1/2 oct	1/3 oct	优选频率		1/1 oct	1/2 oct	1/3 oct
标称值	实际值				标称值	实际值			
4	3	×			560	563			
5	5		×		630	631			×
8	7	×			710	709		×	
11.2	11				800	797			×
16	17	×	×	×	900	907			
18	19				1 000	997	×	×	×
20	19			×	1 120	1 123			
22.4	23		×		1 250	1 249			×
25	23			×	1 400	1 399		×	
28	29				1 600	1 601			×
31.5	33	×	×	×	1 800	1 801			
35.5	37				2 000	1 999	×	×	×
40	41			×	2 240	2 239			
45	47		×		2 500	2 503			×
50	53			×	2 800	2 801		×	
56	59				3 150	3 163			×
63	61	×	×	×	3 550	3 547			
71	71				4 000	4 001	×	×	×
80	79			×	4 500	4 507			
90	89				5 000	4 999			×
100	101			×	5 600	5 591		×	
112	113				6 300	6 301			×
125	127	×	×	×	7 100	7 103			
140	139				8 000	7 993	×	×	×
160	163			×	9 000	9 001			
180	181		×		10 000	10 007			×

表 1（续）

单位为赫兹

优选频率		1/1 oct	1/2 oct	1/3 oct	优选频率		1/1 oct	1/2 oct	1/3 oct
标称值	实际值				标称值	实际值			
200	199			×	11 120	11 197		×	
224	223				12 500	12 503			×
250	251	×	×	×	14 000	13 999			
280	281				16 000	16 001	×	×	×
315	317			×	18 000	17 989			
355	353		×		20 000	19 997			×
400	401			×	22 400	22 397		×	
450	449								
500	499	×	×	×					

4.2 取样频率

取样频率优选 48 kHz，也可以选用 32 kHz 或 44.1 kHz。

4.3 数字音频信号的编码格式

符合 GB/T 17975.3—2002（MPEG-Ⅱ）、GB/T 17975.7—2002（AAC）或 SJ/T 11368—2006 或 ITU-R BS.1196-1（AC3）的规范要求。

4.4 音频测试信号序列

4.4.1 双声道音频测试信号序列

码率：192 kbit/s、48 kbit/s（广播数字电视接收设备优选 192 kbit/s）

a） L、R：997 Hz、0 dBFS 正弦波信号；

b） L、R：997 Hz、−20 dBFS 正弦波信号；

c） L、R：997 Hz、−60 dBFS 正弦波信号；

d） L、R：20 Hz～20 kHz（1/3oct 优选频点）、−20 dBFS 正弦波信号；

e） L：997 Hz、−20 dBFS 正弦波信号，R：数字无声；

f） R：997 Hz、−20 dBFS 正弦波信号，L：数字无声；

g） L、R：数字无声。

4.4.2 多声道音频测试信号序列

码率：448 kbit/s、160 kbit/s（广播数字电视接收设备优选 448 kbit/s）

a） L、C、R、Ls、Rs：997 Hz、0 dBFS 正弦波信号；

b） L、C、R、Ls、Rs：997 Hz、−20 dBFS 正弦波信号；

c） L、C、R、Ls、Rs：997 Hz、−20 dBFS，LFE：33 Hz、−20 dBFS 正弦波信号；

d） L、C、R、Ls、Rs：997 Hz、−60 dBFS 正弦波信号；

e） L、C、R、Ls、Rs：20 Hz～20 kHz（1/3oct 优选频点）、−20 dBFS 正弦波信号
LFE：20 Hz～120 Hz（1/3oct 优选频点）、−20 dBFS 正弦波信号；

f） L、C、R、Ls、Rs：数字无声；

g） L（−20 dBFS）、C（−20 dBFS）、R（−20 dBFS）、Ls（−27.651 dBFS）、Rs（−27.651 dBFS）：400 Hz、正弦波信号，其中 L、R 同相，C、Ls、Rs 与 L 反相；

h） L（−38.3415 dBFS）、C（−20 dBFS）、R（−17.768 3 dBFS）、Ls（−27.651 dBFS）、Rs（−27.651 dBFS）：400 Hz 正弦波信号，其中 L、R 同相，C、Ls、Rs 与 L 反相。

5 测试仪器

5.1 数字电视测试发射机

a) 载波幅度连续可调；

b) 载波频率范围：被测设备的接收频率范围；

c) 调制方式：与被测设备的接收类型(有线、地面、卫星)一致。

5.2 MPEG 测试信号发生器

按照 MPEG 格式编码，包括 4.1～4.4 中规定的音频测试信号。

5.3 音频分析仪

可实现音频测量放大器、失真仪等功能，且有 1 kHz 1/3oct 带通滤波器、符合 O 型容差的 A 计权滤波器。

5.4 示波器

带宽不小于 100 MHz。

6 标准测试状态

a) 输出电平：60 dBμV；

b) 噪声等效带宽：与信号频谱同宽(8 M)；

c) 载噪比(C/N)：≥33 dB；

d) 码率、符号率、包长、频率参数，根据被测设备的接收类型(有线、地面、卫星)选取。

7 测量条件

7.1 环境条件

在下列测试用标准大气条件下进行测量：

a) 环境温度：15 ℃～35 ℃，优选 20 ℃；

b) 相对湿度：25%～75%；

c) 大气压：86 kPa～106 kPa。

7.2 仲裁测试用标准大气条件

a) 环境温度：20 ℃±2 ℃；

b) 相对湿度：60%～70%；

c) 大气压：86 kPa～106 kPa。

7.3 预热

为保证测量的稳定性，被测设备应在正常环境条件下工作 15 min 以上。

8 控制器的标准设置

8.1 增益控制器的设置

增益控制器应调到对于－20 dBFS 的输入信号电平，输出电平在数字满度的标称电平以下 20 dB。对有增益控制器的功率放大器，其增益控制器应用－20 dBFS 输入电平调到 50 mW 功率输出电平。如果达不到这些设置，增益控制器应调到最大位置。

8.2 其他控制器的设置

音调控制器、声道间平衡控制器和其他控制器应调到制造厂规定的位置，若制造厂没有规定，则调到被测设备具有平坦的频率响应的位置。如有可能，响度控制器和滤波器应关掉。如关不掉，则应在结果中予以说明。其他可能影响音频信号的状态应在测量结果中加以说明。

9 测量项目和方法

9.1 多声道音频输出特性

9.1.1 音频输出端口

被测设备 L、C、R、Ls、Rs、LFE 声道 AV 输出端口。

9.1.2 幅频响应特性

9.1.2.1 特征说明

表明被测设备解码输出多声道模拟音频信号时，被测设备各声道输出端的音频信号幅度与频率的函数关系。

9.1.2.2 输入音频信号

输入音频信号为：

L、C、R、Ls、Rs：20 Hz～20 kHz(1/3oct 优选频点)、－20 dBFS 的正弦波信号；

LFE：20 Hz～120 Hz(1/3oct 优选频点)、－20 dBFS 的正弦波信号。

9.1.2.3 测量方法

a) 按图 1 接好系统，将被测设备的控制器调到规定的标准位置；

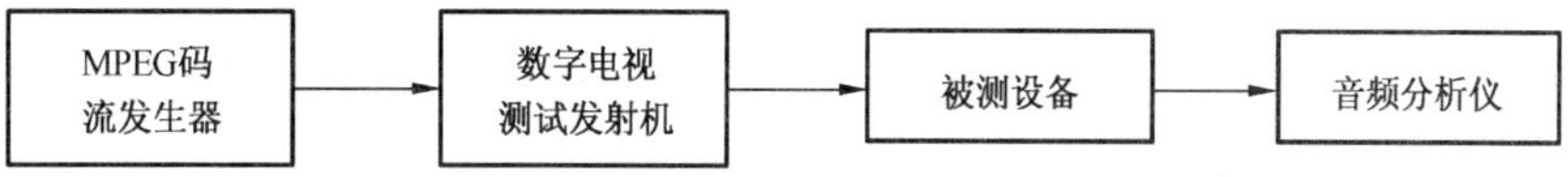

图 1 音频输出特性测试框图

b) 以 997 Hz 作为参考频率；

c) MPEG 码流发生器发出含 L、C、R、Ls、Rs 997 Hz、－20 dBFS 的正弦波信号音频测试序列的 TS 流，并用音频分析仪 RMS 电平表测量出被测设备 L 声道信号电平；

d) 在相同的输入信号电平下，对 L 声道其他频率 20 Hz～20 kHz(1/3oct 优选频点)重复进行同样的测试，并计算与参考频率的电平差，记录数值用 dB 表示；

e) 重复 c)～d)分别测量被测设备 C、R、Ls、Rs 声道的幅频响应特性；

f) LFE 声道以 33 Hz 为参考频率，测量被测设备 LFE 声道 20 Hz～120 Hz(1/3oct 优选频点)的幅频响应特性。

9.1.3 音频信噪比

9.1.3.1 特征说明

表明被测设备解码输出多声道模拟音频信号时，被测设备的音频输出端的信号电平与噪声之比。

9.1.3.2 输入音频信号

输入音频信号为：

a) L、C、R、Ls、Rs：997 Hz、0 dBFS、正弦波信号；

b) L、C、R、Ls、Rs：数字无声。

9.1.3.3 测量方法

a) 按图 1 连接系统，将被测设备的控制器调到规定的标准位置；

b) MPEG 码流发生器发出含 L、C、R、Ls、Rs：997 Hz、0 dBFS 正弦波信号的音频测试序列的 TS 流；

c) 调节增益控制器将被测设备音量输出调至最大；

d) 用音频分析仪读出被测设备 L 声道的输出电平，记为 U_S；

e) MPEG 码流发生器发出含 L、C、R、Ls、Rs：数字无声的音频测试序列的 TS 流；

f) 测量被测设备的 L 声道音频输出电平，记为 U_N，测量时加 A 计权滤波器；

g) 音频信噪比为：

$$S/N = 20\lg \frac{U_S}{U_N}$$

h) 重复 b)～g)分别测量被测设备 C、R、Ls、Rs 声道的信噪比，记录数值用 dB 表示。

9.1.4 失真加噪声

9.1.4.1 特征说明

表明被测设备解码输出多声道模拟音频信号时，测量以百分率表示的失真加噪声，是由失真和噪声引起的输出电平对规定频率和输出电平的有用信号输出信号电平之比。

9.1.4.2 输入音频信号

输入音频信号为：

L、C、R、Ls、Rs：997 Hz、−20 dBFS 的正弦波信号。

9.1.4.3 测量方法

a) 按图 1 接好系统，将被测设备的控制器调到规定的标准位置；
b) MPEG 码流发生器发出含 L、C、R、Ls、Rs：997 Hz、−20 dBFS 正弦波信号的音频测试序列的 TS 流；
c) 用音频分析仪测量被测设备 L 声道输出端的失真加噪声；
d) 记录数值用百分率表示；
e) 重复 b)～d)分别测量被测设备 C、R、Ls、Rs 声道的失真加噪声。

9.1.5 声道间增益差

9.1.5.1 特征说明

表明被测设备解码输出多声道模拟音频信号时，被测设备各音频声道间的输出最大电平差。

9.1.5.2 输入音频信号

输入音频信号为：

L、C、R、Ls、Rs：997 Hz、−20 dBFS、正弦波信号；LFE：33 Hz、−20 dBFS、正弦波信号。

9.1.5.3 测量方法

a) 按图 1 接好系统，将被测设备的控制器调到规定的标准位置，将增益控制器调到最大位置；
b) MPEG 码流发生器发出含 L、C、R、Ls、Rs：997 Hz、−20 dBFS 的正弦波信号；LFE：33 Hz、−20 dBFS 的正弦波信号的音频测试序列的 TS 流；
c) 用音频分析仪分别测量被测设备 L、C、R、Ls、Rs、LFE 音频输出端的电平；
d) 算出各声道间的最大电平差，记录数值用 dB 表示。

9.1.6 声道相位差

9.1.6.1 特征说明

表明被测设备解码输出多声道模拟音频信号时，被测设备音频声道各声道间输出的最大相位差。

9.1.6.2 输入音频信号

输入音频信号为：

L、C、R、Ls、Rs：997 Hz、−20 dBFS 的正弦波信号。

9.1.6.3 测量方法

a) 按图 1 接好系统，将被测设备的控制器调到规定的标准位置；
b) MPEG 码流发生器发出含 L、C、R、Ls、Rs：997 Hz、−20 dBFS 正弦波信号的音频测试序列的 TS 流；
c) 用音频分析仪分别测量被测设备 L、C、R、Ls、Rs 音频输出端的相位；
d) 算出各声道的最大相位差。

9.1.7 动态范围

9.1.7.1 特征说明

表明被测设备解码输出多声道模拟音频信号时，该项测量的动态范围是各声道在有信号存在时相对噪声电平和失真的度量。

9.1.7.2 输入音频信号

输入音频信号为：

L、C、R、Ls、Rs：997 Hz、−60 dBFS的正弦波信号。

9.1.7.3 测量方法

a) 按图1接好系统，将被测设备的控制器调到规定的标准位置；

b) MPEG码流发生器分别发出含L、C、R、Ls、Rs：997 Hz、−60 dBFS正弦波信号的音频测试序列的TS流；

c) 用音频分析仪RMS电平表读出L声道的输出电平，记为U_S；

d) 用音频分析仪RMS电平表加A计权滤波器和失真仪或准峰值电平表加ITU-R计权滤波器和失真仪测量L声道失真加噪声电平U_N；

e) 动态范围由下式计算：

$$20\lg\left(\frac{U_S}{U_N}\right)+60$$

f) 重复c)～e)步骤，分别测量被测设备C、R、Ls、Rs声道的动态范围，记录数值用dB表示。

9.2 双声道音频输出特性

9.2.1 音频输出端口

被测设备L、R声道AV输出端以及扬声器端或扬声器假负载上。

9.2.2 左右声道幅频响应特性

9.2.2.1 特征说明

表明被测设备解码输出双声道模拟音频信号时，左右声道输出端的音频信号幅度与频率的函数关系。

9.2.2.2 输入音频信号

输入音频信号为：

L、R：20 Hz～20 kHz(1/3oct优选频点)、−20 dBFS正弦波信号。

9.2.2.3 测量方法

a) 按图1接好系统，将被测设备的控制器调到规定的标准位置；

b) 以997 Hz作为参考频率；

c) MPEG码流发生器发出含L、R：997 Hz、0 dBFS正弦波信号的音频测试序列的TS流，并用音频分析仪RMS电平表测量出左声道信号电平；

d) 在相同的输入信号电平下，对左声道其他频率20 Hz～20 kHz(1/3oct优选频点)重复进行同样的测试，并计算与参考频率的电平差，记录数值用dB表示；

e) 重复c)～d)步骤，测量右声道的幅频响应特性。

9.2.3 左右声道音频信噪比

9.2.3.1 特征说明

表明被测设备解码输出双声道模拟音频信号时，音频输出端的信号电平与噪声之比。

9.2.3.2 输入音频信号

输入音频信号为：

a) L、R：997 Hz、0 dBFS的正弦波信号；

b) L、R：数字无声。

9.2.3.3 测量方法

a) 按图1连接系统,将被测设备的控制器调到规定的标准位置;

b) MPEG码流发生器发出含L、R:997 Hz、0 dBFS正弦波信号的音频测试序列的TS流;

c) 调节增益控制器将被测设备音量输出调至最大;

d) 用音频分析仪读出音频输出端的输出电平,记为U_S;

e) MPEG码流发生器发出含L、R:数字无声的音频测试序列的TS流;

f) 测量被测设备的左声道音频输出端电平,记为U_N,测量时加A计权滤波器;

g) 音频信噪比为:

$$S/N = 20\lg\frac{U_S}{U_N}$$

h) 重复b)~g)步骤,测量右声道的信噪比,记录数值用dB表示。

9.2.4 左右声道失真加噪声

9.2.4.1 特征说明

表明被测设备解码输出双声道模拟音频信号时,测量以百分率表示的失真加噪声,它是由失真和噪声引起的输出电平对规定频率和输出电平的有用信号输出信号电平之比。

9.2.4.2 输入音频信号

输入音频信号为:

L、R:997 Hz、−20 dBFS的正弦波信号。

9.2.4.3 测量方法

a) 按图1接好系统,将被测设备的控制器调到规定的标准位置;

b) MPEG码流发生器发出含L、R:997 Hz、−20 dBFS的正弦波信号的音频测试序列的TS流;

c) 用音频分析仪测量被测设备左声道音频输出端的失真加噪声;

d) 记录数值用百分率表示;

e) 重复b)~d)步骤,测量右声道的信噪比。

9.2.5 左右声道增益差

9.2.5.1 特征说明

表明被测设备解码输出双声道模拟音频信号时、左右声道平衡状态下,左右声道输出电平差。

9.2.5.2 输入音频信号

输入音频信号为:

L、R:997 Hz、−20 dBFS的正弦波信号。

9.2.5.3 测量方法

a) 按图1接好系统,将被测设备的控制器调到规定的标准位置,将增益控制器调到最大位置;

b) MPEG码流发生器发出含L、R:997 Hz、−20 dBFS正弦波信号的音频测试序列的TS流;

c) 用音频分析仪分别测量被测设备左右音频输出端的电平;

d) 算出左右声道的电平差,记录数值用dB表示。

9.2.6 左右声道相位差

9.2.6.1 特征说明

表明被测设备解码输出双声道模拟音频信号时,左右声道输出的相位差。

9.2.6.2 输入音频信号

输入音频信号为:

L、R:997 Hz、−20 dBFS的正弦波信号。

9.2.6.3 测量方法

a) 按图1接好系统,将被测设备的控制器调到规定的标准位置;

b） MPEG 码流发生器发出含 L、R：997 Hz、－20 dBF 正弦波信号的音频测试序列的 TS 流；

c） 用音频分析仪测量被测设备左右音频输出端的相位；

d） 算出左右声道的相位差。

9.2.7 左右声道串扰

9.2.7.1 特征说明

表明被测设备解码输出双声道模拟音频信号时，该项测量的是在具有立体声声道（或 L、R 声道）的输出端测得的从一个声道串扰到另一声道的信号总量。

9.2.7.2 输入音频信号

输入音频信号为：

a） L：997 Hz、0 dBFS 的正弦波信号，R：数字无声；

b） R：997 Hz、0 dBFS 的正弦波信号，L：数字无声。

9.2.7.3 测量方法

a） 按图 1 接好系统，将被测设备的控制器调到规定的标准位置；

b） MPEG 码流发生器分别发出带 L：997 Hz、0 dBFS 正弦波信号，R：数字无声的音频测试序列的 TS 流；

c） 用音频分析仪测量被测设备的左声道音频输出电平和右声道串扰信号电平；

d） MPEG 码流发生器分别发出带 R：997 Hz、0 dBFS 正弦波信号，L：数字无声的音频测试序列的 TS 流；

e） 用音频分析仪测量被测设备的右声道音频输出电平和左声道串扰信号电平；

f） 算出差值取绝对值即为左声道到右声道的串扰、右声道到左声道的串扰，记录数值用 dB 表示。

9.2.8 左右声道动态范围

9.2.8.1 特征说明

表明被测设备解码输出双声道模拟音频信号时，该项测量的动态范围是在有信号存在时相对噪声电平和失真的度量。

9.2.8.2 输入音频信号

输入音频信号为：

L、R：997 Hz、－60 dBFS 的正弦波信号。

9.2.8.3 测量方法

a） 按图 1 接好系统，将被测设备的控制器调到规定的标准位置；

b） MPEG 码流发生器分别发出 L、R：997 Hz、－60 dBFS 正弦波信号的音频测试序列的 TS 流；

c） 用音频分析仪 RMS 电平表读出左、右声道的输出电平，记为 U_S；

d） 用音频分析仪 RMS 电平表加 A 计权滤波器和失真仪或准峰值电平表加 ITU-R 计权滤波器和失真仪测量失真加噪声电平 U_N；

e） 动态范围由下式计算：

$$20\lg\left(\frac{U_S}{U_N}\right)+60$$

f） 记录数值用 dB 表示。

9.2.9 下混合立体声（Lt/Rt）

9.2.9.1 特征说明

表明被测设备解码输出双声道模拟音频信号时，测量被测设备按照 GB/T 17975.7—2002 的 8.3.8.3 或 ITU-R BS.1196 的 17.3.2 规定方式，将多声道音频信号（L、C、R、Ls、Rs）向下混合为 Lt、Rt 矩阵环绕编码的立体声输出，Lt、Rt 记录的是全部的 L、R、环绕声的信息，经过矩阵重解可得到环绕声信息。

9.2.9.2 **输入音频信号**

输入音频信号为：

L(－38.341 5 dBFS)、C(－20 dBFS)、R(－17.768 3 dBFS)、Ls(－27.651 dBFS)、Rs(－27.651 dBFS)：400 Hz 的正弦波信号，其中 L、R 同相，C、Ls、Rs 与 L 反相。

9.2.9.3 **测量方法**

a) 按图 1 接好系统，将被测设备的控制器调到规定的标准位置；

b) MPEG 码流发生器分别发出含 9.2.9.2 规定的音频测试序列的 TS 流；

c) 用音频分析仪 RMS 电平表读出左、右声道的输出电平，记为 U_S；

d) 如果检测不出 400 Hz 音频信号，则下混合为 Lt/Rt 矩阵环绕编码的立体声。

9.2.10 **下混合立体声(Lo/Ro)**

9.2.10.1 **特征说明**

表明被测设备输出双声道模拟音频信号时，测量被测设备按照 GB/T 17975.7—2002 的 8.3.8.3 或 ITU-R BS.1196 的 17.3.2 规定方式，将多声道音频信号(L、C、R、Ls、Rs)下混合为 Lo/Ro 普通的立体声输出，Lo、Ro 是将环绕声信息分别增加到 L、R 信号中，无法再重现环绕声信号信息。

9.2.10.2 **输入音频信号**

输入音频信号为：

L(－20 dBFS)、C(－20 dBFS)、R(－20 dBFS)、Ls(－27.651 dBFS)、Rs(－27.651 dBFS)：400 Hz 的正弦波信号，其中 L、R 同相，C、Ls、Rs 与 L 反相。

9.2.10.3 **测量方法**

a) 按图 1 接好系统，将被测设备的控制器调到规定的标准位置；

b) MPEG 码流发生器分别发出含 9.2.10.2 规定的音频测试序列的 TS 流；

c) 用音频分析仪 RMS 电平表分别读出左、右声道的输出电平，记为 U_S；

d) 如果检测不出 400 Hz 音频信号，则下混合为 Lo/Ro 普通的立体声。

9.3 **数字音频输出口特性**

9.3.1 **数字音频输出端口**

数字电视接收机数字音频同轴或光纤输出端口。

9.3.2 **眼图**

9.3.2.1 **特征说明**

用数字音频输出口的眼图的眼高、眼宽、抖动等特性反应被测设备的音频频数据在传输过程中，由于受声道的幅频特性和群时延的影响所导致的波形误差情况。

9.3.2.2 **输入音频信号**

任一音频信号。

9.3.2.3 **测量方法**

a) 按图 2 连接系统，MPEG 码流发生器发出带任一音频信号测试序列的 TS 流；

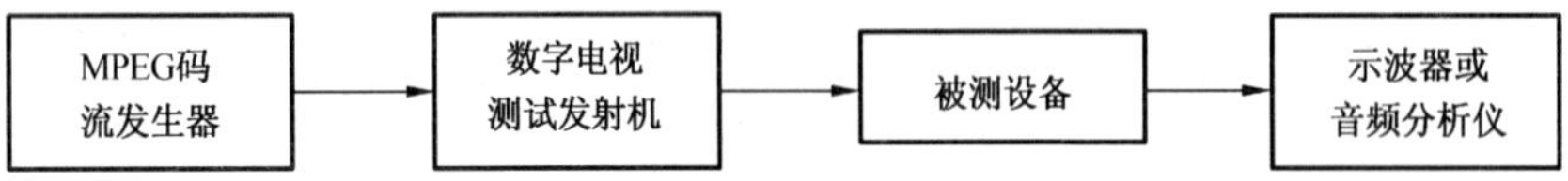

图 2 数字音频输出特性测试框图

b) 用示波器或音频分析仪测量数字音频输出信号眼图的眼高、眼宽和抖动。

9.3.3 **数字音频解码**

9.3.3.1 **特征说明**

用于测量解码输出的两声道 PCM 数字音频的幅值和频率。

9.3.3.2 **输入音频信号**

输入音频信号为：

L、R：997 Hz、－20 dBFS 正弦波信号。

9.3.3.3 **测量方法**

a) 按图 1 连接系统，MPEG 码流发生器发出带 L、R：997 Hz、－20 dBFS 正弦波音频信号测试序列的 TS 流；

b) 用音频分析仪测量数字音频输出端口的解码后的 PCM 数字音频的幅值和频率。

ICS 33.160
M 71

中华人民共和国国家标准

GB/T 22123—2008

数字电视接收设备图像和声音主观评价方法

Methods for picture and audio subjective assessment of digital television receiving equipment

2008-06-30 发布　　2009-01-01 实施

中华人民共和国国家质量监督检验检疫总局
中国国家标准化管理委员会　发布

前　言

本标准的附录 A、附录 B、附录 C 为规范性附录。

本标准由中华人民共和国信息产业部提出。

本标准由全国音频、视频及多媒体系统与设备标准化技术委员会归口。

本标准主要起草单位：国家广播电视产品质量监督检验中心、中国电子科技集团公司第三研究所、厦门华侨电子有限公司、信息产业部电子第四研究所、四川长虹电器股份有限公司、青岛海信电器股份有限公司、深圳康佳集团股份有限公司、TCL 集团股份有限公司。

本标准参加起草单位：北京牡丹电子集团有限责任公司、苏州飞利浦消费电子有限公司、熊猫电子股份有限公司、重庆现代视声公司、上海宽带数码技术有限公司、北京中视联数字系统有限公司、江西科创数显技术中心科技公司、上海凤凰光电有限公司、上海广电金星电子股份有限公司、清华大学、江苏省电子产品监督检验所、深圳创维-RGB 电子有限公司、上海广电股份平面显示器分公司、北京青鸟华光科技有限公司、上海永新彩色显象管股份有限公司、深圳电子产品质量检测中心、上海市电子仪表标准计量测试所、广东省电子产品检验所、深圳市数视通信息技术有限公司、广东东菱电器集团有限公司、广东步步高电子工业有限公司、深圳康佳集团、四川中视联数字设备有限公司、北京市数字高清晰度电视产业工程协调小组办公室、江苏新科电子集团有限公司、联想(北京)有限公司、北京神州数码有限公司、泰克电子(中国)有限公司、信息产业部电子第五研究所、电子 203 计量站。

本标准主要起草人：李剑、王海燕、阮卫泓、吴昕、吴蔚华、陈科、李庆新、王伟、马德彪、宋丹玫、赵燕泥、许福平、滕荣庆、周金忠、汪莉。

引　言

本标准参照国际电信联盟 ITU-R BT.500-10、ITU-R BT.710-2、ITU-R BT.1129-2 以及 ITU-R BT.1201-1 建议书制定。

由于数字电视信号在传输过程中会受到不同程度的损伤，本标准选用国际推荐的双刺激损伤标度法和刺激比较法作为数字电视接收设备的图像质量主观评价方法。考虑到电视广播中接收端的信号特征，在构成主观评价系统的方案上与 ITU-R BT.710-2、ITU-R BT.1129-2 以及 ITU-R BT.1201-1 建议书中的规定有所不同。

数字电视接收设备图像和声音主观评价方法

1 范围

本标准规定了数字电视接收设备的主观评价条件和评价方法。

本标准适用于各种接收和显示方式(如卫星、地面和有线等)的接收器、接收机和显示器(如阴极射线管、液晶、等离子及各种投影等显示方式)等数字电视设备(包括标准清晰度和高清晰度)的主观评价,其他类似用途的设备可参照执行。

2 规范性引用文件

下列文件中的条款通过本标准的引用而成为本标准的条款。凡是注日期的引用文件,其随后所有的修改单(不包括勘误的内容)或修订版均不适用于本标准,然而,鼓励根据本标准达成协议的各方研究是否可使用这些文件的最新版本。凡是不注日期的引用文件,其最新版本适用于本标准。

GB/T 14857 演播室数字电视编码参数规范

SJ/T 11324 数字电视接收设备术语

SJ/T 11348—2006 数字电视平板显示器测量方法

GY 155 高清晰度电视节目制作及交换用视频参数值

3 术语和定义

SJ/T 11324 确立的以及下列术语和定义适用于本标准。

3.1

主观评价 subjective assessment

通过评价人员对被测系统质量的主观反应,来确定电视系统性能的一种方法。

3.2

测试素材 test fodder

用于主观评价电视图像质量和声音质量,并且对图像内容和声音内容有特定要求的图像或图像序列。

3.3

评级标度 grading scale

主观评价中用于评定图像质量和声音质量的评定尺度。

3.4

图像干扰 picture interference

亮度和(或)色度的不规则性或损伤图像稳定性的干扰,或者是它们的任意组合。

注 1:通常的亮度和(或)色度的不规则性如:

a) 从顶到底或从左到右本底亮度的变化;

b) 在屏幕左边或右边的一层轻微模糊物;

c) 屏幕左侧的一些垂直窄带;

d) 在整个屏幕上的垂直宽带;

e) 背景中有黑色水平带(图像波纹或哼声干扰);

f) 同时传输的音乐或语言音量的节奏有关的水平条(伴音对图像的影响,又称图像微音效应);

g) 由信号传输误码引起的"块效应";

h) 图像边沿的"飞蚊效应"。

注2:破坏图像稳定度的最常见的干扰如:

a) 整个图像或其局部的垂直与水平抖动;

b) 图像本应静止的部分出现波状运动;

c) 图像不规则跳动、静止、黑屏/蓝屏等;

d) 水平扫描线撕裂;

e) 由行频变换带来的图像干扰和损伤;

f) 由帧频变换带来的图像干扰和损伤;

g) 由块估计产生的振铃效应。

3.5

总图像质量 general picture quality

评价人员对评价过的图像质量的综合印象。

3.6

对伴音的干扰 associated audio interference

在数字电视接收设备内产生的不需要的声音信号,或其部件的机械震动所造成的干扰。

注:常见的对伴音的干扰如:

a) 由电源电压滤波不良引起的嗡声干扰;

b) 垂直偏转频率引起的稳定蜂音;

c) 由音频信号传输误码引起的声音中断;

d) 由内部静电放电或误码引起的咔咔声;

e) 垂直偏转部件或电源变压器的机械震动引起的噪声;

f) 由行输出高压变压器或偏转电路的其他零件的震动引起的行频啸叫;

g) 其他零件引起的噪声。

3.7

总伴音质量 general associated audio quality

在注意到刚刚试验过的各种伴音性能的质量之后,评价人员对伴音质量的总的印象,特别是对于柔和的音乐,需重点评价的是声音的清晰度。

3.8

总重现质量 general present quality

在评价人员注意到刚刚试验过的各种图像和伴音性能的质量之后,对接收设备的总的质量印象。

4 主观评价的一般要求

4.1 环境条件

主观评价实验室环境应类似或优于一般家庭住房环境,观看条件应满足表1规定的要求,听音评价时评价人员的位置如图1所示(见参考文献[5])。

表 1 数字电视接收设备主观评价观看条件

项　　目	SDTV 参数值	HDTV 参数值
观看距离[a]	4～6 倍有效图像高度	2～3 倍有效图像高度
有用平均亮度[b]	按 4.5.3.4 进行调整，达到各通用规范规定的亮度值	
屏幕全黑屏幕亮度与峰值亮度之比[c,d]	≤0.02	≤0.02
背景亮度与图像峰值亮度之比[d]	约 0.15	约 0.15
暗室中，黑电平亮度与峰值亮度之比[e]	约 0.01	约 0.01
室内环境光照明	30 lx ～75 lx	30 lx ～75 lx
背景光光源色温	D_{65}	D_{65}
背景光光源亮度	小于被测设备 平均亮度 10%	小于被测设备 平均亮度 10%
背景光部分对评价员的张角[f,g]	高：≥43°　宽：≥57°	高：≥53°　宽：≥83°
背景噪声声级(A 计权)	≤35 dB	≤35 dB
混响时间	0.4 s ～0.5 s	0.4 s ～0.5 s
评价员的座位安排	水平方向在中垂线 ±30°以内	水平方向在中垂线 ±30°以内
电源电压	220(1+10%)V，频率振动 ≤±2%，谐波分量 ≤±5%	220(1+10%)V，频率振动 ≤±2%，谐波分量 ≤±5%

[a] 6 倍图像高度是用于数字标准清晰度系统评价的设计观看距离，但也允许在 4 倍图像高度处评价，评价结果可以分别给出。

[b] 当有用平均亮度达不到规定要求时，应注明。

[c] 受室内环境照明和显示对比度范围的影响。

[d] 应设置室内环境照明。

[e] 黑电平对应于 0%的视频信号幅度。

[f] 若达不到规定值时，应注明，且背景光面积最少不得小于被测设备面积的 130%。

[g] 若 HDTV 达不到规定值时，应满足高≥28°，宽≥48°。

听音评价时(见参考文献[4])，若数字电视接收设备为 5.1 声道，各音箱的摆放位置如图 1 所示，评价人员与各声道音箱的距离 D 应该和左右音箱的水平距离 B 相等。

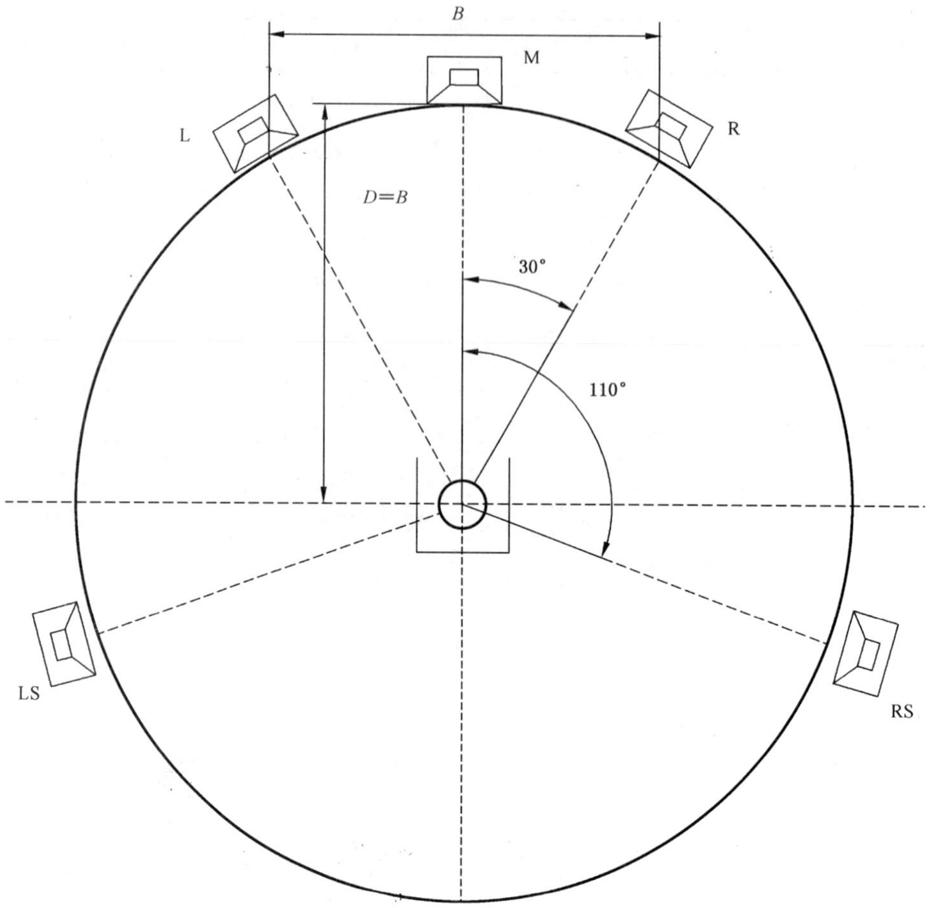

L——左声道音箱；

R——右声道音箱；

LS——左环绕声道音箱；

RS——右环绕声道音箱；

M——中置音箱；

B——左右声道音箱的水平距离；

D——各声道音箱与评价人员的距离。

图 1　听音评价位置图

4.2　信号源

信号源符合 GB/T 14857 和 GY 155 标准规定。测试信号经压缩编码生成的测试码流送至测试解码器，其输出的基准图像由图像监视器显示，声音由外置音箱输出。测试码流经数字电视发射机后，由被测数字电视接收设备接收或显示被测图像，声音由被测数字电视接收设备的音箱或外置音箱输出。

测试信号编码一般采取高码率编码，同时在个别测试信号上兼顾典型码率编码和低码率编码。

4.3　测试素材的选择

选择主观评价测试素材(见参考文献[3])，并应满足以下要求：

a）测试图像的色彩、形式、细节、亮度和对比度等不应使评价员分心；

b）测试图像通常包含一定数目的静止、快速及慢速运动物体的图像序列，还应包含不同的运动形式如平移、推拉或旋转，每个序列大约持续 10 s～15 s；

c）所选的测试图像内容应对不同损伤具有一定的敏感程度，如静止图像纹理、动态图像纹理、亮度再现、彩色再现和运动再现等具有敏感特性的评价因素；

d）测试图像应包含肤色、天蓝色、草绿色、红旗色等常见色和能代表电视节目的典型内容；

e) 测试图像应包括不同的平均亮度、对比度，不同的细节丰富程度以及不同的画面构图。例如室内、室外远景、中景、近景、人物、景色、多细节、中等细节、少细节和背景复杂、简单、亮、暗等；

f) 测试图像应包含多种色调和彩色饱和层次；

g) 在总的图像序列中最少有一个序列展示刚刚可察觉的源噪声，最少有一个序列是由计算机生成的（见参考文献[1]、[2]）；

h) 临界素材的选择应有固定字长场内编解码素材、固定字长帧间编解码素材、可变字长场内编解码素材、可变字长帧间编解码素材；

i) 用于听音评价的节目段包括：语声、声乐、器乐和效果声四大类节目素材。

4.4 评价员

a) 评价员应具有收看、收听经验，并能判断电视图像和声音质量的优劣；

b) 评价员应具有代表性，即应包括不同性别、年龄、文化程度的人员，他们应具有正常的视力（含矫正视力）和彩色视觉，能较快地接受并掌握评价方法，具有独立的分析判断能力；

c) 根据不同的评价目的，评价小组可包括专业人员或非专业人员。专业人员是指那些专门从事电视技术和那些对应用于电视的彩色具有专门知识的人。所有其他人员均认为是非专业人员。为消费者进行的试验，评价小组最好由非专业人员组成，可以包括少数专业人员；

d) 为得到较高置信度的评价结果，评价小组的人数应不少于 15 人，为满足评价环境要求，应考虑分批进行评价试验。

4.5 评价试验阶段

4.5.1 评价示范训练

每次评价试验开始，评价试验负责人应结合评价试验示范演示，向评价人员详细地介绍评价方法、可能存在的图像和伴音质量损伤类型、图像显示顺序和时间、评价制、评分等级和受试设备类型等。其语气应无偏向，不应带有影响评定的暗示。示范说明应事先录音，每次试验开始时播放，以免每次口头说明有出入或有暗示。

示范演示不应使用正式的测试图像，但应与正式的测试图像具有可比性。

4.5.2 评价试验的一般流程

一个包括示范说明在内的评价试验全过程通常不超过 2 h。在评价试验正式开始之前，需要引入 3 个～5 个测试周期来稳定评价员的判断，其评价数据不纳入评价结果的统计中。不应该要求评价小组不停地连续进行 20 min 以上的评价工作，评价小组中间休息的时间至少等于他们进行评价工作的时间。当评价小组第一次工作时，建议有 2 h 的预演时间。

测试图像的显示顺序采用伪随机方式。为了检测相关性，有些测试可以重复进行，但要避免相同测试图像在连续的测试周期出现。评价试验阶段的显示流程如图 2 所示。

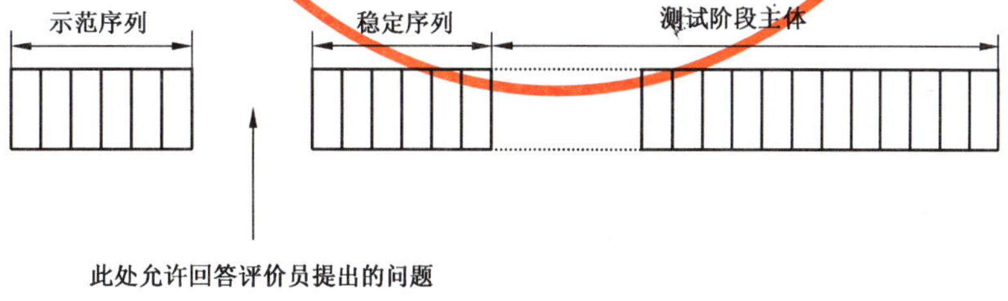

图 2 评价试验阶段的显示流程图

正式开始评价时，评价员应按有关评分等级的说明对正式被测图像和伴音在登记卡上独立地进行记分，试验过程中评价员应集中注意力，防止环境干扰对评价员的视觉和听觉产生影响。

4.5.3 评价试验

4.5.3.1 视频信号

数字电视接收设备进行图像调整时，使用下列视频信号。

4.5.3.1.1 极限八灰度和复合测试图

4.5.3.2 信号输入的要求

数字电视测试发射机的输出信号送至数字电视接收设备的射频输入端，其射频电平和载噪比 C/N 按各传输方式下相应产品国家标准和行业标准规定的标准测试条件进行设置。

4.5.3.3 接收设备的调谐

被测接收设备按相应标准进行设置，正确调谐。

4.5.3.4 接收设备的图像调整

a) 使用极限八灰度(见 SJ/T 11348—2006 的 4.2.1.6)图像调整接收设备的亮度、对比度调节键，使屏幕上的八级灰度在确保屏幕对比度最大时刚刚可辨；然后调整亮度调节键，使屏幕亮度达到或接近表 1 规定的观看条件。若被评价的某些显示设备要求的数值与规定不同，则所选值及选用原因应在试验结果中加以说明；

b) 使用复合测试图(见 SJ/T 11348—2006 的 4.2.1.2)调整显示设备的饱和度及色调控制，使屏幕上得到最佳的彩色重现，且让评价人员主观感受舒服自然；

c) 如果接收设备有清晰度、锐度等控制调整时，按复合测试图调整，使多数评价人员感到图像最佳；

d) 使用复合测试图调整接收设备，使其重显率大于或等于 95%，若达不到规定要求，应在测试结果中说明；

e) 具有几何失真特性的接收设备应使用格子信号调整接收设备的几何失真使之最小；

f) 与伴音效果有关的音量与音调控制应参照接收设备相应标准规定进行设置；

g) 具有图像改善、声音增强等功能的其他有关控制，应按相应接收设备的需求进行合理设置和调整。

4.5.3.5 接收设备的可见度

为了避免任何心理影响，评价人员仅可观看接收设备的图像，其余部分(如商标、型号等可知接收设备的信息)应加以遮蔽，但不应影响声音效果。

4.5.3.6 图像监视器

测试使用的图像监视器应与被测设备显示方式相同。测试使用的图像监视器应与被测设备显示尺寸、幅型比一致。

图像监视器用作显示基准图像，与被测设备相比较，应具有更优秀的显示特性和稳定的性能，以保证主观评价试验的正确性和可比性。

4.5.3.7 评价

数字电视接收设备图像和伴音质量主观评价的具体内容如下所列，针对不同的测试类型，可选择与测试相关的所有项目进行评价。

a) 马赛克效应；

b) 误码造成的亮带或暗带；

c) 彩色溢出；

d) 飞蚊效应；

e) 冻结；

f) 伪像(包括摩尔效应和格式变换产生的差拍)；

g) 残像；

h) 拖尾；

i) 闪烁；

j) 色纯；

k) 亮色时延差；

l) 动态白平衡；

m) 清晰度；

n) 图像层次感；

o) 运动图像的重现性；

p) 几何失真和图像重显率；

q) 唇音同步；

r) 声像定位；

s) 字幕效果；

t) 临场感；

u) 总图像质量；

v) 总伴音质量；

w) 总重现质量。

4.6 结果的表达

4.6.1 双刺激连续质量标度法结果的表达

对每个评价序列，应计算出评分的统计平均值、标准偏差和95%置信度区间。结果还应包括以下内容：

a) 受试接收设备型号、规格等信息；

b) 主观评价所采用的方法；

c) 评价系统使用的设备；

d) 测试素材的情况及图像源的类型；

e) 评价员人数及类型；

f) 测试总平均分；

g) 如果淘汰了某些评价员，还要说明每个测试序列原始的和调整后的平均分和95%置信度区间。

4.6.2 刺激比较法结果的表达

a) 受试接收设备型号、规格等信息；

b) 主观评价所采用的方法；

c) 评价系统使用的设备；

d) 测试素材的情况及图像源的类型；

e) 评价员人数及类型；

f) 测试总平均分；

g) 总图像质量、声音质量的描述。

5 评价试验方法与数据处理

5.1 评价方法

本标准采用双刺激连续质量标度法和刺激比较法两种方法作为主观评价方法，在对数字电视接收器的主观评价中，使用双刺激连续质量标度法；对数字电视接收机的主观评价中，使用刺激比较法。

数字电视接收器主观评价采用双刺激连续质量标度法，数字电视接收机和显示器主观评价采用刺激比较法，其他接收设备参照执行。

5.2 双刺激连续质量标度法

5.2.1 系统框图

测试系统的一般安排如图3所示。

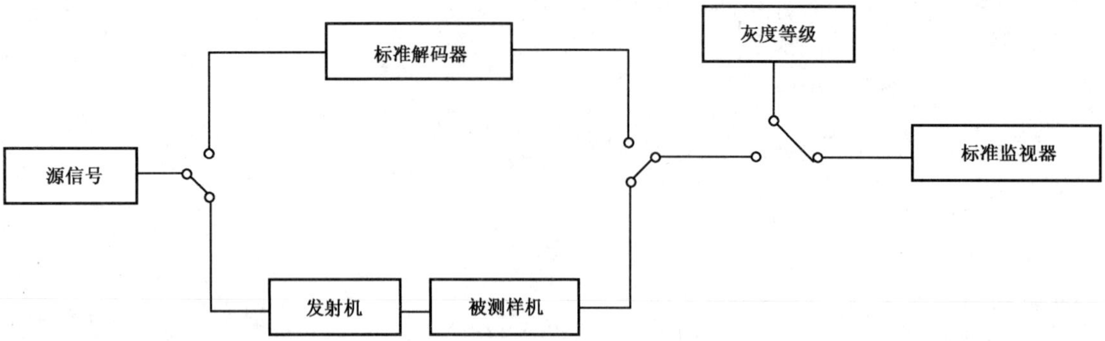

图 3　双刺激连续质量标度法的一般安排

5.2.2　评分标度

双刺激连续质量标度法只要求评价人员在垂直标度上插入一个标记，对每个显示的总图像质量进行评价。为了适应每个图像的双显示，成对地印刷垂直标度。为了避免量化误差，标度提供连续的等级系统，但是它们被划分为五个相等的长度，与正常的 ITU-R 五级质量标度相对应，见图 4 和表 2。

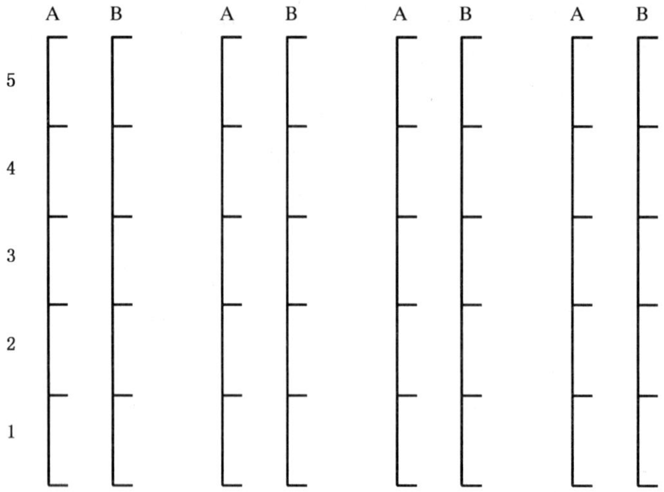

图 4　双刺激连续质量标度的质量等级表格

表 2　质量等级

5	很好
4	好
3	比较满意
2	不太满意
1	不满意

5.2.3　试验图像显示和评分顺序

测试图像显示和评分顺序如图 5 所示。

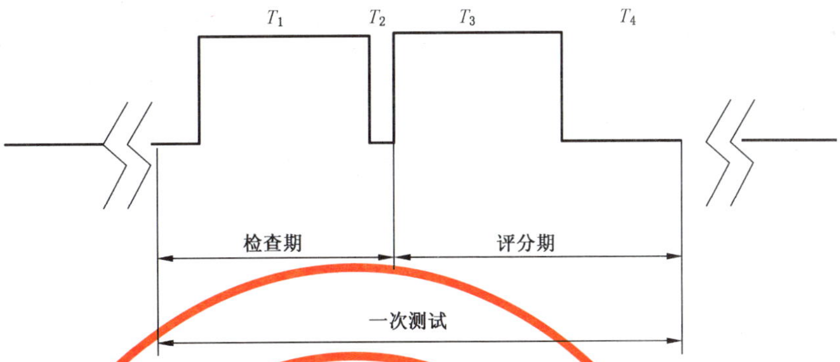

$T_1=10$ s　基准图像(或序列)

$T_2=3$ s　中等灰度图像

$T_3=10$ s　测试图像

$T_4=5\sim10$ s　中等灰度图像

图 5　双刺激连续质量标度法图像显示和评分顺序

5.2.4　结果的解释

从双刺激连续质量标度法得到的结果，不应当以绝对得分来对待，而是应当作为基准条件与测试条件之间的得分差别来对待。因此，把得分与单个质量描述术语联系起来，甚至与那些来自双刺激连续质量标度法协议本身的术语(例如，优、良、中)联系起来，是错误的。

5.3　刺激比较法

5.3.1　一般安排

测试系统的一般安排如图 6 所示。

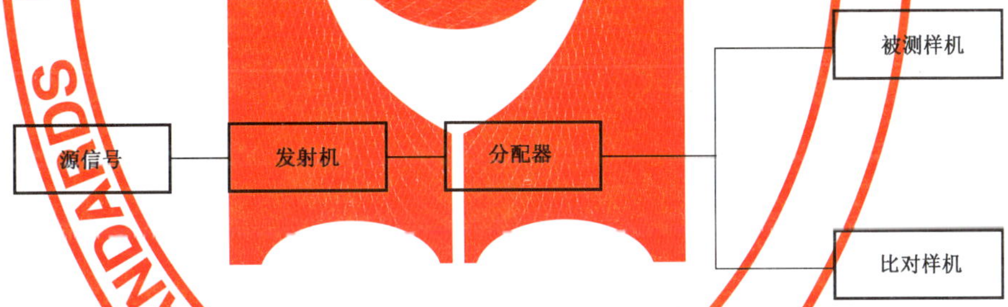

图 6　刺激比较法的一般安排

5.3.2　评分标度

刺激比较法使用形容词范畴判断，这些范畴一般是以语意术语定义的。这些范畴可以报告可察觉的差别的存在(例如，相同、不同)，可察觉的差别的存在和方向(例如，较少、相同、较多)或者程度和方向的判断。其比较标度相应的术语在表 3 中给出，评价员根据测试情况，按规定的评分等级给予评定。

表 3　比较标度

−3	坏得多
−2	坏
−1	稍坏
0	相同
1	稍好
2	更好
3	好得多

5.4 数据处理

5.4.1 双刺激连续质量标度法数据处理

将结果(基准图像和被测试的实际图像之间的评级差别)归一化为 0 和 100 之间的整数。

评价人员评价结果的筛选见附录 A。

计算出每个被测图像的平均分、标准偏差和 95%置信度区间。

平均分计算公式如下：

$$\bar{u}_{jkr}=\frac{1}{N}\sum_{i=1}^{N}u_{ijkr} \quad \cdots\cdots(1)$$

标准偏差计算公式如下：

$$S_{jkr}=\sqrt{\sum_{i=1}^{N}\frac{(\bar{u}_{jkr}-u_{ijkr})^2}{N-1}} \quad \cdots\cdots(2)$$

95%置信度区间如下：

$$(\bar{u}_{jkr}-\delta_{jkr},\bar{u}_{jkr}+\delta_{jkr}) \quad \cdots\cdots(3)$$

式中：

$\delta_{jkr}=\frac{1.96S_{jkr}}{\sqrt{N}}$；

u_{ijkr}——评价员 i 的评分；

j——包括基准在内的测试条件的数目；

k——测试图像或序列的数目；

r——重复次数；

N——评价人员的数目；

S——标准偏差。

5.4.2 刺激比较法数据处理

计算出每个被测图像的平均分，见公式(4)。

$$\bar{x}=\frac{1}{N}\sum_{i=1}^{N}x_i \quad \cdots\cdots(4)$$

式中：

$\bar{x}$——每个被测图像的平均分；

x_i——评价人员 i 对每个被测图像的评分；

N——评价人员的数目。

针对每个被测图像的平均分 $\bar{x}$，按照表 3 的比较标度，与基准图像相比较，给出相应的评价结果。

附 录 A
（规范性附录）
评价结果的筛选

首先，必须利用β_2（通过计算函数的峰度系数，即四阶矩对二阶矩的比）确定每个测试显示的得分是否正态分布。对于每个测试显示，计算平均分$\bar{u}$、标准偏差S和峰度系数β_2，β_2由下式给出：

$$\beta_{2jkr}=\frac{m_4}{(m_2)^2}\qquad m_x=\frac{\sum_{i=1}^{N}(u_{ijkr}-\bar{u}_{ijkr})^x}{N}$$

式中：

m——中间过程量；

x——取值为2或4；

N——评价人员的数目；

j——包括基准在内的测试条件的数目；

k——测试图像或序列的数目；

r——重复次数。

如果$2\leqslant\beta_{2jkr}\leqslant4$，则这个分布可以取做正态。

对于每个显示，如果测试显示的得分符合正态分布，则

$$P_{jkr}=\bar{u}_{jkr}+2S_{jkr}\quad Q_{jkr}=\bar{u}_{jkr}-2S_{jkr}$$

如果测试显示的得分不符合正态分布，则

$$P_{jkr}=\bar{u}_{jkr}+(\sqrt{20})S_{jkr}\quad Q_{jkr}=\bar{u}_{jkr}-(\sqrt{20})S_{jkr}$$

将每个评价人员的得分u_{ijkr}与P_{jkr}和Q_{jkr}进行比较，每当发现评价人员的得分高于P_{jkr}，即$u_{ijkr}\geqslant P_{jkr}$，则$P_i=P_i+1$；每当发现评价人员的得分低于$Q_{jkr}$，即$u_{ijkr}\leqslant Q_{jkr}$，则$Q_i=Q_i+1$。

最后，计算两个比值，如果$\frac{(P_i+Q_i)}{j\cdot k\cdot r}>0.05$，且$\left|\frac{P_i-Q_i}{P_i+Q_i}\right|<0.3$，则剔除评价人员$i$。

式中：

S——标准偏差；

u_{ijkr}——评价人员i的得分。

附 录 B
（规范性附录）
双刺激连续损伤标度法评分登记卡

评价员座位号　　　　　　　　　　　　日期　　　　　　　　　年　　月　　日

姓　名	性　别	年　龄	文化程度	职　业	备　注

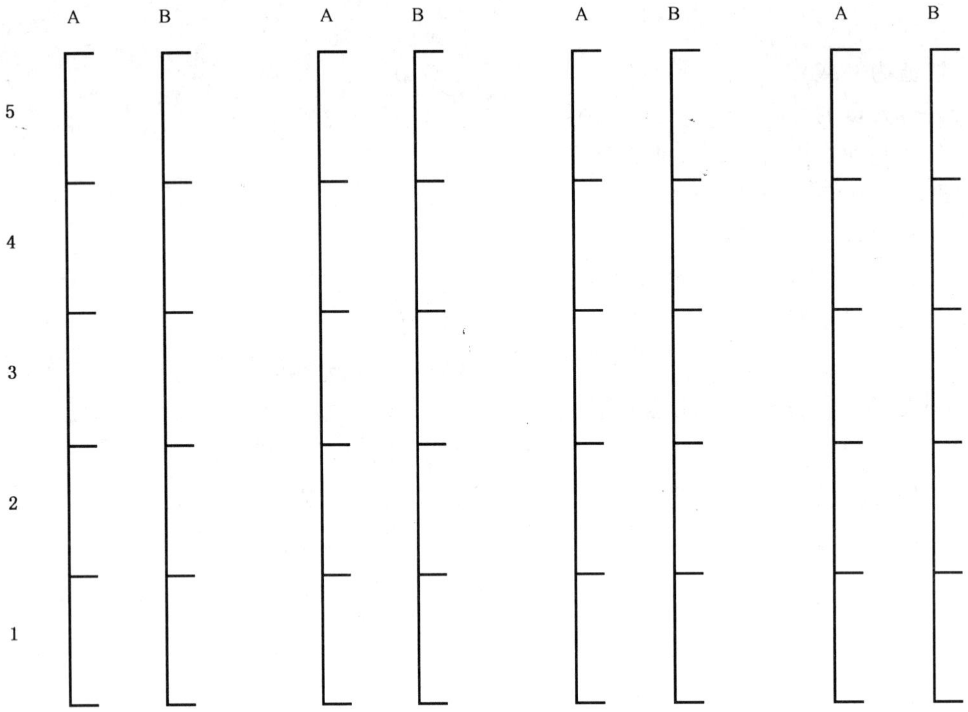

附 录 C
（规范性附录）
刺激比较法评分登记卡

评价员座位号__________ 日期__________ 年______ 月______ 日

姓　名	性　别	年　龄	文化程度	职　业	备　注

序号	测试序列	评　价　等　级						
		−3	−2	−1	0	1	2	3
1	测试序列 1							
2	测试序列 2							
3	测试序列 3							
4	测试序列 4							
5	测试序列 5							
……	……							
比较标度法评分方法（注：同意等级处用"√"表示。）		−3　被测序列比基准序列质量坏得多。 −2　被测序列比基准序列质量坏。 −1　被测序列比基准序列质量稍坏。 0　被测序列比基准序列质量相同。 1　被测序列比基准序列质量稍好。 2　被测序列比基准序列质量更好。 3　被测序列比基准序列质量好得多。						

参 考 文 献

[1] ITU-R BT. 710-2 SUBJECTIVE ASSESSMENT FOR IMAGE QUALITY IN HIGH-DEFINITION TELEVISION.

[2] ITU-R BT. 1129-2 SUBJECTIVE ASSESSMENT OF STANDARDDEFINITION DIGITAL TELEVISION(SDTV)SYSTEMS.

[3] ITU-R BT. 1210-1 TEST MATERIALS TO BE USED IN SUBJECTIVE ASSESSMENT.

[4] ITU-R BS. 1116-1 METHODS FOR THE SUBJECTIVE ASSESSMENT OF SMALL IMPAIRMENTS IN AUDIO SYSTEMS INCLUDING MULTICHANNEL SOUND SYSTEMS.

[5] ITU-R BT. 500-11 METHODOLOGY FOR THE SUBJECTIVE ASSESSMENT OF THE QUALITY OF TELEVISION PICTURES.

ICS 25.020
J 30

中华人民共和国国家标准

GB/T 22124.1—2008

面向装备制造业
产品全生命周期工艺知识
第1部分:通用制造工艺分类

Equipment manufacturing oriented
product life-cycle technology knowledge—
Part 1:Classification of general manufacturing technology

2008-06-30 发布 2009-01-01 实施

中华人民共和国国家质量监督检验检疫总局
中国国家标准化管理委员会 发布

前　言

GB/T 22124《面向装备制造业产品全生命周期工艺知识》由下列部分组成：

——第1部分：通用制造工艺分类；

——第2部分：制造工艺编码规范；

——第3部分：制造工艺描述与表达规范。

本部分是GB/T 22124的第1部分。

本部分的附录A、附录B是规范性附录。

本部分由中国标准化研究院提出并归口。

本部分起草单位：中国标准化研究院、大连交通大学、济南铁道职业技术学院、机械科学研究院中机生产力促进中心。

本部分主要起草人：刘守华、孙丽、王少妮、马自勤、于晓洋、杨冰、童小英、丁红宇、肖承翔。

面向装备制造业
产品全生命周期工艺知识
第1部分：通用制造工艺分类

1 范围

GB/T 22124的本部分规定了面向装备制造业产品的通用制造工艺的分类原则和具体的分类结构树。

本部分适用于制造企业、计算机辅助工艺应用系统集成商、提供制定产品工艺服务等机构对制造工艺的分类。

2 规范性引用文件

下列文件中的条款通过GB/T 22124的本部分的引用而成为本部分的条款。凡是注日期的引用文件，其随后所有的修改单(不包括勘误的内容)或修订版均不适用于本部分，然而，鼓励根据本部分达成协议的各方研究是否可使用这些文件的最新版本。凡是不注日期的引用文件，其最新版本适用于本部分。

GB/T 4863—1985 机械制造工艺基本术语

GB/T 10113—2003 分类与编码通用术语

GB/T 18725—2002 制造业信息化 技术术语

GB/T 18757—2002 工业自动化系统 企业参考体系结构与方法论的需求(idt ISO 15704:2000)

3 术语和定义

下列术语和定义适用于本部分。

3.1

工艺 technology

使各种原材料、半成品成为产品的方法和过程。

[GB/T 4863—1985]

3.2

制造工艺 manufacturing technology

为了有效完成制造活动所施行的各种制造方法和制造过程的总称。包括离散型制造工艺和流程型制造工艺，如无特殊说明，本部分中涉及的工艺主要指离散型制造工艺。

3.3

面分类 surface classification

选定分类对象的若干属性(或特性)，将分类对象按每一属性(或特征)划分成一组独立的类目，每一组类目构成一个"面"，再按一定顺序将各个"面"平行排列。使用时根据需要将有关"面"中的相应类目按"面"的指定排列顺序组配在一起，形成一个新的复合类目。

[GB/T 10113—2003]

3.4

线分类 linear classification

将分类对象按选定的若干属性(或特征)，逐次地分为若干层级，每个层级又分为若干类目。同一分支的同层级类目之间构成并列关系，不同层级类目之间构成隶属关系。

[GB/T 10113—2003]

3.5

去除成形 removing forming

运用分离的办法，把一部分材料(余量材料)有序地从基体中分离出去而成形的方法。

3.6

受迫成形 forced forming

利用材料的可成形性(如塑性等)，在特定外围约束(边界约束或外力约束)下成形的方法。

3.7

堆积成形 stacking forming

运用合并与连接的方法，把材料(气、液、固相)有序地合并堆积起来的成形方法。

3.8

生长成形 growth forming

模仿自然界中生物生长方式而成形的方法。

3.9

特种加工 non-traditional machining

直接借助电能、热能、声能、光能、电化学能、化学能以及特殊机械能等多种能量或其复合应用以实现材料切除的加工方法。

3.10

快速原型 rapid prototyping

快速原型技术是一种基于离散堆积成型思想的新型技术，是集计算机、数控、激光和新材料等最新技术而发展起来的先进的产品研究与开发技术。快速原型制造(rapid prototyping manufacturing)技术是使用快速原型技术的总称。

[GB/T 18725—2002]

3.11

立体印刷 stereolithgraphy apparatus

液态材料在一定波长和强度的紫外线的照射下迅速发生光聚合反应，分子量急剧增大，材料从液态转变成固态的一种快速原型方法。

3.12

分层实体制造 laminated object manufacturing

根据CAD模型各层切片的平面几何信息，进行分层实体切割并逐层迭加形成零件实体的一种快速原型方法。

3.13

选择性激光烧结 selective laser sintering

根据CAD模型各层切片的平面几何信息，用二氧化碳类红外激光对已预热(或未预热)的金属粉末、塑料粉末或其他粉末一层层地扫描加热，使其达到烧结温度，最后烧结出由金属、塑料或其他材料制成立体结构的一种快速原型方法。

3.14

熔融沉积成形 fused deposition forming

将丝状供料在喷头内加热融化，控制喷头沿零件截面轮廓和填充轨迹运动，将熔化的材料挤出沉积成实体零件的超薄层，并与周围材料凝结在一起由下而上逐层堆积形成零件实体的一种快速原型方法。

3.15

挤出成型 extruding forming

在常温下或通过加热、加压而使物料以流动状态连续通过型孔或口模成型的方法。

3.16

袋压成型 isotatic forming

借助弹性袋(或其他弹性隔膜)接受流体压力,使介于刚性模和弹性袋之间的增强塑料均匀受压而成为制件的一种方法。

3.17

注射成型 injection forming

将粉末或粒状塑料,加热熔化至流动状态,然后以一定的压力和较高的速度注射到模具内,以形成各种制品的方法。

3.18

压制成型 compression forming

热固性塑料在模具内借助加压和加热使其成型的一种方法。

3.19

增塑 plasticization

通过添加增塑剂或聚合物进行化学改性,而使塑料材料变得柔软和(或)便于加工的一种方法。

3.20

固化 solidifying

通过热、光、辐射或化学添加剂等的作用使热固性树脂或塑料交联的方法。

3.21

手糊成型 hand lay-up forming

在涂了脱模剂的模具上,将含树脂的增强体片材用手工逐层铺贴并排除叠层内空气后,借加热或组分内固化剂的作用使树脂固化的成型工艺方法。

3.22

拉出成型 pultrusion

经树脂浸渍的增强纤维连续长丝,经过钢模模口拉出并挤紧成特定形状的断面,随后加热固化成型的方法。

3.23

喷射成型 spray up forming

用喷枪将树脂和短切纤维按要求的配比同时喷附在芯模表面并随后使之固化的一种成型方法。

3.24

层压成型 laminating

在加热加压条件下把相同或不同材料的两层或多层结合为整体的方法。

3.25

高能成型 high-energy forming

利用压缩空气冲击压力的高速高能锻造所产生的剧烈冲击压力,使金属箔和纤维的重叠物冲击加工成一个整体,或使加热了的金属和纤维的混合物冲压成型的方法。

3.26

干法成型 dry forming

用预浸料或预混料成型增强塑料制品的方法。

3.27

湿法成型 wet forming

纤维或其制品浸渍树脂胶液后,不经烘烤和晾干,直接成型增强塑料制品的方法。

3.28

等离子喷涂 arc plasma jet spraying

在惰性气体保护下,随等离子弧向排列整齐的纤维喷射金属粉末形成涂层的方法。

3.29

高速高能成型　high-energy-rate forming

利用化学能源、电能源或机械能源瞬时释放的高能量，使材料成形为所需零件的加工方法。

3.30

电加工　electric machining

直接或最终利用电能对各种工件进行加工的方法。

3.31

热加工　hot machining

直接或最终利用热能对各种工件进行加工的方法。

3.32

化学加工　chemic machining

直接或最终利用化学能对各种工件进行加工的方法。

3.33

声加工　sound machining

直接或最终利用声能对各种工件进行加工的方法。

3.34

光加工　light machining

直接或最终利用光能对各种工件进行加工的方法。

3.35

磁加工　magnetism machining

直接或最终利用磁能对各种工件进行加工的方法。

3.36

辐射加工　radiation processing

直接或最终利用核能对各种工件进行加工的方法。

3.37

复合加工　compound machining

直接或最终利用两种或两种以上能量(包括机械能、电能、热能、化学能等)对各种工件进行加工的方法。

3.38

高压水切割　high pressure water cutting

射流水或磨料水混合物在高压下，从喷嘴中射出进行切割的加工方法。

3.39

爆炸加工　explosive machine

利用爆炸产生的能量对工件进行加工的方法。

3.40

激光加工　laser beam machining

利用功率密度极高的激光束照射工件的被加工部位，使其材料瞬间熔化或蒸发，并在冲击波作用下，将熔融物质喷射出去，从而对工件进行穿孔、蚀刻、切割，或采用较小能量密度，使加工区域材料熔融黏合，对工件进行焊接的加工方法。

3.41

电火花加工　electro-discharge machining

在一定介质中，通过工具电极之间的脉冲放电的电蚀作用，对工件进行加工的方法。

3.42

超声波加工　ultrasonic machining

利用产生超声振动的工具，带动工件和工具间的磨料悬浮液，冲击和抛磨工件的被加工部位，使其局部材料破坏而成粉末，以进行穿孔、切割和研磨等的加工方法。

3.43

电子束加工　electron beam machining

在真空条件下，利用电子枪中产生的电子经加速、聚焦，形成高能量大密度的细电子束以轰击工件被加工部位，使该部位的材料融化和蒸发，从而进行加工，或利用电子束照射引起的化学变化而进行加工的方法。

3.44

离子束加工　ion beam machining

利用离子源产生的离子，在真空中经加速聚焦而形成高速高能的束状离子流，从而对工件进行加工的方法。

3.45

精密加工　precision machining

指尺寸精度和表面粗糙度可达微米级、亚微米级、分子级、纳米级或更高精度的切削加工方法。

3.46

新型表面改性　new surface treatment

指采用高密度能源等，可实现在零件表面形成具有特殊要求的局部改性的热处理加工方法。

3.47

微细切削加工　minuteness cutting

指采用微型化的定型整体刀具或定型磨料工具对微小零件进行切削加工的方法。

3.48

线放电磨削加工　wire electrical discharge grinding (WEDG)

指采用独特的线放电回路，用微小放电能磨削微小零件的方法。

3.49

生命周期　life-cycle

系统走完其全部生命历程所经历的一般阶段和步骤的有限集。

[GB/T 18757—2002]

4　通用机械制造工艺分类

4.1　面分类

按不同的视角进行分类：

a)　基于成形方法分类；

b)　基于加工尺寸分类；

c)　基于加工精度分类；

d)　基于加工设备分类；

e)　基于加工材料分类；

f)　基于加工能量分类；

g)　基于加工能量传递介质分类。

4.2　线分类

4.2.1　基于成形方法分类

基于成形方法分为：

a) 去除成形工艺；
b) 受迫成形工艺；
c) 堆积成形工艺；
d) 生长成形工艺；
e) 其他成形工艺。

4.2.1.1 去除成形工艺

基于加工的自动化程度分为：
a) 切削加工工艺；
b) 钳工加工工艺；
c) 其他去除成形工艺。

4.2.1.2 受迫成形工艺

基于原材料成形过程中的状态(液、固)分为：
a) 铸造工艺；
b) 压力加工工艺；
c) 其他受迫成形工艺。

4.2.1.3 堆积成形工艺

基于合并与连接方式分为：
a) 焊接工艺；
b) 覆层工艺；
c) 快速原型工艺；
d) 其他堆积成形工艺。

4.2.1.4 生长成形工艺

基于生长成形方式分为：
a) 纤维细胞种植工艺；
b) 其他生长成形工艺。

4.2.1.5 其他成形工艺

其他成形工艺包括：
a) 特种加工工艺；
b) 热处理工艺；
c) 拆卸与回收工艺；
d) 装配与包装工艺；
e) 其他。

4.2.2 基于加工尺寸分类

基于加工对象尺寸的大小分为：
a) 大型(例如尺寸范围∈[1 600 mm,～))加工工艺；
b) 中小型(例如尺寸范围∈(10 mm,1 600 mm))加工工艺；
c) 微型(例如尺寸范围∈(～,10 mm])加工工艺。

4.2.2.1 大型加工工艺

基于成形方法分为：
a) 大型去除成形工艺(包括:大型切削加工工艺、大型钳工工艺、其他)；
b) 大型受迫成形工艺(包括:大型铸造工艺、大型压力加工工艺、其他)；
c) 大型堆积成形工艺(包括:大型焊接工艺、、其他)；
d) 大型切割工艺(包括:大型气割工艺、大型锯削工艺、其他)；

e) 大型热处理工艺；

f) 其他大型加工工艺(包括:大型维修工艺、大型再造工艺、其他)。

4.2.2.2 中小型加工工艺

基于成形方法分为：

a) 常规去除成形工艺(包括:常规切削加工工艺、常规钳工工艺、其他)；

b) 常规受迫成形工艺(包括:常规铸造工艺、常规压力加工工艺、其他)；

c) 常规堆积成形工艺(包括:常规焊接工艺、覆层工艺、粉末冶金工艺、快速原型工艺、其他)；

d) 常规切割工艺(包括:常规气割工艺、常规锯削工艺、高压水切削工艺、其他)；

e) 常规热处理工艺(包括:整体热处理工艺、表面热处理工艺、化学热处理工艺、绿色热处理工艺、其他)；

f) 特种加工工艺(包括:电火花加工工艺、电化学加工工艺、激光加工工艺、电子束加工工艺、等离子弧加工工艺、离子束加工工艺、超声波加工工艺、化学加工工艺、其他)；

g) 其他中小型加工工艺(包括:表面处理工艺、少/无切削加工工艺、直接成形工艺、中小型维修工艺、中小型再造工艺、其他)。

4.2.2.3 微型加工工艺

基于成形方法分为：

a) 微细加工工艺(包括:微细切削加工工艺、微细电火花加工工艺、线放电磨削加工工艺、线电化磨削加工工艺、电化加工工艺、微细激光加工工艺、微细超声加工工艺、光化掩模加工工艺、层积增生加工工艺、其他)；

b) 纳米加工工艺(包括:纳米去除加工工艺、纳米分子工程加工工艺、其他)；

c) 微制造工艺；

d) 其他微型加工工艺(包括:微型维修工艺、微型再造工艺、其他)。

4.2.3 基于加工精度分类

基于加工精度分为：

a) 低级精度(例如尺寸精度等级范围∈(IT13,～))加工工艺；

b) 中级精度(例如尺寸精度等级范围∈[IT6,IT13])加工工艺；

c) 高级精度(例如尺寸精度等级范围∈(～,ITg))加工工艺。

4.2.3.1 低级精度的加工工艺

基于成形方法分为：

a) 一般受迫成形工艺(包括:传统铸造工艺、传统压力加工工艺、其他)；

b) 一般堆积成形工艺(包括:传统焊接工艺、其他)；

c) 一般切割工艺(包括:气割工艺、锯削工艺、其他)；

d) 一般热处理工艺(包括:整体热处理工艺、其他)；

e) 其他低级精度的加工工艺(包括:直接成形工艺、粗精度维修工艺、粗精度再造工艺、其他)。

4.2.3.2 中级精度的加工工艺

基于成形方法分为：

a) 一般去除成形工艺(包括:传统切削加工工艺、钳工工艺、其他)；

b) 精密受迫成形工艺(包括:精密铸造工艺、精密压力加工工艺、其他)；

c) 精密堆积成形工艺(包括:精密焊接工艺、覆层工艺、粉末冶金工艺、快速原型工艺、其他)；

d) 精密切割工艺(包括:高压水切削工艺、其他)；

e) 精密热处理工艺(包括:表面热处理工艺、整体热处理工艺、化学热处理工艺、绿色热处理工艺、其他)；

f) 一般特种加工工艺(包括:电火花加工工艺、电化学加工工艺、激光加工工艺、电子束加工工艺、等离子弧加工工艺、超声加工工艺、化学加工工艺、其他）；

g） 其他中级精度的加工工艺（包括：表面处理工艺、少/无切削加工工艺、一般精度维修工艺、一般精度再造工艺、其他）。

4.2.3.3 高级精度的加工工艺

基于成形方法分为：

a） 精密去除成形工艺（包括：精密切削加工工艺、超精密切削加工工艺、其他）；

b） 精密特种加工工艺（包括：离子束加工工艺、其他）；

c） 微细加工工艺（包括：微细切削加工工艺、微细电火花加工工艺、线放电磨削加工工艺、线电化磨削加工工艺、电化加工工艺、微细激光加工工艺、微细超声加工工艺、光化掩模加工工艺、层积增生加工工艺、其他）；

d） 纳米加工工艺（包括：纳米去除加工工艺、纳米分子工程加工工艺、其他）；

e） 微制造工艺；

f） 其他高级精度的加工工艺（包括：精密维修工艺、精密再造工艺）。

4.2.4 基于加工设备分类

基于加工过程中所采用的加工设备分为：

a） 切削加工工艺；

b） 特种加工工艺；

c） 压力加工工艺；

d） 铸造工艺；

e） 焊接工艺；

f） 其他加工设备的加工工艺。

4.2.4.1 切削加工工艺

基于加工方式分为：

a） 车削；

b） 铣削；

c） 刨削；

d） 磨削；

e） 镗削；

f） 钻削；

g） 插削；

h） 拉削；

i） 锯削；

j） 其他切削加工工艺。

4.2.4.2 特种加工工艺

基于特种加工设备所使用的能量特点分为：

a） 电物理加工；

b） 电化学加工；

c） 化学加工；

d） 复合加工；

e） 其他特种加工工艺。

4.2.4.3 压力加工工艺

基于压力机械加工方法分为：

a） 锻造；

b) 冲压；

c) 挤压；

d) 旋压；

e) 轧制；

f) 拉拔；

g) 摆碾；

h) 其他压力加工工艺。

4.2.4.4 铸造工艺

基于铸造工艺特点分为：

a) 砂型铸造；

b) 特种铸造；

c) 绿色铸造；

d) 其他铸造工艺。

4.2.4.5 焊接工艺

基于焊接工艺特点分为：

a) 电弧焊；

b) 电阻焊；

c) 气焊；

d) 压焊；

e) 特种焊接；

f) 钎焊；

g) 其他焊接工艺。

4.2.4.6 其他加工设备的加工工艺

基于其他加工设备的加工工艺包括：

a) 钳工；

b) 热处理；

c) 装配与包装；

d) 其他。

4.2.5 基于加工材料分类

基于所加工材料性质分为：

a) 金属加工工艺；

b) 非金属加工工艺。

4.2.5.1 金属加工工艺

基于工艺方法在机械制造中的作用和任务分为：

a) 金属机械加工工艺；

b) 表面防护处理工艺；

c) 热处理工艺；

d) 装配与包装工艺；

e) 其他。

4.2.5.2 非金属加工工艺

基于所加工材料的种类分为：

a) 塑料加工工艺；

b) 复合材料加工工艺；

c) 陶瓷制品工艺；

d) 橡胶制品工艺；

e) 玻璃制品工艺；

f) 石材工艺；

g) 其他。

4.2.6 **基于加工能量分类**

基于工艺过程直接或最终使用的能量形式分为：

a) 机械加工工艺；

b) 电加工工艺；

c) 热加工工艺；

d) 化学加工工艺；

e) 复合加工工艺；

f) 其他能量形式加工工艺。

4.2.6.1 **机械加工工艺**

基于直接或最终利用能量形式为机械能的加工工艺分为：

a) 切削加工；

b) 钳加工；

c) 压力加工；

d) 压力及离心铸造；

e) 离子束加工；

f) 磨料流加工；

g) 液体喷射加工；

h) 超声波加工；

i) 磨料喷射加工；

j) 其他机械能的加工工艺。

4.2.6.2 **电加工工艺**

基于直接或最终利用能量形式为电能的加工工艺分为：

a) 电解加工；

b) 电铸和涂镀加工；

c) 其他电能的加工工艺。

4.2.6.3 **热加工工艺**

基于直接或最终利用能量形式为热能的加工工艺分为：

a) 整体及表面热处理工艺；

b) 砂型及熔模铸造；

c) 熔焊及钎焊；

d) 电子束加工；

e) 电火花加工；

f) 激光加工；

g) 等离子弧加工；

h) 其他热能的加工工艺。

4.2.6.4 **化学加工工艺**

基于直接或最终利用能量形式为化学能的加工工艺分为：

a) 化学热处理；

b） 化学铣切加工；

c） 照相制版加工；

d） 光刻加工；

e） 光电成形电镀；

f） 其他化学能的加工工艺。

4.2.6.5 复合加工工艺：

基于直接或最终使用的能量的不同组合方式分为：

a） 复合切削加工；

b） 超声放电加工；

c） 超声电解加工；

d） 电解电火花磨削；

e） 其他复合加工工艺。

4.2.6.6 其他能量形式加工工艺

其他能量形式加工工艺包括：

a） 包装与装配；

b） 压焊；

c） 声能加工；

d） 光能加工；

e） 磁能加工；

f） 辐射加工；

g） 其他。

4.2.7 基于加工能量传递介质分类

基于加工能量传递介质分为：

a） 固体；

b） 液体；

c） 气体；

d） 混合相；

e） 颗粒物质；

f） 电磁波；

g） 声波；

h） 微观粒子；

i） 其他能量传递介质。

4.2.7.1 固体

能量传递介质为固体的加工工艺包括：

a） 切削加工；

b） 压力加工；

c） 装配与包装；

d） 冷作；

e） 摩擦焊；

f） 锻焊；

g） 冷压焊；

h） 其他固体能量传递介质。

4.2.7.2　**液体**

能量传递介质为液体的加工工艺包括：

a)　铸造；

b)　埋弧焊；

c)　无气体保护焊；

d)　铝热焊；

e)　电渣焊；

f)　电阻焊；

g)　钎焊；

h)　注射成形；

i)　电化学；

j)　高压水切割；

k)　电镀；

l)　热浸镀；

m)　涂装；

n)　其他液体能量传递介质。

4.2.7.3　**气体**

能量传递介质为气体的加工工艺包括：

a)　气体保护电弧焊；

b)　气压焊；

c)　气焊；

d)　其他气体能量传递介质。

4.2.7.4　**混合相**

能量传递介质为固体、液体、气体等混合相的加工工艺包括：

a)　热喷涂；

b)　气相沉积；

c)　整体热处理；

d)　表面热处理；

e)　爆炸加工；

f)　电解磨削；

g)　其他混合相能量传递介质。

4.2.7.5　**颗粒物质**

能量传递介质为颗粒物质的加工工艺包括：

a)　喷丸；

b)　喷砂；

c)　其他颗粒物质能量传递介质。

4.2.7.6　**电磁波**

能量传递介质为电磁波的加工工艺包括：

a)　光束焊；

b)　激光加工；

c)　电火花加工；

d)　电加工；

e)　感应焊；

f)　其他电磁波能量传递介质。

4.2.7.7 **声波**

能量传递介质为声波的加工工艺包括：

a) 超声波加工；

b) 超声波焊；

c) 超声成形；

d) 其他声波能量传递介质。

4.2.7.8 **微观粒子**

能量传递介质为微观粒子的加工工艺包括：

a) 等离子电弧焊；

b) 电子束焊；

c) 电子束加工；

d) 离子束加工；

e) 离子溅射；

f) 离子注入；

g) 扩散焊；

h) 化学热处理；

i) 化学镀；

j) 转化膜；

k) 其他微观粒子能量传递介质。

4.2.7.9 **其他能量传递介质**

其他能量传递介质的加工工艺包括：

a) 高机械能焊；

b) 储能焊；

c) 高速高能成形；

d) 非金属材料成形；

e) 其他。

附 录 A
（规范性附录）
各分类面结构图

A.1 基于成形方式分类的主要分类结构图(图 A.1)

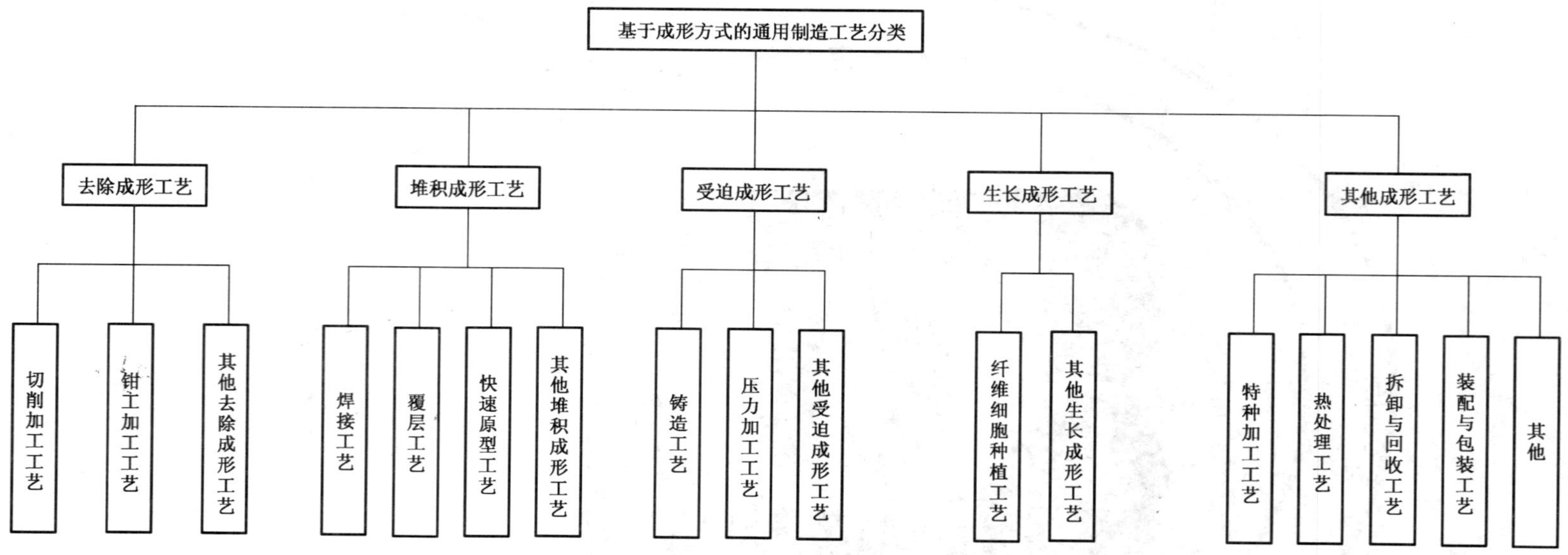

图 A.1 基于成形方式的通用制造工艺分类结构图

A.1.1 基于成形方式分类的次主要分类结构(图 A.2)

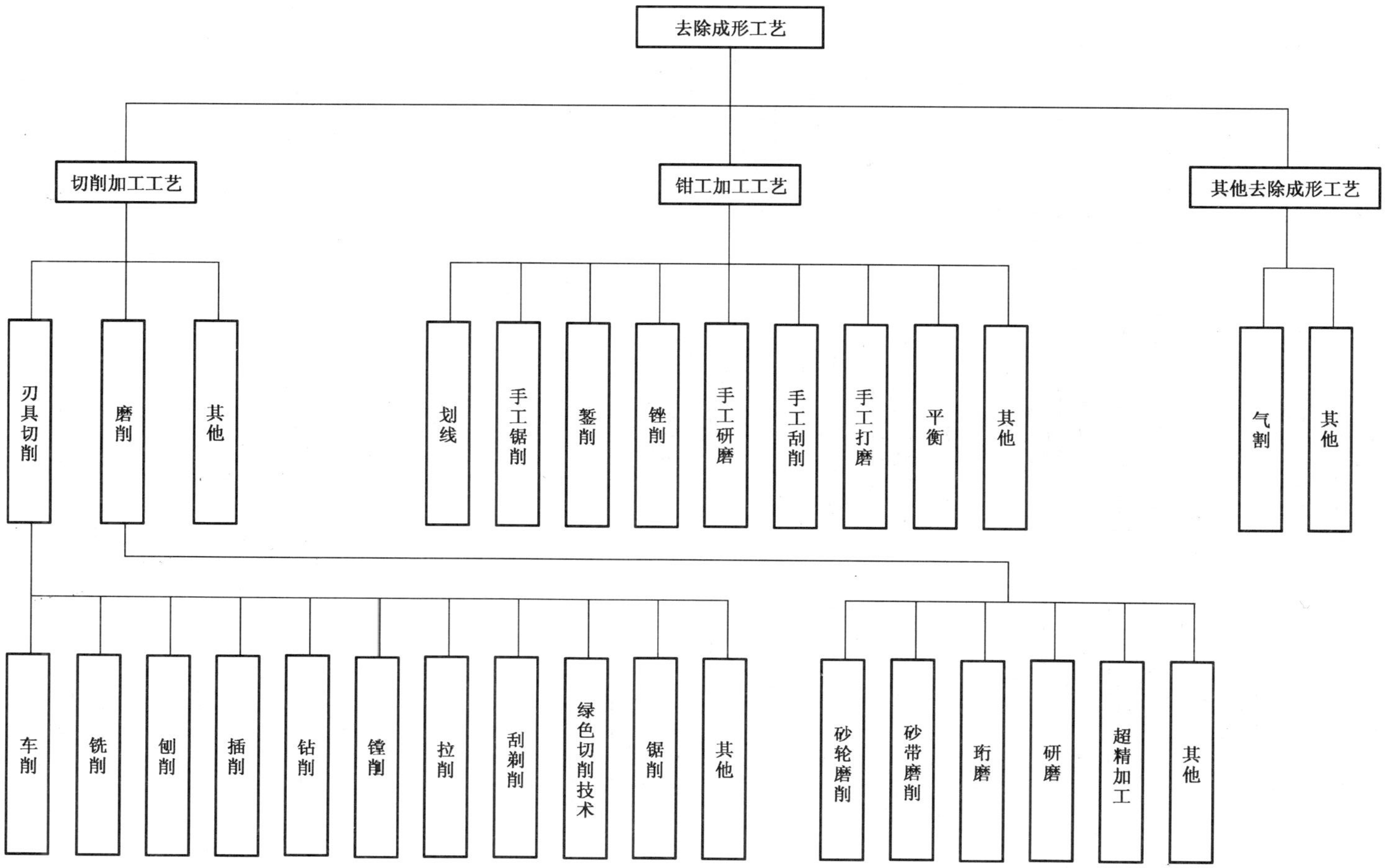

图 A.2 去除成形工艺分类结构图

A.1.2 基于成形方式分类的次主要分类结构(图 A.3)

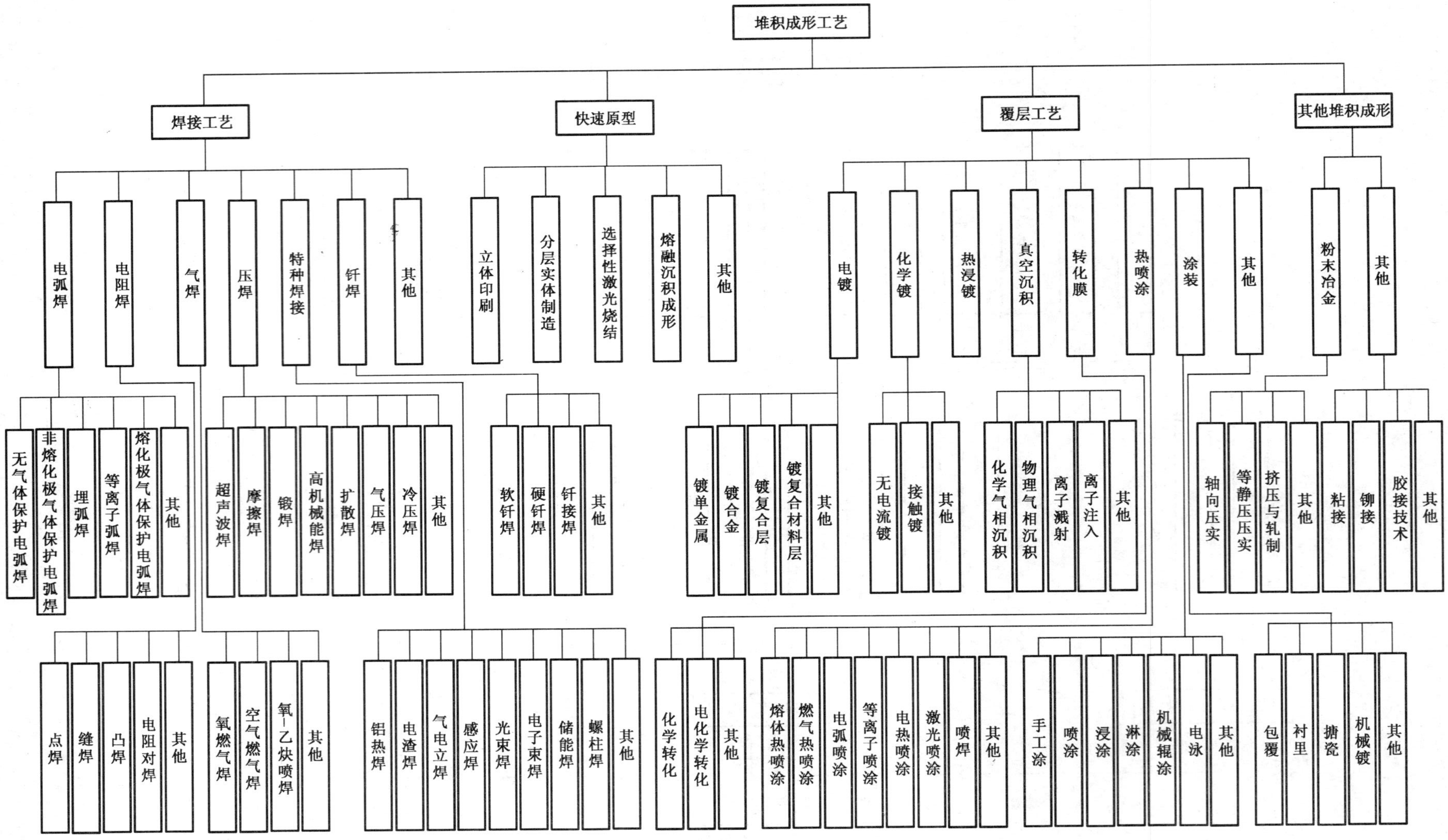

图 A.3 堆积成形工艺分类结构图

A.1.3 基于成形方式分类的次主要分类结构(图 A.4)

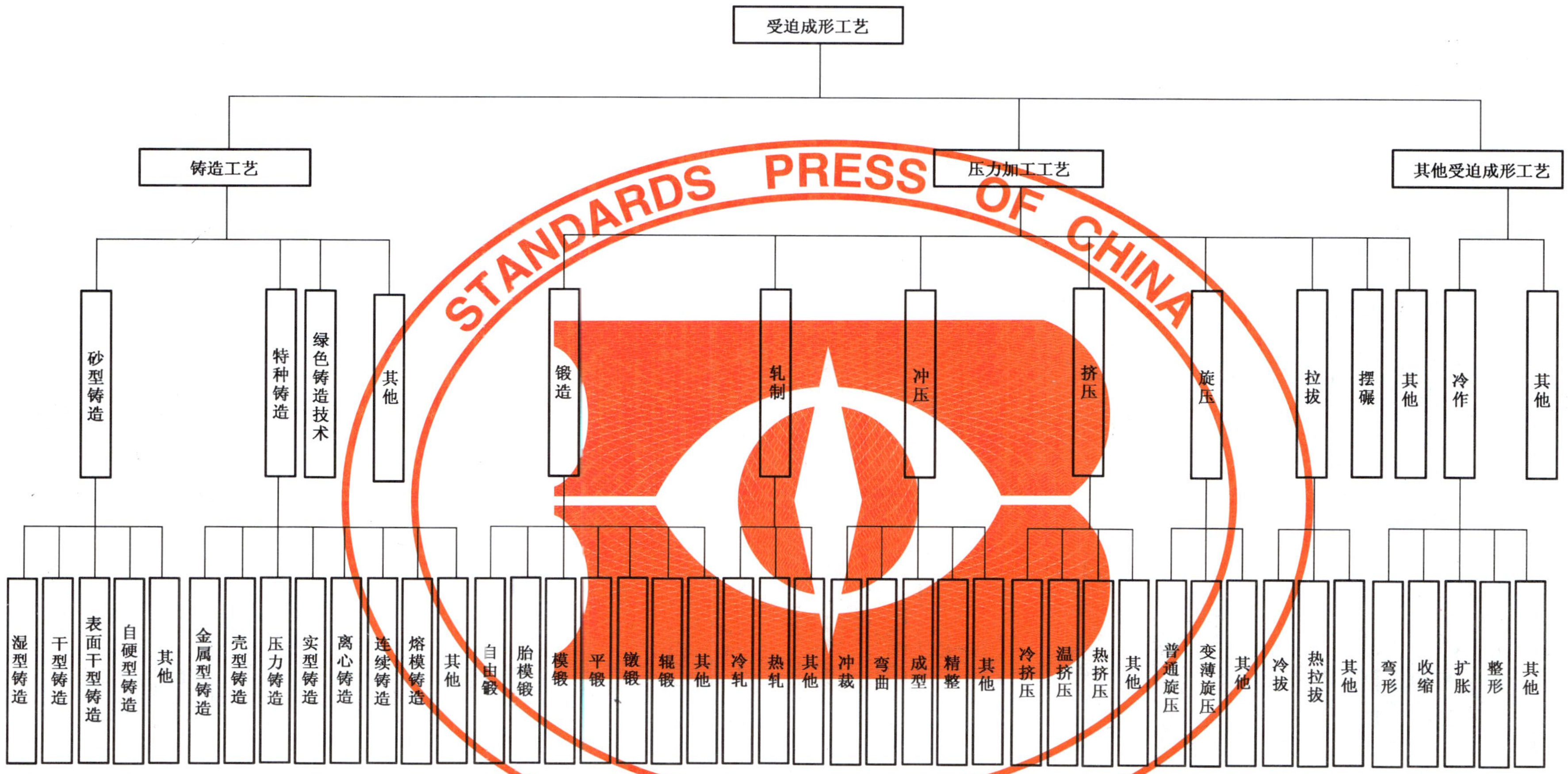

图 A.4 受迫成形工艺分类结构图

A.1.4 基于成形方式分类的次主要分类结构(图 A.5)

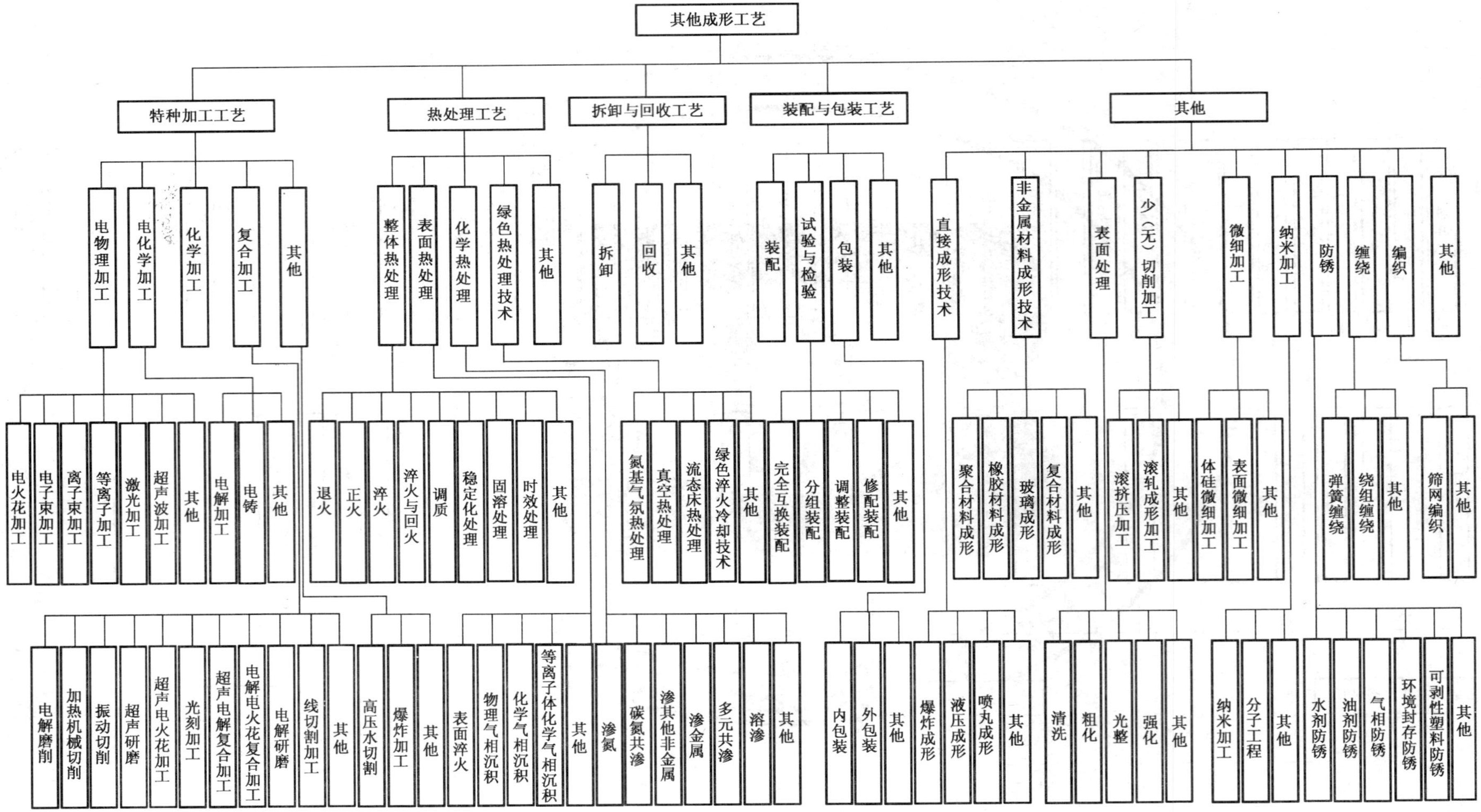

图 A.5 其他成形工艺分类结构

A.2 基于加工尺寸分类的工艺分类结构图(图 A.6)

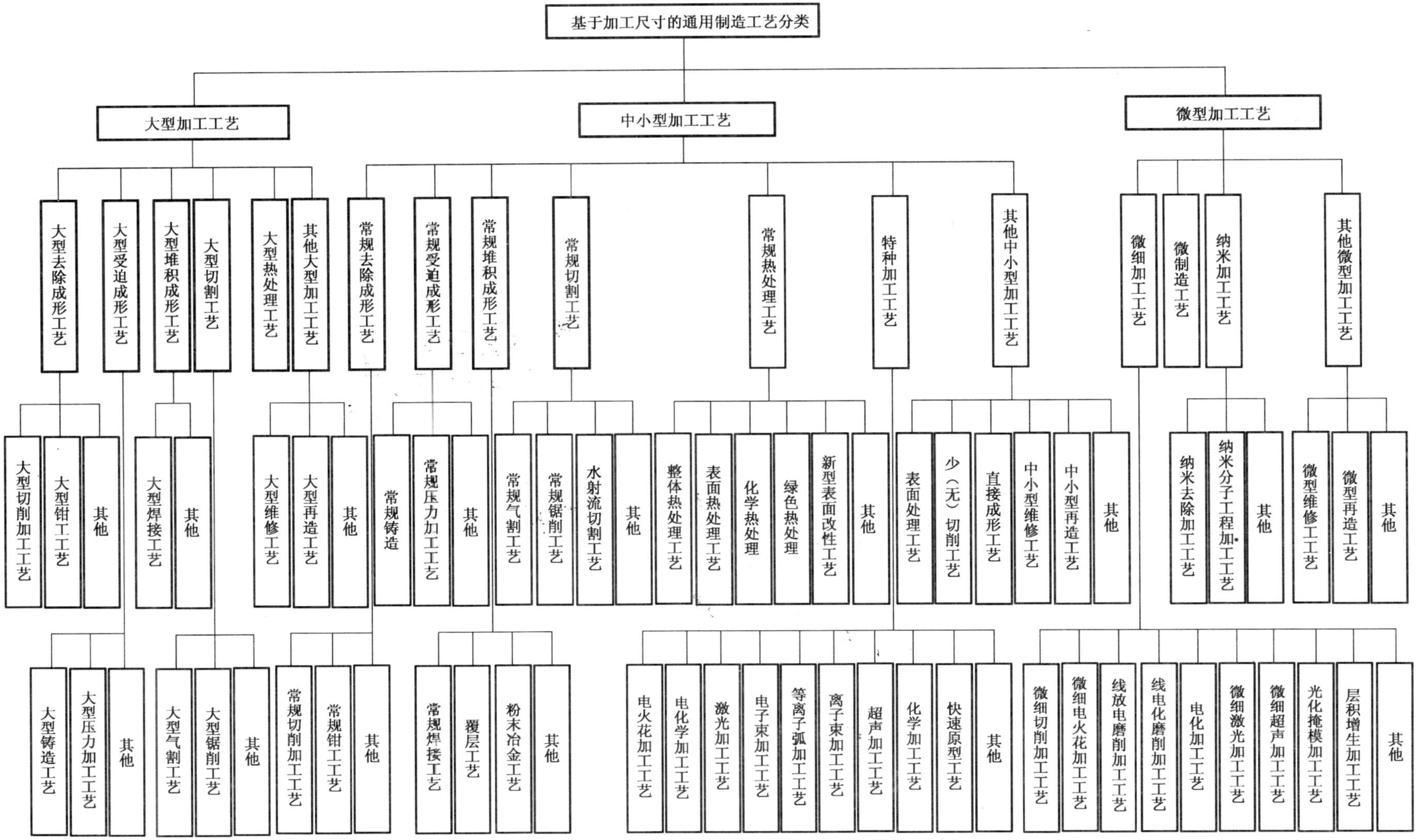

图 A.6　基于加工尺寸的通用制造工艺分类结构图

A.3 基于加工精度分类的工艺分类结构图(图 A.7)

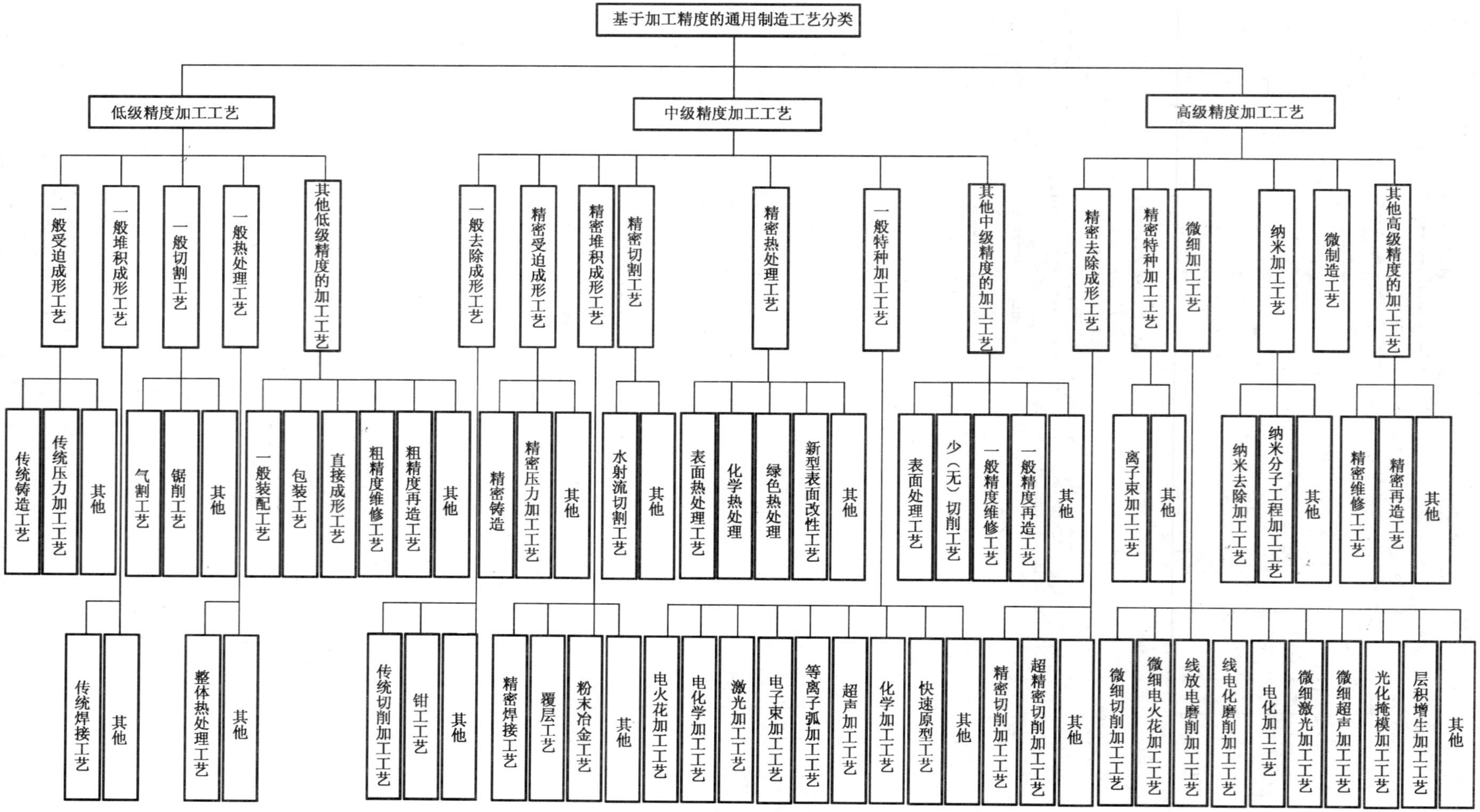

图 A.7 基于加工精度的通用制造工艺分类结构图

A.4 基于加工设备分类的工艺分类结构图(图 A.8)

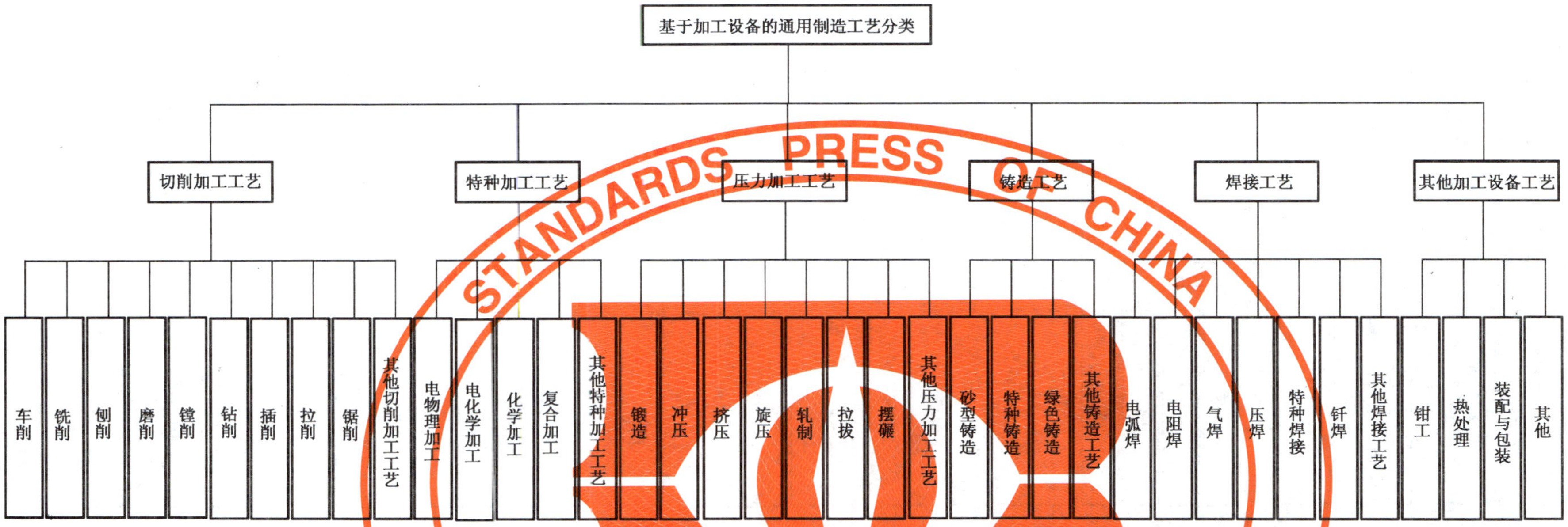

图 A.8 基于加工设备的通用制造工艺分类结构图

A.5 基于加工材料分类的工艺分类结构图(图 A.9)

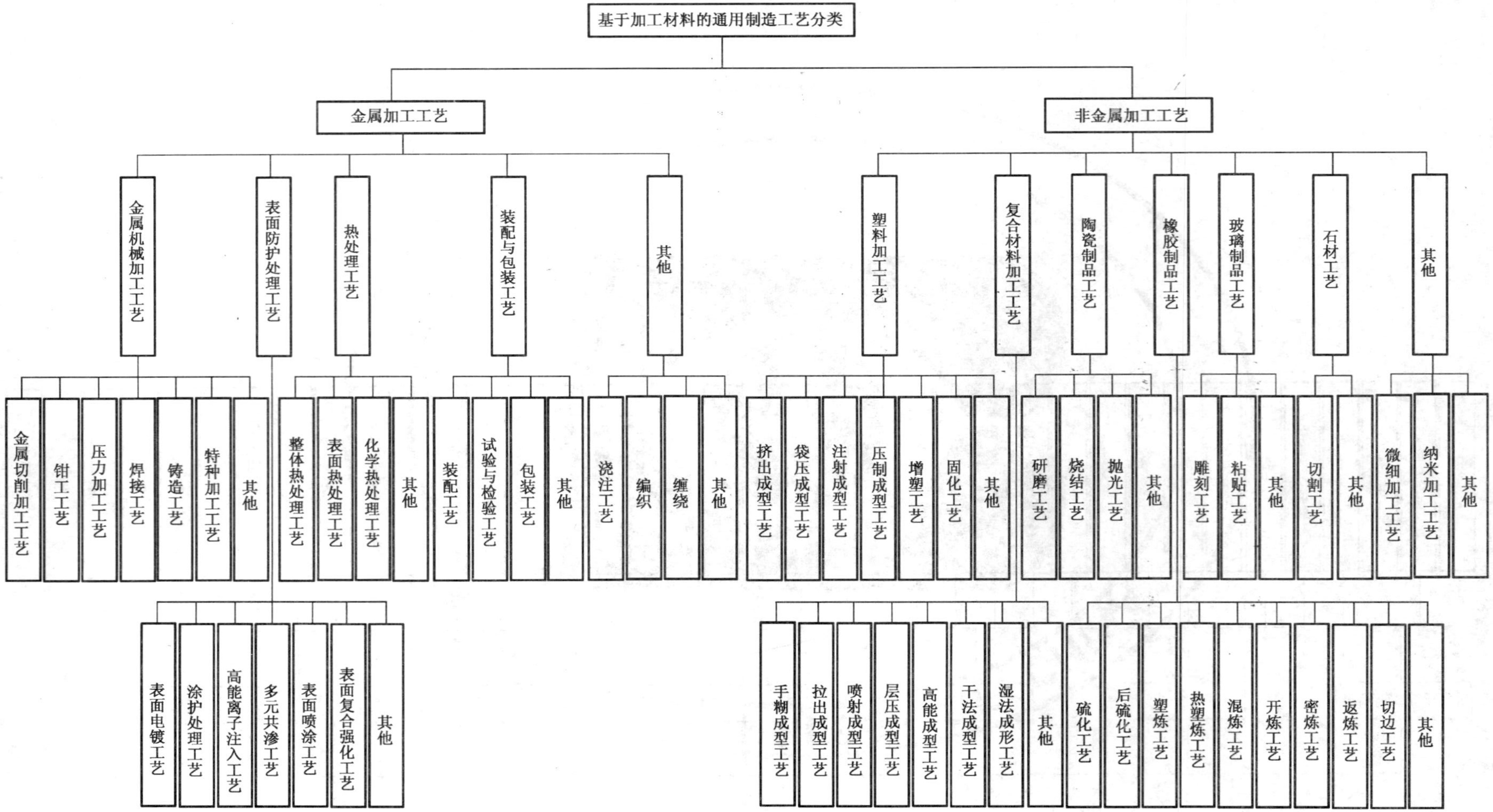

图 A.9 基于加工材料的通用制造工艺分类结构图

A.6 基于加工能量分类的工艺分类结构图(图 A.10)

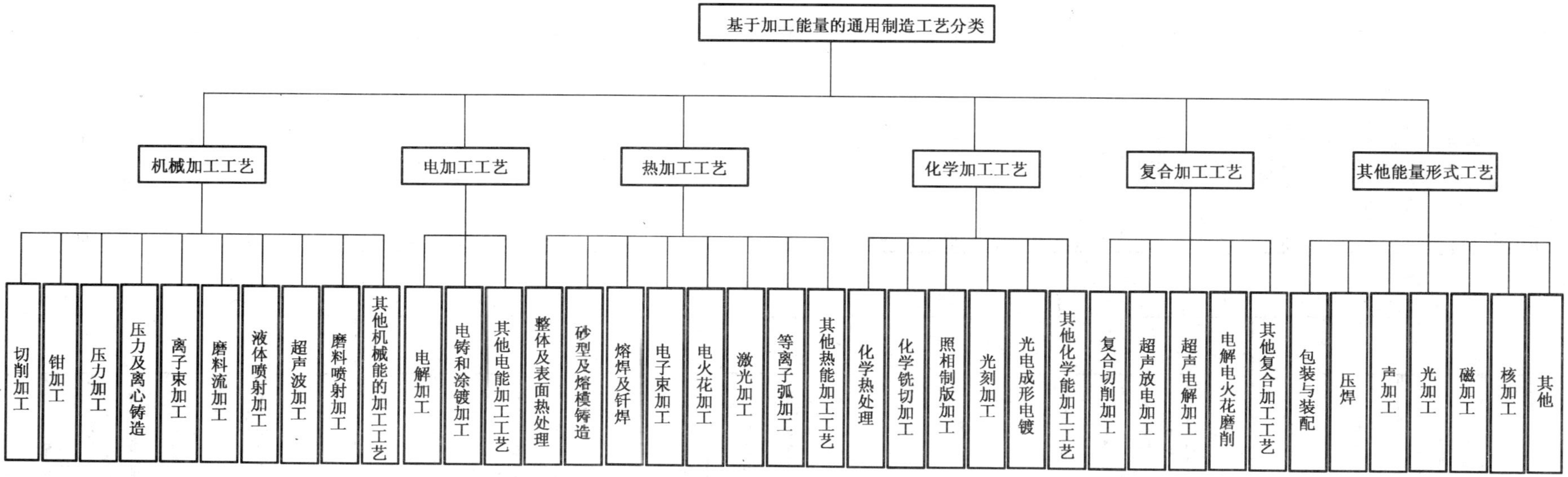

图 A.10 基于加工能量的通用制造工艺分类结构图

A.7 基于能量传递介质分类的工艺分类结构图(图 A.11)

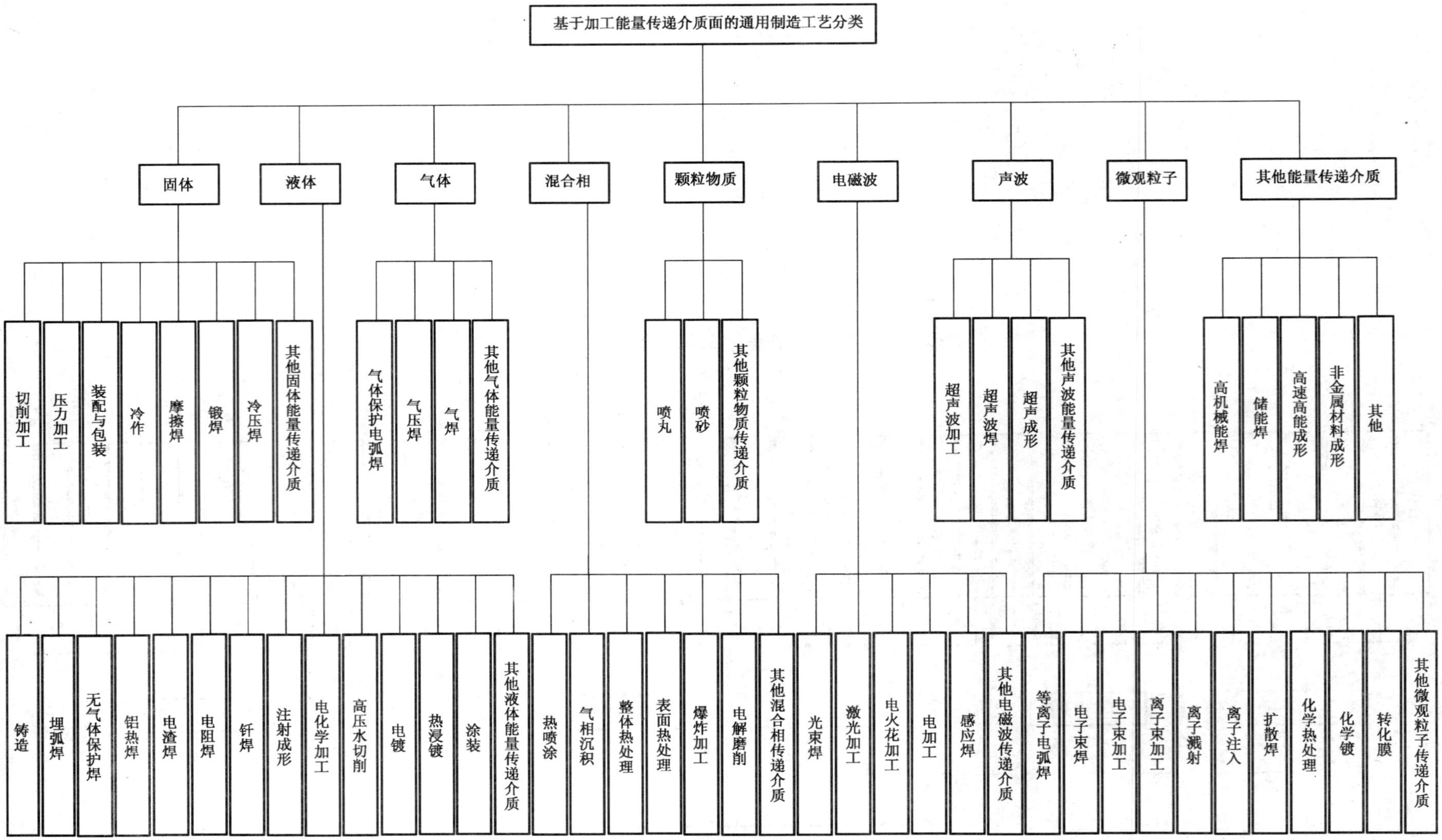

图 A.11 基于加工能量传递介质的通用制造工艺分类结构图

附　录　B
（规范性附录）
基于成形方式分类结构图说明

B.1　去除成形工艺结构图说明（表 B.1）

表 B.1　去除成形工艺结构图说明

第一层分类	第二层分类	第三层分类	第四层分类
去除成形工艺 运用分离的办法，把一部分材料（裕量材料）有序地从基体中分离出去而成形的方法	切削加工工艺 利用机械能对各种工件进行的加工方法	刃具切削 利用切削工具从工件上切除多余材料的加工方法	车削 工件旋转作主运动，车刀作进给运动的切削加工方法
			铣削 铣刀旋转作主运动，工件或铣刀作进给运动的切削加工方法
			刨削 用刨刀对工件作水平相对直线往复运动的切削加工方法
			插削 用插刀对工件作垂直相对直线往复运动的切削加工方法
			钻削 用钻头或扩充钻在工件上加工孔的方法
			镗削 镗刀旋转作主运动，工件或镗刀作进给运动的切削加工方法
			拉削 用拉刀加工工件内、外表面的方法
			刮剃削 用刮刀刮除工件表面薄层的加工方法
			绿色切削技术 在现有切削工艺基础上优化或改进，满足新型绿色要求的切削技术
			锯削 用锯对材料或工件进行切断或切槽等的加工方法
			其他
		磨削 用磨具以较高的线速度对工件表面进行加工的方法	砂轮磨削 用砂轮作为磨具对工件表面进行加工的方法
			砂带磨削 用砂带作为磨具对工件表面进行加工的方法
			珩磨 利用珩磨工具对工件表面施加一定压力，珩磨工具同时作相对旋转和直线往复运动，切除工件上极少余量的精加工方法

表 B.1（续）

第一层分类	第二层分类	第三层分类	第四层分类
去除成形工艺 运用分离的办法，把一部分材料（裕量材料）有序地从基体中分离出去而成形的方法	切削加工工艺 利用机械能对各种工件进行的加工方法	磨削 用磨具以较高的线速度对工件表面进行加工的方法	研磨 用研磨工具和研磨剂，从工件上研去一层极薄表面层的精加工方法
			超精加工 用细粒度的磨具对工件施加很小的压力，并作往复振动和慢速纵向进给运动，以实现微量磨削的一种光整加工方法
			其他
		其他	
	钳工加工工艺 一般在钳台上以手工工具为主，对工件进行的各种加工方法	划线 在毛坯或工件上，用划线工具划出待加工部位的轮廓线或作为基准的点、线	
		手工锯削 用锯对材料或工件进行切断或切槽等的加工方法	
		錾削 用手锤打击錾子对金属工件进行切削加工的方法	
		锉削 用锉刀对工件进行切削加工的方法	
		手工刮削 用刮刀从工件表面刮去较高点，再用标准检具（或与其相配的件）涂色检验的反复加工过程	
		手工打磨 用砂布或砂纸磨光工件表面的过程	
		平衡 去掉产品或零、部件上某一部分质量，使其由不平衡达到平衡的方法	
		其他	

表 B.1（续）

第一层分类	第二层分类	第三层分类	第四层分类
去除成形工艺 运用分离的办法，把一部分材料（裕量材料）有序地从基体中分离出去而成形的方法	其他去除成形工艺	气割 利用气体火焰的热能将工件切割处预热到一定温度后，喷出高速切割氧流，使金属燃烧并放出热量而实现分离的方法	
		其他	

B.2 受迫成形工艺结构图说明（表 B.2）

表 B.2 受迫成形工艺结构图说明

第一层分类	第二层分类	第三层分类	第四层分类
受迫成形工艺 利用材料的可成形性（如塑性等），在特定外围约束（边界约束或外力约束）下成形的方法	铸造工艺 将熔融金属浇注、压射或吸入铸型型腔中，待其凝固后而得到一定形状和性能铸件的方法	砂型铸造 用型砂紧实成型的铸造方法	湿型铸造 造好的砂型不经烘干，直接浇入高温金属液体的铸造方法
			干型铸造 在合箱和浇注前将整个砂型送入窑中烘干，然后再浇入高温金属液体的铸造方法
			表面干型铸造 只在浇注前对型腔表层用适当方法烘干一定深度（一般5 mm～10 mm，大件 20 mm 以上），接着浇入高温金属液体的铸造方法
			自硬型铸造 采用特殊材料和工艺制作砂型，造好的砂型不用烘干即可自动硬结的铸造方法
			其他
		特种铸造 不同于普通砂型铸造的其他铸造方法统称为特种铸造	金属型铸造 将熔融金属浇入金属铸型而获得铸件的方法称为金属型铸造
			壳型铸造 利用激光选择性烧结对以反应性树脂包覆的陶瓷粉进行烧结，可以一步制成铸造用的型壳、型芯的方法
			压力铸造 将液态或半液态合金在高压作用下，以高速充填铸型型腔，并在高压下结晶凝固而获得铸件的特种铸造方法
			实型铸造 将与铸件形状尺寸相似的泡沫模型粘结组合成模型簇，刷涂耐火材料并烘干后，埋在干石英砂中振动造型，在负压下浇注，使模型气化，液体金属占据模型位置，凝固冷却后形成铸件的新型铸造方法

表 B.2(续)

第一层分类	第二层分类	第三层分类	第四层分类
受迫成形工艺 利用材料的可成形性(如塑性等),在特定外围约束(边界约束或外力约束)下成形的方法	铸造工艺 将熔融金属浇注、压射或吸入铸型型腔中,待其凝固后而得到一定形状和性能铸件的方法	特种铸造 不同于普通砂型铸造的其他铸造方法统称为特种铸造	离心铸造 将熔融金属浇入绕水平、倾斜或立轴旋转的铸型,在离心力作用下,凝固成形的铸件的轴线与旋转铸型轴线重合的铸造方法
			连续铸造 一种先进的铸造方法,其原理是将熔融的金属,不断浇入一种叫做结晶器的特殊金属型中,凝固(结壳)了的铸件,连续不断地从结晶器的另一端拉出,它可获得任意长或特定的长度的铸件
			熔模铸造 用易熔材料如蜡料制成模样,在模样上包覆若干层耐火涂料,制成形壳,解出模样后经高温焙烧即可浇注的铸造方法称熔模铸造
			其他
		绿色铸造技术 实现铸造产品从设计、生产、使用到回收和废弃处理的各个环节都符合特定的环境保护要求,与环境协调一致,并最大限度的利用资源和节约能源的铸造方法	
		其他	
	压力加工工艺 使毛坯材料产生塑性变形或分离而无切削的加工方法	锻造 在加工设备及工(模)具的作用下,使金属坯料或铸锭产生局部或全部的塑性变形,以获得一定几何形状、尺寸和质量的锻件的加工方法	自由锻 利用冲击力或静压力使经过加热的金属在锻压设备的上、下砧间向四周自由流动产生塑性变形,获得所需锻件的加工方法
			胎模锻 在自由锻设备上使用可移动模具生产锻件的一种锻造方法
			模锻 将加热后的金属坯料放在锻模模膛,使坯料受压变形,从而获得锻件的方法
			平锻 平锻机滑块沿水平方向运动,带动模具对坯料水平施压,从而获得锻件的方法
			镦锻 一种冷锻工艺。镦锻时金属流动方向与凸模的运动方向垂直,镦锻后工件断面积比毛坯的断面积有所增大
			辊锻 将坯料在装有扇形模块的一对相对旋转的轧辊中间通过,使坯料受压发生塑性变形,从而获得锻件或锻坯的锻压方法
			其他

表 B.2（续）

第一层分类	第二层分类	第三层分类	第四层分类
受迫成形工艺 利用材料的可成形性（如塑性等），在特定外围约束（边界约束或外力约束）下成形的方法	压力加工工艺 使毛坯材料产生塑性变形或分离而无切削的加工方法	轧制 金属材料（或非金属材料）在旋转轧辊的压力作用下，产生连续塑性变形，获得要求的截面形状并改变其性能的方法	冷轧 常温下的轧制
			热轧 加热状态下的轧制
			其他
		冲压 使板料经分离或成形而得到制件的加工方法	冲裁 将板料沿封闭轮廓线分离的工序
			剪裁 将板料沿不封闭直线分离的工序
			弯曲 将金属材料沿弯曲线弯成一定的角度和形状的工艺方法称为弯曲
			成型 通过冲压使板料产生塑性变形，从而得到制件的加工方法
			精整 通过对制件施加一定压力，从而提高制件内在质量和外观的一种方法
			其他
		挤压 用挤压工具以一定的压力作用于金属坯料或工件，使其产生塑性变形，从而将坯料成形或滚光工件表面的加工方法	冷挤压 回复温度以下（通常是室温下）进行的挤压，特点是精度好，但抗力大
			温挤压 加热温度在回复温度与再结晶温度之间进行的挤压，特点是抗力较热挤压小，氧化程度小，尺寸精度较高
			热挤压 将毛坯加热到热模锻的温度范围内的挤压，特点是挤压力小，但精度低
			其他
		旋压 用于形成薄壁回转体零件的局部连续性加工方法	普通旋压 坯料基本保持不变，主要靠改变其直径形成空心旋转体工件的方法
			变薄旋压 坯料在较高的接触压力下，壁厚逐点地有规律地减薄而外径无显著变化的旋压方法
			其他

表 B.2（续）

第一层分类	第二层分类	第三层分类	第四层分类
受迫成形工艺 利用材料的可成形性（如塑性等），在特定外围约束（边界约束或外力约束）下成形的方法	压力加工工艺 使毛坯材料产生塑性变形或分离而无切削的加工方法	拉拔 用拉拔机的钳子把金属料从一定形状和尺寸的拉拔模的模孔中拉出，通过拉伸作用，减小加工材料的截面积，获得各种断面的高精度、高光泽度的型材、线材和管材	冷拔 常温下的拉拔。拉拔制品强度高，表面质量好
			热拉拔 加热状态下的拉拔
			其他
		摆碾 利用一个绕中心轴摆动的圆锥形模具对坯料局部加压使其高度减小、直径增大的成形方法	
		其他	
	其他受迫成形工艺	冷作 在基本不改变材料断面特征的情况下，将金属板材、型材等加工成各种制品的方法	弯形 使坯料受力，以改变坯料原有形状的加工方法
			收缩 将工件加压，使其径向尺寸缩小的加工方法
			扩胀 板料或空心坯料在双向拉应力作用下，使其产生塑性变形取得所需制件的成形方法
			整形 消除材料或制件的弯曲、翘曲、凸凹不平等缺陷的加工方法
			其他
		其他	

B.3　堆积成形工艺结构图说明（表 B.3）

表 B.3　堆积成形工艺结构图说明

第一层分类	第二层分类	第三层分类	第四层分类
堆积成型工艺 运用合并与连接的方法，把材料（气、液、固相）有序地合并堆积起来的成形方法	焊接工艺 借助加热或加压，或同时实施加热和加压，以实现原子结合的工艺方法	电弧焊 利用气体介质中放电过程所产生的电弧热能作为焊接热源的熔焊方法	无气体保护电弧焊 焊接过程中没有特定气体作为保护介质的电弧焊方法
			非熔化极气体保护电弧焊 利用特定的某种气体在非熔化极作为保护介质的一种电弧焊方法
			埋弧焊 电弧在焊剂层下燃烧，利用机械自动控制焊丝送进和电弧移动的一种电弧焊方法
			等离子弧焊 用压缩电弧作热源的钨极气体保护焊接法

表 B.3（续）

第一层分类	第二层分类	第三层分类	第四层分类
堆积成型工艺 运用合并与连接的方法，把材料（气、液、固相）有序地合并堆积起来的成形方法	焊接工艺 借助加热或加压，或同时实施加热和加压，以实现原子结合的工艺方法	电弧焊 利用气体介质中放电过程所产生的电弧热能作为焊接热源的熔焊方法	熔化极气体保护电弧焊 利用特定的某种气体在熔化极作为保护介质的一种电弧焊方法
			其他
		电阻焊 利用电流通过焊件接头的接触面及邻近区域产生的电阻热，把焊件加热到塑性状态或局部熔化状态，再在压力作用下达到原子间距离，形成牢固接头的一种压力焊方法	点焊 焊接时将焊件搭接并压紧在两个柱状电极之间，然后接通电流，焊件间接触面的电阻热使该点熔化形成熔核，同时熔核周围的金属也被加热产生塑性变形，形成一个塑性环，以防止周围气体对熔核的侵入和熔化金属的流失。断电后，在压力下凝固结晶，形成一个组织致密的焊点的方法
			缝焊 焊接时将焊件搭接并压紧在两个盘状滚动电极之间，转动的盘状电极压紧并带动焊件向前移动，配合断续通电，形成连续重叠的焊点的方法
			凸焊 焊接处事先加工出一个或多个凸起点，这些凸起点在焊接时和另一被焊工件紧密接触。通电后，凸起点被加热，压塌后形成焊点的方法
			电阻对焊 利用电阻热将两个对接焊件连接起来
			其他
		气焊 利用气体火焰加热并熔化母材（或焊接材料）的一种焊接方法	氧燃气焊 利用氧气助燃火焰加热并熔化母材（或焊接材料）的一种焊接方法
			空气燃气焊 利用其他气体火焰加热并熔化母材（或焊接材料）的焊接方法
			氧-乙炔喷焊 利用氧-乙炔火焰加热并熔化母材（或焊接材料）的一种焊接方法
			其他
		压焊 在加压条件下，使两工件在固态下实现原子间结合，又称固态焊接	超声波焊 利用 10 kHz 以上超声波机械振动能实现的一种固相压力焊接方法
			摩擦焊 利用工件接触端面相对旋转运动中相互摩擦所产生的热使端部达到热塑性状态，然后迅速顶锻实现的一种固相压焊过程

表 B.3（续）

第一层分类	第二层分类	第三层分类	第四层分类
堆积成型工艺 运用合并与连接的方法，把材料（气、液、固相）有序地合并堆积起来的成形方法	焊接工艺 借助加热或加压，或同时实施加热和加压，以实现原子结合的工艺方法	压焊 在加压条件下，使两工件在固态下实现原子间结合，又称固态焊接	锻焊 利用锻造工艺使工件实现固相压焊的方法
			高机械能焊 直接利用高机械能实现工件固相压焊的方法
			扩散焊 借助温度、压力、时间及真空等条件实现金属间结合，其过程首先是界面局部接触塑性变形，促使氧化膜破碎分解，当达到净面接触时，为原子间扩散创造了条件，同时界面上的氧化物被溶解吸收，继而再结晶组织生长，晶界移动，有时出现联生晶及金属间化合物，构成牢固一体的焊接接头
			气压焊 一种氧-燃料气焊方法，利用氧-燃料气体火焰对工件连接处加热使之达到塑性状态后，施加适当轴向压力，从而形成牢固对焊接头的焊接方法。焊接时在整个结合面上同时形成焊缝，但不加填充金属
			冷压焊 在室温下，借助压力使待焊金属产生塑性变形而实现固态焊接的方法
			其他
		特种焊接 除常规焊接方法之外的焊接技术	铝热焊 无缝线路焊接联合接头的主要方法，设备简单、操作方便、适宜在线路上进行焊接
			电渣焊 利用电流通过液体熔渣所产生的电阻热进行焊接的方法称电渣焊
			气电立焊 由普通熔化极气体保护焊和电渣焊发展而形成的一种特殊的熔化极气体保护电弧焊方法
			感应焊 由于工件对高频焊接电流的流动阻力而发热，以达到金属结合的焊接方法。焊接时压力可用可不用。高频焊接电流效应是将焊接热集中于所要的部位
			光束焊 通过受激辐射而使放射增强的单色光子流，即激光，它经过聚焦产生能量高度集中的激光束作为焊接热源的焊接方法
			电子束焊 利用高速、聚焦的电子流轰击金属工件表面，使其在瞬间熔化并形成焊缝的方法

表 B.3（续）

第一层分类	第二层分类	第三层分类	第四层分类
堆积成型工艺 运用合并与连接的方法，把材料（气、液、固相）有序地合并堆积起来的成形方法	焊接工艺 借助加热或加压，或同时实施加热和加压，以实现原子结合的工艺方法	特种焊接 除常规焊接方法之外的焊接技术	储能焊 利用已储备的压力或其他能量的瞬时释放，以实现工件焊接的方法
			螺柱焊 通过强电流将螺栓与母材接触处迅速加热至融化状态，在焊枪弹簧力作用下将两者焊为一体的焊接工艺
			其他
		钎焊 采用比母材熔点低的金属材料作钎料，将焊件（母材）与钎料加热到高于钎料熔点，但低于母材熔点的温度，利用液态钎料润湿母材，填充接头间隙，并与母材相互扩散而实现连接焊件的方法	软钎焊 钎料熔点在 450 ℃以下的钎焊成为软钎焊
			硬钎焊 钎料熔点在 450 ℃以上的钎焊称为硬钎焊。硬钎焊是通过毛细作用将钎料填充到钎焊接头的
			钎接焊 钎接焊时钎料直接填充到坡口或间隙中，而不是通过毛细作用填充到钎焊接头中
			其他
		其他	
	快速原型 以微元迭加逐渐累积生成零件的方法	立体印刷 液态材料在一定波长和强度的紫外线的照射下迅速发生光聚合反应，分子量急剧增大，材料从液态转变成固态的一种快速原型方法	
		分层实体制造 根据 CAD 模型各层切片的平面几何信息，进行分层实体切割并逐层迭加形成零件实体的一种快速原型方法	
		选择性激光烧结 用二氧化碳类红外激光对已预热（或未预热）的金属粉末或者塑料粉末一层层地扫描加热，使其达到烧结温度，最后烧结出由金属或塑料制成立体结构的一种快速原型方法	

表 B.3（续）

第一层分类	第二层分类	第三层分类	第四层分类
堆积成型工艺 运用合并与连接的方法，把材料（气、液、固相）有序地合并堆积起来的成形方法	快速原型 以微元迭加逐渐累积生成零件的方法	熔融沉积成形 将丝状供料在喷头内加热融化，控制喷头沿零件截面轮廓和填充轨迹运动，将熔化的材料挤出沉积成实体零件的超薄层，并与周围材料凝结在一起由下而上逐层堆积形成零件实体的一种快速原型方法	
		其他	
	覆层工艺 用规定的异己材料，在工件表面上形成涂层的方法	电镀 一种电化学过程，也是一种氧化还原过程，是获得金属防护层的方法。它是将零件浸在金属盐的溶液中作为阴极，金属板作为阳极，接通直流电源后，在零件上就会沉积出金属镀层	镀单金属 通过电镀获得单一金属元素镀层的方法
			镀合金 通过电镀获得合金镀层的方法
			镀复合层 通过电镀获得复合金属镀层的方法
			镀复合材料层 制备金属基复合材料的一种方法。它通过还原剂将金属离子还原，并与镀液中的陶瓷、树脂或矿物等微粒共沉积而形成复合镀层
			其他
		化学镀 利用自催化原理在基体表面沉积合金的新型表面处理工艺，其中最为常用的是化学镀镍-磷合金技术	无电流镀 在无电流（无外界动力）时借助还原剂在溶液中发生氧化还原作用，从而使金属离子沉积在物体表面上的一种镀覆方法
			接触镀 镀件与阳极金属直接接触的一种化学镀。把工件浸入欲镀出金属盐溶液中时必须与一活泼金属紧密连接，该活泼金属为阳极进入溶液放出电子，溶液中电位较高的金属离子得到电子后沉积在工件表面
			其他
		真空沉积 在真空状态下，实现基体表面金属或其他镀料材料沉积的方法	化学气相沉积 在相当高的温度下，混和气体与基体的表面相互作用，使混和气体中的某些成分分解，并在基体上形成一种金属或化合物的固态薄膜或镀层
			物理气相沉积 在真空条件下，利用各种物理方法，将镀料气化成原子、分子或使其离子化为离子，直接沉积到基体表面上的方法

表 B.3（续）

第一层分类	第二层分类	第三层分类	第四层分类
堆积成型工艺 运用合并与连接的方法，把材料(气、液、固相)有序地合并堆积起来的成形方法	覆层工艺 用规定的异己材料，在工件表面上形成涂层的方法	真空沉积 在真空状态下，实现基体表面金属或其他镀料材料沉积的方法	离子溅射 在真空室中，利用离子轰击材料表面，使其原子获得足够的能量而溅出进入气相，然后在工件表面沉积的过程
			离子注入 是核科学技术在材料工业方面的应用技术，利用离子注入技术可把异类原子直接引入表面层中进行表面合金化，由此导致材料的各种物理、化学或力学性能发生变化，达到表面改质的目的。引入的原子种类和数量不受任何常规合金化热力学条件的限制
			其他
		热浸镀 将金属制件浸入熔融的金属中以获得金属涂层的方法	
		转化膜 通过化学或电化学手段，使金属表面形成稳定的化合物膜层的技术。也就是使金属钝化	化学转化 使金属与特定的腐蚀液相接触，在一定条件下发生化学反应，在金属表面形成一层附着力良好的、难溶的生成物膜层
			电化学转化 通过电化学手段，使金属表面形成稳定的化合物膜层的技术
			其他
		热喷涂 一种表面强化技术。它采用电弧、等离子弧、燃气-氧气等形式的热源，将被喷涂的涂层材料熔化或半熔化，并在气流的作用下使之雾化成微细熔滴或高温颗粒，以很高的飞行速度喷射到经过处理的基体表面，形成具有某种功能的涂层	熔体热喷涂 把熔化或半熔化的被喷涂涂层材料，以很高的速度喷射到基体表面，形成涂层的方法
			燃气热喷涂 利用氧和可燃性气体混合物的燃烧火焰将粉末状或丝状、棒状的涂层材料加热到熔融或半熔融状态后喷向基体表面而形成涂层的一种方法
			电弧喷涂 电弧喷涂所用的两根线状材料涂层材料由送丝轮自动导入，当在两线状材料之间通过大电流时将产生电弧，线状材料在电弧的高温作用下迅速熔化，并由压缩空气作用成小液滴被喷射到基体表面形成涂层
			等离子喷涂 适用于粉状涂层材料，等离子喷枪将电能转化为热能，产生高温高速的等离子焰流，利用该焰流达到喷涂目的。其等离子焰流温度可高达 50 000 ℃，能熔化所有的喷涂材料

表 B.3（续）

第一层分类	第二层分类	第三层分类	第四层分类
堆积成型工艺 运用合并与连接的方法，把材料（气、液、固相）有序地合并堆积起来的成形方法	覆层工艺 用规定的异己材料，在工件表面上形成涂层的方法	热喷涂 一种表面强化技术。它采用电弧、等离子弧、燃气-氧气等形式的热源，将被喷涂的涂层材料熔化或半熔化，并在气流的作用下使之雾化成微细熔滴或高温颗粒，以很高的飞行速度喷射到经过处理的基体表面，形成具有某种功能的涂层	电热喷涂 利用电能加热使被喷涂的涂层材料熔化或半熔化，并以很高的速度喷射到基体表面，形成涂层
			激光喷涂 利用激光使被喷涂的涂层材料熔化或半熔化，并以很高的速度喷射到基体表面，形成涂层
			喷焊 对经预热的自溶性合金粉末涂层再加热至 1 000 ℃～1 300 ℃，使颗粒熔化，造渣上浮到涂层表面，生成的硼化物和硅化物弥散在涂层中，使颗粒间和基体表面达到良好结合的工艺方法
			其他
		涂装 采用合适的施工方法和工艺技术，将不同种类的涂料涂覆在物体表面并牢固附着于被涂物体的涂料成膜工艺	手工涂 又叫刷涂，用涂料刷蘸涂料进行涂装的工艺方法
			喷涂 利用喷枪进行涂装的工艺方法
			浸涂 采用封闭的轨道，其上悬挂工件浸入涂液中，向上提升离开液面以完成涂装的方法
			淋涂 也称为流涂或浇涂，是将涂料喷淋或流淌过工件表面的涂装方法
			机械辊涂 由蘸漆辊、挤压辊和涂漆辊组成。蘸漆辊把漆液从漆槽中蘸起，多余的漆液，被挤压辊刮下，然后将漆液转移到涂漆辊上，将漆涂于工件表面的涂装方法
			电泳 利用电能实现涂装工艺的方法
			其他
		其他	包覆 利用摩擦热能转化的原理，将不同于基材的材料包覆于基材表面的工艺方法
			衬里 将不同于基材的材料衬于工件内表面，以达到防腐、耐磨等目的的工艺方法

表 B.3（续）

第一层分类	第二层分类	第三层分类	第四层分类
堆积成型工艺 运用合并与连接的方法，把材料（气、液、固相）有序地合并堆积起来的成形方法	覆层工艺 用规定的异己材料，在工件表面上形成涂层的方法	其他	搪瓷 将无机玻璃质材料通过熔融凝于基体金属上并与金属牢固结合在一起的工艺方法
			机械镀 在非冶金和非电解结晶的条件下形成镀层的工艺方法
			其他
	其他堆积成形工艺	粉末冶金 将金属粉末（或与非金属粉末的混合物）压制成形和烧结等形成各种制品的方法	轴向压实 将金属粉末（或与非金属粉末的混合物）沿轴向压制以形成各种制品的方法
			等静压压实 是粉末冶金中最常用的固结成型方法
			挤压与轧制 用挤压和轧制的方法对金属粉末（或与非金属粉末的混合物）进行处理，从而使粉末成形的加工方法
			其他
		其他	粘接 借助粘结剂形成的连接
			铆接 借助铆钉形成的不可拆连接
			胶接技术 利用化学粘结剂，将分离的金属或非金属材料，相互连接成牢固整体的一种工艺方法

B.4 其他成形工艺结构图说明（表 B.4）

表 B.4 其他成形工艺结构图说明

第一层分类	第二层分类	第三层分类	第四层分类
其他成形工艺	特种加工工艺 直接借助电能、热能、声能、光能、电化学能、化学能以及特殊机械能等多种能量或其复合应用以实现材料切除的加工方法	电物理加工 将电能和物理能相结合的复合加工方法	电火花加工 在一定介质中，通过工具电极之间的脉冲放电的电蚀作用，对工件进行加工的方法
			电子束加工 在真空条件下，利用电子枪中产生的电子经加速、聚焦，形成高能量大密度的细电子束以轰击工件被加工部位，使该部位的材料融化和蒸发，从而进行加工，或利用电子束照射引起的化学变化而进行加工的方法
			离子束加工 利用离子源产生的离子，在真空中经加速聚焦而形成高速高能的束状离子流，从而对工件进行加工的方法

表 B.4（续）

第一层分类	第二层分类	第三层分类	第四层分类
其他成形工艺	特种加工工艺 直接借助电能、热能、声能、光能、电化学能、化学能以及特殊机械能等多种能量或其复合应用以实现材料切除的加工方法	电物理加工 将电能和物理能相结合的复合加工方法	等离子加工
			激光加工 利用功率密度极高的激光束照射工件的被加工部位。使其材料瞬间熔化或蒸发，并在冲击波作用下，将熔融物质喷射出去，从而对工件进行穿孔、蚀刻、切割或采用较小能量密度，使加工区域材料熔融黏合，对工件进行焊接的加工方法
			超声加工 利用产生超声振动的工具，带动工件和工具间的磨料悬浮液，冲击和抛磨工件的被加工部位，使其局部材料破坏而成粉末，以进行穿孔、切割和研磨等的加工方法
			其他
		电化学加工 将电能和化学能相结合的复合加工方法	电解加工 利用金属工件在电解液中所产生的阳极溶解作用，而进行加工的方法
			电铸 利用金属电解沉积，复制金属制品的加工方法
			其他
		化学加工 利用化学溶液（酸、碱、盐等）对金属产生化学反应，使金属腐蚀溶解而改变工件尺寸和形状的加工方法	
		复合加工 两种或两种以上的加工方法同时作用到一个加工表面上进行加工，就是复合加工	电解磨削 电解加工与机械磨削相结合的一种复合加工工艺
			加热机械切削 将热能加工和机械切削相结合的复合加工方法
			振动切削 将振动机械能加工和机械切削相结合的复合加工方法
			超声研磨 将超声加工与机械研磨相结合的一种复合加工方法
			超声电火花加工 将超声加工与电火花加工相结合的一种复合加工方法
			光刻加工 利用照相复制与化学腐蚀相结合的技术，在工件表面的掩膜层上面刻蚀制取精密、微细和复杂薄层图形的化学加工方法

表 B.4（续）

第一层分类	第二层分类	第三层分类	第四层分类
其他成形工艺	特种加工工艺 直接借助电能、热能、声能、光能、电化学能、化学能以及特殊机械能等多种能量或其复合应用以实现材料切除的加工方法	复合加工 两种或两种以上的加工方法同时作用到一个加工表面上进行加工，就是复合加工	超声电解复合加工 用超声振动改善电解加工过程的加工工艺
			电解电火花复合加工 利用电火花放电蚀除工件上高点的钝化膜，使电解加工的加工精度和生产率都保持在一定水平上的工艺方法
			电解研磨 将电解加工与机械研磨相结合的一种复合加工方法，用来对外圆、内孔、平面进行表面光整加工以至镜面加工的工艺
			线切割加工 利用连续移动的细金属丝（称为电极丝）作电极，对工件进行脉冲火花放电蚀除金属、切割成型的加工方法
			其他
		其他	高压水切削 利用压力数十至数百兆帕的高压水通过特殊设计的、孔很小的喷嘴以数百米每秒（通常为 2～3 倍音速）的高速度喷出，借助这种高速水射流的冲击作用分割工件的加工方法
			爆炸加工 利用爆炸产生的能量对工件进行加工的方法
			其他
	热处理工艺 将固态金属或合金在一定介质中加热、保温和冷却，以改变其整体或表面组织，从而获得所需要组织结构与性能的加工方法	整体热处理 对工件整体进行穿透加热的热处理工艺	退火 将金属或合金加热到适当温度，保持一定时间然后缓慢冷却的热处理工艺
			正火 将钢材或钢件加热到 Ac_3（或 Ac_{cm}）以上 30 ℃～50 ℃，保温适当的时间后，在精致的空气中冷却的热处理工艺
			淬火 将钢件加热到 Ac_3 或 Ac_1 点以上某一温度，保持一定时间，然后以适当速度冷却获得马氏体和（或）贝氏体组织的热处理工艺
			淬火与回火 钢件淬硬后，再加热到 Ac_1 点以下的某一温度，保温一定时间，然后冷却到室温的热处理工艺
			调质 钢件淬火及高温回火的复合热处理工艺
			稳定化处理 稳定组织，消除残余应力，以使工件形状和尺寸变化保持在规定范围内而进行的任何一种热处理工艺

表 B.4（续）

第一层分类	第二层分类	第三层分类	第四层分类
其他成形工艺	热处理工艺 将固态金属或合金在一定介质中加热、保温和冷却，以改变其整体或表面组织，从而获得所需要组织结构与性能的加工方法	整体热处理 对工件整体进行穿透加热的热处理工艺	固熔处理 将合金加热到高温单相区恒温保持，使过剩相充分融解到固溶体中后快速冷却以得到过饱和固溶体的工艺
			时效处理 合金工件经固溶热处理后，在室温或稍高于室温保温以达到沉淀硬化目的的处理
			其他
		表面热处理 仅对工件表层进行热处理以改变其组织和性能的工艺	表面淬火 仅对工件表层进行淬火的工艺
			物理气相沉积 利用物理过程来沉积薄膜的表面热处理工艺
			化学气相沉积 一种常用的表面热处理技术，这种技术使用化学的方法来沉积薄膜
			等离子体化学气相沉积 一种新型镀膜技术。它是辉光放电的物理过程和化学气相沉积相结合的综合应用。通常是采用直流、射频、微波、脉冲放电手段产生等离子体，利用等离子的高能电子激活反应气体分子使之电离或分解，从而获得离子、原子和大量活性集团，在工件或基片表面进行化学反应，形成固体沉积薄膜
			其他
		化学热处理 将金属或合金工件置于一定温度的活性介质中保温，使一种或几种元素渗入它的表层以改变其化学成分、组织和性能的热处理工艺	渗碳 为了增加钢件表层的含碳量和一定的碳浓度梯度，将钢件在渗碳介质中加热并保存使碳原子渗入表层的化学热处理工艺
			碳氮共渗 在一定温度下（一般在 Ac_1 温度下），使活性氮原子和碳原子渗入工件表层的化学热处理工艺
			渗氮 在一定温度下，将活性氮原子渗入工件表层的化学热处理工艺
			渗其他非金属 在一定条件下，将其他非金属原子渗入工件表层的化学热处理工艺
			渗金属 在一定条件下，将金属原子渗入工件表层的化学热处理工艺

表 B.4（续）

第一层分类	第二层分类	第三层分类	第四层分类
其他成形工艺	热处理工艺 将固态金属或合金在一定介质中加热、保温和冷却，以改变其整体或表面组织，从而获得所需要组织结构与性能的加工方法	化学热处理 将金属或合金工件置于一定温度的活性介质中保温，使一种或几种元素渗入它的表层以改变其化学成分、组织和性能的热处理工艺	多元共渗 在一定条件下，将多种元素的原子渗入工件表层的化学热处理工艺
			溶渗 在熔融介质中进行渗碳或其他元素的化学热处理工艺
			其他
		绿色热处理技术 将高新技术应用于热处理，达到少无污染，少无氧化和节能目的的热处理技术	氮基气氛热处理 以氮基气氛作为热处理保护气氛的工艺。其中，氮基气氛以氮气为基本成分，加入适量添加剂制备而成的
			真空热处理 使零件保持洁净（表面无氧化无脱碳），免除淬火后清洗工序的高压气淬真空热处理技术
			流态床热处理 用流态床取代盐浴的热处理工艺
			绿色淬火冷却技术 将淬火介质水基和矿物油，以其他淬火剂取代，从而达到绿色环保要求的技术
			其他
		其他	
	拆卸与回收工艺	拆卸 采用一定的工具和手段，解除对零部件造成各种约束的联接，将产品零部件逐个分离的过程	
		回收 对有限材料的收集，以备再利用	
		其他	
	装配与包装工艺	装配 按规定的技术要求，将零件或部件进行配合和连接，使之成为半成品或成品的工艺过程	完全互换装配 在装配时各配合零件不经修理、选择或调整即可达到装配精度的方法
			分组装配 将产品零件按实测尺寸分组，装配时按组进行互换装配以达到装配精度的方法
			调整装配 在装配时改变产品中可调整零件的相对位置或选用合适的调整件以达到装配精度的方法

表 B.4（续）

第一层分类	第二层分类	第三层分类	第四层分类
其他成形工艺	装配与包装工艺	装配 按规定的技术要求，将零件或部件进行配合和连接，使之成为半成品或成品的工艺过程	修配装配 在装配时修去指定零件上预留修配量以达到装配精度的方法
			其他
		试验与检验	试验 在一定条件下，对材料、产品或一组观测值的性能或特性的测试与验证
			检验 对产品、过程或服务的一种或多种特性进行测量、检查、试验、计量，并将这些特性与规定的要求进行比较的活动
		包装 用可以保护商品的容器或包装物对产品进行盛装	内包装 使用固定、缓冲以及耐腐蚀等材料对产品加以包装，以使产品避免在运输和储存过程中受到损坏的包装
			外包装 为方便于运输和存储，对产品进行的最后的包装
			其他
		其他	
	其他	直接成形技术 制造过程中无需进行切削加工而直接产生合格产品的加工方法	爆炸成形 利用炸药爆炸产生的能量使金属材料产生塑性变形的加工方法
			液压成形 利用高压液体的能量使金属材料产生塑性变形的加工方法
			喷丸成形 用小直径的弹丸，在压缩空气或离心力的作用下，高速喷射工件，从而得到一定形状、尺寸、质量和性能制件的加工方法
			其他
		非金属材料成形技术 利用非金属材料作为原材料进行产品制造的方法	聚合材料成形 利用聚合材料作为原材料进行产品制造的方法
			橡胶材料成形 利用橡胶材料作为原材料进行产品制造的方法
			玻璃成形 利用玻璃作为原材料进行产品制造的方法
			复合材料成形 利用复合材料作为原材料进行产品制造的方法
			其他

表 B.4（续）

第一层分类	第二层分类	第三层分类	第四层分类
其他成形工艺	其他	表面处理 改变工件表面层的机械、物理或化学性能的加工方法	清洗 借助清洗设备或工具将清洗液作用于工件表面，用一定的清洗方法去除工件表面粘附的油脂污垢，使工件内外表面都达到要求的清洁度
			粗化 利用粗化剂、粗化液以及其他方法和手段使工件具有要求粗糙度的工艺
			光整 借助外力对零件表面进行的去污、去毛刺、去氧化皮、去飞边等操作，以提高零件表面光洁度，消除了零件加工过程中的残余应力，从而提高零件精度和使用可靠性
			强化 借助外力对工件表面进行强化处理，以改变其表面层机械、物理性能的加工方法
			其他
		少无切削加工 加工余量很小甚至没有切削加工余量的工艺方法	滚挤压加工 用滚挤压工具对金属坯料或工件实施压力，使其产生塑性变形，从而将坯料成形或滚光工件表面的加工方法
			滚轧成形加工 用滚轧的方法完成产品成形的工艺
			其他
		微细加工 尺寸在微米至厘米范围内零件的加工都归属于微细加工	体硅微细加工 在微米量级上进行的以硅体加工为主的硅微加工技术（从上到下去除）
			表面微细加工 在微米量级上进行的以硅表面加工为主的硅微加工技术（从下到上添加）
			其他
		纳米技术 在纳米的尺度范围内，设法组成新物质，开发新应用的技术	纳米加工 在纳米量级上对被加工件进行的从上到下去除材料的加工方法
			分子工程 在纳米量级上对被加工件进行的从下到上添加材料的加工方法
			其他

表 B.4（续）

第一层分类	第二层分类	第三层分类	第四层分类
其他成形工艺	其他	防锈 为防止零部件生锈而采取的方法措施	水剂防锈 利用具有防锈作用的水液保存金属制品以达到防锈目的
			油剂防锈 涂防锈油脂对金属制品防锈
			气相防锈 物质不直接涂覆于金属表面，而其挥发性气体对金属表面能起防锈作用
			环境封存防锈 应用和使用适当保护方法，防止包装品锈蚀损坏，包括使用适当的防锈材料，包覆、包裹材料，衬垫材料，内容器，完整同意的标记等，不包括运输用的外部容器
			可剥性塑料防锈 利用可剥性塑料包装制品，以达到防锈目的的方法
			其他
		缠绕 在一个芯轴表面，以精确的几何式样放置或缠绕连续纤维的过程	弹簧缠绕 用于形成弹簧状的缠绕结果称为弹簧缠绕
			绕组缠绕 用于形成绕组状的缠绕结果称为绕组缠绕
			其他
		编织 用丝状或线状原材料，通过特定的交叉方式连结成产品的工艺方法	筛网编织 用于形成筛网的编织称为筛网编织
			其他
		其他	

参考文献

[1] 孙大涌. 先进制造技术[M]. 北京:机械工业出版社,1999.
[2] 杨叔子. 机械加工工艺师手册[M]. 北京:机械工业出版社,2001.
[3] 陈宏钧. 实用机械加工工艺手册[M]. 北京:机械工业出版社,2003.
[4] 卢秉恒. 机械制造技术基础[M]. 北京:机械工业出版社,1999.
[5] 白基成,郭永丰,刘晋春. 特种加工技术[M]. 哈尔滨工业大学出版社,2006.
[6] 朱奇志. 机械制造标准术语大全[M]. 机械工业出版社,1994.
[7] 杨继全,徐国财. 快速成形技术[M]. 化学工业出版社,2006.

ICS 03.100.99
T 00

中华人民共和国国家标准

GB/T 22125—2008

汽车配件营销企业经营管理规范

Operation and management regulations for enterprises of marketing automobile parts

2008-07-01 发布　　2008-12-01 实施

中华人民共和国国家质量监督检验检疫总局
中国国家标准化管理委员会　发布

前　言

本标准由全国物流标准化技术委员会提出并归口。

本标准起草单位:全国工商联汽车摩托车配件用品业商会。

本标准主要起草人:楼崇、乔永锋、韩春凤、曾昭朝、占开云、徐星汉。

汽车配件营销企业经营管理规范

1 范围

本标准规定了汽车配件营销企业的营业条件、经营操作、人员素质及资质划分的要求。

本标准适用于在我国境内合法设立的以汽车配件销售为主营业务的各类企业，兼营汽车配件销售的企业可参照执行。

2 术语和定义

下列术语和定义适用于本标准。

2.1

汽车配件 automobile parts

用于组装成汽车的各种专用零部件以及汽车运行时所应使用的各种专用品。

2.2

汽车配件营销企业 enterprises of marketing automobile parts

以汽车配件批发、零售为主营业务的企业。

3 营业条件

3.1 经营场所

3.1.1 应具备与所经营商品、经营规模相适应的营业店面、办公场所、仓储场所等经营场所。

3.1.2 经营场所的布置应整齐、清洁，便于经营及接待顾客。

3.1.3 经营场所的人流通道、车辆通道、消防通道、电气线路布置、电器容量、控制元件、开关、照明设施应符合相应的安全规定。

3.1.4 经营场所应具备符合规定的消防器材、消防设施、消防水源，具体参见《中华人民共和国消防法》。

3.2 设备设施

3.2.1 应具备经营所需的商品陈列展示用具、仓储保管用品及办公设施等。

3.2.2 应具备与所经营的汽车配件商品特点相配套的长度检测量具、万用表等基本的质检工具。

3.3 资产

应具备经营所需的汽车配件周转商品等流动资产。

3.4 专业人员

应具备能够完成汽车配件销售业务的销售、质检等专业人员。汽车配件销售人员应取得由劳动部门颁发的“汽车配件销售员”从业资格证书。

4 经营操作

4.1 商品采购

汽车配件营销企业应选择合法供应商所提供的合格商品，并应具有相关的进货证明。

4.2 进货检验

4.2.1 应检查购进商品的外包装、内包装的完整性，包装应符合商品特性要求。

4.2.2 应核对购进商品所附的产品名称、商标、生产厂厂名、厂址、合格证明、规格型号、商品质量等级、生产许可证、商品出厂日期和有效期限等证件，并应检查商品的相关特征是否与其所附的相关证件相符。

4.2.3 进口配件还应核对口岸商检合格证明、海关进口关税单、海关进口商品证明等材料。

4.2.4 对实行强制性认证的产品应核对强制性认证证书。

4.2.5 应按相关质量标准对购进商品是否存在质量缺陷进行检验。

4.3 仓储保管

4.3.1 应根据汽车配件的特性做好商品的入库、出库、堆码、保养等工作。

4.3.2 汽车配件应进行分类仓储。

4.3.3 在仓储时应做好防火、防潮、防腐蚀等措施。

4.3.4 仓储面积应与经营所需的周转商品相一致。

4.4 商品销售

4.4.1 商品应摆放有序、明码标价。

4.4.2 应公示商品的生产厂家、规格型号、技术性能、质量等级、通用性、售后服务及使用、维护、保养等相关信息。

4.4.3 应根据顾客要求,进行与产品规格、安装、使用相关的一般性质量检测。

4.4.4 应妥善处理商品废弃物。

4.4.5 对长期供应或数量较大的汽车配件销售业务,应签订销售合同(协议),内容包含所售商品的详细信息(配件的种类、数量、质量、价格等)、交货时间和地点、运输方式、杂费的支付、付款方式、售后服务及其他需要双方约定的内容。

4.5 售后服务

4.5.1 应指定专人或设置相应机构负责售后服务工作,应与产品供应商签订售后服务协议,明确各自的质量责任、售后服务方式与范围、售后机构的设立等相关事宜。

4.5.2 应建立客户档案,对客户实行售后回访,处理客户的质量投诉与服务建议。

4.5.3 应具备与其售后服务内容相对应的质检条件,向顾客提供应有的技术咨询与服务。

4.5.4 对于收费性质的售后服务,应以客户自愿接受为原则,收费的标准应按国家或行业相关规定执行,无具体收费规定的售后服务项目应由双方按市场原则自行商定收费金额。

4.6 管理制度

应具备与本企业经营规模、业务范围相适应的整套管理制度、业务流程及业务标准,保证企业运转正常,能为客户提供稳定的产品和服务质量。

5 人员素质

5.1 销售人员

应具备专业知识和销售技能,在销售服务的过程中热情细心、有责任感。

5.2 质检人员

应掌握各类汽车配件的基本检测方法,利用长度检测量具、万用表等基本质检工具作一般性的质量鉴定。

5.3 仓储人员

应根据汽车配件的特点合理安排入库、出库、堆码等工作,并熟知各类汽车配件的储存条件和养护方法。

6 资质划分

6.1 划分原则

根据汽车配件营销企业所应具备的营业条件和经营操作要点,以能够全面客观地反映企业综合实力为原则,从汽车配件营销企业的资产状况、经营能力、管理水平和人员素质四个方面,将企业划分为四个类别，即：一类企业、二类企业、三类企业、四类企业。一类企业评定条件最高，依次降低。

6.2 划分指标

具体划分指标见表1。

表1 汽车配件营销企业资质评估表

<table>
<tr><th colspan="3" rowspan="2">评估指标</th><th colspan="4">类 别</th></tr>
<tr><th>一类</th><th>二类</th><th>三类</th><th>四类</th></tr>
<tr><td rowspan="2">资产状况</td><td colspan="2">总资产 *</td><td>≥5 000 万元</td><td>≥2 000 万元</td><td>≥500 万元</td><td>≥100 万元</td></tr>
<tr><td colspan="2">资产负债率 *</td><td colspan="2">≤70%</td><td colspan="2">≤60%</td></tr>
<tr><td rowspan="5">经营能力</td><td colspan="2">年汽车配件销售收入 *</td><td>≥1 亿元</td><td>≥5 000 万元</td><td>≥1 500 万元</td><td>≥300 万元</td></tr>
<tr><td colspan="2">经营年限</td><td>≥3 年</td><td colspan="2">≥2 年</td><td>≥1 年</td></tr>
<tr><td colspan="2">品牌 *</td><td>有自身的汽配营销品牌</td><td colspan="3">能够为代理商品进行推广、促销</td></tr>
<tr><td colspan="2">销售网络 *</td><td>全国</td><td>跨省市</td><td>本地区</td><td>本地区</td></tr>
<tr><td colspan="2">经营场地 *</td><td>≥1 500 m²</td><td>≥600 m²</td><td>≥150 m²</td><td>≥60 m²</td></tr>
<tr><td rowspan="7">管理水平</td><td colspan="2">卖场氛围 *</td><td colspan="4">干净整洁、明码标价、摆放有序</td></tr>
<tr><td colspan="2">质量管理 *</td><td colspan="3">通过 ISO 9001:2000 质量管理体系认证</td><td>暂不要求</td></tr>
<tr><td colspan="2">客户管理 *</td><td colspan="2">能够对客户进行整理、统计、分析</td><td colspan="2">建立客户档案，保持联系沟通</td></tr>
<tr><td colspan="2">仓储管理 *</td><td colspan="2">能利用信息技术优化仓储操作</td><td colspan="2">有完善的仓储操作流程和标准</td></tr>
<tr><td colspan="2">质检人员 *</td><td colspan="2">专职</td><td colspan="2">可兼职</td></tr>
<tr><td colspan="2">售后机构</td><td colspan="2">建立专门的售后机构</td><td colspan="2">有专人负责售后工作</td></tr>
<tr><td colspan="2">电子商务</td><td colspan="2">具有企业宣传网站</td><td colspan="2">能利用网络开展业务宣传</td></tr>
<tr><td rowspan="3">人员素质</td><td rowspan="2">学历水平</td><td>A</td><td>≥40%</td><td>≥30%</td><td>≥20%</td><td>≥10%</td></tr>
<tr><td>B</td><td>≥50%</td><td>≥45%</td><td>≥40%</td><td>≥35%</td></tr>
<tr><td>职业能力 *</td><td>C</td><td>≥60%</td><td>≥50%</td><td>≥40%</td><td>≥30%</td></tr>
<tr><td colspan="7">注1：表中标注 * 的划分指标为企业应达到该资质等级的关键指标，其他为一般指标。
注2：表中人员素质一栏字母所代表的含义是：A 具有大专以上学历(含大专)的员工占员工总数的比率，B 具有中专或高中学历的员工占员工总数的比率，C 销售人员中取得由劳动部门颁发的“汽车配件销售员”从业资格证书的人员比率。</td></tr>
</table>

参 考 文 献

[1] 《中华人民共和国消防法》(1998 年版)

ICS 03.100.01
A 01

GB

中华人民共和国国家标准

GB/T 22126—2008

物流中心作业通用规范

General specification for the logistics center operation

2008-07-01 发布 2008-12-01 实施

中华人民共和国国家质量监督检验检疫总局
中国国家标准化管理委员会 发布

前　　言

本标准由全国物流标准化技术委员会提出并归口。

本标准起草单位：华中科技大学管理学院、上海市标准化研究院、上海市物流学会、上海现代物流投资发展有限公司。

本标准主要起草人：马士华、杨洁明、桂华明、晏绍庆、王二卫。

本标准是首次发布。

引　　言

本标准从物流中心的功能要素出发，对各作业环节的一般性管理程序、关键点控制、例外事项的处理提出规范和要求，旨在指导物流中心作业规范体系的建立，保障物流中心高效和有效运行，使物流中心的作业行为满足有关法律、法规的要求，物流中心远景目标和服务方针的要求，以及各相关方的要求。

物流中心作业通用规范

1 范围

本标准规定了建立物流中心作业规范体系的基本要求与管理方针、作业流程与规范、作业规范的实施保证，以及对作业规范体系的评审与改进等内容。

本标准适用于规范物流中心的作业活动，也可供配送中心和企业物流中心参照应用。

2 规范性引用文件

下列文件中的条款通过本标准的引用而成为本标准的条款。凡是注日期的引用文件，其随后所有的修改单（不包括勘误的内容）或修订版均不适用于本标准，然而，鼓励根据本标准达成协议的各方研究是否可使用这些文件的最新版本。凡是不注日期的引用文件，其最新版本适用于本标准。

GB/T 18354—2001 物流术语

GB/T 19000—2000 质量管理体系 基础和术语

3 术语和定义

GB/T 18354—2001 确立的以及下列术语和定义适用于本标准。

3.1

物流中心 logistics center

从事物流活动的场所或组织，应基本符合下列要求：

a) 主要面向社会服务；

b) 物流功能健全；

c) 完善的信息网络；

d) 辐射范围大；

e) 少品种、大批量；

f) 存储、吞吐能力强；

g) 物流业务统一经营、管理。

[GB/T 18354—2001，定义 3.9]

3.2

收货 goods receiving

物流中心作业流程的开始环节，主要包括收货准备、单证核对、卸货、搬运、实物检验、点数、分类、标识、入库等活动。

3.3

储存 storing

保护、管理、贮藏物品。

[GB/T 18354—2001，定义 4.11]

3.4

装卸 loading and unloading

物品在指定地点以人力或机械装入运输设备或卸下。

[GB/T 18354—2001，定义 4.23]

3.5

搬运 handling;carrying

在同一场所内,对物品进行水平移动为主的物流作业。

[GB/T 18354—2001,定义 4.22]

3.6

拣选 order picking

按订单或出库单的要求,从储存场所拣出物品,并放置在指定地点的作业。

[GB/T 18354—2001,定义 4.38]

3.7

发货 consignment

主要指将拣出的物品按订单或出库单进行分堆、复核、包装、搬运,同时办理完交接手续的作业活动。

3.8

补货 replenishment

从保管区域将物品移到拣货区域,并作相应的信息处理的活动。

3.9

配装 goods matching

物流中心按存货客户的指令,根据目的地、发货数量、线路等对待发货的物品进行配车并装车的活动。

3.10

运输 transportation

用设备和工具,将物品从一地点向另一地点运送的物流活动。其中包括集货、分配、搬运、中转、装入、卸下、分散等一系列操作。

[GB/T 18354—2001,定义 4.1]

3.11

盘点 stock counting

对储存物品进行点数和核对的活动。

3.12

订单处理 order processing

有关客户和订单的资料确认、存货查询和单证处理等活动。

3.13

信息管理 information management

对物品编码、客户及补货订单、存货需求、送货单、送货回单、提货单、拣货单、移仓单、盘点表格、库存报表、运输文件、结算报表等纸质或电子化形式的单证和报表等信息及信息管理系统进行的计划、组织、协调与控制等内容。

3.14

直接换装 cross docking

物品在物流环节中,不经过中间仓库或站点,直接从一个运输工具换载到另一个运输工具的物流衔接方式。

[GB/T 18354—2001,定义 4.33]

3.15

物流网络 logistics network

物流过程中相互联系的组织与设施集合。

[GB/T 18354—2001,定义 3.10]

3.16

流通加工　distribution processing

物品在从生产地到使用地的过程中，根据需要施加包装、分割、计量、分拣、刷标志、拴标签、组装等作业的总称。

[GB/T 18354—2001，定义 4.41]

3.17

作业规范体系　system of operation specification

与作业相关的基本要求与管理方针、各作业环节的具体作业规范、作业规范的实施保证、评审与改进等内容。

3.18

相关方　interested party

与组织的业绩或成就有利益关系的个人或团体。

[GB/T 19000—2000，定义 3.3.7]

3.19

逆向作业　reverse operations

与物品正常的进库、储存、出库等作业顺序方向相反的活动。

3.20

可追溯性　traceability

追溯所考虑对象的历史、应用情况或所处场所的能力。

[GB/T 19000—2000，定义 3.5.4]

4　基本要求与管理方针

4.1　基本要求

物流中心应根据相关的法律、法规和本标准的要求，系统建立并实施物流中心作业规范体系：

a）制定作业规范体系的管理方针；

b）制定物流中心作业规范；

c）对物流中心的日常作业活动进行控制；

d）对物流中心的作业规范体系进行评价；

e）按评价结果对作业规范体系进行改进；

f）对物流中心的工作人员进行相关法律、法规、标准、安全和技能方面的培训。

4.2　管理方针

物流中心的最高管理者应根据物流中心的具体情况制定物流中心作业规范体系的管理方针。管理方针应与物流中心的宗旨、相关方针和目标相适应。

物流中心作业规范的管理方针应体现：

a）物流中心的设施设备达到消防、设计规范和安全运行的要求；

b）作业人员、处置物品和物流中心设备设施安全保证；

c）提高顾客满意度，增加顾客价值；

d）节约社会资源、保护环境；

e）降低物流成本，提高社会物流效益；

f）提高物流中心作业效率、自身和相关方经济效益；

g）提高信息化程度，满足上下游企业对信息化的要求。

5 作业流程及规范

5.1 安全要求

物流中心作业安全应包括：

a) 人员作业安全标准和规范；

b) 装卸搬运、拣选等场内机械作业安全操作规范；

c) 装卸搬运、拣选等场内机械的保养、维修及更换规定；

d) 在仓库和装卸作业区实行人、车分行，并制定相应的交通标志和交通规范；

e) 仓库检修及保养规定；

f) 物品堆码、储存不得损坏仓储设施、符合消防要求和物品安全的规定；

g) 储存物品的养护、防盗措施；

h) 自有车辆的保养、维修、安全检查规定；

i) 自有车辆安全行车规范；

j) 作业人员劳动安全保护规范；

k) 仓库消防设施的配制规定；

l) 防火安全措施；

m) 水灾、火灾及存货倒塌等灾害应急预案。

5.2 收货作业

物流中心收货作业应包括：

a) 以到货计划为依据，制定进货作业计划，做好卸货、储位、人力和物力方面的安排；

b) 物流中心站场内车辆的行驶路线、限速标准以及停靠点的规定；

c) 入库物品的点数、验收方法及程序，对质量不合格或保质期已过的物品、货损、货差的情况进行规定并制定相应的处理程序；

d) 集装箱、托盘、周转箱等运储一体化器具的使用、流转、维修及更新规定；

e) 进货物品的编码、数据采集及信息录入的规定；

f) 根据暂存和入库物品的不同质量状态(包括合格品、不合格品和待测品等)，制定分类和标识规则，保证不同状态的物品被分隔和能够清楚识别。

5.3 储存作业

物流中心储存作业应包括：

a) 物品分类储存规定和防交叉污染措施；

b) 物品的储存定位、进出顺序的规范和作业流程；

c) 高价值、检疫品种、危化品等特殊物品的储存和控制措施；

d) 储存物品的出入库时间记录、过期物品报告和处置规定；

e) 库内物品的储存和堆码规范；

f) 根据存放物品的特性，对通风、温湿度等储存环境进行规定并制定相应的检查制度和调控措施；

g) 仓库防虫、防鼠、防飞鸟、防灰的措施；

h) 储存物品定期检测制度和不良储存物品处置规定；

i) 有关储存物品和仓库环境卫生方面的规定。

5.4 装卸、搬运作业

物流中心装卸搬运作业应包括：

a) 根据装卸搬运的不同物品类别，制定装卸搬运作业人员定额标准；

b) 装卸搬运物品发生破损的处理方法；

c) 相应的装卸搬运作业现场组织和管理措施。

5.5 拣选作业

物流中心拣选作业应包括：

a) 拣选作业流程和作业细则；

b) 拣选验货方式和纠错措施。

5.6 发货作业

物流中心发货作业应包括：

a) 根据订单信息，制定相应的物品出库作业计划，合理安排物品集配、人力、相关设备和车辆；

b) 物品出库流程及审批权限；

c) 拣出物品的分堆、复核和包装流程；

d) 出库物品的外包装核查方法；

e) 出库物品的单证流程和应记录的信息；

f) 按客户或出口(海关)要求制作所有装运文件和标识装运物品的规范和程序；

g) 出库物品交接办法；

h) 物品出门管理规定；

i) 发货现场清理措施；

j) 相应的溢缺物品处理方案。

5.7 补货作业

物流中心补货作业应包括：

a) 补货流程和方法；

b) 确定补货时机的方法；

c) 补货作业信息处理。

5.8 配装作业

物流中心配装作业应包括：

a) 根据订单情况，制定配装作业和车辆调度计划，有效组织人力、物力和运输车辆，保证发货物品能够及时配齐并装车；

b) 根据订单与物品类别，规定可以混装或不可混装的物品；

c) 装车物品的堆码、加固要求；

d) 配送单证流程及物品转移交接程序。

5.9 运输作业

物流中心运输作业应包括：

a) 自有车辆运输作业绩效评价方法；

b) 运输承运人的选择标准、评价和合作方式；

c) 社会车辆运输作业流程；

d) 根据物品对运输车辆和其他配装物品类别的要求，规定对社会车辆装货前的检查程序；

e) 在途车辆事故处理及应急机制，送达物品损坏处理办法。

5.10 盘点作业

物流中心盘点作业应包括：

a) 按物品类别和流动特点确定盘点方法、频率，并制定相应的盘点程序；

b) 盘点制度，明确盘点的目的、范围、盘点人员组成及职责；

c) 针对盘存差异制定相应的责任追究和奖惩措施；

d) 针对盘点结果与账面不符的情况，规定相应的账务处理办法。

5.11 订单处理

物流中心订单处理应包括：

a) 订单接收程序，包括客户订单接收、传递、确认、建档等；

b) 订单数据处理程序，包括存货查询、存货分配、订单处理数据输出等；

c) 订单作业程序，包括生成作业前的补货单、编制拣货的路线图、提出缺货明细单并发出紧急采购指令；

d) 订单状况管理程序，包括订单进度追踪、订单异常变动处理等。

5.12 信息管理

物流中心信息管理应包括：

a) 与客户相关信息共享的办法，便于客户对其储存、运输物品状态的查询和跟踪；

b) 管理信息系统主要包括物品编码管理系统、订单管理系统、仓库管理系统、运输管理系统、财务管理系统、客户关系管理系统、标准化管理系统等；

c) 软件升级、信息系统安全、维护和技术支持的规定；

d) 入出库物品编码规则；

e) 信息自动识别技术（如条形码、电子标签等）的应用标准、使用规范和相关设备的操作、维修和保养规定；

f) 物品单证管理流程及单证保存年限的规定；

g) 物品单证格式与记录规范；

h) 存货布设、物品存取路径的操作规范；

i) 与库存、运输、结算等相关的报表格式、统计周期及呈报对象；

j) 货差、货损等物品异常情况统计表格式；

k) 信息查询、错误更改的权限及管理规定；

l) 客户物品状况、数量、存放地查询服务指南；

m) 其他有关客户信息服务方面的规定。

5.13 直接换装作业

物流中心直接换装作业应包括：

a) 根据到货信息和订单信息，制定相应的人力、机械、场地和车辆的计划；

b) 单证预制和处理流程，并明确单证应填写的内容；

c) 物品转移、质量检测、点数和交接程序；

d) 货损、货差记录与处理程序；

e) 不良物品的记录、确认和处理程序；

f) 车辆出入和物品出门管理规定；

g) 到货车辆未按时到达的应急措施。

5.14 物流网络管理

物流中心物流网络管理应包括：

a) 统一制定各仓库的单证与报表格式和应记录的内容；

b) 建立网络化的物流信息管理系统，制定网络内部的单证传递与报表核对、汇总及呈报的程序；

c) 依据国家相关标准制定连接上下游企业的数据接口规范；

d) 各仓库之间的物品调拨程序及单证管理；

e) 内部托盘、周转箱等容器的使用与流转规则；

f) 内部调拨物品货损、货差的记录，物品交接程序及账务处理办法。

5.15 流通加工

物流中心流通加工应包括：

a) 根据订单和需求信息，制定物料和人力组织，加工量、加工进度等计划；

b) 合理规划和安排流通加工场地；

c) 根据加工物品类别，制定加工设备操作指南；

d) 领料、退料、产品入库、质量检验等规范及流程；

e) 物料投入产出、人力、费用等生产力报表体系和参考指标。

6 作业规范的实施保证

6.1 机构及职责

物流中心机构及职责应包括：

a) 物流中心的组织体系包括并不限于仓储、运输、调度、客户服务、信息管理等部门；

b) 明确各部门的作业管辖范围和责任，部门之间互相监督、分工协作；

c) 明确管理人员和其他作业人员的职责和权限。

6.2 财务处理

物流中心财务处理应包括：

a) 与作业相应的内部财务管理制度；

b) 各作业环节的财务处理方式与成本核算方法。

6.3 文件管理

物流中心应对管理方针、整个作业过程及其核心要素进行描述，以书面或电子方式形成文件，并建立相应的文件批准、发放、更改、防止作废文件的非预期使用的控制程序和查询途径。应包括下列文件类型：

a) 管理方针；

b) 用于向物流中心外部及内部提供关于作业活动的文件；

c) 用于表述与作业相关的法律、法规等要求的文件；

d) 用于指导作业方法、作业程序、建议、技术标准等指南性的文件；

e) 用于记录作业过程相关事项的文件。

6.4 人员培训

物流中心应根据需要提供外部和内部培训，以提高管理和作业人员的能力及素质，保证其能够理解作业规范、掌握作业技术，达到作业规范要求的水平。人员培训应包括：

a) 物流中心机械和车辆驾驶员强制性培训和认证；

b) 仓库及其他作业场所的消防安全培训和认证；

c) 作业规范体系管理方针及目标的培训；

d) 作业规范体系工作流程及程序、操作规范及要求的培训；

e) 作业现场实际操作的培训；

f) 作业人员劳动安全保护的培训；

g) 物流工程师及管理人员现代物流知识、技能、技术培训；

h) 质量及环保方面的培训；

i) 相关法律、法规、技术标准、规范等要求的培训。

物流中心应建立适当的培训记录和有效的培训计划，并建立一套程序来监督培训效果和引入必要的改进措施。

6.5 作业与服务质量评估

为了指导、监控和评价作业活动，物流中心应根据相关标准、自身情况、相关方及管理方针的相关要求，制定作业与服务质量指标，应包括：

a) 各个作业环节的作业质量指标体系；

b） 各个作业环节的服务质量指标体系。

7 评审及改进

7.1 评审

物流中心应建立一套评审工作程序及方案，最高管理者应组织定期对物流中心所执行的作业规范体系进行评审，确保各作业活动有效的实施和保持。评审内容应包括：

a） 作业规范体系是否符合本标准的要求；

b） 管理方针、作业程序、过程实施、相关记录的适宜性；

c） 作业规范体系实施的正确性；

d） 针对审核结果，作业规范体系的持续改进情况。

评审方案应包括评价准则、评价范围、评价周期、评价实施机构及职责、评价方法等内容，并将评审结果形成文件，及时报送相关管理人员采取措施，以消除不合格项，并对改进情况进行跟踪，包括对所采取措施的验证和验证结果的报告。

7.2 改进

物流中心应建立一套改进程序，根据建立的规范作业体系和评审结果，采取纠正和预防措施，防止和消除不合格项，并根据经营环境和自身条件的变化，对建立的作业规范体系进行完善，以确保体系的持续性、充分性和有效性。

ICS 43.160
V 57

中华人民共和国国家标准

GB 22127—2008

散装水泥车罐体安全质量

Bulk-cement delivery tanker security quality

2008-07-01 发布　　　　2008-12-01 实施

中华人民共和国国家质量监督检验检疫总局
中国国家标准化管理委员会　发布

前　言

本标准中4.2、4.5.2、4.5.3、4.5.4、4.6、4.7为强制性，其余为推荐性。

本标准在参考QC/T 560—1999《散装水泥车技术条件》和QC/T 561—1999《散装水泥车性能试验方法》的相应内容的基础上并根据我国现行有关法规文件的要求制定的。

本标准由中国物流与采购联合会提出并归口。

本标准起草单位：安徽星马汽车股份有限公司、武汉专用汽车集团公司、南京天印专用汽车有限公司、中国建筑二局建筑机械总厂、东莞市永强汽车制造有限公司。

本标准主要起草人：邱卫人、朱荣珊、孙红军、冯建光、王苏宁、李荣海、范建湘、杨路。

散装水泥车罐体安全质量

1 范围

本标准规定了散装水泥车罐体安全质量的相关术语和定义、罐体要求、试验方法及检验规则。

本标准适用于公路运输的散装水泥车罐体的安全质量评定。

2 规范性引用文件

下列文件中的条款通过本标准的引用而成为本标准的条款。凡是注日期的引用文件，其随后所有的修改单(不包括勘误的内容)或修订版均不适用于本标准，然而，鼓励根据本标准达成协议的各方研究是否可使用这些文件的最新版本。凡是不注日期的引用文件，其最新版本适用于本标准。

GB 150—1998　钢制压力容器

GB 2894—1996　安全标志

JG/T 5021—1993　气卸散装水泥输送车　卸料快速接头

3 术语和定义

下列术语和定义适用于本标准。

3.1

罐体　tank

能够承载、可以实现散装水泥等粉粒物料气力输送的罐状容器。

3.2

最高工作压力　rating pressure

在气力输送状态下，罐体所允许的最高压力。

3.3

罐体连接装置　tank connective fitting

实现罐体和运载工具紧固连接的专用装置。

3.4

罐体输送装置　tank transportation device

实现罐体内粉粒物料气力输送的气体输送管道、物料输送管道及与管道相连接的各类接头、阀门、仪表等。

3.5

罐体安全装置　tank safety equipment

罐体在实施装料及卸料过程中，为保证人身安全而配置的安全设施及警示标识。

4 罐体要求

4.1 最高工作压力

罐体最高工作压力应不大于 0.2 MPa。

4.2 强度

平稳升压到罐体最高工作压力的 1.15 倍，持续 30 min，试验过程中无异常响声和可见变形。

4.3 气密性

罐体在压力达到 0.2 MPa 后，停止供气 30 min，焊缝不得泄漏且气压下降值应小于 0.015 MPa。

4.4　罐体连接装置

罐体连接装置应有足够的强度，可满足散装水泥等粉粒物料气力输送和运输的要求。

4.5　罐体输送装置

4.5.1　罐体输送装置应能保证气力输送的要求，不得漏气。

4.5.2　罐体输送装置输送管道和管接头在1.15倍最高工作压力下进行气压试验，应密封可靠和无可见变形。

4.5.3　罐体或输送装置应设置耐震压力表，精度等级不低于2.5级，安装位置便于操作人员观察。

4.5.4　罐体输送装置应设置安全阀，安全阀排放功能应能满足气力输送的安全要求，安全阀应能防水，安装位置便于检查与维修。

4.5.5　卸料快速接头应符合JG/T 5021—1993的要求和规定。

4.6　罐体安全装置

4.6.1　罐体进料口附近应设置工作台和护栏等安全装置，工作台应防滑、易排水。

4.6.2　罐体料盖开启和关闭应灵活轻便，密封可靠；应设置安全联锁装置。

4.6.3　罐体应设置泄放装置，泄放装置应便于操作。

4.6.4　罐体应在醒目位置标明警示标识。

4.7　罐体封头

罐体封头应符合GB 150—1998中第7章以及10.2.3的规定和要求。

4.8　罐体及罐体焊接

罐体不得有裂纹，明显锈蚀等影响机械强度和刚度的材料缺陷；焊缝表面不得有裂纹、未熔合、未焊透、夹渣等现象，焊缝表面的咬边深度不得大于0.5 mm，咬边的连续长度不得大于100 mm。焊缝两侧咬边总长不得超过焊缝长度的10%。

5　试验方法

5.1　罐体工作压力

罐体在标准工况的气力输送状况下，通过压力表观察罐体工作压力是否小于0.2 MPa(散装水泥车使用的空压机公称排气压力不大于0.2 MPa，故罐体最高工作压力应不大于0.2 MPa)。

5.2　罐体强度

平稳升压到罐体1.15倍最高工作压力下持续30 min后，检查罐体是否有异常响声和可见变形。

5.3　罐体气密性

罐体在压力达到0.2 MPa后，停止供气，30 min后焊缝不得泄漏且气压下降值应小于0.015 MPa。

5.4　罐体连接装置

让罐体与运载工具相连，做20 km的满负荷运载试验，检查连接装置是否有足够的、满足散装水泥等粉粒物料实现气力输送和运输要求的强度。

5.5　罐体输送装置

5.5.1　罐体在气力输送状况下，检查输送装置是否漏气，是否满足气力输送的要求。

5.5.2　检查罐体是否安装耐震压力表，压力表是否便于操作人员观察。

5.5.3　输送装置是否安装了安全阀，安装位置是否便于检查与维修，是否防水，排放能力是否满足气力输送的安全要求。

5.5.4　检查卸料快速接头是否满足JG/T 5021—1993的要求和规定。

5.6　罐体安全装置

5.6.1　检查罐体进料口附近是否设置了工作平台、护栏、防滑板等安全装置，检查工作平台是否易排水。

5.6.2　检查料盖开启和关闭是否灵活轻便，密封是否可靠，有无安全联锁装置。

5.6.3 检查有无泄放装置,是否便于操作。

5.6.4 检查罐体醒目位置有无警示标识,警示标识是否符合 GB 2894—1996 的规定。

5.7 罐体封头

检查是否符合 GB 150—1998 中第 7 章以及 10.2.3 的规定和要求。

5.8 罐体及罐体焊缝

检查罐体是否有裂纹及明显的锈蚀等影响机械强度及刚度的材料缺陷;检查焊缝表面是否有裂纹、未熔合、未焊透、夹渣等现象,检查焊缝两侧咬边的深度和长度是否在要求范围内。

6 检验规则

6.1 每只罐体应经过生产企业的检验部门检验合格后方可出厂使用。

6.2 检验项目分为一般检验和关键检验两种。

6.2.1 一般检验项目为:4.1,4.3,4.4,4.5.1,4.5.5,4.8 项。

6.2.2 关键检验项目为:4.2,4.5.2,4.5.3,4.5.4,4.6,4.7 项。

6.3 关键项目有一项以上(含一项)测评不合格,则判定安全质量不合格;一般项目是关键项目的补充和延续,仅记录其实际状况,作为企业改进产品质量的依据。

6.4 散装水泥车罐体安全质量检验周期为一年,由安全生产主管部门委派当地检验机构定期进行。原则上,散装水泥车使用寿命不得超过 10 年。

ICS 13.030.50
Z 05

中华人民共和国国家标准

GB 22128—2008

报废汽车回收拆解企业技术规范

Technical specifications for end-of-life vehicles recycling and dismantling enterprise

2008-07-01 发布　　2009-01-01 实施

中华人民共和国国家质量监督检验检疫总局
中国国家标准化管理委员会　发布

前　言

本标准的 4.1.2、4.1.3、4.1.5、4.2.2、4.2.3、4.2.4、4.2.5、4.4.2、4.4.3、5.1.1、5.2、5.3.3、5.5.3、5.5.4、5.6.1、5.6.3、5.6.4、5.6.5、5.6.6、5.6.8、5.6.9 **为强制性条款，其余为推荐性条款。**

本标准的附录A为资料性附录。

本标准由中华人民共和国商务部提出并归口。

本标准起草单位：中国汽车技术研究中心。

本标准主要起草人：郑乃金、黎宇科、陈跃红、蔡勇、耿磊。

引　言

为规范报废汽车回收拆解企业经营行为，保障道路交通安全，提升报废汽车回收拆解行业的环保水平和回收利用水平，促进汽车产业可持续发展，制定本标准。

本标准的制定参考了国外报废汽车回收管理相关的法律、法规。其中，4.1部分参考了日本《报废汽车的再资源化等相关法律执行规则》第五十七条内容；5.2部分参考了《欧盟报废汽车指令(2000/53/EC)》附件Ⅰ的拆解处理最低技术要求。

报废汽车回收拆解企业技术规范

1 范围

本标准规定了报废汽车回收拆解企业及回收拆解工作的术语和定义、企业要求、报废汽车拆解作业程序等管理技术要求。

本标准适用于从事报废汽车回收拆解经营业务的企业，回收拆解摩托车、轮式自行机械的企业参照执行。

2 规范性引用文件

下列文件中的条款通过本标准的引用而成为本标准的条款。凡是注日期的引用文件，其随后所有的修改单（不包括勘误的内容）或修订版均不适用于本标准，然而，鼓励根据本标准达成协议的各方研究是否可使用这些文件的最新版本。凡是不注日期的引用文件，其最新版本适用于本标准。

GB 18597 危险废物贮存污染控制标准

GB 18599 一般工业固体废物贮存、处置场污染控制标准

GB/T 19515 道路车辆 可再利用性和可回收利用性计算方法

3 术语和定义

GB/T 19515 确立的以及下列术语和定义适用于本标准。

3.1

报废汽车 end-of-life vehicles; ELVs

达到国家机动车强制报废标准的汽车。

3.2

回收 recycling

依据国家的相关法律、法规及政策对报废汽车进行接收或收购、登记、标记、存储、并发放回收证明的过程。

3.3

拆解 dismantling

对报废汽车进行无害化处理、拆除可再利用的零部件和主要总成；按各物品的材质种类分解存放；对车体和结构件等进行压扁或切割的程序和方式。

3.4

注销 deregistration

将报废汽车的机动车登记证书、号牌、行驶证交公安机关交通管理部门办理注销登记的程序和方式。

3.5

报废汽车回收拆解企业 ELV recycling and dismantling enterprises

从事报废汽车回收、拆解经营业务的合法企业。

3.6

废液 waste liquid

存留在报废汽车中的燃料、发动机机油、变速器机油、传动机构机油、动力转向油、冷却液、防冻液、制动液、风挡玻璃洗涤液等各种液体。

4 报废汽车回收拆解企业的要求

4.1 场地

4.1.1 经营面积不低于 10 000 m^2，其中作业场地(包括存储和拆解场地)面积不低于 6 000 m^2。

4.1.2 报废汽车存储场地(包括临时存储)的地面要硬化并防渗漏。

4.1.3 拆解场地应为封闭或半封闭车间，地面应防止渗漏。拆解车间应通风、光线良好，安全防范设施齐全，并远离居民区。

4.1.4 应设置旧零件仓库。

4.1.5 存储场地和拆解车间的总排水口应设置油水分离装置和与其相接的排水沟。

4.2 设施设备

4.2.1 具备车辆称重设备。

4.2.2 具备室内拆解预处理平台，并配有专用废液收集装置和分类存放各种废液的专用密闭容器。

4.2.3 具备安全气囊直接引爆装置或者拆除、存储、引爆装置。

4.2.4 具备汽车空调制冷剂的收集装置。

4.2.5 具备分类存放含聚氯联苯或聚氯三联苯的电容器、机油滤清器和蓄电池的容器。

4.2.6 具备车架剪断设备、车身剪断或压扁设备。

4.2.7 具备起重运输设备。

4.2.8 具备总成拆解平台或精细拆解平台。

4.3 人员

专业技术人员不少于 5 人，其专业技能应能满足规范拆解、环保作业、安全操作(含危险物质收集、存储、运输)等相应要求。国家相关法规有持证上岗规定的，相关岗位的操作人员应遵守规定持证上岗。

4.4 其他

4.4.1 具备电脑等办公设施。

4.4.2 具备符合国家有关规定消防设施。

4.4.3 各类废弃物的存储设施应符合国家环境保护相关标准。

5 企业作业程序

报废汽车回收拆解企业的作业程序应严格遵循环保和循环利用的原则。接收或收购报废汽车后应按图 1 所示程序作业。

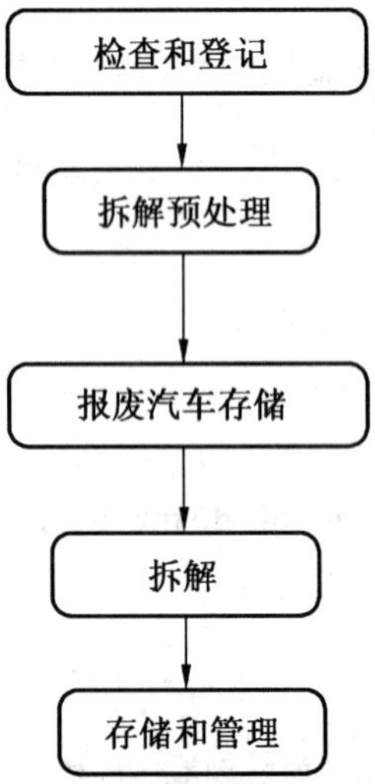

图 1 报废汽车回收拆解作业程序

5.1 检查和登记

5.1.1 检查报废汽车发动机、散热器、变速器、差速器、油箱等总成部件的密封、破损情况。对于出现泄漏的总成部件，应采用适当的方式收集泄漏的液体或封住泄漏处，防止废液渗入地下。

5.1.2 对报废汽车进行登记注册并拍照，将其主要信息录入电脑数据库并在车身醒目位置贴上显示信息的标签。

5.1.3 前款提到的主要信息包括：报废汽车车主(单位或个人)名称、证件号码、牌照号码、车型、品牌型号、车身颜色、重量、发动机号、车辆识别代号(或车架号)、出厂年份、接收或收购日期。

5.1.4 将报废汽车的机动车登记证书、号牌、行驶证交公安机关交通管理部门办理注销登记。

5.1.5 向报废汽车车主发放《报废汽车回收证明》及有关注销书面材料。

5.2 拆解预处理

a) 拆除蓄电池，拆除液化气罐；

b) 直接引爆安全气囊或者拆除安全气囊组件后引爆；

c) 在室内拆解预处理平台使用专用工具和容器排空和收集车内的废液；

d) 用专门设备回收汽车空调制冷剂。

5.3 报废汽车存储

5.3.1 应避免侧放、倒放。

5.3.2 如需要叠放，应使上下车辆的重心尽量重合，以防掉落，且叠放时外侧高度不超过 3 m，内侧高度不超过 4.5 m；对大型车辆应单层平置。如果为框架结构，要考虑其承重安全性，做到结构合理，可靠性好，并且能够合理装卸，而对存储高度没有限制。

5.3.3 应与其他废弃物分开存储。

5.3.4 接收或收购报废汽车后，应在 3 个月之内将其拆解完毕。

5.4 拆解

5.4.1 报废汽车预处理完毕之后，应完成以下拆解。

a) 拆下油箱；

b) 拆除机油滤清器；

c) 拆除玻璃；

d) 拆除包含有毒物质的部件(含有铅、汞、镉及六价铬的部件)；

e) 拆除催化转化器及消声器、转向锁总成、停车装置、倒车雷达及电子控制模块；

f) 拆除车轮并拆下轮胎；

g) 拆除能有效回收的含金属铜、铝、镁的部件；

h) 拆除能有效回收的大型塑料件(保险杠、仪表板、液体容器等)；

i) 拆除橡胶制品部件；

j) 拆解有关总成和其他零部件，并符合相关法规要求。

5.4.2 报废的大型客、货车及其他营运车辆应当按照国家有关规定在公安机关交通管理部门的监督下解体。

5.5 拆解的一般技术要求

5.5.1 拆解报废汽车零部件时，应当使用合适的专用工具，尽可能保证零部件可再利用性以及材料可回收利用性。

5.5.2 应按照汽车生产企业所提供的拆解信息或拆解手册进行合理拆解，没有拆解手册的，参照同类其他车辆的规定拆解。

5.5.3 存留在报废汽车中的各种废液应抽空并分类回收，各种废液的排空率应不低于 90%。

5.5.4 不同类型的制冷剂应分别回收。

5.5.5 各种零部件和材料都应以恰当的方式拆除和隔离。拆解时应避免损伤或污染再利用零件和可回收材料。

5.5.6 按国家法律、法规规定应解体销毁的总成,拆解后应作为废金属材料利用。

5.5.7 可再利用的零部件存入仓库前应做清洗和防锈处理。

5.6 存储和管理

5.6.1 应使用各种专用密闭容器存储废液,防止废液挥发,并交给合法的废液回收处理企业。

5.6.2 拆下的可再利用零部件应在室内存储。

5.6.3 对存储的各种零部件、材料、废弃物的容器进行标识,避免混合、混放。

5.6.4 对拆解后的所有的零部件、材料、废弃物进行分类存储和标识,含有害物质的部件应标明有害物质的种类。

5.6.5 容器和装置要防漏和防止洒溅,未引爆安全气囊的存储装置应防爆,并对其进行日常性检查。

5.6.6 拆解后废弃物的存储应严格按照 GB 18599 和 GB 18597 要求执行。

5.6.7 各种废弃物的存储时间一般不超过一年。

5.6.8 固体废弃物应交给符合国家相关标准的废物处理单位处理,不得焚烧、丢弃。

5.6.9 危险废物应交由具有相应资质的单位进行处理处置。

5.6.10 报废汽车典型废弃物的拆解及存储方法可参见附录 A。

6 企业管理

6.1 应建立相关制度防止报废汽车及国家禁止销售的报废汽车总成零部件流向市场。

6.2 对操作工人进行安全操作和废弃物处理方面的培训,推行培训上岗制度。

6.3 应实施消防安全检查制度,建立设施设备检修和维护制度、废弃物环保管理制度等,并形成相应的管理文件。

6.4 应建立报废汽车回收拆解档案和数据库,对回收的报废汽车逐车登记。记录报废汽车回收、拆解、废弃物处理以及拆解后零部件、材料和废弃物的流向等。档案和数据库的保存期限应不少于 3 年。

附 录 A
(资料性附录)
报废汽车典型废弃物拆解和存储方法及注意事项

表 A.1 报废汽车典型废弃物拆解和存储方法及注意事项

废弃物	处理方法及注意事项
安全气囊	□ 未引爆的安全气囊应尽快拆除或者引爆，拆除和引爆的方法应参考汽车生产企业推荐的方法； □ 已经引爆的安全气囊可让其留在车内； □ 拆解下来的未引爆的安全气囊应放置于专用的防爆存储装置中，于室内保存，避免露天存放。
燃油和油箱	□ 接收或收购报废汽车后应尽快拆下油箱并充分排空里面的燃油； □ 区分可再用的燃油和不可再用的燃油（被水、灰尘等其他杂质污染）并分别存放于密闭容器。
废油类 （发动机润滑油、变速器机油、动力转向油、差速器油、制动液等石油基油或者合成润滑剂）	□ 将废油收集于密封容器存储，并置于远离水源的混凝土路面； □ 各种废油可以混合在一起存储于同一容器； □ 不要将废油与防冻液、溶剂、汽油、去污剂、油漆或者其他物质混合； □ 不要使用氯化溶剂清洁装废油的容器。
铅酸电池	□ 首先鉴别铅酸电池是否可用，如不可用则区分是因为能量耗尽还是因为破碎或者泄漏，把能量耗尽的电池和破碎泄露的电池分别装入不同的容器存放； □ 如果铅酸电池仍可用，则拆下之后与不能使用的电池分开存放，并注意防雨防冻； □ 避免长期（6 个月以上）存放可用的铅酸电池； □ 铅酸电池不能填埋。
含铅部件	□ 在压扁、剪断报废车辆之前，一定要完全拆除含铅部件； □ 用足够强度的容器存储含铅部件，容器要密闭，防雨防雪； □ 含铅部件作为金属或者电池回收。
含汞开关	□ 尽快拆解含汞开关，拆解时注意不要弄破装汞的囊； □ 拆解后的含汞开关应存储在防漏密闭的容器，并防止装汞的囊破裂； □ 只有获得特定许可的金属回收企业才能回收含汞开关。
制冷剂	□ 制冷剂需要符合环保规定的专门容器存储，并交给专门的制冷剂回收机构回收利用。
玻璃	□ 挡风玻璃如不能分离其中的塑料层，则作为固体废物填埋。
废旧轮胎	□ 废旧轮胎交给符合国家相关规定的废旧轮胎处理单位处理； □ 废旧轮胎的存放要符合有关安全和环保法规的要求。
塑料	□ 由于塑料材料的多样性，应区分各种材料并分别回收处理。

ICS 65.060
B 90

中华人民共和国国家标准

GB/T 22129—2008

农机修理通用技术规范

Repairing all-purpose technical criterion for agricultural machinery

2008-06-26 发布 2009-01-01 实施

中华人民共和国国家质量监督检验检疫总局
中国国家标准化管理委员会 发布

前　言

本标准由中华人民共和国农业部提出。

本标准由全国农业机械标准化技术委员会归口。

本标准起草单位：农业部农业机械维修研究所。

本标准主要起草人：何臣、杨金生、于志刚、张健龙、孙丽颖、刘学斌。

农机修理通用技术规范

1 范围

本标准规定了主要农业机械修理作业技术要求。

本标准适用于农业机械修理。

2 规范性引用文件

下列文件中的条款通过本标准的引用而成为本标准的条款。凡是注日期的引用文件，其随后所有的修改单(不包括勘误的内容)或修订版均不适用于本标准，然而，鼓励根据本标准达成协议的各方研究是否可使用这些文件的最新版本。凡是不注日期的引用文件，其最新版本适用于本标准。

GB 3847—2005 车用压燃式发动机和压燃式发动机汽车排气烟度排放限制及测量方法

GB/T 3798.2—2005 汽车大修竣工出厂技术条件 第2部分：载货汽车

GB/T 3799.2—2005 商用汽车发动机大修竣工出厂技术条件 第2部分：柴油发动机

GB/T 5770—2008 柴油机柱塞式喷油泵总成 技术条件

GB 7258—2004 机动车运行安全技术条件

GB 10395.1—2001 农林拖拉机和机械 安全技术要求 第1部分：总则(eqv ISO 4254-1:1989)

GB 10396—2006 农林拖拉机和机械、草坪和园艺动力机械 安全标志和危险图形 总则(ISO 11684:1995,MOD)

GB/T 15746.1—1995 汽车修理质量检查评定标准 整车大修

GB/T 15746.2—1995 汽车修理质量检查评定标准 发动机大修

GB 16151.1—2008 农业机械运行安全技术条件 第1部分：拖拉机

GB/T 16739.1—2004 汽车维修业开业条件 第1部分：汽车整车维修企业

GB/T 16784.2—1998 工业产品售后服务 第2部分：维修

3 故障判断与拆卸

3.1 农机(具)在拆卸前，首先清除外部泥土和油垢，使用高压水冲刷时应先将电器设备拆下(加以保护)以免受潮，拆卸前要进行性能鉴定，总成技术性能完好时不应拆卸，拆卸后的零件按规定程序鉴定、保管。

3.2 拆卸时应使用专用工具，拆卸后的零件、部件、总成摆放整齐。

3.3 注意拆卸方向、顺序。

3.4 拆卸时应注意核对记号。

3.5 从轴径上拆卸滚动轴承时，受力部位应在轴承内环上。从轴承室上拆卸滚动轴承时，受力部位应在轴承外环上。

4 维修作业条件

4.1 设施条件

4.1.1 维修企业：生产厂房的结构、设施应满足农机大修和总成修理作业要求，水电、暖气(需要供暖地区)等供给可靠，并符合安全生产、环境保护、卫生或消防等有关规定。

4.1.2 维修网点：生产厂房面积应与其生产纲领和生产工艺相适应。应具备相应的生产安全措施。

4.1.3 现场维修：田间维修后的农业机械应满足使用要求。对机器过度磨损的修理模式加以防护，保证人身安全。

4.1.4 主要总成和零部件的修理、加工、装配、磨合、试验、检测作业，应在生产厂房内进行。

4.2 人员条件

4.2.1 企业管理人员应具备企业经营、管理能力，并了解农机维修及相关行业的法规及标准，符合 GB/T 16739.1—2004 中 4.2 的规定。技术负责人应熟悉农机维修业务及相关行业的法规及标准，符合 GB/T 16739.1—2004 中 4.3 的规定。

4.2.2 技术工种的设置应与其从事的生产范围相适应，各工种技术人数应与其生产纲领、生产工艺相适应。

4.2.3 各工种技术人员应经过专业培训。

4.3 设备条件

4.3.1 修维企业配备的设备型号、规格和数量应与其生产纲领、生产工艺相适应，符合 GB/T 16739.1—2004 中 9.1、9.2 的规定。设备技术状态完好，应满足加工、检测精度要求和使用要求，符合 GB/T 16739.1—2004 中 9.4 的规定。

4.3.2 应具备维修作业的专用设备，试验、检测与诊断设备、通用设备、计量器具及主要手工具，符合 GB/T 16739.1—2004 中 9.1 的规定。

4.4 维修安全生产条件

4.4.1 维修企业应有与其维修作业内容相适应的安全管理制度和安全保护措施，建立安全生产责任制。安全保护措施、消防设施应符合有关行业规定，符合 GB/T 16739.1—2004 中 6.1 的规定。

4.4.2 对有毒、易燃、易爆物品、粉尘腐蚀剂、污染物、压力容器等均应有安全防护措施和设施，符合 GB/T 16739.1—2004 中 6.3 的规定。

4.5 组织管理条件

4.5.1 经营管理条件符合 GB/T 16739.1—2004 中 5.1 的规定。

4.5.2 应具有农机维修质量承诺、进出厂登记、检验、竣工出厂合格证管理、技术档案管理、标准和计量管理、设备管理及维护、人员技术培训等制度，符合 GB/T 16739.1—2004 中 5.2.3 的规定。

4.5.3 应建立农机维修档案和进出厂登记台账。农机维修档案应包括维修合同，进厂、过程、竣工检验记录，出厂合格证副页，结算凭证和工时、材料清单等，符合 GB/T 16739.1—2004 中 5.2.4 的规定。

5 修理

5.1 发动机修理技术要求

5.1.1 气缸盖与气缸体接触面符合设计要求。

5.1.2 气门座头盘斜面和气门座工作斜面符合设计要求。气门下陷量超过允许值时，应采用气门座镶圈的方法恢复原设计要求。

5.1.3 主轴瓦座孔不符合设计要求时，应采用表面修复技术修复主轴瓦座孔。

5.1.4 气缸套应符合设计要求。气缸套内径尺寸超过二级修理尺寸时气缸套应报废。

5.1.5 活塞符合设计要求，同一组活塞的质量差不大于 7 g～15 g。

5.1.6 连杆符合设计要求，平行度超过允许值时，应在连杆校正器上校正。

5.1.7 曲轴符合设计要求，轴径尺寸超过四级修理尺寸时，应采用表面修复技术，按原设计要求修复曲轴。

5.1.8 飞轮符合设计要求，修理后应做静平衡试验。

5.1.9 凸轮轴符合设计要求。

5.2 发动机的装配、磨合、试验

5.2.1 发动机应按装配工艺要求装配。并符合 GB 3799.2—2005 中 4.2.3 的规定。

5.2.2 正时齿轮按记号装配。

5.2.3 装配后的发动机如需进行冷磨合、热试,应按工艺要求进行磨合、热试、清洗。并符合 GB 3799.2—2005 中 4.2.10 的规定。

5.2.4 发动机气缸压缩压力符合 GB/T 15746.2—1995 中 B1.4.1 的规定。每缸压力与各缸平均压力差符合 GB/T 15746.2—1995 中 B1.4.2 的规定。

5.2.5 发动机在正常工况下怠速运转符合 GB/T 15746.1—1995 中 B1.3.2 的规定。发动机运转性能符合 GB/T 15746.1—1995 中 B1.3.3 的规定。

5.2.6 发动机起动性能符合 GB/T 15746.2—1995 中 B1.2.1 和 B1.2.2 的规定。

5.2.7 发动机最高空转转速及怠速转速范围按原机规定调整,最大功率不低于原设计标定值的 95%。最大扭矩不低于原设计标定值的 95%。燃油消耗率不高于标定值 2%。

5.2.8 发动机机油压应符合 GB/T 15746.2—1995 中 B1.11 的规定。

5.2.9 发动机排放装置应齐全有效。排放污染物限值应符合 GB 3847—2005 中 6.3 的规定。

5.2.10 喷油泵按原厂规定程序批准的技术条件装配。检查方法符合 GB/T 5770—2008 的规定。

5.2.11 多缸油泵各缸供油始点与指定的基准缸供油始点间隔角的极限偏差为±0.5°凸轮转角。

5.3 电动机修理技术要求

5.3.1 转子轴径、轴承室不符合设计要求时,应采用表面修复技术修复,按原设计要求加工。

5.3.2 更换绕阻线圈后,线径、圈数应与原绕阻相符。

5.3.3 定子内表面、转子外表面轻微磨损时,可根据原设计要求(在允许范围内)进行车削加工。

5.4 电动机修后装配与试验

5.4.1 电动机应按原厂规定程序装配,引出线标志正确、转子转动灵活、轴伸径向偏摆符合设计要求。

5.4.2 电动机修理后必须经过绕组匝间耐压试验、绕组对机壳及其相互间耐压试验、短路试验、发热试验及超速试验。

5.4.3 绕组对机壳及其相互间绝缘电阻的测定、绕组在冷状态下直流电阻的测定、变压比的测定(绕线型电动机)及空载电阻的测定。

5.5 传动部件

5.5.1 齿轮传动时齿轮啮合位置及啮合间隙应符合设计要求,锁定机构有效。

5.5.2 皮带轮(链轮)符合设计要求。皮带(链条)传动张紧装置作用有效。

5.5.3 液力传动和气传动的机械设备,其主要元件性能应符合设计要求。

5.6 工作部件

5.6.1 旋转式工作部件应按同一运动轨迹旋转,其圆跳动及轴向摆差符合设计规定。

5.6.2 往复运动式工作部件应处于同一水平面上。总成装配后应能灵活的往复运动,在驱动机构的带动下无跳动、无异常响声。极限位置时部件安装位置应符合设计规定。

5.6.3 固定式工作部件应安装牢靠,接触面的局部间隙应符合设计标准。其形状、位置、安装尺寸应符合设计要求。

5.6.4 工作部件刃口锋利、运动平稳、不变形、不开焊,刃口硬度应符合设计要求。

5.6.5 播种机工作部件

5.6.5.1 精密播种机检修后排种量、排肥量符合设计要求。行距、株距(穴距)、播种均匀度、开沟深度、覆土厚度等符合农业技术要求。

5.6.5.2 排种器零件齐全,排种轴转动灵活。

5.6.5.3 机械式单粒(精播)播种机排种器对种子破碎率≤1.5%,排量范围大、调整可靠不滑移。

5.6.6 水稻插秧机工作部件

5.6.6.1 排肥活门调整灵活,开合一致,总排肥量稳定性变异系数≤7.8%。

5.6.6.2 秧爪、送秧器符合设计要求,不准焊修。

5.6.6.3 秧爪、送秧器、移箱器等工作部件的工作时间配合正确。

5.6.6.4 分插机构、送秧机构符合设计要求。穴苗数(可调)达到农业技术要求。穴距、插深可调节。

5.6.7 多行播种机及作业机械的铧尖(开沟器)开沟深度一致,秧爪排、送秧叉、切割器等应在同一直线上,单体纵向中心线与机架垂直。

5.7 轴与箱体

5.7.1 传动轴修复后符合设计要求,最大外径线速度大于 5 m/s 小于 25 m/s 时应作静平衡试验,25 m/s 以上时应作动平衡试验。

5.7.2 轴径修复后符合设计要求,同轴度符合设计要求。

5.7.3 花键轴修复后符合设计要求,同轴度符合设计要求。

5.7.4 拐轴修复后符合设计要求,回转半径符合设计要求。曲柄焊修后热处理。

5.7.5 箱体(机体)符合设计要求,轴承室修复后按原设计要求加工,按原机颜色涂漆。

5.8 输送装置

5.8.1 螺旋输送器叶片无裂纹、开焊和变形。调整间隙应符合设计要求。检查螺旋输送器静平衡的方法,应能使其在任意转速下停转。

5.8.2 倾斜输送器链爬不变形、断裂、爬齿无缺陷,高度一致,调整间隙符合设计要求。

5.8.3 带式输送带不应有偏斜和破损,铆钉和搭扣牢固,接头处接盖严实。

5.9 转向系统

5.9.1 转向系统装配后应进行前轮定位检查,其参数应符合设计要求。

5.9.2 方向盘操纵方便、灵活,无偏重或卡滞现象。在转向过程中不得与其他部件相干涉符合 GB 7258—2004 中 6.2 的规定。方向盘自由转动量符合 GB 7258—2004 中 6.4 的规定。

5.9.3 液压转向系统符合 GB 16151.1—2008 中 8.7 和 8.8 的规定。

5.10 制动系统

5.10.1 行车制动性能符合 GB 7258—2004 中 7.2 的规定。

5.10.2 应急制动系统符合 GB 7258—2004 中 7.3 的规定。

5.10.3 驻车制动性能符合 GB 7258—2004 中 7.4 的规定。

5.10.4 采用气压制动的机动车的制动性能符合 GB 7258—2004 中 7.7 的规定。气压制动设备符合 GB 7258—2004 中 7.8 的规定。

5.10.5 液压制动装置符合 GB 7258—2004 中 7.5 的规定。

5.11 液压系统

5.11.1 液压系统各元件(液压泵、操纵阀、油缸、液压马达)、连接管路及附件齐全,性能完好,工作可靠。

5.11.2 液压油泵(液压马达)磨合试验技术要求符合原厂设计规定;应在额定压力、标定转速、油温 50 ℃±5 ℃ 的条件下用液压系统检测仪(液压试验台)进行流量试验,其容积效率不低于原设计要求值的(齿轮泵 85%、柱塞泵 95%)。分配器(阀)、油缸、马达等磨合试验要求符合原厂设计规定;各项技术指标应用液压系统检测仪(液压试验台)检测;指标应符合设计要求。

5.11.3 液压系统符合 GB 16151.1—2008 中 11.3 的规定。

5.11.4 液压悬挂及牵引装置符合 GB 16151.1—2008 中 11.1 和 11.4 的规定。

5.11.5 分置式液压系统符合 GB 16151.1—2008 中 11.2 的规定。

5.12 电器设备

5.12.1 磁电机发火性能、磁稳定性能、点火变换提前角等主要性能符合设计要求。

5.12.2 永磁交流发电机定子线圈不得有断路、短路和搭铁现象,其绝缘性能、转子磁通量符合原厂设计要求。

5.12.3 直流发电机励磁线圈绝缘良好,电枢线圈的绝缘性能、整流子片之间及整流子与电枢间的绝缘性能符合原厂设计要求。

5.12.4 硅整流发电机定子线圈绝缘性能、激磁线圈电阻值、集电环、二极管、电刷符合原厂规定。

5.12.5 发电机与调节器匹配，与蓄电池并联，负极打铁。装配后的交、直流发电机技术要求符合原厂规定。

5.12.6 起动机的励磁线圈、电枢、整流子、碳刷、单向离合器、电磁开关符合原厂规定。

5.12.7 蓄电池外壳无裂纹，接线良好、安装牢固，电量充足、技术性能符合原厂规定。

5.12.8 照明信号装置及其他电器设备符合 GB 7258—2004 中第 8 章的规定。

5.13 机架与行走

5.13.1 机架(车架)完整、附件齐全，不得有裂纹和变形，焊接处不得脱焊。铆钉不松动，用螺栓连接的地方应拧紧，并可靠锁住。

5.13.2 车架与悬挂之间的各种拉杆和导杆不得变形，各接头和衬套不得松旷和移位。钢板弹簧不得有裂纹和断片现象，弹簧形式和规格符合设计要求，中心螺栓和 U 型螺栓应紧固。

5.13.3 轮毂、轮辋、辐板、锁圈无裂纹和变形，螺母齐全、紧固可靠。

5.13.4 履带拖拉机(半履带设备)左右履带板数量及相关要求符合 GB 16151.1—2008 中 7.10 的规定。

5.13.5 轮式拖拉机(设备)轮胎型号应符合原车规定，技术要求符合 GB 16151.1—2008 中 7.4 的规定。

5.13.6 驱动轮胎纹方向不应装反，(沙漠中除外)，同一轴上的左右轮胎型号、胎纹相同，磨损程度大致相同。符合 GB 16151.1—2008 中 7.5 的规定。

5.14 装配与调整

5.14.1 装配前对所有零件进行鉴定，清洗。装配的零件、部件、总成和附件应符合相应的技术条件，各项装备齐全。允许在修理过程中按规定程序批准的技术文件改变某些零件、部件和设计，但其设计不得低于原厂设计要求。

5.14.2 偶件、相互运动的零件装配时，不准相互调换，并认真检查装配记号。

5.14.3 对一些装配技术要求较高，不可调换方向的零部件要认准装配方向。

5.14.4 装配后的机械设备应进行各部间隙的调整，间隙的尺寸应符合原机设计规定。作业机械的调整应符合农艺要求。

5.14.5 机器的提升(举升)、下降速度、高度；工作部件的上下、左右位置的调整应符合原机规定。

5.14.6 采用变量泵的液压系统，在保证供油压力的情况下应按原机规定调整供油量。

5.14.7 分配器安全阀的开启压力，自动跳位压力及油缸过载安全阀压力应按原机规定调整。

5.15 运转磨合

5.15.1 各型号的机车(机械设备)的空负荷磨合规范和负荷磨合规范应按原机磨合规范执行。

5.15.2 在磨合过程中应观察发动机的运转情况、检查水温、油温和机油压力表的读数；检查离合器、变速箱、驱动轮、最终传动装置、转向机构和液压系统及全车(机)各部位的技术状态是否完好；磨合试验后各部间隙的调整应符合原机规定。

5.16 整机与外观

5.16.1 动力机械(作业机械)及其他总成(部件)，标牌、编号、标记齐全，字迹清晰；号牌完好，应安置在规定部位；安全标志，符合 GB 10396—2006 的规定设置在醒目位置。

5.16.2 整机外观整洁、曲面圆顺、涂漆质量，符合 GB 3798.2—2005 中 4.1 的规定。机件、仪表、铅封及附属设备齐全有效；离合器、制动器、油门踏板、操纵手柄应能自动回位；整机各部分不得有妨碍操作，影响安全及限制原机性能的改装。

5.16.3 各管道接头、阀门、密封垫圈、油封、水封、螺塞及接合面垫片齐全完好、接合严密；不漏油、不漏水、不漏气、不漏电。

5.16.4 凡能引起伤害的运动件，其与人体可能接触的方位，必须设置防护板、罩、套或防护栏，符合

GB 10395.1—2001 的规定。

5.16.5 修理后的机械设备所用的零件、部件、总成和附件齐全，符合相应的标准和技术文件的要求，并应检验合格。

6 验收步骤

6.1 维修竣工后的机械设备其功能按相应农业机械修理质量判断。

6.2 修理合格的机械和设备在办理接交手续时，承修单位应根据 GB/T 16784.2—1998 中第 4 章的规定，向送修单位（或个人）交付修理合格证和维修记录单。维修记录单应注明修理机械或设备的名称、内容、数量和价格等，并应由承修单位（或个人）签字。维修记录单的格式可参考 GB/T 16784.2—1998 附录 A 或另行设计。

6.3 承修单位对修理竣工的机械和设备应给予质量保证，保质时间应参照原机出厂时的有关规定执行。在送修单位（或个人）严格执行规定，合理使用，正常保养的情况下，质量保证期内出现的维修质量问题，承修单位应负责返工包修。

ICS 23.060.20
J 16

中华人民共和国国家标准

GB/T 22130—2008

钢 制 旋 塞 阀

Steel plug valves

2008-06-25 发布　　2009-01-01 实施

中华人民共和国国家质量监督检验检疫总局
中国国家标准化管理委员会　发布

前言

本标准的附录A为规范性附录，附录B为资料性附录。

本标准由中国机械工业联合会提出。

本标准由全国阀门标准化技术委员会(SAC/TC 188)归口。

本标准起草单位：兰州高压阀门有限公司、中国开维喜阀门集团有限公司、慎江阀门有限公司。

本标准主要起草人：陈清流、陈秀彦、孟庆仁、李国华、叶旭强。

钢 制 旋 塞 阀

1 范围

本标准规定了法兰端、对焊端、承插焊端和螺纹连接的钢制旋塞阀的结构与基本参数、技术要求、材料、试验方法、检验规则以及防护、标志、包装、运输、贮存。

本标准适用于公称压力PN10～PN420、公称尺寸DN25～DN600，阀门的连接方式为法兰、焊接、螺纹连接，材料为碳钢、合金钢、奥氏体不锈钢，形式为短型、常规型、文丘里型和圆孔全通径型的旋塞阀。

2 规范性引用文件

下列文件中的条款通过本标准的引用而成为本标准的条款。凡是注日期的引用文件，其随后所有的修改单(不包括勘误的内容)或修订版均不适用于本标准，然而，鼓励根据本标准达成协议的各方研究是否可使用这些文件的最新版本。凡是不注日期的引用文件，其最新版本适用于本标准。

GB 150 钢制压力容器

GB/T 196 普通螺纹 基本尺寸(GB/T 196—2003,ISO 724:1993,MOD)

GB/T 197 普通螺纹 公差(GB/T 197—2003,ISO 965-1:1998,MOD)

GB/T 699 优质碳素结构钢

GB/T 1047 管道元件 DN(公称尺寸)的定义和选用(GB/T 1047—2005,ISO 6708:1995,MOD)

GB/T 1048 管道元件 PN(公称压力)的定义和选用(GB/T 1048—2005,ISO/CD 7268:1996,MOD)

GB/T 1220 不锈钢棒

GB/T 1415 米制锥螺纹

GB/T 3077 合金结构钢

GB/T 3098.1 紧固件机械性能 螺栓、螺钉和螺柱(GB/T 3098.1—2000,idt ISO 898-1:1999)

GB/T 3098.2 紧固件机械性能 螺母 粗牙螺纹(GB/T 3098.2—2000,idt ISO 898-2:1992)

GB/T 3098.4 紧固件机械性能 螺母 细牙螺纹(GB/T 3098.4—2000,idt ISO 898-6:1994)

GB/T 3098.6 紧固件机械性能 不锈钢螺栓、螺钉和螺柱(GB/T 3098.6—2000,idt ISO 3506-1:1997)

GB/T 3098.15 紧固件机械性能 不锈钢螺母(GB/T 3098.15—2000,idt ISO 3506-2:1997)

GB/T 9113.1～9113.4 整体钢制管法兰

GB/T 12220 通用阀门 标志(GB/T 12220—1989,idt ISO 5209:1977)

GB/T 12223 部分回转阀门驱动装置的连接(GB/T 12223—2005,ISO 5211:2001,MOD)

GB/T 12224 钢制阀门 一般要求

GB/T 12226 通用阀门 灰铁铸件技术条件

GB/T 12228 通用阀门 碳素钢锻件技术条件

GB/T 12229 通用阀门 碳素钢铸件技术条件

GB/T 12230 通用阀门 不锈钢铸件技术条件

GB/T 12240—2008 铁制旋塞阀

GB/T 12716 60°密封管螺纹

GB/T 13927—1992 通用阀门 压力试验(neq ISO 5208:1982)

GB/T 19672　管线阀门　技术条件(GB/T 19672—2005,ISO 14313:1999,MOD)
JB/T 6899　阀门耐火试验
JB/T 7248　阀门用低温钢铸件技术条件
JB/T 7928　通用阀门　供货要求

3　结构与基本参数

3.1　结构

旋塞阀典型结构示意图如图1～图7。允许采用符合本标准要求的其他结构形式。

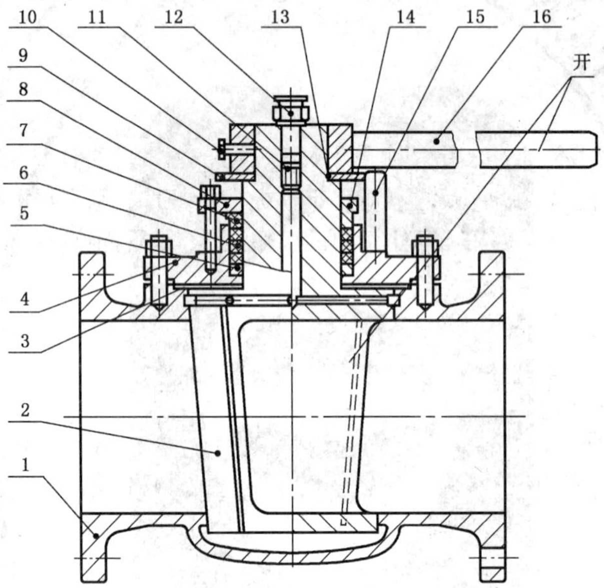

1——阀体;
2——旋塞;
3——垫片或密封圈;
4——阀盖;
5——填料垫;
6——填料;
7——填料压套;
8——填料压板;
9——指示板和限位板;
10——紧定螺栓(钉);
11——止回阀;
12——注入油嘴;
13——卡圈;
14——填料压盖;
15——限位块;
16——手柄。

图1　油封/润滑型旋塞阀

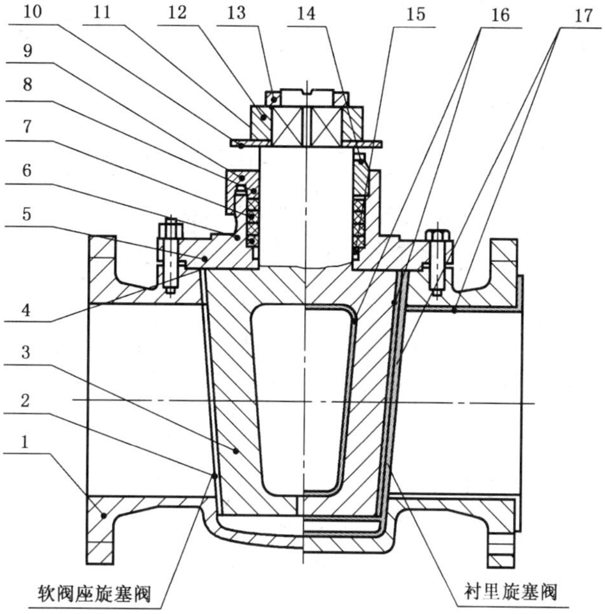

1——阀体；
2——软阀座；
3——旋塞；
4——垫片或密封圈；
5——阀盖；
6——填料垫；
7——填料；
8——填料压套；
9——填料压板；
10——指示板和限位板；
11——卡圈；
12——手柄；
13——螺母；
14——填料压套；
15——导电弹性环；
16——旋塞衬层；
17——阀体衬里。

图 2　软阀座旋塞阀-衬里旋塞阀

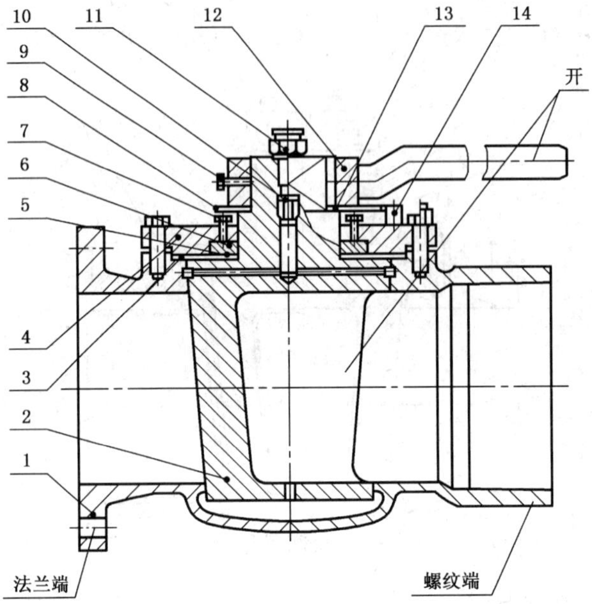

1——阀体；
2——旋塞；
3——垫片或密封圈；
4——阀盖；
5——填料；
6——填料垫板；
7——填料压紧螺钉；
8——指示板和限位板；
9——紧定螺栓(钉)；
10——止回阀；
11——注入油嘴；
12——手柄；
13——卡圈；
14——限位块。

图3　油封/润滑型旋塞阀(无填料压盖式)

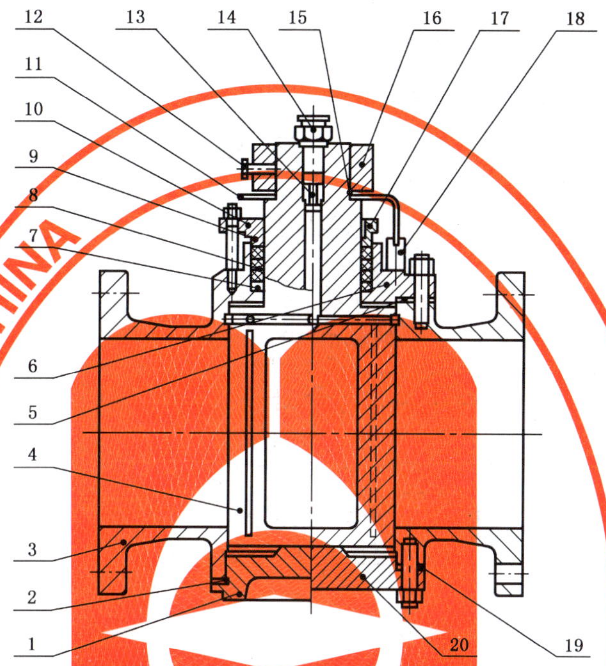

1——阀盖；

2——垫片；

3——阀体；

4——旋塞；

5——垫片或密封圈；

6——阀盖；

7——填料垫；

8——填料；

9——填料压套；

10——填料压板；

11——指示板和限位板；

12——紧定螺栓(钉)；

13——止回阀；

14——注入油嘴；

15——卡圈；

16——手柄；

17——填料压盖；

18——限位块；

19——垫片；

20——阀盖。

图 4　柱形塞油封/润滑型旋塞阀

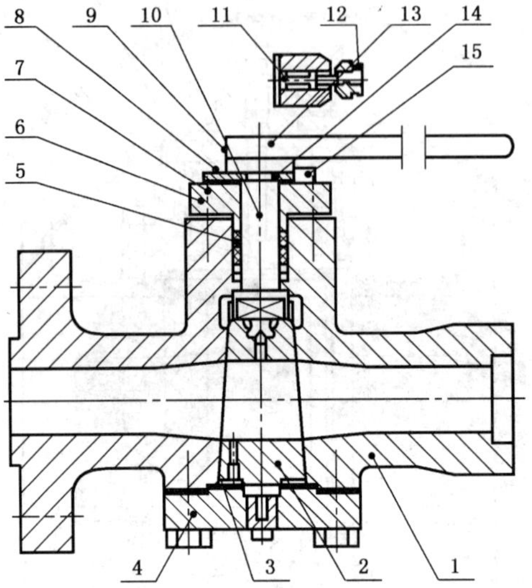

1——阀体；
2——旋塞；
3——垫片或密封圈；
4——阀盖；
5——填料；
6——填料压盖/阀盖；
7——螺栓；
8——指示板和限位板；
9——紧定螺栓(钉)；
10——阀杆；
11——止回阀；
12——注入油嘴；
13——手柄；
14——卡圈；
15——限位块。

图5 压力平衡式油封旋塞阀

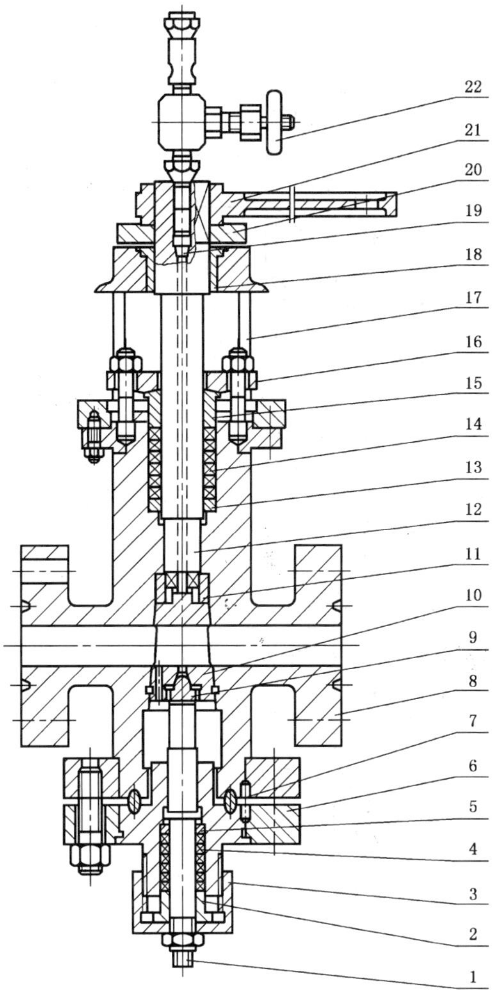

1——顶杆；
2——填料压套；
3——压套螺母；
4——填料；
5——填料垫；
6——填料箱；
7——密封环；
8——阀体；
9——顶块；
10——塞子；
11——连接套；
12——阀杆；
13——填料垫；
14——填料；
15——填料压套；
16——填料压板；
17——支架；
18——套筒；
19——单向阀；
20——限位块；
21——手柄；
22——注油阀。

图 6　油封旋塞阀

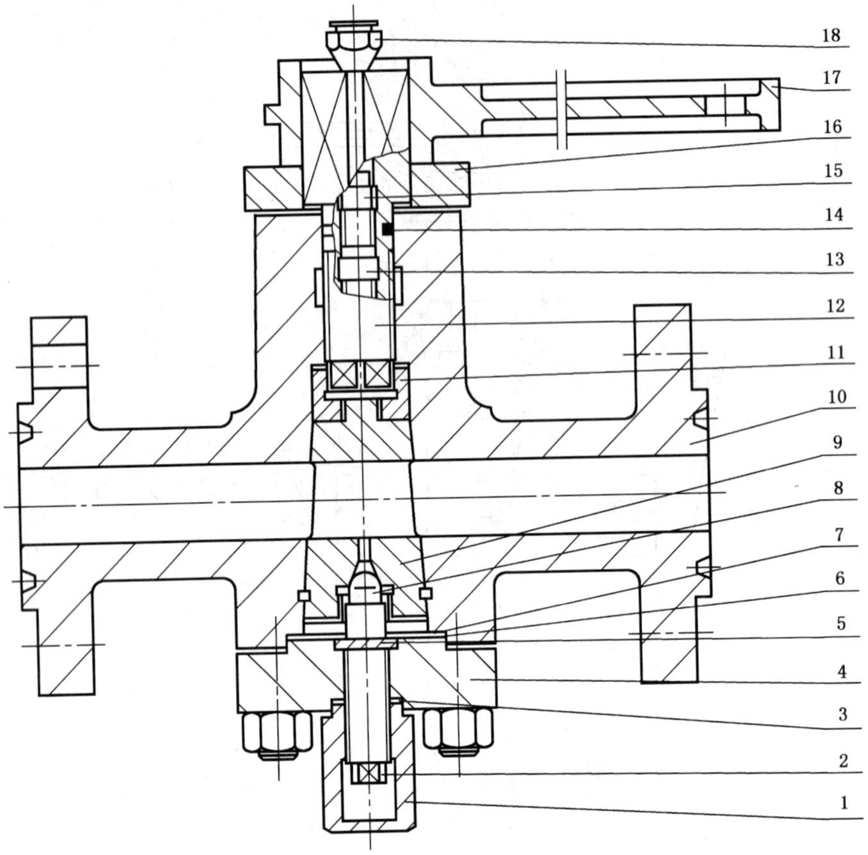

1——螺帽；
2——调整螺栓；
3——垫片；
4——底盖；
5——垫圈；
6——上膜片；
7——下膜片；
8——顶块；
9——塞子；
10——阀体；
11——连接套；
12——阀杆；
13——单向阀；
14——O 型圈；
15——单向阀；
16——限位块；
17——手柄；
18——油杯。

图 7　油封旋塞阀

3.2 公称压力

3.2.1 公称压力按 GB/T 1048 的规定，具体参数如下：

欧洲体系：PN10 PN16 PN25 PN40 PN63 PN100 PN160 PN250

美洲体系：PN20 PN50 PN68[1] PN110 PN140[2] PN150 PN260 PN420

3.2.2 公称压力 PN140 的旋塞阀，连接形式仅限于螺纹连接和承插焊连接，适用公称尺寸 DN15～DN50。

3.3 公称尺寸

公称尺寸按 GB/T 1047 的规定，具体范围 DN15～DN600。

3.4 结构长度

3.4.1 法兰连接结构长度见表 1。

3.4.2 环连接法兰的结构长度应在表 1 中常规型的基础上增加附加值。

美洲体系环连接法兰结构长度附加值按表 2 的规定。

表 1 法兰连接结构长度

单位为毫米

公称尺寸 DN	PN16、PN20				PN25、PN40、PN50				PN63、PN68			PN100、PN110			PN150、PN160			PN250、PN260			PN 420
	短型	常规型	文丘里型	圆口全径	短型	常规型	文丘里型	圆口全径	常规型	文丘里型	圆口全径	常规型	文丘里型	圆口全径	常规型	文丘里型	圆口全径	常规型	文丘里型	圆口全径	常规型
25	140	—	—	176	159	—	—	190	216	—	254	216	—	254	254	—	—	254	—	—	308
32	—	—	—			—	—		229	—	—	229	—	—	279	—	—	279	—	—	—
40	165	—	—	222	191	—	—	241	241	—	318	241	241	318	305	—	356	305	—	—	384
50	178	—	178	267	216	—	216	282	292	—	330	292	292	330	368	—	381	368	—	391	451
65	191	—	—	298	241	—	241	330	330	—	381	330	330	381	419	—	432	419	—	454	508
80	203	—	203	343	283	—	282	387	356	—	445	356	356	444	381	—	470	470	—	524	578
100	229	305	229	432	305	—	305	457	406	—	483	432	432	508	457	—	559	546	—	625	673
125	254	381	—		—	—	—	—	—	—	—	—	—	—	—	—	—	—	—	—	794
150	267	394	394	546	403	403	403	559	495	495	610	559	559	660	610	610	737	705	705	787	914
200	292	457	457	622	419	502	419	686	597	597	737	660	660	794	737	737	813	832	832	889	1 022
250	330	533	533	660	457	568	457	826	673	673	889	787	787	940	838	838	965	991	991	1 067	1 270
300	356	610	610	762	502	711	502	965	762	762	1 016	838	838	1 067	965	965	1 118	1 130	1 130	1 219	1 422
350	—	686	686	—	—	762	762	—	—	826	—	889	889	—	—	—	—	—	—	—	—
400	—	762	762	—	—	838	838	—	—	902	—	991	991	—	—	1 130	—	—	1 384	—	—
450	—	864	864	—	—	914	914	—	—	978	—	—	1 092	—	—	—	—	—	—	—	—
500	—	914	914	—	—	991	991	—	—	1 054	—	—	1 194	—	—	1 321	—	—	—	—	—
550	—	—	—	—	—	1 092	1 092	—	—	1 143	—	—	1 295	—	—	—	—	—	—	—	—
600	—	1 067	1 067	—	—	1 143	1 143	—	—	1 232	—	—	1 397	—	—	—	—	—	—	—	—

注 1：不适用于环连接(RJ)的密封面型式。

注 2：PN10 的结构长度按 GB/T 12240 的规定。

1) PN68 由 400 磅级转换。

2) PN140 由 800 磅级转换。

表 2 环连接(RJ)法兰密封面结构长度附加值

单位为毫米

公称尺寸 DN	PN20	PN50	PN68	PN110	PN150	PN260	PN420
15	—	11	—	−2	0	0	0
20	—	13	—	0	0	0	0
25	13	13	—	0	0	0	0
32	13	13	—	0	0	0	3
40	13	13	—	0	0	0	3
50	13	16	3	3	3	3	3
65	13	16	3	3	3	3	6
80	13	16	3	3	3	3	6
100	13	16	3	3	3	3	10
125	13	16	3	3	3	3	13
150	13	16	3	3	3	6	13
200	13	16	3	3	3	10	16
250	13	16	3	3	3	10	22
300	13	16	3	3	3	16	22
350	13	16	3	3	10	19	—
400	13	16	3	3	10	22	—
450	13	16	3	3	13	22	—
500	13	19	6	6	13	22	—
550	13	22	10	10	—	—	—
600	13	22	10	10	19	28	—
注：仅适用于美洲体系法兰连接。							

欧洲体系环连接法兰结构长度按 GB/T 19672 的规定，或按订货合同的规定。对 GB/T 19672 中未规定规格按法兰标准和美洲体系的计算方法确定。

3.4.3 法兰连接端的结构长度公差按表 3。

表 3 法兰连接阀门的结构长度公差

单位为毫米

公称尺寸 DN	公差
≤250	±2.0
≥300	±3.0

3.4.4 对焊连接金属密封阀门的结构长度按 GB/T 19672 的规定。对焊连接的软密封阀门当考虑焊接热影响时可配有延长端，由制造厂和客户商定。

3.5 压力-温度额定值

3.5.1 金属密封阀门、软阀座阀门和衬里阀门壳体的压力-温度额定值按 GB/T 12224 的规定。

3.5.2 PN140 压力级的金属密封锻造阀门、软阀座阀门和衬里阀门的壳体的压力-温度额定值按表 4 的规定。

表 4 PN140 压力级阀门壳体的压力-温度额定值 单位为兆帕

温度/℃	材料牌号/代号									
	碳钢 / A105	5Cr0.5Mo / F5	1.25Cr 0.5Mo / F11	2.25Cr1Mo / F22	0Cr18Ni9 / F304	00Cr18Ni9 / F304L	0Cr18Ni12 Mo2Ti / F316	00Cr18Ni 12Mo2Ti / F316L	1Cr18Ni 9Ti / F321	1Cr18Ni 11Nb / F347
−29～38	13.8	13.8	13.8	13.8	11.8	9.8	13.8	9.8	13.8	13.8
50	13.7	13.7	13.7	13.7	11.5	9.8	13.7	9.8	13.7	13.7
75	13.5	13.5	13.5	13.5	11.0	9.8	13.5	9.8	13.5	13.5
100	13.3	13.3	13.3	13.3	10.3	9.8	13.3	9.8	13.3	13.3
125	13.2	13.2	13.2	13.2	9.85	9.75	13.2	9.75	13.2	13.2
150	13.0	13.0	13.0	13.0	9.45	9.5	13.0	9.15	13.0	13.0
175	12.9	12.9	12.9	12.9	9.05	8.9	12.9	8.4	12.9	12.9
200	12.8	12.8	12.8	12.8	8.65	8.2	12.8	7.7	12.8	12.8
225	12.5	12.5	12.5	12.5	8.35	7.6	12.5	7.5	12.5	12.5
250	12.2	12.2	12.2	12.2	8.00	7.0	12.2	7.1	12.2	12.2
275	11.6	11.6	11.6	11.6	7.75	6.65	11.6	6.8	11.6	11.6

3.5.3 由于软阀座材料和密封/润滑脂的限制等，阀门的压力-温度额定值与 3.5.1、3.5.2 不同时，必须在铭牌上标示和在性能规范等文件中说明压力-温度额定值。

3.5.4 聚四氟乙烯软阀座的压力-温度额定值按表 5 的规定。

表 5 聚四氟乙烯软阀座的压力-温度额定值 单位为兆帕

公称尺寸 DN	使用温度下的最小非冲击压力值							
	40 ℃	50 ℃	75 ℃	100 ℃	125 ℃	150 ℃	175 ℃	200 ℃
15～150	4.8	4.7	4.3	3.9	3.6	3.2	2.9	2.5
200～300	3.5	3.4	3.1	2.8	2.5	2.3	2.0	1.7

注 1：表列的额定值是指压力和温度稳定为条件，当变化时，额定值可能不同。

注 2：表列的额定值是指阀座材料用聚四氟乙烯(PTFE)制成。

4 技术要求

4.1 旋塞阀应符合本标准的规定，并按经规定程序批准的图样及技术文件制造。

4.2 外观

旋塞阀外观不应有明显撞伤、裂纹、气孔等缺陷，外表色泽基本一致，无影响性能的锈蚀、油污。

4.3 连接端

4.3.1 旋塞阀连接端可采用法兰连接、对焊连接、承插焊连接和螺纹连接。

4.3.2 法兰连接

4.3.2.1 法兰连接端的范围：PN10～PN420(PN140 除外)，DN 15～DN600。

4.3.2.2 端部法兰应符合 GB/T 9113.1～9113.4 的规定。法兰背面的锪孔加工不应使法兰厚度降到小于标准规定的厚度。

4.3.3 对焊连接

4.3.3.1 对焊连接端的范围：

a) PN10，PN16，PN25，PN40，PN63，PN20，PN50，PN68：DN ≥50(NPS≥2)；

b) PN100，PN160，PN250；PN110，PN150，PN260，PN420：DN≥25(NPS≥1)。

4.3.3.2 对焊连接端尺寸按 GB/T 12224 的规定或订货合同的规定。阀门制造厂有义务使阀门的焊接端和客户选择的钢管系列、壁厚、材料及焊接工艺相一致。

4.3.4 承插焊连接

4.3.4.1 承插焊连接端的范围：所有压力级，DN15～DN50。

4.3.4.2 英制管承插焊端尺寸按表6的规定。

表6 承插焊端尺寸

单位为毫米

公称尺寸	承插孔最小深度	适用英制管的承插孔		承插孔任意位置的最小壁厚
		孔径	公差	
15	9.5	21.8	$^{+0.5}_{0}$	不小于壳体的最小壁厚
20	12.5	27.25		
25	12.5	33.9		
32	12.5	42.7		
40	12.5	48.8		
50	16	61.2		

4.3.5 螺纹连接

4.3.5.1 螺纹连接端的范围：所有压力级，DN15～DN50。

4.3.5.2 螺纹端的内螺纹应符合GB/T 12716、GB/T 1415的规定。螺纹端任何位置的壁厚应不小于壳体的壁厚。

4.4 **承压壳体的壁厚**

4.4.1 承压壳体（包括阀体、阀盖等）的最小壁厚分为较薄壁厚和较厚壁厚，较薄壁按表7的规定。较厚壁按附录A的规定。

4.4.2 壳体的最小壁厚必须满足在压力试验（1.5倍的公称压力）载荷下，完全避免永久变形和满足非圆形通道的应力集中的要求。设计和制造者应在不满足要求时增加壁厚和设置加强筋。

4.4.3 圆口全径型旋塞阀（或其他型）当壳体中腔内径大于1.5倍的阀体通道孔直径（按锥体大头尺寸计算）时，应增加壳体壁厚。

4.4.4 承压壳体壁上不应因钻销孔或点焊（如固定铭牌）而使壁厚降至规定的最小壁厚以下，需要时应设置凸台。

表7 较薄壁壳体的最小壁厚

单位为毫米

公称尺寸DN	PN10	PN16	PN25	PN40	PN20	PN50	PN100/PN110	PN140[a]	PN160/PN150	PN250/PN260	PN420
15	4.0	4.0	4.0	4.0	4.0	4.0	5.0	4.0	—	6.0	8.0
20	4.0	4.0	4.0	4.0	4.0	4.0	5.0	4.3	—	7.0	9.0
25	5.0	5.0	5.0	5.0	5.0	6.0	6.0	5.0	—	8.0	11.0
32	6.0	6.0	6.0	6.0	6.0	7.0	7.0	5.6	—	10.0	14.0
40	6.0	6.0	6.0	6.0	6.0	7.0	7.0	5.6	—	12.0	16.0
50	6.5	6.5	7.5	8.0	7.0	8.0	8.0	6.1	—	14.0	20.0
65	6.5	7.0	7.5	8.0	7.0	8.0	9.0	—	—	16.0	23.0
80	6.5	7.0	7.5	8.0	7.0	9.0	10.0	—	13.0	20.0	26.0
100	7.5	7.5	8.0	9.0	8.0	10.0	12.0	—	16.0	23.0	32.0
150	8.0	9.0	9.0	11.0	9.0	12.0	16.0	—	22.0	32.0	44.0
200	9.0	10.0	11.0	13.0	10.0	14.0	20.0	—	26.0	40.0	56.0
250	9.5	11.0	12.0	14.0	11.0	16.0	23.0	—	31.0	48.0	70.0
300	11.0	12.0	13.0	16.0	12.0	18.0	27.0	—	36.0	55.0	81.0

表 7（续）

单位为毫米

公称尺寸 DN	PN10	PN16	PN25	PN40	PN20	PN50	PN100/PN110	PN140[a]	PN160/PN150	PN250/PN260	PN420
350	11.0	12.5	14.0	17.5	13.0	20.0	29.0	—	—	60.0	—
400	12.0	14.0	16.0	19.0	14.0	22.0	32.0	—	—	68.0	—
450	13.0	15.0	18.0	—	15.0	—	—	—	—	—	—
500	14.0	16.0	20.0	—	16.0	—	—	—	—	—	—
600	15.0	18.0	22.0	—	18.0	—	—	—	—	—	—
[a] PN140 压力级仅适用于锻造或棒材制作的阀体。											

4.5 阀体

4.5.1 阀体两端部的法兰或其他形式的连接端应是与本体铸(锻)成一体的结构。如果客户同意，可以用全熔深对焊方式焊接，法兰材料和焊接材料须与本体材料相同或不低于本体材料性能的材料，焊接坡口尺寸、焊接工艺、焊缝、焊工等条件按 GB 150 的规定，焊缝厚度不允许小于承压壳体的最小壁厚。

4.5.2 阀体流道的各截面应平滑过渡，尽可能接近流线型，各面间相交应采取较大圆角，并有大的过流面积。文丘里型旋塞阀的流道喉部应接近文丘里管，以使压力损失最小。

4.5.3 阀体与阀盖连接

阀体与阀盖连接的密封面型式应是平面式、凹凸止口式、榫槽式和环连接式，平面式连接仅适用于小于等于 PN20 压力级的连接。

公称尺寸不大于 DN100 的阀门可以采用螺纹连接。

当采用螺栓连接时，连接螺栓(螺柱)的尺寸应不小于 M10，数量应不少于 4 个。不大于 M24 的螺栓、螺柱采用粗牙普通螺栓。大于 M24 时螺距为 3 mm，螺纹尺寸和公差按 GB/T 196 和 GB/T 197 的规定。

螺栓连接的强度计算应依据公认的设计规则确定，例如，GB 150 标准。螺母应选用厚度约等于螺纹公称直径的厚型螺母。

4.5.4 阀体排放孔和旁通

4.5.4.1 如果需要，公称尺寸不小于 DN50 的阀门可设置排放孔和螺塞，排放孔处应有加强凸台(见图 6)，尺寸按表 8 规定。

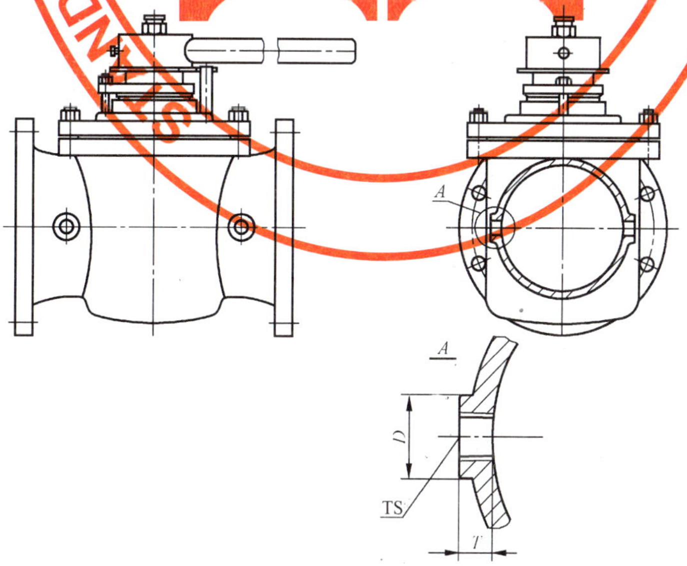

图 8 阀体排放、旁通孔示意图

表 8 阀体排放孔锥螺纹尺寸与最小有效锥螺纹长度和凸台直径　　单位为毫米

阀门公称尺寸 DN	排放孔锥螺纹 TS	最小有效锥螺纹长度 *T*	凸台最小直径 *D*
50～100	1/2″	14	38
150～200	3/4″	14	44
250～600	1″	18	54

4.5.4.2 如果需要，公称尺寸不小于 DN50 的阀门可设置旁通，旁通与阀体的连接为承插焊时，承插孔尺寸按表 6 的规定。

4.5.5 软密封阀座必须与阀体紧密贴合，且必须有防止转动的设计，保持在工况操作条件下不能转动或松动。

4.5.6 衬里旋塞阀的衬里应与基体紧密结合，最小厚度按表 9 的规定，衬里应包括全部与介质接触的表面。

表 9 衬橡胶和氟塑料的衬里层最小厚度　　单位为毫米

阀门公称尺寸 DN	氟塑料	橡胶
15～32	2.5	2.5
40～80	3.0	3.0
100～150	4.0	4.0
200～600	4.0	5.0

4.6 旋塞

4.6.1 旋塞体应为一体的圆锥体或圆柱体，分件组合成的圆锥体或圆柱体的塞子不在本标准范围之内。旋塞和阀杆可制成一体，也可分开。

4.6.2 软阀座旋塞、非油封金属密封旋塞的密封面的粗糙度不大于 $Ra0.4\ \mu m$。

4.6.3 油封式旋塞

4.6.3.1 油封式旋塞应设有一个内部润滑系统，它能有效地将润滑剂输送到阀座和密封区域内的阀体与旋塞接触面。

4.6.3.2 阀体与旋塞的表面应有沟槽。沟槽应这样布置，当阀门全开或关闭时，在压力下润滑剂流到系统的各部分，这样既能保证密封又能保证操作灵活。

4.6.3.3 任意位置均应能注脂，脂油不能进入通道。

4.6.4 一体式旋塞的塞颈、分体式的阀杆或加长阀杆的端部须有指示旋塞通道孔旋转位置的永久性标示。例如，切槽、刻线，必须满足使指示位置不正确的安装不能实现的要求。

阀杆或塞颈与填料的结合面和塞体端面与垫片的结合面处的粗糙度不大于 $Ra0.8\ \mu m$。

4.7 阀杆

当阀杆与旋塞设计成分开时，应符合以下要求：

阀杆必须是防吹出设计，即当拆去阀杆的密封压紧装置时（如填料压盖、填料压板等零件）或驱动装置时，阀杆不能在内腔压力作用下吹出。

4.8 填料压盖

4.8.1 公称尺寸不大于 DN150 的阀门，填料压盖可采用螺纹或螺栓连接；公称尺寸大于 DN150 的阀门，应采用螺栓连接。

4.8.2 填料压盖可以是整体的，也可以分为可自定心的填料压套和填料压板两个零件。

4.8.3 填料压盖或填料压板的螺栓的通过孔不能采用开口孔。

4.9 位置指示装置

4.9.1 阀门上须有位置指示装置，指示旋塞通道孔旋转时所处位置。

4.9.2 位置指示装置的安装必须满足：使指示位置不正确的安装不能实现。

4.9.3 位置指示装置可与其他装置合并实现指示功能，例如限位装置、手柄。

4.9.4 当用手柄作为唯一位置指示装置时，阀门全开时，手柄轴线应平行于通道。

4.10 开关限位装置

4.10.1 阀门上必须有限位装置，实现全开和全关两个位置的限位。

4.10.2 限位装置的安装位置必须满足：使限位不正确的安装不能实现。

4.10.3 当限位装置设置在手柄上时，阀门全开时，手柄轴线应平行于通道。

4.11 防静电结构

软阀座旋塞阀、衬里旋塞阀须有保持阀体、旋塞、阀杆之间可靠的的电连续性的结构。

例如，采用弹簧、弹性环、可靠的导电填料等结构。

4.12 密封/润滑脂注入系统和装置

4.12.1 密封/润滑脂的牌号和技术条件应由制造厂确定，如果客户没有规定，应使用耐碳氢化合物的润滑密封脂，其适用温度为：−29 ℃～107 ℃，并在使用说明书中说明。用户需要变动时应与生产厂商定。

4.12.2 油脂注入装置须包括有防止介质泄出的、不低于壳体的压力-温度额定值的止回阀，并且不能因为油嘴上有止回阀而取消上述止回阀，至少两个单向阀。

4.13 压力泄放装置

制造厂应确定阀门在开或关位置时，阀门内腔是否有介质截留，并按使用介质的要求或客户要求设置压力泄放装置。例如，泄压孔、泄压阀座、泄压通道和泄压阀门等，防止中腔压力超过额定值。

4.14 操作装置

4.14.1 旋塞阀可用手柄、手轮或驱动装置操作，驱动装置应能手操作。手柄和手轮的安装应是既能安全的固定又能较方便的取下。阀门的操作类型应由客户规定，标准的操作方式按表10的规定。

表10 阀门的操作方式

公称压力 PN	阀门型式	操作方式与公称尺寸范围	
		直接操作	驱动装置操作
10、16、25、40 20、50	短型、文丘里型	≤DN150	≥DN200
	常规型	≤DN100	≥DN150
	圆口全径型	≤DN80	≥DN100
63、68	文丘里型	≤DN100	≥DN150
	常规型、圆口全径型	≤DN80	≥DN100
100、110	文丘里型、常规型	≤DN80	DN100～DN300
	圆口全径型	≤DN65	DN80～DN300
160、150	文丘里型、常规型	≤DN65	DN80～DN300
	圆口全径型	≤DN65	DN80～DN300
250、260	文丘里型、常规型	≤DN65	DN80～DN300
	圆口全径型	≤DN40	DN50～DN300
420	文丘里型、常规型	≤DN65	DN80～DN300

4.14.2 手动操作方向规定：顺时针转动，关闭阀门；逆时针转动，打开阀门。手轮上应有指示关闭方向的标志。

4.14.3 手柄长度应满足：开关三次后，在最大使用压差下，操作力不大于360 N。

4.14.4 驱动装置的连接按 GB/T 12223 的规定。

4.14.5 如果客户需要阀门在开(关)位置加锁,应设计有加锁结构并按要求配锁。

4.15 耐火结构

如果客户要求旋塞阀有耐火要求,阀门应采用有耐火结构的设计,满足耐火要求,并按客户规定的标准进行试验。

5 材料

5.1 承压壳体

5.1.1 壳体材料应符合 GB/T 12229、GB/T 12230、JB/T 7248 的规定,或相关标准的规定。公称尺寸不大于 DN50 的锻钢阀门的壳体材料按 GB/T 12228 的规定,或相关标准的规定。

5.1.2 焊接端连接的阀体或焊接结构的壳体的含碳量须按如下要求限制:

a) 碳钢或碳钼钢的含碳量不大于 0.25%。

b) 铬钼钢的含碳量不大于 0.15%。

c) 含碳量和 1/6 含锰量之和(C+1/6Mn)不大于 0.41%。

5.1.3 当平面形阀盖用板材制造、排放螺塞用棒材制造时,牌号可与阀体不同,但它们和阀体必须是 GB 150 标准中规定的同一组材料。

5.2 旋塞

5.2.1 旋塞的材料必须满足旋塞的密封面和配合面具有抗擦伤、抗咬伤和抗烧死的要求。

5.2.2 旋塞可以采用钢、球墨铸铁、奥氏体铸铁或耐蚀铸铁制造,旋塞材料的耐蚀性能至少和阀体材料相同。

5.2.3 钢制旋塞的表面可硬化处理,以满足抗擦伤、抗咬伤和抗烧死的要求。

5.2.4 当碳钢阀门采用铸铁旋塞 HT200(公称尺寸不大于 PN20)、HT300(公称尺寸大小于 250)时,其机械性能不低于 GB/T 12226 的规定。

5.3 阀杆

当阀杆与旋塞分开制造时,应用钢制造,阀杆材料的机械性能、耐蚀性能应不低于阀体材料的性能。

5.4 填料压盖

填料压盖应采用钢制造(铸造、锻造、板材)。当公称尺寸不大于 PN25,介质温度不大于 350 ℃时,可以用球墨铸铁制造。填料压盖或组合式填料压盖的组件的材料熔点应高于 955 ℃。

5.5 指示装置、限位装置、手柄(手轮)

应使用金属材料制造,手柄应使用钢、可锻铸铁、球墨铸铁制造,熔点应高于 955 ℃。

5.6 铭牌

铭牌应采用奥氏体不锈钢或镍合金制造。

5.7 承压件连接的螺栓(螺柱)、螺母

5.7.1 材料的化学成分应符合 GB/T 699、GB/T 3077、GB/T 1220 等标准的规定。

5.7.2 螺栓(螺柱)、螺母应符合 GB/T 3098.1、GB/T 3098.2 、GB/T 3098.4 、GB/T 3098.6、GB/T 3098.15 等标准的规定。

5.7.3 使用温度应符合材料的温度限制,低温使用时应进行低温冲击试验。

5.8 阀体垫片、填料等软密封件的材料必须能适应阀门的最高温度额定值,并符合阀门使用的行业的法规要求(例如,毒性等)。

5.9 阀座(衬套)

本标准推荐采用不含回收料的聚四氟乙烯(PTFE)制作阀座(衬套)。

6 试验方法

6.1 压力试验

6.1.1 压力试验按 GB/T 13927—1992 的规定。

6.1.2 壳体强度试验时，包括填料处不允许有可见渗漏，填料的试验压力与壳体相同。

6.1.3 阀座密封试验时，不允许有可见渗漏(A 级)。

6.1.4 不允许用低压气密封(0.6 MPa)试验替代液压密封试验。

6.1.5 软阀座旋塞阀的密封试验压力不应高于 40 ℃时软阀座的压力额定值(例如表 5)，以免阀座变形。

6.2 防静电试验

6.2.1 软阀座旋塞阀和衬里旋塞阀，每种类型、每种规格、每批至少抽取 5%(且不少于 2 台)，进行防静电试验。试验在干燥的阀门上，至少开关 5 次后进行。

6.2.2 试验要求：使用不大于 12 V 的直流电源电压，旋塞和阀体之间、阀杆和阀体之间的放电回路的电阻不大于 10 Ω。

6.3 耐火试验

如果客户要求进行耐火试验，符合 4.14 要求的阀门应按 JB/T 6899 的规定进行试验。

7 检验规则

7.1 检验分类和检验项目

7.1.1 旋塞阀分出厂检验和型式检验。

7.1.2 检验项目、要求、方法按表 11 定。

表 11 检验项目、要求和方法

检验项目	检验类别		技术要求	检验和试验方法
	出厂检验	型式检验		
外观	√	√	4.2	目测
尺寸	√	√	按图样	测量工具进行检测
壳体试验	√	√	GB/T 13927—1992	6.1
密封试验	√	√	GB/T 13927—1992	6.1
防静电试验	—	√	4.11	按 6.2
壳体最小壁厚	—	√	4.4.1、附录 A	测量工具进行检测
衬里层厚度	—	√	4.5.6	测量工具进行检测
耐火试验	—	√	4.15	按 6.3
材料	—	√	按第 5 章	有关材料检验标准
静压寿命	—	√	按行业标准	寿命试验设备
标志	√	—	8.2	目测
注：“√”为检验项目，“—”为不做检验项目。				

7.2 出厂检验

每台产品必须进行出厂检验，经检验员检验合格后方可出厂。

7.3 型式试验

7.3.1 有下列情况之一时，型式试验产品数为一台，检验项目应全部符合标准后，方可成批生产。

a) 新产品试制、鉴定、定型；

b) 原产品结构、材料、工艺有较大改变，可能影响性能；

c) 产品停产半年后，恢复生产。

7.3.2 有下列情况之一时，型式试验采取抽样检验。

a) 正式生产时，定期或积累一定产量后，应周期性进行一次检验；

b) 订货合同提出进行型式检验时；

c) 国家质量监督机构提出进行产品检验要求时。

7.3.3 抽样方法

7.3.3.1 抽样可以在生产线的终端经检验合格的产品中随机抽取，也可以在产品成品库中随机抽取，或者从已供给用户但未使用并保持出厂状态的产品中随机抽取。每一规格供抽样的最少基数和抽样数按表12的规定。到用户抽样时，供抽样的最少基数不受限制，抽样数仍按表12的规定。对整个系列产品进行质量考核时，根据该系列范围大小情况从中抽取2～3个典型规格进行检验。

表12 抽样的最少基数和抽样数

公称尺寸 DN	最少基数/台	抽样数/台
≤100	10	2
≥125	5	1

7.3.3.2 静压寿命试验在已抽的产品中任选一台进行试验。

7.3.3.3 型式检验的全部检验项目都应符合表11中技术要求的规定。

8 防护、标志、包装、运输、贮存

8.1 防护

阀门试验后，应排净阀腔内试验用水或液体，进行必要的清理和防护，使阀门处于全开位置。端部法兰密封面或螺纹部位的机械加工面应涂易清洗的防锈剂。

8.2 标志

8.2.1 标志按GB/T 12220的规定，并应满足8.2.2～8.2.6的要求。

8.2.2 软阀座旋塞和衬里旋塞的铭牌上必须标示：阀座或衬里的额定温度、额定压力（当低于壳体的额定压力时）、衬里材料或阀座材料牌号或代号。

8.2.3 如果旋塞、阀杆材料与阀体不同，铭牌上须标示旋塞、阀杆的材料牌号或代号。

8.2.4 文丘里旋塞、旋塞孔为非圆形孔的旋塞应在法兰外圆上标示：端连接的公称尺寸和后面加字母"R"，例如DN200R。旋塞孔为圆形的缩径旋塞，应在端法兰外圆上标示出端连接的公称尺寸X圆孔的实际相当的公称尺寸。例如，端连接DN200阀门圆孔的实际相当的公称尺寸为DN150，标示DN200X150。

8.2.5 可以附加标志，例如，产品型号、工号、序列号等，但不能与规定的标志相混淆或容易被误解。

8.2.6 符合本标准的阀门，铭牌上应标示本标准的标准号。

8.3 包装、运输、贮存

阀门的包装、运输、贮存按JB/T 7928的规定。

附 录 A
（规范性附录）
较厚壁壳体的最小壁厚

A.1 油封旋塞的旋塞阀，当壳体材料为：A216 WCB、WCC，A217 WC6、WC9、C5、C12、C12A，A105，A350 LF2、LF3，A352 LC2、LC3、LCC、LCB，A182 F5、F9、F91、F12 时，壳体最小壁厚按表 B.1 的规定。

表 A.1 较厚壁壳体的最小壁厚

单位为毫米

公称尺寸 DN	公称压力						
	PN20	PN50	PN68	PN110	PN150	PN260	PN420
15	4.6	4.6	5.3		5.3		5.3
20	4.6	4.6	6.4		10.2		10.2
25	6.4	6.4	7.9		12.7		15.1
32	6.4	6.4	8.6		14.2		17.5
40	6.4	7.9	9.3		15.0		19.1
50	8.7	9.5	11.1		19.1		22.2
65	9.5	11.1	11.9		22.2		25.4
80	10.3	11.9	12.7		19.1	23.8	30.2
100	11.1	12.7	12.7	15.9	21.4	28.6	35.7
150	11.9	15.9	16.7	19.1	26.2	38.1	48.4
200	12.7	17.5	19.1	25.4	31.8	47.6	61.9
250	14.3	19.1	21.4	28.6	36.5	57.2	67.5
300	15.9	20.6	23.8	31.8	42.1	66.7	86.5
350	16.7	22.2	27.0	34.9	46.0	69.9	—
400	17.5	23.8	28.6	38.1	52.4	79.4	—
450	18.2	25.4	30.2	41.3	57.2	88.9	—
500	19.1	27.0	33.3	44.5	63.5	98.4	—
600	20.6	30.1	36.5	50.8	73.0	114.3	—

附 录 B
（资料性附录）
客户应提供的资料

B.1 旋塞阀型式、公称压力、工作压力、工作温度、公称尺寸、工作介质。

B.2 结构长度、连接端(法兰或螺纹)型式及标准。

B.3 是否有对材料的特殊要求(阀体、旋塞、阀杆、阀座、垫片、衬里等)或指定材料。

B.4 压力温度是否有循环变化要求及变化参数。

B.5 是否要求排放孔及位置和连接要求。

B.6 是否要求体腔泄放压力和泄放型式及位置要求。

B.7 对驱动装置的要求(如隔爆、防护等级和电、气源条件控制要求等)或指定驱动装置。

B.8 对润滑脂的特殊要求或指定润滑脂。

B.9 是否要求耐火试验。

ICS 77.140.85
J 32

中华人民共和国国家标准

GB/T 22131—2008

筒形锻件内表面超声波检测方法

Practice for ultrasonic examination from bored surfaces of cylindrical forgings

2008-06-25 发布　　　　2009-01-01 实施

中华人民共和国国家质量监督检验检疫总局
中国国家标准化管理委员会　发布

前　言

本标准修改采用 ASTM A 939—2007《筒形锻件内表面超声波检测方法》(英文版)。

为了便于使用,本标准做了下列编辑性修改:

——将题目中的“标准实施规程”改为“方法”;

——将“本规程”改为“本标准”;

——尺寸的计量单位选用“mm”,故删除 ASTM A 939—2007 中的 1.4,并将 1.5 改为 1.4;

——将“7 报告”改为“探伤报告”;

——删除条编号 7.1;

——将条编号 7.1.1,7.1.2,7.1.3,7.1.4 和 7.1.5 分别改为 a),b),c),d)和 e);

——删除“8 关键词”。

本标准与 ASTM A 939—2007 相比,存在下列技术性差异:

——在 3.6 中增加了探头频率“如 2 MHz 或 2.5 MHz”;

——在 4.1 中,仪器许用频率由“1 MHz,2.25 MHz 和 5 MHz”改为“1 MHz,2 MHz,2.25 MHz, 2.5 MHz 和 5 MHz”;

——在 4.2 中增加了“或 100%屏高”;

——在 4.4 中增加了“也可使用性能相当的其他频率和尺寸的探头”。

本标准由中国机械工业联合会提出。

本标准由全国锻压标准化技术委员会归口。

本标准起草单位:北京机电研究所、中国第二重型装备股份有限公司。

本标准主要起草人:金红、张倩生、范吕慧、胡加尔。

筒形锻件内表面超声波检测方法

1 范围

本标准规定了从筒形锻件内表面进行超声波探伤的基本步骤。

本标准适用于手工检测方式,但不限制使用其他检测方式,如机械化或自动化检测方式。

本标准适用于内径尺寸≥63.5 mm 的筒形锻件。

本标准未涉及与使用有关的安全问题。本标准的使用者有责任在使用前制订合适的安全和保健措施,并确定其适用范围。

2 意义和用途

2.1 当合同或检验规范要求从内表面进行超声波探伤时,应使用本标准,按缺陷数量、缺陷波幅、位置,或三者的组合来判断锻件能否验收。

2.2 验收标准应当在订货要求中予以明确说明。

2.3 本标准使用特定的双晶探头,其晶片角度须满足距内表面 0~50.8 mm,或 0~76.2 mm 深度范围内具有最佳灵敏度。

3 一般要求

3.1 应尽可能对整个内表面进行超声波探伤。由于在阶梯处存在圆角或由于其他局部形状的原因,可能无法对内孔表面的某些细小部位进行探伤。

3.2 超声波探伤应在获得锻件机械性能的最终奥氏体化处理和回火热处理后进行,也可以在任一后续去应力热处理之前或之后进行。

3.3 应采用径向入射超声束进行全面扫查。

3.4 可以在锻件处于静止状态下进行检测,也可在锻件置于机床或辊胎上转动时进行检测。

3.5 为保证全面扫查内表面,探头每次移动的间距约为晶片宽度的 75%。

3.6 探头频率应为 2.25 MHz,但经买方同意也可使用其他频率,如 2 MHz 或 2.5 MHz。

3.7 在买方的图样上或合同中,应规定对锻件内孔直径和校准孔的要求。

4 脉冲反射式超声波设备和辅助设备

4.1 探伤仪

本标准要求使用脉冲反射式探伤仪,其许用频率为 1 MHz,2 MHz,2.25 MHz,2.5 MHz 和 5 MHz。采用本标准进行超声波探伤,缺陷波振幅的测量精度与整个探测系统的实际工作频率有关。获得理想探测精度的最佳方法之一是采用调谐脉冲发生器和已知频率特性的窄频放大器,并配以宽频探头或已知匹配频率的窄频调谐探头。应制定一套供需双方都能够接受的仪器校正方案。

4.2 放大器

放大器和示波管所提供的线性响应峰值应达到 38.1 mm 或 100%屏高(误差在±5%以内)。应制定一套供需双方都能够接受的仪器校正方案。

4.3 信号衰减器

应具有经过校正的增益控制器或信号衰减器(精度均在±5%以内),以便测量超出仪器线性范围的信号。建议信号控制器的调节量为 25∶1(28 dB)。

4.4 探头

使用已知有效频率的纵波双晶探头进行扫查。每个探头的晶片尺寸为6.35 mm×25.4 mm，频率为2.25 MHz，尺寸为25.4 mm的一侧应与锻件的纵轴平行，以便得到满意的分辨力和波束宽度。也可使用性能相当的其他频率和尺寸的探头。探头应配备加工成各种直径的、可更换的有机玻璃楔块，以便与不同的锻件内径相匹配。

5 超声波探伤锻件的准备

5.1 进行超声波检测时，锻件内表面不得有刀具划痕、疏松的氧化皮、磨屑或其他异物。

5.2 为了使探头传输到锻件内部的能量基本保持恒定，内孔表面应精加工，以使其直径均匀一致。

6 探伤程序

6.1 用买方规定的校准孔来确定探伤灵敏度，所钻校准孔应与锻件内孔平行，将校准孔的波幅调到100%屏幕高度，以此完成整个探测。

6.2 检查距离校正以保证系统线性。

6.3 将一个探头与脉冲延迟块相联，把从有机玻璃楔块曲面反射回来的信号位置标记为内表面。

6.4 记录内孔表面到校准孔侧面的距离。

6.5 调节扫描长度控制旋钮，使底面反射波大约位于示波管满刻度的3/4处。

6.6 记录达到校准孔灵敏度某一百分数的所有信号的轴向和周向位置。

6.7 以规则的间距，使用结构装置支撑探头。

6.8 沿径向距离和轴向距离记录所有信号。

7 探伤报告

探伤报告包括下列内容：

a) 达到校准孔灵敏度某一百分数的所有信号的波幅。

b) 所有信号的轴向位置。

c) 所有信号的径向和周向位置。

d) 达到校准孔灵敏度5%的信号密集区域。

e) 所有反射损失等于或大于20%的区域。

ICS 37.020
N 32

中华人民共和国国家标准

GB/T 22132—2008

显微镜　可换目镜的直径

Microscopes—Diameter of interchangeable eyepieces

(ISO 10937:2000,MOD)

2008-06-30 发布　　　　2009-01-01 实施

中华人民共和国国家质量监督检验检疫总局
中国国家标准化管理委员会　发布

前　言

本标准修改采用 ISO 10937:2000《显微镜　可换目镜的直径》(英文版)。

本标准与 ISO 10937:2000 的主要技术差异为:

——按我国用语习惯,对第 2 章的内容进行了适当的编排;

——增加了可换目镜的直径为 25.0 mm 和 34.0 mm 两种规格。

为便于使用,本标准还做了下列编辑性修改:

——“本国际标准”一词改为“本标准”;

——删除国际标准的前言。

本标准由中国机械工业联合会提出。

本标准由全国光学和光子学标准化技术委员会(SAC/TC 103)归口。

本标准负责起草单位:上海理工大学、上海光学仪器研究所。

本标准参加起草单位:南京江南永新光学有限公司、广州粤显光学仪器有限责任公司、宁波华光精密仪器有限公司、浙江舜宇集团股份有限公司、梧州奥卡光学仪器公司、宁波永新光学股份有限公司、麦克奥迪实业集团有限公司和凤凰光学控股有限公司。

本标准主要起草人:胡钰、章慧贤。

本标准为首次发布。

显微镜　可换目镜的直径

1　范围

本标准规定了显微镜可互换目镜的直径。

注：通常，一个由目镜、物镜和镜筒透镜组成的特定的组合是校正好像差的。因此，由一个厂商制造的物镜和另一个厂商制造的镜筒透镜或目镜的组合，即使都符合本标准的规定，仍可能在放大率和(或)光学性能上产生误差。

2　要求

目镜直径的尺寸应符合图1的规定。

可互换目镜的直径 d 为 23.2 mm、25.0 mm、30.0 mm、34.0 mm。

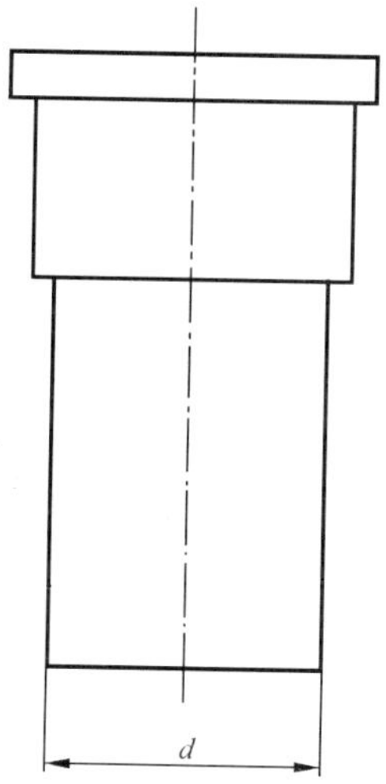

d h8

图1　目镜的直径

ICS 17.120.10
N 12

中华人民共和国国家标准

GB/T 22133—2008/ISO 11631:1998

流体流量测量 流量计性能表述方法

Measurement of fluid flow—Methods of specifying flowmeter performance

(ISO 11631:1998,IDT)

2008-06-30 发布 2009-01-01 实施

中华人民共和国国家质量监督检验检疫总局
中国国家标准化管理委员会 发布

前　言

本标准等同采用 ISO 11631:1998《流体流量测量　流量计性能表述方法》。

本标准等同翻译 ISO 11631:1998(英文版)。

本标准在制定时按 GB/T 1.1—2000《标准化工作导则　第 1 部分:标准的结构和编写规则》和 GB/T 20000.2—2001《标准化工作指南　第 2 部分:采用国际标准的规则》的有关规定做了如下编辑性修改:

——删除了 ISO 标准的前言;

——原引用标准的引导语按 GB/T 1.1—2000 的规定改成规范性引用文件的引导语;

——“本国际标准”一词改为“本标准”;

——用小数点“.”代替作为小数点的逗号“,”;

——3.13 的注 1 中原文为“x”有误,现更正为“$\overline{x}$”;

——3.15 术语的原文为“hysteresis”,根据定义和附图看原文有误,现更改为“hysteresis error”;

——参考文献[5]原为 ISO 导则 25,鉴于 ISO 导则 25 已改为 ISO/IEC 17025:1999,且有对应的国家标准 GB/T 27025—2008《检测和校准实验室能力的通用要求》,故改为 GB/T 27025。

本标准的附录 A 为资料性附录,附录 B 为规范性附录。

本标准由中国机械工业联合会提出。

本标准由全国工业过程测量和控制标准化技术委员会第一分技术委员会归口。

本标准负责起草单位:中国计量科学研究院、上海工业自动化仪表研究所。

本标准参加起草单位:北京市计量检测科学研究院。

本标准主要起草人:李旭、王韫韬、李明华。

本标准首次发布。

流体流量测量
流量计性能表述方法

1 范围

本标准适用于流量计制造商发行的技术规范和说明书。

本标准规定了用于封闭管道或明渠的各种流量计的性能表述方法。

本标准说明了如何根据流量计的溯源性等级对流量计进行分类,并且详细阐明了制造商应如何表述流量计的溯源性、质量保证和使用条件,但流量计应用于其他情况时仍可能需要做进一步的说明。

注:第3章确立的术语和定义中包括了大量相关专业术语,以促进这些术语在技术规范中的普遍应用。

2 规范性引用文件

下列文件中的条款通过本标准的引用而成为本标准的条款。凡是注日期的引用文件,其随后所有的修改单(不包括勘误的内容)或修订版均不适用于本标准,然而,鼓励根据本标准达成协议的各方研究是否可使用这些文件的最新版本。凡是不注日期的引用文件,其最新版本适用于本标准。

ISO/TR 5168 流体流量测量 流量测量不确定度的评估

3 术语和定义

下列术语和定义适用于本标准。

3.1

精确度 accuracy

准确度

流量计给出的测量结果接近于真值的能力。

注:精确度是一个常用术语,它包含了系统误差、随机误差、回差、死区等影响。虽然把所有这些误差都组合在“精确度”这一个标题下使用起来很方便,但它是一个定性的术语,其本身不赋数值,不用于流量计的性能规范。

3.2

精确度等级 accuracy class

准确度等级

流量计符合一定的计量要求,使误差保持在规定极限以内的等级。

注:精确度等级通常以约定的数字或符号表示,称为等级指标。

3.3

偏差 bias

流量计示值的系统误差。

3.4

校准 calibration

在规定条件下,确定流量计指示的量值与参比标准器指示的相应量值之间关系的一组操作。

注1:校准结果可用于确定示值对应的被测量值,或者确定示值的修正值。

注2:校准也可确定其他计量特性,如影响量的效应。

注3:校准结果可以记录在校准证书或校准报告中。

注4:校准结果经常被表示为一个校准系数或一系列校准系数或一条校准曲线。

注5:校准不包括调整。

3.5

置信界限　confidence limits

假定系统误差可忽略,以规定的概率预期真值所处范围的上、下限。

3.6

置信水平　confidence level

假定系统误差可忽略,真值处于规定置信界限内的概率。

注:置信水平一般用百分数表示,如95%。

3.7

一致性　conformity

校准曲线接近规定曲线(例如直线、对数曲线、抛物线、三次曲线、平方根曲线等)的吻合程度,以量值表示。

注1:一致性通常按非一致性进行测量,并以一致性表示。例如平均曲线与规定曲线之间的最大偏差。平均曲线在每一个方向上做两次或多次全测量范围校准后确定。除另有说明外,一致性的值与输出量程有关。

注2:作为一项性能要求,一致性可表示为独立一致性、端基一致性和零基一致性。

3.7.1

独立一致性　independent conformity

调整实际特性曲线(上行程和下行程读数的平均值)到接近规定特性曲线,使最大偏差为最小时的吻合程度。

注:使用最小二乘法(见ISO/TR 7066-1和ISO/TR 7066-2)可使最大偏差减至最小。

3.7.2

端基一致性　terminal-based conformity

实际特性曲线(上行程和下行程读数的平均值)与规定特性曲线的范围上限值和范围下限值重合时,两条曲线的吻合程度。

3.7.3

零基一致性　zero-based conformity

调整实际特性曲线(上行程和下行程读数的平均值)到接近规定特性曲线,使两条曲线的范围下限值重合且最大偏差为最小时的吻合程度。

3.7.4

线性度　linearity

规定曲线为一条直线的一种特殊但常用的一致性。

注:线性度的图例见附录A。

3.8

死区　dead band

可以朝两个方向改变激励而不致引起流量计响应发生变化的最大区间。

注:有些流量计(例如涡轮流量计)从零流量到某一流量可能存在一个"死区",但此后有一个小鉴别力阈,即这些流量计存在一个最小始动流量。[参看最小可检测流量(3.20)]

3.9

鉴别力　discrimination

流量计对激励值微小变化的响应能力。

3.10

鉴别力阈　discrimination threshold

不致引起流量计的响应产生可察觉变化的最大激励变化,这种激励变化应缓慢而单一。

注:在整个流量范围内鉴别力阈可能不是一个常数。

3.11

漂移　drift

流量计的计量特性随着时间逐渐变化。

注：与“稳定性”不同，“漂移”始终被认为与时间相关。

3.12

误差　error

测量结果与被测变量的真值之差。

注1：由于真值不能确定，实际上使用的是约定真值。

注2：当有必要区分“误差”和“相对误差”时，前者有时被称为“测量的绝对误差”，不可将它与“误差的绝对值”相混淆，误差的绝对值是误差的模数。

3.13

实验标准偏差　experimental standard deviation

s

表征同一被测变量 n 次测量结果的离散度的量。

$$s=\sqrt{\frac{\sum_{i=1}^{n}(x_i-\bar{x})^2}{n-1}} \qquad \cdots\cdots(1)$$

式中：

x_i——第 i 个测量结果；

$\bar{x}$——所考虑的 n 个测量结果的算术平均值。

注1：当将 n 个值视作分布的样本时，$\bar{x}$ 为该分布的平均值 μ 的无偏差估计值，s^2 为该分布的方差 σ^2 的无偏差估计值。

注2：$\frac{s}{\sqrt{n}}$ 为 $\bar{x}$ 分布的标准偏差的估计值，称为平均值的实验标准偏差。

注3：术语“平均值的实验标准偏差”有时被误称为“平均值的标准误差”。

3.14

流量计　flowmeter

显示被测流量的流量测量装置。

3.15

滞环误差　hysteresis error

流量计依据先前激励的顺序对某个激励作出响应的特性。

注1：滞环误差可以用激励增大时的被测变量值和激励减小时的被测变量值的最大差值定量表示。实例如图1所示。

注2：滞环误差可以用被测量，或更普遍的，用下式算出的百分数表示：

$$滞环误差=\frac{H}{Q_{i\max}-Q_{i\min}}\times 100(\%) \qquad \cdots\cdots(2)$$

式中，H、$Q_{i\max}$ 和 $Q_{i\min}$ 以立方米每秒表示并如图1所示。

注3：滞环误差并不包括死区的影响。

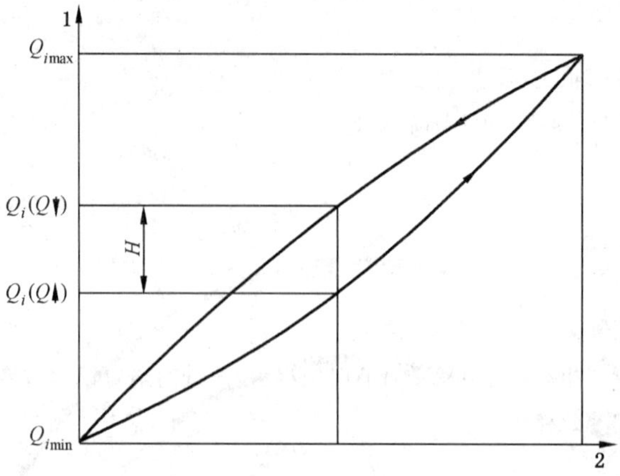

图中：

1——指示流量 Q_i；

2——参比流量 Q。

图 1 典型的滞环误差

3.16

***K* 系数 *K*-factor**

流量计的输出信号，以脉冲数每单位量表示。

注：当需要时，这个参数可以用一个下标来表示单位量值（例如 K_m 系数表示脉冲数每单位质量。K_V 系数表示脉冲数每单位体积。）

3.17

标度终点值 maximum scale value

满标度 full scale

满标度偏转 full-scale deflection；FSD

满标度读数 full-scale reading；FSR

标度终点标记所对应的被测量值。

3.18

测量范围 measuring range

工作范围 working range

流量计的性能要处在规定极限范围内的一组被测量的值。

3.19

仪表系数 meter factor

和仪表输出相乘以得到被测量的数字系数。

注：仪表系数会随着流量的改变而改变，可通过校准确定。

3.20

最小可检测流量 minimum detectable flow

当流量从零开始增大，流量计开始作出响应时的流量。

3.21

使用范围 operating range

介于范围上限值和范围下限值之间的一个区域，当超出这个区域时流量计的性能将会发生不可逆的改变。

注：使用范围一般大于“规定测量范围”。

3.22

精[密]度（不赞成使用） precision

在规定条件下多次重复试验过程所得到的测量结果的一致程度。

注1：影响测量结果的随机性误差越小，试验过程的精度越高。

注2：这个术语不宜作为精确度的同义词，其本身也不能被赋予数值。

3.23

范围度 rangeability

最大与最小范围上限值之比。

注：该术语用于上限值可由用户设定的流量计，用户可将上限值设定在制造厂指定的上、下限之间的任一值，但仍能够保持流量计的规定性能。

3.24

示值范围 range of indication

由极限示值限定的一组值。

注1：对模拟显示而言，它可以称为标度范围。

注2：示值范围可以用标度上的单位表示，而无需考虑被测量的单位；通常用其上下限说明，如：10 l/s 到 20 l/s。

3.25

范围下限值 lower range-value

流量计经调整所能测量的被测变量的最低值。

3.26

范围上限值 upper range-value

流量计经调整所能测量的被测变量的最高值。

3.27

重复性 repeatability

在相同的条件下（即同一操作者，相同的检测设备，短暂的时间间隔，且流量计未经拆装），用同一台流量计对相同流体进行连续两次独立测量，所取得测量结果之间的绝对差预计有95%的概率处于某一值下。

注：重复性的计算方法见附录B。

3.28

分辨力 resolution

流量计两个示值之间可有效辨别的最小差值。

注：对数字式显示装置而言，分辨力是末位有效数变化一级的示值变化。

3.29

响应时间 response time

激励发生规定突变的瞬间至响应达到并保持在最终稳态值规定限值范围内的瞬间的时间间隔。

示例：从量程的90%至10%突变到量程的80%后，在0.5 s内达到并保持在其最终稳态值的1%范围内。

注：时间常数是响应时间的特殊情况。

3.30

标度长度 scale length

给定标度始端和终端标记之间，沿着所有最短标度标记中点划出的平滑线的长度。

注1：此线可以是真实的或假想的曲线或直线。

注2：标度长度用长度单位表示，不考虑被测量的单位或标在标度上的单位。

3.31

灵敏度系数 sensitivity coefficient

影响系数 influence coefficient

θ

结果 R 的变化与输入参数 x 的变化之比。

$$\theta = \frac{\Delta R}{\Delta x} \quad \cdots\cdots (3)$$

注 1:以相对变化表示为:

$$\theta' = \frac{\Delta R/R}{\Delta x/x} \quad \cdots\cdots (4)$$

注 2:灵敏度系数可能取决于激励的值。

注 3:灵敏度系数在稳态下测量,并规定要指明响应和激励的单位。

3.32

建立时间　settling time

预热时间　warm-up time

流量计接通电源的瞬间至响应达到规定限值范围的时间间隔。

3.33

量程　span

流量计标称范围上、下限值之间的代数差。

示例:标称范围−10 l/s ～+10 l/s,其量程为 20 l/s。

3.34

惯性运行时间　spindown time

在静止空气中,流量计的运动部件从高于最小记录流量的某个指示流量到完全静止所需的时间。

3.35

稳定性　stability

流量计的计量特性保持不变的能力。

注:稳定性通常是相对于时间而言。若是相对于其他量而言,则应该明确说明。

3.36

溯源性　traceability

使测量结果或标准量值能通过连续的比较链与规定的参考标准联系起来的特性。规定的参考标准通常是国家标准或国际标准,比较链中的每一步都有规定的不确定度。

注:见第 5 章。

3.37

可调比　turndown;turndown ratio

测量范围的最大流量除以最小流量。

示例 :最大流量 5 000 m^3/h;最小流量 250 m^3/h。可调比:20 : 1

3.38

测量不确定度　uncertainty of measurement

表征被测量的真值处在某个量值范围内的估计。

注:测量不确定度一般包括多个分量。其中一些分量可在测量结果统计分布的基础上进行估算,并用实验标准偏差表征。其他分量只能基于经验或其他信息作估计。

4　一般要求

流量计的规范应使潜在用户能够预知流量计在规范所限定的任一流量和环境条件下的性能。这里的环境条件不仅包括气候条件,还包括其他任何影响流量计性能的工作条件或扰动,例如流体的压力,管道的结构以及流体中的杂质。

术语“流量计”系指流量计的全部相关组件,可包含制造商规定的一次装置和二次装置。技术规范应明确描述性能规范所指的“流量计”,并给出编号或序列号,使其能与特定流量计或流量计型式相联系。规范宜指明所依据的相关标准，这部分内容可以涉及技术规范所定义的流量计也可以涉及单个组件。

规范应说明流量计的溯源性等级(见第 8 章)。性能规范应只使用本标准定义的术语，并应附有溯源性和使用条件的说明。如果必须使用其他新术语或商业术语，应谨慎定义使其含意明确无误。

流量计的校准不可使用“干式校准”和“湿式校准”的术语。如果流量计的性能是从理论上推算出的，宜说明这一事实和推算方法。

重复性应按附录 B 进行计算。

5 溯源性

制造商提供的性能规范应附有性能规范编制说明和引用的相关国家标准或国际标准。

流量计“溯源性等级”(见第 8 章)的说明宜包括如下附加信息：测试样品的大小，采用的质量保证标准，以及校准测量的溯源性(例如国家或国际标准)。

6 流量测量的不确定度

流量计测量不确定度的说明应附有取得该不确定度的限制条件的记录，如果设备的使用条件超出了限制范围，该不确定度就不一定适用。

不确定度应按 ISO/TR 5168 计算。

示例：不确定度：被测流量的±1%(依据 ISO/TR 5168 使用和平方根法进行计算，给出 95%的覆盖率)。

校准：空气，20 ℃，50 m^3/h 至 1 000 m^3/h 使用压力 500 kPa(依据第 8 章，溯源性等级 A1)。

7 使用条件

7.1 测量范围

应明确说明制造商所设计的流量计的工作性能在规定极限范围内的工作特性范围。这包括相关环境/工作条件，例如环境温度、流体种类和压力等。

示例：流体：　天然气

测量范围：　20 m^3/h～1 000 m^3/h

最大工作压力：　1 500 kPa

流体温度范围：　−15 ℃～+20 ℃

容许的环境温度：　−15 ℃～+60 ℃

7.2 测量范围内的不确定度

规范应使流量计的用户能预知测量范围内任一流量的测量不确定度。而超出流量计的测量范围肯定会导致不确定度的增加。

流量计使用中的环境/工作条件也可能对测量不确定度产生影响。因此可能需要一个流量、环境条件和由此引起的不确定度值的一览表。编制出这样一个表就能方便地确定规定极限范围内任何一种流量和环境条件组合的测量不确定度。

在环境条件对测量不确定度没有明显影响的条件下，可以编制一个流量和不确定度的对照表。在很多情况下，只需要两个值，即：

a) 对于规定范围内的流量，不确定度以流量的百分数表示；

b) 对于低于规定值的流量，不确定度以数值表示。

如果需要用满标度流量的百分数表示不确定度，应说明此满标度流量。

8 溯源性等级

8.1 总则

为了确定测量不确定度(见第 6 章)，必须评估系统不确定度。只有通过校准，或者有相关类型流量计的大量校准数据存在，才能评估系统不确定度。

如果流量计的性能规范明确说明了测量不确定度，应指明流量计属于以下哪一溯源性等级。

8.2　溯源性等级A：在认可校准试验室进行校准

这一等级的流量计在认可试验室与另一流量计进行比对，或者采用其他校准方法进行校准，比对用流量计和其他校准方法可溯源至国家标准。

注：认证试验室所需满足的条件见GB/T 15481。

溯源性等级A可细分成：

a）　溯源性等级A1：逐台校准

　　这一等级的流量计按上述方法逐台校准。每台流量计都可获得一张校准证书或报告，注明校准的不确定度。

b）　溯源性等级A2：抽样校准

　　这一等级的流量计采用公认的分批测试程序或质量保证程序进行校准。使用的方法或程序应作说明。这一等级不包括采用特别分批测试法测试的流量计。

8.3　溯源性等级B：在未经认可的试验室对照可溯源标准进行校准

这一等级的流量计在未经认可的试验室与另一台流量计进行比对，或者采用其他校准方法进行校准，比对用流量计的校准或其他校准方法所用设备的校准可以溯源至国家标准。

这一等级可如溯源性等级A1和A2那样细分为溯源性等级B1和B2。

8.4　溯源性等级C：使用无溯源性的标准进行校准

这一等级的流量计可以按溯源性等级B进行校准，但是参考的是制造商或其他组织的标准。因而不能确定其对国家标准的溯源性，但可颁发校准证书，指明校准源和相关不确定度。

这一等级可如溯源性等级A1和A2那样细分为溯源性等级C1和C2。

8.5　溯源性等级D：按国际标准制造

这一等级的流量计并不按溯源性等级A或B中所述进行校准，而是依据相关国际标准制造，由国际标准规定有关的不确定度。使用的国际标准应予以说明(如ISO 5167-1)

8.6　溯源性等级E：型式试验

这一等级只对初期或预生产批次的流量计进行校准，以确定一个典型的不确定度。流量计规范可以引用这个典型的不确定度。

8.7　溯源性等级F：不校准

这一等级的流量计不按允许评估不确定度的标准进行校准或制造。因此，这些流量计不能有任何有关其测量不确定度的说明。

附 录 A
（资料性附录）
线性度的图示

图 A.1 a)、b)和 c)概括地说明了线性度的三种不同的表示方法。

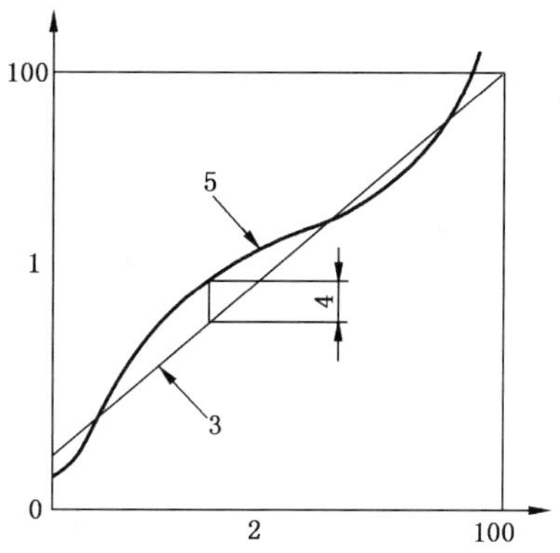

a) 独立线性度

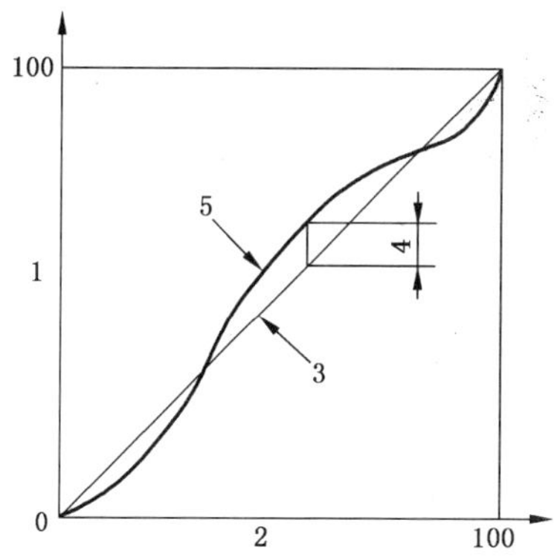

b) 端基线性度

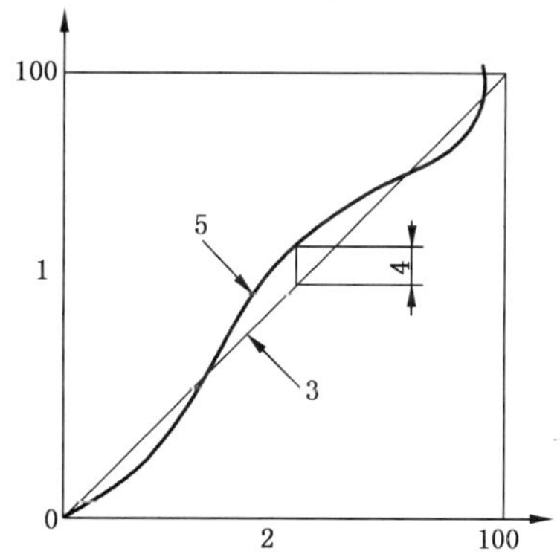

c) 零基线性度

图中：

1——响应(量程%)；

2——激励(量程%)；

3——直线；

4——最大偏差；

5——实际结果。

图 A.1　线性度的不同表示方法

图 A.2 所示为涡轮流量计的典型特性，可作为实际使用线性度的实例。图中所示为独立线性度，图中的直线被调整至使整个测量范围内的偏差为最小，并且给出一个恒定的 K 系数。

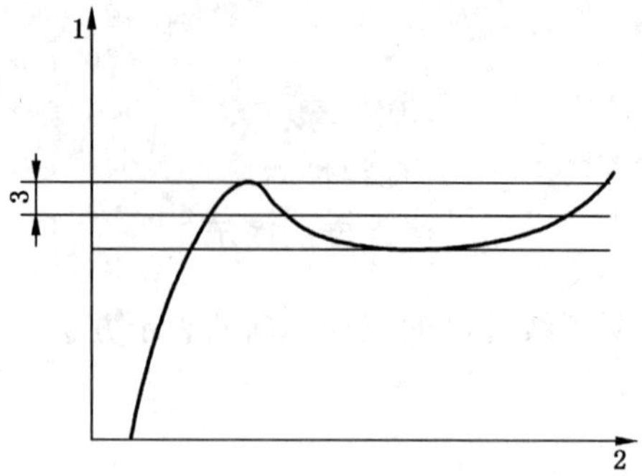

图中：

1——*K* 系数(脉冲数/单位体积)；

2——流量,*Q*(量程%)；

3——最大偏差。

图 A.2 独立线性度的典型应用

附 录 B
（规范性附录）
重 复 性

B.1 重复性的计算

应按以下步骤确定重复性：

——试验过程中应始终保持试验条件稳定，否则重复性会明显增大。

——设定好流量，以取得规定测量范围内的重复性最大值。此流量值通常刚好低于规定测量范围内的最大流量或高于其最小流量。

a) 取得一组连续的流量值读数，最好含有至少 30 个数据（如果少于 30 个读数，重复性通常会随着读数数量的减少而增加）。

（对于积算流量计，可以通过记录适当时间段内通过的体积或质量得到流量。）

用下式计算这些数值的实验标准偏差 s：

$$s=\sqrt{\frac{\sum_{i=1}^{n}(x_i-\bar{x})^2}{n-1}} \qquad \text{(B.1)}$$

式中：

x_i—— 第 i 个测量值；

$\bar{x}$——所考虑的 n 个测量值的算术平均值。

b) 当用来评估标准偏差的数值为 30 个或多于 30 个时，用下式计算重复性 r：

$$r=2.83s$$

c) 当用来评估标准偏差的数值少于 30 个时，用下式计算重复性 r：

$$r=t_{95}\sqrt{2}\cdot s$$

式中，t_{95} 是置信概率为 95%的 t 分布系数，它可以从对应 $n-1$ 维自由度的统计学列表中找到，或是从表 B.1 中找到。

d) 如果怀疑这一组流量读数中含有虚假数值，使用 ISO 5168 所述的虚假数值标准统计检验法加以确定后，就可将其从该组数据中剔除。

B.2 结果表述

重复性可以用绝对值或流量的百分数表示：

重复性：r=0.15 kg/h

（根据 GB/T 22133 计算）

或：

重复性：r=读数的 0.06%

（根据 GB/T 22133 计算）

表 B.1 学生氏 $t(t_{95})$ 数值表

自由度 ($n-1$)	t_{95}	自由度 ($n-1$)	t_{95}
1	12.706	16	2.120
2	4.303	17	2.110
3	3.182	18	2.101
4	2.776	19	2.093
5	2.571	20	2.086
6	2.447	21	2.080
7	2.365	22	2.074
8	2.306	23	2.069
9	2.262	24	2.064
10	2.228	25	2.060
11	2.201	26	2.056
12	2.179	27	2.052
13	2.160	28	2.048
14	2.145	29	2.045
15	2.131	∞	1.96

参考文献

[1] ISO 3534-1 统计学 术语和符号 第1部分:概率和一般统计术语

[2] GB/T 17611 封闭管道中流体流量的测量 术语和符号(GB/T 17611—1998,idt ISO 4006:1991)

[3] ISO/TR 7066-1 流量测量装置校准和使用中不确定度的评估 第1部分:线性校准关系

[4] ISO/TR 7066-2 流量测量装置校准和使用中不确定度的评估 第2部分:非线性校准关系

[5] GB/T 27025 检测和校准实验室能力的通用要求(GB/T 27025—2008,ISO/IEC 17025:2005,IDT)

[6] GB/T 17614.1 工业过程控制系统用变送器 第1部分:性能评定方法(GB/T 17614.1—1998,idt IEC 60770:1984)

[7] 国际计量学基本和通用术语(VIM),BIPM/IEC/ISO/OIML,1993

ICS 13.220.20
C 81

中华人民共和国国家标准

GB 22134—2008

火灾自动报警系统组件兼容性要求

Compatibility requirements of automatic fire alarm system components

(ISO 7240-13:2005,NEQ)

2008-12-30 发布　　2010-02-01 实施

中华人民共和国国家质量监督检验检疫总局
中国国家标准化管理委员会　发布

前　言

本标准的第4章和第5章为强制性的，其余为推荐性的。

本标准对应于ISO 7240-13:2005《火灾探测报警系统　第13部分:系统组件兼容性评估》(英文版)，与ISO 7240-13的一致性程度为非等效。

本标准的附录A、附录B和附录C为规范性附录。

本标准由中华人民共和国公安部提出。

本标准由全国消防标准化技术委员会第六分技术委员会(SAC/TC 113/SC 6)归口。

本标准起草单位:公安部沈阳消防研究所。

本标准主要起草人:张德成、卢韶然、杨波、刘美华、郭锐。

本标准为首次发布。

火灾自动报警系统组件兼容性要求

1 范围

本标准规定了火灾自动报警系统组件兼容性和可连接性的要求。

本标准适用于火灾自动报警系统组件兼容性和可连接性的评估。

2 规范性引用文件

下列文件中的条文通过本标准的引用而成为本标准的条文。凡是注日期的引用文件，其随后所有的修改单(不包括勘误的内容)或修订版均不适用于本标准，然而，鼓励根据本标准达成协议的各方研究是否可使用这些文件的最新版本。凡是不注日期的引用文件，其最新版本适用于本标准。

GB 4717　火灾报警控制器

GB 14287.1　电气火灾监控系统　第1部分：电气火灾监控设备

GB 16806　消防联动控制系统

GB 16808　可燃气体报警控制器

3 术语和定义

下列术语和定义适用于本标准。

3.1

第一类组件　component type 1

国家标准或规范要求具有保护生命财产安全功能的装置。

3.2

第二类组件　component type 2

国家标准或规范没有要求具有保护生命财产安全功能的装置。

3.3

兼容性　compatibility

第一类组件与第一类组件连接工作的能力。

3.4

可连接性　connectability

第二类组件与第一类组件连接工作的能力。

4 一般要求

4.1 总则

火灾自动报警系统(系统功能见附录A)组件的兼容性和可连接性应首先满足本章要求，然后按第5章要求进行试验，并满足试验要求。火灾自动报警系统组件还应按第6章要求进行兼容性和可连接性的评估，并满足评估的试验要求。

4.2 兼容性要求

4.2.1　火灾自动报警系统及连接设备(或部件)的组件划分应符合附录B的规定。第一类组件应采用经国家消防产品质量监督检验机构检验合格的产品。第二类组件的工作应不影响火灾自动报警系统的正常工作。

4.2.2　火灾自动报警系统中的独立(区域)火灾报警控制器、可燃气体报警控制器、电气火灾监控设备与火灾探测器、手动火灾触发器件、可燃气体探测器、电气火灾监控探测器、火灾警报装置等组件连接后，应分别满足下述要求：

a) 独立(区域)火灾报警控制器应满足 GB 4717 中火灾报警功能、火灾报警控制功能、故障报警功能、自检功能、软件控制功能、电源功能等基本功能要求；

b) 可燃气体报警控制器应满足 GB 16808 的基本功能要求；

c) 电气火灾监控设备应满足 GB 14287.1 的基本功能要求；

d) 与独立(区域)火灾报警控制器连接的各类组件应满足相应标准中基本性能要求，如该组件由独立(区域)火灾报警控制器设置其探测参数或动作性能，该组件还应满足相应标准中相关要求；

e) 与可燃气体报警控制器连接的各类组件应满足相应标准中基本性能要求，如该组件由可燃气体报警控制器设置其探测参数或动作性能，该组件还应满足相应标准中相关要求；

f) 与电气火灾监控设备连接的各类组件应满足相应标准中基本性能要求，如该组件由电气火灾监控设备设置其探测参数或动作性能，该组件还应满足相应标准中相关要求。

4.2.3 火灾自动报警系统中的消防联动控制器与气体灭火控制器、消防电气控制装置、消防设备应急电源、消防应急广播设备、消防电话、传输设备、消防控制中心图形显示装置、模块、消防电动装置、消火栓按钮等组件连接后，应分别满足下述要求：

a) 消防联动控制器应满足 GB 16806 中消防联动控制器的控制功能、故障报警功能、自检功能、信息显示与查询功能、电源功能等基本功能要求；

b) 与消防联动控制器连接的气体灭火控制器、消防电气控制装置、消防设备应急电源、消防应急广播设备、消防电话、传输设备、消防控制中心图形显示装置、模块、消防电动装置、消火栓按钮等各类组件应满足 GB 16806 的基本性能要求。

4.2.4 火灾自动报警系统中的区域火灾报警控制器、可燃气体报警控制器、电气火灾监控设备、消防联动控制器与集中火灾报警控制器连接后，应分别满足下述要求：

a) 区域火灾报警控制器应能向集中火灾报警控制器发送火灾报警、火灾报警控制、故障报警、自检以及可能具有的监管报警、屏蔽、延时等各种完整信息，并应能接收、处理集中火灾报警控制器的相关指令；

b) 可燃气体报警控制器应能向集中火灾报警控制器发送报警、故障等信息；

c) 电气火灾监控设备应能向集中火灾报警控制器发送报警、故障等信息；

d) 消防联动控制器应能向集中火灾报警控制器发送联动控制等信息；

e) 集中火灾报警控制器应能接收和显示 a)、b)、c)、d)规定的信息并进入相应状态，b)、c)、d)规定的信息不能影响 a)规定信息的显示，b)、c)、d)规定的信息在同一显示区域内显示时应有区别；

f) 集中火灾报警控制器应能向区域火灾报警控制器发出控制指令；

g) 集中火灾报警控制器应能向消防联动控制器发送火灾报警信息；

h) 消防联动控制器应能接收集中火灾报警控制器的火灾报警信息；

i) 集中火灾报警控制器在与其连接的区域火灾报警控制器、可燃气体报警控制器、电气火灾监控设备、消防联动控制器间传输线路发生断路、短路和影响功能的接地时应能进入故障状态并显示部位。

4.3 抗电磁干扰要求

组成火灾自动报警系统的各类组件的抗电磁干扰性能应符合相应标准要求。

4.4 文件

4.4.1 总则

火灾自动报警系统文件应包含兼容性评估和可连接性评估所需的文件。

4.4.2 **兼容性评估所需文件**

为了完成兼容性的评估工作,应提供下述文件:

a) 组成火灾自动报警系统的组件清单,每个组件包括软件版本标识;

b) 证明兼容性的技术信息;

c) 组件符合相关标准的依据(如检验报告或合格证书);

d) 各类组件之间传输线路的特性参数,包括电缆特性参数;

e) 火灾自动报警系统使用的局限性(配置、组件的数量、功能性等)。

4.4.3 **可连接性评估所需文件**

为了完成可连接性的评估工作,应提供下述文件:

a) 组件清单,每个组件包括标识和功能;

b) 证明第二类组件可连接性的技术信息;

c) 每个组件和第一类组件之间传输线路的特性参数,包括电缆特性参数;

d) 火灾自动报警系统使用的局限性(配置、组件的数量、功能性等)。

4.4.4 **软件文件**

如火灾自动报警系统的功能性需要软件执行,软件应满足组件相应标准中软件要求。

5 要求和试验方法

5.1 总则

5.1.1 **试验的环境条件**

除有关条文另有说明外,各项试验均在下述大气条件下进行:

温度:15 ℃~35 ℃;

湿度:25%RH~75%RH;

大气压力:86 kPa~106 kPa。

5.1.2 **安装**

组件应按照制造商规定的正常安装方式安装。如说明书给出多种安装方式,试验中应采用对组件最不利的安装方式。

5.2 兼容性试验

5.2.1 **目的**

检验各类组件连接组成的火灾自动报警系统功能是否能正常执行。

5.2.2 **方法和要求**

5.2.2.1 将各类组件按制造商规定的要求连接组成火灾自动报警系统,并使其处于正常监视状态。

5.2.2.2 各类组件应满足4.2.2和4.2.3要求。

5.2.2.3 集中火灾自动报警系统还应满足4.2.4要求。

5.3 可连接性试验

5.3.1 **目的**

检验第二类组件在制造商规定的范围内是否影响火灾自动报警系统的正常工作。

5.3.2 **方法**

从正常监视状态或火灾报警状态开始,按照制造商说明书的规定启动和复位连接到传输线路上的第二类组件中包含的一个或多个功能。

5.3.3 **要求**

第二类组件的启动应不影响火灾自动报警系统第一类组件的正常工作,第二类组件传输的有关火灾自动报警系统功能信息应与第一类组件发出的信息相一致。

注:第二类组件的故障可使火灾报警控制器进入故障报警状态。

5.4 抗电磁干扰试验

5.4.1 目的

检验各类组件连接组成的火灾自动报警系统功能是否受到电磁干扰影响。

5.4.2 方法和要求

将各类组件按制造商规定的要求连接组成火灾自动报警系统，并使其处于正常监视状态。按各组件的相应标准的抗电磁干扰试验要求，分别对各组件进行抗电磁干扰试验，各组件均应满足相应标准的试验要求。

6 评估方法

6.1 应按附录C要求对火灾自动报警系统组件的兼容性和可连接性进行理论分析，明确需要进行除第5章以外的其他试验。

6.2 试验应依据理论分析的结果并在理论分析之后进行。

附　录　A
（规范性附录）
火灾自动报警系统功能

图 A.1 指的是功能，并不是代表实际组件。该图说明火灾自动报警系统内所包含的功能（功能包含在虚线内）。如功能在虚线上，这些功能可能在火灾自动报警系统和另一个系统之间。

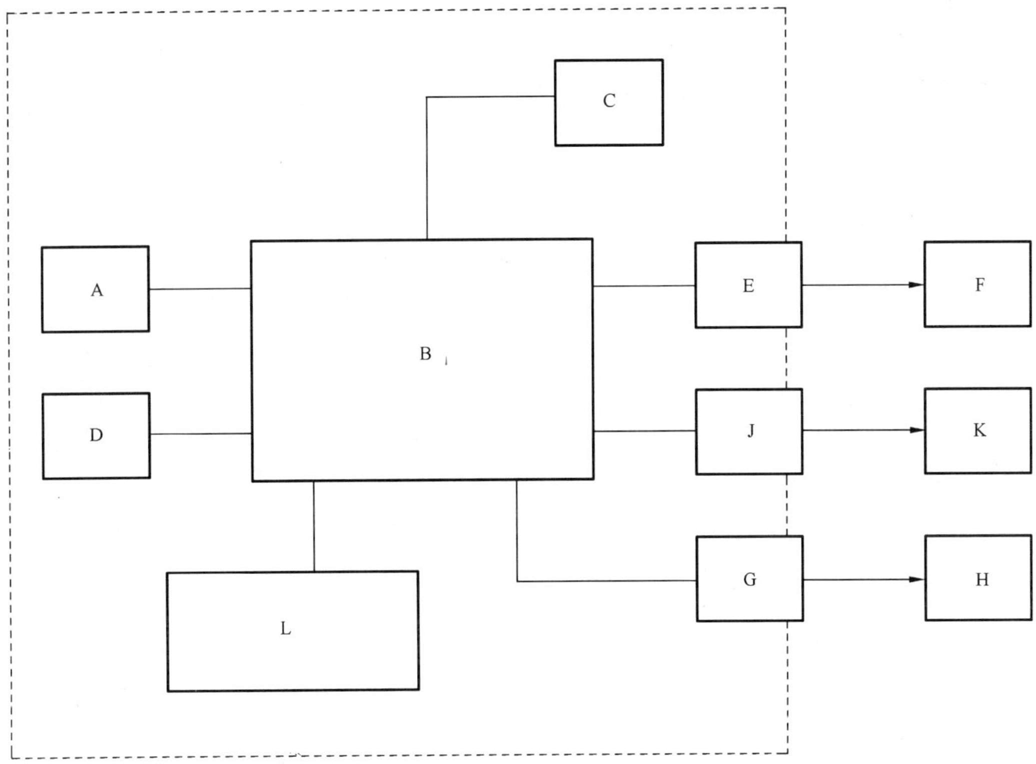

A——火灾自动探测功能；
B——控制和指示功能；
C——火灾警报功能；
D——手动触发功能；
E——火灾报警传输功能；
F——远程监控中心火灾报警接收功能；
G——消防联动控制功能；
H——消防联动功能；
J——故障报警传输功能；
K——远程监控中心故障报警接收功能；
L——电源功能。

图 A.1　火灾自动报警系统功能示意图

附　录　B
（规范性附录）
火灾自动报警系统组件分类

B.1　目的

把组件划分为第一类组件或第二类组件。

B.2　火灾探测功能

所有的火灾探测器（如感烟、感温、火焰、气体、点型或线型）和手动火灾报警按钮都是基本组件，这些组件应被划分为第一类组件。短路隔离器和火灾探测器连接到回路上的接口应被划分为第一类组件。

B.3　火灾报警功能

B.3.1　向值班人员报警

向值班人员报警是一项基本功能，向人员执行报警功能的所有组件应被划分为第一类组件，如警铃、声和/或光警报器等。在报警通过移动电话或传呼机传输时，所需的输出器件应被划分为第一类组件。

B.3.2　呼唤外援的报警（一般是消防队）

如火灾自动报警系统具有呼唤外部救援组织的装置，该装置应被划分为第一类组件。

B.4　启动消防联动功能

B.4.1　火灾自动报警系统直接触发的设备

用于控制门常开装置、关闭防火阀、排烟、控制通风等输出功能（控制器的端子或输出器件）都是基本功能，触发这些设备的每个组件应被划分为第一类组件。

B.4.2　火灾自动报警系统联动功能启动的设备

启动灭火系统、控烟系统、防火分隔系统、门禁系统等输出功能都是基本功能，触发这些系统的每个组件应被划分为第一类组件。

B.5　外部指示装置

划分外部指示装置为第一类组件还是第二类组件可依据国家法规确定。如消防队显示盘是一种必备的组件，该显示盘应被划分为第一类组件。打印机和向建筑管理系统发送信息的器件应被划分为第二类组件。

B.6　输入功能

执行输入功能的器件应被划分为第二类组件。如该器件用于接收来自如水喷淋系统的火灾探测报警信息，该器件应被划分为第一类组件。

B.7　输出功能

执行输出功能的器件应被划分为第二类组件。如该器件用于向消防联动设备发送火灾报警信息，该器件应被划分为第一类组件。

B.8 传输线路间的连接器件

这种器件应被划分为第一类组件。

注：接线盒不应被划分为第一类或第二类组件。

附 录 C
（规范性附录）
理论分析方法

C.1 引言

所有组件只有在一起连接时，火灾自动报警系统才能正常工作，而且只有在组件互通时，火灾自动报警系统才能完成功能。

火灾报警控制器是火灾自动报警系统的核心，要求其他所有组件都要有效的与火灾报警控制器通信。通信不仅要求通信协议，其他方面如电源要求和数据传输特性也应予以考虑。

C.2 方法

C.2.1 总则

理论分析应当从审查火灾自动报警系统配置文件开始，审查的目的是了解最复杂的配置和分析其性能，然后按照下述方法进行分析：

a) 机械连接；

b) 电源；

c) 数据交换；

d) 功能；

e) 抗电磁干扰。

在整个分析过程中，应当考虑分析环境的兼容性。

C.2.2 特性表

C.2.2.1 机械连接

考虑传输线路接线端子及组件的连接是否与电缆相兼容，以及附件是否符合传输线路规定。

C.2.2.2 电源

C.2.2.2.1 电压范围

考虑所有负载条件下电源提供的最大电压是否小于或等于通电组件的最大规定电压。在考虑传输线路电压降的影响情况下，考虑所有负载条件下电源提供的最小电压是否大于或等于通电组件的最小规定电压。

C.2.2.2.2 电流

考虑电源提供的电流是否满足最大需要，并考虑是否采取适宜措施把电流限制到安全水平。

C.2.2.2.3 电源特性

考虑组件在电源输出频率、调制、失真和相位方面出现最坏情况下是否能正常工作。

C.2.2.2.4 容差

考虑组件在电源容差出现最坏情况时是否能正常工作，并考虑环境温度和输入电压变化容差的影响。

C.2.2.2.5 故障处理

考虑在供电传输线路发生短路故障时是否能采用方法处理，如提供适宜的电流限制组件以防止电流过载。

C.2.2.3 数据交换

C.2.2.3.1 总则

所有连接到传输线路的有源组件，都依赖接收或发送数据执行其功能。该数据可通过与供电线路相同的传输线路上交换，也可通过一个单独的传输线路交换。在这两种情况下所进行的分析应当遵循相同的方法。

C.2.2.3.2 **传输特性**

C.2.2.3.2.1 **总则**

考虑传输信号的电特性是否与传输线路上其他组件正常接收数据的要求相一致。

C.2.2.3.2.2 **电压范围**

考虑所有正常负载条件下的传输信号的最大电压是否小于或等于接收组件规定的最大电压。在考虑传输线路电压降的影响情况下，考虑所有正常负载条件下的传输信号的最小电压是否大于或等于接收组件规定的最小电压。

C.2.2.3.2.3 **电流**

考虑作为传输组件工作结果的信号电流是否能满足接收组件的要求，在过流情况下是否采取限制措施。

C.2.2.3.2.4 **时间**

考虑信号传输的时间是否在接收组件要求的范围内。

C.2.2.3.2.5 **失真和相位**

考虑传输线路规定的失真和相位阻抗是否与接收组件在所有负载状态下制造商的规定相一致。

C.2.2.3.2.6 **容差**

考虑接收组件是否能在传输线路特性出现最坏情况下正常接收数据。

C.2.2.3.2.7 **故障处理**

考虑传输线路上发生的断路和短路故障是否能按标准要求处理。

C.2.2.3.3 **传输协议**

考虑传输线路及传输线路上的组件之间交换的数据是否采用统一协议。

C.2.2.4 **功能**

连接到传输线路上的所有组件均应具有相应标准规定的功能。

ICS 25.040.01
N 10

中华人民共和国国家标准化指导性技术文件

GB/Z 22135—2008/IEC/PAS 62337:2002

过程工业中电子设备和控制系统在调试中的标记和活动

Milestones and activities during commissioning of electrical instrumentation and control systems in the process industry

(IEC/PAS 62337:2002,IDT)

2008-06-18 发布　　2009-01-01 实施

中华人民共和国国家质量监督检验检疫总局
中国国家标准化管理委员会　发布

前　言

本指导性技术文件等同 IEC/PAS 62337:2002《过程工业中电子设备和控制系统在调试中的标记和活动》(英文版)。

根据 GB/T 1.1—2000《标准化工作导则　第 1 部分:标准的结构和编写规则》,删除了 IEC/PAS 62337:2002 的前言。

本指导性技术文件的附录 A、附录 C、附录 E 和附录 F 为规范性附录,附录 B 和附录 D 为资料性附录。

本指导性技术文件由中国机械工业联合会提出。

本指导性技术文件由全国工业过程测量和控制标准化技术委员会第二分技术委员会归口。

本指导性技术文件负责起草单位:西南大学。

本指导性技术文件参加起草单位:机械工业仪器仪表综合技术经济研究所、中国四联仪器仪表集团、上海自动化仪表股份有限公司、浙江大学、北京机械工业自动化研究所。

本指导性技术文件主要起草人:刘枫、吕静、祁虔。

本指导性技术文件参加起草人:冯晓升、刘进、张庆军、冯冬芹、谢兵兵。

引　言

在过程工业中，有一种明显的趋势，就是将整个工厂的建设任务以一次性付款或相似的商业方式委托给承包商。以往经验表明过程工业(此后，称之为业主)和承包商双方将耗时耗力的讨论解决各自应承担的活动、范围以及在工厂转交时各自应承担的责任。

本指导性技术文件改善和促进了双方的协商过程并且使双方对各自应承担的活动范围达成协议。

本指导性技术文件并不反映制药工业或其他高度专业化工业中的利益关系。

过程工业中电子设备和控制系统在调试中的标记和活动

1 范围

本指导性技术文件定义了调试中的阶段和标记(图 1),并且以事例形式描述了在“建设完成”标记之后,业主进行工厂验收之前所进行的活动。这些活动将适用于各种过程/工厂。

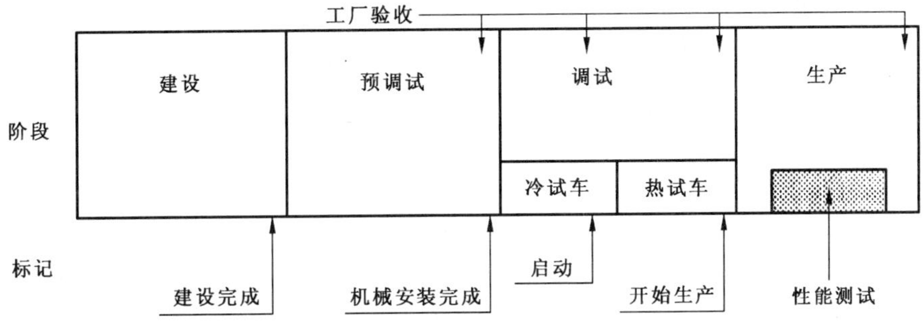

注:建设和预调试活动可能会有所重叠。

图 1 阶段和标记的定义

2 定义

以下的定义适用于本指导性技术文件。

2.1

预调试 precommissioning

一个阶段,在该阶段中进行非运转性校正、冷试车检查、清洁和机械测试活动。具体细节参考附录 B。

2.2

机械安装完成 mechanical completion

一个标记,标志着整个工厂或其中的任何部分已经依据图纸、说明书、指令和应用代码进行安装和测试,并且经过调整达到可以执行冷试车的程度。这意味着完成了所有必需的电的和仪表的准备工作。该标记标示着预测试活动的结束。

2.3

冷试车 cold commissioning

一个阶段,在该阶段中使用诸如水或惰性物质之类的介质来代替化学品进行设备和装置的运转和测试活动。

2.4

起动 start up

一个标记,标示着冷试车的结束。此时,各个仪表回路的工作范围应该调整完毕,可以反映实际运转时的工作情况。

2.5

热试车 hot commissioning

一个阶段,在该阶段中使用过程中实际使用的化学品进行设备和装置的运转和测试,以便为实际生产做好准备。

2.6

开始生产　start of production

一个标记，标示着热试车的结束。此时，工厂已经为完全和连续运转做好准备。

2.7

性能测试　performance test

一个标记，在此，业主一方的人员在承包商一方的帮助和监督下运行工厂的生产设备并到达设计容量。该测试应展示出合同中指定承包商应达到的工艺性能和品质。

2.8

工厂验收　acceptance of plant

一个标记，标志着承包商正式向业主移交工厂。此时，除了事故责任和合同中明确规定的其他责任，承包商将解除其他责任。业主将在以后工厂的运行和维护中承担全责。

2.9

业主　owner

雇用承包商修建工厂(如：化工厂、石化厂等)的公司。

2.10

承包商　contractor

被业主雇用以设计和修建工厂(如：化工厂、石化厂等)的公司。该公司对于一份独立合同中所描述的全部活动负责，比如工程设计、采购、工厂建设以及执行工厂移交中必不可少的测试和验收工作。该公司也可负责训练工厂中业主的生产和维护人员。

2.11

许可证发放者　licenser

公司或个体，具有过程工业的专业知识且愿意向业主提供化工厂、石化厂等工厂或是工业过程中某部分的建设、运转和维护的技术。

2.12

经销商　vendor

设备、仪表或成套装置的制造商或经销商。经销商应该擅长于设备、仪表或成套装置的安装和操作。

2.13

过程工业　process industry

即如下工业类型：化工、石化、垃圾处理、造纸、水泥等。过程工业不包括设备/机械制造和与其相似的工业类型，也不包括制药和其他高度专业化的工业。

3　本指导性技术文件的使用建议

本指导性技术文件假定"工厂验收"标记出现在性能测试之后。如果情况并非如此，则本指导性技术文件应相应调整。

4　在工厂验收之前的一般准备

应根据合同中规定的相关责任完成下列项目：

a)　文档

　　双方依据 A.1 而达成一致的文档应由承包商交给业主；

b)　人力动员计划

　　依据双方已达成一致的业主和承包商的人员需求，确保得到具备一定资历和能力的人员。同时，应该在预调试、调试和性能测试活动期间建立人员管理机构；

c)　设备和工具

对于双方达成一致的由业主或承包商提供的工具和设备应处于可用状态；

d) 原材料和设施

依据已达成一致的原材料和设施的供应需求，承包商和业主应就具体时间表和细节达成一致以便在建设完成之前的一个合理时间段内提供原材料和设施；

e) 催化剂和耗材

依据已达成一致的催化剂、润滑剂，化学品和其他耗材的需求，承包商和业主应就具体时间表和细节达成一致以便在建设完成之前的一个合理时间段内提供催化剂和耗材。

5 建设完成

5.1 机械检查和测试

工厂建成之后，对于工厂的每一件设备、设施或其他分散部分，承包商均应执行机械检查和测试。

机械检查和测试应验证以下内容：

a) 建成的工厂应与管道仪器连接图、建设图和经销商提供的图纸一致；

b) 已安装的设备及其机械功能与工程说明书一致；

c) 工程说明书中列举的应用代码应配套相应的说明资料和使用技巧。

诸如喷漆、隔热和最后清洁等不影响工厂运转和安全的工作项目可以排除在外。然而，这些项目应该在预调试或调试之后，工厂验收之前，由双方商定的一段时间内，在清单中列出并完成。

5.2 程序

以下内容应该施行：

a) 承包商应该准备和保存现场测试表格和记录，其中应该包括以下信息：

——测试或检查类型的描述；

——测试或检查的日期和时间；

——设备和设施的鉴定；

——执行的压力测试，测试数据及结果，包括备注；

——监督数据记录的业主人员的签名。

b) 检查、测试和相关记录应由承包商人员执行

无论什么情况下，都要求业主监督和见证这些检查和测试，因此业主人员应该参加检查和测试。为此目的，承包商应让业主了解每天的测试计划和安排。测试计划和安排也应经常修正以反映工作和测试的实际进展。

c) 发现没有完成或需要校正和调整的检查项目，则应在一个单独打印的明细表上明显标注，并由承包商通知负责该工作项目的业主人员和承包商人员。对于这些在打印的明细表上标明的项目，测试记录应留作空白，直到问题被纠正。

d) 承包商应该促进并紧跟这些在打印的明细表上标明未完成的、需要校正的和调整的项目，并且一直更新这些督促记录。

e) 可以重复各检查步骤，直到完成检查明细表上的所有检查项目。

f) 在每项测试结束时，业主应该验证测试记录，以确保测试令人满意，否则，承包商应该重做测试。业主将再次验证新的测试记录，直到获得令人满意的结果，并出具相应的证明书。

g) 一套完整的测试记录应在全部测试完成之后交给业主，这也意味着取得了建设完成这一标记。

6 预调试(机械安装完成)

6.1 概要

在建设完成之后，工程中列出的预调试活动定义于附录 B，并且应该依据合同执行在 6.2 中列出的最终步骤，使得工厂完成机械工作以准备调试。

所用的文档列于附录 A 中。

6.2 程序

a) 在建设完成时负责检查、测试和记录结果的承包商人员应该在预调试过程中负责完成余留下的工作并维修和校正在测试记录上标明的设备，同时也应负责维护测试记录。

b) 负责调试的承包商人员应该参与预调试工作以确保工厂具有令人满意的性能。

c) 在检查和测试过程中，承包商人员应按照合同负责培训业主的工厂操作人员。

d) 业主或承包商应根据人力动员计划招募操作和维护人员以执行预调试工作中的部分工作项目，这些项目正是附录 D 中经协商由业主负责的那些项目。

e) 承包商一方人员应与负责工作监督和建议的业主一方人员紧密合作。

f) 对于附录 B 中列出的每项预调试活动，承包商应准备详细的调试步骤。承包商在必要时更新或添加调试步骤以支持任何增补的工作。

g) 对于工厂的每一部分/区域/单元/设施应单独地确认机械安装完成。

h) 对每一部分/区域/单元/设施进行预调试的详细计划应由承包商在建设完成之前提交给业主。

i) 对工厂每一部分/区域/单元/设施的预调试活动完成后，承包商应提交给业主一份机械安装完成的书面通知，其内容应包括：

——工厂中完成机械工作的部分/区域/单元/设施的名称；

——所有相关的完整的测试记录；

——测试完成的日期；

——检查列表；

——关于某一部分/区域/单元/设施获得机械安装完成证书的申请。

j) 从收到承包商书面通知起的容许时间内，业主应该

——就验收而言

签署正式的与附录 C 中形式相似的机械安装完成证书；

——就拒收而言

提交一份拒绝陈述，其中指出尚需完成的项目或者需要纠正的缺点和不足，直到获得机械安装完成证书。

k) 当业主拒绝承包商的通知时，承包商应该采取必要的措施完成和纠正那些被标注的项目，之后再次发给业主一份机械安装完成的通知。

l) 业主要么签署机械安装完成证书，要么在容许时间内发出拒绝陈述。

m) 当工厂的最后一部分/区域/单元/设施的机械安装完成之后，业主应在商定时间内予以验收，并给承包方出具附录 C 规定的机械安装完成证明书。

7 调试

7.1 概要

在业主对工厂的每一部分/区域/单元/设施发给机械安装完成证书以后，应执行 7.2 列出的调试活动直到可以起动或是开始生产为止。

所用的文档列于附录 A 中。

7.2 程序

a) 调试应按照以下顺序执行：

——预热或冷却；

——使用诸如水或其他惰性物质作为测试介质进行初始运转；

——操作校正；

——进料；

——稳定的运转；
——加载到设计容量；
——最后校正。

b) 在调试顺序中的各个阶段，工厂均应在安全情况下实现最佳运转。为此目的承包商可在必要时按照操作手册和流程图进行调整以适应实际情况。

c) 承包商应详细说明工厂各个分散部分的运行数据和数据记录方式。

d) 所有运行数据应该由业主以预先商定的形式进行记录。从初始运转到完成性能测试之间的运行日志和数据分析的副本应由业主制作并交给承包商以作为评定之用。

e) 对工厂的任何部分进行加压或是热试车时，承包商应对热膨胀、振动、噪音等诸如此类的情况进行定期检测。

f) 每一项调试和操作的具体方法和程序应由承包商在操作手册里详细说明或者作为附加工作程序交给业主。

g) 承包商必要时应该安排经销商和许可证发放者的代表到现场以协助承包商人员。

h) 承包商一方负责预调试的人员应该继续留在现场以便执行任何必要的校正和补救工作。

8 性能测试和工厂验收

8.1 概要

在工厂初始运转之后，应执行性能测试以展示合同中规定承包商应达到的工艺性能和品质。

a) 具体测试程序

承包商应在一段容许时间内提出详细的性能测试程序，同时承包商和业主应根据合同对测试步骤达成一致，以便稍后执行性能测试。

b) 除非合同中有其他的规定，否则性能测试将只限于一类操作，一种原材料和一种运行模式。

c) 测量

应详细说明仪表、仪器及特殊介质、耗材的数量和质量的测量方法，同时也应按照合同中指定测量说明书来测量与过程工艺性能和品质相关的流体。必须以相关工程为基础详细说明测量容许误差、损耗校正、采样方法特性和分析方法。

d) 性能测试计划

性能测试计划应在工作实际进展和工厂基本条件的基础上决定。

8.2 开始性能测试的条件

当下列条件满足过程设计要求时，性能测试可以开始。

a) 工厂运转

工厂应该在流程图和操作手册要求的正常运行条件下运转。为了获得最优过程特性，而与流程图和操作手册要求的条件有微小差异时，应得到业主的同意。

b) 调整所有工厂仪表和分析仪器，使其按期望要求工作。

c) 由业主或承包商供给原材料和生产用品

工厂应由业主不间断地足量地供给原材料和生产用品，使得性能测试在有界条件下成功执行。

d) 由业主或承包商供给催化剂、滑润剂和化学品

应足量及时地向工厂供给催化剂、滑润剂、化学品和其他耗材，使得性能测试能够成功执行。

e) 产品和垃圾的转移

业主应负责将产品和垃圾从该生产区安全转移。

f) 其他条件

开始执行性能测试所需的其他条件经业主和承包商商定后，必须令人满意。

8.3 执行性能测试

a) 性能测试准备就绪通知

当承包商认为工厂已就性能测试做好准备并且在8.2中提到的所有条件均已实现时，承包商应发给业主一份性能测试准备就绪通知。业主在接到通知之后的一段规定时间应该：

——承认工厂已经做好了执行性能测试的准备；

——或者，提交一份书面陈述指明在哪些方面工厂尚未做好准备。

如果业主认为工厂并未准备就绪，他可以用书面形式详细指出妨碍性能测试开始的各种情况，相关责任方应该纠正这些问题。

b) 性能测试起动

性能测试应该按照合同中的规定持续一段时间。

c) 两个或更多的单元

如果工厂包括两个或更多独立的过程单元，需演示各自的过程工艺性能和品质，可以单独执行或与其他单元同时执行单元的一个或一组性能测试。

d) 运行数据

在性能测试中的运行和数据分析记录应由业主存档并整理后交给承包商作为评定之用，评定过程如8.4所述。

e) 采样和分析

在性能测试中，经承包商与业主商定后，对工厂性能评定所需的数据应按一定频度进行采样。应该对决定过程工艺性能和品质的所有物质流进行采样。

对这些物质流采样的位置和方法应在双方协商一致后，按照8.1所述进行。

f) 测试

所有样品的测试都应由业主的实验室承担。当样品测试完成并获得结果后，承包商和业主可以进入实验室。然而，经双方商定，承包商也可以进行样品测试。

8.4 性能测试报告和评定

a) 性能测试数据的评定

在整个性能测试或是其中的某部分中所积累的运行数据和实验室数据应由承包商在性能测试完成之后的一段容许时间内做出评定。

b) 异常数据

任何与其他重要数据不相容的异常数据，均应在工厂运转条件下重新采集。

c) 容许误差

工厂的性能应在调整了仪表读数误差之后，依据商定后的性能测试步骤，基于性能测试中的平均性能进行评定。

d) 测试结果报告

承包商应以书面形式向业主提交一份性能测试报告，并指出是否已达到过程工艺和品质的要求。该报告应包括以下内容：

——测试结果；

——分析；

——承包商的评定；

——支持评定的参考信息。

e) 失败原因

如果测试结果显示测试未能成功，则承包商应陈述失败的可能理由。

f) 业主对于报告的答复

在收到性能测试报告之后的一段商定时间内，业主应该以书面形式表示同意或提出意见。

g) 性能测试失败时承包商的行动

如果性能测试结果评定显示性能测试失败在于承包商的失误，则承包商应根据合同规定弥补过失。

附　录　A
（规范性附录）
在预调试和调试阶段所用文档列表

A.1　技术文档

a）操作手册/分析手册。

b）设计文档（并不局限于以下信息）

——管道仪表连接图；

——设备目录；

——仪表目录；

——设备说明书；

——仪表说明书；

——经销商图纸；

——技术图纸（布局、面板、回路、电气线路、电动机控制中心、土木、计划……）；

——软件文档；

——设备的操作手册；

——联锁描述；

——安全研究报告。

c）其他

——特殊工具和设备列表；

——备用部件列表；

——润滑剂/化学品/催化剂列表。

A.2　程序

a）机械测试程序；

b）详细的预调试和调试程序及操作手册；

c）详细的性能测试程序。

A.3　总则和协调文档

a）预调试和调试中详细的组织图表，表中应显示出所有关键人员的相应权力、责任和职能；

b）小组成员的工作描述；

c）预调试和调试管理机构分配给其成员的调试安排；

d）详细的计划，承包商通过它可跟踪每个单元和设备在建设完成、预调试和调试中的进展；

e）业主关于人体健康、环境和安全的规定；

f）在预调试和调试阶段，承担业主和承包商之间相互交流协调（会议、报告等）的实际组织机构；

g）业主的紧急备用通讯线路。

附 录 B
(资料性附录)
预调试活动描述

B.1 总则

本清单定义了承包商和业主的活动和责任以及如何取得机械安装完成。对于责任的归属，也就是叉号位于左列还是右列，本清单给出的仅是在实践经验基础上的建议，在特定情况下并不具有强制力。工作责任的含义应该与实际的工程要求相符。以下列出的一些活动可以在建设过程中不发生，但是仍然列出以求完整。

表 B.1 列出了总的程序同时概述了承包商和业主应做的工作。

表 B.2 列出了适用于特殊系统和设备的程序同时概述了承包商和业主应做的工作。

无论如何，业主应监督承包商的活动。

表 B.1 总的程序

(责任的归属应该与实际工程的要求和合同相一致)

	建议工作责任	
	承包商	业主
1.1 制造商或经销商服务援助 此处，责任均不在第 2 部分		
a) 为了达到业主和承包商共同满意的安装，必要时可争取制造商和经销商的援助；	×	
b) 在必要时，获得制造商和经销商的援助，比如业主一方的操作和维护人员在试车时所需的技术援助，以及在人员培训、信息获取和设备运行方面均可请求他们的援助；	×	
c) 提供一些名字和电话号码供业主使用，其中包括紧急制动人员，制造商和经销商的技术服务代表。	×	
1.2 许可证		
a) 协助业主获得所有必要的许可证以保证工厂初始运转的安全；	×	
b) 以业主的名义申请关于工厂使用权、所有权和开工运行所必需的许可证；	×	
c) 获得必要的权威部门的批准。		×
1.3 说明书		
a) 提供一份内容充实来自于设备经销商的说明文件，使得在整个工厂调试中可以轻松获得相关信息；	×	
b) 把需要用到的由经销商或制造商提供的说明书和图纸交给业主；	×	
c) 将一些特殊的说明书提供给业主，比如干式气缸套所要求的特殊程序。	×	
1.4 去除防锈剂		
a) 去除所有在建设阶段用来保护设备的防锈剂和防锈油；	×	
b) 给业主提交一份工作记录。	×	
1.5 润滑剂		

表 B.1（续）

	建议工作责任	
	承包商	业主
a） 提供一份制造商推荐的工厂设备润滑剂使用清单。	×	
b） 批准润滑剂清单。		×
c） 提供所有润滑剂的使用位置。		×
d） 冲洗系统和进行初始润滑。根据业主要求去除所有的冲洗油。		×
e） 在初次使用后保存润滑剂。		×
1.6 包装和密封		
a） 按照要求，进行机械密封和附件安装；	×	
b） 按照要求，进行永久包装和附件安装；	×	
c） 在调试阶段，必要时调整和去除机械密封、包装和附件。		×
1.7 去除临时支撑		
a） 去除所有临时的支架、支撑或其他安装在容器、导管、管道、变压器、机器和其他设备中以防在运输、存储、安装和修复中发生设备损坏的保护物；	×	
b） 去除于2.7 h）和2.9 a）中提到的在相似设备类型中安装的其他物品。	×	
1.8 旋转和调整		
a） 在连接驱动器之前，检查旋转机器以校正旋转方向并确保运动部分的自由性；	×	
b） 执行冷试车以达到制造商提供的允许误差和数据记录；	×	
c） 执行热试车；		×
d） 执行任何要求的定位操作；	×	
e） 如有需要，可以要求一名工厂代表监督设备的安装过程。	×	
1.9 单元连接		
a） 准备好所有系统以便安全连接；	×	×
b） 获得批准后，按说明书并在业主的指导下，进行必要的连接；		×
c） 在业主的要求和指导下移除遮蔽物、铅封等。	×	
1.10 泄漏和压力测试		
a） 通知业主对非运行区域的泄漏测试计划和对已装配机器管道区域的测试计划，除非在业主的指导下另有计划；	×	
b） 为测试提供任何特殊的介质；		×
c） 根据应用代码、说明书、规程和业主要求执行所有测试；	×	
d） 监督测试；		×
e） 如有要求，提供数据记录；	×	
f） 根据业主要求处理所有测试介质；	×	
g） 执行所有的运行紧密度测试。	×	
注：在以下设备类型的单项测试中，如制造商处已完成压力测试，则不要求在现场再次进行测试，除非在业主的特别要求下进行。 1） 容器； 2） 外壳和管道交换器； 3） 空气冷却交换器。		

表 B.1（续）

	建议工作责任	
	承包商	业主
1.11 检查		
a) 对工厂进行检查，验证已安装的设备与流程图、建设图纸、经销商提供的资料和说明书相一致。	×	
b) 验证特殊材料是否已经在工厂中安装，并校正文件资料直到满足业主的要求。	×	
c) 验证和批准对工厂的检查。在一份单独的工作顺序表单(打印的明细表)中可提出任何异议。		×
d) 为一些特殊检查做好准备，比如一些由保险机构或政府代表执行的检查。		×
e) 执行和报告例行购货检查。	×	
f) 如有要求时，执行购货检查并监督测试。	×	
g) 如被指定要求，监督最终的购货测试。	×	
注：在购货时已做检查的设备在现场可以不再打开进行检查，除非业主特别要求或出现 2.1 中所注明的情形。		
1.12 压力/真空安全缓压设备		
a) 将正确的压力设置表单提供给业主；	×	
b) 转移减压设备以适应业主的测试设备；	×	
c) 测试和调整所有设备并密封，并在必要时请业主现场监督压力测试；	×	
d) 在测试、调节和标注之后，安装所有设备；	×	
e) 如有要求，保存记录；	×	
f) 测试。		×
1.13 冲洗和化学/机械的清洁工作		
除去在 1.14、2.4、2.5、2.9、2.11 和 2.13 中所提到的内容		
a) 在无永久性设备，便可完成运转的地方执行所有的冲洗、鼓风和化学/机械的清洁操作；	×	
b) 在必须永久安装设备以便获得正确的线速率的地方，执行所有的冲洗和鼓风操作；		×
c) 为了冲洗或清洁的目的，提供任何特殊介质；		×
d) 根据业主的要求处理所有的介质；	×	
e) 将一个无废料、无建筑垃圾、无焊接残渣的系统移交给业主；	×	
f) 如有要求，保存记录。	×	
1.14 临时的屏蔽物、加固器和遮蔽物	×	
a) 提供并安装所有要求的临时加固器；	×	
b) 在循环过程中如有要求，清洁加固器；	×	
c) 当系统被彻底清洁后，移除加固器；	×	
d) 要求冲洗时，提供、安装和移除所有屏蔽物；	×	
e) 提供、安装和移除所有绝缘所需的屏蔽物；	×	
f) 如有要求，保存记录。	×	
1.15 净化/惰性化		
a) 安装净化/惰性化设备；	×	

表 B.1（续）

	建议工作责任	
	承包商	业主
b) 提供净化材料并执行所有必要的净化操作；	×	×
c) 提供惰性化材料并引入指定的地方。	×	×
1.16 干燥		
a) 在业主的指定下，干燥设备以防止由催化剂、运行介质和/或产品引起的污染；		×
b) 当使用临时设备就可完成干燥操作时，干燥系统、耐熔材料和里衬；	×	
c) 当该项干燥操作要永久安装设备才可完成时，干燥系统、耐熔质和里衬。		×
1.17 容器包装和机座固定		
a) 安装所有惰性材料，如沙子、砾石、球体、环体和鞍行座；	×	
b) 安装所有材料，如化学品、树脂、干燥剂和催化剂；		×
c) 安装所有混合的底床，包括以上 a)项和 b)项所提到各种材料的结合物；		×
d) 在加入原料之前和加入原料的过程中均要检查容器内部以确保正确的安装；	×	
e) 如有要求，保存记录。	×	
1.18 内务处理		×
a) 在调试开始之前，移除过剩材料，临时设备和脚手架，粗略的清扫或检查该区域，并清扫垃圾。如有要求，进行冲洗或进一步的清洁工作；	×	
b) 为了安全运行，在调试和性能测试过程中，保持足够的内务处理工作。		×
1.19 维护、备件和特殊工具		
a) 在预调试完成后，保护设备以防止设备在正常气候条件下受到腐蚀和损坏；		×
b) 在预调试完成后，对设备进行足够的维护，包括清洁加固器和修理疏水器；		×
c) 将制造商推荐的备件列表提供给业主；	×	
d) 在预调试完成后，保持足够的备件和供给；		×
e) 在机械安装完成未全面取得之前，对备件进行控制和存储。	×	
1.20 噪音测量		
a) 按照劳动管理部门与卫生管理部门的要求，或是在业主的指定下，对单个设备进行噪音测量；	×	
b) 存档所有的调查数据。	×	
1.21 工厂安全检查		
a) 按照劳动管理部门与卫生管理部门的要求，并在安全管理部门或业主的指定下，通过各种测量手段进行安全检查；	×	×
b) 存档所有的调查数据；	×	
c) 在安全管理人员的建议下，采取任何必要的调整措施以符合安全规则。	×	

表 B.2 特殊程序

	建议工作责任	
	承包商	业主
2.1 容器		
a) 容器安装完毕之后将它打开,把需要现场安装的内部构件装入其中。并且,在安装内部构件之前和安装之后,均要对构件进行检查。	×	
b) 如无特殊情况,手工打开内部和外部构件,让业主对容器进行检查。	×	
c) 监督整个检查过程,直至满意。		×
d) 如有要求,使容器干燥;打开容器,安装 1.17 所指定的材料。	×	
e) 在执行了正确的关闭步骤之后,关闭容器。	×	
2.2 外壳内管交换器		
a) 交换器虽然经过了出厂检测,但是在有关要求下,仍要进行现场检测。	×	
2.3 空气冷却交换机		
a) 对交换机进行检查,确保已拆除运输和安装过程中所使用的临时支撑和材料;	×	
b) 调整风扇系统使其顶部间隙达到要求,同时对测试电动机电源;	×	
c) 检查通风口和联动装置的运转情况。	×	
2.4 燃烧加热器		
a) 如有要求,可根据应用代码、说明书和业主要求,进行压力测试;	×	
b) 根据制造商的说明,进行非运转性质的预点火检查;	×	
c) 对燃料管线进行送风操作,并对其进行清洁检查,之后将它与燃烧器管线连接起来;	×	
d) 检查调温装置和风门的运转情况并校验指示器的位置;	×	
e) 检查空气加热器、鼓风机和吹灰器的运行情况;	×	
f) 根据制造商提供的温度变化周期,在初始点火的过程中,对耐火材料进行干燥;		×
g) 按照要求,执行化学清洁和冲洗操作,并按照业主要求,对垃圾和清洗介质进行处理;	×	
h) 如有要求,获取并保管液体传热介质;		×
i) 执行点火、干燥和清洗操作;		×
j) 如果需要,在安装或启动过程中,可请求技术支持工程师的帮助。	×	
2.5 泵、压缩机和驱动器		
a) 使基座和底板保持水平并将所有的固定支撑面涂上保护层;	×	
b) 减轻施加于泵、压缩机和驱动器上的额外管道压力;	×	
c) 监督减压泵的连接;		×
d) 在需要时,对已安装完成的润滑剂和密封油系统进行化学清洁。并根据业主要求,处理好垃圾和清洗用介质;	×	
e) 注入润滑油,密封油并用冲洗油注入油冷却系统,以达到循环清洁的目的,并根据业主要求,对冲洗用油进行处理;	×	
f) 在制造商的建议下,注入润滑油、密封油和带有运行油的油冷却系统;	×	
g) 在设备运转时,对振动、行程、控制器和安全装置进行检查并且按照要求进行所有的运转测试和校正;	×	

表 B.2（续）

	建议工作责任	
	承包商	业主
h) 如果需要，在安装或启动过程中，可请求技术支持工程师的帮助；	×	
i) 按照要求，保存记录。	×	
2.6 储罐		
a) 在储罐安装完毕之后，把需要现场安装的内部构件装入其中；	×	
b) 按照要求，对储罐和其内部构件进行测试，并按照业主要求处理好测试用水；	×	
c) 按照要求，执行化学清洁或冲洗操作，并按照业主要求处理好垃圾和清洗用介质；	×	
d) 监督测试和检查，直至满意；		×
e) 在执行了正确的关闭步骤之后，关闭容器。	×	
2.7 管道系统		
a) 将测试计划通知业主。	×	
b) 按照代码、说明书和业主要求，对所有管道进行流体静力，气体力学以及氦、燃料渗透和X射线测试。	×	
c) 接到通知之后，监督现场测试。		×
d) 冲洗管道系统并将水排干，在进行流体静力测试之后，安装孔板（见2.9移除或隔离其他内联部件的相关内容）。	×	
e) 将管道系统的水排出，移除遮蔽物，并按照要求用氦对管道进行紧密性测试。	×	
f) 如果业主没有其他要求，则在完成了各个系统的指定测试之后，对凸缘、丝扣接头或现场焊接点进行绝缘处理或将它们涂上一层油漆。	×	
g) 对于那些未经出厂测试的地下管道系统，应将所有焊接点（纵向的、环形的和喷嘴形的）暴露出来（不要刷漆，上涂料和包装），直到完成指定的测试。	×	
h) 检查管道挂钩、支撑物、导向装置、扩展节点和其他管道特有装置，移除所有在运输和安装时使用的固定装置，确认冷连接是否正确。同时，给业主提供热连接的相关指导。	×	
i) 检查管道挂钩、支撑、导向装置和特有装置并在必要时进行微小调整。		×
j) 按照要求，安装永久性过滤部件。	×	
k) 按照业主的要求，验证工厂里安装的阀门是否配有专用的阀门填充物。	×	
l) 必要时，在阀上安装铅封。	×	
m) 检查和记录所有已铅封的阀的位置，并按照要求，给阀门上漆或给予标识。		×
n) 对那些在调试中发现的支撑、振动和热膨胀问题进行校正。		×
o) 按照要求，在调试和启动中，对高温和低温下使用的螺栓进行检查。		×
2.8 电源和电气网络		
a) 将普通测试计划和工厂验收测试计划通知业主；	×	

表 B.2（续）

	建议工作责任	
	承包商	业主
b) 如果需要，在接到通知之后，监督所有测试和工厂验收测试并记录测试数据；		×
c) 对 LV（电动机控制中心）、MV 和 HV 切换装置执行工厂验收测试，并将相应的测试证书交给业主；	×	
d) 对照明电路之外的所有线路进行绝缘测试（提供专业测试证书）；	×	
e) 在相位和相位之间和相位与接地点之间，对电动机和变压器绕组进行绝缘测试（提供专业测试证书）；	×	
f) 对接地系统进行测试以确定各连接的连续性和对于接地点的阻值（提供专业测试证书）；	×	
g) 对所有照明保护进行绝缘测试以确定各连接的导电率和对地阻值；	×	
h) 检查电动机控制中心（LV 切换装置）的安装，并且检查母线连接和输入连接；	×	
i) 对变压器和所有配电盘之间以及各个配电盘之间的连接和安装进行检查，同时对主馈线的连接和安装也进行检查；	×	
j) 检查紧急备用电源和照明系统，包括对照明强度和所有电气网络进行检查；	×	
k) 对所有电气仪表接口线路进行检查；	×	
l) 对 LV、MV 和 HV 切换装置和断路器进行功能性测试（提供专业测试证书）；	×	
m) 调试和设置切换设备和断路延迟器，使它们能协调工作；	×	
n) 对非间断性电源和控制电源的安装和布线进行检查；	×	
o) 如果需要，保管好带有油或其他介质的电气齿轮；		×
p) 对所有配电盘、电动机控制设备和发电机执行测试和校准；	×	
q) 检查电源分配（电动机控制中心、设备间、控制室和现场）；	×	
r) 对包括紧急备用配电盘在内的电气安全控制电路进行测试（提供专业测试证书）；	×	
s) 对变频器进行测试和校正（提供专业测试证书）；	×	
t) 测试保温加热器（如果使用了该设备）；	×	
u) 测试电梯和起重装置（如果使用了该设备）；	×	
v) 对所有电气设备（例如电动机）执行完整的闭环检查，同时检查各接点的连线，并出具双方均认可的检查证书；	×	
w) 检查相序、极性和电动机的转动；	×	
x) 检查功率因数补偿能力；	×	
y) 如有相关规定，则需得到当地检查机构的批准；	×	
z) 在检查和监督过程中，对检查项目在打印的明细表中进行标注（承包商可以修正该表单）；		×
aa) 至少对以上提及的相应活动，均要向公司提交相应的测试记录或检查证书；	×	
ab) 移除所有在安装阶段架设的临时性质的能源分配系统。	×	

表 B.2（续）

	建议工作责任	
	承包商	业主
2.9 仪表系统		
a) 将普通测试计划和工厂验收测试计划通知业主。	×	
b) 如果需要，在接到通知之后，监督所有测试和工厂验收测试并记录测试数据。		×
c) 执行所有非运转性测试以确保仪表正常运转，同时移除所有运输所用的固定装置，检查指针行程，验证仪表测量和运行能力，并按照过程系统的应用要求在某一确定方向上检查仪表冲程能力。	×	
d) 按照业主的惯例，在工作台或是现场使用标准检测装置对仪表进行校准，同时进行必要的校正工作并设定控制点。	×	
e) 在连接仪表部件之前，将冷却和过滤后的干净空气吹入传输管道和控制管道，以达到清洁管道的目的。	×	
f) 吹入干净空气以洁净供气管道同时检查管道的紧密性。	×	
g) 根据 ISA-S7.0.01 仪表气源质量标准对气动控制仪表进行泄漏测试。	×	
h) 检查仪表到过程主管道的连接管线是否紧密。	×	
i) 安装和连接所有系统部件，如果需要，则使用虚拟传输信号验证仪表功能和量程是否与说明书和设计标准相一致。	×	
j) 检查所有电气信号和报警线路是否连续畅通，检查电源和极性。	×	
k) 对热电偶的连线，各部件的位置、极性和接收仪表的连续性进行检查。	×	
l) 隔离或移除部件，以便对部件进行冲洗和化学/机械清洁操作，并在清洗之后，装回原部件。	×	
m) 如有必要，隔离或移除如控制阀、容积式仪表和汽轮计等内联部件，以便对原系统进行压力测试。对系统测试完成后，将原部件装回。	×	
n) 如有要求，安装封闭液体。		×
o) 将打开前端传感器和后端调节器之间的连接，对信号传输和控制系统进行加压和加电，并且在过程单元充满物质流时，将设备设置成自动运行模式。	×	
p) 对安全接地、高标准接地和电磁保护进行测试以确保连接和保护的有效性，并确定对地阻值。同时，对安装也进行检查（例如，拦网的接地点）。	×	
q) 在设备间、控制室和现场，对不间断电源供给和控制电源供给的分配、安装和布线进行检查。	×	
r) 对每个传感器和执行器进行闭环检查（包括所有相关的互锁和控制功能），同时对所有接点的连线也进行检查，并出具双方均认可的检查证书。	×	
s) 对紧急关断系统和燃烧器管理系统，以及它们与其他系统的接口进行检查。如有要求，应获得本地检查机构的批准（提供专业测试证书）。	×	
t) 对安全措施进行测试。如有要求，应获得本地检查机构的批准（提供专业测试证书）。	×	
u) 对成套控制设备/单元及其与其他系统/单元的接口进行测试（如果使用了该设备）。	×	

表 B.2(续)

	建议工作责任	
	承包商	业主
v) 对火警系统进行测试(如有应用)。如有要求,应获得本地检查机构的批准(提供专业测试证书)。	×	
w) 对内部通讯系统进行测试(如果使用了该设备)。	×	
x) 在任何有要求的地方,均要获得本地检查机构的批准。	×	
y) 在检查和监督过程中,对检查项目在打印的明细表中进行标注(承包商可以修正该表单)。		×
z) 至少对以上提及的相应活动,均要向业主提交相应的测试记录或检查证书。	×	
2.10 过程控制系统(PCS)		
a) 将工厂验收测试、系统集成测试和现场验收测试计划通知业主。	×	
b) 如果需要,在接到通知之后,监督所有测试和工厂验收测试并记录测试数据。		×
c) 依据过程功能说明书,对每一个过程控制功能在工厂验收测试中进行彻底的功能性测试。利用合适的过程仿真软件对复杂功能进行测试。对每个过程控制功能均出具专业的测试证书。	×	
d) 依据过程功能说明书,监督整个工厂验收测试。并在打印的明细表中对测试项目进行标注,当然承包商可以修正该表单。		×
e) 执行完整的过程控制系统集成测试(包括独立的过程信息系统和其他过程数据控制单元)。对主要项目(例如,I/O 模块、过程站或操作员站、屏幕反应时间等)提供专业测试证书。	×	
f) 监督系统集成测试并在打印的明细表上进行记录,当然承包商可以修正该表单。		×
g) 对过程控制系统和包括总线连接、布线在内的相关系统执行现场验收测试(例如过程信息系统等)。	×	
h) 对电气安全性措施、电磁兼容性措施和接地安全措施进行检查。	×	
i) 监督现场验收测试(SAT)并在打印的明细表上进行记录,当然承包商可以修正该表单。		×
j) 对硬件备份系统(如应用)的接口和其他 HW 控制单元(例如,硬件控制器、成套控制系统)进行测试。	×	
k) 检查故障特征,并对过程控制系统(PCS)进行启动/重启性能测试。	×	
l) 对数据处理和归档性能进行检查。	×	
m) 在任何必要的地方,均要获得本地检查机构的批准。	×	
n) 在检查和监督过程中,对检查项目在打印的明细表中进行标注(承包商可以修正该表单)。		×
o) 至少对以上提及的相应活动,均要向业主提交相应的测试记录或检查证书。	×	
2.11 锅炉		
a) 如有要求,应根据应用代码、说明书和业主要求,执行非运转性锅炉压力测试。	×	
b) 检查锅炉是否完整和正确的安装并进行非运转性预点火检查。	×	

表 B.2(续)

	建议工作责任	
	承包商	业主
c) 检查空气预热器、风门,气阀、吹灰器的运转情况,并对其他设备的位置和行程进行检查。	×	
d) 根据制造商提供的温度变化周期,在初始点火的过程中,对耐火材料进行干燥。	×	
e) 在必要时,对蒸汽总管进行洁净、冲洗和排干操作。	×	
f) 如有要求,对于煮沸和初始运转的情况,获取并注入已经处理过的水。		×
g) 在别的地点,使用合适的设备,对辅助设备进行仔细地调试。	×	×
h) 在必要时,执行煮沸、化学清洗和冲洗操作。根据业主要求,处理好垃圾和清洗用介质。	×	×
i) 执行初始点火,并进行相关的检查和校正。		×
j) 如果需要,在安装或启动过程中,可请求技术支持工程师的帮助。	×	
k) 执行所有的运转测试并获得要求的证书。		×
l) 再次检查和设置压力释放阀。		×
2.12 水处理工厂		
a) 检查设备安装的完整性和正确性,执行要求的非运转性测试;	×	
b) 提供和安装初始进料——离子交换剂和惰性底床材料;	×	
c) 提供离子交换剂之外的所有的水处理化学品;		×
d) 在业主的要求下,可争取水处理顾问的建议和帮助并请他监督水处理过程;	×	
e) 对水处理系统执行必要的运转性测试并进行校正;		×
f) 净化饮用水系统。		×
2.13 水系统(井、冷却塔、消防用水系统和海水系统)		
a) 检查设备安装的完整性和正确性,执行要求的非运转性测试;	×	
b) 在水系开始运转之前,洁净冷却塔内池,并在抽水池内安装拦网;	×	
c) 对井泵、水井的输送能力进行测试,并冲洗水井,使得水井可以启用;	×	
d) 冲洗、排干并洁净冷却塔内池;	×	
e) 洁净进口处滤网;	×	
f) 校正冷却塔风扇系统以获得特定的顶部间隙,并测试电动机;	×	
g) 运行消防泵以检查系统性能;		×
h) 在必要时,给存储罐、容器、水箱和其他水系统设备加上盖子,并装满水,检查它们是否泄漏,最后冲洗干净;	×	
i) 在必要时,请保险公司检查防火系统;		×
j) 获取并安装要求的防火化学剂和便携示设备,例如水龙带、灭火器和其他相关设备;		×
k) 建立水处理程序;		×
l) 在业主的要求下,可争取水处理顾问的建议和帮助并请他监督水处理过程。	×	
2.14 垃圾处理		
a) 检查设施安装的完整性和正确性,执行所有的非运转性测试以确保达到说明书的要求;	×	

表 B.2（续）

	建议工作责任	
	承包商	业主
b） 运行整个设备并提供垃圾处理所需的所有化学品和试剂；		×
c） 争取获得水处理顾问的建议和帮助并请他监督水处理过程。	×	
2.15 建筑和其附属设备		
a） 对建筑和其附属设备进行检查，包括检查所有的加热、通风和空调设备，以达到说明书的要求；	×	
b） 使所有管道、电气设备、防火系统、电梯和特殊材料的安装均符合当地政府的规定，并在必要时获取相应的证书；		×
c） 运行加热、通风和空调设备并进行所有的性能测试；		×
d） 如有要求，获得所有权和使用权相关证书。	×	×
2.16 其他设备		
a） 完全装配好旋转过滤器，将过滤介质留待以后安装；	×	
b） 安装过滤介质；	×	
c） 在制造商代表的帮助下，使称重器水平并校准，同时考虑所有引起自重的因素，并做相应设置；	×	
d） 手动检查材料处理设备的运动自由度和运动方向；	×	
e） 在业主的指导下，检查材料处理设备是否清洁。	×	

附　录　C
（规范性附录）
机械安装完成证书

致：　　　　承包商

依据双方公司于____________________（日期）签署的关于____________________（工厂名）工厂的合同中关于机械安装完成的相关条款，我们通知你工厂的下列单元/设施于下列日期完成机械安装。

1. 工厂/单元/设施：________________________________

2. 机械安装完成日期：______________________________

然而，你仍需全力完成附件中所列出的未完成的和仍需调整的项目。

根据合同，该文件并不能免除你实施工程的责任。

业主签名：____________________

附 录 D
（资料性附录）
调试活动描述

表 D.1 列出了调试阶段中所执行的活动。以下列出的某些活动可能未在预调试阶段出现，因而在此列出，以求完整。

表 D.1 调试阶段中所进行的活动

	建议工作责任	
	承包商	业主
1 旋转设备 总则 a) 进行热试车； b) 保管并检查润滑剂； c) 对控制电路和安全设备进行检查并进行必要的校正； d) 最后检查联锁系统、轴承温度和振动等。 2 蒸汽驱动器 a) 进行必要的校正； b) 检查蒸汽冷凝系统； c) 检查速度控制器。 3 泵 a) 进行必要的校正； b) 安装必要的过滤设备以代替临时过滤器。 4 压缩机 a) 进行必要的校正； b) 检查润滑油的清洁和轴承温控设备。 5 其他机械设备(搅拌机和材料处理设备) a) 在工厂获得原材料之后，根据经销商的说明，对设备进行试车； b) 对设备进行最终的校正。 6 加热炉 a) 调整空气调节器和节气阀以获得满意的火力； b) 在满负荷的条件下，调整燃烧器； c) 检查异常噪声和振动； d) 检查设备出现的异常温度。 7 外壳和内管 a) 在必要时，加热螺栓结合凸缘。 8 管道 a) 如有要求，根据工程说明书，对管道执行热紧密性测试； b) 在必要时，加热螺栓结合凸缘； c) 周期性的清洁临时过滤器，如垃圾堆积太快，要及时清理； d) 检查热膨胀。 9 仪表 a) 对在预调试阶段没有设定的控制点进行最终的校正，并在必要时将系统置为手动； b) 打开过程到仪表的连接，开始清洁，调试温度跟踪等； c) 当工厂引入物质流时，将控制器从手动切为自动，进行控制模态的校正，并在最后调试系统的关闭装置； d) 调试分析器，采样系统和其他特殊仪表； e) 在正常运行条件下，检查零点、净化率、供气压力和环境温度等； f) 在必要时，对 PID 控制参数进行校正。 10 绝缘和上漆 a) 在机械安装完成之后，遗留了一些次要的绝缘和上漆工作； b) 在螺栓热拧紧之后，完成绝缘工作。		

附　录　E
（规范性附录）
工厂验收证书

致：　　　　承包商

依据双方公司于＿＿＿＿＿＿＿＿＿＿（日期）签署的关于＿＿＿＿＿＿＿＿＿＿（工厂名）工厂的合同中关于工厂接收的相关条款，我们通知你工厂中的下列单元/设备获得了令人满意的性能和品质，因此在以下指定的日期，我们接收该单元/设备，并负责该设备的保管和维护。

1. 工厂/单元/设施：＿＿＿＿＿＿＿＿＿＿＿＿＿＿＿

2. 接收日期：＿＿＿＿＿＿＿＿＿＿＿＿＿＿＿＿＿＿

该文件并不能免除你对工厂事故所应负的责任，也不能免除你在合同中注明的应负责任。

业主签名：＿＿＿＿＿＿＿＿＿＿

附　录　F
（规范性附录）
特殊工程项目

表F.1列出了工程中的特殊项目，承包商和业主需要对这些项目进行讨论进而达成共识。在必要时，其中的某些项目甚至可以专门列入合同。

表 F.1　需要讨论进而达成共识的工程特殊项目

	参考位置
1　附录A中A.1所要求的需要印出的各种文档。	4
2　为预调试、调试和性能测试所进行的人力动员计划。	4
3　业主或承包商应提供的必要的工具和设备。	4
4　提供原材料和设施的时间表和条件。	4
5　必要的催化剂、润滑剂、化学品和其他耗材的供给。	4
6　于附录B中列出的预调试中各项活动的定义。	6.1
7　从业主收到承包商的书面通知开始到业主接受或是拒绝承包商获取机械安装完成证书要求的这段时间的容许长度，应给予明确定义。	6.2
8　承包商应对性能测试的细节提出建议。	8.1
9　业主以书面形式对承包商提交的性能测试报告表示同意或提出意见的这段容许时间长度，应给予明确定义。	8.4
10　从业主收到承包商准备进行性能测试的书面通知开始到业主同意或是以书面形式表达工厂准备工作尚未做好的这段时间容许长度，应给予明确定义。	8.3
11　从承包商分析性能测试中所积累的运行和实验数据开始到提交测试报告给业主的这段时间容许长度，应给予明确定义。	8.4
12　在收到测试报告之后，业主以书面形式表示同意或提出意见的这段容许时间长度，应给予明确定义。	8.4

ICS 25.040
N 18

中华人民共和国国家标准

GB/T 22136—2008/IEC 61297:1995

工业过程控制系统
评估用自适应控制器分类

Industrial-process control system—
Classification of adaptive controllers for the purpose of evaluation

(IEC 61297:1995,IDT)

2008-06-30 发布　　　　2009-01-01 实施

中华人民共和国国家质量监督检验检疫总局
中国国家标准化管理委员会　发布

前　言

本标准等同采用 IEC 61297:1995《工业过程控制系统　评估用自适应控制器分类》(英文版)。

为便于使用,按 GB/T 1.1—2000 对 IEC 61297:1995 做了编辑性修改。

本标准由中国机械工业联合会提出。

本标准由全国工业过程测量和控制标准化技术委员会第二分技术委员会归口。

本标准负责起草单位:西南大学。

本标准参加起草单位:上海亚泰仪表有限公司、福州精密仪器有限公司、上海自动化仪表股份有限公司、中国四联仪器仪表集团有限公司。

本标准主要起草人:祁虔、吕静、祝培军。

本标准参加起草人:王健安、戈剑、李伟、刘进。

本标准为首次制定。

工业过程控制系统
评估用自适应控制器分类

1 范围

本标准分类和定义了在描述各种自适应控制器时所使用的术语。该分类法是一个理论上的完备系列，其中可能存在某些类别中还没有控制器适用的情况。同时，许多控制器在本标准中将被划分到多个类别当中。

2 自适应方法的分类

2.1 主要类别

根据自适应控制器设计中所采用的不同方法，将自适应控制器分为两种主要类别，如图1所示，其定义详见2.2和2.3。

该分类法是基于以下实践原理，即控制器是否能够自动寻优，或是调节器是否必须嵌入依据对过程特性的经验认识所制定的最优化策略。

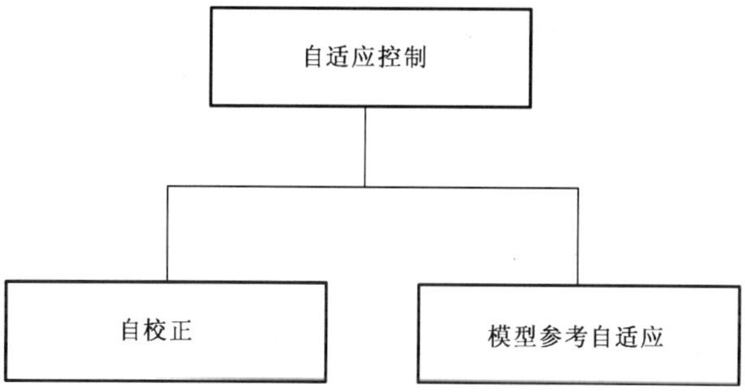

图1 自适应方法分类

2.2 自校正控制器

当控制器的某些特性能够自动地在要求时调整或是连续调整，以获得控制回路的确定响应，则控制器被描述为自校正。

2.3 模型参考自适应控制器

当控制器的最优化是基于控制器特性的规定变化律，且该变化律的确定依据为已测定的过程特性（过程模型），则自适应控制器被描述为模型参考自适应。

3 自校正控制器术语

给不同种类的自校正控制器命名关系到自适应方法的实现方式。这取决于自适应方法所作用的对象是控制器参数，还是控制器结构，或是控制器的输入信号（见图2）。

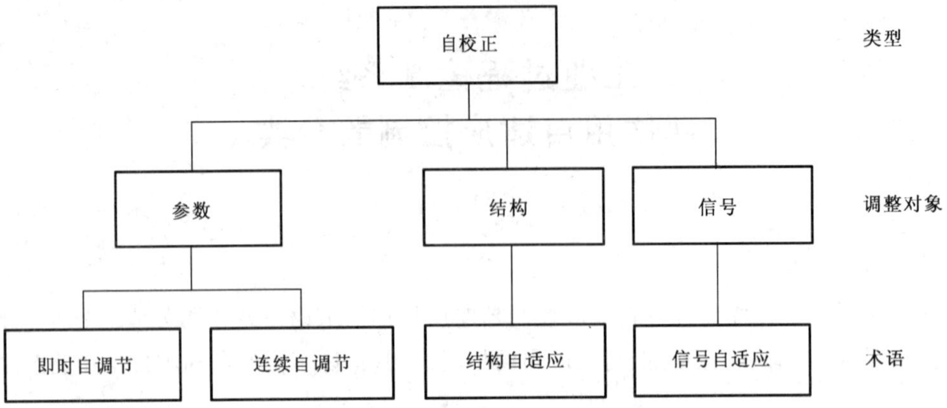

图 2　自校正控制器术语

3.1

即时自调节　self-tuning on demand

当优化控制器参数的自适应方法由调节器的即时需求所引起，则控制器被称为此种类型。

3.2

连续自调节　continuously self-tuning

当优化控制器参数的自适应方法是一个连续不断的过程，则控制器被称为此种类型。

3.3

结构自适应控制器　structure adaptive controllers

当控制器的结构在自适应过程中改变，则控制器被称为此种类型。例如，比例-比例积分切换过程。

3.4

信号自适应控制器　signal adaptive controller

当自适应过程调整控制器的输入信号，则控制器被称为此种类型。例如，调整某些输入滤波器的特性。

注：许多自校正控制器属于“即时自调节”类型或者“连续自调节”类型。

4　模型参考自适应控制器专业术语

给不同种类的模型参考自适应控制器命名关系到自适应方法赖以实现的控制器特性（见图 3）。

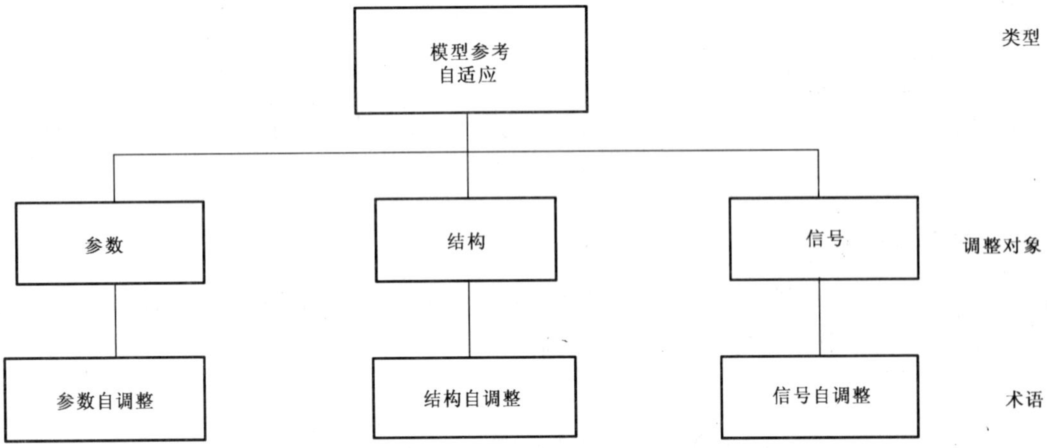

图 3　模型参考自适应控制器术语

4.1

参数自调整控制器　controllers with parameter scheduling

当控制器参数由模型参考自适应过程所修正,则控制器被称为此种类型。

4.2

结构自调整控制器　controller with structure scheduling

当控制器结构由模型参考自适应过程所改变,则控制器被称为此种类型。例如,比例-比例积分切换过程。

4.3

信号自调整控制器　controller with signal scheduling

当模型参考自适应过程调整控制器的输入信号,则控制器被称为此种类型。例如,修改某些输入滤波器的特性。

5　自适应过程描述中的术语

5.1

控制器类型　controller type

自适应控制器的名字中也可包含所应用的控制算法的术语,例如,PID 控制器,状态空间控制器等。

5.2

自适应方法　adaptation method

如果控制器由自适应方法直接调节,其中并未显含过程模型,则称该自适应方法为直接型,否则称之为间接型。如果自适应方法的品质判据是确定的(随机的),则该自适应方法为确定型(随机型)(见图 4)。

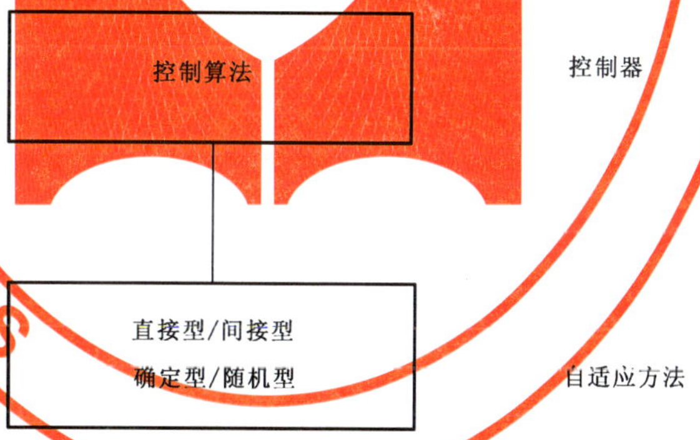

图 4　自适应方法描述中的附加定义

6　术语总结

总结以上出现的自适应性控制器的相关术语,其相互关系概略地显示于图 5 中。

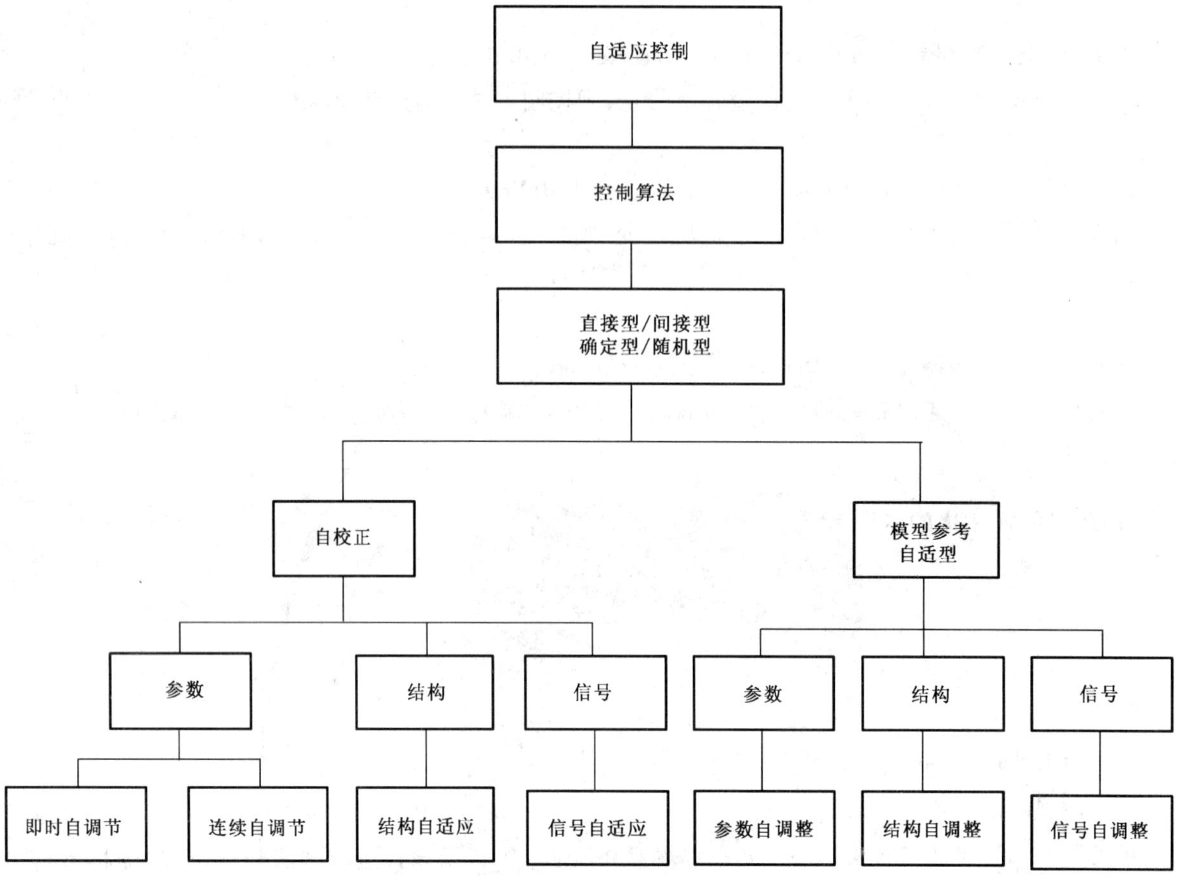

自适应控制
控制算法
直接型/间接型
确定型/随机型
自校正
模型参考
自适应型
参数
结构
信号
参数
结构
信号
即时自调节
连续自调节
结构自适应
信号自适应
参数自调整
结构自调整
信号自调整

图5　自适应控制器术语

ICS 25.040
N 18

中华人民共和国国家标准

GB/T 22137.1—2008/IEC 61514:2000

工业过程控制系统用阀门定位器 第1部分:气动输出阀门定位器 性能评定方法

Valve positioners for use in industrial-process control system—Part1:Methods of evaluating the performance of valve positioners with pneumatic outputs

(IEC 61514:2000,IDT)

2008-06-30 发布　　2009-01-01 实施

中华人民共和国国家质量监督检验检疫总局
中国国家标准化管理委员会　发布

前　　言

GB/T 22137《工业过程控制系统用阀门定位器》分为以下两部分：

——第1部分：气动输出阀门定位器性能评定方法；

——第2部分：气动输出智能阀门定位器性能评定方法。

本部分为GB/T 22137的第1部分。

本部分等同采用IEC 61514:2000《工业过程控制系统　气动输出阀门定位器性能评定方法》(英文版)。

为便于使用，根据GB/T 1.1—2000《标准化工作导则　第1部分：标准的结构和编写规则》，对IEC 61514:2000做了下列编辑性修改：

a) 删除了IEC 61514:2000的前言；

b) 凡有"IEC 61514"的地方改为"GB/T 22137.1"；

c) "本标准"改为"本部分"；

d) 用小数点"."代替作小数点的逗号","；

e) 标准名称由《工业过程控制系统　气动输出阀门定位器性能评定方法》改为《工业过程控制系统用阀门定位器　第1部分：气动输出阀门定位器性能评定方法》。

本部分由中国机械工业联合会提出。

本部分由全国工业过程测量和控制标准化技术委员会第一分技术委员会归口。

本部分起草单位：西南大学、中国四联仪器仪表集团、上海工业自动化仪表研究所、机械工业仪器仪表综合技术经济研究所。

本部分起草人：周雪莲、黄仁杰、潘东波、刘进、范铠、冯晓升。

本部分为首次发布。

工业过程控制系统用阀门定位器 第1部分:气动输出阀门定位器 性能评定方法

1 范围和目的

本部分规定了测试和评定单作用或双作用定位器静态和动态性能的试验。这些试验可用于能接收标准模拟输入信号(按 GB/T 3369.1、GB/T 3369.2 和 GB/T 777 规定)并有气动输出的定位器。

注:对于脉冲或者数字输入信号的定位器,可能需要其他相应标准。本标准描述的方法可能不足以满足具有数字控制的定位器或者具有脉冲输出的定位器的应用。

试验时,定位器可单独运行而不依附于执行机构,也可安装连接到一个特定的执行机构上作为部件运行。本部分在需要不同运行方式的地方作了特别说明。

本部分所规定的评定方法旨在供生产厂商确定其产品的性能、以及用户或独立的试验机构验证生产厂商的产品性能规范之用。

评定机构和生产厂商之间应保持密切联系。在决定试验程序时,应注意该仪表的生产厂商的规范,并应征求生产厂商对试验程序和试验结果的意见。试验机构出具的任何报告都应包含生产厂商对试验结果的意见。

本部分旨在为提供定位器的组件、作用和特性提供定义;为测量这些特性的性能误差和影响量的影响规定统一的方法;为报告和对所得测量数据的评定结果提供描述的方法。

该部分所描述的试验条件,比如环境温度范围和供源等,代表了使用中通常出现的条件。因此,在生产厂商或者用户没有规定其他值时,应该使用本部分规定的值。如果使用其他值,应加以说明。应该认识到,整个评定过程均应根据生产厂商的安装、操作说明书和规范进行。

本部分规定的试验不一定充分满足为特殊环境设计的仪表。但部分系列试验适用于为符合相应限制条件设计的仪表。

当无需按本部分进行全部评定时,可按本部分的有关部分进行所需要的试验,并报告试验结果。在此情况下,测试报告应陈述本部分规定的哪些测试项目没有包括。

2 规范性引用文件

下列文件中的条款通过 GB/T 22137 的本部分的引用而成为本部分的条款。凡是注日期的引用文件,其随后所有的修改单(不包括勘误的内容)或修订版均不适用于本部分,然而,鼓励根据本部分达成协议的各方研究是否可使用这些文件的最新版本。凡是不注日期的引用文件,其最新版本适用于本部分。

GB/T 777—2008 工业自动化仪表用模拟气动信号(IEC 60382:1991, IDT)

GB/T 2423.1—2001 电工电子产品环境试验 第2部分:试验方法 试验A:低温(idt IEC 68-2-1:1990)

GB/T 2423.2—2001 电工电子产品环境试验 第2部分:试验方法 试验B:高温(idt IEC 60068-2-2:1974)

GB/T 2423.7—1995 电工电子产品环境试验 第二部分:试验方法 试验Ec和导则:倾跌与翻倒(主要用于设备型样品)(idt IEC 68-2-31:1982)

GB/T 2423.9—2001 电工电子产品环境试验 第2部分:试验方法 试验Cb:设备用恒定湿热

(idt IEC 60068-2-56:1988)

GB/T 2423.10—2008 电工电子产品环境试验 第2部分：试验方法 试验Fc和导则：振动(正弦)(IEC 60068-2-6:1995,IDT)

GB/T 3369.1—2008 过程控制系统用模拟信号 第1部分：直流电流信号(IEC 60381-1:1982,IDT)

GB/T 3369.2—2008 过程控制系统用模拟信号 第2部分：直流电压信号(IEC 60381-2:1978,IDT)

GB 4208—2008 外壳防护等级(IP代码)(IEC 60529:2001,IDT)

GB/T 4365—2003 电工术语 电磁兼容(IEC 60050(161):1990,IDT)

GB 4793.1—2007 测量、控制和试验室用电气设备的安全要求 第1部分：通用要求(IEC 61010-1:2001,IDT)

GB/T 16511—1996 电气和电子测量设备随机文件(idt IEC 61187:1993)

GB/T 16842—2008 外壳对人和设备的防护 检验用试具(IEC 61032:1997,IDT)

GB/T 17212—1998 工业过程测量和控制 术语和定义(idt IEC 60902:1987)

GB/T 17626.3—2006 电磁兼容 试验和测量技术 射频电磁场辐射抗扰度试验(IEC 61000-4-3:2002,IDT)

GB/T 17626.4—2008 电磁兼容 试验和测量技术 电快速瞬变脉冲群抗扰度试验(IEC 61000-4-4:2004,IDT)

GB/T 17626.5—2008 电磁兼容 试验和测量技术 浪涌(冲击)抗扰度试验(IEC 61000-4-5:2005,IDT)

GB/T 17626.8—2006 电磁兼容 试验和测量技术 工频磁场抗扰度试验(IEC 61000-4-8:2001:IDT)

GB/T 18271.4—2000 过程测量和控制装置 通用性能评定方法和程序 第4部分：评定报告的内容(idt IEC 61298-4:1995)

3 术语和定义

GB/T 17212—1998和GB/T 4365—2003中给出的所有术语和定义均适用于本部分。此外，下列术语和定义也适用于本部分。

3.1

定位器 positioner

连接到最终控制元件或者执行机构的移动部件的定位控制器，能自动调节供给执行机构的输出信号Y，以维持与输入信号相关联的预先期望的行程信号X。

注：在本部分中，只考虑了具有气动输出信号Y的定位器。输入信号W可以是气压信号(气动定位器)，或者是电流、电压(电气定位器)，或者是脉冲信号，或者是数字信号。

3.1.1

单作用定位器 single-acting positioner

定位器(见图1a))有一个输出信号Y，它作用于执行机构的一边。执行机构的返回力通常由弹簧提供。

3.1.2

双作用定位器 double-acting positioner

定位器(见图1b))提供了两个输出信号Y_D和Y_R，连接到执行机构膜片或者活塞的相应边。

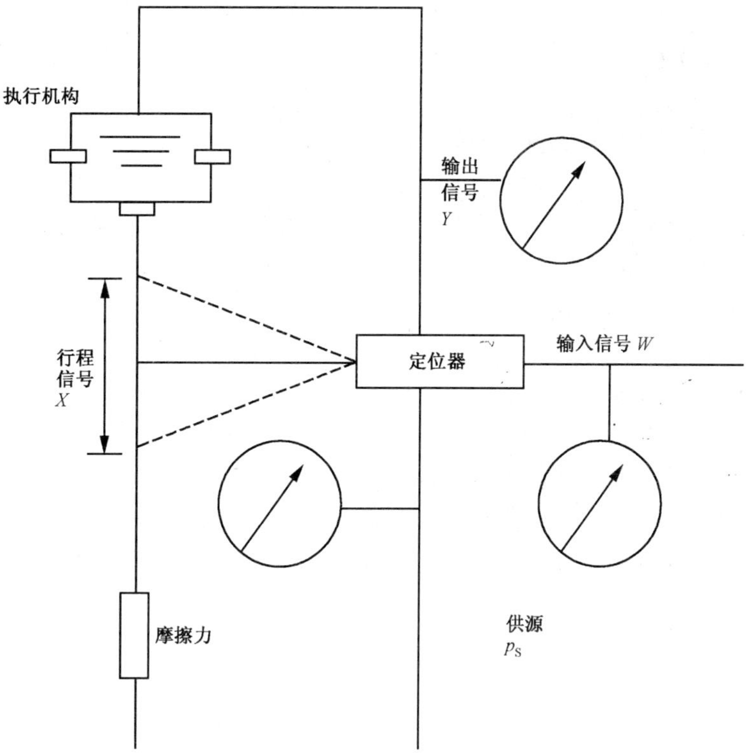

a）单作用定位器/执行机构

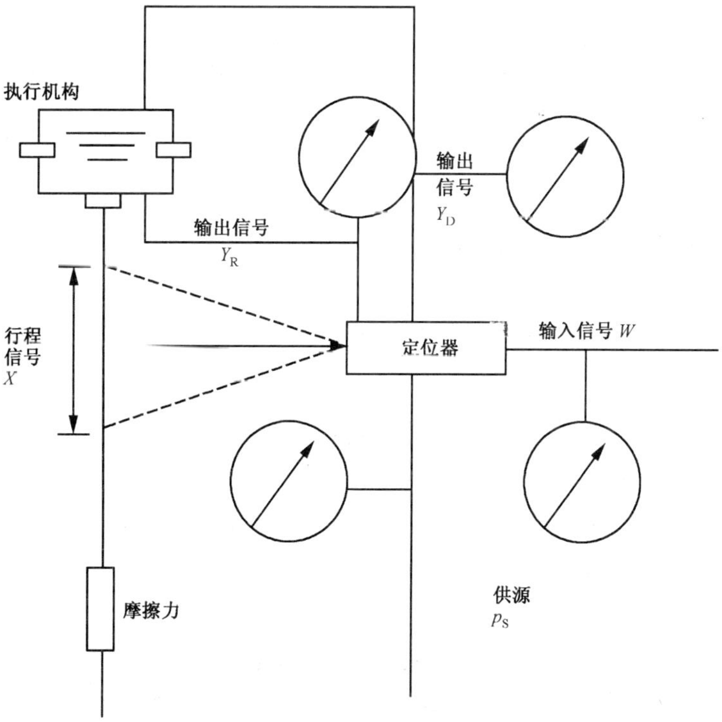

b）双作用定位器/执行机构

图 1　单作用和双作用定位器/执行机构

3.2

输入信号　input signal

W

代表关联控制元件期望位置的参考输入信号。

3.3

行程信号　travel signal

X

由最终控制元件或者执行机构运动引起的直行程或角行程信号。

3.4

输出信号　output signal

Y

传递给最终控制元件的执行机构的空气压力。

3.5

供源压力　supply pressure

p_S

定位器供源连接器的空气压力。

3.6

作用　action

输出信号 Y 随输入信号 W 的值的增加而增加的作用是正作用。输出信号 Y 随输入信号 W 的值增加而减少的作用是反作用。

3.7

分程　split ranging

整个输入范围的一个部分(比如 0%～50%或者 50%～100%)完成执行机构全行程的特殊调节。

3.8

增益特性　gain characteristic

与行程信号 X 相关的输入信号 W 和输出信号 Y 之间的关系保持为常数(如锁杆),如图 2。

表述为随压力及相关压力变化的步进增益 $\Delta Y/\Delta X$。

3.9

比例(平均)增益系数　proportional(average) gain factor

$\boldsymbol{K_P}$

执行机构全范围的增益。对于单作用定位器,比例增益系数可从增益特性中得到(图 2a)):

$$K_P = \frac{\Delta Y_{max}}{\Delta W_{max}}$$

这里 ΔW_{max} 是输入信号 W 相对输出在全范围内($\Delta Y_{max}=100\%$)变化的变化量,用输入信号量程的百分数表示。在这种情况下,ΔW_{max}(%)跟比例带 X_P(%)一致。输出信号范围 ΔY_{max} 应是生产厂商所说明的正常范围。

对于双作用定位器,每个输出的增益系数可分别获得(见图 2b)):

$$K_{PD} = \frac{\Delta Y_{max}}{\Delta W_{D\,max}};K_{PR} = \frac{\Delta Y_{max}}{\Delta W_{R\,max}}$$

最后,双作用定位器的比例增益系数 K_P 可以由这两个独立的增益系数相加,例如

$$K_P = K_{PD} + K_{PR}$$

或者由差压特性(Y_D-Y_R)获得,见图 2b)。

平衡压力 Y_B 是正作用 Y_D 特性和负作用 Y_R 特性的交点。通常情况下，这个值取决于定位器的供源压力。

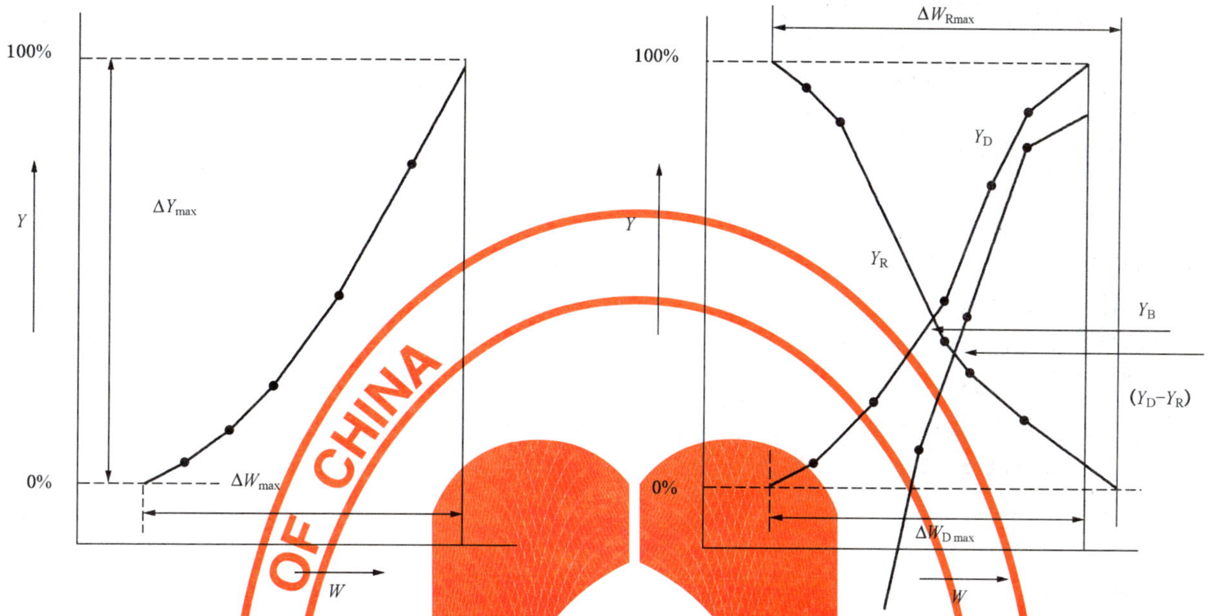

a) 单作用定位器　　b) 双作用定位器

图 2　增益特性

3.10

比例带　pro portional band

X_P

比例带 X_P 定义为

$$X_P(\%) = \frac{100\%}{K_P}$$

3.11

局部增益系数　local gain factor

K_I

在规定输入值处增益特性的斜率。

3.12

行程特性　travel characteristic

定位器/执行机构的输入信号 W 和行程信号 X 间的闭环关系。

输入信号 W 和行程信号 X 间的预定关系(比如线性或等百分比)确定理想特性。

3.13

传输系数　travel facor

U

行程量程与相应的输入量程的比。此系数可以进行调整。

3.14

最大测量误差　maximum measured error

每个测量点高于或低于标称值的平均最大正误差或平均最大负误差。

4　通用试验条件

4.1　环境试验条件

试验应在下面推荐的环境条件下进行：

表 1 环境条件

大气试验条件	温度/℃	相对湿度/%	大气压力/kPa
标准参比大气条件	20	65	101.3
推荐限值	15～25	45～75	86～106
仲裁测量 a：	20±2	65±5	86～106
b：	23±2	50±5	86～106

试验值应修正到表 1 所列的标准参比大气条件。标准参比大气条件与通常由厂商确认的一般参比工作条件等效。

应该意识到可能没有湿度修正因子。当用于调整参数以适应标准大气的修正因子未知，而在环境条件的推荐范围内测量又不能令人满意时，重复测量(仲裁测量)可在表 1 所列的 a：或 b：或生产厂商确定的其他参比工作条件下进行。

注：特殊设备可能要求维持规定限值内的基本试验条件。

4.1.1 试验测量的环境条件的推荐限值

电磁场：如果相关，应说明其值。

试验期间，允许环境温度的最大变化率为 1 ℃/10 min ，但不能超过 3 ℃/h。

4.2 供源条件

4.2.1 参比值

电源：按生产厂商规定值。

气源：按生产厂商规定值，或者 400 kPa。

4.2.2 允差

除了用户和生产厂商协商确定更精密的允差外，应用下面给出的公差。

a) 电源

电压：±1%

频率：±1%

谐波失真(交流电源)：<5%

纹波含量(直流电源)：<0.2%

b) 气源

压力：±1%

供气温度：环境温度±2 ℃

供气湿度：露点至少低于装置温度 10 ℃

油和灰尘的含量：

油　小于重量的 1×10^{-6}

灰尘　颗粒不超过 3 μm

5 通用试验程序

5.1 试验设备

当参比测量系统的精度等级比被试装置精度等级高一个数量级或者更高时，参比测量系统的精度等级在计算中可忽略，但报告中应说明。当参比测量系统的精度等级是被试装置精度等级的三分之一或者更小，但精度等级不足以高于一个数量级时，报告中应声明参比测量系统的精度等级。

5.2 试验方法

第 6 章中将分别描述规定的试验方法和试验配置。

5.3 试验注意事项

除了进行影响量影响试验外，应使用下列条件。

打开电源使定位器和/或者相关的试验设备预热生产厂商规定的足够长的时间，使其稳定。如没有生产厂商的说明书，至少应预热 15 min(对于电动仪表至少 30 min)。

观察记录之前，被试定位器应在每个方向进行三次或更多次的全范围移动。

确定定位器性能特性的测量点应分布在整个范围内。其中应包括量程的 0%和 100%的点或接近量程的 0%和 100%的点(量程的 10%以内)。测量点至少应有 6 个，最好再多一些。测量点的数量和位置应与所希望的精确程度和被评定的特性相符。输入信号缓慢无过冲地到达每一测量点。

在每一观察点，应在定位器稳定在明显的稳态值后才能进行记录。

除了性能特性测试需要外，不允许轻敲或振动被试定位器。

所有试验必须对定位器进行适当保护。

应调整机械冲击，使其不干扰测量。

所有实验均应在设备满足允许的安装位置下进行，这些安装位置情况应在报告中声明。

应在供源压力规定范围的最小和最大值处测量不同供源压力值的特性和数据(例耗气量、流量等)。

带有凸轮的定位器应进行输入/行程特性(通常是线性特性)试验。

5.4 基本试验布局

基本试验布局示于图 3a)和图 3b)中。

5.4.1 独立于执行机构的定位器试验

对定位器进行独立于执行机构的试验，定位器的输出 Y 只连接到模拟负载(有时称为开环运行)。

除了其他协商值外，应该连接一个 1 000 cm^3 气容到输出上。这样，定位器的性能将不受执行机构性能的影响。

这是唯一的不依赖于执行机构给定位器提供数据的试验方法，这种方法有益于定位器间进行性能比较，也有益于核查定位器的生产厂商的规范。

可以手动或通过执行机构(人工控制)进行行程调整。

可以手动调整输入信号 W 使输出信号 Y 达到平衡，或者根据需要运用输入信号 W 和输出信号 F 间的环路来恢复平衡，即自动恢复。

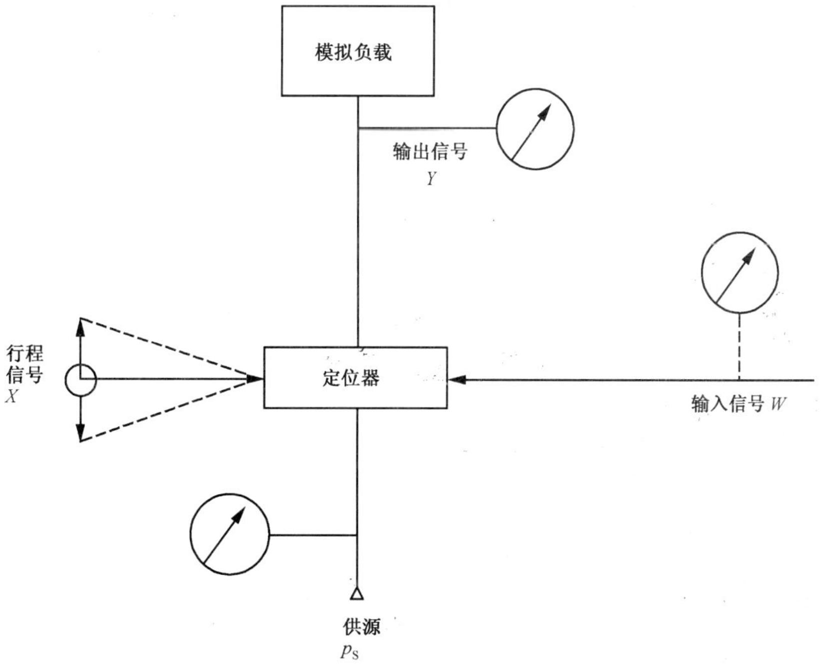

a)

图 3 基本试验布局

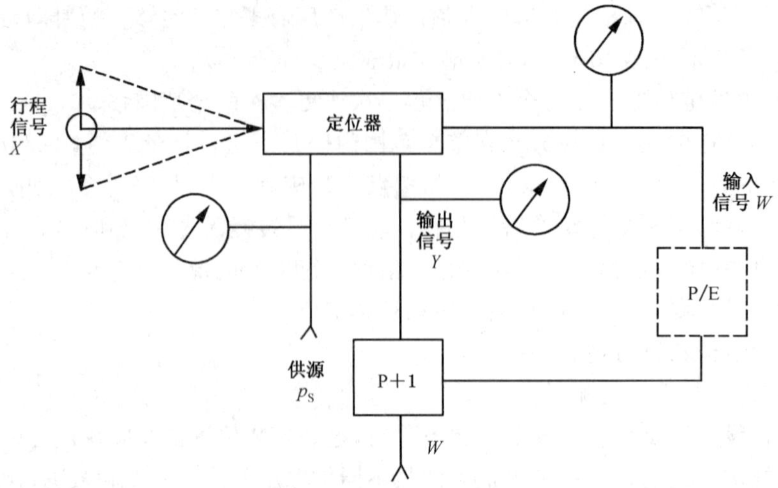

b)

图 3（续）

注 1：带有附加积分模式(也就是 PI 控制作用)的定位器必须使用自动重新平衡的环路才能获得稳定的测量。在这种情况下，定位器的输出信号 Y 连接到气动重平衡设备的输入(+)(例求和继电器或 PI 控制器)，它们的输出反馈到定位器的输入 W。在输入 W 是电信号的情况下，电路中在重平衡设备之后必须有压/电转换器。此附加试验的布置示于图 3b)。

注 2：输入信号 W 可是气压信号，也可是电信号。输出信号 Y 是气压信号。一般的试验程序是将行程输入信号 X 设置到某些需要的位置，然后充分调整输入信号 W 以平衡输出信号 Y 的变化。

5.4.2 连接执行机构的定位器试验

将定位器安装连接到执行机构上，作为一个完整的定位器/执行机构的组和，对定位器进行试验。

定位器可安装到任何兼容的商业用途的执行机构上。选用的执行机构由用户或者生产厂商选择。一般来说，试验的结果可能受试验使用的执行机构的性能影响。因此，使用的执行机构的支持信息(如摩擦力、惯量、包装材料类型等)必须在试验报告中陈述(见第 8 章)。

注 1：输入信号 W 可是气压信号，也可是电信号。必需一些精确测量行程信号 X 的方法。一般试验程序是将输入信号 W 设置为某些需要的值，然后读取相应的行程信号 X 的值。

注 2：因为输出压力信号 Y(或者双作用定位器的 Y_D 和 Y_R)连接到执行机构(有时称为"闭环"操作)，而且它们的实际值只是内部信号，只需要测量它们是否满足要求。

5.5 初始设置

定位器应按生产厂商的技术说明书进行调整。

5.5.1 独立于执行机构的定位器试验

如定位器的增益可更改，设置 $K_P=50$ 或者比例宽带 $X_P=2\%$。如果这样做不方便，可使用生产厂商推荐的其他值。

如果需要，可在最小或者最大 Kp 值测量一些特性和数据。

如果需要，调整行程量程和输入范围。最好将定位器的行程量程设置为 25 mm 或角行程定位器设置为 90°。

单作用定位器的输出压力范围是 20 kPa～100 kPa。双作用定位器的输出压力范围是平衡压力 Y_B ±40 kPa。也可以是生产厂商规定的其他值。

对于一般特性(也就是没有分程)范围下限由 0%输入和 0%行程确定，范围上限由 100%输入和 100%行程确定。

5.5.2 连接执行机构的定位器试验

对于单范围(也就是没有分程)范围下限由 0%输入和 0%行程确定，范围上限由 100%输入和 100%行程确定。

通常，定位器的增益为了最小化偏差而尽可能设高，否则增益应保持足够低以避免闭环回路的“振荡”。如果被试定位器具有固定增益，可使用一些其他的抑制方法以避免“振荡”。如果定位器具有附加的调节方法(比如积分控制作用)，应按生产厂商规定进行调整。增益的设置值和/或其他调节方法应列入报告。

6 试验程序

6.1 增益特性

调整定位器的输入信号 W 使输出信号 Y 为量程的 0%。然后缓慢改变输入信号 W，使输出信号 Y 的值分别为 20%、40%、60%、80%、100%(或其他更小的增量)和回到 0 %。

在每一设定点，测量输入信号 W 和输出信号 Y。绘出以输入信号 W 的值为横坐标的输出信号 Y 的图形。一个典型图示于图 2a)。

从可测的增益特性中(见图 2)，可得比例带宽 X_P 或增益 K_P，如果需要，本机增益系数 K_1 可由下列微分式得到：

$$K_1 = \frac{dY}{dW} \qquad (1)$$

调整定位器的增益，测量生产厂商规定的最小和最大 K_P(或 X_P)值。

为了检查定位器的增益是否与供源压力有关，应测量供源压力变化对增益值的影响。

影响量应以供源压力变化 10 kPa 增益的最大变化量列入报告。

当单作用定位器可选择正作用和反向作用时，应该测量正、反作用增益。

双作用定位器可使用以上规定的同样的测量程序，分别绘出每种输出的增益特性图。一个典型图示于图 2a)。

6.1.1 独立于执行机构的定位器试验

调整行程 X 到量程的中间值(50%)，并且稳定在这个位置。如果需要，可附加将行程 X 设置在接近量程 10%和 90%的增益特性的测量。

注：对包含附加积分模式(即 PI 控制作用)的定位器，应关闭积分作用或设置为最小作用。

6.1.2 连接执行机构的定位器试验

根据 5.5 中描述，组合定位器/执行机构系统。

检查执行机构的标称压力范围，即驱动执行机构行程信号 X 从 0%～100%所必需的输出信号范围 Y_{max} 的可读值(只对单作用定位器)。

调整输入信号 W，使行程信号 X 为范围的中间值(即：50%)，并将执行机构连杆锁定在该位置。

注：如果需要，可附加将行程 X 设置在接近范围的 10%和 90%的增益特性的测量。

断开执行机构输出 Y(或者双作用定位器情况下的输出 Y_D 和 Y_R)，并且锁定输出，进行称之为“开环”的增益特性的测量。

注 1：对包含附加积分模式(即 PI 控制作用)的定位器，应关闭积分作用或设置为最小作用。

注 2：对于连接有自动复位执行机构的单作用定位器，执行机构的标称压力范围应用作计算比例增益系数的 ΔY_{max}(见 3.9)。

注 3：对于双作用定位器，输出气压相对平衡气压 Y 的变化量 ±40 kPa 应用作计算比例增益系数的 ΔY_{max}(见 3.9)。

当单作用定位器可选择正作用和反向作用时，应该测量正、反作用增益。

6.2 行程特性

为了评估不一致性/非线性和不重复性，应至少进行 3 个循环的测量。

将输入信号 W 和行程信号 X 的测量值列入表格(见表 2)。

如果定位器是设计来提供非线性行程特性的，可用图形表示，以输入信号 W 为横坐标绘出行程信号 X 的图形。

结果也可以用误差图表示，如：在输入信号 W 的每一测量点，计算行程信号 X 的误差，即测得的信号 X 与它相应的理想值之间的差。此误差可用理想行程量程的百分数表示。绘出以输入信号 W 为横坐标的上行程和下行程的平均误差图形。一个典型图示于图 4。

6.2.1 **独立于执行机构的定位器试验**

如果需要，调整行程量程和输入范围。最好将定位器的行程量程设置为 25 mm 或角行程定位器设置为 90°。

缓慢增加输入信号 W 使之从 0%～100%，然后回到 0%，步进 20%或更小。在每一步后停止操作，保证定位器获得稳定状态。在每个阶段，按同一方向逼近最后平衡点仔细调整行程信号 X 使输出信号 Y 重平衡到 50%。每个阶段记录相应的输入信号 W 和行程信号 X 的值。

对双作用定位器，在每个阶段，重平衡输出，使输出信号 Y_D 和 Y_R 近似相等或压力差（Y_D-Y_R）近似为零。

6.2.2 **连接执行机构的定位器试验**

根据需要调整行程量程和输入范围。

缓慢增加输入信号 W 使之从 0%～100%，然后回到 0%，步进 20%或更小。在每一步后停止操作，保证定位器获得稳定状态。每个阶段记录相应的输入信号 W 和行程信号 X 的值。

6.3 **与精确度有关的试验**

6.3.1 **不精确度**

不精确度可从一系列的测量循环中（见表 2）选择，它由测量值与理想值的最大正误差和最大负误差确定。最大正误差和最大负误差从所有上行程或下行程测量误差中选择。

不精确度应以理想行程量程的百分数表示。

6.3.2 **测量误差**

测量误差可由一系列测量循环的平均误差值确定。

测量误差是上行程或下行程平均误差曲线（见表 2 和图 4）的最大值或最小值。测量误差可用理想行程量程的百分数表示。

6.3.3 **一致性误差和线性误差（不一致性/非线性）**

一致性误差和线性误差为三个或更多个全行程的平均误差曲线与规定特性曲线的正或负偏差。这样可避免回差问题。一致性误差跟行程信号有关，除非有其他说明。

因为定位器经常是在较低和较高范围点进行调整，因此端基一致性误差或者线性误差应为端基直线与平均误差曲线间的最大偏差（见图 4 ）。

另外，如果需要，图 4 也示出了怎样确定独立线性误差和零基线性误差。

6.3.4 **回差**

回差直接由表 2 所示偏差值确定，它是同一试验点的某一试验循环内连续上行程和下行程输出值之差。

将所有试验循环内得到的最大差值需列入报告，并且应以理想输出量程的百分数表示。如果需要，回差误差可由死区值减去给定测量点的相应回差值确定，其最大值以理想输出量程的百分数列入报告。

6.3.5 **重复性误差（不可重复性）**

重复性误差常以理想行程量程的百分数表示，且不包括回差。

重复性误差直接由表 2 确定。观察任一输入值的所有行程值间的以理想行程量程的百分数表示的最大差值，上、下行程曲线分别考虑。所有上、下行程所得值的最大值可作为重复性误差列入报告。

重复性计算的根据应加以说明。

6.4 死区

6.4.1 死区——输入通道

6.4.1.1 独立于执行机构的定位器试验

将行程信号 X 设置到接近量程的 50%。调整输入信号 W 使输出信号 Y 接近量程的 50%。在某一方向调整输入信号 W 直到观察到输出信号 Y 发生变化。将此输入信号值记为 W_1。然后按相反方向调整输入信号 W 直到观察到输出信号 Y 在相反方向发生变化。将此输入信号值记为 W_2。此两记录的输入信号的差(W_1-W_2)就是输入通道死区。

应进行三次测量，并把最大值作为死区，以输入量程的百分数表示。

表 2 典型误差表

	第一个循环		第二个循环		第三个循环		循环平均		总平均
	误差(理想取值范围的百分数)								
输入量程/%	上行程实际值	下行程实际值	上行程实际值	下行程实际值	上行程实际值	下行程实际值	下行程平均	下行程平均	平均误差
	%	%	%	%	%	%	%	%	%
0		−0.04		−0.05		0.06		−0.05	−0.050
10	+0.05	+0.14	+0.04	+0.15	+0.05	+0.16	0.05	0.15	0.100
20	+0.13	+0.23	+0.08	+0.26	+0.09	+0.26	0.10	0.25	0.175
30	+0.11	+0.24	+0.09	+0.25	+0.10	+0.26	0.10	0.25	0.175
40	−0.04	+0.13	−0.07	+0.15	−0.04	+0.17	−0.05	0.15	0.050
50	−0.16	−0.02	−0.16	+0.01	−0.13	+0.01	−0.15	0.00	−0.075
60	−0.27	−0.12	−0.25	−0.10	−0.23	−0.08	−0.26	−0.01	−0.175
70	−0.32	−0.17	−0.30	−0.16	−0.28	−0.12	−0.30	−0.15	−0.225
80	−0.27	−0.17	−0.26	−0.15	−0.22	−0.13	−0.25	−0.15	−0.200
90	−0.16	−0.06	−0.15	−0.05	−0.14	−0.04	−0.15	−0.05	−0.100
100	+0.09		+0.11		+0.10		0.10		0.100

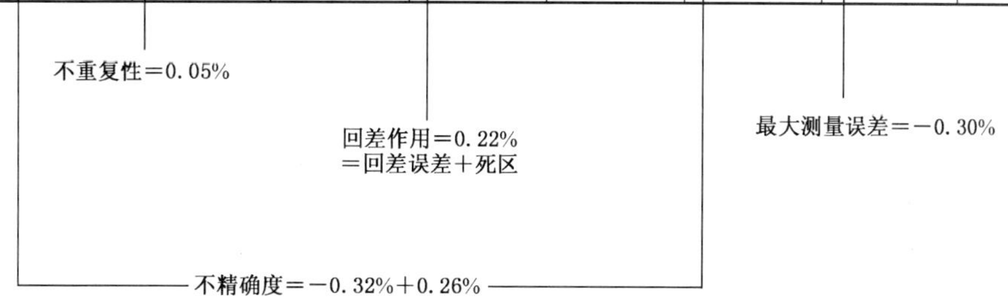

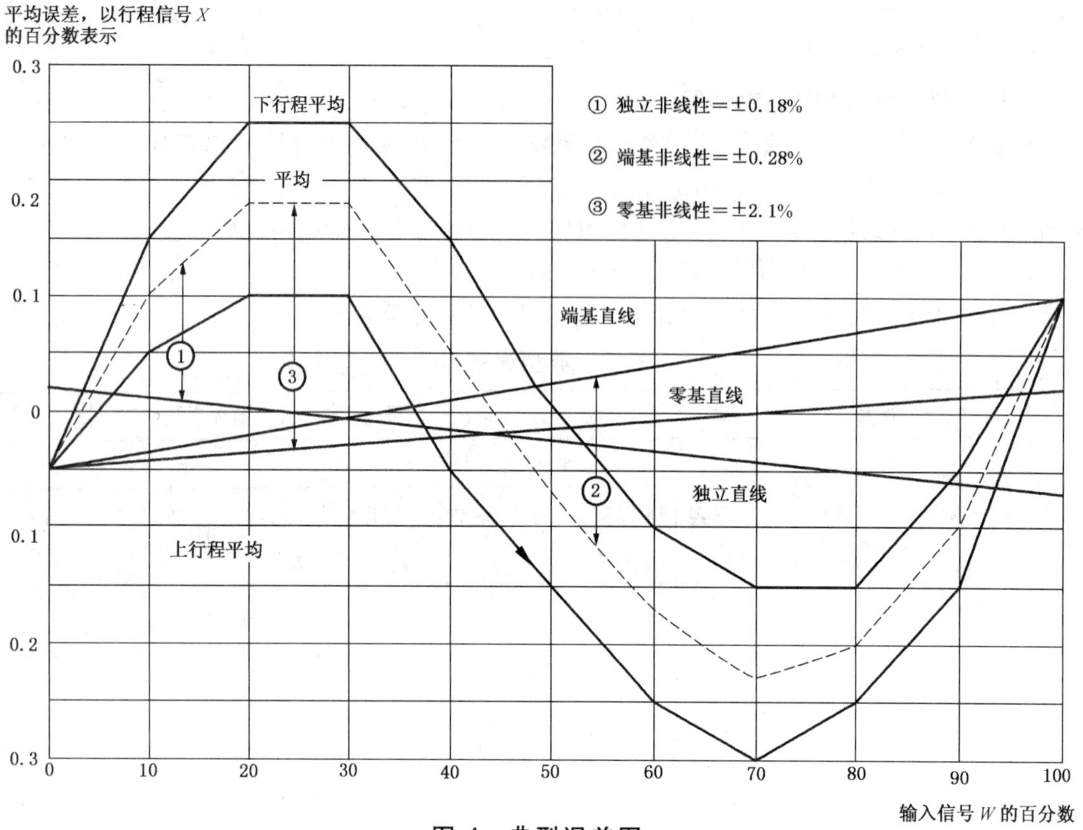

图 4　典型误差图

6.4.2　死区——行程通道

6.4.2.1　独立于执行机构的定位器试验

将行程信号 X 设置到接近量程的 50%。调整输入信号 W 使输出信号 Y 接近量程的 50%。在某一方向调整行程信号 X 直到观察到输出信号 Y 发生变化。将此行程信号值记为 X_1。然后按相反方向调整行程信号 X 直到观察到输出信号 Y 在相反的方向发生变化。将此行程信号值记为 X_2。

此两记录的行程信号的差(X_1-X_2)就是行程通道死区。

应进行三次测量,并把最大值作为死区,以输入量程的百分数表示。

6.4.2.2　连接执行机构的定位器试验

将行程信号 X 设置到接近量程的 50%,进行死区测量。

注:如果需要,死区可以另外在行程信号设置为接近量程的 10%和 90%处进行测量。

步骤如下:

——缓慢增大输入信号 W,直到观察到一个可察觉的行程变化。将此输入信号值记为 W_1;

——缓慢减小输入信号 W,直到观察到一个反方向的可察觉的行程变化。将此输入信号值记为 W_2。

此两输入信号值的差,也就是(W_1-W_2)就是死区值,以输入量程的百分数表示。

应进行三次测量,并把最大值作为死区。

6.5　流量数据

6.5.1　流量特性

流量特性与输出的输/排气量和输入的输气量有关(见图 6)。

试验配置如图 5 所示。

6.5.1.1　连接执行机构的定位器试验

流量特性应在行程被锁定在接近行程量程的 50%、输出信号 Y 与执行机构断开及被锁住的条件下(也就是在开环结构中)进行测量。

6.5.1.2　**连接/独立于执行机构的定位器试验的通用信息**

一般来说只测量一个增益值下的流量特性就足够了(见5.5),因为增益变化只影响输入刻度比例,而不影响特性曲线形状或者最大流量值。

一般来说,只绘出在一个供源压力的推荐值下的流量特性就足够了(见4.2.1)。如果需要,应在最大和最小规定的供源压力下测量最大输/排气量值(见5.3)。

此外,为了供给和测量流入和流出输出端管线的气体流量,标准的试验配置如图5所示。

确保管道布局不会影响测量结果。特别是应避免长而口径小的管道。当然也要确保试验中使用的供源压力调节器的流量容量要大于生产厂商规定的定位器的最大输气量。

关闭阀门 V_1 和 V_2。调整行程信号 X 到中间范围(50%),并且确保这个位置。调节输入信号 W 直到输出信号 Y 平衡在量程的50%。读取经调整的输入信号,作为 W_0。如果需要,试验可以在行程的10%和90%重复进行。

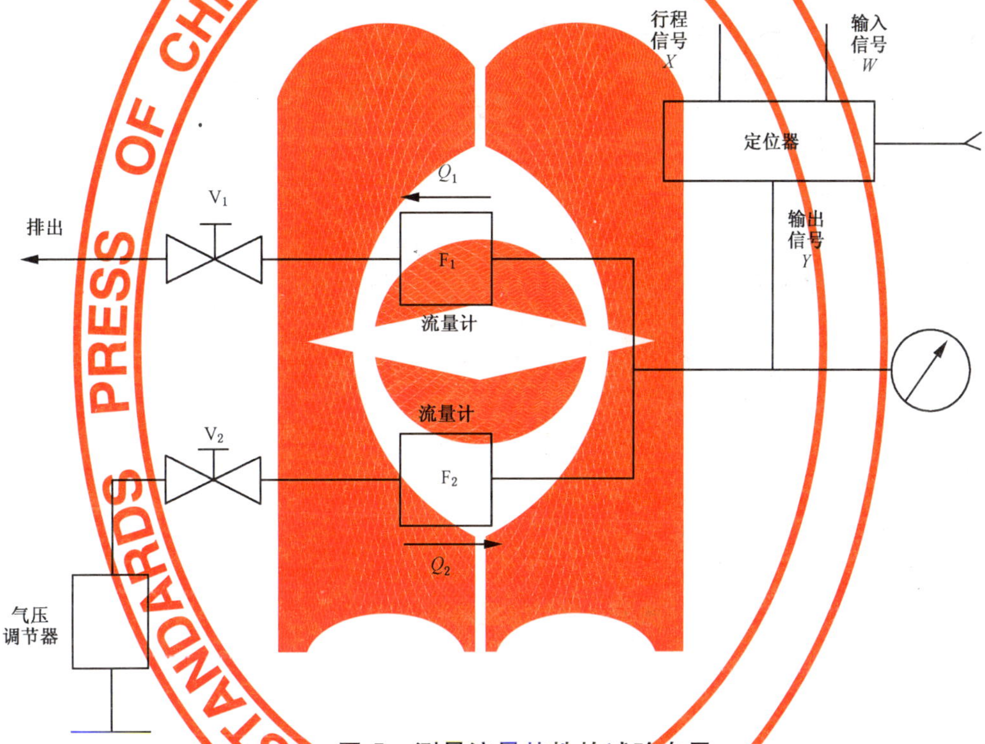

图5　测量流量特性的试验布局

6.5.1.3　**输气量 Q_1**

确保阀门 V_2 关闭。

一般来说,开通阀门 V_1,得到一个如0.2 m³/h的输气量,重新调节输入信号 W 使输出信号 Y 重新平衡到50%,读取此输入信号,作为 W_1。确定输入信号偏差由下式确定:

$$\Delta W(0.2\ \mathrm{m^3/h}) = W_1 - W_0 \quad \cdots\cdots(2)$$

继续用同样的方法,增大流量至最大流量 Q_{1max},以显示在输入信号偏差 ΔW 内的任一个突变。

最大输气量 Q_{1max} 是输出信号 Y 能重平衡于50%先前值的最大流量。

增大流量超过这个值,将引起即使较大范围调整输入信号 W 也不能重新平衡的较低输出值。

重新关闭阀门 V_1。

6.5.1.4　**排气量 Q_2**

确保阀门 V_1 关闭。

一般来说,开通阀门 V_2,给定位器提供一个如0.2 m³/h的供气量。用以上6.5.1.3相同的方法,确定高达最大流量 Q_{2max} 的输入信号偏差 ΔW。

最大排气量 Q_{2max} 是输出信号 Y 能重平衡于 50%先前值的最大流量。

增大流量超过这个值，将引起即使较大范围调整输入信号 W 也不能重新平衡的较高输出值。

重新关闭阀门 V_2。

6.5.1.5 **数据表达**

测试数据应用图形表示，如图 6。

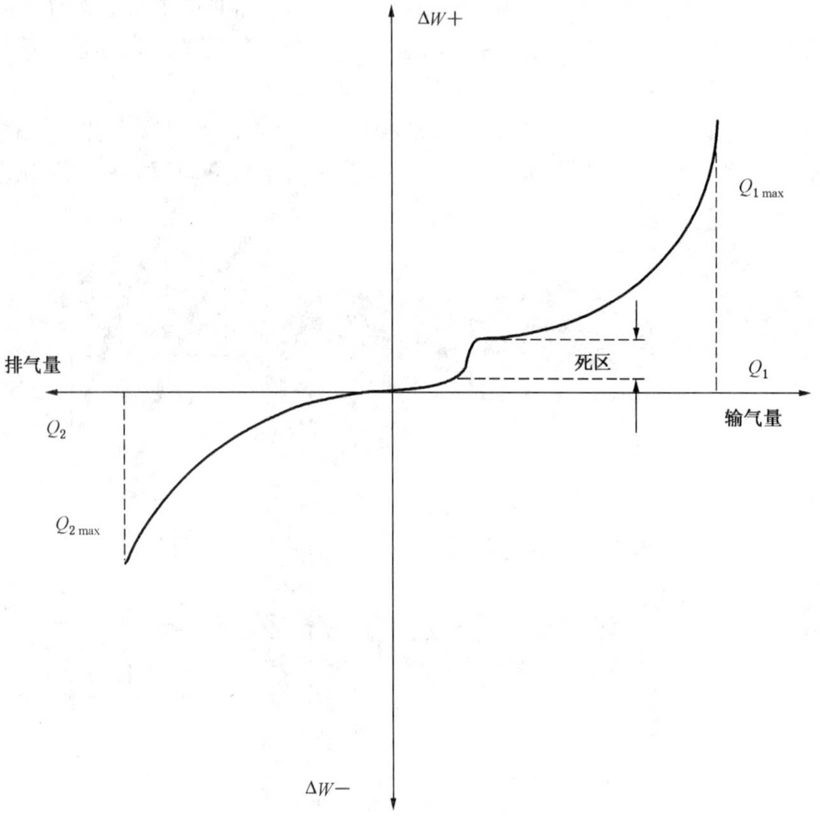

图 6 典型流量特性

根据此图，可确定以下各值：

——最大输气量(Q_{1max})；

——输气量为 0.2 m^3/h 和 0.4 m^3/h 时的偏差 ΔW_1；

——最大排气量(Q_{1max})；

——排气量为 0.2 m^3/h 和 0.4 m^3/h 时的偏差 ΔW_2；

流量特性中的不连续性，称为"输出继动死区"。确定以输入 W 量程的百分数表示的该不连续性的高度和相应的流量(输气量或排气量)。

标准条件(温度 0 ℃和大气压 101.3 kPa)下的这些流量值应列入报告，单位为 Nm^3/h。报告中也应列出设定的增益和供源压力值。

6.5.2 **稳态耗气量**

适用于气源压力，见 4.2.1。

设置并固定行程 X 在 50%，调整输入信号 W 使输出信号 Y 为 50%。测量输出没有流量(即：密封输出，输出压力恒定)时供源管线中的流量。测量的流量应以中间范围稳态耗气量列入报告。

如果需要，可在最大和最小供源压力下进行同样的测量(见 5.3)。

应将标准条件(温度和大气压)下的流量列入报告，单位为 Nm^3/h。

6.6 **影响量的影响**

每个试验应按合适的条款，使用下列的参考试验程序：

a) 独立于执行机构的定位器试验

设置并固定行程 X 在量程的 50%，调整输入信号 W 使输出信号 Y 平衡在量程的 50%(对单作用定位器)，或输出约等于 Y_D 和 Y_R(对双作用定位器)。测量输入信号 W，作为参考值 W_r。称此为"参考测量"。提供适当的试验影响量，然后如试验描述所规定的，重新调整输入信号 W_1 使输出信号 Y 再次重新平衡在 50%。对此必需注意输入信号的变化(W_1-W_r)，记录最大正或负变化量，作为影响量的影响。

b) 连接执行机构的定位器试验

在做任何影响量试验之前，应进行下列测量：

——维持第 4 章和第 5 章描述的试验条件和注意事项。按 5.5 设置定位器/执行机构；

——按本部分合适条款检查规定特性(如零点、量程等)，并记录它们的值；

——调整输入信号 W 使行程信号 X 达到试验所需的值。记录此行程值作为参考值 X_r，同时记录相应的值 W 作为 W_r。

在此参考试验之后，提供规定的影响量，记录试验中行程信号 X 的变化，这就是影响量的影响。注意整个影响量试验期间必须确保输入信号初始值 W_r 保持不变。

一般来说，除非其他特殊试验规定，影响量的影响应以行程信号 X 相对于参考值 X_r 的变化量来表示。

当完成影响量试验时，应再次检查规定的特性(如零点、量程等)，并将它们与试验前的初始值进行比较。

如果需要，应使用同样的试验程序，在行程的 10%和 90%处进行规定影响量影响的测量。从这两个测量可以得到在零点和量程处相应影响量的影响。

注：在影响量试验(比如检查零点、量程)过程中，不推荐使用输入/输出循环试验，也不推荐对定位器/执行机构组合进行调整，因为这可能引起试验结果出现误差。

6.6.1 供源压力

6.6.1.1 独立于执行机构的定位器试验

在按 4.2.1 所规定的供源压力参考值进行参考测量后，根据适当步骤，确定供源压力从生产厂商规定的最小值变化到最大值时，使输出信号 Y 重新平衡的输入信号 W_1。

试验结果应以供源压力每变化 10 kPa、输入信号的最大变化(W_1-W_r)(用输入信号量程的百分数表示)列入报告。

6.6.1.2 连接执行机构的定位器试验

在按 4.2.1 所规定的供源压力参考值进行参考测量后，根据适当步骤，确定供源压力从生产厂商规定的最小值变化到最大值时，行程信号 X 相对于参考值 X_r 的变化量。

试验结果应以供源压力每变化 10 kPa、行程信号的最大变化量(用行程信号量程的百分数表示)列入报告。

6.6.2 环境温度

见 GB/T 2423.1 和 GB/T 2423.2。

注：在本试验的设备准备中，应确保行程 X 的位置不受应用于试验的环境温度的影响。

6.6.2.1 独立于执行机构的定位器试验

在 20 ℃下进行参考测量之后，确定环境温度相对工作温度每变化±10 ℃、使输出信号 Y 重新平衡的输入信号 W_1。本试验应在生产厂商规定的最大和最小工作温度、以及以下包括在工作温度范围内的各环境温度下进行：

+20 ℃，+40 ℃，+60 ℃，+85 ℃，+20 ℃，0 ℃，−20 ℃，−40 ℃，+20 ℃

注：如果所有利益各方都同意，试验只在+20 ℃、生产厂商规定的最小工作温度、生产厂商规定的最大工作温度和+20 ℃下进行，这是足够的和可接受的。

每个温度点应允许稳定足够长时间。应进行两个温度循环的测量，两个温度循环中不允许对定位器进行任何调整。

试验结果以环境温度每变化 10 ℃的最大变化量列入报告，并以输入量程的百分数表示。

6.6.2.2 连接执行机构的定位器试验

在 20℃下进行参考测量之后，确定环境温度相对工作温度每变化±10 ℃、行程信号 X 相对于参考值 X_r 的变化量，试验应在生产厂商规定的最大和最小工作温度、以及以下包括在工作温度范围内的各环境温度下进行：

+20 ℃，+40 ℃，+60 ℃，+85 ℃，+20 ℃，0 ℃，−20 ℃，−40 ℃，+20 ℃

注：如果所有利益各方都同意，试验只在+20 ℃、生产厂商规定的最小工作温度、生产厂商规定的最大工作温度和+20 ℃下进行，这是足够的和可接受的。

每个温度点应允许稳定足够长时间。应进行两个温度循环的测量，两个温度循环中不允许对定位器进行任何调整。

试验结果以环境温度每变化 10 ℃的最大变化量列入报告，并以行程信号量程的百分数表示。

6.6.3 相对湿度

见 GB/T 2423.9。

通常本试验有两天的时间就足够了。如果需要更长的试验时间，应使用 GB/T 2423.9 中规定的时间。

定位器在 40 ℃±2 ℃和相对湿度<60%下进行参考测量后，应在大气压、温度 40 ℃±2 ℃和相对湿度 93^{+2}_{-3}%的环境中保持至少 48 h 的时间。

6.6.3.1 独立于执行机构的定位器试验

在试验期间，使输入信号 W 保持不变，连续记录输出信号 Y 来识别任何重大变化。

在试验期间的末端，在不少于 3 h 的时间内使相对湿度降低到<60%的初始参考值，并且在稳定至少 12 h 之后，应测量行程信号的变化量，以量程的百分数列入报告。

注：试验中，在定位器里面或上面都不容易产生凝露，但是如果需要应采取相应的措施产生凝露。

试验之后，肉眼检查以评估冷凝水集聚、元件损坏等影响。

6.6.3.2 连接执行机构的定位器试验

在试验期间，使输入信号 W_r 保持不变，连续记录行程信号 X 来识别任何重大变化。

在试验期间的末端，在不少于 3 h 的时间内使相对湿度降低到<60% RH 的初始参考值，并且在稳定至少 12 h 之后，应测量必须使输出信号 Y 重新平衡的输入信号的变化量，并以量程的百分数列入报告。

注：试验中，在定位器里面或上面都不容易产生凝露，但是如果需要应采取相应的措施产生凝露。

试验之后，肉眼检查以评估冷凝水集聚、元件损坏等影响。

6.6.4 安装位置

6.6.4.1 独立于执行机构的定位器试验

在参考测量之后，使定位器安装位置相对生产厂商规定的任一位置倾斜±10°，测试使输出信号 Y 重新平衡的输入信号 W_1。在相互垂直的两个平面倾斜，共进行四次测量。

将安装位置每变化 10°的输入信号的最大变化量(W_1-W_r)列入报告，以输入量程的百分数表示。

当±10°的倾斜超过了定位器的设计极限时，应采用制造厂规定的最大倾斜值。

6.6.4.2 连接执行机构的定位器试验

在机械装置上安装定位器/执行机构，使得这个组合体能够与生产厂商所规定的任何一个位置倾斜±10°。

在参考测量之后，使定位器安装位置相对生产厂商规定的任一位置倾斜±10°，确定行程信号 X 相对参考值 X_r 的变化量。在相互垂直的两个平面倾斜，共进行四次测量。

将安装位置每变化 10°的行程信号的最大变化量($X-X_r$)列入报告，以行成信号量程的百分数表示。

当±10°的倾斜超过了定位器的设计极限时，应采用制造厂规定的最大倾斜值。

6.6.5 **机械冲击**

见 GB/T 2423.7。

在此试验之前,检查行程特性的较低和较高范围点的设置。

实施"平面跌落"的步骤如下:

定位器按其正常安装位置放置在平整、坚硬的水泥或刚质的刚性平面上,沿一底边倾斜,使其对边与试验平面间的距离为 25 mm、5 0 mm 或 100 mm(其值由生产厂商与用户商定选择),或者使定位器底部与试验平面的夹角为 30°,从中选择一种要求较低的条件,然后让其自由跌落到试验平面上。

定位器的四个底边各经受一次跌落。本试验完成后,记录行程特性的零点和量程的任何变化,并将它们以行程信号的百分数列入报告。

本试验后,应检查定位器有无损坏。

试验结束之后,把定位器重新安装到执行机构上,然后记录行程特性的零点和量程的任何变化,并将它们以行程信号的百分数列入报告。

6.6.6 **振动**

见 GB/T 2423.10。

定位器应该安装在一个类似标准执行机构套轨的试验装配上,或者一个钢性的安装框架上。此钢性框架是根据生产厂商关于在阀门体上正常安装的使用说明,使用此标准安装支架和其他通常用于此目的的硬件。

然后应将此联合体装在振动台上,在三个互相垂直的轴线上承受振动,其中一个轴线为垂直方向。振动台、定位器的安装架的刚度应该能使传递到定位器上的振动损失最小,幅度增强,或者产生谐振。基准加速器应安装在试验组合体与定位器的安装支架间的接口上。

试验应在正常工作的定位器上进行。试验之前,测量行程特性的零点和量程(见 6.2)。

在振动之前,调整输入信号 W 使得输出信号 Y 大约为量程的 50%(对单作用定位器)或者直到输出信号 Y_D 和 Y_R 二者接近相等(对双作用定位器)。

振动期间,应记录输出的任何变化和相应的频率。

本试验分成三个不同的阶段:

a) 第一阶段:寻找初始谐振

这一阶段的目的是调查定位器对振动的响应,确定谐振频率,并为寻找最终谐振收集资料,如有必要,还要收集谐振频率下的耐久性信息。

振动期间,应注意引起下列情况的频率:

1) 输出信号 Y 发生显著变化;

2) 机械谐振。

应记录机械谐振频率。

应记录 Q 值因数大于 2 的所有谐振频率,以便与下面规定的在寻找最终谐振时发现的频率比较。

注:Q 值因数等于谐振振幅除以驱使振动的振幅。

应按对数规律连续扫频,扫频的频率范围为 5 Hz~500 Hz。扫频速率约为 0.5 oct/min。

使用的位移幅度和/或者峰值加速度应从表 3 中选取。

表 3 振动试验级别

执行(a):低于 f_c,恒定峰值位移幅度	执行(b):高于 f_c,恒定峰值加速度幅度
3.5 mm	1 g(9.8 m/s²)
注:恒定位移幅度和恒定加速度之间的交越频率 f_c 通常约为 9 Hz。	

对于多数应用,执行(b) 恒定加速度可能就足够。

b) 第二阶段:耐久性试验

上述描述的试验应在全频率范围内以 1.0 oct/min 的扫频频率重复进行。扫频 60 个周期，在三个相互垂直方向上均匀分布。

c） 第三个阶段：寻找最终谐振

寻找最终谐振的方法及振动特性与寻找初始谐振的相同。

记录与寻找初始谐振的任何显著差别。

d） 最终测量

试验结束时，应检查定位器的机械状态是否良好。记录行程特性的零点和量程的任何变化，并以行程量程的百分数列入报告。

6.6.7 工频磁场

此试验对气动输入的定位器不作要求。

本试验的目的是确定外部工频磁场骚扰对定位器输出的影响。

本试验按 GB/T 17626.8 进行：定位器应暴露在 100 A/m（有效值）的磁场中，磁场对准定位器的主要轴向。

6.6.7.1 独立于执行机构的定位器试验

参考测量应在一个正常运行的、行程杠杆装置牢固地锁在约为行程量程 50% 位置的定位器上进行。调整输入信号 W 使输出信号 Y 约为行程的 50%。然后记录输出信号作为本试验的参考值。

在试验期间，应记录工频磁场引起的输出信号 Y 的任何变化。

试验结果以输出量程的百分数列入报告。

6.6.7.2 连接执行机构的定位器试验

参考测量应在一个正常运行的定位器/执行机构组合体上进行（见 6.6）。调整输出信号 W 使行程信号 X 约为量程的 50%。然后记录行程信号作为本试验的参考值 X_r。

在试验期间，应记录工频磁场引起的行程信号的任何变化。

试验结果以行程量程的百分数列入报告。

6.6.8 射频电磁场干扰

此试验对气动输入的定位器不作要求。

此试验的目的是确定电磁场对定位器的输出的影响，如便携式无线电收发机、无线电话机或者其他任何能够辐射出连续波的磁能量的设备所辐射的电磁场对定位器的输出的影响。

本试验按 GB/T 17626.3 进行：定位器应暴露在 80 MHz～1 GHz 频率范围内的 10 V/m 或者生产厂商规定的值的射频电磁场中。

6.6.8.1 独立于执行机构的定位器试验

参考测量应在一个正常运行的、行程杠杆装置牢固地锁在约为行程量程 50% 位置的定位器上进行。调整输入信号 W 使输出信号 Y 约为行程的 50%。然后记录输出信号作为本试验的参考值。

在试验期间，应记录射频干扰引起的输出信号 Y 的任何变化。

试验结果以输出量程的百分数列入报告。

6.6.8.2 连接执行机构的定位器试验

参考测量应在一个正常运行的定位器/执行机构组合体上进行（见 6.6）。调整输出信号 W 使行程信号 X 约为量程的 50%，然后记录行程信号作为本试验的参考值 X_r。

在试验期间，应记录射频干扰引起的行程信号的任何变化。

试验结果以行程量程的百分数列入报告。

6.6.9 电快速瞬变（脉冲）

此试验对气动输入的定位器不作要求。

本试验按 GB/T 17626.4 进行：定位器应暴露在 2 kV 峰值或生产厂商规定的试验电压下（普通方式）。瞬变脉冲应通过电容夹耦合到电输入信号 W 上。

对电源供电的定位器应进行类似的试验。如果相关，在此情况下应使用以下更严酷的等级。

6.6.9.1 独立于执行机构的定位器试验

参考测量应在一个正常运行的、行程杠杆装置牢固地锁在约为行程量程50%位置的定位器上进行。调整输入信号 W 使输出信号 Y 约为行程的50%。然后记录输出信号作为本试验的参考值。

在试验期间，应记录输入回路瞬变引起的输出信号的任何变化。

试验结果以输出量程的百分数列入报告。

6.6.9.2 连接执行机构的定位器试验

参考测量应在一个正常运行的定位器/执行机构组合体上进行(见6.6)。调整输出信号 W 使行程信号 X 约为量程的50%。然后记录行程信号作为本试验的参考值 X_r。

在试验期间，应记录输入回路瞬变引起的行程信号的任何变化。

试验结果以行程量程的百分数列入报告。

6.6.10 浪涌电压抗扰度

此试验对气动输入和气源供给的定位器不作要求。只应用于电源供电或者电信号输入的定位器。

本试验按 GB/T 17626.5 进行：试验电压按生产厂商规定或：

DC 电源　±0.5 kV 峰值

电输入　±2 kV 不对称峰值和±1 kV 对称峰

AC 电源　± 4kV 不对称和±2 kV 对称峰

6.6.10.1 独立于执行机构的定位器试验

参考测量应在一个正常运行的、行程杠杆装置牢固地锁在约为行程量程50%位置的定位器上进行。调整输入信号 W 使输出信号 Y 约为行程的50%，然后记录输出信号作为本试验的参考值。

在试验期间，应记录在供电电源上叠加浪涌电压引起的输出信号 Y 的任何变化。

试验结果以输出量程的百分数列入报告。

6.6.10.2 连接执行机构的定位器试验

参考测量应在一个正常运行的定位器/执行机构装配上进行(见6.6)。调整输出信号 W 使行程信号 X 约为量程的50%，然后记录行程信号作为本试验的参考值 X_r。

在试验期间，应记录供电电源上叠加浪涌电压引起的行程信号的任何变化。

试验结果以行程量程的百分数列入报告。

6.6.11 串模干扰

此试验对气动输入的定位器不作要求。

此试验是用来确定主频率的交流信号(串模信号)串联作用于输入信号 W 上对定位器输出的影响。

此试验应在下列条件下进行：行程杠杆锁定在约为行程量程的50%、输入信号50%、输出信号(连接执行机构的定位器试验，但输出不与执行机构相连接)锁定为虚拟负载(也就是"开环")。

串模电压从变压器的次级线圈上并联一个最大值为10[illegible] Ω 的电阻的两端获得，且串模电压串联连接到输入信号 W 上(见图7)。变压器次级线圈并行连接的一端和不直接连接到定位器的负载电阻的一端应该接地。

在定位器不供电的情况下，调节初级电压，使负载电阻两端的电压为1 V峰值。然后给定位器供电，测量输出信号 Y 的平均值的变化。改变变压器电压的相位，使输出达到最大变化值。如果输出信号的平均值的变化小于实际量程的0.5%，记录输出信号 Y 的平均变化。如果测出的输出信号的平均值的变化大于量程的0.5%，则通过降低初级电压来降低串模电压，直到输出信号 Y 的变化等于量程的0.5%。

记录相应的串模电压值。

对电流输入的定位器，输入电路中应用量程10%的串模电流信号。

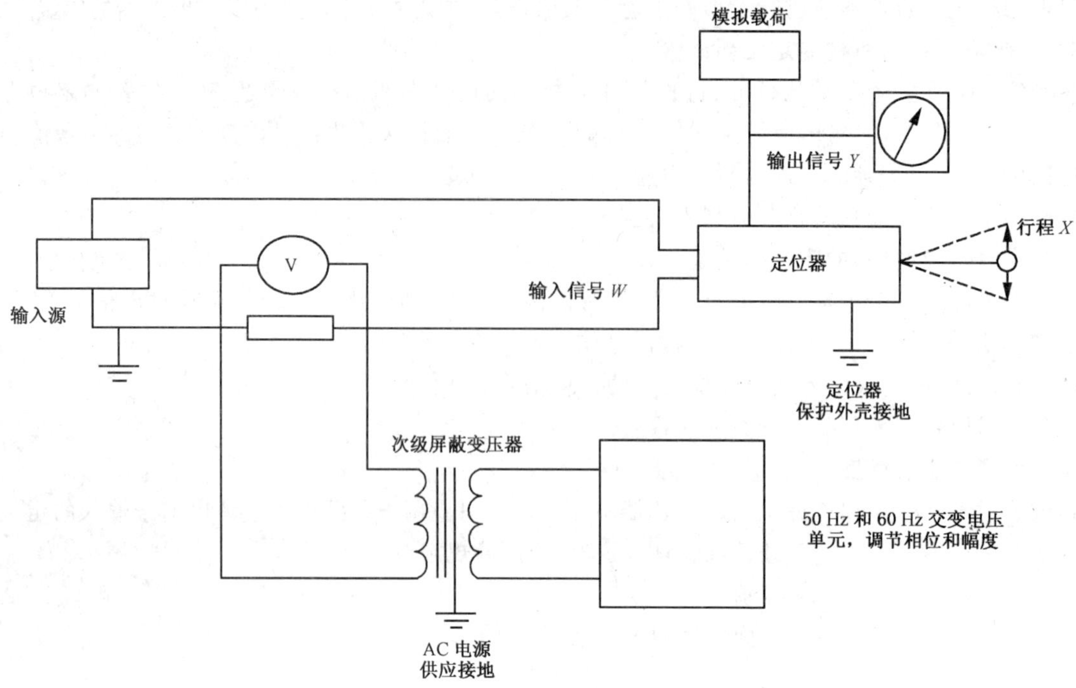

图 7　串模干扰

6.7　输入过载

因为此试验可能损坏被试定位器，所以最好放在最后进行。

6.7.1　独立于执行机构的定位器试验

基准测量之后，施加输入量程 150%（例，对于测量范围为 20 kPa～100 kPa 的，施加 140 kPa）或生产厂商规定的其他值的过载输入信号，历时 1 min，然后将输入信号 W 恢复到参考值 W_r。

再过 5 min，重新调整输入信号到 W_1，以产生 50% 的输出信号，然后确定输出信号的变化（$W_1 - W_r$）。

试验结果应以输入信号量程的百分数列入报告。

6.7.2　连接执行机构的定位器试验

基准测量之后，在行程值 X_r 处，施加输入量程 150%（例，对于测量范围为 20 kPa～100 kPa 的，施加 140 kPa）或生产厂商规定的其他值的过载输入信号，历时 1 min，然后将输入信号 W 恢复到参考值 W_r。

再过 5 min，读取行程信号为 X_1，然后确定行程信号的变化（$X_1 - X_r$）。

试验结果应以行程信号量程的百分数列入报告。

6.7.3　独立于执行机构/有执行机构的定位器试验的通用条款

对使用活零点的定位器（例输入范围 20 kPa～100 kPa，或者到 20 mA），将输入信号设置为真实 0（0 kPa 或 0 mA），重复进行本试验。对于有电输入的定位器，给输入终端施加一个电压（24V d.c. 除非其他的协议），在供电电路应进行同样的试验。

6.8　漂移

此试验应在给定位器通电后，通过测量发生在定位器输出处的变化来进行。

6.8.1　始动漂移

在试验之前，定位器应放置在一个满足条件的或由生产厂商推荐的周围环境中，持续至少 12 h，期间不通电。将量程调整到接近最大量程和最小量程的平均值，并且将下限值设置在接近它允许调整范围的中点。

6.8.1.1 **独立于执行机构的定位器试验**

将定位器的行程信号固定在90%,同时给定位器提供90%的输入信号,接通电源,并监控输出信号直到它稳定(最长时间为4 h)。记录所得测量结果,并将始动漂移(输出信号达到并保持在生产厂商所确定的极限以内的时间)列入报告。

输出信号的最大变化应以输出量程的百分数列入报告。

6.8.1.2 **连接执行机构的定位器试验**

给定位器提供90%的输入信号,接通电源,并监控输出信号直到它稳定(最长时间为4 h)。记录所得测量结果,并将始动漂移(行程信号达到并保持在生产厂商所确定的极限以内的时间)列入报告。

行程信号的最大变化应以行程量程的百分数列入报告。

6.8.2 **长期漂移**

参考测量之后,给定位器施加实际、稳态、并保持在90%量程的输入信号,运行30天。

应将量程调整到接近最大量程和最小量程的平均值,并且将下限值设置在接近它允许调整范围的中点。

如果在实际中,无法保持一个恒定的试验输入信号,那么每天应至少施加一次90%量程输入信号。

6.8.2.1 **独立于执行机构的定位器试验**

最好每天测量一次使输出信号 Y 平衡在量程90%的的输入信号 W_1。应注意避免周围环境条件引起的变化,只允许时间影响长期漂移。

长期漂移是在规定的试验期间的结尾时所测得的输入信号的积累变化(W_1-W_r),用输入信号量程的百分数表示。

6.8.2.2 **连接执行机构的定位器试验**

最好每天测量一次行程信号 X 相对于参考值(90%量程)的变化。行程 X 的变化将通过输入的微小变化的计算来纠正。应注意避免周围环境条件引起的变化,只允许时间影响长期漂移。

长期漂移是试验期间记录的行程值的可观察的最大变化量,用规定期间的理想行程信号量程的百分数表示。

6.9 **加速寿命试验**

6.9.1 **独立于执行机构的定位器试验**

注:下面描述的试验步骤只对定位器的机械连接进行试验。对更实际的寿命试验,参考本条的以下部分:闭环配置试验(见6.9.2)。

试验之前,测量行程特性的下限值和上限值(见6.2)。保持输入信号约为量程的50%,然后给定位器施加一周期性行程信号:频率0.5 Hz,足以使输出信号 Y 在接近量程25%~75%区间变化。

6.9.2 **连接执行机构的定位器试验**

正弦周期输入信号 W:频率0.5 Hz,足以使行程信号 X 在接近量程25%~75%区间变化。

6.9.3 **独立于执行机构/有执行机构的定位器试验的通用条款**

在完成10 000,50 000,和100 000个循环试验后,中断循环,并再次测量行程特性的下限值和上限值。

试验期间出现的任何故障应与完成的循环数一同列入报告。

记录下限值和上限值的最大变化,并以输入量程的百分数列入报告。

6.10 **动态响应**

大多数定位器响应的主要因子是流量极限。因此定位器的动态响应通常只利用流量特性试验的结果。然而,如果一个定位器安装了机械阻尼,例为了减少"振荡"的影响而安装了机械阻尼,可能对阶跃响应试验有影响。因此,动态响应试验对定位器/执行机构组合体更适合。

6.10.1 **一般考虑**

定位器/执行机构组合体的动态特性可能受到与该定位器配套的执行机构性能(比如大小、有效面积、体积)的严重影响。因此有关执行机构及其负载(包括管道大小)的更多信息应该包括在试验报告中(见第8章)。动态试验结果只对被试定位器/执行机构组合体有效。

动态响应与非线性(如摩擦力、迟滞、速度极限和饱和)密切相关。非线性对定位器/执行机构的动态响应有着深远的影响,尤其对执行机构负载或输入幅度值变化的测量性能产生明显影响。它们不但会引起行程信号的失真,而且会导致附加相位漂移和衰减。因此,必须尽可能严格执行试验要求,并记录任何变化。应用数据对试验结果进行描述,不能使用如“响应平坦”或者“响应好”等不规范的语句描述。

6.10.2 **基本试验布局**

动态试验前,对定位器/执行机构组合体进行初始设置(见5.5)。

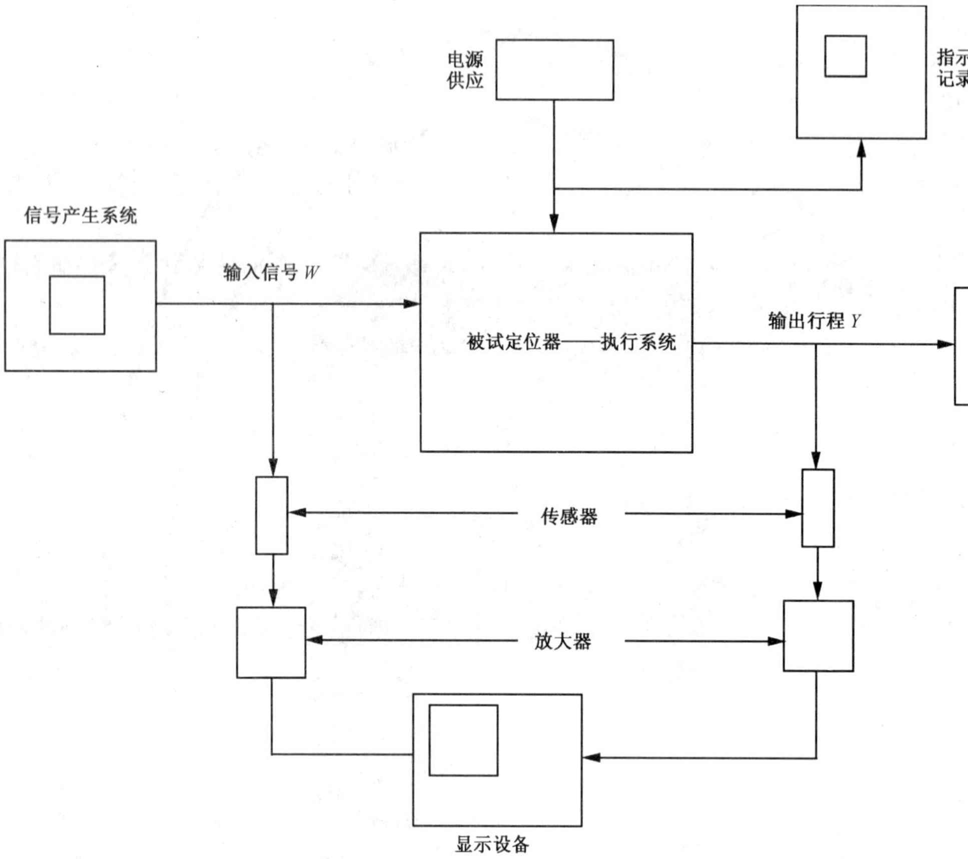

图8 典型动态响应试验布局

动态响应试验需要具有与定位器输入兼容的试验信号发生器和能测量定位器/执行机构输入信号和行程信号的设备。图8是一个典型的试验布局示意图。对于具有气动输入的定位器,输入信号应在与设备输入端口相邻处测量,以避免由于管道引起的输入信号的失真。

被试定位器/执行机构使用的供源系统的性能会对动态试验结果产生相当大的影响。静态校准时的足够的气源可能不能满足使用高频输入信号时的大量需求。

供源系统应具有将气源调节到生产厂商推荐的供源压力的±2%的能力,测量在定位器的供气连接处进行。试验报告中应记录供源调整器的调节程度和详细资料、以及相关的管道系统的详细资料(包括管道弯头和配件)。

试验报告应明确描述试验装置和执行机构负载。如果试验需要,执行机构应连接控制阀或者其他执行元件。

动态响应试验分为两类:频率响应试验和阶跃响应试验。

6.10.3 **频率响应试验**

频率响应试验测量正弦输入信号频率与输出行程信号的摆幅和相位角的函数关系。严格地说,频率响应分析局限于线性系统。然而,由于从一个实时系统频率响应行为中可以得到大量有用信息,试验是有用的。

对于非线性元件，其结果主要由幅度决定，所以信号的大小非常重要，必须要予以记录。

给被试定位器/执行机构组合体施加一参数可变的正弦输入信号。正弦信号的峰－峰幅度应该足够大以保证输出行程信号不失真或饱和而进行有效测量。

输入信号的频率应从低于0.01 Hz的初始值逐步增大到使输出行程信号幅度减弱到小于初始幅度的10%或者相位滞后300°的较高频率。同时记录每个频率阶段的至少一个完整周期的输入和输出信号。

试验结果应以图形的方式表示，如图9所示，包括：

——相对于零频率的增益，以对数频率刻度绘图；

——输出和输入之间的相位滞后，以对数频率刻度绘图。

从图形中，可以得到以下各值：

——相对增益0.7的频率；

——相位滞后45°的频率；

——相位滞后90°的频率；

——最大相对增益和相应的频率和相位角。

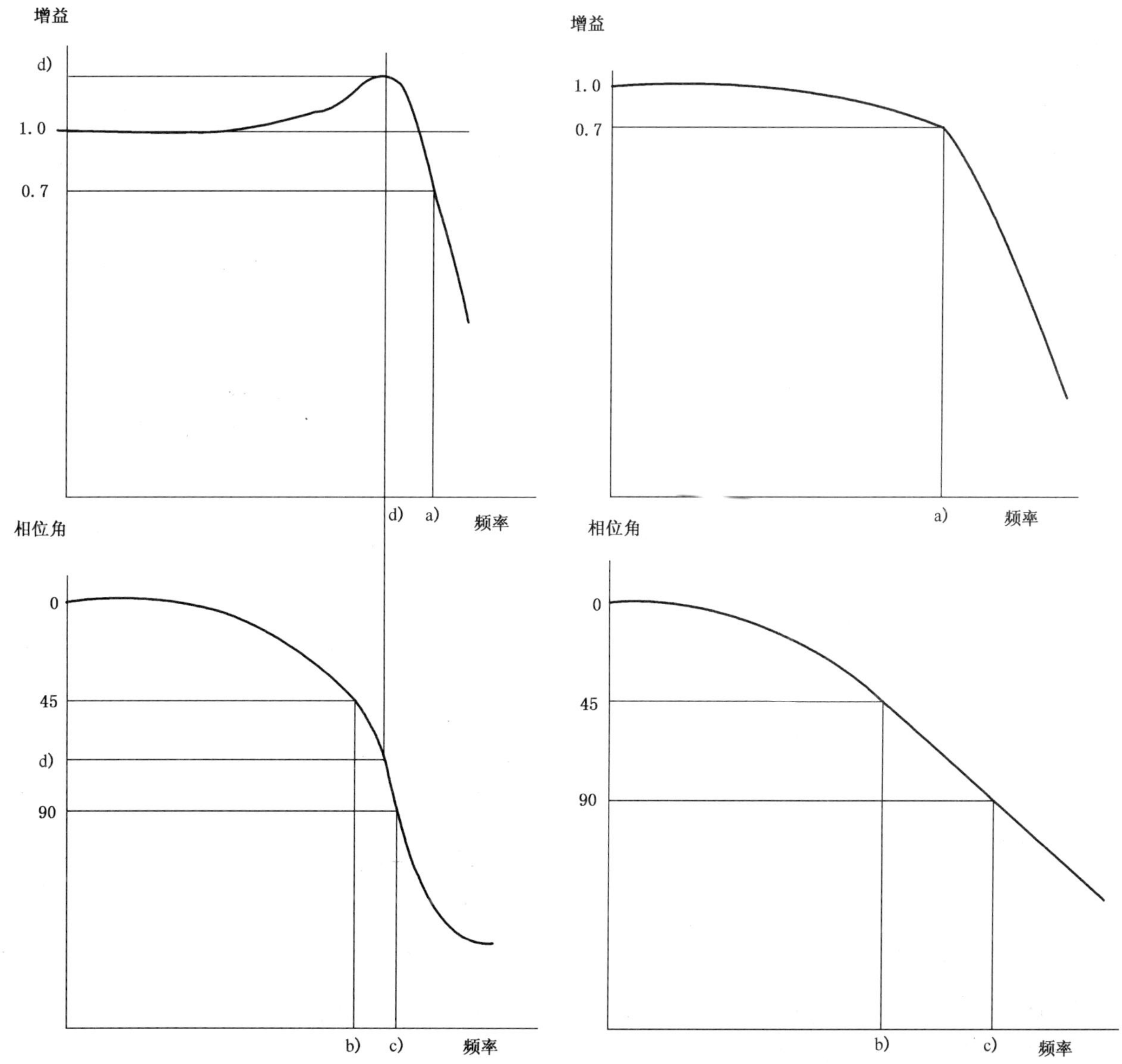

图9 频率响应试验的两个示例

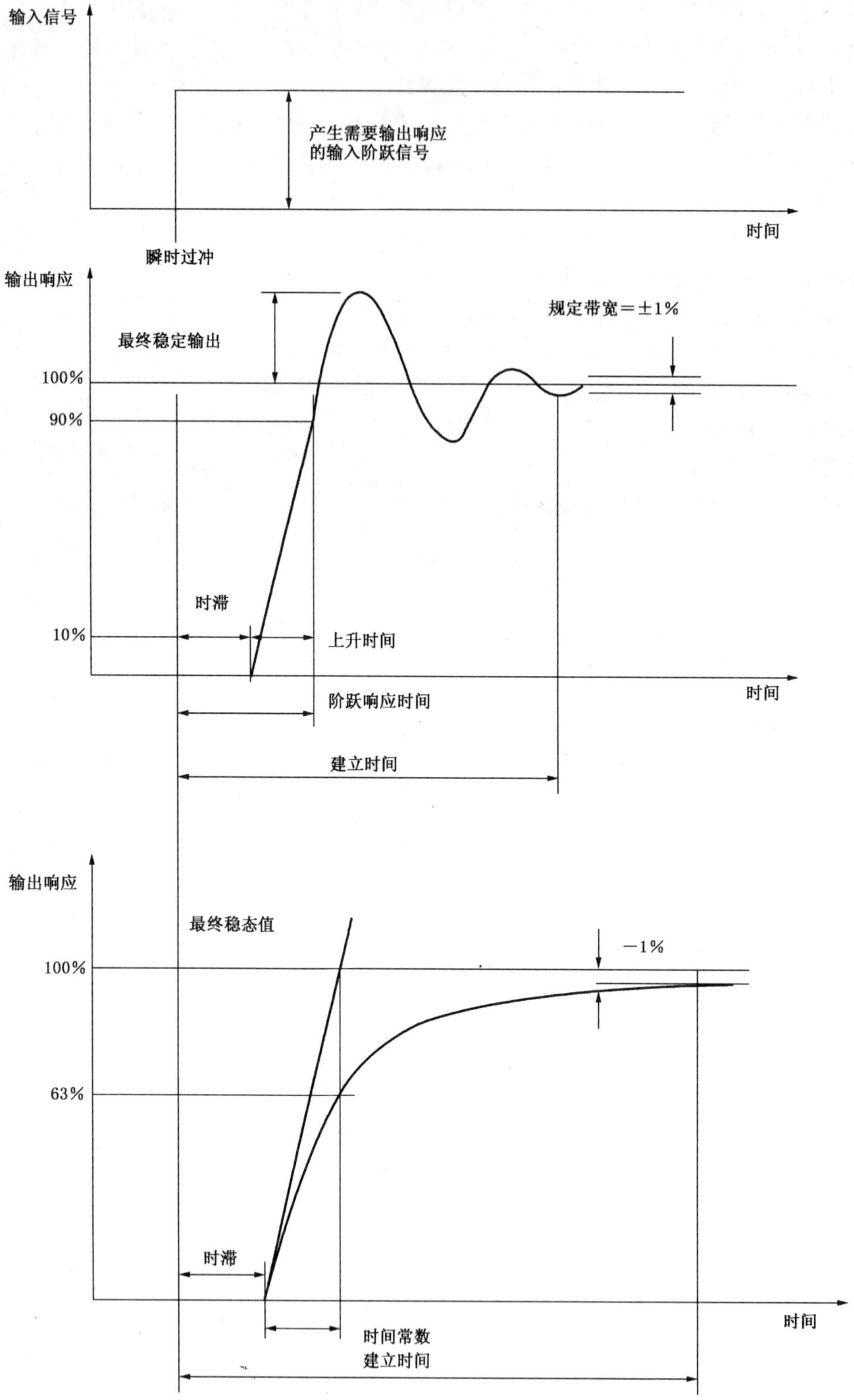

图 10 阶跃输入响应的两个示例

6.10.4 阶跃响应

阶跃响应试验是给被试设备提供阶跃输入信号，并观察输出的时间响应特性。

阶跃响应试验允许测量死区和给出对非线性设备的一个定性评估。

如以下规定，给被试设备的输入施加一阶跃变化的信号。

输入阶跃信号的上升时间应比定位器/执行机构组合体的响应时间小。

同时记录输入阶跃信号和输出行程响应信号。

施加的输入阶跃信号应分别满足：

——使输出相应变化量程的 80%，即从 10%～90%、然后从 90%～10%的输入阶跃信号；

——使输出相应变化量程的 10%、增大和减小，即 5%～15%之间、45%～55%之间、85%～95%之间的输入阶跃信号。

每一试验条件下测量输出行程信号达到和保持最终稳定值(设置时间)1%以内的所需时间。

将死区和瞬时过冲(如果有)列入报告(见图 10)。

相对于最终稳定输出值 63 %和 90 %的时间也可能是有用的(见图 10)。

7 其他事项

7.1 概要

可能需要提供其他试验来校验定位器的其他特性，如外壳防护等级和安全。

试验报告需要的基本信息，如安装、日常维护、调校、维修和大修步骤等，应在实际操作中进行检查。这些操作应与生产厂商的使用说明书一致，这样就能同时对说明书进行评估。

7.2 安全

见 GB 4793.1。

电动定位器应该检查确定预防意外电冲击的设计保护等级。

7.3 外壳的防护等级

如果需要，应根据 GB 4208 和 GB/T 16842 进行试验。

7.4 文档信息

见 GB/T 16511。

应列出生产厂商提供的所有相关出版物。

如果出版物没有提供足够的图表来详细描述定位器的操作，或者如果这些出版物没有包含各部分的列表和详细说明，应说明其不完善的原因。

此外，应列出任何表示电动定位器的固有安全程度和耐火性等的证明。

这些信息应给出证明的编号和提供保护等级的细节。

7.5 安装

定位器应根据生产厂商的使用说明书来安装和设置工作。安装试验的选择应考虑实际工作中可能遇到的和不同处理要求的各种应用。

生产厂商所规定的安装方法应列入报告，且应解释说明由于这种安装方法而引起定位器使用的任何局限。

应解释说明与安装的难易程度相关的情况。

7.6 日常维修和调节

应根据生产厂商的使用说明书进行必要的日常维护和调节操作(如每年应进行至少四次的那些操作)。

应陈述执行这些操作的有关难易情况，并说明理由。

7.7 修理

通常定位器能分割成一定量的组件，这样生产厂商就可通过去除或者代替这些组件来实现详细修理。用户可对这些组件进行进一步分解。为了评估修理的难易程度，每次应只去除一个组件，允许的话，每个组件应尽量分解，并且任何损坏的部件，或者另外要求置换的，应该取代。

应陈述进行修理的有关难易情况，并说明理由。

7.8 防护处理

根据生产厂商的规定，应同时列出外部部件的防护处理和相关注释。

7.9 设计特征

应列出设计和装配中可能引起使用困难的任何情况，并说明理由。所以，还应包括那些特别的特征，如工作部件的外壳防护等级、备件的可交换性和防水性。

7.10 变量

报告中应描述提供者列出的重要变量或选项。

7.11 工具和设备

报告中应列出安装、维护和修理需要的重要工具设备。

8 试验报告和文档

在试验完成后，应根据 GB/T 18271.4 来准备完整的试验评估报告。表 4 汇总了需报告的试验结果。

试验报告中应该包括下面的支持信息。另外，试验报告中还应列出其他任何影响试验结果的条件（比如与推荐环境条件的偏差）。

——日期、试验地点、试验者和数据记录人员姓名；

——被试定位器的描述，包括型号、序列号、是否为单或双作用、声明的稳态增益；

——试验中使用的执行机构或阀门的描述，包括型号、序列号、是否为单或双作用、行程率、执行机构压力范围、正常有效面积、零点值、100%的行程（在双负载执行机构情况下，在两端）、弹性系数、摩擦负荷——静态、惯性测量——动态（所有移动部件）；

——包括和忽略的试验；

——试验配置描述（包括定位器接供源管连接位置）、供源调节器、过滤罐、设备管道的宽度和长度；

——使用的试验设备目录；

——输出数据：范围、平均行程（量程的百分数）和输出变换器连接的位置；

——输入数据：范围、幅度（量程的百分数）和输入信号变换器连接的位置；

——供源压力和介质。

实验报告出版后，试验期间所做的与测量有关的所有原文档应至少在试验实验室保存两年。

表 4 报告的试验结果

名称	单位	注释	参考的章条
增益	比率	比例增益系数(K_P)	6.1
不精确度	行程量程的%	行程特性的最大正和负偏差	6.3.1
测量误差	行程量程的%	行程特性的最大正或负平均偏差	6.3.2
一致性误差 线性误差	行程量程的%	与行程特性相关	6.3.3
回差	行程量程的%	与行程特性相关	6.3.4
不可重复性	行程量程的%	与行程特性相关	6.3.5
死区——输入路径	行程量程的%	在输入信号 W	6.4.1
死区——行程路径	行程量程的%	在行程信号 X	6.4.2

表 4（续）

名称	单位	注释	参考的章条
流量特性	Nm^3/h	绘出输入的流量特性图。 测量 ——最大输/耗气量； ——输入偏差：0.2 m^3/h 和 0.4 m^3/h 流量； ——输出继动死区	6.5.1
耗气量	Nm^3/h	无输出流量	6.5.2
影响量的影响			6.6
供源压力	输入量程的％或行程量程的％	在规定的供源压力范围内，使输出重新平衡的输入的变化	6.6.1
环境温度	输入量程的％/10 ℃或者行程量程的％/10 ℃	在规定的温度范围－40 ℃到 85 ℃内，使输出重新平衡的输入的变化	6.6.2
湿度	输入量程的％或行程量程的％	在 40 ℃、93％RH 下，使输出重新平衡的输入的变化或行程的变化	6.6.3
定位器安装位置	输入量程的％或行程量程的％	倾斜±10°，使输出重新平衡的输入的变化或行程的变化	6.6.4
机械冲击	行程量程的％	由于在四个面上的下落，行程特性的零点/量程的变化	6.6.5
振动	行程量程的％	规定振动下行程的变化： ——共振搜寻； ——耐振试验	6.6.6
磁场	输出量程的％或行程量程的％	在 100 A/m 的磁场下，输出(或行程)的变化	6.6.7
辐射电磁场干扰	输出量程的％或行程量程的％	在 80 MHz～1 GHz 范围内，RFI 为 10 V/m，输出(或行程)的变化	6.6.8
电快速瞬变	输出量程的％或行程量程的％	电快速瞬变引起输出(行程)的瞬时变化	6.6.9
浪涌电压抗扰度	输出量程的％或行程量程的％	浪涌电压引起的输出(行程)的瞬时变化	6.6.10
串模干扰	输出量程变化±0.5％的 AC 信号	串模干扰引起的输出的变化	6.6.11
输入过范围	输入量程的％或行程量程的％	输入过范围 150％之后，使输出重新平衡的输入的变化或行程的变化	6.7

表 4（续）

名称	单位	注释	参考的章条
漂移			6.8
始动漂移	输出量程的%或行程量程的%	稳定输出时间和最大变化	6.8.1
长期漂移	输入量程的%或行程量程的%	在30天内，使输出重新平衡的输入的变化或行程的变化	6.8.2
加速寿命试验	行程量程的%	100 000个周期后，行程零点和量程的变化	6.9
动态响应			6.10
频率响应		增益相位和频率值	6.10.3
阶跃响应		死区和设置时间	6.10.4

ICS 25.040
N 18

中华人民共和国国家标准

GB/T 22137.2—2008/IEC 61514-2:2004

工业过程控制系统用阀门定位器 第2部分:气动输出智能阀门定位器性能评定方法

Valve positioners for use in industrial-process control system—Part 2:Methods of evaluating the performance of intelligent valve positioners with pneumatic outputs

(IEC 61514-2:2004,IDT)

2008-06-30 发布 2009-01-01 实施

中华人民共和国国家质量监督检验检疫总局
中国国家标准化管理委员会 发布

前　言

GB/T 22137《工业过程控制系统用阀门定位器》分为如下两部分：

——第 1 部分：气动输出阀门定位器性能评定方法；

——第 2 部分：气动输出智能阀门定位器性能评定方法。

本部分为 GB/T 22137 的第 2 部分。

本部分等同采用 IEC 61514-2:2004《工业过程控制系统　第 2 部分：气动输出智能阀门定位器性能评定方法》(英文版)。

为便于使用，根据 GB/T 1.1—2000《标准化工作导则　第 1 部分：标准的结构和编写规则》，对 IEC 61514:2000 做了下列编译性修改：

a) 删除了 IEC 61514-2:2004 的前言；

b) 凡有"IEC 61514-2"的地方改为"GB/T 22137.2"；

c) "本标准"改为了"本部分"；

d) 用小数点"."代替作小数点的逗号"，"；

e) 标准名称由《工业过程控制系统　第 2 部分：气动输出智能阀门定位器性能评定方法》改为《工业过程控制系统用阀门定位器　第 2 部分：气动输出智能阀门定位器性能评定方法》。

本部分的附录 A 为规范性附录。

本部分由中国机械工业联合会提出。

本部分由全国工业过程测量和控制标准化技术委员会第一分技术委员会归口。

本部分起草单位：西南大学、中国四联仪器仪表集团、上海工业自动化仪表研究所、机械工业仪器仪表综合技术经济研究所。

本部分起草人：黄伟、周雪莲、何强、刘进、范铠、冯晓升。

本部分为首次发布。

引　言

包括阀门定位器在内的新型过程控制及检测仪表多数都带有微处理器，因此，数字化数据处理、通信以及人工智能方法的运用将使这些仪表更加复杂，并带来可观的附加值。

新型阀门定位器不仅仅只控制阀门位置，往往还具有更多的功能，如自诊断、执行机构/阀门状态监视和报警。各种新增的功能变化非常大，已不再是功能单一的“凸轮型”定位器可比，因此，虽然性能测试相关的精度仍然很重要，但已不再足以说明定位器的灵活性、性能以及其他工程、安装、可维护性、可靠性、可操作性方面的特点。

本部分中的评定方法考虑了性能测试及软硬件设计审查。文档的编排在一定程度上遵从了GB/T 19767—2005的框架。在GB/T 22137.1中描述的性能测试多数对于智能阀门定位器仍然有效。建议进一步阅读GB/T 18272。

工业过程控制系统用阀门定位器
第2部分:气动输出智能阀门定位器性能评定方法

1 范围

GB/T 22137.2所规定的设计评审和测试,是为了测量和确定单作用或双作用智能阀门定位器的静态和动态性能、智能化程度和通信能力。这些测试可用于接收标准模拟量电路输入信号的定位器(在GB/T 3369.1和GB/T 3369.2中被规定)和(或)经由通过数据通信链路传输数字信号并有气动输出的定位器。在第3章中定义的智能阀门定位器是一种通过数据处理、决策生成和双向通信数字技术来实现其功能的仪表,可以配备附加的传感器和附加的功能来补充其主要功能。

智能阀门定位器的性能测试需要先将定位器安装好并与一个或多个执行机构/阀门组件连接,所构成的组合体中,一些特定的特征参数需要仔细选择和报告,如:尺寸、行程、摩擦力(回差)、填充类型、弹簧组件和气动部分的气源压力。需要注意,组合体中的定位器性能与执行机构有关,尤其是在确定定位器运行范围(动态响应和稳定性)时,需要在不同尺寸的执行机构上进行测试。

本部分所提供的评定方法旨在供生产制造商确定其产品的性能,以及用户或测试实验室用于检验设备性能。建议智能定位器的生产制造商在早期开发阶段就运用本部分。

本部分为了给智能阀门定位器的设计评定提供指导,提供了:

——按结构化方法评审智能阀门定位器硬件和软件设计的一览表;

——在不同环境和操作条件下测量和限定智能阀门定位器性能的测试方法;

——报告获得数据的方法。

当不要求按本部分进行全面测试或不可能实现全面测试时,应完成必要的测试,并按本部分的相关部分报告结果,在这种情况下,测试报告中应陈述哪些本部分所规定的测试项目没有被包括,另外,被省略的各项也应该提到,以给报告的阅读者一个清晰的范围。

本部分也适用于带微处理器但不能进行双向通信的非智能阀门定位器,在这种情况下,评定应简化成限定的性能试验程序和简略的结构评审。

2 规范性引用文件

下列文件中的条款通过GB/T 22137的本部分的引用而成为本部分的条款。凡是注日期的引用文件,其随后所有的修改单(不包括勘误的内容)或修订版均不适用于本部分,然而,鼓励根据本部分达成协议的各方研究是否可使用这些文件的最新版本。凡是不注日期的引用文件,其最新版本适用于本部分。

GB/T 777—2008 工业自动化仪表用模拟气动信号(IEC 60382:1991,IDT)

GB/T 2423.1—2001 电工电子产品环境试验 第2部分:试验方法 试验A:低温(idt IEC 60068-2-1:1990)

GB/T 2423.2—2001 电工电子产品环境试验 第2部分:试验方法 试验B:高温(idt IEC 60068-2-2:1974)

GB/T 2423.3—2006 电工电子产品环境试验 第2部分:试验方法 试验Cab:恒定湿热试验(IEC 60068-2-78:2001,IDT)

GB/T 2423.7—1995 电工电子产品环境试验 第二部分:试验方法 试验Ec和导则:倾跌与翻

倒(主要用于设备型样品)(idt IEC 60068-2-31:1982)

GB/T 2423.10—1995 电工电子产品环境试验 第二部分:试验方法 试验Fc和导则:振动(正弦)(idt IEC 60068-2-6:1982)

GB/T 2900.56—2002 电工术语 自动控制(idt IEC 60050(351):1998)

GB 3836(所有部分) 爆炸性气体环境用电气设备

GB 4208—2008 外壳防护等级(IP代码)(IEC 60529:2001,IDT)

GB 4793.1—2007 测量、控制和试验室用电气设备的安全要求 第1部分:通用要求(IEC 61010-1:2001,IDT)

GB/T 4798.10—2006 环境条件的分类 第3部分:环境参数和它们的严酷度的分组(IEC 60721-3,IDT)

GB/T 9254—2001 信息技术设备的无线电骚扰限值和测量方法(idt CISPR 22)

GB/T 16842—2008 外壳对人和设备的防护 检验用试具(idt IEC 61032:1997)

GB/T 17213.1 工业过程控制阀 第1部分:控制阀术语和总则(GB/T 17213.1—1998,eqv IEC 60534-1:1987)

GB/T 17214(所有部分) 工业过程测量和控制装置工作条件(IEC 60654,IDT)

GB/T 17626.11—1999 电磁兼容 试验和测量技术 电压暂降、短时中断和电压变化的抗扰度试验(idt IEC 61000-4-11)

GB/T 18268—2008 测量、控制和实验室用的电设备电磁兼容性要求(idt IEC 61326-1:1997)

GB/T 18271(所有部分) 过程测量和控制装置 通用性能评定方法和程序(idt IEC 61298)

GB/T 18272(所有部分) 工业过程测量和控制 系统评估中系统特性的评定(idt IEC 61069)

GB/T 19767—2005 基于微处理器仪表的评定方法(IEC 62098:2000,IDT)

GB/T 19769—2005 工业过程测量和控制系统用功能块(IEC 61499-1:2003,IEC 61499-2:2003,IEC 61499-3:2003,IEC 61499-4:2003,IDT)

GB/T 22137.1 工业过程控制系统 气动输出阀门定位器性能评定方法(GB/T 22137.1—2008,IEC 61514:2000,IDT)

IEC 61158(所有的部分) 测量和控制数字数据通信 工业控制系统用现场总线

3 术语和定义

GB/T 22137.1和GB/T 2900.56确立的以及下列术语和定义适用于本部分。

3.1

智能阀门定位器 intelligent valve positioner

以微处理器技术为基础,采用数字化技术进行数据处理、决策生成和双向通信;它可以通过配备附加的传感器和附加的功能来补充其主要功能。

注1:在本部分中,只考虑了具有气动输出信号的定位器,输入信号可以是电流、电压,或者通过现场总线传送的数字信号;

注2:对带微处理器却不具备双向通信功能的非智能阀门定位器,其评定简化成限定范围的性能试验和简略的结构评审。

3.2

配置 configuring

一个特定应用所要求功能的实现过程。

3.3

可配置性 configurability

发挥智能定位器所提供的功能去控制不同的应用。

3.4

校准 calibration

为了得到一个已定义好的输入/行程特性而将行程范围调整到所要求的值的过程。被调整的行程既可以是从阀门生产厂商定义的一个停止端到另一个停止端，也可以是在两者之间的值。

注：一些仪表提供了行程范围自动调整的步骤，它可以被称为"自动校准"。

3.5

整定 tuning

对一个特定应用的控制参数进行调整的过程。

注：阀杆整定步骤可以是"反复试验"，也可以是由生产厂商提供的自动获取，它常被称为自整定。

3.6

组建 set-up

为了某特定执行器/阀组件的优化控制，配置、标定和整定定位器的过程。

3.7

行程截断 travel cut-off

接近于特征曲线末端(最高或最低)的点，此时，定位器强制阀门到相应的机械停止端(全开或全关)。

3.8

行程时间 stroke time

在已定义的调整条件下，两个不同位置间作行程运动所需要的时间。

3.9

死区 dead band

输入变量的变化不会引起输出变量有任何明显改变的一个有限数值范围。

3.10

操作模式 operating mode

被选择的定位器操作方式。

3.11

设定值 setpoint

设置为被控变量(行程)期望值的输入量。

注：输入变量可由模拟量源(mA 或 V)产生，也可由数字源(现场总线)产生，或者本地键盘输入。

3.12

平衡压力 balance pressure

稳态条件下双作用执行器对称腔室的平均压力。

注：平衡压力必须以定位器气源压力的百分数表示，以便估算双作用系统的刚度。

4 设计评审

本章的观测是基于随仪表运输提供给用户以及凡是生产厂商愿意公开的公开文献(手册，说明书，等)，不应包含保密的信息。

设计评审用于在结构化方法的条件下鉴定和辨明智能阀门定位器的功能和性能。由于智能定位器有各种各样不同的设计，评审必须按结构化方法来详细说明：

——物理结构；

——功能结构。

4.1 通过区分硬件模块和输入/输出模块、区分运行领域和环境领域，来指导评测人员描述智能定位器的物理结构。

之后，用4.2的一览表来描述功能结构，该一览表给出了有关因素的结构框架，它必须由评测人员经过足以定性和定量的实验来确定。

4.1 定位器标识

结构化的标识过程是基于以下考虑——引出被测试定位器方框图和简要描述，它应该包括在评测报告中，鼓励对重要细节采用图片或绘图来说明。

图1所示仪表具有下列主要物理模块以及与外部连接的能力。

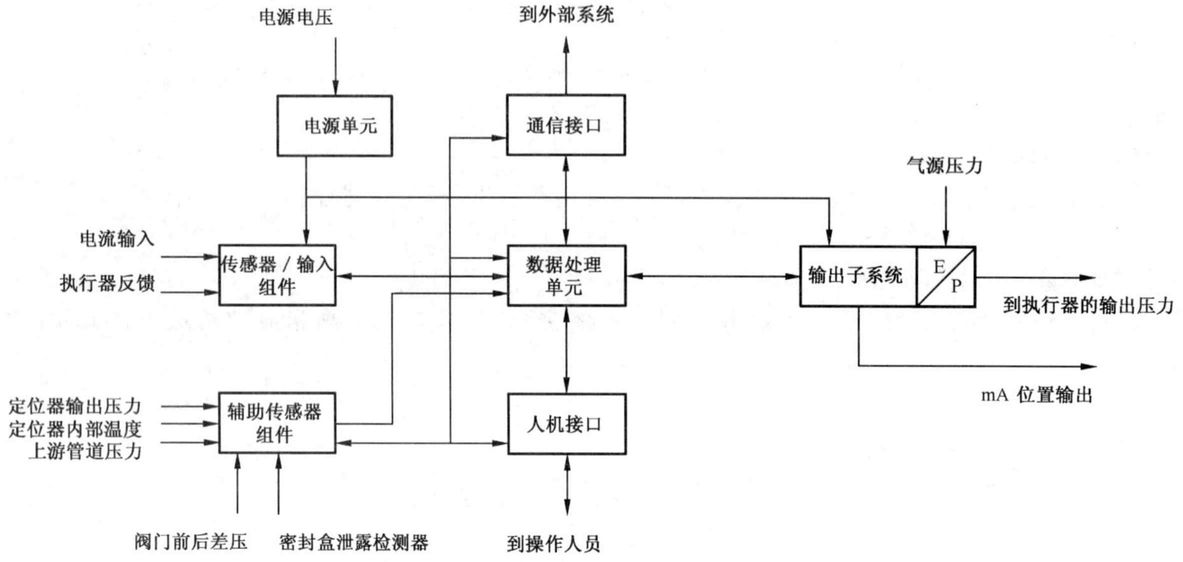

图1 常规组态中的定位器模型

4.1.1 电源供电单元

有可能存在需要与交流电源或直流电源单独连接的仪表，然而，大多数仪表是“回路供电”，这意味着既可以通过仪表的模拟量设定值电流输入(mA)来接受电源，也可以在设定值是数字信号时通过现场总线来接受电源。

4.1.2 传感器/输入组件

主传感器/输入组件是定位器中用来连接模拟量设定值并接受执行器/阀门组件反馈信号(阀杆运动)的部件，用来支持定位器的主要功能。组件的某些部分有可能分布在定位器内部的不同物理位置。在接受数字设定值的仪表中，图1所示电流输入不存在。反馈信号通过定位器与阀杆之间的机械连接来产生。

4.1.3 辅助传感器组件

辅助传感器组件是用来与主传感器输入组件集成的电气部件，多数定位器都在气动输出回路中装有压力传感器，在电气壳体中装有温度传感器，这些信号将用于阀杆位置控制算法。为了阀门的安全联锁和状态监控，定位器应装有附加的传感器，还可以配备数字切换输入回路。

4.1.4 人机接口

只有定位器所产生的数据可与外部世界交互时，定位器才可以归类为智能型。人机接口是用于交互的重要工具，从仪表的角度它所包含的完整含义是读出数据(本地显示)、提供输入并请求数据(本地按键)。有可能出现一些仪表没有配备人机接口，在这种情况下，通过数据通信接口和一个外部设备(手持终端或个人计算机)来提供访问。

4.1.5 通信接口

通信接口进一步增强了定位器的智能化，它将定位器与外部系统连接在一起，通过该接口和现场总线，定位器与外部系统之间就可以进行数据传输(包括设定值、配置和过程数据)。一些混合型仪表既要求用于控制数据的模拟量输入,同时数据通信接口也被集成在输入回路上,并且没有与现场总线的分支连接,数字信息叠加在模拟量输入电流上。还有一些仪表没有通信接口,配置和读取数据需要通过人机接口来进行。

4.1.6 数据处理单元

数据处理单元为仪表提供了多种功能,不同产品之间的差异很大,可被实现的功能包括:

——控制功能;
——配置;
——校准;
——整定;
——阀门状态监控(阀门诊断);
——外部过程控制功能;
——自诊断;
——趋势记录和数据储存;
——部分功能(如,配置、趋势记录)可分布到临时或永久连接在数据通信接口上的外部设备。

4.1.7 输出子系统

在单作用形式下,输出子系统通过电/气转换器(E/P)把数字信息转换成控制执行器的气动信号。

在双作用形式下,输出子系统装有两个独立操作的电/气转换器(E/P)。在平衡位置(稳态),除作用于阀杆的摩擦力之外,转换器之间提供的压力是相等的,平衡压力和气源压力之间的关系决定了双作用系统的刚度。

气动单元又分以下两种设计:

——采用传统模拟量技术的电气转换器如图 2 所示;
——采用脉冲数字技术并具有两个电控位置先导阀的电/气转换器简略表示在图 3 中。

而且,输出子系统也能够提供单独的模拟量信号输出,该信号可与一个(或多个)测量或计算数据成比例,也可与一个(或多个)用于报警的可配置输出成比例,这些输出通常要求单独的电源供电。

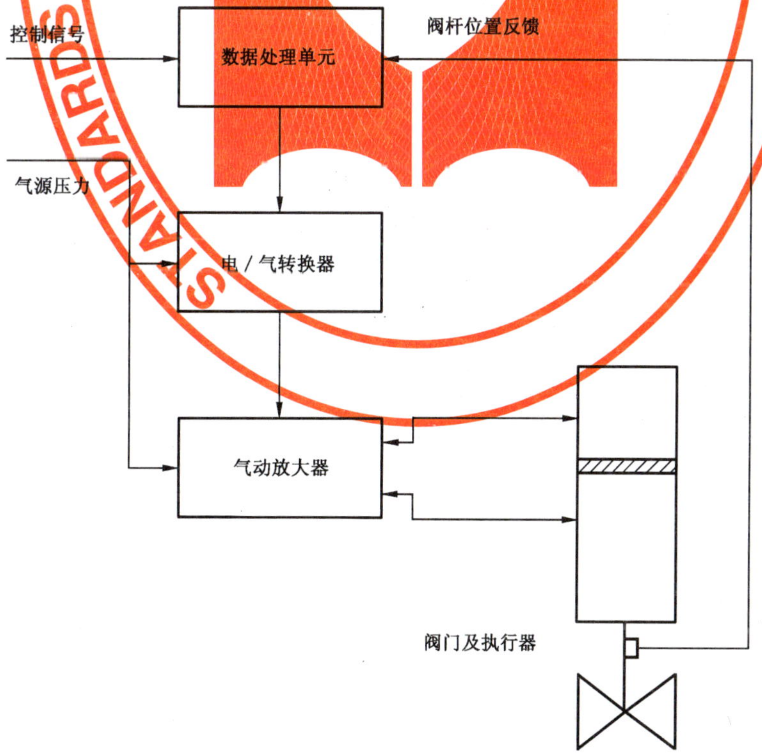

图 2 带模拟量输出的定位器基本设计

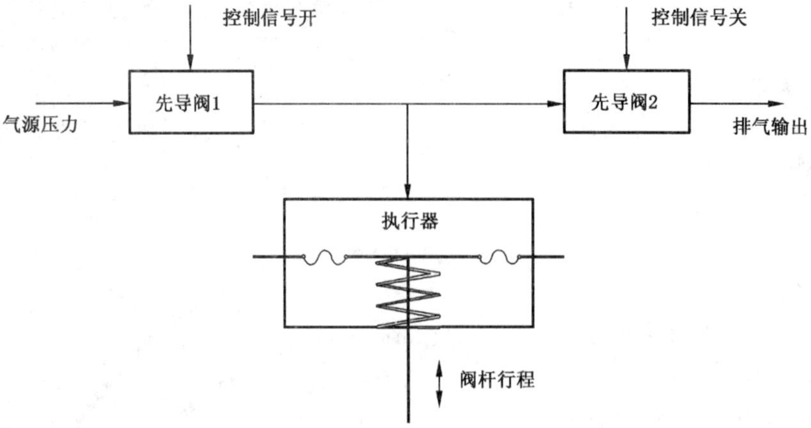

图3 带脉冲输出的定位器基本设计

4.1.8 外部功能

通过数据通信接口和现场总线，仪表可与个人计算机、手持设备和DCS系统进行通信。多数情况下，在这些设备中也具有定位器的部分功能，如：

——(远程)配置工具；

——数据存储(配置、位置趋势、阀门状态)；

——校准和阀杆整定程序部分；

——自动阀门状态监控和报警。

在评定中，外部功能(如果存在)也要被考虑。

4.2 被评审的功能和性能方面

4.2.1 一览表

下列各表可作为用来确定定位器中已被考虑实现的功能和性能的一览表，报告格式的样例可在4.3中找到。

4.2.1.1 功能

功能/性能	在评测中要考虑的各个方面
适合于回转阀	如果适合，要标明行程范围，并描述机械连接必要的附件
适合于线形行程阀	如果适合，要标明行程范围，并描述机械连接必要的附件
正/反作用	检查正/反作用的选择是否可用，并描述机械如何操作
双向作用型	说明有效性
阀杆位置控制算法的参数	对每个参数给出： ● 名称； ● 如果是用户可调的参数，要给出调整范围； ● 适用的默认值； ● 检查无效值能否被识别和拒绝； ● 检查负值是否可接受，如果可以，观察在阶跃变化之后的不稳定特征； ● 检查内部传感器输出是否用于阀杆位置控制算法，检查在传感器失败之后是否有反馈，如何反馈； ● 一些设计对于上行和下降移动有两套控制参数，检查这些参数； ● 哪些值定义不确定('99999'或'0')

功能/性能	在评测中要考虑的各个方面
其他影响控制的参数	一些参数(气源压力、阀门和执行器数据等)的值有可能需要在配置时输入,它们可能用于阀杆位置控制算法,检查它们是否真的在阀杆位置控制算法中被用到,还是只作为信息参考
操作模式	描述可用的操作模式、它们的等级、控制的范围、切换的顺序(也要检查无扰切换的有效性)、访问定位器数据库(配置,控制参数,二级参数)的授权等级 操作模式: ● 正在输出还是备用; ● 自动控制; ● 人工操作(本地或远程)
分程应用	是否可分程操作 如果可以,检查它是固定设置还是用户可调的范围
行程时间	检查行程时间是否用户可调。当设置0的时候,执行器体积、阀门摩擦力、弹簧预装件、气源压力和各个约束量等参数将确定行程时间。当设置值超过执行器特征值时,速度就为常数
行程截断	截断通常在特征曲线的最下端(也被看作是完全关断),但也可能出现最上端截断。要标明哪种可用,并标明截断值是否可用户配置。 检查在动作与未动作之间的死区是否被实现并且有可操作性,标明它是与输入信号相关还是与反馈位置信号相关
滤波器	如果提供了滤波器,它们是模拟的还是数字的
外部(过程)控制	外部控制回路的功能块是否被实现
特殊功能	标明是否有特别功能可用(如:在执行器中的压力传感器、泄漏检查、流量测量)

4.2.1.2 可配置性

功能/性能	在评测中要考虑的各个方面
现场总线的兼容性	检查测试中的仪表是否满足下列之一: ● 与符合 IEC 61158 的总线相连; ● 单独应用与临时连接到专用现场总线相结合; ● 单独应用。 可添加对链路兼容的仪表型号简表
配置工具	检查仪表是否可配置成: ● 仪表本地控制(人机接口); ● 个人计算机或主机远程控制; ● 通过手持通信单元进行临时连接
在线配置	检查控制模式下参数是否可以更改,如果可以,阀杆的位置是否可以不受到影响; 检查是否存在安全机制来阻止对全部或部分参数的在线访问
离线配置	检查是否可在一台未与定位器连接的(离线)个人计算机上,设置和存储多个定位器配置

功能/性能	在评测中要考虑的各个方面
上传到计算机/从计算机下载	检查是否可以上传配置,检查是否可以将离线准备好的配置下载
可配置的行程特性	注明仪表中用户可选的特性,如: ● 线性; ● 等百分比(GB/T 17213.1)1:50;1:30;1:25 等; ● 专用等百分比; ● 快开; ● 分段(用户定义行程特性),注明分段的数量 注:等百分比特性在某些时候是通过分段的方法来实现的,最重要的是说明段数及其大小,并估算出与理论性等百分比特性之间的最大误差。
可配置的“故障安全”位置	检查可配置的故障安全位置的有效性: ● 故障时如何反应(关或开); ● 对于什么故障情况启动故障安全
平衡压力	检查双作用型平衡压力是否用户可调
掉电或仪表复位后的启动条件	掉电后用户希望定位器返回到一个定义好的位置,定位器应该提供: ● 返回到最后一次的值; ● 转到故障安全; ● 转到用户定义的值; ● 返回手动控制模式

4.2.1.3 **硬件配置**

<table>
<tr><th colspan="2">功能/性能</th><th>在评测过程中要考虑的各个方面</th></tr>
<tr><td rowspan="8">坚固性</td><td>铰接盖</td><td rowspan="8">对这些项的说明:
● 结构的复杂性和坚固性以及抗破坏保护;
● 单独的终端容器;
● 结构材料对于有严格要求的服务应用领域的有效性(如:海洋、食品);
● 集成气动连接的有效性;
● 快速电气连接和快速气动连接的有效性;
● 电气容室与气动容室之间的隔离</td></tr>
<tr><td>阀位反馈机构</td></tr>
<tr><td>内部模块</td></tr>
<tr><td>对阀门的支持</td></tr>
<tr><td>突出部分</td></tr>
<tr><td>本地控制</td></tr>
<tr><td>电气连接</td></tr>
<tr><td>气动连接</td></tr>
<tr><td colspan="2">远程位置传感器</td><td>检查远程位置传感器的有效性,它提供了机械与电气之间的转换,并评价其坚固性以及安装和校准的方便性</td></tr>
</table>

4.2.1.4 **可操作性**

功能/性能	在评测过程中要考虑的各个方面
对访问的本地控制	给出一个简明的描述: ● 有效的控制; ● 可以访问; ● 人机工程学布置和使用的控制; ● 控制能否在危险环境中使用

功能/性能	在评测过程中要考虑的各个方面
本地显示	给出能在本地显示的数据的简明描述： ● 行数和每行的字符数 ● 给出的控制参数 ● 错误信息 …… 是否不需要打开密封盖就可以阅读到显示的内容
外部系统的人机接口	提供对不同用户按组和等级进行访问的简明描述，并通过软件对应显示在计算机上。 提供手持通信设备的显示布局和键盘布置图
人机交互的其他问题	列出其他硬件工具(开关、电表等)以及它们控制的相关参数
阀门诊断	检查在以下各个方面是否实现了阀门诊断： ● 控制阀门的性能改变(死区、分辨率，等) ● 摩擦力改变 ● 活塞磨损 ● 阀杆磨损 ● 填充泄漏 ● 阀座泄漏 ● 阀杆破损 ● 气蚀 ● 执行器弹簧损坏 ● 执行器空气泄漏 ● 阀门堵塞 ● 执行器隔膜破损 ● 气动活塞性能降低的检测 ● 其他方面
检查阀门诊断的范围和工具	检查前面所提及的诊断、测试、存储、报告等各个方面，并通过定位器或主机呈现。 诊断工具是通过仪表自动提供了直接解释，还是需要一个特殊层次的专家？对所提及的工具(测试)每个方面的检查都要进行，每个工具都要检查以下各点： ● 诊断测试能否在线执行 ● 是在线自动测试还是通过操作员建立 ● 检查自动测试的周期 ● 检查测试参数的用户适应性 ● 检查测试是否影响阀杆位置 ● 标明数据是否能够存储，存储在什么地方(本地或者个人计算机中) ● 检查是否有直接相关的警告/警报信息，或者是否警告/警报信息要由用户从定位器所提供的其他信息推导出来(例如：多数定位器都装有用户可调报警指示，通常阀门都不会达到这个位置，但阀杆破损和弹簧损坏就有可能触发这个警报) ● 检查在诊断警报出现后的定位器动作

功能/性能	在评测过程中要考虑的各个方面
检查阀门诊断的范围和工具	工具(测试)还可以出现其他情况中: ● 高/低位置报警 ● 报警变化率 ● 循环计算器/累加器 ● 行程累加器 ● 阀门信号测试 ● 阶跃响应测试 ● 用以确定超过设定限制的时间 ● 时间趋于0的累加器

4.2.1.5 **可靠性**

功能/性能	在评测中要考虑的各个方面
定位器诊断	简单描述系统诊断定位器内部故障和故障条件下保护性安全操作的程度,应实现的检测机制: ● 闪存故障 ● 无空闲时间 ● 参考电压故障 ● 驱动电流故障 ● 临界的非易失存储器故障 ● 温度传感器故障 ● 压力传感器故障 ● 行程反馈传感器故障 现场总线设备应提供特别信息,如: ● 输入/输出处理器故障 ● 输出不运行 ● 静态参数丢失 ● 校准数据读错误 检查哪些诊断被执行: ● 在线(服务中)自动、连续的或者是间歇的 ● 在线(服务中)使用者启动 ● 离线(未服务) 生产制造商是否提供了对内部故障检测的覆盖情况
不正确使用的检测	仪表被检测到的错误和故障是否是由于不正确和无意操作和维护动作所导致的,如: ● 通过跳线或者拨段开关产生的不正确地址设置 ● 电源线、连接器、印刷电路板接反(如果可能) ● 把连接器放在不正确的位置(假如线的长度允许这种情况) ● 没有连接某个连接器而使回路开路 ● 执行了不完整或不正确的启动步骤 ● 让仪表处于不正确的安全等级 ● 在多站数字通信系统中使用了相同的地址 ● 在执行机械调整时接触到临近的部件而导致短路

功能/性能	在评测中要考虑的各个方面
报警	基本上可分成两组警报类型： ● 过程报警（与前面提到的阀门诊断方面和阀门/执行器状态有关），报警设置是用户可调的 ● 自诊断报警（与前面提到的定位器在内部电气故障诊断有关），这些报警通常都不是用户可访问的 ● 哪些报警在两组中都提供 ● 它们如何通信 硬连线通过继电器输出 在本地显示 通过现场总线 ● 报警是自动出现还是只能由用户请求
安全防止未授权访问	描述安全实现的方法： ● 硬件(写保护开关) ● 软件(密码、访问等级的数字和在各个等级上访问和可配置的程度) ● 本地控制的访问
可维护性	生产厂商规定的维护等级是什么？(替换部件、替换整个仪表) 在现场替换修复的准确时间，包括了配置、校准、整定 维护所需要的工具 是否是定好的预防性维护方法 是否是定好的预测性维护方法 当阀门处于一个在线系统的时候是否可以更换定位器
可靠性	是否提供了 MTBF-图和它的来源？ ● 通用或专用数据库，如 MIL HDBK 217 ● 现场经验(通过用于计算的图和数据采集周期来寻找总量) 提供的是部分冗余还完全冗余，或者是可选择的
用于降低前期故障的环境应力筛选(ESS)	生产厂商发布的产品是否经过 ESS 测试 如果经过筛选，提供的是哪种筛选： ● 温度循环 ● 单一的高温 ● 振动 ● 电气 ● 其他

4.2.1.6 生产厂商的支持

功能/性能	测试中要考虑的各个方面
培训	列出培训的过程，注明程度和时间
生产厂商的维护支持	● 生产厂商是否提供了维护合同 ● 保证多久的时间能够派出维护人员到现场
备件	● 最小的可替换单元是什么 ● 推荐的备件库存是多少
保证期	● 保修期和范围

4.2.2 报告

报告的格式严格遵从 4.2.1 所给出的结构。

功能/性能	观察和评论
总线	
配置工具	
在线重新配置	
离线配置	
上传到计算机/从计算机下载	
可配置的行程特性	
……	

4.3 文本信息

下表汇总了应检查生产厂商文件中是否存在的相关各项：

项目	观察和评论
仪表标识 ● 外壳上的标签或铭牌 ● 软件标识	
操作原则	
重量和尺寸	
应用限制 ● 温度 ● 振动 ● 湿度 ● 电磁兼容性 ● 环境保护 ● 电源供电	
环境分类(GB/T 4798.10—2006) 操作条件(GB/T 17214)	
安全 ● 危险环境的认证	
可靠性 ● 故障率	
机械结构 ● 包装的尺寸，安装 ● 防护和防雨材料以及外壳	
外部接线图表	
软件描述 ● 软件版本 ● 固件版本	

项目	观察和评论
安装说明书	
配置说明书和工具	
试运行 ● 调整 ● 校准 ● 整定/初始化	
操作说明书	
自测试/故障解答	
维护说明书	
性能规范	
备件清单	
定货通知	
厂商支持设备	

当这些信息无法用到或者不充分,就要在观察和评论栏中说明;

另外,描述区分定位器的正确方法是通过标签、外壳上的标记,还是软件中的标识。

5 性能测试

智能阀门定位器性能测试是用安装在相应执行机构/阀门组件上的定位器来完成。该组合体的相关参数如行程、摩擦力、填充类型、弹簧预装件和气动部分的气源压力要小心选择(见 5.1.1)和报告。

开始测试之前,定位器应已按照生产厂商说明书进行过调整、校准和整定。

5.1 性能测试的参考条件

环境和操作性测试条件的参考值应遵从 GB/T 18271.1—2000 第 6 章和 GB/T 22137.1—2008 第 4 章的内容。

测试适合在指定的参考大气条件下完成。它们也可以在一些推荐的特定限制条件下完成,但是,它们决不能超过这些限制条件。当推荐的限制条件下的测量不能满足时,应在参考大气条件下重复执行。

对阀门/执行机构组件的选择是评测过程中各个单位协商的结果,应考虑 5.1.1 中需要考虑的事项。如果评测的目标在于比较多个不同的定位器产品,那么不同的定位器产品应在相同的阀门/执行机构组件上进行评测,在 5.1.1 中所提到的有关参数对于不同定位器产品应该是一致的。

测试应该在有 10% 摩擦力(见 5.1.1)的条件下执行,环境测试(温度、湿度、EMC)和振动测试例外,应在满足稳定运行的很小摩擦力条件下执行。

气动连接和管道的尺寸应是生产厂商所推荐的,并且要在报告中陈述,评测所涉及到的双方可就其他尺寸达成一致。

气动部分的气源在动态测试和气流测试中应能保持气源压力在 5 kPa 内。

在一个或多个有极端要求的应用中,设计性能被更好地体现出来,为了实现这样的应用,5.1.1 中有关阀门/执行机构组件的参数应被考虑,它们对直行程阀门/执行机构组件和角行程阀门/执行机构都同样有效。

在每次测试之前,评测人员应注意设备是处于无错误、无故障状态并且是正常运行模式,每次测试之前要进行参考量测量,以确定对在测试中或测试后各相关量如何调整。

5.1.1 阀门特性

阀门类型——直行程或角行程,单作用或双作用,可由评测所涉及到的双方达成一致。

5.1.1.1 **执行器/阀门大小**

被选择用于评测的执行器类型应优先选择小尺寸或中等尺寸(体积),其他尺寸可由评测所设计到的双方达成一致。实际上小体积的阀门/执行机构组件更难以控制,特别是对于具有高气流传送能力的定位器,该选择从稳定性角度对阀杆调整步骤提出了更高的要求。然而,由于定位器适应于广泛的阀门/执行器组合,有必要完成大尺寸阀门/执行器的附加动态测试,根据尺寸大小和改变的体积,执行机构可分类成表1和表2所示。

表 1 单作用或双作用直行程执行机构

尺寸	有效的薄膜面积/cm^2	执行机构行程长度/mm
小	250±50	10～20
中	500±100	20～25
大	1 500±500	50～75

表 2 单作用或双作用角度在60°～90°之间的角行程执行机构

尺寸	有效的隔膜区域/cm^2	执行机构行程长度/mm
小	110±20	50
中	210±30	90
注:由于测试所提出的设备要求以及所产生的损耗等原因,不推荐对大尺寸执行机构上的定位器进行全面评测,但如果用户或者生产厂商要求,那么该测试应被完成。		

5.1.1.2 **行程**

行程调整基本上应按照生产厂商编制的步骤(自动、手动或混合)来执行,但是下列情况要被考虑到,行程应调整成比两个机械终点之间距离要小的值,多数阀门活塞的直径和形状选择也要考虑到行程的最终点到最高机械终点之间是不能参加流量控制的,而0是最低的机械终点。

推荐有15 mm～20 mm(直行程)或60°～90°(角行程)的行程,小行程体现出了位置反馈传感器的质量,对于直行程阀门,则体现了程序的质量,以及更进一步对行程特性线性化测量的质量。

5.1.1.3 **行程的特性**

除非特殊的说明,评测将按定位器中所实现的线性特性来执行,精度测量也可以在其有效的特性下执行,如等百分比特性。在精度测量之前评价该特性时,评测人员必须报告可能由前面提及调整步骤所引起的零点误差。

5.1.1.4 **执行器工作设置**

注:双作用执行器不必为正常运行而要求弹簧预装件。

执行器的弹簧预装件应优先选择在大约40 kPa～200 kPa范围内,结合较高气源压力,单作用定位器的上行和下行的动态特性明显不同,而且,过程是强非线性,因此,要在全行程范围获得稳定的控制,对于实现阀杆(自动)调整程序可能是一个具有挑战性的要求。

5.1.1.5 **填充物**

除非评测所涉及的双方达到一致,评测将在装有标准PTFE(聚四氟乙烯)填充物的阀门/执行机构组件上进行,在评测所涉及的双方达到一致后,可以使用其他类型的填充物,如:石墨。石墨的摩擦力特性导致对定位器控制能力有更高的要求。如果执行机构/阀门组件以前已用过,评测人员必须确定在评测开始之前要重新安装新的填充物。

5.1.1.6 **摩擦力**

配装单作用执行器的阀门在调节时需要优先克服摩擦力,由此会导致在评测开始时全行程的10%会成为死区;对于配装双作用执行器的阀门(无反作用弹簧),所克服的摩擦力优先被调整,由此导致评测开始时可接受气源压力的10%成为死区。评测所涉及的双方也可以认同其他值,摩擦力是阀门/执行机构组件控制过程中产生非线性的主要原因,记下评测的调整步骤,摩擦力在评测后期也要测量。

5.1.1.7 气源压力

在指定范围内的气源压力应设置成相对较高的值(推荐单作用执行机构为 240 kPa,双作用执行机构为 400 kPa)。

与设置在低范围(如:40 kPa～200 kPa)工作的执行器组合,在较高气源压力作用下,单作用执行机构向上和向下两个方向的动态响应完全不同,向上的驱动力(气源压力减执行机构压力之差)大于向下的驱动力(执行机构压力减气源压力之差),另外,管道中的气流和不同压力下的约束都远远不是线性的,这就对阀杆调整程序提出了更高的要求,为了阀门的稳定性和可控性,必须提供优化的控制参数。

5.2 一般试验步骤

5.2.1 试验的组建

图 4 给出了基本测试的组建,评测需要以下的仪器:

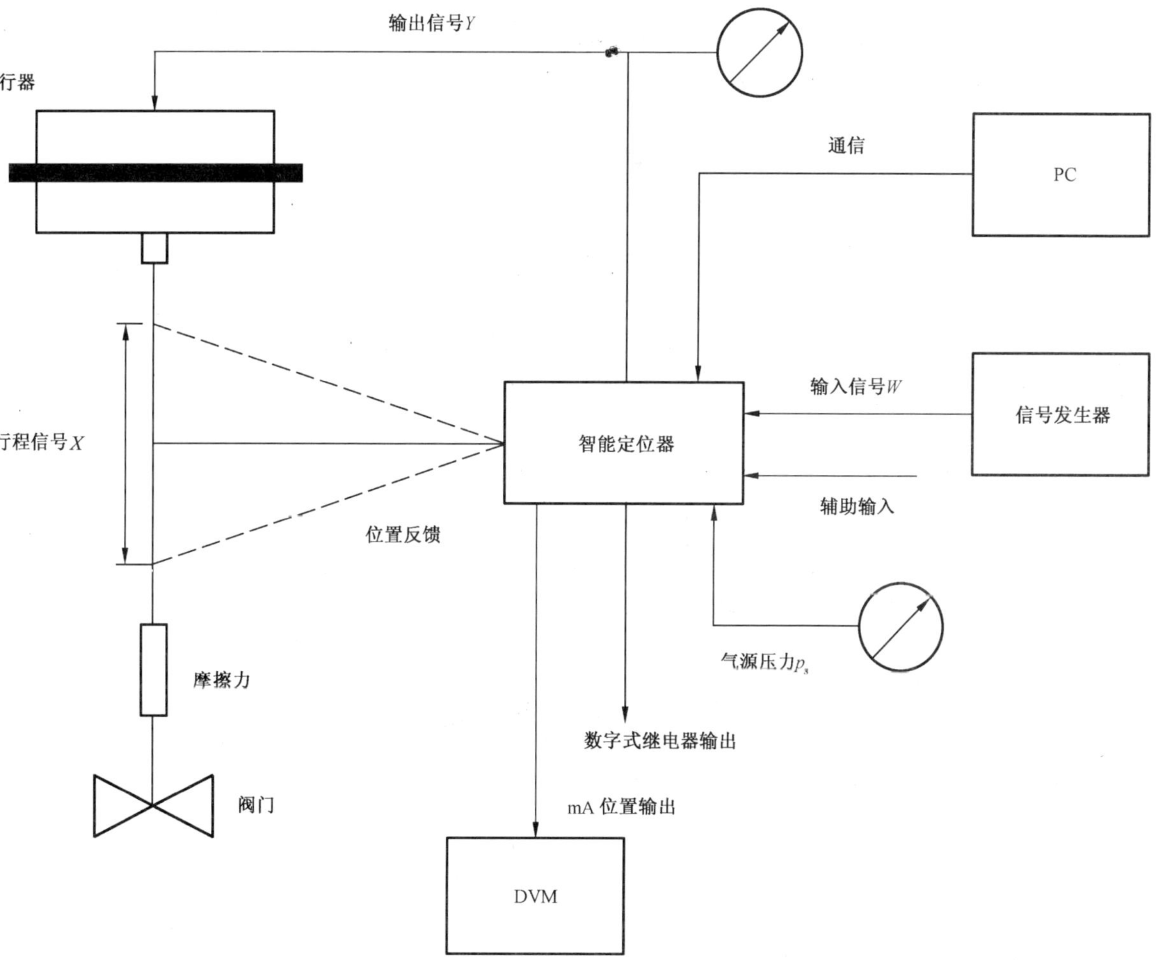

图 4 基本测试的组建

- 行程测量

为了准确测量行程特性,所用的行程传感器应比指定的精度高一个数量级左右为最好,或者针对全行程的引用相对误差小于 0.05%。为了进行动态测试和环境测试,要用到一个校准过的高稳定线性电位计,该设备要紧紧地安装在阀门/执行机构组件上,平行且无滞后地连接到阀杆上。测试所产生的误差精度和迁移量应以校准后行程的百分比表示。

- 输入信号发生器

对于有电流输入回路的定位器，需要一个适合于误差小于量程0.01%左右的电流信号发生器。

对于现场总线型定位器，生产厂商要提供给评测人员必要的硬件、软件和使用说明书，这时，电流输入回路无效，数据是通过图1所示的通信接口输入。在定位器测试之前，现场总线系统的动态效果要绘制成曲线，并且在定位器动态测试中要考虑它，为此，需要有一个总线监控器。

测试所引起的精度误差和迁移应表示成量程的百分比。

- 辅助输入

当一个辅助传感器集成在定位器中时，所测的实际量就应该用到它。当该传感器没有在定位器中提供，就必须用到一个等效于该传感器输出信号的电信号。对于所考虑的回路，使用的信号发生器最好要比生产厂商所指定的准确度高一个数量级，至少其精度等级数字是被指定精度等级的四分之一或更小。

测试所引起的精度误差和漂移应表示成量程的百分比。

- 辅助输出

辅助模拟量输出回路由生产厂商按描述的要求提供和装载。进行测量所用到的设备最好是全量程精度比生产厂商所指定精度高10倍，至少也必须要4倍以上。

测试所引起的精度误差和漂移应表示成量程的百分比。

对于数字式继电器输出，回路要按照生产厂商指定或推荐的要求上电和带负载。

5.2.2 测试准备

除了在GB/T 22137.1—2008的5.3中所提及的测试准备，下列各项在评测智能阀门定位器时也要考虑在内。

在开始测试之前，仪表应该按照生产厂商所提供和描述的方法进行校准和整定。仪表应有一个固定的输入来提供稳定的阀位，如果不稳定，可向生产厂商咨询。

生产厂商应明确陈述哪些测试会导致仪表损害，未经允许将不进行这些测试。

5.3 初步观察和测量

通常，在测试过程中可能出现的机械问题也要报告。

5.3.1 固定的步骤

固定的步骤是校准和线性化步骤中的一部分，记下固定的方便程度，以及在固定和拆除仪表时对机械连接进行校准和调整所遇到的困难。

还要确定改变固定所需要的时间。

5.3.2 配置步骤

报告在配置仪表时出现的困难，可能是：

- 由于按键间距太小而引起不正确的输入；
- 一些输入参数可能自动并且不明显地改变了其他参数；
- 处理参数中的矛盾，如在修改受保护参数时无警告信息。

测量离线配置所需要的时间。

测量上传配置到个人计算机或从个人计算机下载配置所需要的时间。

5.3.3 阀杆位置校准步骤

下列校准过程的各个方面要考虑到：

如果有任何连接到阀门的机械连接，

- 启动之后各个步骤是否自动执行？
- 如果不是，用户需要多少时间来交互？什么时候交互？

- 是否将阀杆校准步骤用作衡量标准（如：确定摩擦力、死区等）？
- 校准数据（操作人员名字、日期、参数，等）是否存储在非易失存储器中？
- 是否要求外部测定？

校准仪表所需的工具：

- 是否存在行程约束和（或）限制（零点和量程是否可调整到两个终点之间的任意值）；
- 零点/量程调整的精度是多少；
- 测量校准所需的时间；
- 直行程执行器所达到的线性化程度。

记下执行过程中出现的困难，当要求用户撤下并移动带支架的定位器，寻找相对于执行器/阀门组件更好的位置时，线性化会是一个难点。

5.3.4 阀杆位置整定步骤

简要描述调整方法：

- 是否是全自动方式，如果不是，执行过程中需要用户交互多少次？
- 自整定是否真能导致稳定控制？
- 参数是否自动激活？用户是否可以忽略这些参数，或修改这些参数并填写不同的值？
- 在一个步骤中是否将整定和校准紧密地结合在一起？
- 测量整定所需的时间。
- 整定程序是否在线自动更新控制参数？

5.4 性能试验步骤

5.4.1 参考条件下的测试

<table>
<tr><th>名　称</th><th>在报告中关于测试方法和信息的记录</th><th>引用标准</th><th>附加信息</th></tr>
<tr><td>● 精度</td><td></td><td></td><td></td></tr>
<tr><td>● 直线特性末端的线性偏差
● 回差
● 重复性</td><td>每间隔 10%～20%向上测量和向下测量，至少要来回测 3 次，数据要画在一幅图上</td><td>GB/T 18271.2—2000 第 4 章</td><td></td></tr>
<tr><td rowspan="2">● 等百分比特性的一致性偏差
● 回差
● 重复性</td><td>测量要按照预先定义的间隔向上和向下至少来回测 3 次，数据要画在一幅图上</td><td></td><td></td></tr>
<tr><td colspan="3">注：在行程特性已确定为等百分比特性时，生产厂商要明确说明怎样进行校准和整定，在对等百分比特性没有提供特殊的阀杆调整程序时，要小心检查实际中全行程范围内的稳定性，行程测量应在以下输入点完成：0%、5%、10%、20%、30%、40%、50%、60%、70%、75%、80%、85%、90%、95%、98%、100%。对于 GB/T 17213.1 中说明的等百分比曲线，采用以下公式来计算输出值：
$$\Phi = \Phi_0 \times e^{nh}$$
其中：Φ——相对流量系数；
Φ_0——对应于 $h=0$ 时的相对流量系数；
n——$\lg\Phi$ 相对于 h 所绘制的等百分比流量特性的斜率；
h——相对行程。
画出下列偏差曲线：
● 测量值与生产厂商所实现曲线的偏差曲线
● 测量值与于前面（IEC）所给出的等百分比曲线的偏差曲线</td></tr>
</table>

名　　称	在报告中关于测试方法和信息的记录	引用标准	附加信息
● 模拟量反馈输出的线性偏差 ● 回差 ● 重复性	每间隔 10%～20%向上测量和向下测量，至少要来回测 3 次，数据要画在一幅图上	GB/T 18271.2—2000 第 4 章	在提供了模拟量反馈输出时，可选择性测试
	注：在模拟量反馈输出信号有效时，要清晰地报告确定了哪种特性： ● 可被显示的反馈传感器输出在个人计算机上显示或者本地显示 ● 定位器中集成了电隔离的变送器 mA 输出		
● 辅助传感器的线性偏差 ● 回差 ● 重复性	每间隔 10%～20%向上测量和向下测量，至少要来回测 3 次，数据要画在一幅图上	GB/T 18271.2—2000 第 4 章	当传感器基本无法正常运行时，该测试放弃
● 数字输入传感器的切换值	确定从逻辑“0”切换到“1”和翻转的门槛值		选择性测试
● 死区	在 50%处测量(10%～90%可选)	GB/T 18271.2—2000 4.2	带脉冲输出的定位器(图 3)需要死区来稳定运行
	注：当可调时，要在理想的和稳定控制的值(由制造商在手册中建议)附近测量。		
● 平衡压力	在 50%处测量平衡压力	本部分 3.12	在选择在 10%和 90%处测量
	注：测试只对双作用定位器是可用的，并且要在稳定的位置处进行。平衡压力的值也可以表示成定位器气源压力的百分数。		
动态响应			
● 频率响应	把设定值置成 50%，然后采用振幅小于 5%的正弦波，由 0.01 Hz 开始，再升到 3 Hz，报告：在－3 dB(相对增益为 0.7)的值、相位延迟 45°和 90°的值、最大的相对增益和相应的频率和相位延迟	GB/T 22137.1—2008 6.10.4	
	注：定位器/执行机构/阀门组合体的动态特性主要受到气源压力和所选择的执行机构/阀门集合的特性(尺寸，正常的有效面积、容积、弹簧压力、摩擦力)的应用。动态测试的结果只对用于测试的该组合体有效。对于现场总线仪表，测试结果还应包括现场总线的动态特性，在这种情况下，测试要一直执行到频率不大于 0.2 倍采样频率为止。		
● 阶跃响应	分别从 0.25%、0.5%、1%、2%、4%、8%、16%、32%向中心 50%的设定值处连续地上下两个方向作阶跃变化，至少要进行 3 次。重复执行测试从 6%阶跃到 8%，再从 8%阶跃到 14%，以及从 84%阶跃到 8%，再从 8%阶跃到 96%，再反方向重复进行 阶跃响应时间、死区时间、超调时间、稳定时间 1(应用所允许的)和稳定时间 2 的确定参见图 5	GB/T 22137.1—2008 6.10.4	

名　称	在报告中关于测试方法和信息的记录	引用标准	附加信息
● 阶跃响应	注：对于与现场总线相关的定位器，在信号产生器边的传感器(参见图 4)要包括一个总线监视器，用来确定阶跃函数到达仪表输入端的准确时间。 设定时间 1：行程到达并保持在最终稳态值的 1%范围内的时间； 设定时间 2：行程到达并保持在最终稳态值的 0.1%范围内的时间； 时间常数：(最终稳态值的 63%) 各类阶跃信号的平均值是可以确定的，除非相互偏差大于 30%或者大于 2 s，无论哪一个是最大，这种情况下，要报告最小值和最大值，还要报告可能限制的周期数； 测试应在与(自动)整定相结合的不同气源压力下重复，并且应在不同尺寸的气动连接器和管道下重复		
● 气流特性	确定最大传送和消耗的空气流量(分别为：Q_{1max}和 Q_{2max})	GB/T 22137.1—2008 6.5.1	
	注：测试应在与(自动)整定相结合的不同气源压力下重复，并且应在不同尺寸的气动连接器和管道下重复。		
● 稳态空气消耗	在全行程范围内改变输入，并确定最大稳态空气消耗量	GB/T 22137.1—2008 6.5.2	
● 电源要求	确定最大电源消耗以及这个时候的阀门位置		
	注：对回路供电的模拟量式(4 mA～20 mA)定位器，确定在超过 100%输入时的电压值。需要核实生产厂商的说明书中提到的最小电流和电压。对于现场总线，阀门应处于运行中。 通电时的电源消耗。		

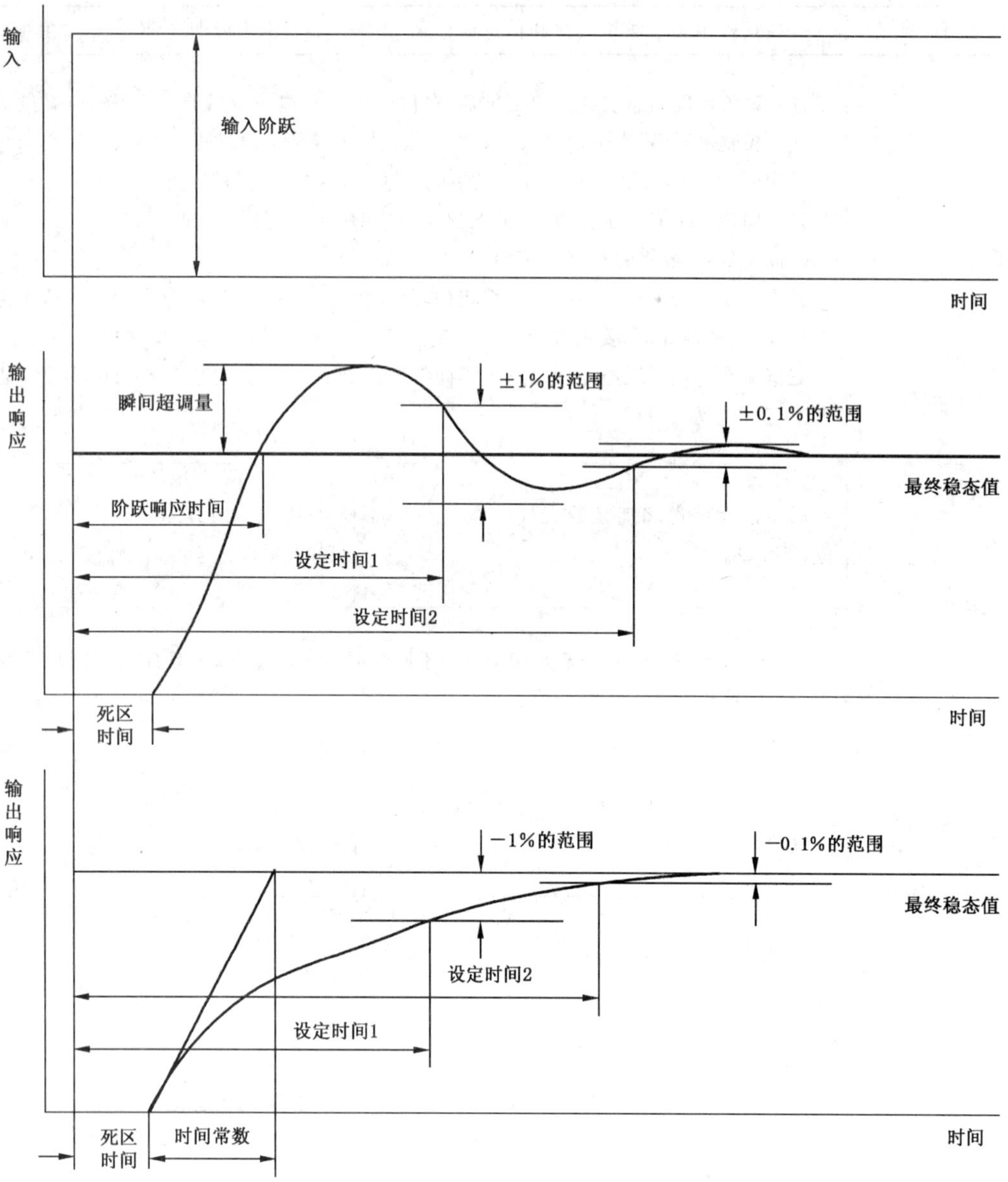

图5 定位器阶跃响应示例

5.4.2 影响量的结果

下列矩阵(表3)给出了要被执行的观察和测量项,以及要被执行来确定影响量结果的测试步骤。

在表3中用到了下列符号:

z/s　零点偏移和量程偏移的测量。在两次测量之间的调节期间,输入信号要保持成大约50%的常量,记录下行程信号。

注:零点为行程的5%,量程为行程的95%。

50　在50%处的测量。多数情况下,评测人员要测量瞬时变化的幅值和持续时间、行程可能的不稳定性及阀位输出。

90　在90%处的测量。多数情况下,评测人员要测量瞬时变化的幅值和持续时间、行程可能的不稳定性及阀位输出。

10/90　在10%~90%之间连续测量。

×　表示应进行观察。

由于每次测试期间和之后的测量和观察并不总是一样,表3通过在"测量时间"列中的标识来区分这两种情况。

D＝测试期间的测量和观察。

A＝测试之后的测量和观察。

表 3 仪表属性和测试的矩阵

名称	测量和观察													测试步骤	引用标准
	测量时间	精度[a]				可靠性[b]					稳定性[c]				
		行程特性	反馈输出	其他辅助输入输出	中间值	损坏/失败	软件配置	通信	本地显示	诊断信息	阶跃响应	稳定性	初始化	在报告中关于测试方法和信息的记录	
气源压力	D	z/s								×	×	×	×	不同的气源压力，从认可的参考值到生产厂商所指定的最小和最大值。在实际影响下按中间值做测试	GB/T 22137.1
	A	z/s								×		×	×		
环境温度特性	D	z/s	z/s	z/s	×	×	×	×	×	×	×	×		将组件两次放在＋20 ℃，＋40 ℃，＋60 ℃，＋85 ℃，＋20 ℃，0 ℃，－20 ℃，－40 ℃，＋20 ℃，但不要超过生产厂商指定的限制	GB/T 18271.3—2000 第 5 章 GB/T 2423.1/ GB/T 2423.2
	A	z/s	z/s	z/s	×	×	×	×	×	×	×	×			
环境温度的可操作性	D											×	×	对纠错的冷启动进行检查	
	A											×	×		
	注：在切断电源和气源条件下，将定位器/执行机构组件分别放在生产厂商所指定的最小温度环境和最大温度环境中 6 h，然后加上电源，检查仪表能否正常启动。正常启动后，在 5%和 95%输入的时候进行位置测量，然后按照生产厂商所描述的步骤(多数情况下是“自动整定”程序)进行初始化。室温下有关初始化的任何差异都需要报告，包括： ● 不同的参数； ● 执行这些步骤所增加了的时间。														
相对湿度	D	z/s	z/s	z/s	×			×	×					在 48 h 内 40 ℃±2 ℃，93%RH＋2%/－3%	GB/T 18271.3—2000 第 6 章 GB/T 2423.3—2006
	A	z/s	z/s	z/s	×	×		×	×						
	注：定位器应在 2 h 内放到 40 ℃±2 ℃和 93%RH＋2%/－3%环境中，并要在这些条件下保持 48 h。在最初的 4 h 和最后的 4 h 期间，仪表应通电，在中间的时间里，电源要关闭。48 h 之后，相对湿度和温度将要在 2 h 内降低，并在参考大气压条件下保持至少 4 h。要进行的测量和观察： ● 在最初 4 h 的后期，仍然还通着电的时候 ● 在最后 4 h 期间定位器上电后立即进行 ● 在最后 4 h 的后期温度和湿度升高的时候 ● 在参考大气条件下进行测试的 4 h 周期的后期														

表 3（续）

名称	测量和观察													测试步骤	引用标准
	测量时间	精度[a]				可靠性[b]					稳定性[c]			在报告中关于测试方法和信息的记录	
		行程特性	反馈输出	其他辅助输入输出	中间值	损坏/失败	软件配置	通信	本地显示	诊断信息	阶跃响应	稳定性	初始化		
安装位置	D	z/s	z/s											参考位置在 2 个相互垂直平面上，组件倾斜度超过±10 ℃和±90 ℃	GB/T 18271.3—2000 第 9 章
	A	z/s	z/s												
下落和倾斜	D	50	50			×									GB/T 18271.3—2000 第 8 章 GB/T 2423.7—1995
	A	50	50			×			×	×		×			
	注：对于本测试，定位器是从阀门/执行机构组件上移开，反馈杆固定在对应于 50%的位置。定位器将在平滑而坚硬的水泥或钢铁表面上保持在其正常使用位置，四个底边的每一条都要落在一个平面上。定位器将沿一条底边倾斜，直到其对边离测试平面的距离达到 25 mm、50 mm、100 mm 或者是 30°角，任何一个条件都小于严格的条件，然后，允许阀门定位器自由地落回测试表面。														
机械振动	D	50	50	50		×		×	×	×		×		要按如下描述从三个方向、由 10 Hz～500 Hz、在振幅为 0.15 mm（10 Hz～60 Hz）或 2 *g*（60 Hz～500 Hz）条件下测试整个组件	GB/T 18271.3—2000 第 7 章 GB/T 2423.10—2001 参考附录 A
	A	z/s	z/s	z/s		×		×	×	×		×			
	测试准备 定位器/执行机构组件将如附录 A 所示，用刚性支架安装并牢牢地固定在振动机器的测试桌面上，然后把组件沿三个相互垂直的轴进行振动。参考（控制）加速器将安装在桌子上，第二个（响应）加速器将安装在定位器上，同时在振动方向上进行测量。行程、模拟量反馈输出，以及两个加速器间的振幅比 Q 都应记录成振动频率的函数。在每个阶段之前和之后，都要进行零点测量和量程测量。 测试描述 测试将由每个方向上进行测试等级为 0.15 mm/19.6 m/s^2＝2 *g*（现场应用在低振动的管道线上）的测试组成： 第一个阶段：初始共振搜寻 在这个阶段，仪表将在 50%的稳态输入信号下运行。阀杆位置和上述提及的振幅比将被记录成振动频率的函数。在振幅系数 $Q>2$ 时确定频率的范围，用以与后续指定的最终共振搜寻期间所找到的其他结果相比较。 第二阶段：保持在临界频率 由 Q 记录所确定的频率会导致在最低频率条件下产生最高共振峰值，然后将振动组件保持在该频率下 30 min，在这个阶段，仪表在 50%的稳态输入信号下运行，阀杆位置也应被记成振动频率的函数。 第三个阶段：最终的共振搜索 最终的共振搜索应该与初始共振搜索一样地完成，在 50%输入时性能上的任何重大差异、相对于初始共振搜寻由 $Q>2$ 引起的共振峰值变化和频率范围变化都要记录														

表 3（续）

名称	测量和观察												测试步骤	引用标准
	测量时间	精度[a]				可靠性[b]					稳定性[c]			
		行程特性	反馈输出	其他辅助输入输出	中间值	损坏/失败	软件配置	通信	本地显示	诊断信息	阶跃响应	稳定性	初始化	在报告中关于测试方法和信息的记录	
电源频率磁场	D	z/s	z/s	z/s		×		×	×	×		×		测试等级应是 30 A/m	GB/T 18268—2000 附录 A
	A	z/s	z/s	z/s		×		×	×	×		×			
辐射干扰	D	50	50	50		×	×	×	×	×		×		测试等级应是 10 V/m，频率范围从 80 MHz 到 1 000 MHz，具有调幅信号（1 kHz 正弦波，调制 80%）叠加在载波上	GB/T 18268—2000 附录 A
	A	z/s	z/s	z/s		×	×	×	×	×		×			
	注：在测试过程中，相关的信号应被记录。													
传导干扰	D	50	50	50		×	×	×	×	×		×		测试等级应是 3 V	GB/T 18268—2000 附录 A
	A	z/s	z/s	z/s		×	×	×	×	×		×			
	注：在测试期间，相关的信号应被记录。													
电气快速瞬时现象	D	50	50	50		×	×	×	×	×		×		测试只能在连接线 >3 m 并在 1 kV 测试等级下进行	GB/T 18268—2000 附录 A
	A	z/s	z/s	z/s		×	×	×	×	×		×			
	注：当定位器配备有分离的电源供电电路，也可以分别对这些电路在 2 kV 直接输入的等级下进行测试。													
浪涌电压抗扰度	D	50	50	50		×	×	×	×	×		×		测试只能在长距离连线并且在 1 kV 测试等级下进行	GB/T 18268—2000 附录 A
	A	z/s	z/s	z/s		×	×	×	×	×		×			
	注：当定位器配备有分离的电源供电电路，也可以分别在 1 kV（线电压）和 2 kV（相电压）等级下对这些电路进行测试。													
静电放电	D	50	50	50		×	×	×	×	×		×		测试应该在第三类等级下执行： ● 直接接触：放电 4 kV ● 空气接触：放电 8 kV	GB/T 18268—2000 附录 A
	A	z/s	z/s	z/s		×	×	×	×	×		×			

表 3（续）

名称	测量和观察												测试步骤	引用标准
	测量时间	精度[a]				可靠性[b]					稳定性[c]			
		行程特性	反馈输出	其他辅助输入输出	中间值	损坏/失败	软件配置	通信	本地显示	诊断信息	阶跃响应	稳定性	初始化	在报告中关于测试方法和信息的记录	
共模干扰	D	50	50			×		×				×		用于隔离输入/输出的+、－接线与供电电路之间： ● 250 V(AC) ● +50 V(DC)和－50 V(DC)	GB/T 18271.3—2000 13.1
	A	50	50			×		×				×			
串模干扰	D	50	50					×		×		×		串模信号加载输入回路上，在位置受到的影响>量程的 0.5%时，确定信号的等级	GB/T 18271.3—2000 13.2
	A	50	50					×		×		×			
	注：串模式信号不能>1 V(电压输入)或者不能>量程的 10%(电流输入)。														
输入超出范围	D	×	×			×				×		×		把 24 V 直流电压加在输入端上 1 min，观察定位器在过载期间的特性。5 min 后恢复为输入信号的 50%，对产生的影响进行测量和观察	GB/T 18271.3—2000 第 10 章
	A	z/s	z/s			×				×		×			
	注：在定位器连接到另一个大于 24 V 的信号源时，测试等级也要因此而适当变化。该测试有可能在测试中对定位器造成破坏，适合于在最后的测试中进行，并且只有在生产厂商同意该测试时才能进行。														
电源变化	D	z/s	z/s			×		×	×	×		×		● AC 电源：+10%/－15%的电压变化；±2%和±10%的频率变化 ● DC 电源：+20%/－15% 在每次变化时进行测量和观察	GB/T 18271.3—2000 12.1
	A	z/s	z/s			×		×	×	×		×			
	注：最终测试可以进一步延伸到更大变化直到指定的限制条件。														

表 3（续）

名称	测量和观察													测试步骤	引用标准
	测量时间	精度[a]				可靠性[b]					稳定性[c]			在报告中关于测试方法和信息的记录	
		行程特性	反馈输出	其他辅助输入输出	中间值	损坏/失败	软件配置	通信	本地显示	诊断信息	阶跃响应	稳定性	初始化		
电源中断	D	90	90			×		×	×	×		×		中断电源 5 ms、20 ms、50 ms、100 ms、200 ms、500 ms，记录行程信号并观察恢复电源后的特性	GB/T 18271.3—2000 12.4 GB/T 17626.11
	A	90	90			×		×	×	×		×			
	注：报告行程的瞬时变化过程、整个变形的时间、恢复到原来位置的时间和重新启动可能出现的困难，对于每个设置至少进行 10 次中断。														
启动点偏离	D	10/90	10/90									×		电源关断 12 h 后，分别在 10% 和 90% 进行测试	GB/T 18271.2—2000 7.1
	A	10/90	10/90									×			
长期偏离	D	90	90	90		×		×	×	×		×		在 90% 的输入信号下测量 30 天以上	GB/T 18271.3—2000 第 23 章
	A	z/s	z/s	z/s		×		×	×	×		×			
加速寿命测试	D	z/s	z/s		×	×		×	×	×		×		在 5% 和 95% 之间用频率衰减不小于 0.95 的正弦波进行 10 万次循环，在 5 000、1 万、2 万、4 万、6 万、8 万和 10 万次循环后进行测试和观察，报告测试期间出现的故障情况以及总的循环次数	GB/T 18271.3—2000 第 23 章
执行机构空气泄漏	D	50	50							×		×		介绍在连续稳定的流速 50 NI/h 和 500 NI/h 下，定位器与执行机构之间连接管道的空气泄漏	
	A	50	50							×		×			

[a] 精度

行程特性

对于测试中仪表的行程特性，在不同测试条件以及测试之前和之后，将输入连续调整成 5%～95% 的值，并测试所对应的行程位置。

零点和量程可从测量值的 5% 和 95% 得来，最好记录下行程信号。

表 3（续）

名称	测量和观察													测试步骤	引用标准
	测量时间	精度[a]				可靠性[b]					稳定性[c]			在报告中关于测试方法和信息的记录	
		行程特性	反馈输出	其他辅助输入输出	中间值	损坏/失败	软件配置	通信	本地显示	诊断信息	阶跃响应	稳定性	初始化		

模拟量反馈输出

只有定位器在测试的时候模拟量反馈输出才能被测量，在不同测试条件以及测试之前和之后，在5%和95%的定位器输入值之间测量模拟量反馈输出，并由这些测量值来确定所引起的零点偏差和量程偏差。最好记录下位置输出信号。

辅助输入/输出

辅助传感器只有在测试仪表中才有效，在不同测试条件以及测试之前和之后，相应量必须处于0%和100%的值，所产生的零点偏差和量程偏差将被确定。提供的辅助传感器（参见图4）可用在：

- 定位器输出压力
- 上游管线压力
- 差压
- 填料盒泄漏检测器

通过连续地引入逻辑“0”和逻辑“1”，检查数字量输入，以便正确地操作。

为了正确地从“0”切换到“1”并希望相应的激励被应用，检查数字量输出中间值/内部值

当仪表有工具从本地显示或个人计算机上读出输入量的中间值时，它们也要被监控和作记录，在故障或出错情况下，这些数据可以显示错误在哪个部分发生。包括：

- （数字化）转换过的mA信号
- 反馈传感器信号
- 内部温度

[b] 可靠性

硬件损坏

观测仪表在测试期间或之后的明显机械损坏。

软件配置

检查软件配置的用户可访问数据是否由于测试条件的应用而产生损坏和改变。

通信

通过本地控制（显示的可读能力和正确操作本地键盘或按钮）、远程手持终端或者个人计算机检查通信。

当仪表在现场总线上实时地运行时，也要检查由于测试所引起的通信延迟或临时性中断。

诊断信息

检查诊断显示（在本地和在个人计算机或手持终端上），并报告诊断信息和可能由测试条件的应用而导致出现的过程报警。仪表可以具有多种诊断测试，它既可以自动地运行，又可以在正常的仪表或有故障的仪表上由操作人员来启动。在仪表不能完全按期望运行时，评测人员要检查带有诊断工具的仪表运行情况。

[c] 稳定性

阶跃响应

引入从45%～55%的向上阶跃，再从55%～45%向下阶跃，报告随时间变化到稳态位置的过程。如果限定的振荡出现，报告其出现的幅值和振荡次数。

稳定性

在10%、50%和90%的输入条件下检查仪表的（稳态）稳定性，报告明显的不稳定性和限定的振荡，对于后一种情况，还要报告振幅和振荡次数。如果在自动调整过程中出现了不稳定或限定的振荡，报告会引起变化的相关控制参数，以及可能对稳定性的提高情况。

6 其他事项

6.1 安全

应检查定位器的电气供电，以确定其抗意外电气冲击的保护设计要与 GB 4793.1—2007 要求一致。

对于应用在危险环境的定位器，应依据 GB 3836 的相关部分由授权的机构进行认证。

6.2 外壳防护等级

如果被需要，应按照 GB 4208—2008 和 GB/T 16842—2008 进行测试。

6.3 电磁辐射

如果被要求，应按照 CISRP22 进行辐射测量。

6.4 变量

报告中应描述生产厂商列出的重要变量或可选择变量。

7 评测报告

评测报告应按照 GB/T 18271.4—2000 准备。

设计评审的结果应按 4.2.2 的描述进行报告。

下列支撑信息也应包括在评测报告中：

- 日期、测试地点；执行测试并记录数据的人员姓名。
- 被测试定位器的描述，包括型号、序列号、单作用还是双作用、以及提到的静态增益。
- 在测试中所用到的执行机构和阀门的描述，包括型号、序列号、单作用或双作用、设定的行程、执行器压力范围、正常有效区域、在 0% 和 100% 行程之间的体积量（双作用执行器的两侧都要考虑）、弹簧系数、摩擦力负载、惯性负载（所有移动部分）。
- 已包括的测试和被忽略的测试，任何影响测试结果的其他条件（如：与推荐环境条件之间偏差）也应被报告。
- 描述测试的组建（包括定位器进气连接位置）、定值器、容积箱和仪表管道尺寸和长度。
- 列出用到的测试设备。
- 输出数据：范围、中间行程（量程的百分比）和输出转换器连接的位置。
- 输入数据：范围、幅值（量程的百分比）和输入信号转换器连接的位置。
- 气源压力和介质。

在发布报告后，测试实验室要保存全部有关测试期间获得测量值的原始文档至少两年。

附 录 A
（规范性附录）
振动测试的测试构建

智能定位器的振动测试应在下述组件上进行。

所提供的执行器应有一个填料盒，填料要轻轻地压紧，以让组件能够稳定地控制。

振动桌和固定面的刚度对于待测设备，应使振动在最小的丢失和放大情况下，把振动传递到待测设备的正常安装处。

控制加速器用于测量和控制振动桌的振动等级，响应加速器安装在振动方向的定位器上，它测量定位器由于安装在阀门/执行机构组件上支架的弹性所可能产生的振幅，而且，阀杆行程要用一个抗振动位移传感器来测量。

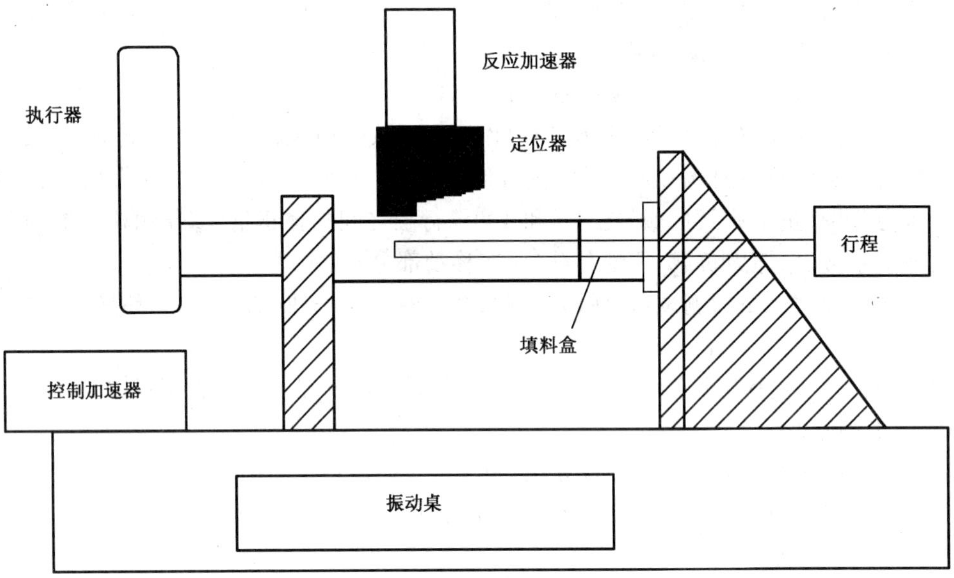

图 A.1 振动测试的测试构建

ICS 37.040.10
N 45

中华人民共和国国家标准

GB/T 22138—2008

幻灯机画面区温升玻璃夹层幻灯试验片测试方法

Slide projector—Determination of temperature rise in the picture area using a glass sandwich test slide

(ISO 7329:1989，MOD)

2008-06-30 发布　　2009-01-01 实施

中华人民共和国国家质量监督检验检疫总局
中国国家标准化管理委员会　发布

前　　言

本标准修改采用 ISO 7329:1989《摄影　幻灯机　画面区温升的玻璃夹层幻灯试验片测试方法》(英文版)。

本标准根据 ISO 7329:1989 重新起草,并按 GB/T 1.1—2000 作了编辑性修改。

本标准由中国机械工业联合会提出。

本标准由机械工业电影和电教机械标准化技术委员会归口。

本标准起草单位:秦皇岛视听机械研究所。

本标准主要起草人:邓荣武。

本标准为首次发布。

幻灯机画面区温升玻璃夹层幻灯试验片测试方法

1 范围

本标准规定了采用玻璃夹层镶嵌热电偶的温度测试片(以下简称测温片)测试幻灯机片门温升的方法。

本标准适用于所有幻灯片外形尺寸为 50 mm×50 mm 和 30 mm×30 mm 的幻灯机片门的温升测试,也可适用于投影器物平面温升的测试。

2 温度测量的准备

2.1 在进行任何一次测量之前,应将被测幻灯机预先置放于试验室环境条件下至少 24 h。

2.2 测量时环境温度应为 23 ℃±2 ℃。

2.3 被测幻灯机应在带有灯泡、聚光镜、放映物镜等正常使用时所需的一切相同零部件条件下工作。

2.4 幻灯机测试时的电源电压,应调到其额定电压的±0.5%以内,电压在接有该幻灯机推荐使用的电源线插座上测量,电源频率应与幻灯机生产单位规定的额定频率相符。

如果幻灯机可适用于不同的电压和/或频率,则测量应是在每种可调电压的±0.5%范围内及相应的频率下进行,或者至少应选择一个特定电压和频率下进行,在选择特定电压和频率时应考虑到应是幻灯机在实践中最常用的并在此条件下可使试验结果的差异为最小。

为了确定灯泡的输入电压,应在灯泡工作时测量其灯座处的电压。

2.5 可调节亮度的幻灯机,测量时应将亮度调至最高挡。

2.6 幻灯机光学零件上应不沾有灰尘及其他污垢。

2.7 幻灯机中灯泡的调节应按照操作规程进行。

3 测温设备

3.1 测温片的结构和细节如图 1 所示,尺寸及误差见表 1,其要求见 3.2~3.6。

3.2 热电偶应是由 NiCr-Ni 丝所组成,直径为 0.6 mm,其接头应平整,厚度应和热电偶直径一致,热电偶位置应如图 1 所示。热电偶接头应与胶片及玻璃确保接触,并应置于测温片的中心,不得超出以测温片中心为圆心、直径为 6 mm 的圆。

3.3 测温片所夹胶片应由以聚酯为片基的黑白银乳剂面组成,该乳剂面应予均匀曝光,光密度不低于 2.8。

3.4 测温片应至少以 6 片为一组,温度测试应在所适用的幻灯机中轮换使用每一个测温片。当所有可变因素维持稳定时,在所确定的一组中任两个测温片之间所显示的温度偏差不得大于 1.5 ℃。

3.5 测温片应可适用于最高为 120 ℃的测量。

3.6 对于幻灯画幅规格大于 50 mm×50 mm 的幻灯机,测温片应固定在所适用的画幅匹配器上使用。

3.7 所配用的测温仪表应适用于测量温度范围为 0 ℃~100 ℃,并应精确到±1 ℃之内。

注:测温片中胶片的光密度因光效应会发生变化,当测温片不使用时应置于暗室中贮藏。

测温片应定期检查,以便确定其精确度有无较大的变化,并用新的经确认的测温片进行对比检验。

单位为毫米

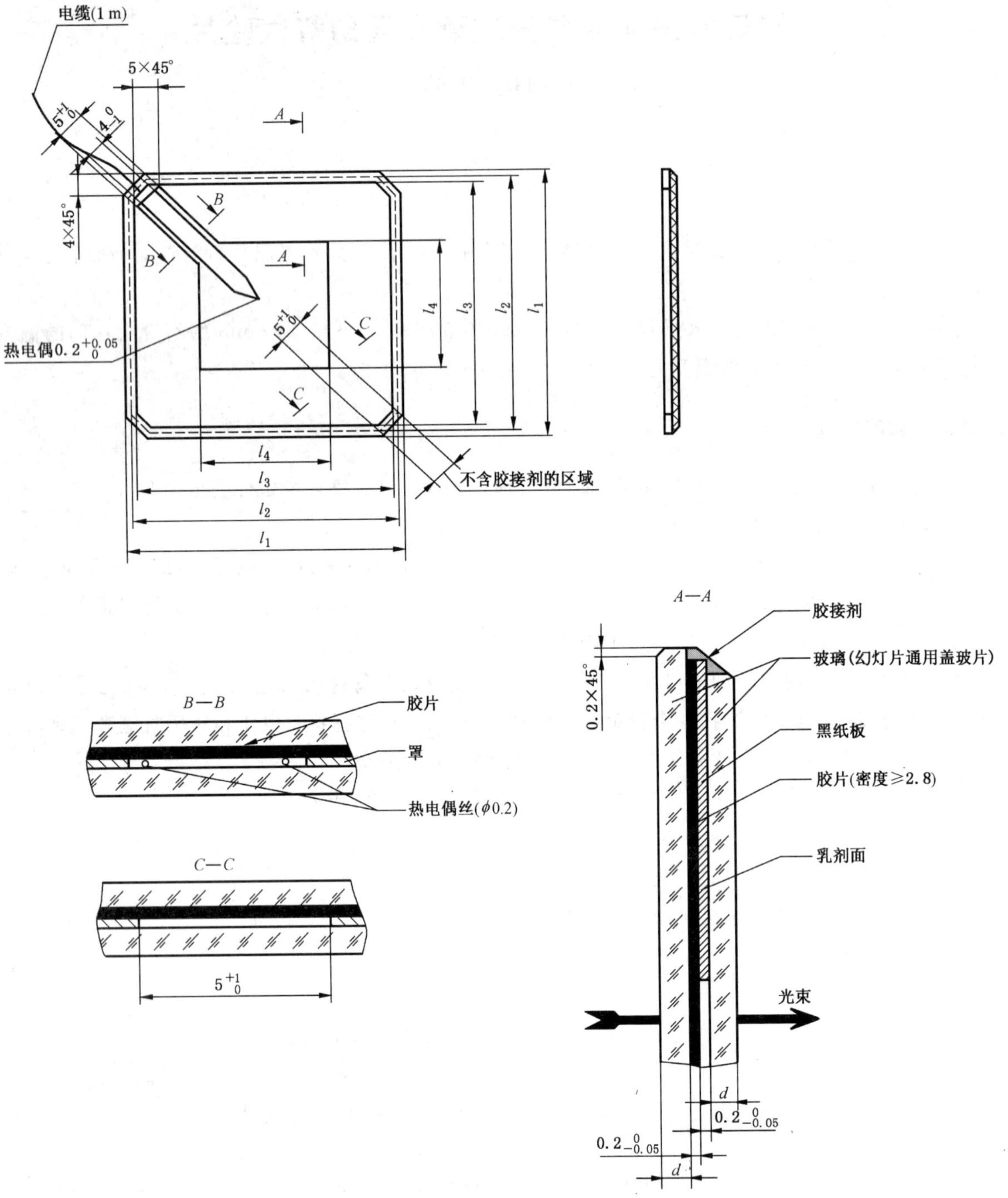

图 1 测温片(见 3.1)

表 1 50 mm×50 mm 和 30 mm×30 mm 幻灯片任选尺寸(见图 1)

l_1	l_2	l_3	l_4	d
$50_{-0.5}^{0}$	$48.5_{-0.5}^{0}$	$47_{-0.5}^{0}$	$24_{0}^{+0.5}$	$1.0_{0}^{+0.1}$
$30_{-0.5}^{0}$	$28.5_{-0.5}^{0}$	$27_{-0.5}^{0}$	$12_{0}^{+0.5}$	$0.6_{0}^{+0.1}$

4 测量

4.1 将测温片放置或插入幻灯机的物平面，测温片应定位于幻灯机片窗中心，热电偶接头应背向光源，接通幻灯机电源及灯泡。

4.2 每隔 1 min 读取一次测温片的温度，直至温度读数变化的速率小于 0.5 ℃/min 为止。

4.3 用测温片测出其最高温度减去其环境温度即为测温片的最大温升，单位为℃。

4.4 也应记录测温片的最高温度。

5 结果报告

根据本标准检验报告举例如表 2。

表 2 检验报告举例

检验对象	幻灯机制造厂/型号、编号/顺序号				
额定电压	120 V、130 V、220 V、240 V				
频率	50 Hz/60 Hz				
标称灯泡	24 V/250 W 卤素灯				
制造商和灯泡型号	MNO comp. Type No. 1234				
幻灯画幅规格	50 mm×50 mm				
电压选择器位置/V	幻灯机输入		灯泡输入/V	测温片最大温升/℃	测温片最高温度/℃
	V	Hz			
110	110	50	22.95	60	83
120	120	60	23.00	58	81
220/230	220	50	22.95	60	83
220/230	230	50	24.00	70	93
240/250	240	50	23.05	62	85
检验按该标准的有关要求进行。					

ICS 37.060.10
N 42

中华人民共和国国家标准

GB/T 22139—2008

35 mm 电影系统影片张力规范

Specification for film tension in 35 mm motion-picture systems

2008-06-30 发布　　2009-01-01 实施

中华人民共和国国家质量监督检验检疫总局
中国国家标准化管理委员会　发布

前 言

本标准修改采用 SMPTE RP 106:1994《以低于 0.9 m/s(180 ft/min)运行的 35 mm 电影系统的影片张力》。

本标准和 SMPTE RP 106:1994 的差异为:按 GB/T 1.1—2000 作了编辑性修改。

本标准由中国机械工业联合会提出。

本标准由机械工业电影和电教机械标准化技术委员会归口。

本标准起草单位:秦皇岛视听机械研究所。

本标准主要起草人:阎继华。

本标准为首次发布。

引　　言

本标准由机械工业电影和电教机械标准化技术委员会制定，为设备制造厂、放映人员设计和调整新的或正在运行的 35 mm 电影放映设备和电影收片设备提供指南。现行的影片和输片齿轮组合时，影片断裂发生之前的极限张力是 66.7N(15 lbf)。因此，所有收片设备必须保持影片张力在此断裂极限张力的百之几以内。影片张力超过 4.4N(16 ozf)将会增加影片的磨损，是没有必要的。当张力为1.7 N(6 ozf)时，已足以使电影画面保持稳定。

35 mm 电影系统影片张力规范

1 范围

1.1 本标准规定了 35 mm 电影影片以低于 0.9 m/s(3 ft/s)的速度通过输片系统运行时，为使影片损伤达到最小所需要的影片张力。

1.2 本标准推荐了影片张力的检测方法。

2 影片张力

在正常输片条件下，影片张力应在 1.7 N～4.4 N(6 ozf～16 ozf)之间。

3 检测方法

3.1 将 0.9 m～1.8 m(3 ft～6 ft)的影片缠绕在片夹的片芯上，在供片或收片系统以正常模式运行的情况下，用测力计拉住影片的一头进行测量。所测得的张力应按影片缠绕直径(片芯直径)绘图制表，并符合第 2 章中的规定。

3.2 为了测量影片张力，将一小段影片置于放映片门内，将片门关闭，用测力计拉住影片通过片门。

注：调整片门压力，使画面跳动不大于 0.020 mm。

ICS 29.160.40
K 55

中华人民共和国国家标准

GB/T 22140—2008

小型水轮机现场验收试验规程

Code for field acceptance test of small hydro turbines

(IEC 62006:2001,
Hydraulic machines—Acceptance tests of small hydro turbines,MOD)

2008-06-27 发布 2008-10-01 实施

中华人民共和国国家质量监督检验检疫总局
中国国家标准化管理委员会 发布

前　言

本标准修改采用 IEC 62006:2001《小型水轮机验收试验》，本标准与 IEC 62006:2001 的主要差异如下：

——第 10 章空蚀和磨损的检查中对空蚀保证期进行了修改；

——10.1.2 空蚀测量方法中，IEC 原文中系数 k 的取值较大，根据 GB/T 15469—1995《反击式水轮机空蚀评定》对表 4 中 k 的取值进行了调整；

——第 10 章空蚀和磨损的检查中补充了磨损检查和磨损评定的相关内容；

——第 11 章试验的组织中增加了 11.4 试验报告一节内容；

——增加了第 12 章数据采集的相关内容；

——附录 E 流量测量方法中补充了毕托管法和堰测法。

此外，还按我国规定对文字、单位和图表进行了规范化处理。

本标准的附录 B、附录 C、附录 D、附录 E 和附录 F 为规范性附录，附录 A 为资料性附录。

本标准由中华人民共和国水利部提出并归口。

本标准起草单位：中国水利水电科学研究院。

本标准主要起草人：孟晓超，潘罗平，杨弄玉。

小型水轮机现场验收试验规程

1 范围

本标准规定了小型水轮机进行现场验收试验的有关试验、测量方法，以及合同保证条件的评价方法。

本标准适用于单机输出功率小于(等于)15 MW 和转轮直径小于(等于)3.3 m 的水轮机现场验收试验。

本标准不涉及水轮机的具体结构和各种部件的机械性能。

2 规范性引用文件

下列文件中的条款通过本标准的引用而成为本标准的条款。凡是注日期的引用文件，其随后所有的修改单(不包括勘误的内容)或修订版均不适用于本标准，然而，鼓励根据本标准达成协议的各方研究是否可使用这些文件的最新版本。凡是不注日期的引用文件，其最新版本适用于本标准。

GB/T 1029—2005 三相同步电机试验方法

GB/T 7894—2001 水轮发电机基本技术条件(neq IEC 60034:1996)

GB/T 15469—1995 反击式水轮机空蚀评定

GB/T 17189—2007 水力机械(水轮机、蓄能泵和水泵水轮机)振动和脉动现场测试规程

DL 5061—1996 水利水电工程劳动安全与工业卫生设计规范

ISO 1438-1 应用堰和文杜里水槽在明渠中测流——第一部分:薄壁堰

ISO 3354:1988 封闭管路清洁水的流量测量——在满管中和固定流量条件下使用测速仪的速度截面法

ISO 3455 明渠的流量测量——转子式流速仪在直线明渠中的标定

ISO 3966 封闭管道中流体流量测量——采用皮托静压管的速度面积法

ISO 4373 明渠水流测量——水位测量设备

ISO 7194 封闭管道中流体流量测量——利用流速仪或皮托静压管对圆形管道中不均匀流或旋涡流流量测量的速度面积法

IEC 60041:1991 水轮机、蓄能泵和水泵水轮机水力性能现场验收试验

IEC 60193 水轮机、蓄能泵和水泵水轮机——模型验收试验

3 术语、定义、符号及单位

下列术语、定义、符号及单位适用于本标准。

3.1 下标

3.1.1

高压基准断面 1 high pressure reference section(1)

确定高压侧的起始断面(或高程)，见图 1。

3.1.2

低压基准断面 2 low pressure reference section(2)

确定低压侧的起始断面(或高程)。

3.1.3

高压测量断面 1′ high pressure measuring section (1′)

测压管所在断面如果与高压基准断面 1 不一致，其测量值应换算到高压基准断面 1。

3.1.4

低压测量断面 2′ low pressure measuring section(2′)

测压管所在断面如果与低压基准断面 2 不一致，其测量值应换算到低压基准断面 2。

3.1.5

规定值 specified(S_p)

符号表示的量值亦代表其他保证的量值。

3.1.6

测量值 measured(N)

符号表示试验时的量值。

3.1.7

变换值 transposed(R)

符号 R 表示在保证(或规定)条件下通过换算重新设定的量值。

3.1.8

加权值 weighted(W)

按照规定的权值得出的计算值。

3.1.9

指数 index(ix)

在水轮机相对效率试验中，用来表示水轮机的相对效率与压差方次关系的数。

3.2 **几何术语**

3.2.1

面积 area(A)

垂直于来流方向的过流净面积(单位：m^2)。

3.2.2

导叶开度 guide vane opening(a_0)

导叶背面出水边上给定点至相邻导叶体之间的最短距离(单位：mm)。

3.2.3

喷针开度 needle opening(s)

从关闭位置开始测得的喷针平均行程(单位：mm)。

3.2.4

转轮叶片安放角度 runner blade angle(β)

叶片外缘进、出水边上两点的轴向距离除以该两点间的弧长为其正弦值的角度(单位：度)。

3.2.5

高程 level(z)

系统中某一点位于规定的参考基准面(通常指平均海平面)以上的高程(单位：m)。

3.2.6

水轮机基准高程 turbine reference level(z_T)

在水轮机中所规定的某一点到参考基准面的高程(单位：m)。

3.3 主要物理量

3.3.1

重力加速度　acceleration due to gravity(g)

试验地点的 g 值，它是纬度和海拔的函数(单位：m/s^2)，参见第 A.2 章。

3.3.2

温度　temperature(T)

热力学温度(单位：K 或℃)。

3.3.3

密度　density(ρ)

单位体积的质量。

水的密度值 ρ_W(单位：kg/m^3)，参见第 A.3 章。

空气的密度值 ρ_a(单位：kg/m^3)，参见第 A.4 章。

3.3.4

运动粘性系数　coefficient of kinematic viscosity(ν)

动力粘性系数与密度之比(单位：m/s^2)。

3.4 流量

3.4.1

流量　discharge(Q)

单位时间流过系统任何一断面水的体积(单位：m^3/s)。

3.4.2

相对流量　relative discharge(Q_{ix})

用指数试验方法计算得出的流量(单位：m^3/s)。

3.5 转速

3.5.1

转速　rotational speed(n)

每分钟的旋转次数(单位：r/min)。

3.5.2

瞬时转速　momentary speed(n_m)

暂态过渡过程中，某指定时刻(或瞬间)的转速(见图 3)。

3.5.3

最大瞬时转速　maximum momentary over speed($n_{m,max}$)

机组在甩规定负荷的暂态过程中达到的最大转速(在某些情况下最大瞬时转速超过最大稳态飞逸转速)。

3.5.4

最大稳态飞逸转速　maximum steady state runaway speed (n_{run})

在最大水头下，发电机甩负荷或与电网解列发生的暂态过程波动消失后，喷针或导叶或转轮叶片所处的位置恰使转速达到最大值的转速。对高比转速的水轮机，其飞逸转速还受空化性能的影响，因而还取决于有效的吸出高程(H_s)值。

3.5.5

最终转速　final speed(n_f)

水轮机在所有暂态过程波动消失后的稳态转速。

3.6 压力

3.6.1

表计压力 gauge pressure(p)

高于或低于环境压力的表计显示压力(单位:Pa)。

3.6.2

环境压力 ambient pressure(p_{amb})

周围空气的大气压力(单位:Pa)。

3.6.3

绝对压力 absolute pressure(p_{abs})

表计压力和环境压力的代数和(单位:Pa)。

3.6.4

瞬时压力 momentary pressure(p_{+-m})

系统中指定点在规定的暂态过程中指定时刻出现的表压力(单位:Pa),见图4。

3.6.5

最大/最小瞬时压力 maximum/minimum momentary over pressure($p_{+-m,max}$)

机组在甩或增加规定负荷的暂态过程中出现的最高/最低瞬时压力(单位:Pa)。

3.6.6

最终压力 final pressure(p_f)

系统中指定点所有暂态过程波动消失后的稳态表压力(单位:Pa),见图4。

3.7 水头

3.7.1

水轮机水头 turbine head(H)

水轮机做功用的有效水头,为水轮机高压基准断面1与低压基准断面2之间包含动态能量的总压力差。净水头 $H=E/g$(单位:m)。

3.7.2

额定水头 rated head(H_r)

水轮机在额定转速下,输出额定功率时的最小净水头(单位:m)。

3.7.3

毛水头 gross head (H_0)

水电站上游水位与尾水位之差(单位:m)。

3.7.4

静水头 static head(H_{stat})

水轮机高压断面与低压断面之间的静压力差(单位:m)。

3.7.5

动水头 dynamic head(H_{dyn})

用水柱高度表示的速度水头,其值等于在水轮机某一流量下通过高压基准断面或低压基准断面时的平均流速的平方除以两倍重力加速度:$H_{dyn}=v^2/(2g)$(单位:m)。

3.7.6

总水头 total head(H_{tot})

总水头为静水头与动水头之和:$H_{tot}=H_{stat}+H_{dyn}$(单位:m)。

3.8 功率

3.8.1

水轮机输入功率 hydraulic power of turbine(P_h)

水轮机进口水流可产生电能的水力功率(单位:W):$P_h = E(\rho Q) = gH(\rho Q)$,其中$(\rho Q)$可以是$(\rho Q)_1$或$(\rho Q)_2$。

3.8.2

水轮机输出功率 mechanical power of turbine(P_t)

水轮机主轴输出的机械功率(单位:W):$P_t = P_h \times \eta_t$。

3.8.3

发电机输出功率 electrical power of generator(P_{gen})

发电机母线出口处测得的输出功率(单位:W)。

3.8.4

电站输出功率 electrical power of the power plant(P_{out})

电站输出接线测得的功率(单位:W):$P_{out} = P_{gen} - P_{L,tf}$。

3.9 损失

3.9.1

传输损失 losses of transmission($P_{L,tr}$)

齿轮或其他传递部件(包括调速轮)传输的机械损失(单位:W)。

3.9.2

发电机损失 losses of generator($P_{L,gn}$)

发电机内部损失(包含发电机的轴承损失)(单位:W)。

3.9.3

变压器损失 losses of transformer($P_{L,tf}$)

变压器输入端与输出端的功率差(单位:W)。

3.9.4

用于辅助设备的功率 power for auxiliary devices($P_{L,ax}$)

电站辅助设备系统耗用的功率(单位:W)。

3.10 效率

3.10.1

水轮机绝对效率 absolute turbine efficiency(η_t)

水轮机输出功率与水轮机输入功率之比:$\eta_t = P_t / P_h = P_{gen} / (P_h \times \eta_{gn})$。

3.10.2

水轮机相对效率 relative turbine efficiency($\eta_{t,ix}$)

采用指数试验得到的流量计算得出的水轮机效率。

3.10.3

发电机效率 generator efficiency(η_{gen})

发电机输出功率除以发电机输出功率与发电机损失之和:$\eta_{gen} = P_{gen} / (P_{gen} + P_{L,gn})$。

3.10.4

变压器效率 transformer efficiency(η_{tf})

电站输出功率除以发电机输出功率:$\eta_{tf} = P_{out} / P_{gen} = (P_{gen} - P_{L,tf}) / P_{gen}$。

3.10.5

传输效率　transmission efficiency(η_{tr})

发电机输出功率、发电机损失和用于辅助设备的功率之和除以水轮机输出功率：

$\eta_{tr}=(P_{gen}+P_{L,gn}+P_{L,ax})/P_t$。

3.10.6

水电站装置效率　plant efficiency(η_{plant})

电站输出功率除以水轮机输入功率：$\eta_{plant}=P_{out}/(H_0\times g\times\rho\times Q)$。

3.11　其他参数

3.11.1

单位比能　specific hydraulic energy of water(E)

电站上游水位与尾水位之间可以利用的单位质量流体的能量(单位:J/kg)。

3.11.2

平均流速　mean velocity(v)

流量除以面积A(单位:m/s)。

3.11.3

流道损失　losses of water passage(h_{Li})

水轮机上、下游流道断面间的水头降低(损失)(单位:m)。

3.11.4

净吸出高度　net positive suction head(H_s)

水轮机规定的基准面至尾水位的高度(单位:m)。

3.11.5

空化系数　cavitation coefficient(σ)

水轮机的空化系数是表示在水轮机运行过程中转轮内部动力真空的相对值：$\sigma=H_s/H$。

3.12　误差和其他术语符号

见表1和表2。

表1　误差符号

项　　目	符号
压力测量　pressure measurement	f_p
净水头　net head	f_H
流量　discharge	f_Q
发电机输出功率　generator power output	f_{gen}
能量逆变　energy counter	f_{WH}
电压互感器　potential transformer	f_{PT}
电流互感器　current transformer	f_{CT}
计时器　timer	f_T
发电机损失　losses of generator	$f_{L,gn}$
转速　rotational speed	f_n
不带变压器的水轮发电机组输出功率　power output on hydroelectric unit without transformer	$f_{p,gen}$
水轮机主轴的输出功率　power output on turbine shaft	$f_{P,t}$
水轮机效率　turbine efficiency	$f_{\eta,t}$

表 1（续）

项　　目	符号
用热力学法得到的水轮机效率　efficiency of turbine using thermodynamic method	$f_{\eta,th}$
机械传输效率　efficiency of mechanical transmission	$f_{\eta,tr}$
变压器效率　efficiency of transformer	$f_{\eta,tf}$
总偏差　sum of bias errors	e_{bias}
总精度误差　sum of precision errors	e_{prec}
全部测量的总误差　overall errors of the whole measurement	$e_{overall}$

表 2　其他术语符号

项　　目	符号
活动导叶　wicket gate	WG
固定导叶　stay vane	SV
转轮叶片　runner blade	RB
喷针开度　needle opening	NO
上游水位　head water level	HWL
下游水位　tail water level	TWL
流体动力学计算　calculation flow dynamics	CFD
初步验收证明　preliminary acceptance certificate	PAC
电压互感器　potential transformer	PT
电流互感器　current transformer	CT

3.13　水轮发电机组示意图

水电站的流道由三个不同的部分组成（见图 1）：

- 上游流道；
- 水轮机性能保证范围通流流道（在高压基准断面 1 与低压基准断面 2 之间）；
- 下游流道。

在高压基准断面 1 以外的上游流道和在低压基准断面 2 以外的下游流道的水力损失不应归于水轮机，但有可能影响水轮机流道范围内的水力条件和水轮机的效率。因此，当考虑水轮机效率时，仅考虑水轮机保证范围内的能量损失。如果在高压基准断面 1 和低压基准断面 2 的能量测量不可能进行时，供需双方协议改变测量断面。

最常见的小型水轮机的高压基准断面 1 和低压基准断面 2 以及净水头和比能的定义见 3.14。

性能保证范围：

a)　最大输出功率：

　　1)　水轮机输出功率 P_t；

　　2)　发电机输出功率 P_{gen}；

　　3)　水电站输出功率 P_{out}。

b)　特性曲线形状的控制

　　1)　发电机功率与水轮机开度的函数关系　$P_{gen}=f(WG)$；

　　2)　水轮机绝对效率与水轮机输出功率的函数关系　$\eta_t=f(P_t)$；

　　　　水轮机绝对效率与流量的函数关系　$\eta_t=f(Q)$；

　　3)　水轮机相对效率与水轮机输出功率的函数关系　$\eta_{t,rel}=f(P_t)$；

　　　　水轮机相对效率与流量的函数关系　$\eta_{t,rel}=f(Q)$。

所有保证都基于高压基准断面 1 和低压基准断面 2（水轮机保证范围）以及相对应的净水头。

上游水位 0 与下游水位 3 没有定义参考面积或有效的过流断面，上游水位 0 与下游水位 3 的水位差代表着电站的毛水头，仅作为参考资料。

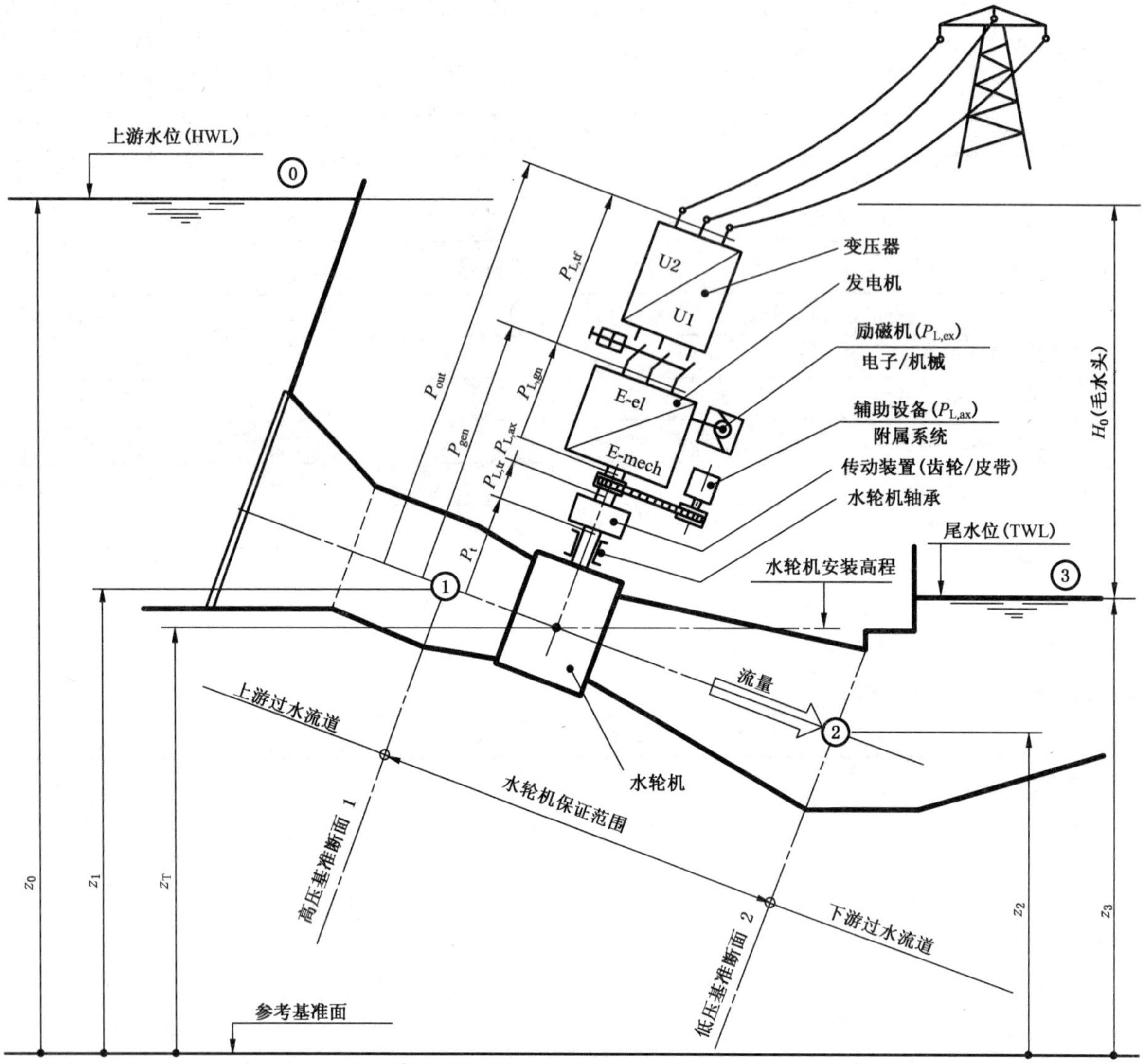

图 1　水轮发电机组示意图(水电系统)

3.14　典型小型水轮机水头的定义

3.14.1　概述

在这个标准中，术语 H、H_0、H_{stat} 和 H_{tot} 主要用于能量和压力。这些通常用于小型水轮机，如果必要，比能 E 能够很容易地用 $E=g\times H$ 计算得出。

$H_{1,stat}$ 和 $H_{2,stat}$ 分别代表水轮机高压基准断面 1 和低压基准断面 2 的静压力水头。

总压力 $H_{1,tot}$ 和 $H_{2,tot}$ 分别包含了高压基准断面 1 的速度水头 $v_1{}^2/2g$ 和低压基准断面 2 的速度水头 $v_2{}^2/2g$。

水轮机净水头 H 的一般定义为：

$$H=\frac{p_1'-p_2'}{g\rho}+\frac{v_1{}^2-v_2{}^2}{2g}+(z_1'-z_2') \quad 或 \quad H=(h_1'-h_2')+\frac{v_1{}^2-v_2{}^2}{2g}+(z_1'-z_2')$$

注：$p=p_{abs}-p_{amb}$。

对于小型水轮机，其环境压力 p_{amb} 的影响非常小，因此可忽略。在水轮机净水头 H 中从高压基准断面 1 到低压基准断面 2 的流道损失比毛水头 H_0 小很多。因此，H 可以定义为(见图 2 和附录 B)：

$$H=H_{1,tot}-H_{2,tot}$$

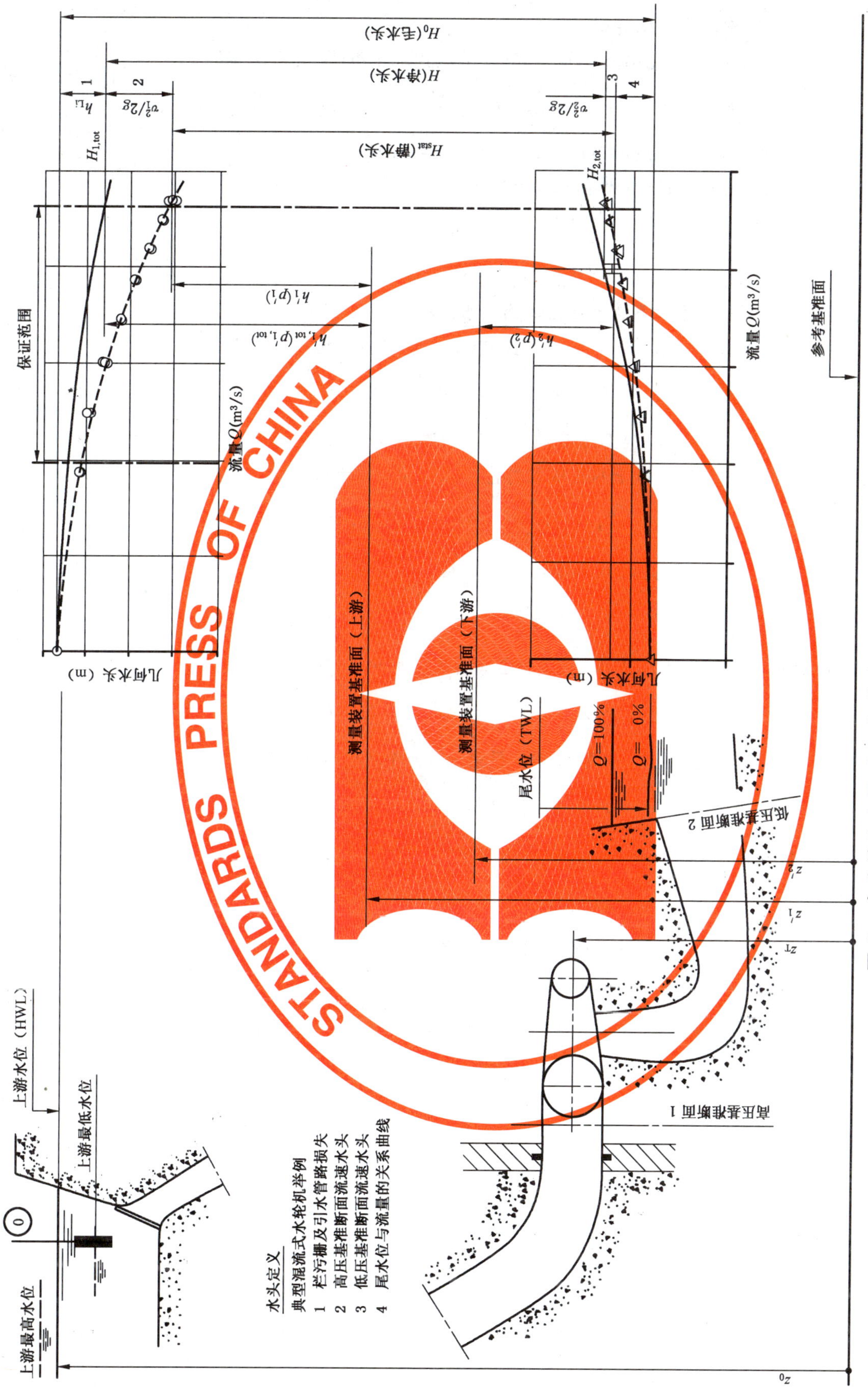

图 2 水头的定义及毛水头和净水头与流量的关系

3.14.2　上下游均为自由水面的水轮机

3.14.2.1　灯泡贯流式水轮机(见第B.1章)和立式轴流式水轮机(见第B.2章)：

$$H_{1,\mathrm{tot}}=z_1'-h_1'+\frac{v_1^{\;2}}{2g}\qquad H_{2,\mathrm{tot}}=z_2'-h_2'+\frac{v_2^{\;2}}{2g}\qquad H=H_{1,\mathrm{tot}}-H_{2,\mathrm{tot}}$$

注：卧式和立式轴伸式水轮机可分别参见灯泡贯流式和立式轴流式水轮机水头的定义。

3.14.2.2　立式开敞混流式水轮机(见第B.3章)：

$$H_{1,\mathrm{tot}}=z_1'-h_1'\qquad H_{2,\mathrm{tot}}=z_2'-h_2'+\frac{v_2^{\;2}}{2g}\qquad H=H_{1,\mathrm{tot}}-H_{2,\mathrm{tot}}$$

注：立式开敞轴流式水轮机可参见立式开敞混流式水轮机水头的定义。

3.14.3　上游具有压力引水管而下游为自由水面的水轮机

3.14.3.1　卧式混流式水轮机(见第B.4章)和立式混流式水轮机(见第B.5章)：

$$H_{1,\mathrm{tot}}=z_1'+h_1'+\frac{v_1^{\;2}}{2g}\qquad H_{2,\mathrm{tot}}=z_2'-h_2'+\frac{v_2^{\;2}}{2g}\qquad H=H_{1,\mathrm{tot}}-H_{2,\mathrm{tot}}$$

3.14.3.2　卧式冲击式水轮机(见第B.6章)：

z_{2m}是所有z_{2X}值的平均值。对于两喷嘴的冲击式水轮机：$z_{2m}=(z_{21}+z_{22})/2$

$$H_{1,\mathrm{tot}}=z_1'+h_1'+\frac{v_1^{\;2}}{2g}\qquad H_{2,\mathrm{tot}}=z_{2m}\qquad H=H_{1,\mathrm{tot}}-H_{2,\mathrm{tot}}$$

3.14.3.3　立式冲击式水轮机(见第B.7章)：

$$H_{1,\mathrm{tot}}=z_1'+h_1'+\frac{v_1^{\;2}}{2g}\qquad H_{2,\mathrm{tot}}=z_{\mathrm{T}}\qquad H=H_{1,\mathrm{tot}}-H_{2,\mathrm{tot}}$$

3.14.3.4　卧式斜击式水轮机(见第B.8章)和立式斜击式水轮机(见第B.9章)：

$$H_{1,\mathrm{tot}}=z_1'+h_1'+\frac{v_1^{\;2}}{2g}\qquad H_{2,\mathrm{tot}}=z_{\mathrm{T}}\qquad H=H_{1,\mathrm{tot}}-H_{2,\mathrm{tot}}$$

3.14.3.5　A型带尾水管的卧式双击式水轮机(见第B.10章)(起始低水头)：

$$H_{1,\mathrm{tot}}=z_1'+h_1'+\frac{v_1^{\;2}}{2g}\qquad H_{2,\mathrm{tot}}=z_2'-h_2'+\frac{v_2^{\;2}}{2g}\qquad H=H_{1,\mathrm{tot}}-H_{2,\mathrm{tot}}$$

3.14.3.6　B型不带尾水管的卧式双击式水轮机(见第B.11章)(起始高水头)：

$$H_{1,\mathrm{tot}}=z_1'+h_1'+\frac{v_1^{\;2}}{2g}\qquad H_{2,\mathrm{tot}}=z_{\mathrm{T}}\qquad H=H_{1,\mathrm{tot}}-H_{2,\mathrm{tot}}$$

3.14.4　上下游均为具有压力引水管和排水管的水轮机

卧式混流式水轮机：

$$H_{1,\mathrm{tot}}=z_1'+h_1'+\frac{v_1^{\;2}}{2g}\qquad H_{2,\mathrm{tot}}=z_2'-h_2'+\frac{v_2^{\;2}}{2g}\qquad H=H_{1,\mathrm{tot}}-H_{2,\mathrm{tot}}$$

3.15　瞬时转速上升的定义

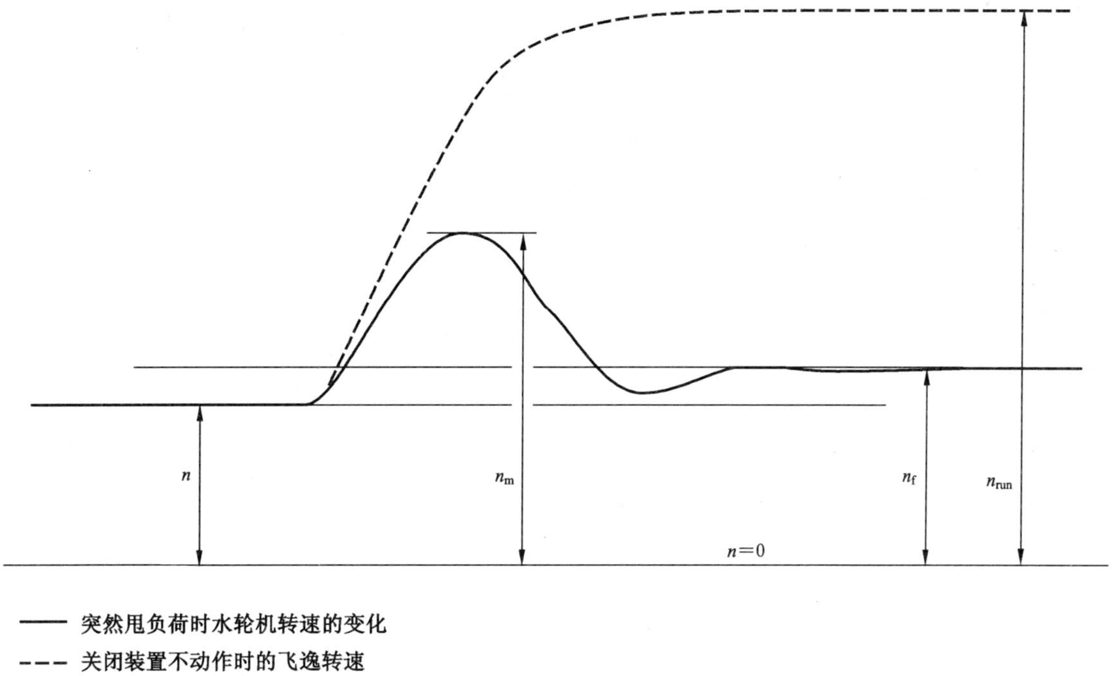

图 3　瞬时转速上升的定义

3.16　压力上升的定义

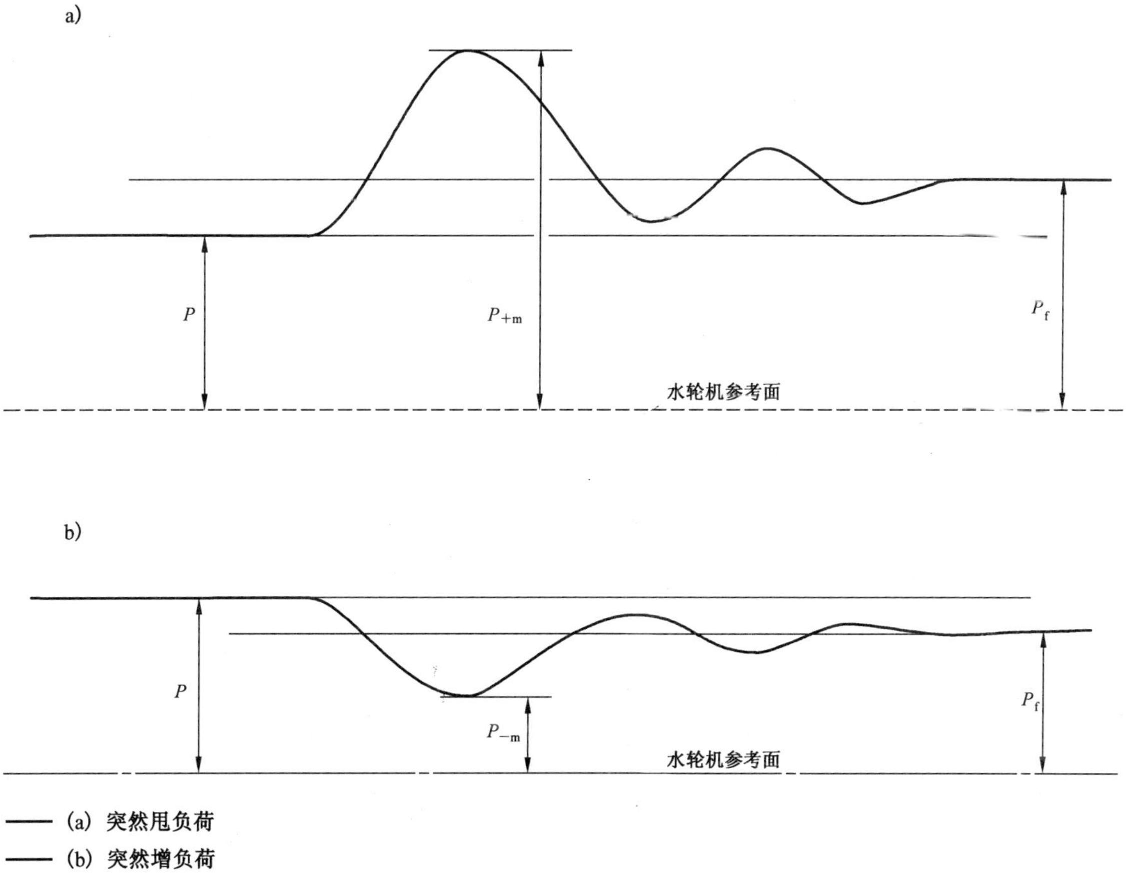

图 4　在水轮机高压参考断面的压力变化

4 保证的性能和范围

4.1 规定和要求

4.1.1 合同规定

水轮机保证的性能和范围应在合同中予以规定。验收试验应规定：

- 试验范围，见表3；
- 试验方法；
- 测量仪器设备的等级；
- 考虑不利的测量条件所允许的不确定度。

表3 试验范围

测 量 等 级	C等级 全面试验	B等级 扩展试验	A等级 常规试验 (仪表盘测量)	参考章节
安全验收试验(投入运行)				5
启动前试验(无水试验)	是	是	是	5.1
关闭装置(无水和充水试验)	是	是	是	5.2
试车和控制系统(过水试验)	是	是	是	5.3
轴承在额定转速下运行	是	是	是	5.4
紧急停机(空载)	是	是	是	5.5
电气保护	是	是	是	5.6
过速试验	是	是	是	5.7
飞逸试验	不/选择	不/选择	不/选择	5.8
甩负荷试验	是	是	是	5.9
试运行和可靠性试验				6
旋转部件的温升	是	是	是	6.2
控制系统	是/选择	是/选择	是/选择	6.3
设置静压基准	是	是/选择	是/选择	6.5
协联关系	是	是/选择	不	6.6
性能试验				7
在净水头下发电机的最大输出功率	是[a]	是	是	7.2
发电机输出功率与净水头和水轮机导叶开度的关系	是	是	是	7.3
指数试验	是/选择	是	不	7.4
效率试验				
● 采用流量测量	是	不	不	7.5
● 采用热力学法	是[b]	不	不	7.6
计算、评估和误差分析	是	是	是	8
其他保证				10
空蚀	是/选择	是/选择	是/选择	10.1

表 3（续）

测 量 等 级	C 等级 全面试验	B 等级 扩展试验	A 等级 常规试验 （仪表盘测量）	参考章节
噪声	是/选择	是/选择	是/选择	10.2
振动	是/选择	是/选择	是/选择	10.3

注：是：合同要求；

是/选择：通常进行试验或选择进行（这取决于水轮机型式和现场条件）；

不/选择：通常不进行试验或选择进行（这取决于水轮机型式和现场条件）；

不：不需要。

[a] 包含在其他试验中。

[b] 可选择其他替代。

4.1.2 电站条件

为了电站设计和投标的目的，需方应提供作为保证基础的各种数据和参数。上下游过水流道通常由需方负责，需方因此应及时提供水轮机供方所必需和要求的数据。

主要要求如下：

a) 最高/最低上游水库水位；

b) 最高/最低下游水位；

c) 可利用的水力能量：

- 额定水头和额定流量；
- 水轮机工作水头范围；

d) 需方在合同中应明确下列参数：

- 水轮机安装高程；
- 最小允许尾水位，关系到空化性能和尾水管出口的淹没深度（反击式水轮机）；
- 尾水管出口至尾水明渠的最小距离（反击式水轮机）；
- 最高尾水位（水斗式水轮机）；

e) 水质：

- 每立方米水中含泥沙的重量，单位：kg/m^3；
- 悬浮物（草、水藻、工业垃圾等）；
- 化学成分；
- 水温；

f) 整个过水流道可预计的水力损失：

- 引水系统；
- 进口；
- 拦污栅；
- 压力管道，进水主阀；
- 下游过水流道；

g) 来流条件：在上下游流道中任何有干扰的流速分布都会对水轮机的效率和装置性能产生明显的影响。因此，在设计流道时，水轮机高压基准断面 1 和低压基准断面 2 之间的流速分布应该符合水轮机供方的要求，特别是对于低水头水电站的水轮机。

4.1.3 试验仪器设备的技术要求

仪器设备应正确地选择，并适用于下列试验：

a) 试运行期间试验：对于测量压力、温度和转速所使用仪表盘和外接商业仪器仪表的精度应高于±1%；

b) 验收试验：对于测量的不利结果，参与验收试验的各方应对测量的不确定度取得一致意见，采用的测量仪器精度要求参见8.2。

4.2 主要性能保证

4.2.1 最大输出功率

当在合同(或协议)规定的水头和转速下测量得到的输出功率等于或大于保证功率时(测量结果满足测量误差要求)，即认为满足保证值。上述保证值可在不同水头下分别予以保证。

对于规定的水头，输出功率的保证可采用：

a) 水轮机主轴(包含水轮机轴承)：水轮机输出功率 P_t；

b) 发电机：发电机输出功率 P_{gen}；

c) 水电站性能：电站输出功率 P_{out}；

d) 作为水轮机导叶(或喷针)开度函数的发电机输出功率：发电机功率 $P_{gen}=f(WG)$。

4.2.2 水轮机绝对效率

应对合同(或协议)规定的功率和流量范围内测量得到的效率值给予评估，且当评估效率值不小于效率保证值时，即认为满足合同规定。效率保证可采用如下形式：

a) 保证加权平均效率值；

b) 保证一个或多个规定水头下的水轮机效率曲线。

一般不对单独的效率点进行保证，因为单独效率点并不代表水轮机的整体特性性能。

4.2.3 水轮机相对效率

水轮机相对效率见7.4。对测量得到的相对效率特性与保证值进行比较，见9.3.2。

4.3 保证的范围

4.3.1 保证的试验等级(A、B、C三级)

不论保证的范围怎样，水轮发电机组及其相关设备的安全和运行，都应在试运行中进行检验(见第5章和第6章)。

主要保证值的试验被分为A、B、C三个等级，见表3。

对于每一个等级的试验费用由供、需和试验单位三方商定。

试验等级的区别仅涉及试验的范围，而不涉及试验和试验设备的质量和精度，试验的误差分析在每一等级中都要进行。

A等级：常规试验(用仪表盘测量)

使用电站已装设的仪表盘仪表，应在使用前进行检查是否满足试验要求和目的(在电站设计中需考虑，避免以后安装外部仪器设备)，否则在试验时就得使用外接设备。

B等级：扩展试验

等级B包含了水轮机的附加特性的试验。

C等级：全面试验

包含水头、流量、水轮机和发电机输出功率绝对值的测量，通过测量值对水轮机绝对效率进行计算。

4.3.2 试验等级的应用

对于基本保证试验等级的应用：

a) 试验等级A适用于：给出水轮机效率特性，但不予保证，只保证在额定水头下发电机的最大输出功率；

b) 试验等级B适用于：给出水轮机特性作为开度的函数，但不予保证，只保证在额定水头下发电机的最大输出功率；

c) 试验等级C适用于：对一个或多个规定水头形式下的水轮机效率曲线提供保证，效率保证曲线覆盖整个水头和流量运行区域，可以给出或不给出保证点。

4.3.3 水温的比尺效应

通常在实验室所得的结果是基于水的标准温度。如果真机与保证条件下水温不同且大于±5℃时，应根据第A.3章进行修正。

4.3.4 保证期

如果没有特殊规定，保证期应至少为初步验收合格后12个月或最多为交货后24个月之内。

4.3.5 安全故障、试运行条件和性能试验

4.3.5.1 安全验收试验（见第5章）

如果机组运行存在隐患，则不能交付下一步的运行，直至找出故障所在，并予以评估和修复为止。

4.3.5.2 试运行和可靠性试验（见第6章）

如果某些试验结果超出规定的限制，机组可在特殊监测下交付运行（例如温升）。

如果执行的全部试验都在允许的限制范围内，即可按规定的时间内开始试运行。

当水轮机和发电机准备投入商业运行时，双方应签署初步验收合格协议，协议应全面说明机组的实际状态和上述各项目成果。

4.3.5.3 性能试验（见第7章）

如果输出功率和（或）水轮机效率的初步试验计算结果（在现场）明显表示出没有满足合同保证值时，应在拆除仪器设备之前完成下列步骤：

1） 在现场应做如下检查：

- 检查所有的数据有无计算错误，如果发现有误，应重新计算；
- 检查所有仪器的连接、率定是否正确，检查测量管路中是否有空气，以及不规则的脉动等等；
- 检查在流道中的水力隐患，例如进口水流条件；
- 检查在水轮机流道中的悬浮物，例如水草、水藻和工业垃圾等；
- 检查基准水位，见6.5；
- 检查机组存在不正常的水力和（或）电气现象；
- 意外的振动和（或）噪声；
- 几何尺寸检验：
  ——水轮机导叶开度，在关闭位置时的偏离；
  ——转桨式水轮机的协联关系；
  ——冲击式水轮机的协联关系；
  ——转轮型线，等等。

在进行完以上全部检查后，试验方负责人应提供有关试验报告及分析。

此时，供方有权检查排完水后的水轮机，以及上下游流道。

2） 供方应做如下工作：

- 在给出和测量数据的基础上尽可能使用流动分析软件（CFD）进一步计算；
- 研究是否可以修复或更换机组的某些部件。

需方有权要求根据规定的电站条件所预期的性能（见4.1.2）。

水轮发电机组的输出功率或效率不能满足合同保证值时的处理，应在供需双方的合同中规定。由于发电时间延后等造成的各项经济损失的索赔应在合同中规定。

5 试运行前的安全验收试验

5.1 启动前试验(无水试验)

5.1.1 通则

在试验开始之前,供需双方应向试验方提交所有有关文件、说明、资料和为了校验与安全启动所需要进行的全部试验项目(独立于合同条款)。供需双方应根据工程项目的特点将下述启动前与启动步骤纳入整体程序之内。

5.1.2 流道充水前的检查(无水试验)

在水轮机蜗壳充水前,应对发电机、水轮机、辅助设备和备用设备进行检查。并对所完成的不同试验和试验结果作详细的记录。

应根据理论计算或根据经验对所有元件和设备进行全面的预调整。

完成无水试验后,所有阀门和闸门都应关闭(包括活动导叶或针阀),并且投入制动系统。

5.1.3 流道充水时的检查(充水试验)

当按规定完成所有流道充水前的检查后,并且机组已经具备充水的条件,试验指挥可以发出给流道中充水的指令。

可能的充水顺序如下:先开启尾水阀门或尾水闸门,对漏水进行首次检查,之后,上游流道应该通过旁通管路或开启部分阀门或进水闸门缓慢充水,最好由手动操作并对漏水连续进行监视。

如果可能,流道的充水不应引起水轮机旋转,如果旋转是不可避免的,应该控制流量以维持转速在可接受的范围内。这种情况下,应监视轴承的运行情况。

水轮机蜗壳应缓慢增压,同时检查任何非正常漏水(静态和动态密封)和可见变形。各种截止阀和流量控制部件的操作试验应在静水下重复进行操作,以检验这些设备不应引起任何非正常现象。

然后分别对操作机构(活动导叶、转轮叶片、喷针和折向器以及减压阀等)和机组主阀或闸门的开启和关闭时间进行有水调整。

对关闭装置的摩擦力和密闭性进行检查。

5.2 关闭装置(无水与充水试验)

5.2.1 一般要求

对于安全运行,主关闭装置是最重要的部件。应通过多次在不同条件下的试验证明该装置能够在任何情况下关闭和切断水流,包括正常关闭程序和快速关闭程序,以及紧急事故关闭。

常规的操作系统如下:

- 重力关闭、单向油压开启的接力器;
- 用压力钢管内的水压操作的双接力器;
- 油压操作的双接力器。

所有操作试验都应分别在无水条件下和有水条件下进行。由于在水轮机使用过程中摩擦力是有所增加的,因此,油压装置(压力罐、油管和油泵等)应该有可靠的安全余量(最大操作压力的10%~20%)。

应对以下关闭装置进行关闭特性试验:

a) 进水阀门;

b) 活动导叶;

c) 喷针。

5.2.2 进水口闸门或阀门

这一部分可能不包括在水轮机部件中,但进水口闸门或阀门的运行总是包含在控制系统里。进水口闸门或阀门通常设计可在任何条件下关闭,包括漏水或压力钢管破裂。关闭时间设置应考虑对电站上游渠道或压力前池水力波动的影响。

5.2.3 **进水主阀**

进水主阀的设计应保证在水轮机飞逸状态下最大流量时能够关闭。并根据水击影响最小的原则来确定关闭特性和关闭时间。

5.2.4 **活动导叶(混流式和轴流转桨式水轮机)**

活动导叶是主要的调节装置,它应能在正常条件下和紧急事故满流条件下关闭。应在所有可能的运行条件下进行活动导叶的操作试验。

关闭特性和关闭时间一般由减少过压(水击)和过速的不利影响来确定。

对双调节轴流转桨式或灯泡式水轮机运行中产生的过速,通常也同时靠增大转轮叶片安放角来调控。在这种情况下应该记录转轮叶片接力器的开启和关闭压力。

在蜗壳无水时,导叶和轮叶操作机构的最低操作油压,一般不大于额定油压的16%。

5.2.5 **针形阀和折向器(水斗式和斜击式水轮机)**

喷针应在正常条件下和在紧急事故满流条件下关闭。折向器(如果安装)也应设计能拦截满流,在某些系统中折向器也可用做调节装置。

喷针的关闭特性和关闭时间一般由减少过压(水击)来确定,而折向器用于控制过速,见5.5和5.7。

如装设凸轮来控制喷针和折向器的相互协联关系,为了得到机组安全过速值,应对喷针和折向器的协联关系在没有任何干扰情况下进行验证。

5.3 **试车和控制系统**

如果全部启动前的试验满足要求,试验指挥可决定机组可以起动,解除锁定和制动装置。最初的运转应保持稳定的转速,用手动缓慢开启导叶(或喷针)控制转速在所要求的安全运行范围内,且低于额定转速,但高于推力和导轴承需要的最低转速(保持油膜的稳定等)。

在进行上述试车或任何其他下述试验期间,如果观察或听到任何非正常现象(如发现任何非正常的噪声、刮蹭等),或根据供方代表的要求,试验指挥应命令立刻停机。

下述项目应予以记录和观察:

a) 轴承温度及压力;

b) 水轮机和发电机主轴摆度值;

c) 油管路中是否有水;

d) 水轮机、发电机、阀门及尾水管周围的噪声水平。

应通过关闭导叶(或喷针)实现停机,机组的主要部件应按照供方的说明书进行检查(如通常要对轴承间隙进行检查)。

上述测量记录项目可采用电站正常安装或在安装期间使用的测量设备(如用千分表来检查主轴摆度),或由供需双方商定。测量设备的精度由供需双方商定。

5.4 **轴承在额定转速下运行**

按5.3,启动机组到最小启动转速后,如未检测发现明显的问题,转速应在较短时间内逐步增加到正常值。所需逐级增大的转速值的数量应事先由各方商定,根据供需双方的要求应观察每一转速时最重要的参数。水轮机在每一转速下停留的时间应保持到足以获得所有轴承的温度上升已达到稳定值,从而可确定最终温度上升值,该温度值须由供需双方代表和试验方负责人认定,并满足正常运行的要求。

测量和观察的项目可能是(除在试车期间已经考虑的项目外):

a) 试运行前,没有条件进行试验的所有装置的运行条件;

b) 冷却系统的运行(温度、压力及流量的相关值);

c) 润滑系统的油泵和操作条件下的油位;

d) 顶盖和支持架的变形和位移;

e) 轴承座和轴的径向振动；

f) 油管路系统中是否有水；

g) 每一传感器或安装在设备上测量仪器的输出信号；

h) 水轮机、发电机、阀门及尾水管周围的噪声水平；

i) 轴承、密封及润滑油(或润滑水)的温度上升。

如果任何部位的温度过高或增加过快，机组应立即停机，及时研究并消除造成此现象的原因。如果观察到在油中有水或泡沫，应找出并消除其引起的原因。

当调速器运行正常，且能操作机组运行时，此时应检查调速系统的正常性能(见第6章)。

上述测量记录项目可采用电站正常安装或在安装期间使用的测量设备(如用千分表来检查主轴摆度)，或由供需双方商定。测量设备的精度由供需双方商定。

测量设备的不确定度应在±1%以内，温度传感器的不确定度应好于±1 K，并且其滞后时间应小于5 s。上述值应在评估试验时予以考虑。

5.5 紧急停机(空载)

如果启动增速试验得到满意的结果，应该进行空载的机械紧急停机试验。

应监视主油路阀门的正常关闭操作，应测量接力器油缸的油压和水轮机进出口的水压，应测量导叶(或喷针)的关闭时间，根据5.2，检测其设计值与测量值的差异。

应检查停机所需时间和检验正常的制动力的作用。

所使用的测量设备应能够测量每一参数的最大和最小值。因此，需将压力传感器连接到检测器上进行最大和最小值检测。如果满足精度的要求，可以从正常安装在电站设备上获得信号(例如转速、导叶开度等)。如果可能或供需双方要求，应采用具有连续记录瞬态值的设备。

测量设备的不确定度应在±1%以内(相对于每一个测量量满量程)。

5.6 电气保护

如果机械试验获得满意的结果，应根据合同条款和供需双方要求进行电气保护试验，试验结果应予以记录。

对于并网的小型水轮发电机组，为保证由于事故而跳闸时发电机的安全性，电气保护是必需的。电气事故可能发生在发电机上，也可能发生在电网中。当电网进行检修时，保护装置应保证发电机可以脱离电网。

保护系统的通用元件是继电器，用来监测低电压及过电压，监测低频或超频，以及监测频率的变化率。当地电网调度人员应详细规定继电保护器的要求和验收试验的性质。

正常的电气保护试验应在所有电气设备与电网连接及并网送电之前完成。

验收试验通常应包括事故时(在试验期间进行模拟)，电流断路器动作时间与动作程序的试验。

5.7 过速试验

当完成额定转速下空载试验后，在手动控制下使水轮机转速缓慢增加，此时检查过速保护装置的动作(机械和电气)，每一过速装置设置的转速都应进行测量及必要的调整。此时还应对双调节轴流转桨式或灯泡式水轮机转轮叶片安放角度调节装置进行检查。

5.8 飞逸试验

水轮机可进行全部的飞逸转速试验，特别是水轮机有稳态飞逸转速的保证时，但稳态飞逸试验仅在合同中有明确规定时才进行。

如果必需进行此项试验，各方须要进行深入的分析和评估，并考虑各种可能出现的危险。如果能够预测到可能要发生的事故，并采取了相应的措施，那么尽管在很小的水电站也应进行飞逸试验。

飞逸试验的时间应满足合同规定的时间限制内。

当所有关闭调节装置在全开位置失灵的最坏情况下，各种型式水轮机的预期最大飞逸转速：

- 混流式水轮机：$n_{run}=160\%n_r \sim 210\%n_r$；

- 水斗式水轮机：$n_{run}=200\%n_r$；
- 斜击式水轮机：$n_{run}=200\%n_r$；
- 双击式水轮机：$n_{run}=170\%n_r$；
- 轴流定桨式水轮机：$n_{run}=300\%n_r$；
- 双调节轴流转桨式或灯泡式水轮机：$n_{run}=300\%n_r\sim360\%n_r$。

对于双调节轴流转桨式或灯泡式水轮机，当活动导叶在全开位置失控，且桨叶正在关闭时，可以根据模型试验结果预测此时的飞逸转速，并且将其限制在规定的最小限度内。如果要求进行该项飞逸试验，飞逸转速试验的时间应限制在商定的最小时间内。

除非供需双方有特殊的要求，上述检查采用电站正常安装的仪器设备即可，而不需要特殊仪器设备(例如转速和开度信号可从调速器上获得)。转速测量的不确定度应小于±1%(按额定转速计算)。

通常飞逸转速保证值是指在最大水头下的飞逸转速，如飞逸转速试验不在最大水头下进行，可根据下面公式进行换算：

$$n_{Sp}=n(H_{Sp}/\mathrm{H})^{1/2}$$

式中：

n_{Sp}——换算到飞逸转速保证规定水头下的飞逸转速；

n——在试验水头下的飞逸转速；

H_{Sp}——飞逸转速保证规定的水头；

H——试验水头。

5.9 甩负荷试验

5.9.1 一般要求

如果根据5.6所进行的电气试验得到满意的结果，应根据供方的技术说明对励磁系统进行试验和调整，然后进行并网，先不带任何负荷。在同步转速下对轴承运行重新进行观察和测量(见5.4)。

如果与电网连接后机组空载运行一切正常，负荷应分级逐步增加到最大值。在增大负荷过程中，对每级负荷在稳定状况下应反复进行观察和测量，并且利用水轮发电机组控制装置证明水轮机能保持运行的稳定。在允许带的负荷条件下，对水轮发电机组每一级负荷进行甩负荷试验(通常为1/4、1/2、3/4和4/4的额定负荷)。

水轮发电机组具有不同形式的暂态运行工况，包括紧急停机(由于电气或机械事故)、正常停机或正常关闭返回到空载和不回到空载的运行方式。出于安全因素，应首先进行紧急关闭试验。

试验程序应包括在保证运行范围内的最不利条件，相当于从导叶全开、部分开度(带有减压阀)或低负荷状态甩负荷。如果电站的几台机组共用一个引水系统，最不利情况可能出现在所有机组同时关闭断流装置，而不是同时甩负荷。

如果可能，试验应在最高水头和额定水头下进行。

5.9.2 试验程序

出于安全因素，试验应从最有利的条件开始到最不利条件分阶段进行，在进行下一步试验前，应对前期试验结果进行详细分析。

每一次试验条件都应由合同双方商定(主要包括甩负荷前的功率或开度)。继续试验、中断试验或调整控制元件设定值的决定应由合同双方代表来确定。试验方负责人应对有关技术建议进行协商以及对测量和试验结果作出解释。

如果调速器有关参数被调整，所有因调整而可能被影响的试验应重新进行。

5.9.3 测量值

如果必要，根据在甩负荷期间的速率上升值，过速保护装置应将原计算设定值调整到更接近实际测量值。重新调整须经需方同意。

压力应利用安装在水轮机进出口尽可能接近上下游压力基准断面处的测压装置测量。

推荐采用能够采集和准确记录瞬态压力上升和下降的压力传感器。采用的设备应具有与所需进行分析研究压力脉动频率的响应时间。为此目的，传感器应安装在最直接和最接近压力测点的地方。

转速可利用转速表或调速器信号来测量，并进行记录。

应利用调速器信号或位移传感器记录控制部件的位移(导叶、桨叶、喷针和折向器等)。

附加测量包括：发电机功率、油系统和接力器的压力、空气补气装置或空放阀的动作、主轴摆度、主阀动作和轴向力(如果可能)。

测量压力或高程的仪器设备的不确定度尽可能小于总测量值的±1%，转速测量的不确定度应小于额定转速的±1%。

6 试运行和可靠性试验

6.1 通则

水轮发电机组应进行试运行，以便在整个运行负荷范围内进行必要的调整。

全部设备的连续试运行应设有限制时间(72 h)，其中至少应在相应水头下最大负荷连续运行 48 h，或根据供需双方的合同规定。当确认每一设备项目在试运行期间能按规定的运行特性连续运行时，试运行可以认定是成功的。

应对运行时间进行记录，在连续运行期间中断最小时间(持续时间不应超过 2 h)不应影响总的试运行持续时间。如需方认为中断时间过长，试运行应延长或重新开始。

试验方应准备包含各种测量记录的试运行报告。报告应详细记录所有在试运行期间发生的中断、所做的任何调整及任何微小的修改。试运行报告除了包含在试运行期间各种详细的观测记录外，还应包括试运行开始和结束的日期，并由供需双方及试验方代表签字。

在各种运行方式，包括在正常运行范围内最不利的运行条件下，水轮发电机组需有足够的时间才能获得运行温度的稳定。径向轴承、推力轴承、发电机铁心以及所有其他电路或机械部件都应可靠地承受温升的增加。

6.2 旋转部件的温度稳定性

6.2.1 一般要求

可采用下列方法进行测量：

- 利用电站已安装好的温度传感器；
- 利用可拆卸式传感器或接触式温度计。

监视温度的变化作为时间的函数，测量的不确定度应在±1%以内，温度传感器的不确定度应好于±1 K，并且其时间滞后应小于 5 s。在评估试验结果时应考虑不确定度、时间响应和温度传感器的实际安装位置。

6.2.2 与合同保证值的比较

在试验期间，环境及冷却水温度不应高于合同中的提供值(需方提供)。否则各方应协商设置新的可允许最高温度，在任何状态下要确保合理的安全界限。

温升值和实际温度值应与最大允许值进行比较(合同规定值或双方商定值)，但要考虑测量的不确定度。有关对旋转部件温升的限值见 GB/T 7894—2001。

6.3 控制系统

6.3.1 说明

这部分试验只有在完成了相关安全试验后进行，在 5.9 甩负荷试验时已可能进行了部分试验。

这部分试验涉及水轮机控制系统。可以有多种控制方法，但应选择适合本机组具体条件的控制方式。控制方式可能为下述多种方式的结合，但有些控制方式是不能共存的：

- 转速依靠电网频率确定而不能调整；
- 调速器或上游水位控制装置，调节进入水轮机的流量；

- 上游水位控制装置，维持进口和出口的水位；
- 功率控制装置，维持给定的输出功率；
- 电子负荷调节装置，消耗发电机多余输出功率。

6.3.2 不带调速装置的机组运行

不采用调速器，直接驱动异步发电机能够并到电网上。该控制方式中的控制系统应能增加水轮机转速。当发电机转速稍高于同步转速时就可并入电网，转速偏差大约是1%～2%的额定同步转速。控制系统应能承受并网时出现的冲击电流。

通过齿轮箱驱动的同步发电机和异步发电机，当并入大的电网而不设置调速器时，水轮机转速应通过同步装置的频率限制使发电机频率缓慢的摆动。与此同时，发电机电压也应维持在电网限制之内，同步应在合理的时间内完成(大约5 min)，或在合同中说明。

6.3.3 带有调速装置的机组运行

6.3.3.1 试验目的和要求

试验的性质将根据调速器的作用和所需要的精度而变化。如果希望调速器提供稳定运行，在合同中应说明可接受的频率变化范围。

不带外部负荷，用变速试验来调整调速器，以达稳定运行。试验应证明当控制装置迅速开启或关闭时，转速应在一个转速变化周期范围内返回到设定点。

6.3.3.2 小型水轮发电机组配置调速器的可能原因

6.3.3.2.1 同步的需要

当小型水轮机需要连接到大电网时采用此模式。调速器可借助于功率或开度给定装置通过永态转差回路增加水轮机负载或转换到其他控制系统，例如水位控制。

调速器应在合适的时间内控制水轮机转速完成同步，或按合同要求。

一旦同步，调速器应自动转换到正常的运行方式。

6.3.3.2.2 独立系统频率控制

小型水轮机在一个独立电网中改变负荷而不引起大的频率波动可能是有困难的。合同中应说明所预期的负荷大小和类型，以及可以接受的频率偏差。

由单一水轮发电机组供电所构成的电网，在合同中应约定将负荷分级以便增加负荷和启动机组。

6.3.3.2.3 在与柴油发电机并联时频率稳定性

一个小型地方电网可能包含水轮机和其他原动机，例如柴油发电机。合同中应说明对所提供的小型水轮发电机组所期望的作用。原动机之一应定义为主调节机组，其他则为附属调节机组。水轮机提供稳定频率的能力取决于与其他发电机容量的相对大小，以及它的响应速度。应正确设置水轮机调速器的永态转差系数，以便调速器能够满足稳定性需要。

调速器应通过试验来证明在合同规定的频率允差内能够满足所预期的负荷变化。

6.3.4 带有上游水位控制装置的机组运行

上游水位控制装置是通过维持在流道进水口的水位来调节通过水轮机的流量。进口的流量应在整个运行范围内有所变化，以此证明控制装置能以稳定的方式操作。

如果有两台或更多的水轮发电机组，或具有多喷嘴的单机连接到相同的供水管路上，应设有总水力管理系统以维持上游水位。

如果在合同中对运行条件给予了规定，应对上游水位变化进行测量。

6.3.5 带有功率控制装置的机组运行

功率控制装置维持发电机的功率输出。控制装置应在整个允许的运行范围内以稳定的方式运行。电压和水头的变化将影响其控制，发电机允许的功率输出变化范围应在合同中规定。

如果在合同中对运行条件给予了规定，应从设置点开始对负荷变化进行测量。

6.3.6 带有电子负荷调节装置的机组运行

电子负荷调节装置接收系统中的直接负荷与目前发电机功率输出之差。调速器应具有水轮发电机组在整个日常运行范围内稳定运行的能力。

负荷调节装置利用发热消耗所接受的功率，但应能够运行在由供方规定的温度范围内。因此，在负荷试验和甩负荷试验期间应对调节装置的运行温度进行监测。

当切换负荷时，负荷调节装置可能发射无线电频率干扰，如果在合同对运行条件给予了规定，应测量发射能级。

6.4 在试验控制系统时的测量

水轮发电机组的稳定性应在整个运行范围内进行试验，如果观察到频率、电压或功率有不稳定现象，应进行下述项目的测量：

- 接力器的所有位置；
- 电网频率或水轮机转速；
- 发电机母线电压；
- 有功与无功功率或定子电流；
- 上下游水位；
- 管路进出口压力。

通常可利用标准控制设备测量记录运行参数的变化，但使用数据检测设备记录仪记录参数随时间的变化更便于进行分析。

如果在合同中对运行条件给予了规定，应详细说明电网频率或电压可允许的变化范围。

下述测量结果或报告应在试运行结束时提交给需方。

- 为机组设置的全部预警和跳闸值；
- 进行的全部测量及测量结果(过压、过负荷、轴承温度、关闭设备的时间等)。

6.5 设置静压基准标记

设置基准通常由需方负责。应提供下列基准：

- 水轮机安装高程：z_T(<±2 mm)；
- 水轮机进口基准水位：z_0(<±5 mm)；
- 上游基准测量水位：$z_1{}'$(<±5 mm)；
- 下游基准测量水位：$z_2{}'$(<±5 mm)；
- 空化最小尾水位控制：<±20 mm；
- 补气最小尾水位控制(冲击式、斜击式水轮机)：<±20 mm。

6.6 协联关系试验

应用指数试验试验程序检验双调节轴流转桨式或灯泡式水轮机的协联关系，目的是通过调整活动导叶开度与桨叶角度之间的关系来获得最好的机组性能。优化的协联关系是随水头而变化的。如果所设计的电站在较宽的水头范围内运行，则需要确定三维协联关系(叶片、活动导叶和水头)。

协联关系试验的目的是：

- 取得最高效率，优化水轮机运行；
- 为非最优来流条件提供研究的基准。

协联关系由相似的模型试验结果换算而来。但由于模型试验一般并不能准确地重现原型进口条件，以及由于比尺效应和加工制造等因素的影响，需在现场进行验证或修正。

当出现以下情况时应进行试验：

- 没有完全相似可用的模型试验；
- 没有相似可用的原型；
- 有理由怀疑真机过水流道不同于模型。

协联关系试验应在全部效率试验前进行(见 7.4)。在协联关系试验期间应考虑其他量的测量(例如振动、噪声等)。

协联关系试验可采用指数试验方法。将获得的相对效率曲线根据 9.3 中的规定与保证值进行比较。

试验应在转轮桨叶的几个不同固定角度下分别进行。在每一个转角下,对不同活动导叶开度进行测量,以获得每一转轮桨叶转角的相对效率曲线。活动导叶和转轮桨叶的最优的协联关系为对应效率峰值的包络线。

7 性能保证和试验

7.1 一般要求

性能试验的目的是验证输出功率、最佳的运行范围和效率的合同保证值。验证试验应在合同规定的条件下进行。

对于小型水电机组,可采用 7.3 和 7.4 描述的方法进行初步试验,这些试验属于 A 等级。如果在分析了试验结果后,有理由怀疑水轮机性能,可根据 7.5 和 7.6 描述的内容进行附加试验。

为了验证水轮机性能,在 7.5 或 7.6(除 7.3 和 7.4 外)描述了有关 B 等级或 C 等级所需要进行的试验项目。为了正确地在机组上设置适当的传感器和测试装置,以及能在预期的时间内完成所有必需的试验项目,试验项目的内容供需双方应在合同中规定,或事先得到双方的同意。

电站在实际运行过程中,由于负荷(流量)的变化,将会引起水头损失,特别是对于装有多台水轮发电机组的电站,运行时产生的运行水头偏离见示意图 5。供需双方应在合同中明确规定试验时所采取的运行方式。

7.2 在净水头下发电机的最大输出功率

7.2.1 测量方法

测量发电机输出功率的方法见附录 D。

7.2.2 保证的结果和范围

试验目的是验证当水轮机运行在参考净水头下(合同中定义的设计水头)发电机的最大输出功率,并作为初步试验来检查水轮机性能。试验结果应给出下列数据:

- 规定水头下发电机最大输出功率的绝对值;
- 流量与水头和开度的函数关系,可选用综合特性曲线的理论值,并作为参考资料。

7.2.3 试验的实施

为决定额定水头下的最大输出功率,须对净水头有明确的定义。估算净水头有两个不同的可能步骤:

a) 用静压测量和估算净水头 $h_1{}'(p_1{}')$

采用在上下游断面的普通压力传感器测量静态压力值:

1) 在断面 1 和断面 2 测量静水头(见图 1);
2) 估计初步水头(静水头);
3) 根据实际的水轮机输出功率和水头,由综合特性曲线上读取流量;
4) 采用在步骤 3 决定的流量估算速度水头;
5) 重新计算净水头,且重复进行直至获得通过净水头计算出的流量偏差达到规定的范围内,允许偏差可参考效率试验精度确定;
6) 采用在 8.1 给出的公式计算在额定水头下保证的最大输出功率。

b) 用总压力测量和估算净水头 $h_{1,tot}{}'(p_{1,tot}{}')$

如果直接测量进口压力作为总压力,不需进行速度水头的计算。这种方法通常可更准确地估计净水头,在这种情况下获得的流量应作为资料参考:

1） 采用毕托管（单孔或多孔）直接测量基准断面1的压力作为总压力；

2） 在低压参考断面，速度水头来自于综合特性曲线。对于高水头水轮机，水轮机出口速度水头的修正是非常小的；

3） 通过总水头 $H_{1,tot}$减去 $H_{2,tot}$来计算净水头（见图2）；

4） 采用在8.1中给出的公式计算在额定水头下保证的最大输出功率。

由于是在原型真机上直接测量了进口压力，净水头的估算比a)更为准确。

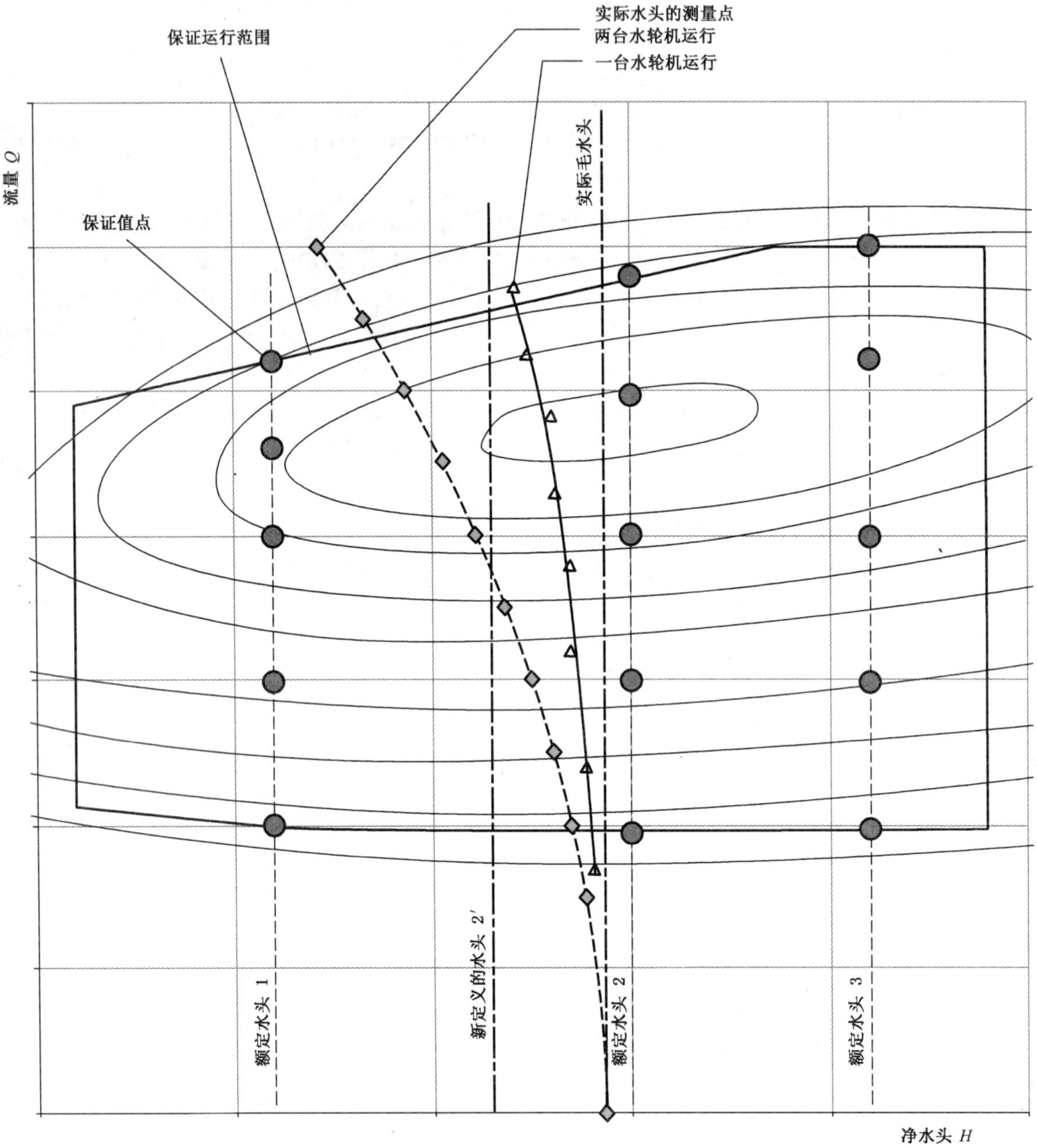

图5 对于具有一台和两台机组运行水头偏离的综合特性曲线示意图（混流式水轮机）

7.3 发电机输出功率与净水头和水轮机导叶（或喷针）开度的关系

7.3.1 测量方法

这种性能试验通常与在7.2中介绍的内容结合进行，发电机输出功率的测量方法见附录D。

7.3.2 **保证的结果和范围**

试验的目的是验证合同规定的发电机最大输出功率以及功率随活动导叶(或喷针)开度变化曲线的连续性和重复性。在保证范围内应针对不同负荷进行试验,并应提供下述结果:

- 在额定净水头下发电机输出功率的绝对值与水轮机导叶(或喷针)开度的函数关系。

7.3.3 **试验的实施**

当水力系统在稳定状态时(导叶或喷针开度不变),下述参量应进行测量:

a) 发电机输出的电功率;

b) 净水头;

c) 下游水位;

d) 转速;

e) 活动导叶(或喷针)开度。

如果在试验期间没有规定测量流量,可按7.2所描述的方式来估算(A等级)或测量(B等级)净水头。在这种情况下获得的流量仅供参考。

7.4 **指数试验**

7.4.1 **一般要求**

指数试验用于检验和优化双调节水轮机的导叶开度和桨叶转角之间的协联关系。

指数试验验证所有型式水轮机的效率曲线,并且验证在电站装置条件下原型水轮机效率曲线是否与模型试验所预期的结果相似。

试验目的是得出相对效率与功率或活动导叶开度(或喷针)的关系曲线,并不需要确定效率的绝对值,但获得效率曲线的形状应能与保证曲线进行比较。采用水头和功率的绝对测量值,以及根据指数试验计算的流量(蜗壳压差和指数流量之间关系未经率定)来计算指数效率。相对效率通常表示为测量的指数效率与最大值之比。

由于没有测量绝对流量,可以根据水轮机运转特性估算流量值来推算速度水头。

试验应提供下述结果:

- 在额定水头下发电机输出功率的绝对值与水轮机导叶(或喷针)开度的关系曲线;
- 在额定水头下水轮机输出功率的绝对值与水轮机导叶(或喷针)开度的关系曲线(见图13);
- 在额定水头下机组相对效率与水轮机导叶(或喷针)开度的关系曲线最终能够和保证值进行比较;
- 在额定水头下水轮机相对效率与水轮机导叶(或喷针)开度的关系曲线最终能够和保证值曲线在一张图上进行对照比较(见图14);
- 绝对流量测量中至少有一个测量点能够证明绝对效率有效时,指数试验也将提供绝对效率结果。

7.4.2 **定义**

指数试验用于确定水轮机相对效率,或运行机组的相对效率包络线以及在多台水轮机运行的全部损失的影响。指数值是任意规定的比例值,相对值由指数值推导出,在规定的条件下相对值与指数值成比例。本规程中功率输出和水头可采用任何方法测量,流量可借助于流量计来测量,相对效率以其指数效率与最高指数效率的比值表示。

7.4.3 **保证的应用和范围**

除非双方同意,指数试验结果不能用于罚款、奖励或任何其他涉及合同保证值内容的评定。如果要验证保证值,则必需决定采用获得绝对流量值的测量方法。可以采用有效的综合特性曲线、相似模型试验、相似原型试验或保证值来定义在参考水头下的预期最高效率。

指数试验作为现场试验的一部分,可用于下述任何目的:

a) 确定转轮桨叶角度与活动导叶开度之间协联关系,优化双调节机组的运行。这一过程可以大量地减少确定实际效率所需要的测量点数以及验收试验所需要的时间；

b) 确定机组特性、水轮机输出功率、发电机输出功率以及相对效率。这些性能特性可以与相似模型试验或基于适当的模型试验结果，根据流体动力学计算（CFD）设计的原型水轮机性能预期进行比较。能确定保证值为：
   - 水轮机特性形态偏移（峰值效率相对保证效率峰值的偏移）；
   - 在额定水头下水轮机和/或发电机最大输出功率；

   注：对于采用流体动力学计算（CFD）设计的水轮机，应对特性形态与最大输出功率予以保证。

c) 确定运行工况点的包络线，定义最有效运行范围，获得比性能试验更广阔的净水头、流量以及功率输出运行范围内的有关性能；

d) 评估由于磨损、检修或改型所引起的设备效率和功率的变化。当为此目的进行指数试验时，必需注意改型有可能影响测量断面的流态；

   注：因需要知道初始值和改型值之间的差别，改型前后都应进行指数试验。

e) 评估由于尾水位和/或净水头的改变引起的空化状况变化而造成的效率和功率变化；

   注：空化保证条件下对空化和运行限制范围的检查。对于通过流动分析计算（CFD）设计的转轮（合同要求），应能根据电站测量条件来确定新的空化限制。

f) 为监测整个保证范围内的流量，应在一或两个不同水头下测量，其余点可从综合特性曲线中插值获得。只有指数试验计算值经过率定，流量值才能给予保证；

g) 监测在性能试验中的流量数据。由于性能试验方法产生的误差可能引起流量或运行工况点的改变而造成不同的峰值效率；

h) 通过假设水轮机在某些运行工况点的绝对效率，为其他流量测量设备提供测量依据，或为现场效率试验提供率定结果；

i) 确定水轮机效率随输出功率的变化并优化多台机组的运行。估算多台水轮机共用一个压力水管而造成的损失。

7.4.4 试验的实施

试验的实施见附录C、附录D和附录E。

7.5 根据流量测量进行的效率试验

7.5.1 一般要求

为在现场条件下确定原型水轮机的效率，应测量下述参数作为整个保证范围的绝对值：

- 水头绝对值，进行水头、尾水水位与水轮机安装高程进行比较，并且检查空化限制；
- 水轮机和/或发电机输出功率绝对值，包括所有损失；
- 流量测量可按此规程提到的任何方法；
- 活动导叶（或喷针）开度值；转轮桨叶安放角度。

只有选用了满足规定要求的测量方法才能按期望的精度完成流量测量。因此，所有涉及参与验收试验的各方在电站早期设计阶段就应选择测量方法。因为滞后的选择和设置可能会增加试验成本，甚至是不可能实现的。建议准备两种方法，一个用于毛流量测量的常规方法，另一个则以流量分布图给出并作为参考资料。

7.5.2 流量测量的选择

不同流量测量方法的应用和条件见附录E。

7.5.3 保证的应用和范围

采用绝对流量测量进行的保证效率试验，可用于下述目的：

a) 在电站装置条件下测量整个保证范围内效率的绝对值，并与保证值进行比较；

b) 在额定水头下测量水轮机和/或发电机的输出功率；

c) 利用水轮机作为水消耗、灌溉和饮用水再利用等的流量计量。

7.5.4 试验的实施

试验的实施见附录 C、附录 D 和附录 E。

7.6 根据热力学法进行的效率试验

7.6.1 原理

热力学法来自于能量守恒原理的应用(热力学第一定律),通过转轮水流的水力能量在向机械能的转换中,所有没有转换成机械能量的水力能量变换成热量,这意味着在水轮机出口的水温稍高于进口的水温。在水轮机进口和出口间增加的温度 ΔT 可根据下式估算,单位以摄氏度(℃)计:

$$\Delta T = \frac{H}{426(1-\eta)}$$

温度测量仪器设备应具有至少 0.001 K 的精度和灵敏度,才能有效提供出测量点之间的温差。

7.6.2 测量方法

有两个可实施的测量方法:

a) 直接操作法(测温法);

b) 局部膨胀操作法(测压法)。

7.6.3 适用条件

7.6.3.1 此方法既适用于反击式水轮机,亦适用于冲击式水轮机。试验实施时,在整个保证范围内无需测量流量而直接测量水轮机效率。但此方法只能测得水轮机的水力效率。

7.6.3.2 试验机组的水头大于 100 m。

7.6.3.3 适用于周围环境热量稳定的场合。

7.6.3.4 功率输出一般不需要高精度测量,如果保证在额定净水头下的功率输出,这必需分开确定。

7.6.3.5 流量能够间接通过参数 H、P 和 η 计算得出。

注:误差分析见 8.2.4.5;此方法详细介绍参见 IEC 60041。

7.6.4 试验的实施

试验的实施见附录 C、附录 D 和附录 E。

8 计算、评估和误差分析

8.1 计算和评估

8.1.1 通则

在选择测量点期间或之后,应进行初步的计算来验证试验过程。重要的测量量应与活动导叶开度或接力器行程作相应的关系曲线,这对于分析误差、发现遗漏和无规律性测量结果很有帮助。

所需要的参数取决于性能试验的种类。

8.1.2 原型水轮机在现场条件下的物理、几何和静压值(常数)

试验前,应注意下述数据需确定和验证:

示例:

a) 水温: $T_w=4.0$[℃]

b) 水轮机层和尾水渠道混凝土墙周围空气温度(热力学法): $T_A=$ [℃]

$T_C=$ [℃]

c) 重力加速度取决于海拔高程和纬度(计算和参照表参见附录 A 表 A.1): $\varphi=48$[degree]

$z=(z_0+z_3)/2$ $z=102$[m]

$g=9.780\,3\times[1+0.005\,3\times\sin(\varphi)^2]-z\times3\times10^{-6}$ $g=9.807\,7$[m/s²]

d) 水的密度取决于水温和绝对压力 p_1 的平均值(参见附录 A 表 A.2): $p_1=10$[bar]

$\rho=1\,000.4$[kg/m³]

e) 为计算速度水头,需要流量和断面面积:

- 高压基准断面面积 $A_1=1.259$[m²]

- 低压基准断面面积 $A_2=2.500[m^2]$

f) 为空化和补气要求而计算水头

应注意和控制下述水位：

- 高压测量断面的参考水位 $z'_1=44.370[m]$
- 低压测量断面的参考水位 $z'_2=44.000[m]$
- 水轮机安装高程 $z_T=45.700[m]$

对于有空化要求的反击式水轮机：

- 尾水管末端的参考水位(水轮机供方要求)：
  ——最大流量时的最小空化线 $z'_{2,1}=43.200[m]$
  ——最小流量时的最小空化线 $z'_{2,2}=42.700[m]$
  ——最小流量时最低尾水位 $z'_{2,3}=42.350[m]$

对于有补气要求的冲击式水轮机：

- 出口渠道末端
  ——最大流量时的最小尾水位 $z'_{2,1}=$ [m]
  ——预期最大渠道/河流水位 $z'_{2,2}=$ [m]

进口损失、毛水头和率定检查所需资料：

- 上游水库或引水管路进口渠道水位(当时流量) $z_0=160.800[m]$
- 最小尾水位、渠道、河流和/或堤水位(水轮机当时流量) $z_3=42.280[m]$

如果是惩罚性测量，应标注和证明在进口和出口断面测量仪表的安装高程，上游和下游水位的人工和测量仪表读数应与零流量条件下(机组停转)读数进行比较。

8.1.3 测量值(变量)

使用经过率定的仪器，测量每一工况的测量量读数，记录其平均值和/或修正值都应用于结果的计算。任何值得怀疑的读数误差应根据标准离散准则进行分析，见8.2.3。

在拆除任何仪器仪表前，应完成和汇集所有试验记录，并且进行常规性检查，以防止和修正或消除无规律性数据。此时应确定是否已超出对规定运行条件所允许偏离的限制和/或所允许波动值的限制。

读数快速检查可能发现水轮机或试验设备是否需要检验和调整。因此，少量的测量次数可能造成测量值是无效的，需要重复测量。

对于每一仪器利用试验前后率定曲线的平均值，加上多次零点调整，来修正所有数据的平均值。

如果在预备试验之后必须要做某些调整，这次试验结果将作为零试验，并且作为资料附在最终报告中作为备注和参考。

推荐：为控制和检查全部仪器设备和仪表的波动，客观上，如果具有良好的运行条件，在水轮机输出功率70%到90%之间进行初步零试验是有益的。

8.1.4 发电机输出功率(P_{gen})

直接测量发电机输出功率见附录D中的图D.1和D.2。

应注意，在连接电流互感器和电压互感器之间的回路上不能有任何电气和/或机械损耗，例如辅助设备和其他分支系统(风扇驱动、油或水泵)，否则应予以修正。

如果发电机输出功率是合同中的一部分，见7.1和7.2，试验结果应根据下述公式换算到额定水头下的形式：

$$P_{gen,R}=P_{gen}\times\left(\frac{H_R}{H}\right)^{1.5}$$

8.1.5 水轮机输出功率(P_t)

如果依靠直接测量发电机输出功率确定水轮机输出功率，则水轮机输出功率是发电机输出功率和损失的总和。

$$P_t=P_{gen}+P_{L,gn}+P_{L,tr}+P_{L,ax}$$

如果水轮机输出功率是合同中的一部分，见7.1和7.4，试验结果应根据下述公式换算到额定水头下的形式：

$$P_{t,R}=P_t\times\left(\frac{H_R}{H}\right)^{1.5}$$

注：如果现场的水温超过规定值 5 ℃，测量的输出功率应作修正，修正公式见 IEC 60995。

8.1.6　绝对流量(Q)

如果采用绝对流量测量方法测量流量，应根据水轮机的综合特性曲线进行初步检查，以指出任何无规律性变化误差。推荐同时记录指数信号，以便利用计算数据进行插值来减少绝对流量测量点。能够根据 Q 与相对流量(Q_{ix})或 Q 与 $\log(\Delta p)$ 曲线图分辨出其无规律性变化。

通常在部分负荷到满负荷测量期间水头会有变化，测量水头与额定保证水头下的流量(Q_R)可按下述公式进行换算：

$$Q_R=Q\times\left(\frac{H_R}{H}\right)^{0.5}$$

8.1.7　相对流量(指数试验)(Q_{ix})

8.1.7.1　依据指数方法测量相对流量

8.1.7.1.1　根据规程推荐方法测量流量。试验时测量蜗壳压差 Δp，同时设定 k 和 x。则相对流量满足以下幂指数关系：

$$Q_{ix}=k\times\Delta p^{x}$$

8.1.7.1.2　如果流量不能根据原级的方法进行率定，可参照保证效率曲线进行调整。系数 k 和指数幂 x 按下述方法确定：水轮机在最优工况点测量的最优相对效率与最优预期效率对应一致(见图 6)：

$$Q_{ix}=k\times\sqrt{\Delta p}\ 和\ Q_{ix}=k\times\Delta p^{x}$$

式中：

Q_{ix}——相对流量；

Δp——蜗壳压差测量值；

k——对应最优保证效率点与测量值的比例因数；

x——如果流量 Q_{ix} 与蜗壳压差 Δp 平方根的函数关系不准确，可能引起测量曲线形状的改变。应用指数计算公式时，指数 x 应在 0.48 到 0.52 之间的范围内，这相对于最优 60% 流量时，效率的变化存在大约 ±2% 的差异。

8.1.7.1.3　调整测量压差指数值以适合水轮机性能曲线形状的过程见示意图 6。

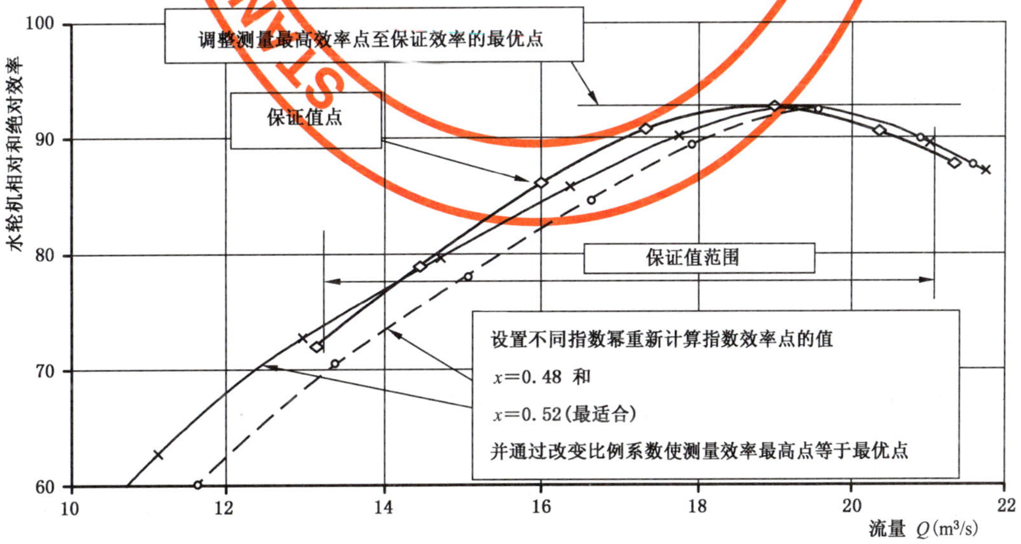

图 6　验证相对水轮机特性与保证值形态的指数试验结果

8.1.7.2 采用其他装置测量相对流量

可采用未经率定的超声波或电磁流量计。系数 k 的调整测算与 8.1.7.1.1 中相同。

测量水头下的流量 Q_{ix} 可按下述公式换算到保证水头下的流量：

$$Q_{ix,R} = Q_{ix} \times \left(\frac{H_R}{H}\right)^{0.5}$$

8.1.8 毛水头、静水头和净水头($H_0/H_{stat}/H$)

确定水头时，通常在进口和出口断面的压力是分别测量的，需要检查和分析每一信号的规律性(脉动和波动)，并且估计随机误差。

计算净水头时，根据高压基准断面 1 和低压基准断面 2 的速度水头修正测量的静水头。

毛水头：$H_0 = \text{HWL} - \text{TWL}$(用于信息资料)

静水头：$H_{stat} = (z'_1 + h'_1) - (z'_2 - h'_2)$(用于信息资料和正常的仪表盘监视)

净水头：$H = H_{1,tot} - H_{2,tot}$

对于不同水轮机型式的定义，见 3.3。

8.1.9 水轮机绝对效率(η_t)

实际测量水头下的水轮机绝对效率 η_t 按下式计算，数值以%计：

$$\eta_t = \frac{P_t}{H \times g \times \rho \times Q} \times 100$$

8.1.10 水轮机相对效率($\eta_{t,ix}$)

利用指数试验方法测量流量得到的水轮机相对效率 $\eta_{t,ix}$ 按下式计算，数值以%计：

$$\eta_{t,ix} = \frac{P_t}{H \times g \times \rho \times Q_{ix}} \times 100$$

8.1.11 水电站装置效率(η_{plant})

在实际装置条件下，电站的装置效率以装置效率的形式显示出来，这包括从进水口、拦污栅、引水管、分叉管、水轮机、发电机、辅助设备、变压器以及在尾水管末端的动能损失的所有损失。结果可以用来优化整个机组的协联控制，结果数值以%计。

$$\eta_{plant} = \frac{P_{out}}{H_0 \times g \times \rho \times Q} \times 100$$

这种评估是非常有用的，特别是对于多台机组运行。可在装置条件下找出水轮机最适当的组合运行方式，使电站年发电量在给定条件下最大化。

8.2 误差分析

8.2.1 导言

尽管所采用的方法、仪器设备以及计算都满足本标准的要求，但每次测量不可避免地存在测量不确定度。当试验结果与保证数据进行比较时，必须以适当的方式考虑其不确定度。但应明确指出，不确定度仅涉及测量本身，而不涉及被测试设备的性能或质量。

误差定义为等于两倍评估标准偏差值。如实际误差的评估值不超过两倍评估标准偏差值，则其具有 95%的置信度。

8.2.2 系统误差评估

在正常的试验条件下，采用率定设备，系统误差可获得 95%置信度。当连接好仪器设备，就应评估系统误差的量值。具有 95%置信度的测量值系统误差评估表示如下：

a) 流量(f_Q)

1) 流速仪法		能应用的等级
● 明渠	1.5%	C
● 直径从 1 m 到 1.5 m 的封闭管路	1.2%	C
● 直径大于 1.5 m 的封闭管路	1.0%	C

2)	压力-时间法		
	● 不独立的系统	1.0%	B,C
	● 独立的系统	1.3%	B,C
3)	容积计量法	1.0%	B,C
4)	超声波法		
	● 便携式仪器	2.5%	A,B
	● 两交叉平面,四通道	1.5%	B,C
	● 四交叉平面,四通道	1.0%	B,C
5)	电磁流量计	1.5%	B,C
6)	毕托管	1.5%～2.5%	A,B,C

注：毕托管精度取决于毕托管和安装断面的数量,以及管路直径和预期的流速分布(见第 E.5 章)。

b) 自由水位(f_H)

自由水位的水头测量：

1) 人工读数:水准仪、钢板尺、立管(可应用于 A,B,C 等级);

2) 电子读数:水位传感器、超声波探测器(可应用 A,B,C 等级)。

通常不确定度受尾水管末端的水位波动所影响。

图 7 中的曲线图基于下述参数：	A	B
● 系统误差		
——仪器设备(仪表、水位传感器)	±0.100%	±0.100%
● 随机误差		
——安装静水位基准点(HWL、TWL)	±0.004 m	±0.004 m
——测量高压侧水位	±0.010 m	±0.008 m
——测量低压侧水位	±0.025 m	±0.015 m

如果存在不希望的水头波动,个别误差应作记录和评估,见 8.2.3。

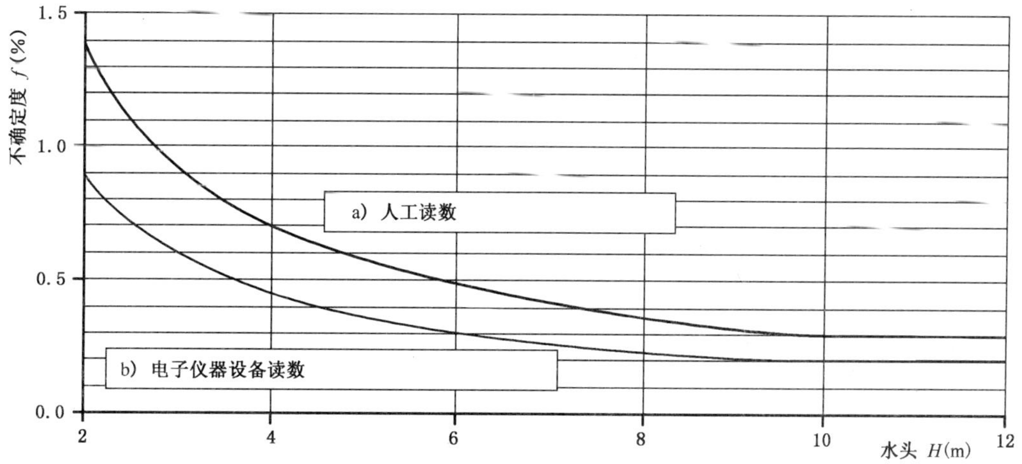

图 7 水头测量的不确定度比较

c) 压力测量(f_p)

1)	弹簧压力计(现场率定)	$f_p=\pm0.5\%$	A
2)	传感器	$f_p=\pm0.2\%$	A,B,C
3)	活塞压力计	$f_p=\pm0.1\%$	C

d) 发电机输出功率(f_{gen})

1) 仪表盘测量 A

示例：

电压互感器(PT)和电流互感器(CT)为1.0%(0.5级)

- 同步发电机 $f_{gen}=\pm1.5\%$ (1.0%)
- 异步发电机 $f_{gen}=\pm1.8\%$ (1.3%)

2) 外部仪器设备(可应用A,B,C等级)

确定发电机损失取决于采用的方法,假如采用大直流电的分流器,f_{gen}可能会增加。反之采用精确的现代电子设备,f_{gen}可能会很小。

示例:在试验点功率输出的偶然系统误差可能是：

- 功率计量器(2或3瓦特表法) $f_{WH}=\pm0.20\%$
- 电压互感器误差(PT) $f_{PT}=\pm0.50\%$
- 电流互感器误差(CT) $f_{CT}=\pm0.50\%$
- 时间误差(忽略) $f_T=\pm0.01\%$
- 测量发电机损失误差

示例:$\eta_{gen}=96\%$→发电机损失是4%。

示例:计算发电机功率输出的不确定度：

$$f_{gen}=\sqrt{{f_{WH}}^2+{f_{PT}}^2+{f_{CT}}^2+{f_{L,gn}}^2}=0.74\%$$

e) 转速

电子记数器或其他转速测量装置:$f_n=\pm0.05\%$(可应用于A,B,C等级,通常可忽略)。

f) 机械传递

如果发电机不是直接驱动(靠齿轮,皮带):$f_{\eta,tr}=\pm0.05\%$(可应用于A,B,C等级)。

g) 变压器

假如是水冷却方式:$f_{\eta,tf}=\pm0.2\%$(可应用于A,B,C等级)。

8.2.3 随机误差评估

8.2.3.1 A等级、单一运行工况点下的测量

8.2.3.1.1 测量参数表现为典型的随机现象。

这种情况仅应用于其运行条件能够维持在持久不变的常量。测量精度的不确定度可能是由测量系统的特性所决定,也可能受测量量的变化所影响,或受两方面因素同时影响,并且直接表现为测量的离散度。并不像系统不确定度,靠增加在相同运行条件下的同一量测量的次数能减少测量精度的不确定度。

各工况采集次数如果采用流速仪测量流量,不应少于三次。对于每一运行工况点的运行时间至少应能分割成三个均等独立的读数时间段。

8.2.3.1.2 测量参数表现为典型的周期现象。

这种情况适用于测量值表现为连续地波动或摆动现象。典型值如蜗壳的输入压力,这种波动对于水轮机效率能够产生影响。标准偏差及其趋势可参见图8及下述公式计算。

8.2.3.1.3 标准偏差$s(y)$是平均测量值偏差的算术平方根,很难准确地知道其精确值。因此,要对可利用的测量值进行评估。对于y进行n次单独的测量,y的标准偏差评估表示为：

$$s(y)=\sqrt{\frac{\sum(y-\bar{y})^2}{n-1}}\qquad b(t)=\frac{n\sum ty-(\sum t)(\sum y)}{n\sum y^2-(\sum y)^2}$$

示例：

——测量时间:$t_2-t_1=110$ s

——最大值:$p_{1max}=62.48$ m

——最小值:$p_{1min}=61.77$ m

——平均值:$p_1=62.13$ m

——标准离散:$s(y)=0.16$ m→±0.264%

——趋势：$b(t)=0.064$ m/min

趋势 $b(t)$ 通常并不直接影响水轮机效率，但它可显示具有较好的稳定条件。

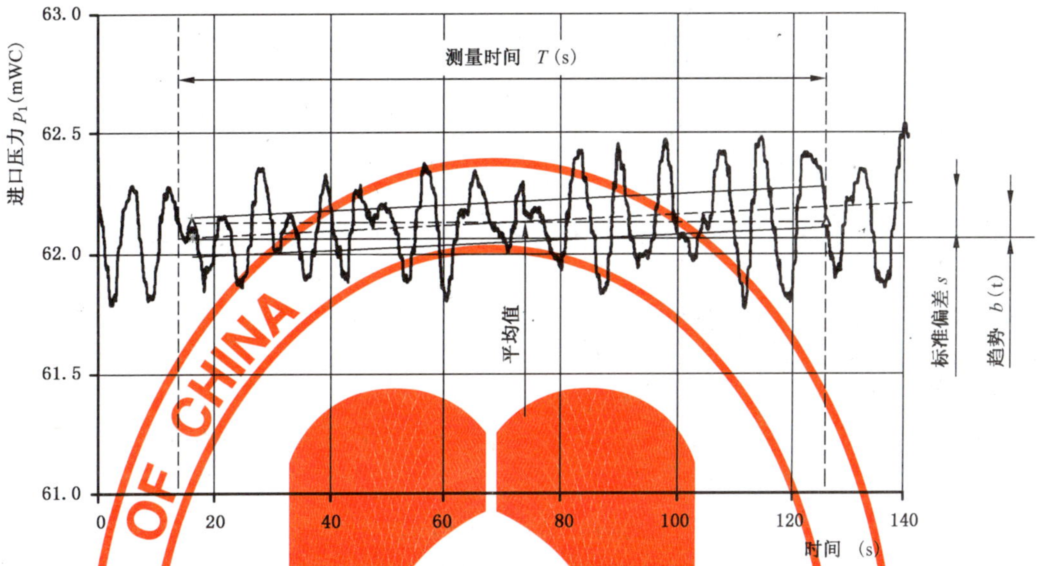

图 8 随机误差（压力钢管压力波动举例）

8.2.3.2 **B 等级、对整个运行范围的测量**

8.2.3.2.1 通常希望获得测量变量与相关工况参数的关系，例如水头、流量以及在整个运行条件下的输出功率。根据拟合光滑曲线来检查数据规律。对于采集得到的 x 和 y 数据，通过假设和拟合可能形成许多不同的光滑曲线，通常限制选择一阶、二阶或三阶多项式。选择取决于其相关关系，例如，水力损失通常采用二阶多项式。拟合曲线不必通过所有测量数据点，拟合光滑的曲线取决于采集数据的数量和检查的方法；

8.2.3.2.2 对于选择和定义离异点，实用的方法就是以线性和/或对数坐标方式绘制有波动的数据（流量、压力、功率及压差）与稳定值（活动导叶开度、喷针行程）的关系图（图 9、图 10）；

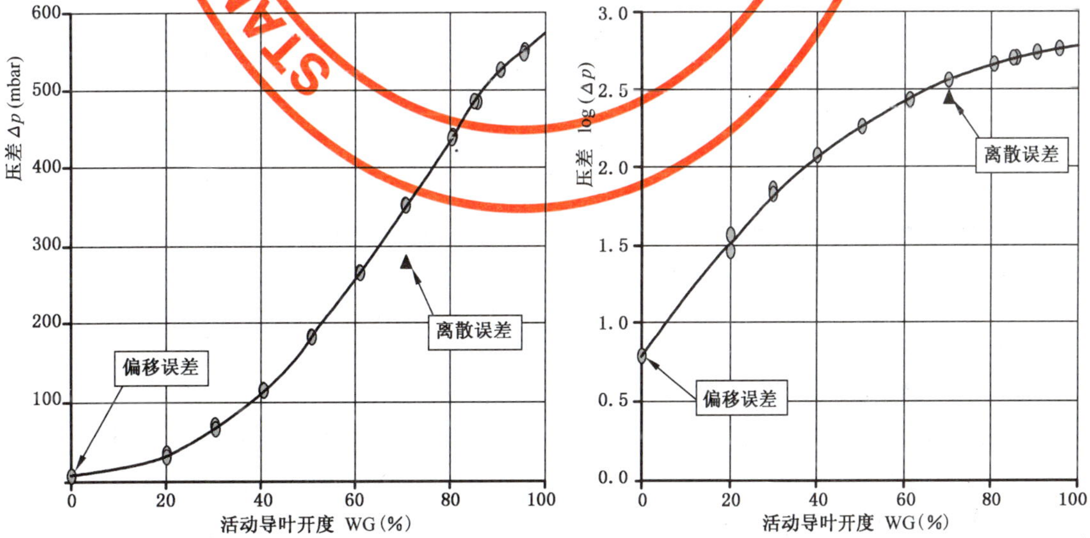

图 9 线性和对数坐标方式离异点示意图举例

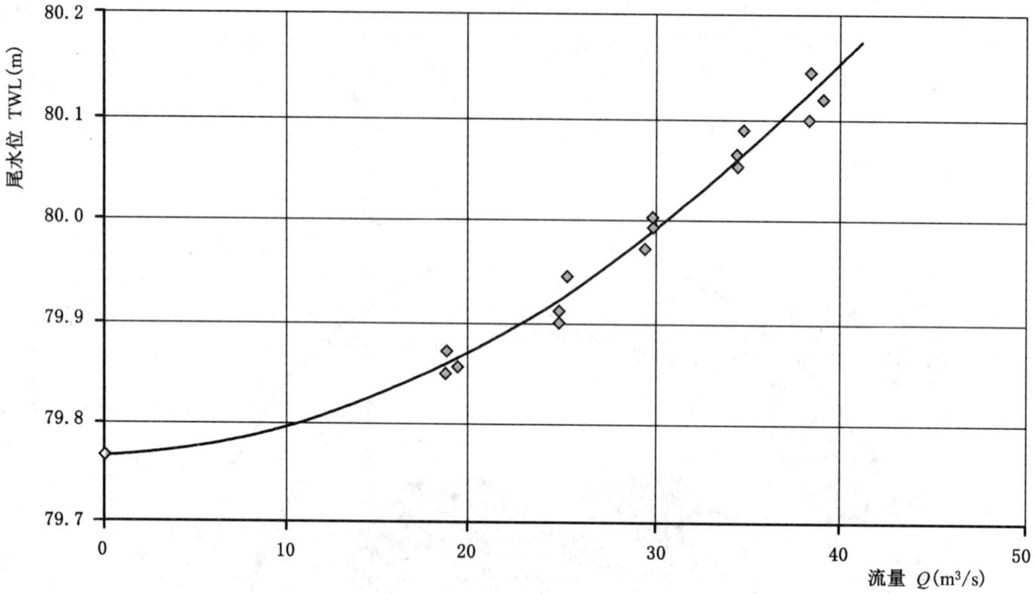

图 10 采用二阶函数离散点举例

8.2.3.2.3 建立的数据点经常表现出不连续性。这种现象不容易采用数学的方法来解释，也不能用分析的方法来光滑。每一侧不连续的数据点应分别对待，并且将各个拟合曲线段根据目测尽可能光滑地连接起来(见图 11)。

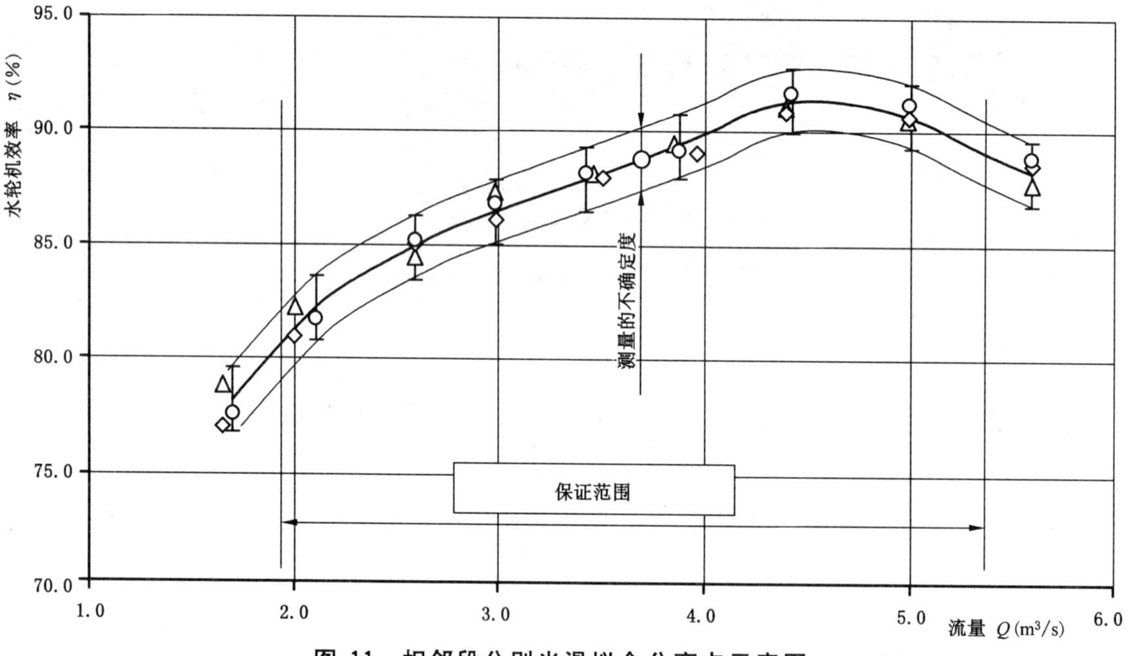

图 11 相邻段分别光滑拟合分离点示意图

8.2.4 性能测量的不确定度

8.2.4.1 总测量不确定度

采用系统误差(e_{bias})和随机误差(e_{prec})平方和的平方根来计算所有测量量的总测量不确定度：

$$e_{overall}=\sqrt{e_{bias}^{2}+e_{prec}^{2}}$$

8.2.4.2 水轮机和发电机最大输出功率(见 7.2)

由发电机输出功率和净水头 H 评估不确定度，水轮发电机组的性能不包含变压器。

$$f_{P,gen}=\sqrt{f_{gen}^{2}+f_{H}^{2}} \qquad f_{gen}=\sqrt{f_{WH}^{2}+f_{PT}^{2}+f_{CT}^{2}+f_{L,gn}^{2}}$$

8.2.4.3 **指数测量(见7.4)**

根据指数测量的性质，当采用相对于预期水轮机最优效率点流量的相对值对真机保证值进行评估时，只能与下述值比较：

a) 绝对值

水头：f_{H}

功率：$f_{P,t}$

b) 相对值

流量：$f_{Q,ix}$——从模型试验换算的流量(综合特性曲线)；

效率：$f_{\eta,ix}$——仅能比较效率曲线的形态。

8.2.4.4 **根据流量测量的效率试验(见7.5)**

水轮机效率依赖于评估各个分量(水头、流量、功率、转速以及传递)，并且按下述公式通过计算来确定水轮机效率的不确定度：

$$f_{\eta,t}=\sqrt{f_{Q}{}^{2}+f_{H}{}^{2}+f_{gen}{}^{2}}$$

8.2.4.5 **根据热力学法的效率试验(见7.6)**

采用这种方法直接测量水轮机效率。

效率的评估不确定度可取为：$f_{\eta,th}=\pm 1.0\%$。

系统不确定度的计算举例参见IEC 60041：1991第A.2章和第A.3章。

如果对水轮机主轴功率有合同要求，不确定度可按下式计算：

$$f_{P,t}=\sqrt{f_{gen}{}^{2}+f_{L,tr}{}^{2}+f_{L,ax}{}^{2}}$$

如果流量有合同要求，不确定度可按下式计算：

$$f_{Q}=\sqrt{f_{\eta,th}{}^{2}+f_{H}{}^{2}+f_{P,t}{}^{2}}$$

9 试验结果与保证值的比较

9.1 水轮机特性的偏移

测量的效率η作为纵坐标，对应的是换算到额定水头(和转速)下的水轮机输出功率P_{t}或流量Q。

当试验结果表示水轮机输出功率(或流量)大于由供方提出的保证值时，是否更改原有保证值需供需双方商定，并考虑由于改变保证值对其他相关条件的影响。如果认可新的最大输出功率或流量，这将形成新的保证值基础。对于新构成的特性，新测量的最大功率和流量改变了最初的水轮机特性，见示意图12。曲线上的每一点是以相同百分数偏移得出更大的功率或流量，最大偏移的限制是额定流量或额定功率的10%。新选择的参考功率(流量)应满足于在合同中所规定的任何限制，并作为与其他规定水头对应的参考功率(流量)。

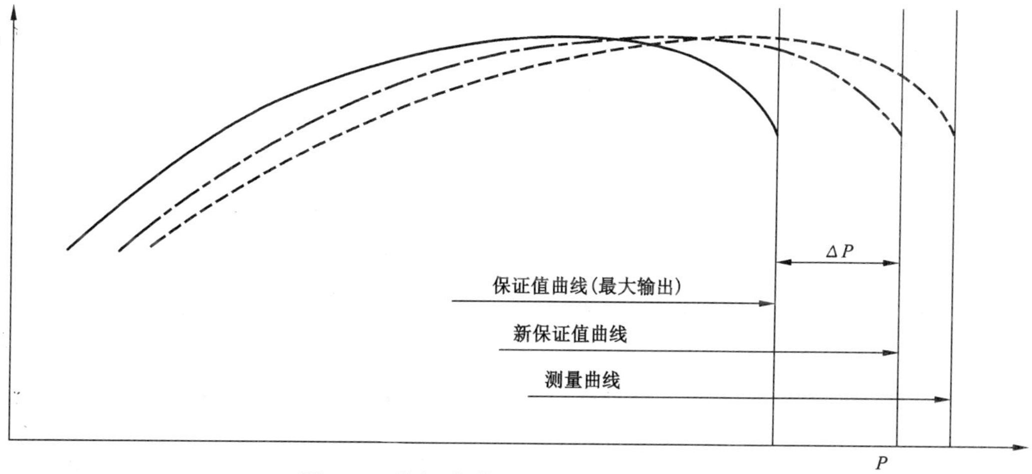

图12 常规水轮机特性偏移示意图

9.2 输出功率

实际试验水头下和换算到额定水头下输出功率的比较示意图见图 13，通过试验应提供以下函数关系：

a) 发电机最大输出功率与净水头的关系；

b) 发电机最大输出功率与净水头和水轮机导叶(或喷针)开度的关系。

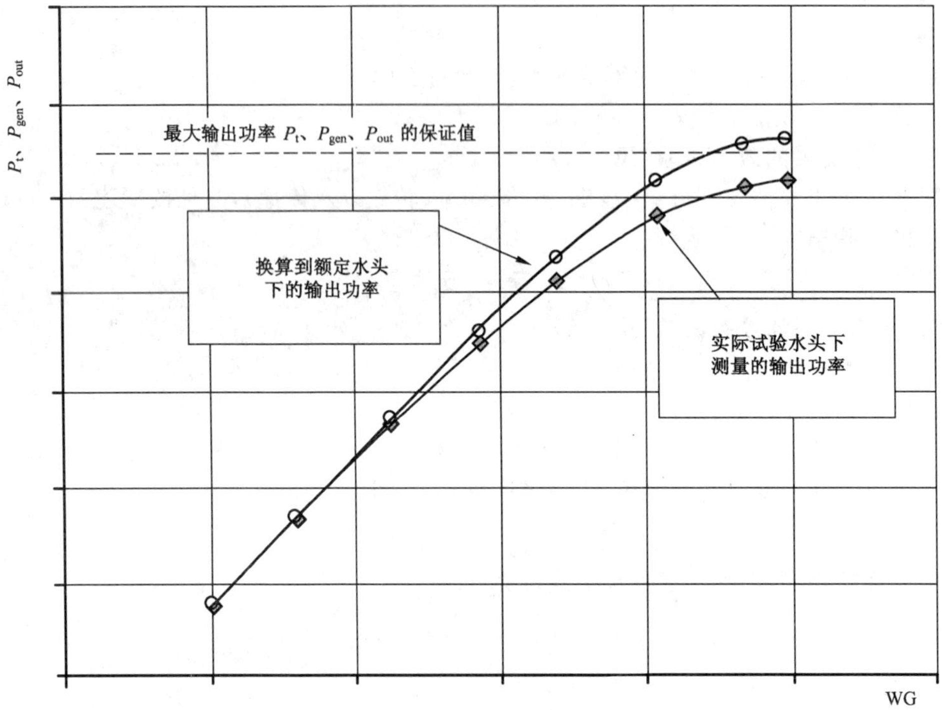

图 13 实际试验水头下和换算到额定水头下输出功率的比较示意图

9.3 效率

9.3.1 一般要求

通常保证效率点对应于某恒定水头。在对应于该恒定水头的测量净水头下，水轮机特性的比较可采用下述函数关系：

$$\eta_{t,R}=f(H_R;Q_R;P_{t,R})$$

a) 需要进行换算的效率值与恒定水头的效率值比较

如果保证净水头不在测量范围内，试验方负责人应建议和提出新定义的恒定水头(H)，提出保证综合特性曲线。新的恒定水头(H)应接近实际测量水头的平均值，并且被各方所接受。

1) 将实测流量或功率点(Q;P_t)换算到额定保证净水头下，可以得到 $P_{t,R}$的 Q_R；

2) 绘制出光滑的效率曲线图 $\eta=f(Q_R$ 或 $P_{t,R})$；

3) 对水轮机效率不确定度 $f_{\eta,t}$进行评估，见 8.2.4；

4) 根据 H_R 和 H 间的水头不同修正每一点的效率；

5) 绘制保证水轮机效率曲线；

6) 换算结果与保证值进行比较，确定罚款(或奖励)。

b) 实测效率值与非恒定水头效率值比较

$$\eta_t=f(H;Q;P_t)$$

在试验前应确定所要进行的验收试验水头是否满足合同中的规定，并绘制保证综合特性曲线。

1) 绘制出光滑的测量效率图 $\eta_t=f(Q$ 或 $P_t)$；

2） 对水轮机效率不确定度 $f_{\eta,t}$ 进行评估，见 8.2.4；

3） 绘制来自保证综合特性曲线对应于实测水头的保证水轮机效率曲线；

4） 测量结果与保证值进行比较，确定罚款（或奖励）。

9.3.2 指数试验的相对效率

在对最优效率保证值进行测量时，可能在不同功率（或流量）下出现几个相等的最优效率。因此，仅比较水轮机特性保证值与指数试验结果之间的偏差（见图 14）。

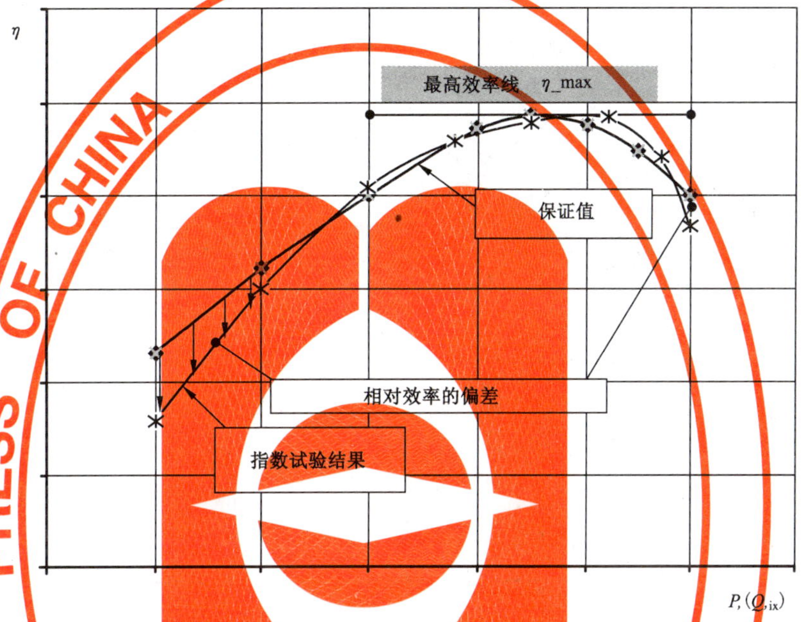

图 14 保证值与指数试验结果的比较

相对效率的偏差应包含对流量、功率和水头测量的不确定度的评估，其中在流量中还包括蜗壳压差 Δp 的不确定度，它对不同型式的水轮机是不同的（见图 15）。

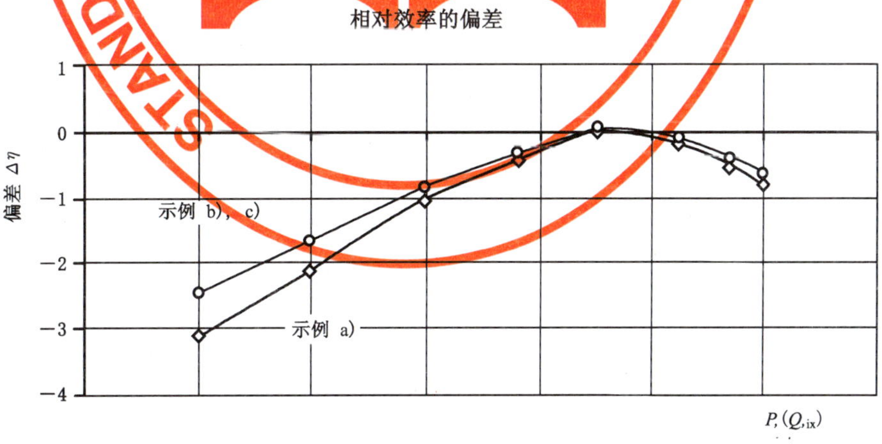

图 15 对于不同型式水轮机指数试验效率偏差的收敛

在最小功率时相对效率允许偏差 $\Delta\eta$ 示例：

a） 半蜗壳（轴流式水轮机-指数试验方法）： −3.0（%）

b） 蜗壳（轴流式水轮机-指数试验方法）： −2.5（%）

c） 蜗壳（混流式水轮机-指数试验方法）： −2.5（%）

d） 锥型管（混流式水轮机-测量压差）： −2.0（%）

e) 管路(毕托管-测量压差)： −1.5(%)

f) 管路(超声波探测器)： −1.0(%)

应绘制水轮机特性的保证曲线与评估结果对照图，并且进行加权值的比较。

9.3.3 根据流量测量或热力学法得到的绝对效率

根据流量测量或热力学法测量得到的绝对效率与保证值的比较见图 16。

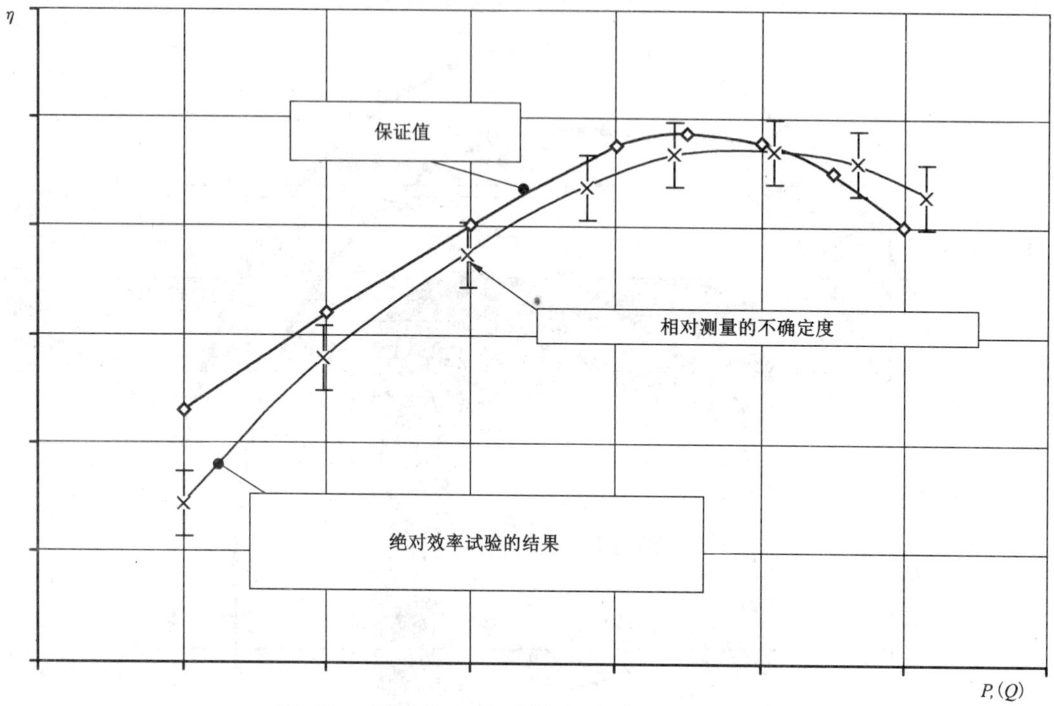

图 16 保证值与绝对效率试验结果的比较

10 其他保证

10.1 空蚀和磨损的检查

10.1.1 空蚀保证

空蚀保证期的期限通常定义为水轮机最后一个部件交货后三年，或投入运行后两年，或水轮机投入运行时间 6 000 h～10 000 h，以先到期限为准。应在合同规定的保证期末对空蚀破坏进行检查。

空蚀保证仅适用于在保证期内机组在规定的保证运行范围内运行的情况。在合同中应规定出水头、吸出高度 H_s(或 σ 系数)的运行限制条款。

应记录在保证期内的运行参数(开度、上游水位、尾水位、功率等)，以便确定机组是否正常运行。

关于反击式水轮机转轮，到保证期结束，由空蚀造成的破坏面积不应超过叶片总表面面积的 5%(正压面和负压面)。

空蚀保证不包括由于水中含有泥沙或化学成分所造成的磨损和腐蚀。泥沙和水中含有腐蚀性化学成分的存在将影响水力机械表面，同时对效率和性能也可产生影响。在签署合同时必需知道有关水质的资料。

10.1.2 空蚀测量方法

给定周期内的空蚀量可按下述方法测量：

a) 测量所损坏部件的体积或失重；

b) 测量空蚀表面所要修理填充物的质量。

10.1.3 空蚀检查结果与规定的保证值比较

在保证期末期，按下式计算由空蚀对水轮机通流部件所造成的质量损失值(不包括磨损)：

$$M=kD^2t/8\ 000$$

式中：

M——是以公斤表示的质量损失；

t——在保证期间内的运行小时数；

D——公称直径(单位：m)，对于混流式和双击式水轮机是指转轮的出口直径，对于轴流转桨式或轴流定桨式水轮机是指转轮室内径，对于水斗式和斜击式水轮机是指水斗的宽度；

k——按表4给出的系数。

表4 k的取值

转轮材料	混流式水轮机 双击式水轮机	轴流转桨式水轮机 轴流定桨式水轮机	水斗式水轮机 斜击式水轮机
碳钢	1.8	1.2	0.3
不锈钢	0.8	0.5	0.1

10.1.4 磨损

水轮机的磨损与通过水轮机的泥沙的特性(数量、粒径、形状、成分等)，泥沙颗粒作用于水轮机部件上的特性(速度、冲角等)，材质及运行条件(工况、运行时数等)等一系列因素有关。水中含有腐蚀质以及水轮机遭受空蚀时，均将促进磨损的加剧。

不同类型水轮机磨损的特点与水轮机各个部件遭受磨损的情况不完全相同。轴流式水轮机磨损最严重的部件通常是转轮的叶片和转轮室，混流式水轮机为转轮、导水叶和抗磨板(低水头混流式水轮机转轮的磨损往往重于导水机构，高水头混流式则相反)和止漏装置。较小的混流式水轮机的顶盖如设计不良或材质较差，常将很快遭到磨损甚至磨穿。冲击式水轮机首先磨损的是喷嘴和喷针，其次才是水斗。

反击式水轮机的主轴密封也是易磨损的部件之一，对此应采用经实践证明适合于浑水中运行的结构和材质。

10.1.5 磨损检查

为分析和研究水轮机的磨损，需对水轮机运行期间影响磨损的各项因素进行观测和记录，包括：

1) 过机泥沙的测定：需注意通过水轮机的泥沙量并不等于上游河道或水轮机进口前的泥沙。为了较准确掌握过机泥沙的数量，在泥沙高峰期以及变化较大的时段，应设法加密测量间隔，泥沙变化平缓或数量很少时，则可适当减少测量次数；

2) 过机泥沙需取样进行分析。除含沙量(浓度)外，应设法进行粒径和矿物成分的分析，或请有关单位协助进行分析确定；

3) 详细记录运行条件(水头、下游水位、出力等)，以及运行小时数。

磨损的检查可采用目测观察，直接测量和整体测定等方法。

1) 目测观察即对磨损部位及其严重状况进行目测观察记录；

2) 直接测定即采用仪器工具对破坏状况进行测量。必须注意的是磨损往往是大面积的，整个表面都已磨去一层，所以不能把已遭受磨损的表面作为原始的表面来衡量已被磨去的深度；

3) 整体测定是指当水轮机转轮较小，以及一些零部件易于拆出，可采用整体称重和测量的办法来确定磨去的质量以及各部分尺寸的变化。为此需在新机安装前，对各部件的质量、尺寸等予以测量记录。

以上几种测定检查方法可同时采用，也可单独采用。

在磨损观察记录中应注意磨损与空蚀的区别。一般而言，空蚀典型的外貌为针孔、麻面、蜂窝和海绵状(初期可能仅表现为变色)，空蚀破坏常表现为孤立的小块，局限在小块面积上，通常发生在水轮机压力较低的部位，如叶片背面等。磨损的典型外貌为：材料表面出现大面积的波纹、鱼鳞或沟槽。在水流发生急剧变化如或流道不平整部位、如凸起、缝隙等处，常可能出现受冲刷而形成的局部较深的坑穴与深沟。如无法可靠确定所观察到的破坏为磨损或空蚀，应将破环的表面特征与破坏状况如实描绘记录，以作为进一步分析研究的依据。

10.1.6　磨损的评定

由于影响磨损的因素十分众多，不同条件下水轮机磨损程度的差别将十分巨大，因此允许磨损的程度只能根据各个电站的具体的条件和要求，考虑经济等因素进行综合比较后确定。例如采用较低参数的转轮，较好的材质等将有利于减轻磨损，但将增加机组造价。如选用常规的用于清水条件的设备，则可以节省初期投资，但需考虑频繁检修或备品等损失与费用。因此允许的磨损程度与保证方法，只能在考虑上述各项因素后由双方在合同中商定。

为了估计水轮机可能的磨损程度，在电站设计阶段，除可参考有关的经验公式或图表外，应设法对同河段上已有水力机械和其他河流相近型式的水轮机的使用与磨损情况进行调查了解。作为合同中确定磨损要求的基础。

有关空蚀和泥沙磨损的规定参见 GB/T 15469—1995。

10.2　水轮发电机组噪声试验

10.2.1　测量方法

噪声试验测量结果应参照 DL 5061—1996 规程进行。声级计采用 A 加权的平均模式滤波，声级计率定的精度应在±1 dBA 之内，总测量不确定度不超过±2 dBA。

参考表面是假想的包围声源（机器）的简单表面（六面体、圆柱体等）终止于反射平面（楼板、墙等）。测量点应布置在离参考表面 1 m 对应的 1 m×1 m 网格的节点上，见图 17。

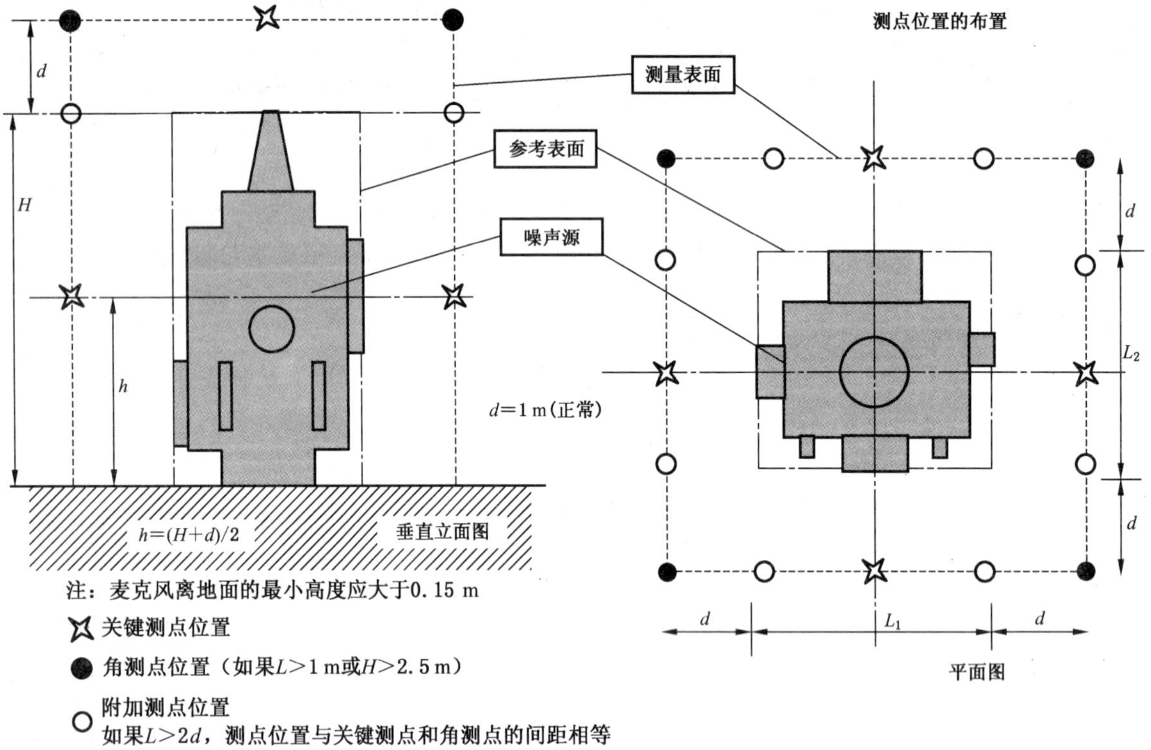

图 17　测量点的位置

由于需要测量的声源在自由场内的发射，故任何环境的影响都应从测量值中减去。

背景噪声以及房间边界反射的影响应根据图 18 从测量值中减去。

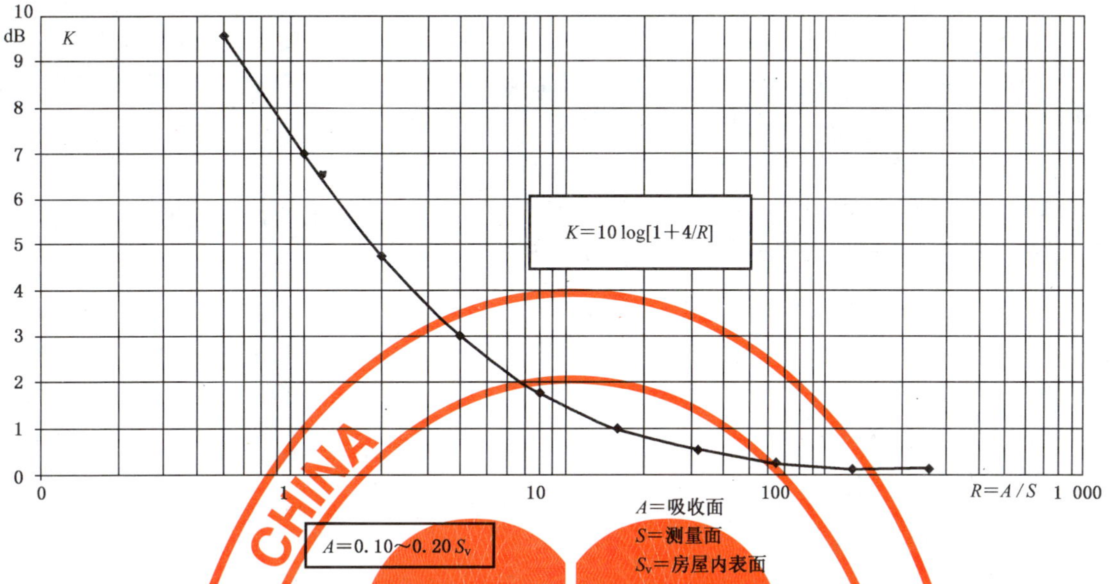

图 18　测量中由于噪声反射的环境修正系数 K

10.2.2　验收准则

允许噪声应在合同中规定，或根据相关法律法规确定。参考噪声应低于 90 dBA。

高噪声不一定是本身产生的，需要采用合适的仪器仪表进行检查。为确定声源，需要对噪声进行三分之一倍频程分析。水轮机的噪声多为低频，而高频噪声通常是由变压器、电机噪声或某些特殊的水力现象所引起所引起，如卡门涡、叶片频率、空化等。最好的解决方法是在声源（机器）周围安装隔音墙。图 19 为典型的三分之一倍频程分析。

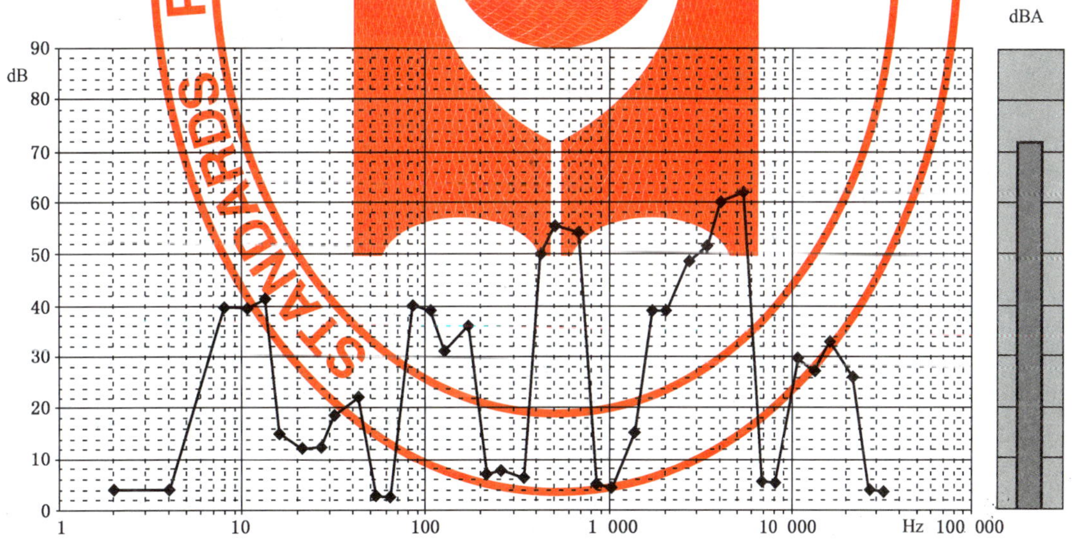

图 19　典型 1/3 倍频频率分析

A 声级曲线代表人耳的敏感度和忍受水平，其他曲线基于人的平均感觉。

10.3　水轮发电机组振动试验

10.3.1　一般要求

如果合同要求测量机组的振动，可根据 GB/T 17189—2007 规程进行。振动允许限值可参见 GB/T 7894—2001。

振动的测量应按事先定义好的直角坐标（x、y、z）进行，其中 z 为轴向。

10.3.2 固定支持部件的振动

轴承体或机架绝对振动的测量应在稳定运行状态下进行。当采用速度型传感器时，传感器应刚性固定在机组结构上；当采用位移型传感器时，传感器需固定在基础上。在衰减小于 2 dB 的条件下，传感器应具有从 0.5 f_n 到 200 f_n（f_n 是机组的转速频率）的带宽。

传感器的选择可参考 GB/T 17189—2007 上的建议。如果振动信号大于 2 Hz，可采用速度型传感器；如果振动信号大于 10 Hz，也可采用加速度计。

对于简谐振动，加速度、速度和位移幅值间的关系为：

$$a=\omega v=-\omega^2\times x$$

$$v=\omega x$$

式中：

ω——角频率，单位为赫兹（Hz），等于 $2\pi f$；

a——加速度，单位为米每二次方秒（m/s^2）；

v——速度，单位为米每秒（m/s）；

x——位移，单位为微米（μm）。

相应的，速度超前位移 $\pi/2$ 相位角，加速度超前速度 $\pi/2$ 相位角。

通常允许位移转换到速度和速度转换到加速度，而加速度转换到速度或转换到位移可能引起低频率噪声被放大的问题。因此，不建议用加速度计进行振动测量。如果采用加速度计，测量信号不能采用数学的方法进行转换，事先应将保证值转换到加速度值。

所测量的混频速度的有效值（rms）应与速度限值进行比较。信号的混频峰值可转换成位移，并与位移限值进行比较。

主轴轴承的绝对振动示意图见图 20。

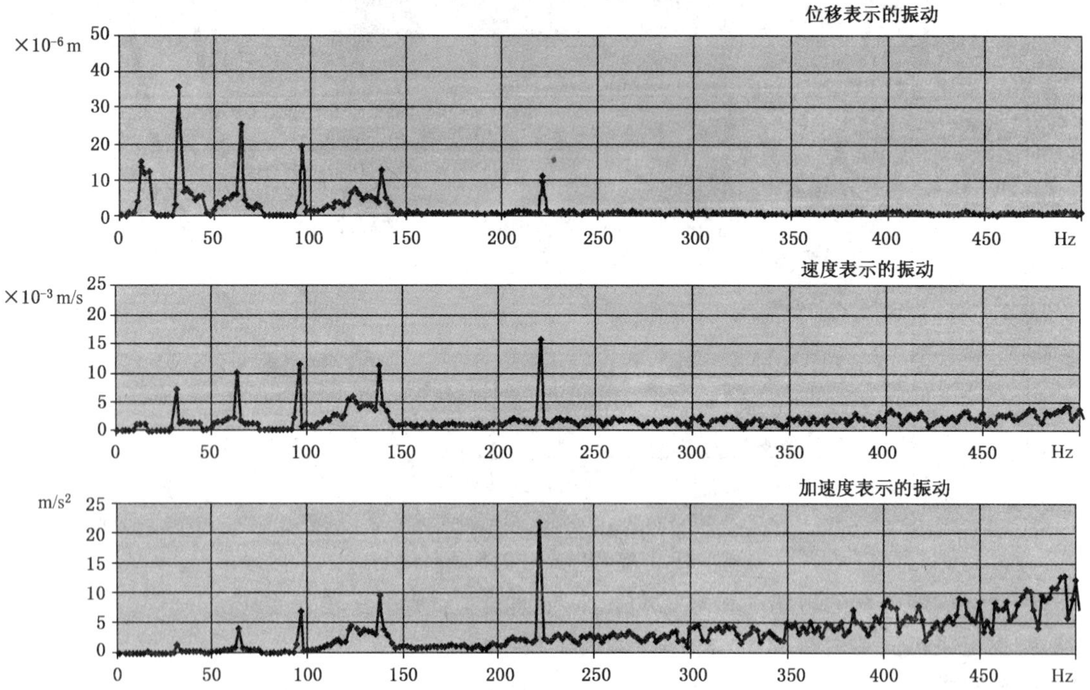

图 20 主轴轴承的绝对振动

如果所测量的位移或速度（或加速度）均在“良好”区，推荐采用每年进行一次振动检查。如果测量结果是在“及格区”范围，建议除年检外进行连续监视。如果测量结果在“接近及格区”范围，除进行连续的监视外，须进一步调查振动的原因。如果测量结果在“不及格区”范围，机组不能运行，必须采取降低振动水平的措施。

10.3.3 轴的相对振动

如果合同要求，应在稳定状态运行下进行轴相对于轴承的相对振动测量。测量应采用非接触式位移传感器，并刚性固定在机组结构件上。

x 方向和 y 方向的振动矢量可同时测量，取其大值或取轴心轨迹最大值 S_{max} 值进行评价，见图 21。

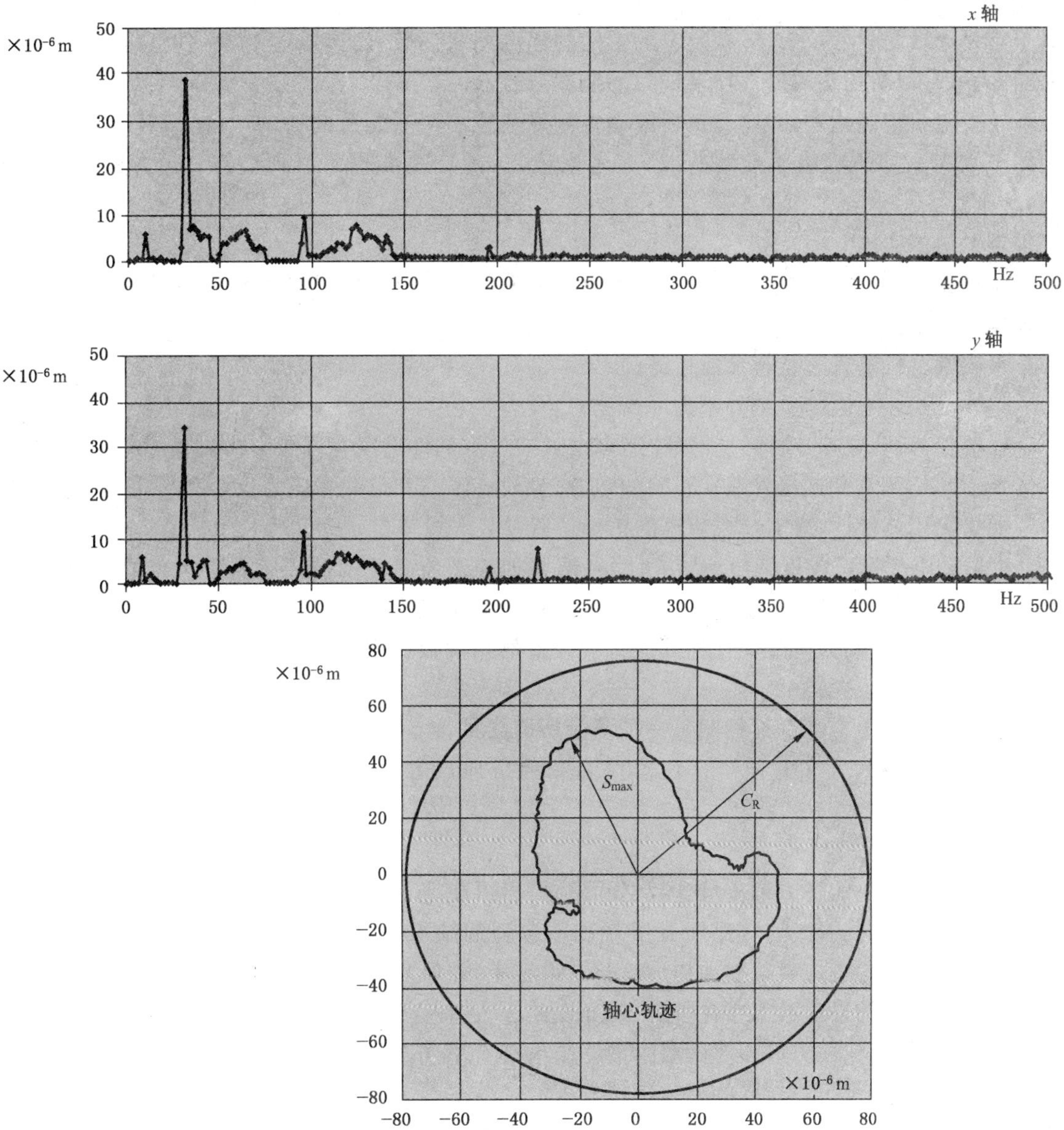

图 21 相对于轴承体的主轴振动频率分析

11 试验的组织

11.1 试验步骤

试验方负责人应准备试验大纲和程序，提交其他参与试验的各方审查，并应留有充足的时间以便进行修改。所有与试验有关的图纸和文件应提供给试验方。

试验程序应规定试验范围，应注意下述常规导则：

a) 保证范围内的性能曲线至少要有 7 个点，必要时可增加附加点以确定保证值；

b) 每一点是在不改变运行条件下，3 次或更多次有效记录的算术平均值。如果试验点出现异常

现象,应给出较为合理的解释(如引水管路压力变化等);

c) 每一次记录包含一定数量的读数,读数的数量取决于所采用的测量方法和数据采集方法。所有读数的算术平均值作为每一次记录的数据。对一次记录中全部读数的分析方法的规定见第8章。

对所采用记录仪(模拟或数字)或自动数字采集系统要作必要的说明,最基本要求是能够满足所要求的精度。

对于直接读数的仪器仪表,应在规定的时间间隔内同时读数;当读取多组数据时,应考虑在不同的时间间隔内读取,以防止与周期性摆动现象的偶然巧合。

在水轮发电机组试运转前,应在现场准确地测量流道中所有测量断面的尺寸,应建立高程基准,并且作为用于水头测量的次级基准的基准(参考水位)。所有基准应保留到最终试验结束且报告通过为止。

11.2 现场试验的实施

在试验开始之前,试验方负责人应仔细检查水轮发电机组及其他试验设备,确保水轮机组的正常运行。应证实下述情况:

a) 水轮发电机组完整且与参数相符;

b) 过水流道没有阻塞物或外来的障碍物;

c) 在转轮、活动导叶、喷针、抗磨环、迷宫密封或过水部件上没有可能影响效率的磨损;

d) 所有压力测头和连接管路在正确的位置,且没有阻塞和泄漏。压力仪表和传感器应经过率定;

e) 如果采用流量计,应安装在流道的正确位置并且经过率定;

f) 机械和电气标尺或测量活动导叶、喷针或其他控制装置开度的传感器应有足够的分辨率。开度控制装置的实际开度应按照水轮机供方的规定进行校核;

g) 供方名称、产品系列号和任何其他每一设备的相关数据应作记录。应作出草图表示压力仪表和传感器的位置;

h) 观察记录表上应清楚地标明每一项测量所需要的准备工作。在记录表上应有试验电站名称、仪器仪表系列号和其他辨认仪器仪表和测量地点的必要资料。指定观测人应在记录表上签字。

11.3 试验结果的评估

11.3.1 所有参与试验的各方都应检查数据和记录,尽可能地获取每一次试验结果,并且在现场对有代表性试验结果进行临时的计算,应对所有误差和不合理的结果进行调查。如果有必要,数据应重新读取。所有参与试验的各方应对数据和初步试验结果签字,并保留其复印件。

11.3.2 如果对试验结果或数据存在争议,持异议的一方有权要求进行补充试验。如经协商仍不能使某一方消除异议时,任何一方有权对试验的最终结果持有不同意见。如果最后双方不能达成重新试验的协议,则应提交双方都可以接受的仲裁代理人。

11.3.3 如果不能满足保证值,所有参与试验各方应准许对水轮机进行检查。

11.4 试验报告

最终试验报告至少包括以下内容:

a) 试验的目的;

b) 与试验有关的全部原始协议记录;

c) 参加试验人员;

d) 水轮机和发电机规格及主要特性;

e) 有关配套设备的说明书,例如管道系统,阀门、闸门等;

f) 从机组投入运行到正式试验开始时的运行时间和运行条件;

g) 合同规定的性能保证条款;

h) 全部试验设备，包括型号、性能及率定结果；
i) 至少对一个测点给出从原始数据到最终曲线的详细计算；
j) 列表汇总全部测量结果；
k) 对每一测量参量进行随机误差和系统误差分析，给出总的测量不确定度；
l) 文字描述和图解说明主要试验结果；
m) 分析和结论。

12 数据采集

12.1 数据采样

12.1.1 分辨率：根据数据采集的精度要求确定。

12.1.2 采样率：对于稳定量的采集，数据采样率为 20 Hz～50 Hz；对于振动、脉动量的采集，数据采样率应为最高有用频率的 5 倍以上。

12.1.3 滤波：为避免数据采样中的信号混叠现象，在采样过程中应设置低通滤波，低通滤波截止频率应大于信号最高有用频率，数据采样率应至少为低通滤波截止频率的 2 倍。

12.2 模拟与数字(A/D)的转换

模拟数字转换条件：数据采集系统 A/D 转换器的分辨率应满足试验精度的要求，原则上应在 12 位(含 12 位)以上。

12.3 人工读数

在没有数据采集系统的情况下，经供需双方商定，可采用人工读数方式，具体方式供需双方商定。

附 录 A
（资料性附录）
物 理 数 据

A.1 概述

应用本规程中所提到的各种公式应事先知道其工程物理量的数值，下面的表格或公式给出了以下物理量的数值：

a） 重力加速度及其与纬度和海拔高程的关系；

b） 水的密度；

c） 空气的密度；

d） 水银的密度。

A.2 重力加速度与纬度和海拔高程的关系

表 A.1 不同纬度及海拔高程下重力加速度值（g） 单位为米每二次方秒

纬度 φ (°)	海拔高程 z/m			
	0	1 000	2 000	4 000
0	9.780	9.777	9.774	9.768
10	9.781	9.778	9.775	9.769
20	9.786	9.783	9.780	9.774
30	9.793	9.790	9.787	9.780
40	9.801	9.798	9.795	9.789
50	9.810	9.807	9.804	9.798
60	9.819	9.816	9.812	9.806
70	9.826	9.822	9.819	9.813

重力加速度按下式计算：

$$g=9.780\ 3\ (1+0.005\ 3\ \sin^2\varphi)-z\times3\times10^{-6}$$

g 的国际标准值为 9.806 m/s^2。

A.3 水的密度

中间值可通过线性插值法求得，这些中间值插值按 Herbst 和 Rögener 公式计算。

表 A.2 不同温度下清水的密度值(ρ) 单位为千克每立方米

温度/℃	绝对压力/10^5 Pa							
	1	10	20	30	40	50	60	70
0	999.8	1 000.3	1 000.8	1 001.3	1 001.8	1 002.3	1 002.8	1 003.3
1	999.9	1 000.4	1 000.9	1 001.4	1 001.9	1 002.4	1 002.9	1 003.4
2	1 000.0	1 000.4	1 000.9	1 001.4	1 001.9	1 002.4	1 002.9	1 003.4
3	1 000.0	1 000.4	1 000.9	1 001.4	1 001.9	1 002.4	1 002.9	1 003.4
4	1 000.0	1 000.4	1 000.9	1 001.4	1 001.9	1 002.4	1 002.9	1 003.4
5	999.9	1 000.4	1 000.9	1 001.4	1 001.9	1 002.4	1 002.8	1 003.3
6	999.9	1 000.4	1 000.9	1 001.4	1 001.8	1 002.3	1 002.8	1 003.3
7	999.9	1 000.3	1 000.8	1 001.3	1 001.8	1 002.3	1 002.7	1 003.2
8	999.9	1 000.3	1 000.8	1 001.2	1 001.7	1 002.2	1 002.7	1 003.2
9	999.8	1 000.2	1 000.7	1 001.2	1 001.6	1 002.1	1 002.6	1 003.1
10	999.7	1 000.1	1 000.6	1 001.1	1 001.6	1 002.0	1 002.5	1 003.0
11	999.6	1 000.0	1 000.5	1 001.0	1 001.4	1 001.9	1 002.4	1 002.9
12	999.5	999.9	1 000.4	1 000.9	1 001.3	1 001.8	1 002.3	1 002.7
13	999.4	999.8	1 000.3	1 000.7	1 001.2	1 001.7	1 002.1	1 002.6
14	999.2	999.7	1 000.1	1 000.6	1 001.1	1 001.5	1 002.0	1 002.4
15	999.1	999.5	1 000.0	1 000.4	1 000.9	1 001.4	1 001.8	1 002.3
16	998.9	999.4	999.8	1 000.3	1 000.7	1 001.2	1 001.7	1 002.1
17	998.8	999.2	999.6	1 000.1	1 000.6	1 001.0	1 001.5	1 001.9
18	998.6	999.0	999.5	999.9	1 000.4	1 000.8	1 001.3	1 001.7
19	998.4	998.8	999.3	999.7	1 000.2	1 000.6	1 001.1	1 001.5
20	998.2	998.6	999.1	999.5	1 000.0	1 000.4	1 000.9	1 001.3
21	998.0	998.4	998.9	999.3	999.8	1 000.2	1 000.7	1 001.1
22	997.8	998.2	998.6	999.1	999.5	1 000.0	1 000.4	1 000.9
23	997.5	997.9	998.4	998.8	999.3	999.7	1 000.2	1 000.6
24	997.3	997.7	998.1	998.6	999.0	999.5	999.9	1 000.4
25	997.0	997.4	997.9	998.3	998.8	999.2	999.7	1 000.1
26	996.8	997.2	997.6	998.1	998.5	999.0	999.4	999.9
27	996.5	996.9	997.4	997.8	998.3	998.7	999.1	999.6
28	996.2	996.6	997.1	997.5	998.0	998.4	998.9	999.3
29	995.9	996.3	996.8	997.2	997.7	998.1	998.6	999.0
30	995.7	996.1	996.5	996.9	997.4	997.8	998.3	998.7
31	995.3	995.7	996.2	996.6	997.1	997.5	997.9	998.4
32	995.0	995.4	995.9	996.3	996.8	997.2	997.6	998.1
33	994.7	995.1	995.5	996.0	996.4	996.9	997.3	997.7
34	994.4	994.8	995.2	995.7	996.1	996.5	997.0	997.4
35	994.0	994.4	994.9	995.3	995.8	996.2	996.6	997.1
36	993.7	994.1	994.5	995.0	995.4	995.8	996.3	996.7
37	993.3	993.7	994.2	994.6	995.0	995.5	995.9	996.3
38	993.0	993.4	993.8	994.2	994.7	995.1	995.5	996.0
39	992.6	993.0	993.4	993.9	994.3	994.7	995.2	995.6
40	992.2	992.6	993.1	993.5	993.9	994.4	994.8	995.2

表 A.2（续） 单位为千克每立方米

温度/℃	绝对压力/10^5 Pa							
	80	90	100	110	120	130	140	150
0	1 003.8	1 004.3	1 004.8	1 005.3	1 005.8	1 006.3	1 006.8	1 007.3
2	1 003.9	1 004.4	1 004.8	1 005.3	1 005.8	1 006.3	1 006.8	1 007.3
3	1 003.9	1 004.4	1 004.8	1 005.3	1 005.8	1 006.3	1 006.8	1 007.3
4	1 003.8	1 004.3	1 004.8	1 005.3	1 005.8	1 006.3	1 006.7	1 007.2
5	1 003.8	1 004.3	1 004.8	1 005.3	1 005.7	1 006.2	1 006.7	1 007.2
6	1 003.8	1 004.2	1 004.7	1 005.2	1 005.7	1 006.2	1 006.6	1 007.1
7	1 003.7	1 004.2	1 004.7	1 005.1	1 005.6	1 006.1	1 006.5	1 007.0
8	1 003.6	1 004.1	1 004.6	1 005.0	1 005.5	1 006.0	1 006.5	1 006.9
9	1 003.5	1 004.0	1 004.5	1 005.0	1 005.4	1 005.9	1 006.4	1 006.8
10	1 003.4	1 003.9	1 004.4	1 004.8	1 005.3	1 005.8	1 006.2	1 006.7
11	1 003.3	1 003.8	1 004.3	1 004.7	1 005.2	1 005.6	1 006.1	1 006.6
12	1 003.2	1 003.7	1 004.1	1 004.6	1 005.0	1 005.5	1 006.0	1 006.4
13	1 003.1	1 003.5	1 004.0	1 004.4	1 004.9	1 005.4	1 005.8	1 006.3
14	1 002.9	1 003.4	1 003.8	1 004.3	1 004.7	1 005.2	1 005.7	1 006.1
15	1 002.7	1 003.2	1 003.7	1 004.1	1 004.6	1 005.0	1 005.5	1 005.9
16	1 002.6	1 003.0	1 003.5	1 003.9	1 004.4	1 004.8	1 005.3	1 005.8
17	1 002.4	1 002.8	1 003.3	1 003.8	1 004.2	1 004.7	1 005.1	1 005.6
18	1 002.2	1 002.7	1 003.1	1 003.6	1 004.0	1 004.5	1 004.9	1 005.4
19	1 002.0	1 002.4	1 002.9	1 003.3	1 003.8	1 004.2	1 004.7	1 005.1
20	1 001.8	1 002.2	1 002.7	1 003.1	1 003.6	1 004.0	1 004.5	1 004.9
21	1 001.6	1 002.0	1 002.5	1 002.9	1 003.3	1 003.8	1 004.2	1 004.7
22	1 001.3	1 001.8	1 002.2	1 002.7	1 003.1	1 003.5	1 004.0	1 004.4
23	1 001.1	1 001.5	1 002.0	1 002.4	1 002.9	1 003.3	1 003.7	1 004.2
24	1 000.8	1 001.3	1 001.7	1 002.2	1 002.6	1 003.0	1 003.5	1 003.9
25	1 000.6	1 001.0	1 001.5	1 001.9	1 002.3	1 002.8	1 003.2	1 003.7
26	1 000.3	1 000.7	1 001.2	1 001.6	1 002.1	1 002.5	1 002.9	1 003.4
27	1 000.0	1 000.5	1 000.9	1 001.3	1 001.8	1 002.2	1 002.7	1 003.1
28	999.7	1 000.2	1 000.6	1 001.1	1 001.5	1 001.9	1 002.4	1 002.8
29	999.4	999.9	1 000.3	1 000.8	1 001.2	1 001.6	1 002.1	1 002.5
30	999.1	999.6	1 000.0	1 000.4	1 000.9	1 001.3	1 001.7	1 002.2
31	998.8	999.3	999.7	1 000.1	1 000.6	1 001.0	1 001.4	1 001.9
32	998.5	998.9	999.4	999.8	1 000.2	1 000.7	1 001.1	1 001.5
33	998.2	998.6	999.0	999.5	999.9	1 000.3	1 000.8	1 001.2
34	997.8	998.3	998.7	999.1	999.6	1 000.0	1 000.4	1 000.9
35	997.5	997.9	998.4	998.8	999.2	999.7	1 000.1	1 000.5
36	997.1	997.6	998.0	998.4	998.9	999.3	999.7	1 000.2
37	996.8	997.2	997.6	998.1	998.5	998.9	999.4	999.8
38	996.4	996.8	997.3	997.7	998.1	998.6	999.0	999.4
39	996.0	996.5	996.9	997.3	997.8	998.2	998.6	999.0
40	996.7	996.1	996.5	996.9	997.4	997.8	998.2	998.7

A.4 空气的密度

空气的密度 ρ_a(kg/m³)按下式计算：

$$\rho_a = \frac{p_{abs}}{\theta} \times 3.4837 \times 10^{-3}$$

式中：

p_{abs}—— 绝对压力，单位为帕斯卡(Pa)；

θ——温度，单位为开尔文(K)。

A.5 水银的密度

下表中给出的水银密度 ρ_{Hg}(kg/m³)为在海平面的大气压力(p_0=101 325 Pa)下的数值。

表 A.3 不同温度下水银的密度值

温度/℃	密度/(kg/m³)	温度/℃	密度/(kg/m³)
0	13 595	25	13 534
5	13 583	30	13 521
10	13 570	35	13 509
15	13 558	40	13 497
20	13 546	45	13 485

中间值按下式计算：

$$\rho_{Hg} = (13\,595 - 2.46\,\delta)[1 + 3.85 \times 10^{-11}(p - p_0)]$$

式中：

δ——测点的温度，单位为摄氏度(℃)；

p——测点的压力，单位为帕斯卡(Pa)；

p_0 ——海平面的大气压力，单位为帕斯卡(Pa)。

附 录 B
（规范性附录）
水头定义的标示

水头定义的标示见图 B.1 至图 B.11。

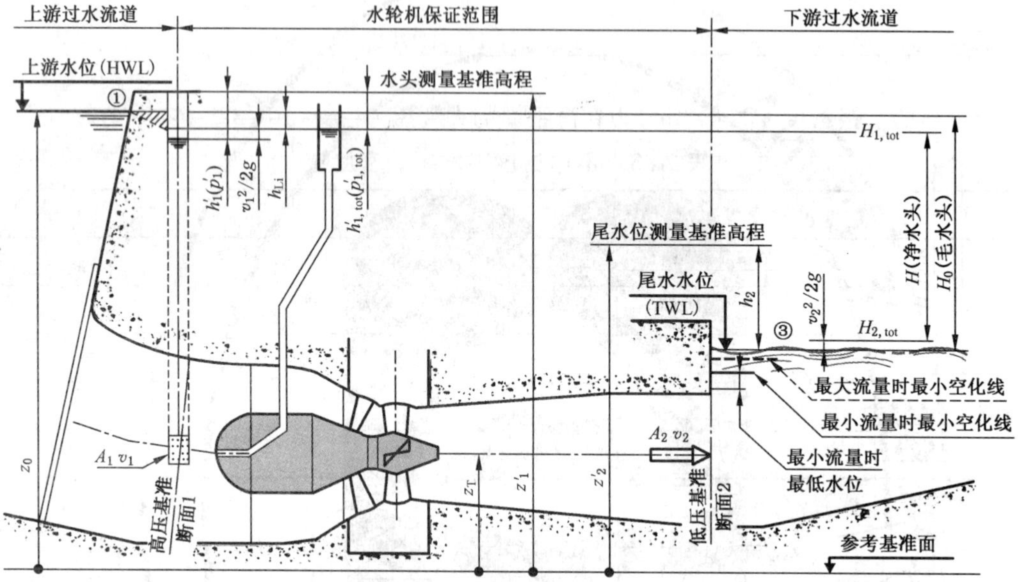

图 B.1 灯泡贯流式水轮机的水头定义

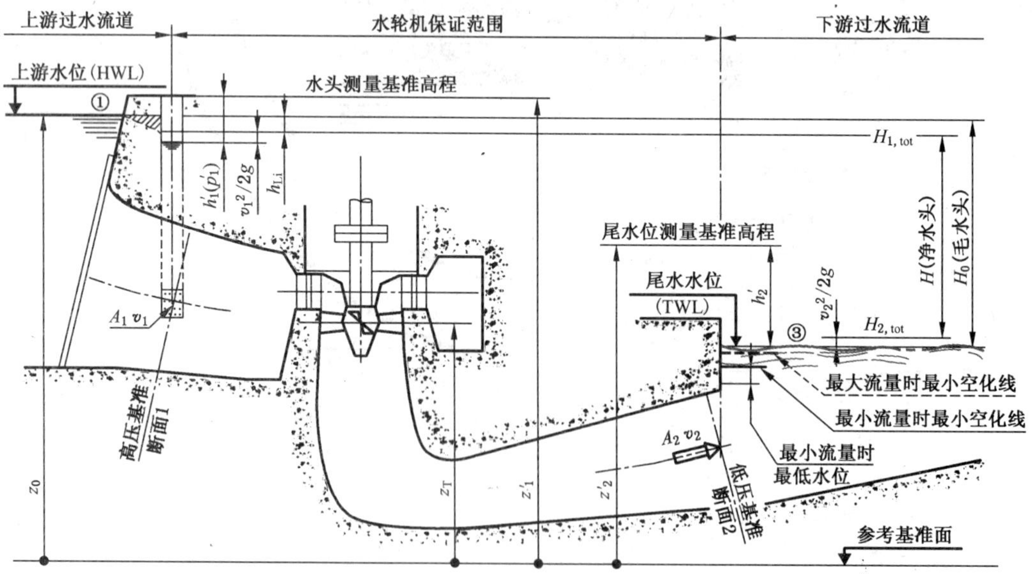

图 B.2 立式轴流式水轮机的水头定义

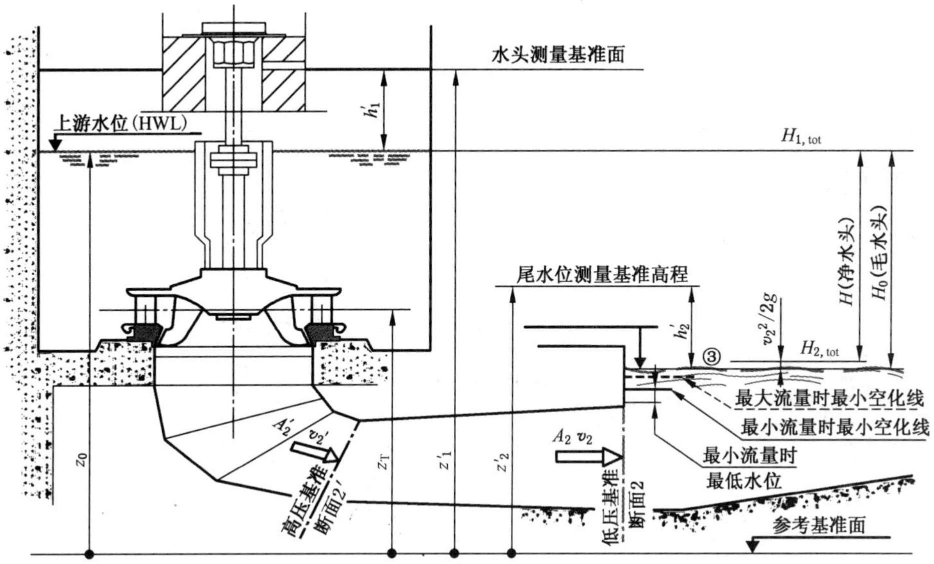

图 B.3 立式开敞混流式水轮机的水头定义

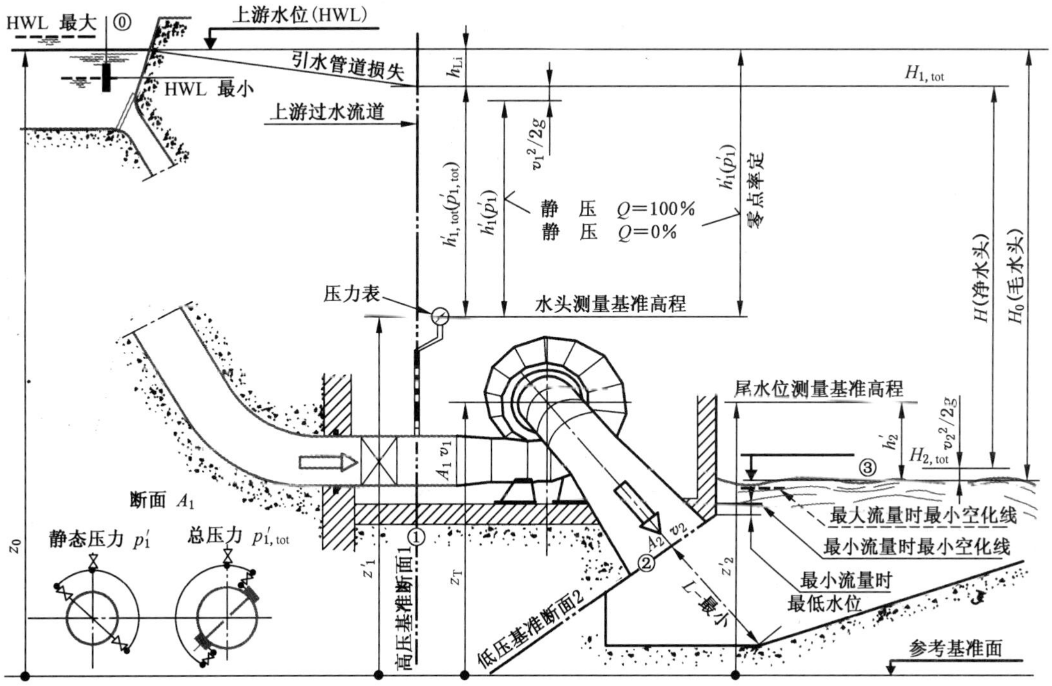

图 B.4 卧式混流式水轮机的水头定义

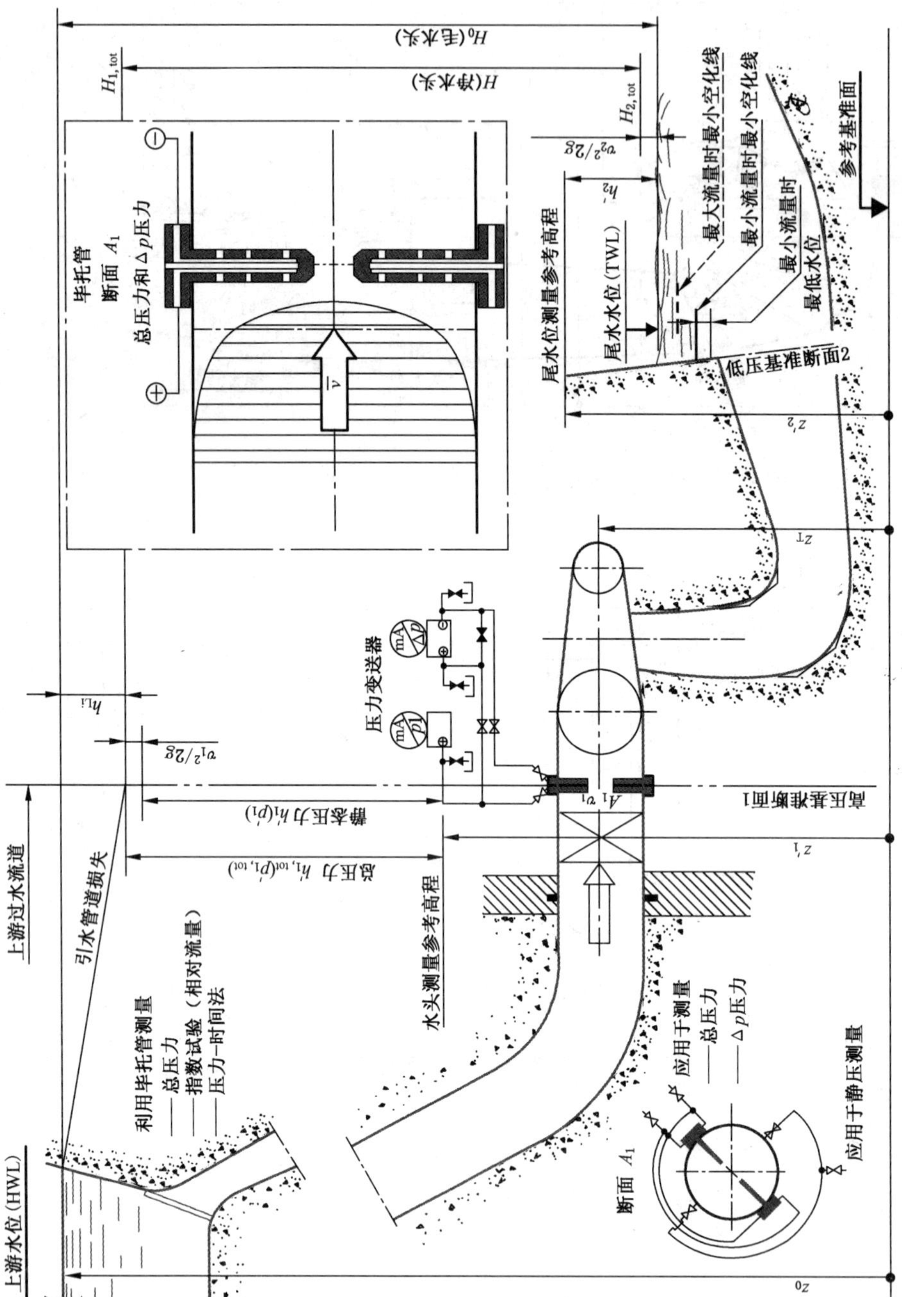

图 B.5 利用毕托管测量时立式混流式水轮机的水头定义

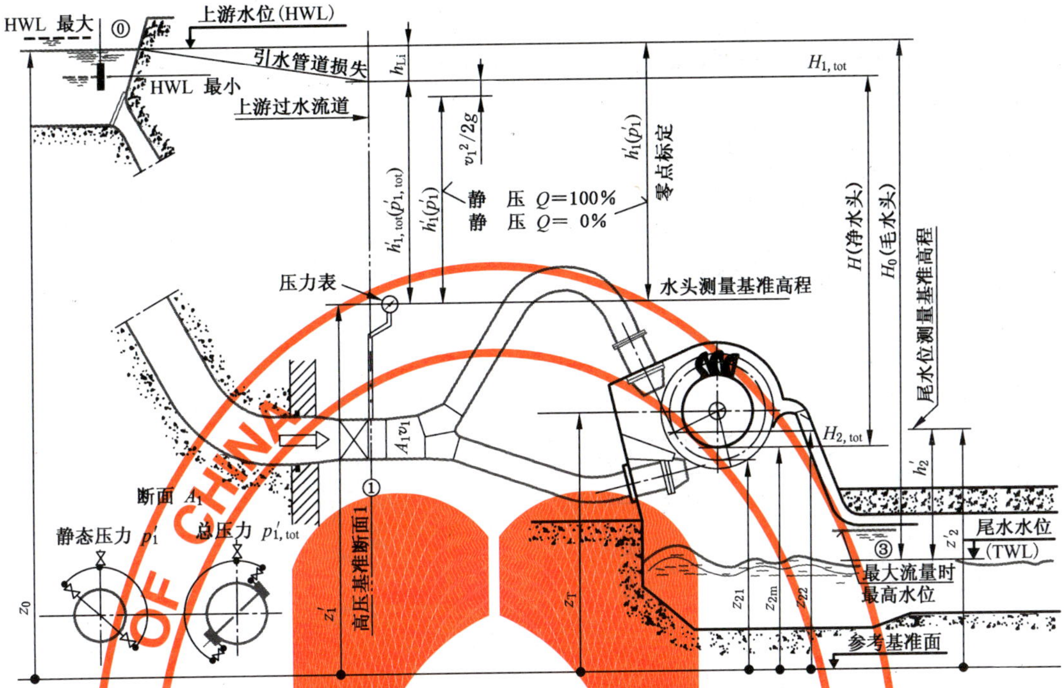

图 B.6 卧式水斗式水轮机的水头定义

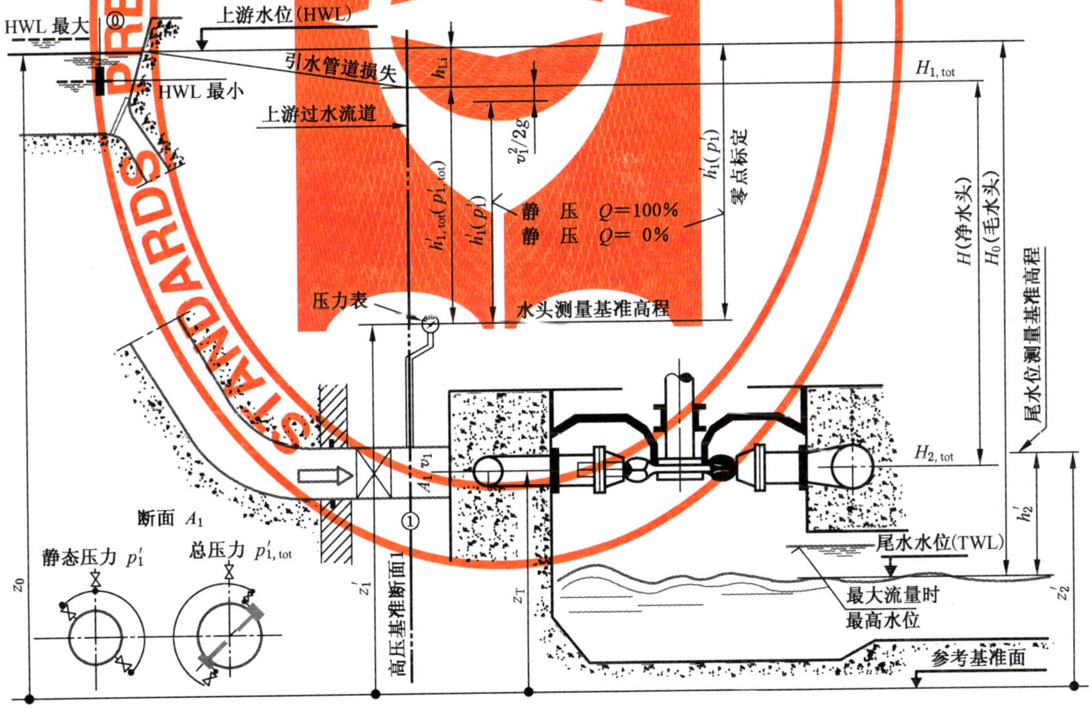

图 B.7 立式水斗式水轮机的水头定义

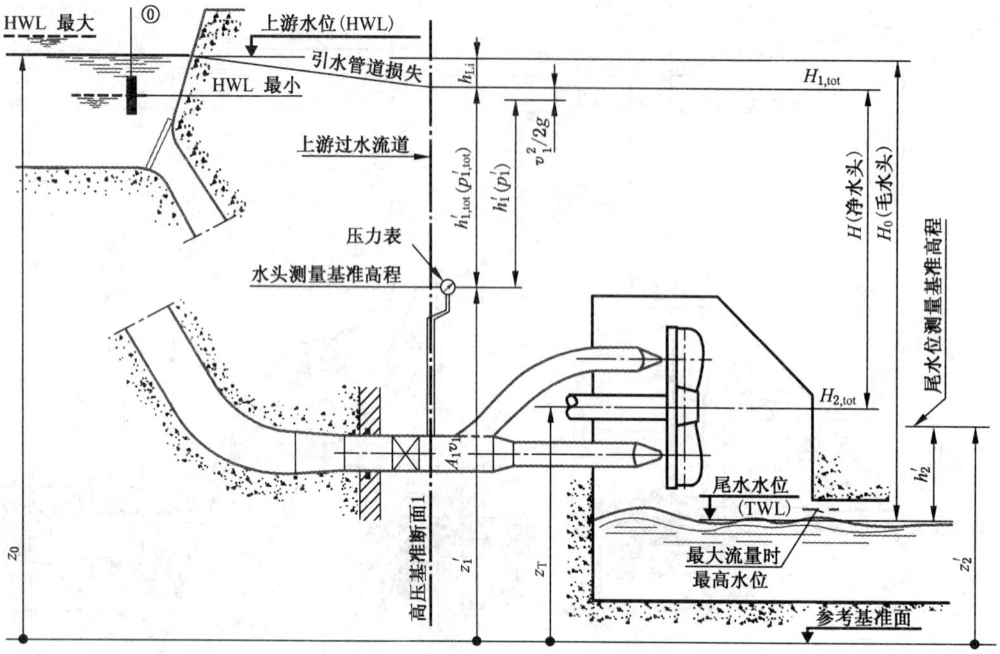

图 B.8　卧式斜击式水轮机的水头定义

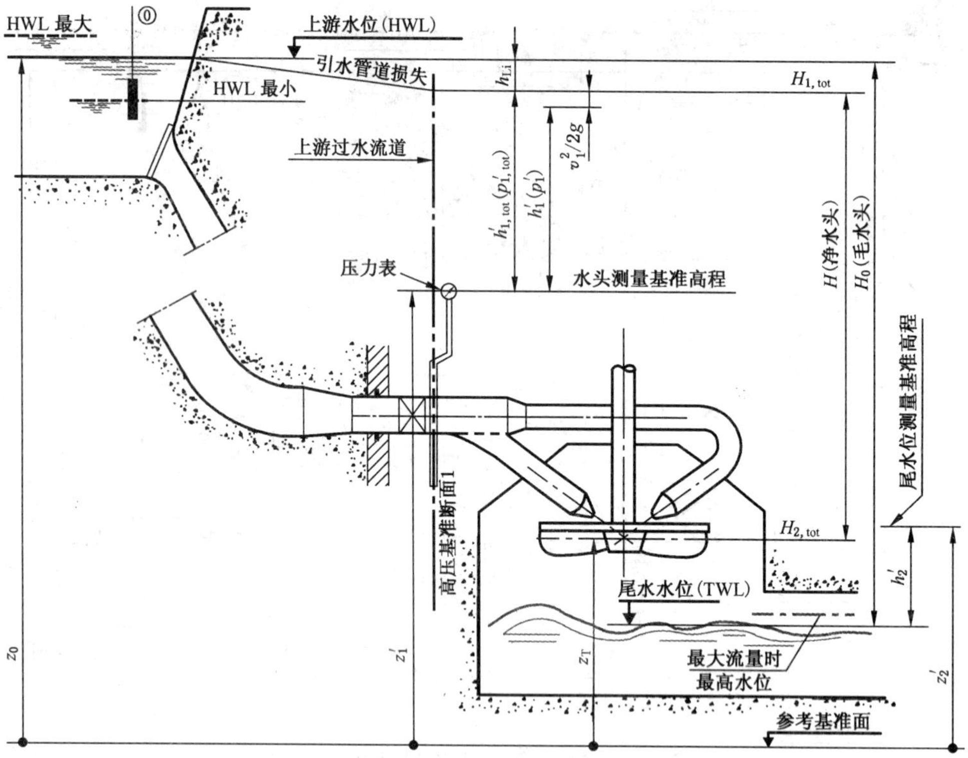

图 B.9　立式斜击式水轮机的水头定义

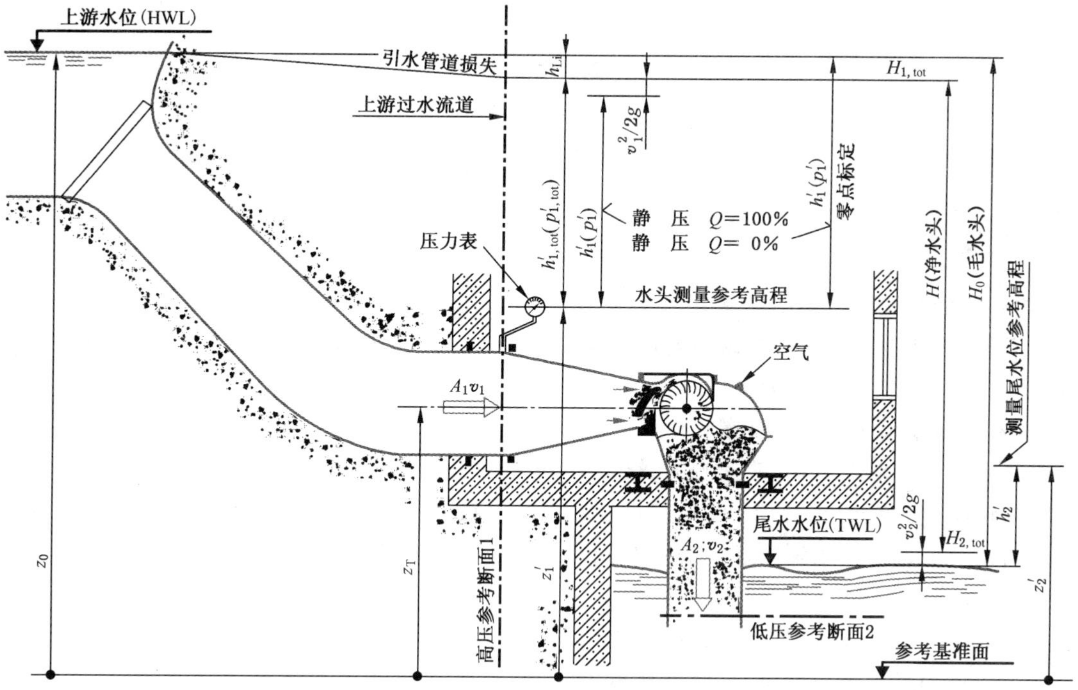

图 B.10 卧式双击式水轮机的水头定义(A 型带尾水管)

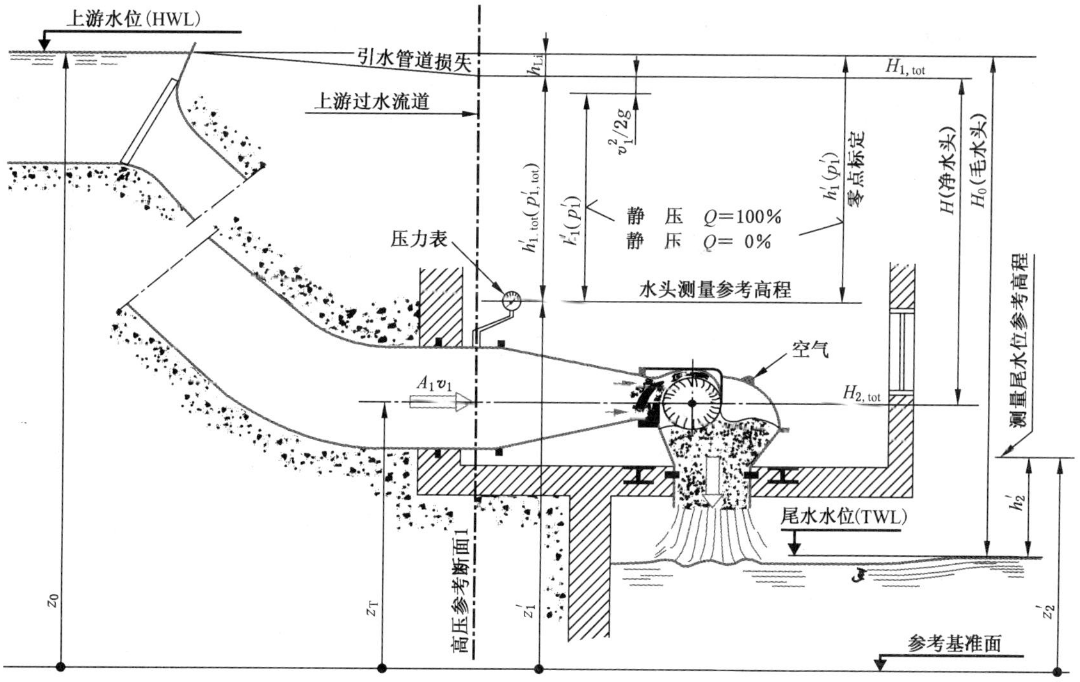

图 B.11 卧式双击式水轮机的水头定义(B 型不带尾水管)

附　录　C
（规范性附录）
转速和水头测量方法

C.1　转速测量

C.1.1　功率直接测量时转速的测量

当功率用直接法来测量时，转速的测量必须采用经率定的转速计或电子计数器。转速测量必须在水力机械主轴没有任何滑动的情况下进行。

C.1.2　间接测量功率时转速的测量

当功率用间接法来测量，而转速测的量也采用与功率直接法测量同样的方法时，转速的测量必须采用经率定的转速计或电子计数器。转速测量必须在水力机械主轴没有任何滑动的情况下进行。

在下列条件下允许采用配电盘上的频率表测量同步电机的转速：

- 系统负荷必须稳定；
- 频率表必须用适当的精密仪表进行校验。

当水力机械与异步电机联轴时，转速测量可按 IEC 60041:1991 13.3 中有关条款进行。

C.2　水头测量

C.2.1　概述

水力机械的净水头是主要的特征参数，在水力机械任何试验中都必须测量。为了确定水轮机净水头，必须要测量上、下游基准断面的水压力或它们之间的压差。

C.2.2　压力测量断面的选择

对测量断面的选择应特别重视，测量断面处的水流要尽可能规矩。如果测量断面处的流态受弯管、阀门或水力机械外部因素的干扰，则应另选一流态较好的测量断面取而代之。测量断面应垂直于水流的平均方向，计算平均流速所需要的测量断面的面积必须容易测得。

测量断面位置的选择应由双方协商确定，如果测量断面偏离基准面 1 和基准面 2 时，则测量断面与基准面间的水头损失的修正方法也需要双方协商确定。

C.2.3　上游测量断面

上游测量断面最好布置在直管段上，可略有扩散或收缩。应选择距水轮机进口（蜗壳或喷嘴）上游两倍直径处的断面，且此断面不得受上游蝴蝶阀、弯管、分叉、分支管等障碍物的干扰。

C.2.4　下游测量断面

冲击式水轮机：

通常可认为机壳内的压力等于大气压。下游测量断面基准高程取喷嘴射流和转轮节圆理论相切点高程的平均值，但在减压或增压的冲击式水轮机中应进行修正。

反击式水轮机：

如果测量条件允许，下游测量断面应选在尾水管出口内。

在有些情况下，尾水管出口断面内不具备压力测量条件，此时下游测量断面可选在尾水管出口后下游处。此时，下游测量断面速度水头应按尾水管出口断面面积计算，平均流速 v_2 取尾水管出口处的平均流速。在这种情况下，尾水管出口断面速度水头的最大值应小于 5%H（$v_2^2/2g<0.05H$）。

C.2.5　测压孔布置

一个测量断面应布置 4 个静压测压孔，测压孔中心线应与测量管路中心线垂直，安装时应注意图 C.1中的一般规定。

测压孔的圆柱形孔径为 3 mm～6 mm，其深度"l"至少为其直径的两倍。如果测量断面管壁较薄，则应在管壁背面上装一凸块，以保证测压孔深度。

测压孔必须与内管壁齐平，并去掉所有毛刺和凹凸不平处。

每个测压孔通过独立的阀门连接到集流管或环形集流管，连接管的断面直径应至少是测压孔直径的两倍。

在正常试验条件下，开始进行测量前，依次打开阀门单独测量每个测压孔的压力，如果其中某一个测压孔的压力与该测量断面四个测压孔的压力的算术平均值的偏差大于水轮机净水头的 0.5% 或大于该测量断面流速水头的 20%，试验方负责人应查找引起此偏差的原因，或另选测量断面。

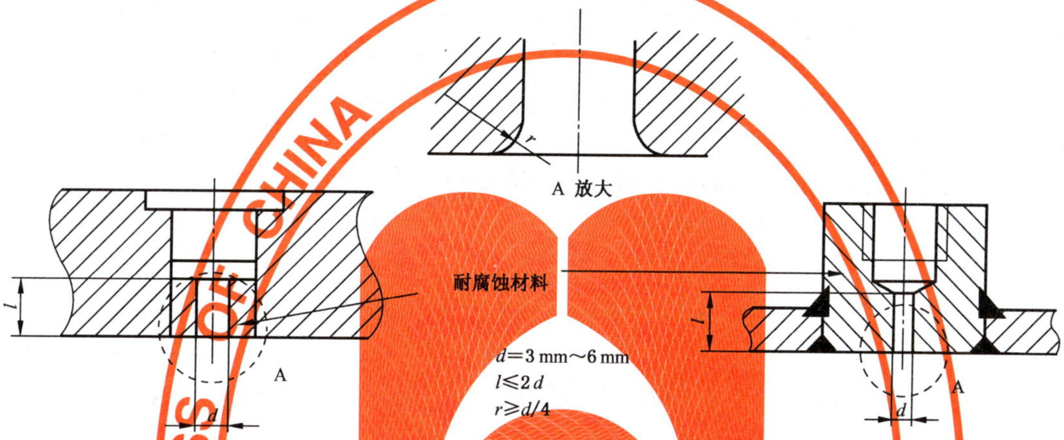

图 C.1 静压测压孔的规定

C.3 压力测量仪器

C.3.1 原级测量仪器

液柱压力计和重力压力计可作为原级测量仪器，重力压力计可作为压力率定装置。

C.3.2 压力传感器

压力传感器是一种把压力信号转变为电信号的机械电气装置。

根据待测压力的大小选择相应量程的压力传感器。

使用压力传感器的优点是：

- 容易与计算机数据采集系统连接；
- 测压孔内流体静止，因而提供了压力迅速而准确的响应；
- 容易取得压力或压差脉动的平均值；
- 使用普通的电子设备就可以记录瞬变压力。

压力传感器应具有下列特性：

- 足够的率定稳定性；
- 高重复性，滞后可忽略不计；
- 零点漂移小和热灵敏度低。

差压传感器有很多量程范围，可通过其测量的信号直接得到下式的值：

$$(p_1 - p_2)/\rho g + (z_1 - z_2)$$

利用差压传感器测量的结果通常比两个测量断面分开用压力传感器测量的结果具有较高的精度。传感器在使用前应经过有效率定。

C.3.3 重力压力计

重力压力计通常用在压力大于 2×10^5 Pa 的压力测量中，重力压力计可以是简单的活塞式或差动活塞式。

重力压力计原理公式为：$P=g\times m/A$

式中：

g——重力加速度，单位为米每二次方秒（m/s^2）；

m——旋转砝码的质量，单位为千克（kg）；

A——活塞面积，单位为平方厘米（cm^2）。

重力压力计必须满足下列条件：

- 活塞有效直径计算的相对不确定度应小于 5×10^{-4}（例如：有效直径为 10 mm 的活塞，其不确定度至少为 5×10^{-3} mm）；
- 在 15 r/min～120 r/min 内缓慢旋转活塞能使活塞和孔之间的摩擦力达到最小；
- 必须用合适的油将缸体充满，一般选用低粘度的油（$v=1\times10^{-5}\ m^2/s$）；
- 为了补充活塞与孔间不可避免的油损，应安装足够体积的油箱与缸体相连；
- 如果砝码盘随活塞一同旋转，为防止活塞摆动，作用在该盘上的重力必须平衡；
- 重力压力计必须放置在稳固的基础上，活塞轴必须垂直；
- 所有起作用的质量（砝码、活塞、砝码盘等）必须经过率定方可使用。

C.3.4 弹簧压力计

这种型式的压力计利用普通的或螺旋形的环行管或膜片的机械变形来指示压力。根据待测压力的大小选择相应量程的弹簧压力计。如果压力计具有足够的精度，且在最优测量范围内（通常为满量程的60%～100%）使用，并进行有效的率定，则经双方协商后可采用这种压力计。

C.3.5 液柱压力计

液柱压力计通常用于测量较低的压力或较低的压差（小于 3×10^5 Pa），在现场中使用较多的是水柱或水银柱压力计，在某些情况下，也可使用已知密度的其他液体压力计。

C.4 水位测量仪器

如果不能按 C.2 中的要求测量水轮机高压侧/或低压侧封闭断面的压力，则需要测量自由水面的水位。采用下述方法测量流量时，也需要测量自由水面的水位：

- 明渠中的流速仪法；
- 堰测法；
- 容积法。

为确定自由水位而选择的测量断面应满足下列条件：

- 流动应平稳且无干扰。应避免使断面处的流速受弯段和其他特殊地形的影响；
- 用于确定平均流速的断面面积应能精确确定，并易于测量；
- 通常自由水位是相对于仪器的基准面 z_m 进行测量的。

自由水位的测量方法包括：

- 板式水位计；
- 针形或钩形水位计；
- 浮子水位计；
- 水位尺；
- 超声波传感器。

以上方法只适用于容易接近的自由水位的测量，如果测量断面不易接近则可选用下列测量方法：

- 液柱压力计；
- 浸入式压力传感器；
- 用压缩空气测量（气泡装置）。

要求有关设计和使用水平测量装置，参考标准 ISO 4373。

附 录 D
（规范性附录）
输出功率测量

D.1 概述

D.1.1 发电机最大输出功率(见7.2)

发电机最大输出功率可直接采用电流互感器、电压互感器和仪表盘仪器测量。或当协议有要求时也可采用外接仪器测量(双瓦特表或三瓦特表法,见图D.1和D.2)。如果水轮机输出功率也是保证值中的一部分,此时供方应提供发电机最大输出功率时的损失。

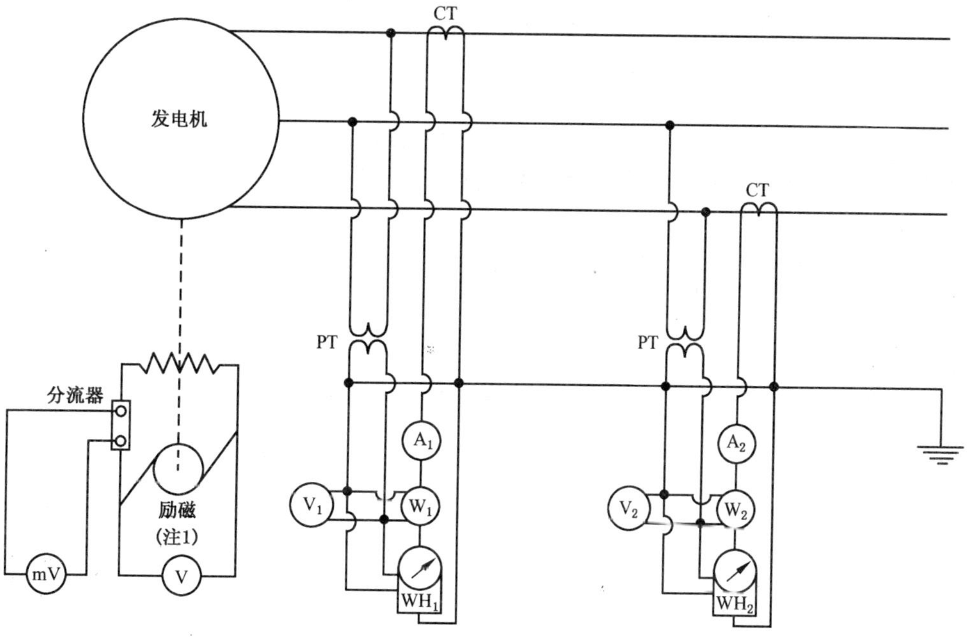

注1：如果机组励磁投入使用。

图 D.1 双瓦特表法接线图

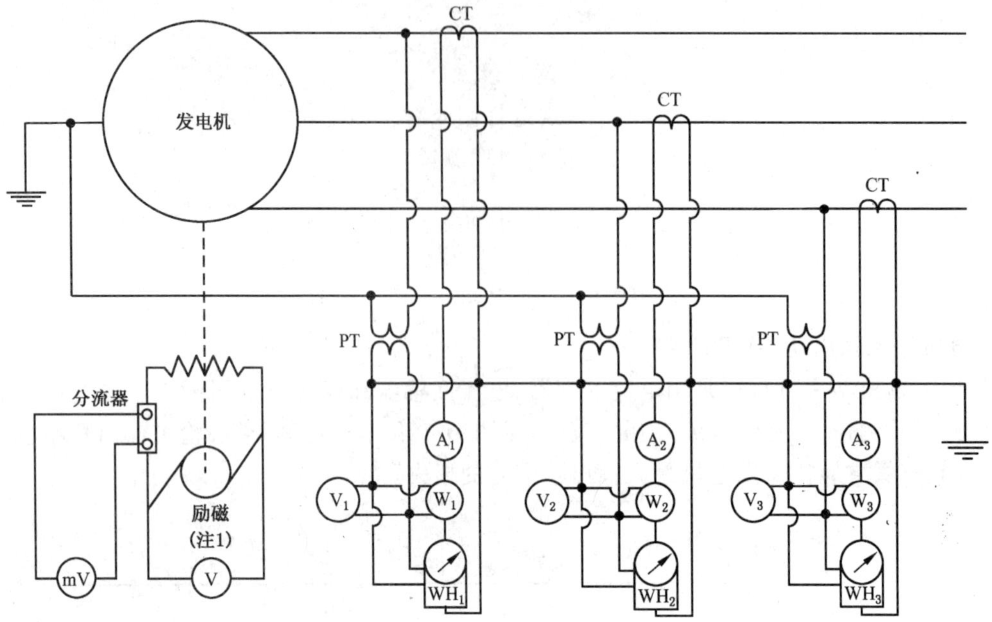

注1：如果机组励磁投入使用。

图 D.2 三瓦特表法接线图

D.1.2 发电机输出功率与水轮机导叶开度之间的关系

发电机输出功率可直接采用电流互感器、电压互感器和仪表盘仪器测量。或当协议有要求时也可采用双瓦特表或三瓦特表法外接仪器测量(见图 D.1 和图 D.2)。如果水轮机输出功率也是保证值中的一部分，此时供方应提供发电机负荷从 0 至最大额定输出功率时的损失。

D.1.3 指数试验(见 7.4)

仪表盘仪器通常用来测量优化协联关系，优化电厂运行。

输出功率采用间接法测量，见 D.2、D.3。

D.1.4 效率试验

D.1.4.1 用测量绝对流量评估效率(见 7.5)

输出功率可采用间接法(电气法)测量，见 D.2、D.3，或采用直接法(机械法)测量水轮机轴力矩，见 D.4。

D.1.4.2 用热力学法评估效率(见 7.6)

仪表盘仪器可以正常使用。

如果协议要求测量水轮机最大输出功率，则采用功率间接法测量，见 D.2、D.3。

D.2 同步发电机输出功率测量的间接法

D.2.1 概述

在间接法中，利用测量发电机输出功率计算水轮机的输出功率，水轮机的输出功率为所测发电机输出功率加上相应的发电机损失(见 D.5)。因此在水轮机试验过程中，发电机损失应事先在相同负荷、电压、功率因数、转速、旋转方向、试验温度等条件下精确地确定。

D.2.2 发电机损耗的测量

发电机损耗可参照 GB/T 1029—2005《三相同步电机试验方法》中有关规定进行测量。铜损 I^2R 根据在水轮机性能试验过程中，测得的发电机温度、电枢电流、绕组电流等修正后确定。驱动发电机各个辅助设备的电源，如励磁装置、冷却风机、冷却循环泵等，通常由外部独立的电源供给，而不是直接由水轮机提供。对于这些设备的损耗应单独确定，同时在计算水轮机输出功率时，应将这部分损耗从发电机总损耗中扣除。

D.2.3 在发电机出线端测量的有功功率应保持一致

可参见 ASME(美国机械工程师学会)PTC 19.6"功率电路电气测量总试验规程"。

在水轮机试验中,如果现场条件允许,各试验工况点发电机应尽可能在规定电压和功率因数下运行。假如发电机不在规定电压或功率因数下运行,则在计算发电机输出功率和损失时应考虑适当修正。

功率可采用瓦特表或计量电能的电度表测量,在本规程后面所提到的瓦特表包括测量时可同等替代瓦特表的电度表。测量输出功率的瓦特表接线法依据发电机的输出线连接方式而定。当发电机中性线引出并与电网联接或接地时,则应采用三瓦特表连接法,见图 D.2。当发电机中性线引出但不与电网联接或试验时不接地,则可采用三瓦特表连接法,中性线可与变压器原边中性线联接,类似图 D.2,或采用双瓦特表连接法测量三相功率,见图 D.1。若仪用互感器变比和相角误差、瓦特表刻度和电度表读数误差要求校正的话,采用三瓦特表法能够比较简单地更接近校正值。如果发电机中性线没有引出,则应采用双瓦特表法测量三相功率,每个次级绕组必须有一点连接在公共接地线上,见图 D.1。

应对仪器的温度效应进行适当的修正,在温度变化很大的情况下,应加外罩以保证仪器适宜的温度。

图 D.1 和图 D.2 所示的指示式仪表可用来检验功率因数、负荷平衡和电压平衡,并且还可以用来求出所作的适当的校正值,以准确确定发电机输出功率和损失。

如果用指示式仪表测量输出功率,则读数的次数取决于试验的持续时间和负荷的波动。为了在试验过程中给出正确的输出功率平均值,应记录足够的读数。在采用压力-时间法测量流量的情况下,输出功率应在导叶关闭或其他关闭设备开始关闭前进行记录,建议对功率测量的瓦特表进行同时读数。如输出功率采用标准旋转积分电度表测量,则在整个试验过程中应同时对它们进行操作。积分电度表的工作时间要用足够精度的计时装置测定,其精度至少应为 0.2 级。除采用压力-时间法测量流量时,输出功率应在导叶关闭或其他关闭设备开始关闭前进行测量外,在整个测试时间内,输出功率应与流量同时进行测量。

用于试验的仪器和仪用互感器应在安装前遵照试验各方均能接受的标准进行率定。在验收试验中使用的仪用互感器应按实际试验条件下所施加负载量进行试验以确定其变比和相位角偏离,在验收试验前确定有效的修正值。

全部发电机风损和摩擦损失应归发电机负担,而全部水轮机摩擦损失应归水轮机负担。在进行发电机风损和摩擦损失试验时,应脱开水轮机。如果现场无法脱开水轮机,则水轮机转轮的风损和摩擦损失的可按下述公式估算:

a) 混流式水轮机

$$P = K_f \times B \times D^4 \times n^3$$

式中:

P——水轮机在空气中旋转时的风损和摩擦损失,单位为千瓦(kW);

K_f——经验系数,其平均值为 3.8×10^{-2};

B——转轮高度,单位为米(m);

D——转轮外径,单位为米(m);

n——转速,单位为转每分钟(r/min)。

以上公式根据混流式水轮机转轮风损和摩擦损失试验得出,可适用于转轮叶轮旋转方向为水轮机方向时的离心式水泵水轮机。

b) 轴流定桨式水轮机(包括轴流转桨式)

$$P = K_p \times (B_t + 0.25 \times B_h)^{0.5} \times D^4 \times n^3 \times (5 + N_p)$$

式中:

P——水轮机在空气中旋转时的风损和摩擦损失,单位为千瓦(kW);

K_p——经验系数,根据轴流定桨式和转桨式水轮机一系列试验而得,对轴流定桨式和转桨式水轮机其值为 1.05×10⁻³；

B_t——平行于叶轮轴线测得的转轮叶片外缘进水边到出水边的距离(叶片外缘高度)，单位为米(m)；

B_h——平行于叶轮轴线测得的转轮叶片靠近轮毂处进水边到出水边的距离(轮毂高度)，单位为米(m)；

D——转轮外径，单位为米(m)；

n——转速，单位为转每分钟(r/min)；

N_p——转轮叶片数。

风损和摩擦损失试验最好在轴流转桨式水轮机转轮叶片全关或水平位置时进行。在(a)和(b)两种情况下，同时测量风损和摩擦损失时应具备的条件：

- 密封环冷却水已提供；
- 活动导叶已打开；
- 蜗壳水已排干且进人门已打开；
- 尾水管进人门已打开。

c) 冲击式水轮机

$$P=K_i\times B\times D^4\times n^3$$

式中：

P——水轮机在空气中旋转时的风损和摩擦损失，单位为千瓦(kW)；

K_i——经验系数，经试验而得，其平均值为 8.74×10^{-3}；

B——水斗宽度，单位为米(m)；

D——转轮外径，单位为米(m)；

n——转速，单位为转每分钟(r/min)。

D.3 异步发电机输出功率测量的间接法

测量、连接和评估方法与同步发电机相同，应注意以下几点：

- 在整个保证值范内测量功率因数(见图 D.3)，并与保证值比较。
- 测量转速，因为与电网不同步。

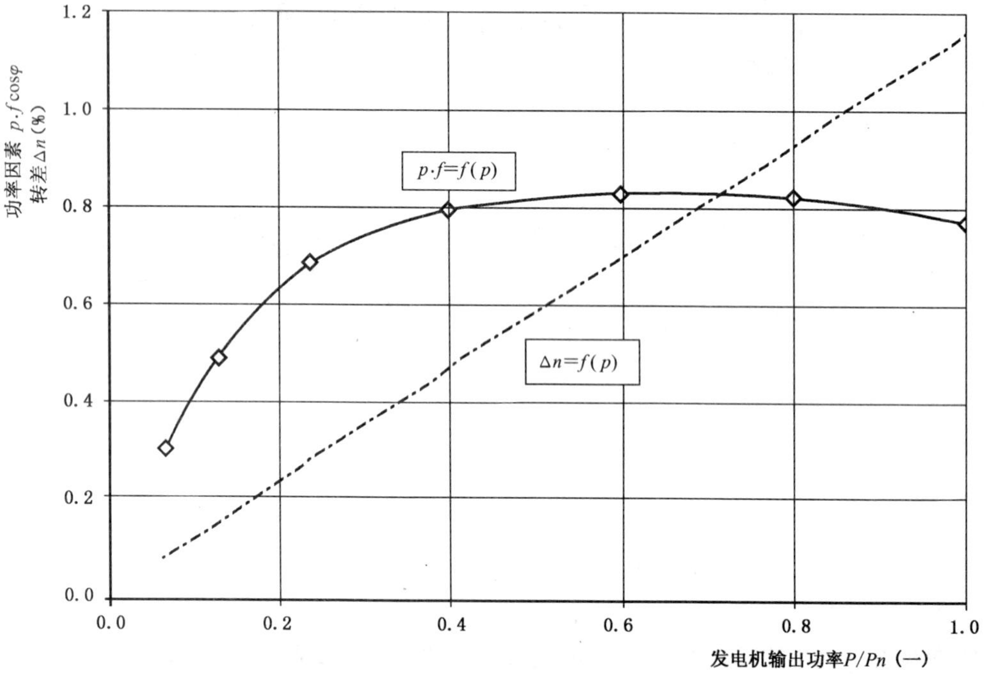

图 D.3 异步发电机典型功率因数和转差与发电机输出功率的关系

D.4　输出功率测量的直接法(水轮机轴力矩)

水轮机输出功率可采用负荷变送器、扭矩仪或其他表面应力型或角扭转型的仪器进行测量，仪器的力矩测量范围应不低于其额定量程的25%。

试验前，扭矩仪应在试验所要求的整个温度范围内进行率定，试验后，则应在试验所经受温度下率定，扭矩仪可以用扭矩-指示装置进行原位率定。先在一系列增负荷情况，然后在一系列减负荷情况，观测指示器的读数，此时应注意在采集增负荷下读数时决不允许减负荷，同样在采集减负荷下读数时决不允许增负荷。

计算输出功率时，应以率定后的增负荷及减负荷的平均值为依据，如果两者之间的差值大于扭矩仪满量程的0.2%，则认为该扭矩仪不满足要求。

D.5　发电机损失

发电机损失包括下列几个部分(见图D.4)：

- 铜损 I^2R；
- 励磁损失；
- 铁损；
- 风机损失；
- 风损；
- 轴承损失。

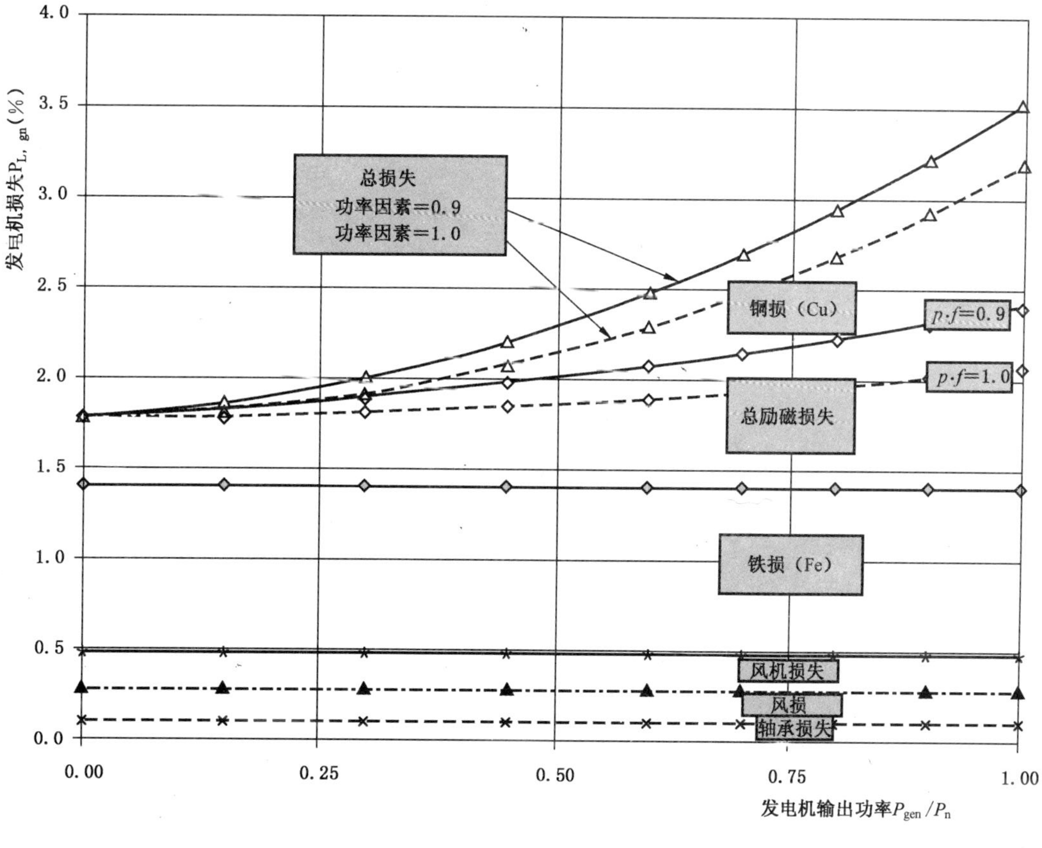

图D.4　同步发电机典型损失(小型水电站)

如果损失必须计算的话,可用下式计算：

$$P_{L,gn}=P_{gen}\frac{1-\eta_{gn}}{\eta_{gn}}$$

式中：

$P_{L,gn}$——发电机损失,单位为千瓦(kW)；

P_{gen}——发电机功率,单位为千瓦(kW)；

η_{gn}——发电机效率。

附　录　E
（规范性附录）
流量测量方法

E.1　概述

E.1.1　选择测量方法

如果电站条件满足所选测流方法的具体要求，则流量的测量通常应在测量方法规定的精度下完成。因此，在电站设计时就应考虑流量测量方法的选择，并促使在设计和建设中满足试验条件的要求。

进行验收试验时，流量的测量应该采用绝对法：

——流速面积法（流速仪或毕托管）；
——压力-时间法；
——堰测法；
——毕托管法；
——容积法；
——声学法；
——电磁法。

注1：可以采用7.6中描述的热力学法测量效率，然后根据效率、水头和功率的测量值推导出流量。

注2：对电磁流量计，应事先在实验室相同管路的率定装备条件下进行率定。

注3：当无法采用上述方法测量绝对流量时，根据双方协商可采用相对法测量流量，比如：指数法以及IEC 60041：1991中所指定的其他方法。

E.1.2　水流的稳定性

不论使用何种方法，只有使每一个测程中的水流保持稳定或趋于稳定，验收试验的流量测量才是有效的。如果发电机功率、净水头和机组转速逐渐变化但不超过8.1中所指出的值，即认为水流是稳定的。

尽可能绘制各个流量值与时间的关系曲线，以判断可能存在的脉动特性和程度。

E.1.3　泄漏、渗透和分流

在测量断面或测量长度和相应基准断面之间尽可能避免水流的泄漏、渗透或分流。否则，应对渗入或漏出的流量以适当的精确度进行单独测量。

如果在测量断面和相应基准断面之间有一自由水面（比如：调压井），必须考虑由于水面波动而引起的测量断面和相应基准断面之间的流量差。

E.2　流速仪测量法

E.2.1　流速仪

流速仪测流法是使用一定数量的流速仪布置在明渠或封闭管道的适当位置处，测量水流速度及其分布。根据在整个测试过程中能精确计算出流量的足够的流速点，来选择测量断面流速仪的数目和位置。

在水电机组中适用于流速仪测流法的测量断面为：

——类型(a)明渠；
——类型(b)封闭管道。

注：低水头水轮机引水结构的进口处由于断面收缩，水流不稳定，在这种条件下不具备必需的测量精度，不应采用流速仪测流法，测流法由供需双方协商确定。

E.2.1.1　使用条件

流速面积法：

流速分布必须规则，流速矢量与流速仪轴线之间的交角不得超过5°，流速分布的不对称度Y不得大于0.05，上述Y由下式计算：

$$Y=\frac{1}{U}\left\{\sum\frac{(U_i-U)^2}{(n-1)}\right\}^{\frac{1}{2}}$$

式中：

U——平均流速；

U_i——流速仪测点的流速；

n——流速仪测点数目。

流体介质应为水，水质必须清洁；管道必须满流；水流必须稳定。

所有测试都应具备的有效条件：

流速仪测量时，在整个测试过程中水流必须稳定，如果在测试过程中流量或负荷出现超出规定的任何波动，都应重新开始测试。

E.2.1.2 流速仪型式

本规程只采用旋转发出电脉冲的旋桨式流速仪。支撑流速仪轴的轴承是非常重要的，流速仪应满足温度的变化及水中有看不见的微小杂质时不影响其正常运转。

通常，流速仪叶轮直径应大于100 mm，压力管道测量断面的直径应不小于1.4 m，在测量边壁区域叶轮直径可减小为50 mm～80 mm。

E.2.1.3 流速仪安装

流速仪轴线应与渠道或管道的轴线平行，并将其固定在支持杆上，尽可能减小振动。

流速仪（或测点）数目应足以保证可以清晰地确定在整个测量断面上的流速分布。

流速仪用于测量斜向水流的流速时，流速仪应事先通过相应的率定证实流速仪可以精确测量轴向流速分量，同时在最大流速时，流速矢量与流速仪轴线的夹角不超过5°。当此夹角大于5°而又无法避免时，可采用自补偿式旋桨流速仪，直接测量流速的轴向分量，但其夹角必须在设计和率定范围内。

参考标准ISO 3354。

E.2.1.4 流速仪率定

在满足下述要求的情况下，所有流速仪需按ISO 3455进行率定。

率定时，所采用的安装方式和支持杆要与试验时状态一致。如果流速仪都安装在垂直的支持杆上，则支持杆到流速仪旋转桨叶的距离不得小于150 mm。最好对多个流速仪同时进行率定，并且其安装距离与试验时情况相同。

如果可能，流速率定的范围应尽可能包括试验过程中的最大局部流速。正常的率定范围为0.4 m/s～6 m/s，甚至8 m/s，其上限通常取决于振动情况。如果需要把率定曲线外推到最大流速的20%以外使用，则必须由有关各方协商确定，并对由此增加的测量误差予以确定。自补偿旋桨流速仪应在试验预期出现的最大流速及最大流速倾角范围内进行率定，必须注意支持杆和斜向水流的相对角度，其结果不允许外推。

E.2.1.5 测量采样时间

每个流速仪的测量采样时间应至少为2 min。如果流速存在波动，则每个测程至少应包括四个波动周期。这也许对整个试验进程产生影响。但至少应对两种典型工况观测10 min～15 min流速仪的转速变化，才能确定波动的持续时间。

E.2.1.6 流速分布

试验中应确保流速分布尽可能的规律性，在试验前应了解被测测量断面的流速分布规律。

如果在明渠或引水结构进口处发现流速分布很不规则，则应安装导流板、潜水顶板、稳流栅、浮箱等以改善测量断面的流态。

E.2.2 明渠的流量测量

E.2.2.1 测量断面的选择

应足够重视流速仪测量断面的选择，以确保测试精度满足要求。测量断面的选择需注意下面几点：

——矩形、梯形测量断面的宽度和深度都必须大于 0.8 m，或为流速仪叶轮直径的 8 倍；

——测量断面应选在平直的渠段内，其底部应尽可能水平，测量断面上游侧的直渠段至少为测量断面宽度的二倍，测量断面的上游侧和下游侧应避免干扰，以免引起流速分布的异常变化；

——流速仪的轴线应与水流方向平行，测流断面应与水流方向垂直。如果现场不具备这些条件，则不应采用流速仪测量。

这些条件意味着只有在已被证实了具有良好水力条件的人工渠道上才能采用流速仪进行流量测量。

E.2.2.2 测点数目

对于矩形或梯形测量断面，至少需要布置 25 个测点，如测量断面面积为 A，则测点数目 Z 可按下式计算：

$$24\sqrt[3]{A} < Z < 36\sqrt[3]{A}$$

式中：

A——测量断面的面积，单位为平方米（m^2）。

E.2.2.3 测点布置

在流速梯度较大的区域，比如测量断面的边壁、底部及自由水面附近，测点应布置密一些。靠近渠道边壁或底部的流速仪，其轴线与渠道边壁或底部的距离应在下列范围内：

——最小：0.75 倍的流速仪叶轮外径；

——最大：0.20 m。

每列顶部流速仪的轴线至少应在自由水面以下一个叶轮直径处。

E.2.2.4 水流稳定——水位检测

由于测量断面的水位通常用于确定过水断面的水深，所以在每个试验测程中应对水位进行检测。水深的变化值不得超过平均水深的±1%。

水位检测应尽可能的远，可采用第 C.4 章中定义的装置来测量。如果无法用该装置来测量，也可利用任一独立支持杆或利用流速仪支架，通过升高最上面的流速仪轴线和自由水面齐平的方法来确定。

在整个试验过程中应监视任何由一部或多部流速仪的变化而引起的平均流速的变化。

E.2.3 圆形封闭管道的流量测量

圆形封闭管道的流量测量按标准 ISO 3354 有关规定进行。

E.2.3.1 测量断面的选择

测量断面必须位于直管段内，测量断面的上游侧直管段长度宜达到管道直径的 20 倍，下游侧直管段长度宜达到管道直径的 5 倍。如果不满足这一条件，则测点数目应增加，增加的测点数目由供需双方协商确定。

E.2.3.2 测点数目

要确定整个圆断面上的流速分布，其测点必须布置在同心圆的圆周上，且至少在 2 根互相垂直的直径上，每个半径上至少布置 3 个测点，再加上管道断面的中心布置一个测点，这样圆断面管道测点数目至少为 13 点。

流速仪测流法可采用一部流速仪或固定的一组流速仪沿测量断面移动进行测量。但是，采用固定的一组流速仪测量受限于管道直径和测点数目，一方面由于阻塞的影响（流速仪支架的总面积与管道测量断面的面积之比应小于 6%），另一方面由于旁边流速仪的影响。当管道直径小于（$7.5d+0.18$）m 时，无论在什么情况下都不允许采用固定的一组流速仪进行测量，其中 d 为流速仪叶轮外径。

对于相同叶轮的流速仪，每个半径上的测点数目（Z）可按下式计算：

$$4\sqrt{R}<Z<5\sqrt{R}$$

式中：

R——管道内半径，单位为米(m)。

E.2.3.3 测点布置

测点布置可根据表E.1确定，示意图见图E.1。

表E.1 流速仪测点布置

Z	r_z	$r_{(z-1)}/r_z$	$r_{(z-2)}/r_z$	$r_{(z-3)}/r_z$	$r_{(z-4)}/r_z$	$r_{(z-5)}/r_z$	$r_{(z-6)}/r_z$	$r_{(z-7)}/r_z$	D(*)/mm
3	$D/2-0.75\,d$	0.816	0.577						1 200～2 400
4	$D/2-0.75\,d$	0.866	0.707	0.5					2 200～3 200
5	$D/2-0.75\,d$	0.894	0.775	0.632	0.447				2 900～4 500
6	$D/2-0.75\,d$	0.912	0.816	0.707	0.577	0.408			3 800～5 500
7	$D/2-0.75\,d$	0.926	0.845	0.756	0.655	0.535	0.378		5 000～7 000
8	$D/2-0.75\,d$	0.936	0.866	0.791	0.707	0.613	0.5	0.354	6 300～8 500

注：(*)——测量管道直径的参考值；
Z——每个半径上的测点数目；
r_i/r_z——圆周半径与边壁测点半径的比值；
D——管道内径；
d——流速仪叶轮直径。

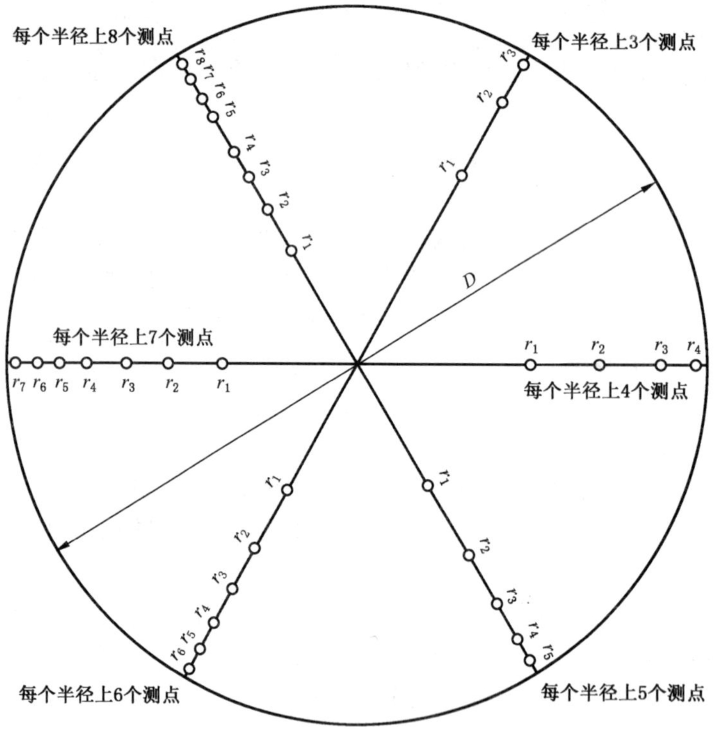

图E.1 圆型封闭管道流速仪测点布置示例

E.2.4 流量计算

流量的计算可采用图形积分法和数值积分法，但无论采用哪种方法都必须检查流速分布曲线，以判断是否有可疑的测量值。

边壁区域的流速可根据流速分布规律采用外推法求得，外推公式为：

$$V_y = V_a \times (y/a)^{1/m}$$

式中：

V_y——距边壁距离“y”处的流速，单位为米每秒(m/s)；

V_a——边壁测点处的流速(边壁距离“a”处)，单位为米每秒(m/s)；

m——与边壁粗糙度和流动条件有关的系数。m 的值按照标准 ISO 3354:1988 附录 E 中有关规定进行取值，其值通常为 4(粗糙边壁低雷诺数)～14(光滑边壁高雷诺数)。

自由水面附近的流速，应按实际测量的流速分布采用连续性外推法求得。

图解积分法计算流量，参见 ISO 3354:1988 第 8 章。

数值积分法计算流量，参见 ISO 3354:1988 第 9 章、第 10 章。

E.3 压力-时间法(Gibson 法)

E.3.1 方法原理

压力-时间测流法(常称“吉普逊法(Gibson)”)是根据牛顿定律和由之推导出的流体力学定律原理产生的。即由于导叶开度的变化，在管道中水的质量加速度将随之变化；另外，管道两个断面之间的压差变化形成一个力，从而得出加速度和力的关系构成了该方法的基础。理论上，这种方法适用于导叶的开启和关闭情况，但实际上只应用于导叶关闭切断流量的情况。

下面将叙述压力-时间法基本原理的简化过程。在理想流体中，假设管道横断面面积为 A，上游横断面(下标为 u)和下游横断面(下标为 d)之间的有效长度为 L，流速的变化为 $\mathrm{d}v/\mathrm{d}t$，流体质量为 ρLA，由此而产生的上、下游压差 Δp 的关系为：

$$\rho LA \frac{\mathrm{d}v}{\mathrm{d}t} = -A\Delta p$$

式中：$\Delta p = p_d - p_u$。

在实际流体中，如果 t 为流速变化时间，ξ 为两断面之间摩擦引起的压力损失，则有：

$$A\int_0^t \mathrm{d}v = -\frac{A}{\rho L}\int_0^t (\Delta P + \xi)\,\mathrm{d}t$$

所以导叶关闭前的流量 Q 可按下式计算：

$$Q = Av_0 = -\frac{A}{\rho L}\int_0^t (\Delta P + \xi)\,\mathrm{d}t + Av_t$$

流量 $q = Av_t$ 为导叶关闭后通过导叶泄漏的流量，它须根据机器运转情况分别确定。q 的确定通常无须达到很高的精度，因为它在测得的流量 Q 中仅占很小一部分。

通过逐渐连续地关闭导叶，获得了压力波的压力-时间波形图或数字式记录，并且把两个测量断面间的压力变化对时间进行积分。

该方法已有许多实施方案，它们的差别仅在于压力-时间积分的方法、计算的技巧和使用的记录方式不同而已。

E.3.2 使用条件

使用该方法应满足的基本条件如下：

a) 在两个压力测量断面之间不应存在中间自由水面；

b) 在试验条件下，通过关闭导叶的泄漏量不能大于测量流量的 5%；

c) 对于有多个进口断面的情况，应单独、同时进行压力-时间记录；

d) 在测量段，管道应笔直并为等截面，不允许出现任何明显的不规则形状。两个测量断面之间的距离不得小于 10 m。如果采用 IEC 60041:1991 中 10.4.4 规定的区域图解法，则两个测量断面之间的距离不得小于 50 m；

e) 两个测量断面的截面积及两者之间的管道长度应在现场测量，并且要有足够的精度以确定管

道系数 $F=L/A$,保证其精度不低于 0.2%。结构图仅用作现场测量复核;

f) 在测量最大流量时,两个测量断面的压力损失和动压之和不得超过导叶关闭时所产生的压差变化平均值的 20%;

g) 差压传感器或吉普逊仪的安装位置要考虑到使其与上下游测压孔的连接管道长度尽可能相等。

E.3.3 方法的实施

压力-时间法通常采用压差的形式直接记录两个测量断面之间的压差变化。测量仪器采用惯性小的差压传感器,利用差压传感器记录压力-时间函数更为精确,并且流量计算可采用计算机处理。

压力-时间法也可采用区域图解法,分别记录两个测量断面的压力变化,然后求其差值。

在任何一种情况下,都应参考标准 IEC 60041:1991 中的有关要求:

——测压孔和连接管的位置及有关要求;

——试验的执行;

——差压传感器及数据采集和处理系统的性能要求;

——水头恢复曲线的计算;

——导叶漏水量的计算;

——流量计算方法。

E.4 堰测法

E.4.1 测量原理

在具有足够长的规则断面助流段的人工渠道条件下,在自由水面设置一薄壁堰,通过测量溢流高度,根据流量与溢流高度间的单值函数关系计算出流量。对于无侧面收缩、堰顶锐缘、堰顶充分收缩和自由溢流的矩形堰,流量计算的基本公式为:

$$Q=\frac{2}{3}Cb\sqrt{2g}(h)^{3/2}$$

式中:

Q——流量,单位立方米每秒(m^3/s);

C——流量系数;

b——堰顶长度(与水流成直角),单位为米(m);

g——当地重力加速度,单位为米每二次方秒(m/s^2);

h——测量的堰顶溢流层高度,单位为米(m)。

E.4.2 测量装置

堰板面必须光滑平整,特别是它的上游表面,在整个测量过程中必须保证它不变形。

堰板最好用防腐耐磨的金属制成,并且必须具有良好的刚度和防渗性能,要垂直于渠道边壁和底面。

堰顶表面应水平、平直和光滑,并垂直于板壁的上游表面,堰顶与板壁上游表面的交线必须笔直并形成锐边,没有毛刺和伤痕。垂直于上游表面的堰顶宽度约为 1 mm~2 mm,如果堰板厚度大于允许的堰顶宽度,应在下游倒角 45°。

溢流水舌应保证完全透气,通气量应足以使水舌下面的空气接近一个大气压。通气孔面积至少应为堰顶长度 b 和堰顶到明渠下游水面高度乘积的 0.5%(见图 E.2)。

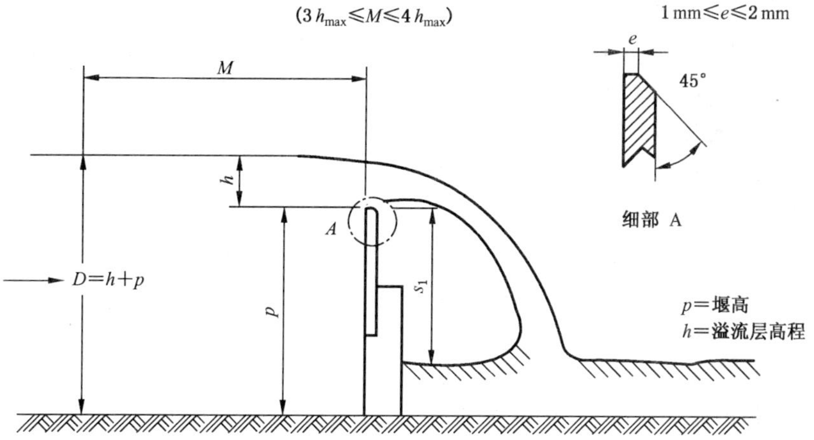

图 E.2 尖顶矩形堰示意图

试验过程中应检查水舌的形状和堰顶情况，以避免如水舌粘附、受干扰、紊流或涌浪等不利情况的发生。

E.4.3 安装条件

堰板通常安装在机组低压侧，且必须保证明渠水流通畅平稳(无旋涡、表面干扰或大量进气)，机组与堰板间应无水流进出。

在试验过程中，当堰板安装在机组出水侧时，则必须离机组或管道出水侧有相当远的距离，以保证水流动到堰板之前能把气泡释放出来。为使流速在整个横断面上均匀分布，应设置稳流栅和稳流板。任何水面扰动或不对称水流，都必须用适当的稳流装置来矫正。

临近堰板的渠道应平直，断面均匀，而且边壁光滑，其长度至少应大于 10 倍堰顶长度 b。如果使用稳流栅或稳流板，应把它们安装在堰板上游大于上述长度的距离。在这段渠道中，其底部倾斜度应小于 0.005。堰顶水平面上方渠道边壁应连续往堰板面下游至少延伸 0.3 h_{max}。

E.4.4 溢流层高度测量

堰顶的溢流层高度 h 应在堰板上游 3 倍～4 倍最大溢流层高度的地方进行测量。测量 h 的测点数沿堰板渠道横向均匀布置如下：

堰宽 b	测点数
$b<2$ m	2
2 m$\leqslant b\leqslant$6 m	3
$b>6$ m	至少 4

在来流速度很小且流速分布很有规律的情况下，测点数可减少到至少 2 个。各测点测量的溢流层高度的差值应小于 0.5%，否则，应通过安装稳流栅、稳流板或稳流阀来满足这一条件。计算流量时，应取溢流层全部测点测量值的算术平均值。

可用带有光学观测器或电触头的点式测针、钩性测针或浮子计来测量溢流层高度。这些装置应安装在渠道旁边的稳流井中，稳流井通过专用压力管与渠道边壁上的孔相连通并与孔口齐平，孔口直径为 3 mm～6 mm，长度应至少为其直径的两倍。稳流井中的水应经常排出，以保证其井水与临近渠道内水流的温度差在±2℃范围内。如果不采用稳流井，则可在渠道内直接使用点式测针，但测点数应为使用稳流井时测点数的两倍。

对每个测点都要在确定的时间间隔内测量几次溢流层高度，以检查水流是否达到稳定流态。

在每次试验前后，都应精确地检查零位标高。为此，应设一个与堰顶严格齐平的指示器，设在临近堰板的渠道或稳流井或浮子井中。

当水流切断时，可用定镜水准仪进行零位调整和检查。当渠道放空时，则可用标尺或直尺和酒精水准仪进行校核，若水位在堰顶以下时，可使用直接固定到堰顶上面的专用装置对零位进行检测。

按零流量时的水位进行零位检测易受表面张力的作用而引起较大误差，因此，不宜采用这种方法。

E.4.5 流量计算公式

流量的计算可按下式计算：

$$Q=(0.4077+0.0497\frac{h}{p})b\sqrt{2g}(h)^{3/2}$$

式中：

Q——流量，单位为立方米每秒(m^3/s)；

h——测量的堰顶溢流层高度，单位为米(m)；

p——堰顶至上游渠道底部的高度，单位为米(m)；

b——堰顶长度(与水流成直角)，单位为米(m)；

g——当地重力加速度，单位为米每二次方秒(m/s^2)。

在ISO 1438-1中推荐了一些表示溢流层高度与流量关系可供参考的经验公式，这些公式是在特殊试验条件下得出的，因此要根据各公式的试验条件来确定其应用范围。

E.5 毕托管法

E.5.1 概述

毕托管可用于测量动压，从而计算出局部流速。在一个横断面上布置足够数量的毕托管测点，就可以用流速面积法计算出流量。由于动压随速度的平方而变化，测量精度将随流速的减小而迅速降低。因此，毕托管法只能用于流速不太低(通常要求管道中的流速大于1 m/s)和没有悬浮颗粒的封闭管道中。

E.5.2 标准静压毕托管

标准静压毕托管有一个全压孔和一个或多个静压孔，它无须进行率定，采用标准静压毕托管可假定流速系数为1，局部流速 v_i 可用下式计算：

$$v_i=\sqrt{2\Delta p_i/\rho}$$

式中：

Δp_i——毕托管在测点 i 位置的全压(或驻点压力)与静压之差，单位为米水柱；

ρ——水的密度。

标准静压毕托管的选择、安装、测量断面的选择、流量及其精度的计算可参考标准ISO 3966。

E.5.3 非标准毕托管

根据静压毕托管的基本原理制作的毕托管都是可以使用的。其中有：

——只有一个全压孔的简单毕托管。由在其管壁均布的4个测压孔测出平均静压，这样静压的测量将不受毕托管支架的影响，但必须考虑总压与静压测量断面间的能量损失；

——将其一个测压孔设置在低压区域以增加测量压差的毕托管(或设置朝下，或设在一小文吐里管的喉部)；

——自身支撑的管状杆，其上开设有全压、静压或尾压测孔。

所有非标准毕托管的流速系数都必须经过率定才能使用。率定应包括试验中流速的变化范围。同使用流速仪和标准静压毕托管一样，可用相同的积分法计算流量。

E.6 容积法

传统的容积测流法用于实验室。由于测量中所需的容积箱或容积池的尺寸限制，实际上容积法只限于小流量测量，因此，它不适用于现场流量测量。

但是，由容积法派生出的一种测量方法可用来测量大流量。其要点是根据水位的变化测定前池或尾水池中水体积的变化。如果水池不能与外界水体绝缘，则在测试过程中任何流入或流出水池的水量都应在计算流量时予以考虑。

采用容积测量方法，在一个测程中，如果水头的变化小于1%（除非另有协议），则对所测流量的大小没有限制。在测量水位变化的整个时期内，要随时测量确定效率所要测定的其他参数。

采用容积法测量的具体要求可参考标准 IEC 60041:1991。

E.7 声学法

E.7.1 方法原理

流量测量的声学法至今已经使用了20多年了。从原理上讲，这种测量方法是绝对测流法。但当协议规定或双方同意时，方可采用这种测量方法。

声学法测流量的原理是将声波（通常为超声波）的传播速度和水流速度进行矢量叠加为基础。因此，声波向上游传播时比向下游传播时的绝对速度稍低（见图 E.3）。

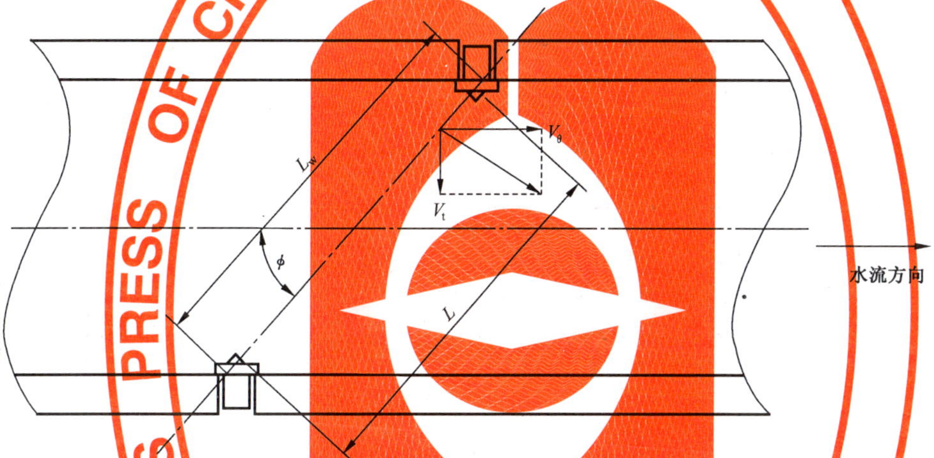

图 E.3 声学法原理示意图

通过测量声波向上下游两个基本方向的传播时间，便可得出流体沿着声道的平均轴向流速。有两种方法测定声波传送时间。第一种方法是直接测量在两个传感器之间的每个方向声波传送时间，另一种方法是测量向上下游同时发送信号的接收时间差。

第二种方法，即所谓“声循环法”，根据传送时间确定传送信号的频率，因为到达接受器的每个信号都能在同一方向的对面发送器中激发一个新的脉冲，这样可以测定两种脉冲系列的频差。

为了沿给定的声道进行流量测量，在用上述方法布置发送器和接收器时，要使信号向上、下游传送的方向与管道轴向成 ϕ 角。

由于通常传感器既可作为发送器，又可作为接收器，故传送时间差可用同一传感器测定。因此，沿声道的平均轴向流速为：

$$v=\frac{L}{2\cos\varphi}\left(\frac{1}{t_{\mathrm{d}}}-\frac{1}{t_{\mathrm{u}}}\right)$$

式中 t_{d} 和 t_{u} 分别为声脉冲向下、上游方向传送的时间。这两个时间应考虑电缆和电子电路的滞后时间，如果需要的话还应考虑声脉冲通过管道边壁和死水区的时间。

如果声学法的所有测试条件都满足要求，则其最终结果实际上与流体的成分、温度及压力无关。

要获得较好的测试精度，稳定的水流条件是十分重要的。了解流速分布规律是确保流量计算准确性的基础。

E.7.2 使用条件

在任何情况下都应消除可能干扰声学法流量测量系统操作的气泡或悬浮物。

应避免测量小于 1.5 m/s 的流速或小于 0.25 m 的管道直径。

为了获得较好的测量精度，测量断面与管道轴向的夹角应在 45°～75°之间。

如果采用两个四声道测量平面(见图 E.4)，则所选的测量断面应尽可能远离任何扰动区，如远离可引起流速分布不均匀、旋涡或紊流的弯管处。根据流体理论，建议从测量断面到任何有严重扰动处的上游管段的直管长度至少为 10 倍管径，同样，从测量断面到任何有严重扰动处的下游管段的直管长度至少为 3 倍管径。如果只采用单个测量平面，则上述直管长度应增大一倍。

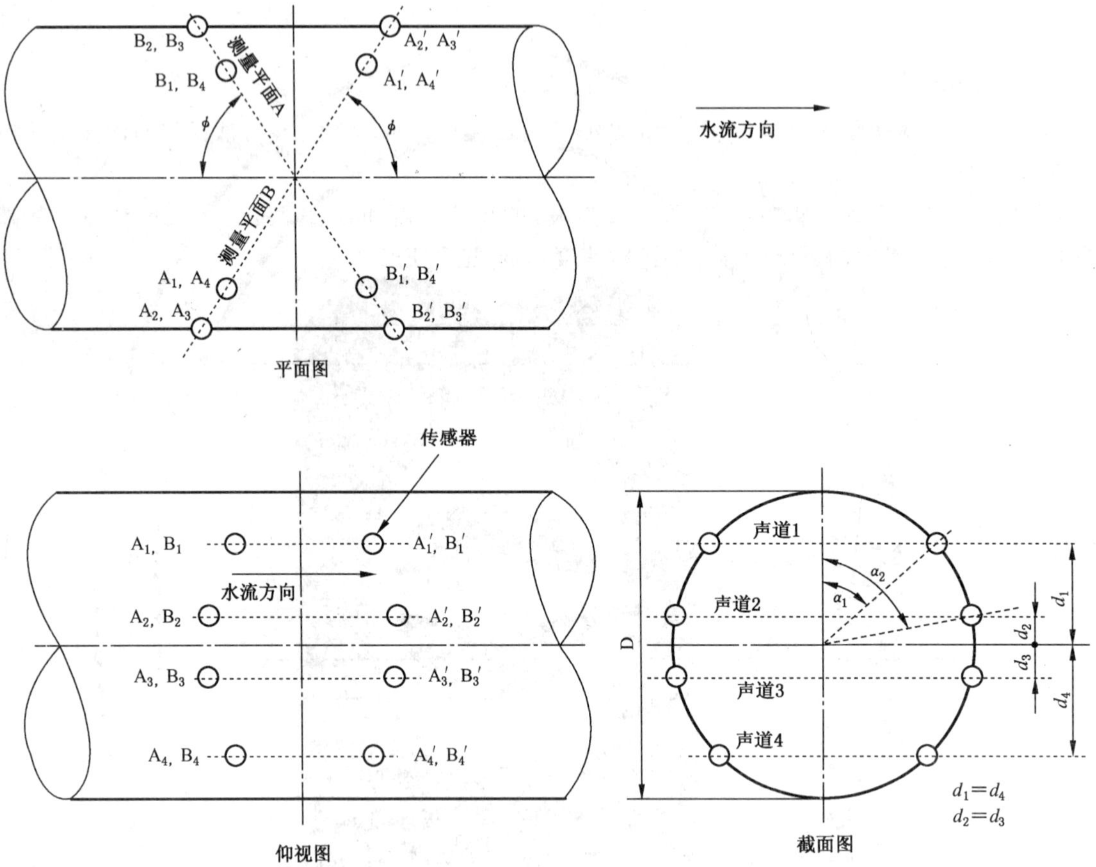

图 E.4 圆型封闭管道中传感器的典型布置

E.7.3 圆管中声学法的实施

如果流速分布为完全轴对称，则沿分布在轴平面上的单声道测得的平均流速可假定与管道内的平均流速成正比。实际上，为了考虑实际流速分布，在位于与管道轴线成一定角度并与该轴对称分布的一些测量面上，在这些声道的两端需安装几对传感器。为了精确测量流量，必须最少采用四声道测量。

此外，为了减小因横向流动分量而引起的系统误差，建议采用两个分别与管道轴线成＋Φ 角和－Φ 角的对称测量平面。根据测得的沿声道各点的流速进行积分计算出流量。积分方法有很多，最适用是 Gauss-Legendre 和 Gauss-Jacobi 积分法，对该积分法的声道布置位置，加权系数以及修正系数见表 E.2。假如了解其他积分方法的理论基础及其精度的误差估计，也可使用其他积分方法。

相应的有关要求可参考标准 IEC 60041:1991：

——测量断面的选择和传感器的安装条件；

——安装几何尺寸的测量；

——测量仪器及数据采集和处理系统的性能要求；

——计算流量的数值积分方法；

——不同因素的误差分析。

表 E.2 从中心线到声道的距离

项 目	Gauss-Legendre 法		Gauss-Jacobi 法	
	声道 1 和 4	声道 2 和 3	声道 1 和 4	声道 2 和 3
声道布置位置$\frac{d}{D/2}$	±0.861 136	±0.339 981	±0.809 017	±0.309 017
加权系数 w	0.347 855	0.652 145	0.369 317	0.597 667
修正系数 k	0.994		1.000	

E.7.4 小型水轮机的声学测流法

与其他声学测流法相比，小型水轮机现场试验在考虑仪器和安装费用时，可选用双平面四声道的超声波流量计进行测量。根据标准 IEC 60041:1991，也可选用单声道、双平面单声道和双平面双声道的布置方式(见图 E.5)。

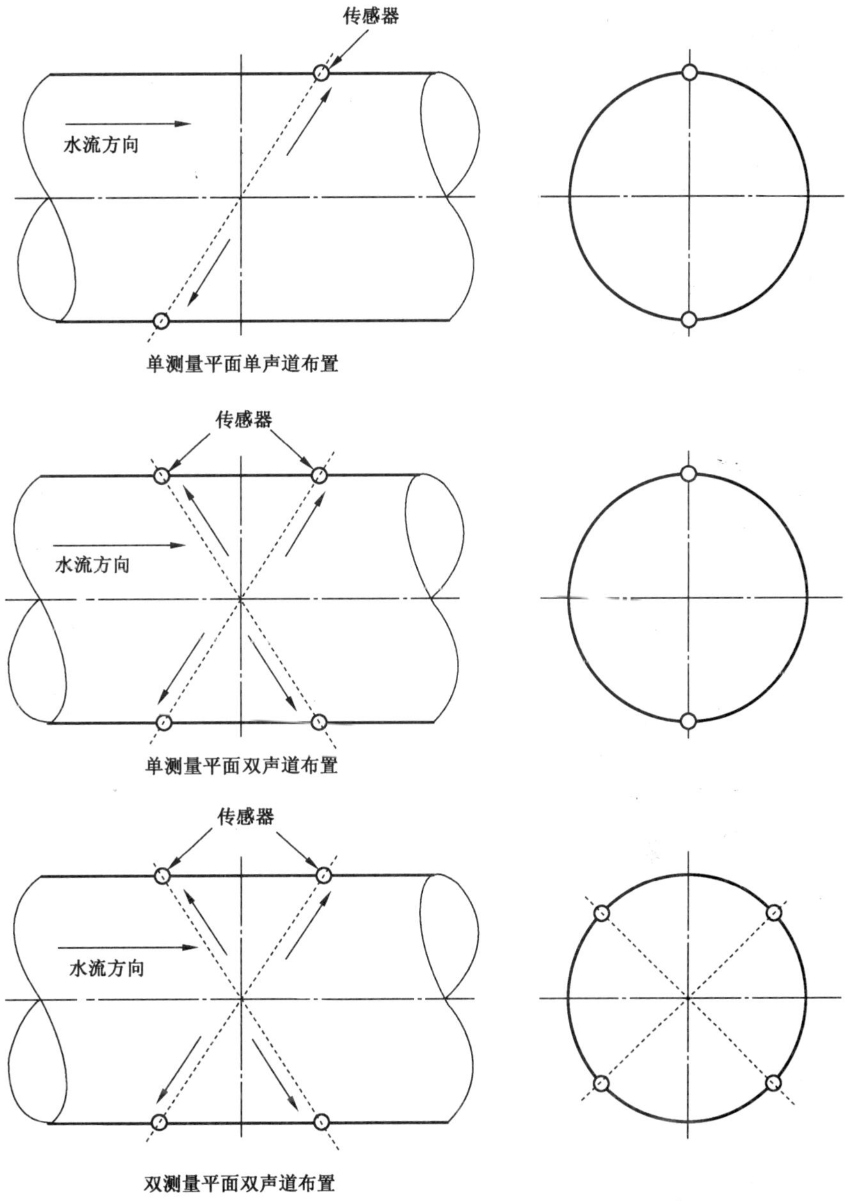

图 E.5 圆型封闭管道中传感器的典型布置(小型水轮机)

超声波流量计在使用前最好按标准 IEC 60193 中描述的原级测量方法进行率定，率定用的管路系统条件应与试验时相同。如果超声波流量计永久安装在试验装备上，应尽可能定期对它进行率定。

如果超声波流量计能直接提供电信号，那么可以很容易地将它连接到自动采集设备上。

E.8 电磁流量计

E.8.1 概述

电磁流量计在使用前应按标准 IEC 60193 中描述的原级测量方法进行率定。率定用的管路系统条件应与试验时相同，否则不能使用。如果电磁流量计永久安装在试验装备上，应尽可能定期对它进行率定。

如果电磁流量计能直接提供电信号，那么可以很容易地将它连接到自动采集设备上。

E.8.2 原理与基本公式

当流体流过磁场时，根据法拉第定律将产生电压。如果磁场与充满流动液体的电绝缘管道垂直且流体的导电率不是很低，则可以测量到安装在管壁上的电极之间的电压（见图 E.6）。这个电压与磁通密度、流体的平均流速及电极间的距离成比例，于是可得出流体的流速及流量。

$$Q_v = kf(V;B)$$

式中：

Q_v——体积流量，单位为立方米每秒（m^3/s）；

k——系数；

B——磁通密度，单位为特斯拉（T）；

V——水流电磁感应信号，单位为毫伏（mV）。

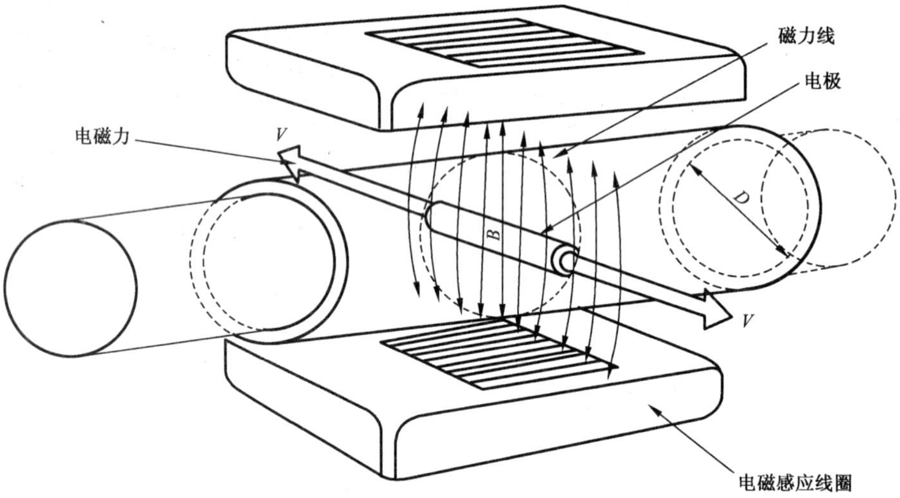

图 E.6 电磁流量计原理图

E.8.3 使用条件

对于大多数电磁流量计，为避免水流扰动的影响，电极板距离上游弯管处的直管段长度至少为 10 倍管径。当怀疑水流可能出现涡流时，应在上游进口处安装稳流栅，稳流栅类型参见 ISO 7194。

附　录　F
（规范性附录）
效　率　试　验

F.1　概述

水力机械现场验收试验的目的在于将电站现场测试的水轮机效率或水轮发电机组效率与供方给出的保证值进行比较。效率验收试验可提供最全的水力性能参数。效率验收试验通常按C等级精度进行。

水轮机效率、机组效率的定义见3.5。

通常水轮发电机组的效率 η_u 为水轮机、发电机及传送部件效率的乘积，计算公式如下：

$$\eta_u = \eta_{gn} \times \eta_t \times \eta_{tr}$$

水电站装置效率包括水轮发电机组的效率、变压器效率和流道的水力损失，其计算公式为：

$$\eta_{plant} = \eta_u \times \eta_{tf} \times \frac{H}{H_0}$$

式中：

η_{gn}——发电机效率；

η_t——水轮机效率；

η_{tr}——齿轮或其他传送部件(包括调速轮)的传输效率；

η_{tf}——变压器效率；

H——净水头；

H_0——毛水头。

效率保证值由合同规定。

F.2　效率试验(绝对流量法)

F.2.1　概述

效率根据输出功率(电气的或机械的)与由水流转换的水能(毛的或净的)的比值来计算，电气功率、机械功率和水轮机输入功率的定义见3.4。

水轮发电机组效率为：

$$\eta_u = \frac{P_u}{P_h} = \frac{P_u}{P_{gen}} \times \frac{P_{gen}}{P_t} \times \frac{P_t}{P_h} = \eta_{gen} \times \eta_t \times \eta_{tr}$$

式中：

P_u——机组功率；

P_{gen}——发电机功率；

P_t——水轮机输出功率；

P_h——水轮机输入功率；

η_{gen}——发电机效率；

η_t——水轮机效率；

η_{tr}——齿轮或其他传送部件(包括调速轮)的传输效率。

水轮机效率为：

$$\eta_t = \frac{P_t}{P_h} = \frac{P_t}{\rho \times Q \times g \times H}$$

式中：

P_t——水轮机输出功率；

P_h——水轮机输入功率；

ρ——水的密度；

Q——水轮机流量；

g——当地重力加速度；

H——净水头。

试验应提供如下结果：

a) 在指定的水轮机净水头下，发电机输出功率值与水轮机导叶开度的关系；

b) 在指定的水轮机净水头下，水轮机机械能与水轮机导叶开度的关系；

c) 在指定的水轮机净水头下，机组效率与水轮机导叶开度的关系，根据这一关系最终与保证值作比较；

d) 在指定的水轮机净水头下，水轮机效率与水轮机导叶开度的关系，根据这一关系最终与保证值作比较，可以用图的形式表示。

F.2.2 试验过程

在保证值范围内，必须试验 8 个～10 个不同负荷。

在水流稳定的状况下（活动导叶开度稳定）测量如下参数：

a) 按照附录 D 中推荐的测量方法测量发电机输出端的电功率；

b) 按附录 C 测量水轮机净水头（或水能）；

c) 按附录 C 测量水轮机吸出高程（H_s）；

d) 按附录 C 测量水轮机转速；

e) 导叶（或喷针）开度；

f) 按附录 E 测量水轮机绝对流量。

F.3 效率测试的热力学法

F.3.1 概述

水轮机效率也可采用热力学法进行测试（见 7.6），此时水轮机水力效率 η_h 按机械能与水能的比值来计算。机械能和水能的详细定义参考 IEC 60041:1991。

$$\eta_h=\frac{P_m}{P_n}=\frac{P_m}{\rho\times Q\times g\times H}=\frac{\rho\times Q\times E_m}{\rho\times Q\times g\times H}=\frac{E_m}{g\times H}$$

于是水轮机效率为：

$$\eta_t=\eta_h\times\frac{P_t}{P_m}$$

式中：

P_t/P_m——机械能与转轮获得的轴功率的比值，这一比值反映了水轮机的机械损失（轴承等的摩擦损失）。机械损失的测量和计算方法，必须在试验进行前，双方协商确定（例如轴承摩擦损失的修正方法）；

P_t——水轮机输出功率；

P_h——水轮机输入功率；

P_m——转轮的机械功率；

E_m——转轮的单位机械功率；

ρ——水的密度；

Q——水轮机流量；

g——当地重力加速度；

H——净水头。

注意发电机效率和变压器效率的重要性。假如采用热力学法，这些效率在获得水轮机效率是第二位的，而对计算机组效率则是十分重要的。当采用直接流量测量(绝对效率试验)时(见 7.5)，这些效率在计算水轮机效率是十分重要的，而对计算机组效率则是次要的。

热力学法效率试验应提供如下试验结果：

a) 在指定的水轮机净水头下，发电机输出功率值与水轮机导叶(或喷针)开度的关系；

b) 在指定的水轮机净水头下，水轮机机械能与水轮机导叶(或喷针)开度的关系；

c) 在指定的水轮机净水头下，机组效率与水轮机导叶(或喷针)开度的关系，根据这一关系最终与保证值作比较；

d) 在指定的水轮机净水头下，水轮机效率与水轮机导叶(或喷针)开度的关系，根据这一关系最终与保证值作比较，可以用图的形式表示。

F.3.2 试验过程

在保证值范围内，必须试验 8 个～10 个不同负荷。

在水流稳定的状况下(活动导叶开度稳定)测量如下参数：

a) 按照附录 D 中推荐的测量方法测量发电机输出端的电功率；

b) 按附录 C 测量水轮机净水头(或水能)；

c) 按附录 C 测量水轮机吸出高程(H_s)；

d) 按附录 C 测量水轮机转速；

e) 导叶(或喷针)开度；

f) 按照第 7 章及 IEC 60041:1991 规程中规定的测量方法测量上游基准测量断面和下游基准测量断面之间的温度差；

g) 通常还需一些附加试验以确定探针插槽的热交换或其他意想不到的影响(见 IEC 60041:1991)。在小水电水轮机中，通过金属边壁(涡壳、尾水管等)进行的热交换不应被忽略，应在试验前确定其修正值，如果在 IEC 60041:1991 中没有相应的修正值双方协商确定修正值。

保证值的效率试验参见图 F.1、图 F.2、图 F.3。

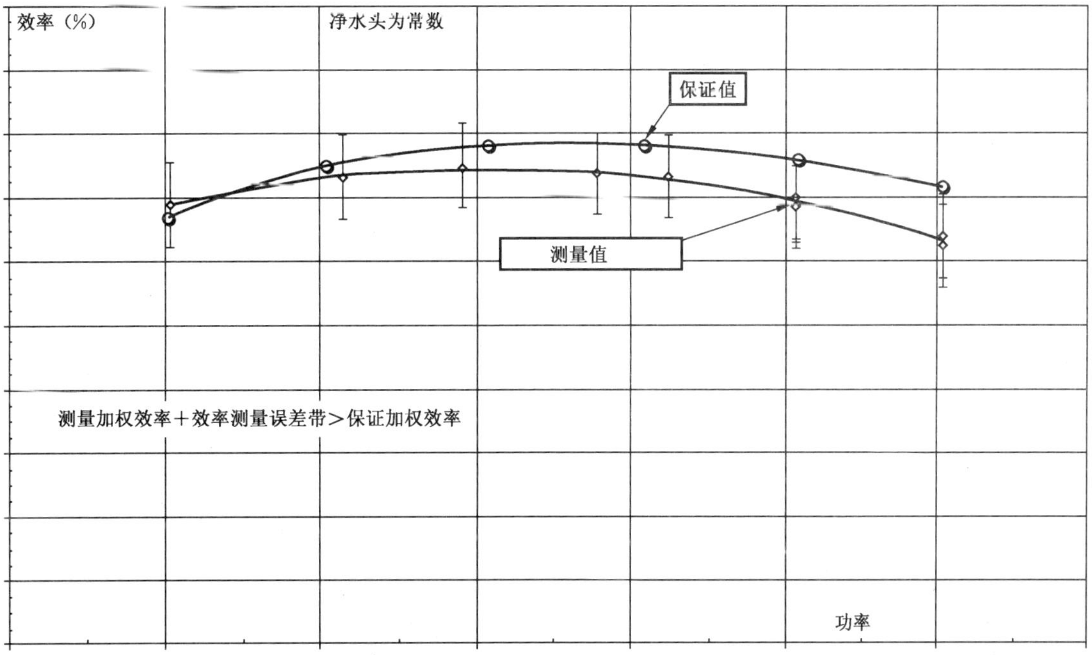

图 F.1 满足保证值的效率试验

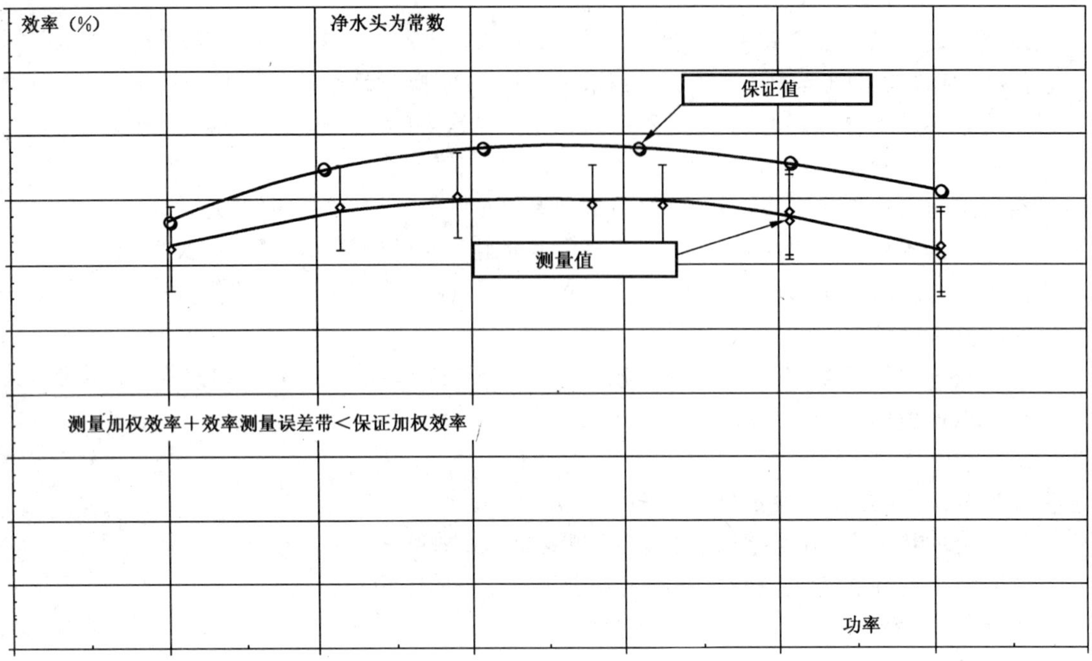

图 F.2　没有满足保证值的效率试验

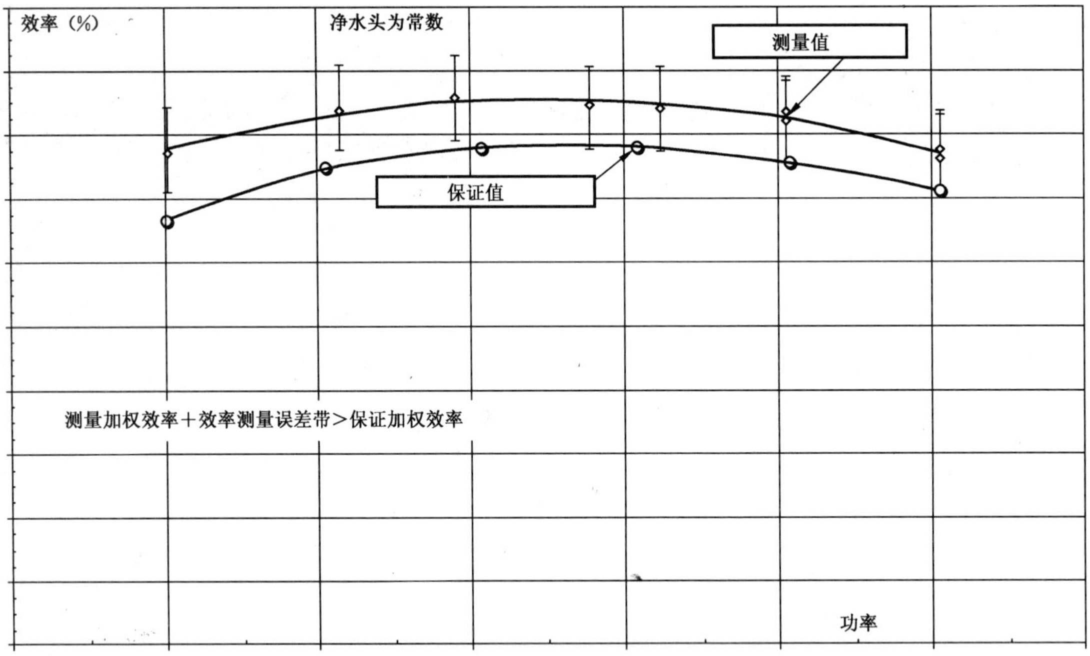

图 F.3　满足并超过保证值的效率试验

ICS 65.120
B 46

中华人民共和国国家标准

GB/T 22141—2008

饲料添加剂　复合酸化剂通用要求

Feed additive—General rules for compound acidifier

2008-06-27 发布　　2008-10-01 实施

中华人民共和国国家质量监督检验检疫总局
中国国家标准化管理委员会　发布

前　言

本标准由全国饲料工业标准化技术委员会提出并归口。

本标准起草单位：中国农业科学院北京畜牧兽医研究所。

本标准主要起草人：侯水生、黄苇、张春雷、谢明。

饲料添加剂　复合酸化剂通用要求

1　范围

本标准规定了饲料复合酸化剂的技术指标、检测方法、检验规则、标签、包装、运输和贮存要求。

本标准适用于利用磷酸与有机酸(乳酸、柠檬酸、富马酸、苹果酸、酒石酸等),或几种单一有机酸调节剂复合而成的,能够提高配合饲料酸度(pH值降低),或者改善青贮饲料品质的均匀混合物。

2　规范性引用文件

下列文件中的条款通过本标准的引用而成为本标准的条款。凡是注日期的引用文件,其随后所有的修改单(不包括勘误的内容)或修订版均不适用于本标准,然而,鼓励根据本标准达成协议的各方研究是否可使用这些文件的最新版本。凡是不注日期的引用文件,其最新版本适用于本标准。

GB/T 606　化学试剂　水分测定通用方法　卡尔·费休法

GB 3149　食品添加剂　磷酸

GB/T 5009.157　食品中有机酸的测定

GB/T 6439　饲料中水溶性氯化物的测定

GB/T 9728　化学试剂　硫酸盐测定通用方法

GB/T 10467　水果和蔬菜产品中挥发性酸度的测定方法

GB 10648　饲料标签

GB/T 12456　食品中总酸的测定方法

GB 13078　饲料卫生标准

GB/T 13079　饲料中总砷的测定

GB/T 13080　饲料中铅的测定　原子吸收光谱法

GB/T 13083　饲料中氟的测定　离子选择性电极法

SN/T 2007　进出口果汁中乳酸、柠檬酸、富马酸含量检测方法　高效液相色谱法

3　技术指标要求

3.1　感官指标

固体粉末或液体,产品色泽一致,固体粉末类产品应流散性好。

3.2　产品质量指标

产品质量应符合表1要求。

表1　产品质量指标

产品剂型	固体	液体
水分	≤10%	≤14%
细度(粉末状通过1 000 μm分析筛)	≥90%	—
混合均匀度	变异系数(*CV*)≤5%	均匀一致

3.3　有毒有害物质和杂质的指标

3.3.1　产品中有机酸和无机酸种类应符合国家有关法律法规的规定。

3.3.2　产品应符合GB 13078的要求。产品的重金属和游离化合物含量指标应达到表2中的指标要求。

表 2 饲料级复合酸化剂重金属和游离化合物含量指标要求

项 目	允许指标/%
砷(以总 As 计)	≤0.000 8
铅(以 Pb 计)	≤0.001 1
氟(以 F 计)	≤0.060 0
氯化物(以 Cl^- 计)	≤0.018 0
硫酸盐(以 SO_4^{2-} 计)	≤0.040 0

4 检测方法

4.1 有机酸化剂产品混合均匀度的测定

每批有机酸化剂至少抽取 10 个样品,分别测定各样品中一种主要酸制剂的含量,计算平均数和变异系数。测定方法见 4.4。

4.2 水分含量的测定

采用 GB/T 606 提供的卡尔·费休法。

4.3 细度的测定

称取约 10 g 试样(精确至 0.01 g),置于 1 000 μm 的分析筛中筛分,将筛下物称重(精确至0.01 g)。计算筛下物质量占总样品质量的百分数。两次平行样品测定的结果之差不大于 1%。

4.4 复合酸化剂产品中各种酸含量的测定

4.4.1 总酸含量按 GB/T 12456 提供的方法测定。

4.4.2 挥发性酸含量按 GB/T 10467 提供的方法测定。

4.4.3 磷酸按 GB 3149 提供的方法测定。

4.4.4 苹果酸按 GB/T 5009.157 提供的方法测定。

4.4.5 酒石酸按 GB/T 5009.157 提供的方法测定。

4.4.6 柠檬酸按 GB/T 5009.157 提供的方法测定。

4.4.7 乳酸按 SN/T 2007 提供的方法测定。

4.4.8 富马酸按 SN/T 2007 提供的方法测定。

4.5 杂质和有毒有害物质的测定

4.5.1 砷按 GB/T 13079 执行。

4.5.2 铅按 GB/T 13080 执行。

4.5.3 氟按 GB/T 13083 执行。

4.5.4 氯化物按 GB/T 6439 执行。

4.5.5 硫酸盐按 GB/T 9728 提供的方法进行测定。

5 检验规则

5.1 检验

感官指标、细度、水分、混合均匀度为出厂检验项目(交收检验项目),由生产厂的质检部门进行检验,其余为型式检验项目(例行检验项目)。

型式检验项目包括技术指标要求规定的所有指标、总酸含量、挥发性酸含量以及产品中所添加的各种单一酸制剂含量。

5.2 抽样比例和方法

以同期生产的同一规格产品为一个批次,每批抽样按包装总件数的 10%取样,每包取样不少于

100 g。在保证产品质量的前提下，生产厂可根据工艺、设备、配方、原料等的变化情况，自行确定出厂检验的批量。

5.3 复检

在检测的技术指标中，如果有一项指标不符合标准，应重新取样进行复检，复检中该项仍不合格即判定为不合格。

6 标签、包装、贮存和运输

6.1 标签

6.1.1 酸化剂产品应在包装物上附有标签，标签应符合 GB 10648 中的有关规定。

6.1.2 在标签上应标明复合酸化剂总酸含量、挥发性酸含量和所采用的各种单一酸制剂的名称、含量、使用的载体或稀释剂的名称、产品出厂日期、有效保质期。添加含有钙、磷的单一酸制剂及其盐类的产品，应注明钙、总磷的含量。

6.2 包装

6.2.1 包装材料应防潮、耐腐蚀、不易破碎、不易撕裂。固体应采用内衬食品级聚乙烯袋及双层牛皮纸袋、外套编织袋包装。液体用清洁的聚乙烯桶(容量不大于 25 kg)包装。

6.2.2 包装上应附牢固的标签。

6.2.3 包装应完整，无漏洞，无污染和异味。

6.3 贮存

6.3.1 产品应贮存在阴凉、干燥、通风处，不宜露天堆放，不得与有毒有害物质及碱类混放，以免污染。

6.3.2 不合格和变质产品应做无害化处理，不应放在合格产品贮存场所内。

6.4 运输

运输作业应防止污染，防雨防潮，保持包装的完整无损。

ICS 65.120
B 46

中华人民共和国国家标准

GB/T 22142—2008

饲料添加剂　有机酸通用要求

Feed additive—General rules for organic acidifier

2008-06-27 发布　　2008-10-01 实施

中华人民共和国国家质量监督检验检疫总局
中国国家标准化管理委员会　发布

前　言

本标准由全国饲料工业标准化技术委员会提出并归口。

本标准起草单位：中国农业科学院北京畜牧兽医研究所。

本标准主要起草人：侯水生、黄苇、张春雷、谢明。

饲料添加剂　有机酸通用要求

1　范围

本标准规定了饲料有机酸乳酸、柠檬酸、富马酸、苹果酸、酒石酸、山梨酸、甲酸、乙酸、丙酸、丁酸等的技术指标、检测方法、检验规则、标签、包装、运输和贮存要求。

本标准适用于利用单一有机酸调节剂制成的能够提高配合饲料酸度(pH 值降低),或者改善青贮饲料品质的均匀混合物。

2　规范性引用文件

下列文件中的条款通过本标准的引用而成为本标准的条款。凡是注日期的引用文件,其随后所有的修改单(不包括勘误的内容)或修订版均不适用于本标准,然而,鼓励根据本标准达成协议的各方研究是否可使用这些文件的最新版本。凡是不注日期的引用文件,其最新版本适用于本标准。

GB/T 606　化学试剂　水分测定通用方法　卡尔·费休法

GB 1903　食品添加剂　冰乙酸(冰醋酸)

GB 1905　食品添加剂　山梨酸

GB 1987　食品添加剂　柠檬酸

GB 2023　食品添加剂　乳酸

GB/T 6437　饲料中总磷的测定　分光光度法

GB/T 6439　饲料中水溶性氯化物的测定

GB/T 9728　化学试剂　硫酸盐测定通用方法

GB 10648　饲料标签

GB 13078　饲料卫生标准

GB/T 13079　饲料中总砷的测定

GB/T 13080　饲料中铅的测定　原子吸收光谱法

GB/T 13083　饲料中氟的测定　离子选择性电极法

GB 13737　食品添加剂　L-苹果酸

GB 15358　食品添加剂　DL-酒石酸

GB/T 15896　化学试剂　甲酸

HG 2925　食品添加剂　丙酸

NY/T 920　饲料级　富马酸

QB/T 2796　食品添加剂　丁酸

3　技术指标要求

3.1　感官指标

产品为固体粉末或液体,色泽一致,固体粉末类产品应流散性好。

3.2　产品质量指标

应达到表 1 的要求。

表1 产品质量指标

产品剂型	固体	液体
水分	≤10%	≤14%
细度(粉末状通过1 000 μm分析筛)	≥90%	—
混合均匀度	变异系数(CV)≤5%	均匀一致
有机酸含量	≥80%	≥80%
	有机酸含量不应低于标示量	

3.3 有毒有害物质和杂质的指标

3.3.1 有机酸化剂使用的有机酸种类应符合国家有关法律法规的规定。

3.3.2 产品应符合GB 13078的要求。重金属和游离化合物含量应达到表2中的指标要求。

表2 饲料级有机酸化剂重金属和游离化合物含量指标要求

项目	允许指标/%
砷(以As计)	≤0.000 2
铅(以Pb计)	≤0.000 5
氟(以F计)	≤0.010 0
磷酸盐(以P计)	≤0.50
氯化物(以Cl^-计)	≤0.018 0
硫酸盐(以SO_4^{2-}计)	≤0.040 0

4 检测方法

4.1 有机酸化剂产品混合均匀度的测定

每批有机酸化剂至少抽取10个样品，分别测定各样品中有机酸的含量，计算平均数和变异系数。各种有机酸化剂含量的测定方法见4.4。

4.2 水分含量的测定

采用GB/T 606提供的卡尔·费休法。

4.3 细度的测定

称取约10 g试样(精确至0.01 g)，置于1 000 μm的分析筛中筛分，将筛下物称重(精确至0.01 g)。计算筛下物质量占总样品质量的百分数。两次平行样品测定的结果之差不大于1%。

4.4 有机酸化剂产品中单一酸制剂含量的测定

4.4.1 富马酸按NY/T 920提供的方法进行测定。

4.4.2 乳酸按GB 2023中提供的方法测定。

4.4.3 柠檬酸按GB 1987中提供的方法测定。

4.4.4 苹果酸按照GB 13737中提供的方法测定。

4.4.5 酒石酸按照GB 15358中提供的方法测定。

4.4.6 山梨酸按照GB 1905中提供的方法测定。

4.4.7 甲酸按GB/T 15896提供的方法测定。

4.4.8 乙酸按照GB 1903中提供的方法测定。

4.4.9 丙酸按HG 2925提供的方法测定。

4.4.10 丁酸按QB/T 2796提供的方法测定。

4.5 杂质和有毒有害物质的测定

4.5.1 砷按GB/T 13079执行。

4.5.2 铅按 GB/T 13080 执行。

4.5.3 氟按 GB/T 13083 执行。

4.5.4 磷酸盐按 GB/T 6437 执行。

4.5.5 氯化物按 GB/T 6439 执行。

4.5.6 硫酸盐按 GB/T 9728 执行。

5 检验规则

5.1 检验

感官指标、细度、水分、混合均匀度为出厂检验项目(交收检验项目),由生产厂的质检部门进行检验,其余为型式检验项目(例行检验项目)。

型式检验项目包括技术指标要求规定的所有指标、总酸含量以及产品中所添加的各种单一酸制剂含量。

5.2 抽样比例和方法

以同期生产的同一规格产品为一个批次,每批抽样按包装总件数的10%取样,每包取样不少于100 g。在保证产品质量的前提下,生产厂可根据工艺、设备、配方、原料等的变化情况,自行确定出厂检验的批量。

5.3 复检

在检测的技术指标中,如果有一项指标不符合标准,应重新取样进行复检,复检中该项仍不合格即判定为不合格。

6 标签、包装、贮存和运输

6.1 标签

6.1.1 酸化剂产品应在包装物上附有标签,标签应符合 GB 10648 中的有关规定。

6.1.2 在标签上应标明有机酸化剂所采用的单一酸制剂的名称、含量、使用的载体或稀释剂的名称、出厂日期、有效保质期。

6.2 包装

6.2.1 包装材料应防潮、耐腐蚀、不易破碎、不易撕裂。固体应采用内衬食品级聚乙烯袋及双层牛皮纸袋、外套编织袋包装。液体用清洁的聚乙烯桶(容量不大于25 kg)包装。

6.2.2 包装上应附牢固的标签。

6.2.3 包装应完整,无漏洞,无污染和异味。

6.3 贮存

6.3.1 产品应贮存在阴凉、干燥、通风处,不宜露天堆放,不应与有毒有害物质及碱类混放,以免污染。

6.3.2 不合格和变质产品应做无害化处理,不应放在合格产品贮存场所内。

6.4 运输

运输作业应防止污染,防雨防潮,保持包装的完整无损。

ICS 65.120
B 46

中华人民共和国国家标准

GB/T 22143—2008

饲料添加剂　无机酸通用要求

Feed additive—General rules for inorganic acidifier

2008-06-27 发布　　　　2008-10-01 实施

中华人民共和国国家质量监督检验检疫总局
中国国家标准化管理委员会　发布

前　言

本标准由全国饲料工业标准化技术委员会提出并归口。

本标准起草单位：中国农业科学院北京畜牧兽医研究所。

本标准主要起草人：侯水生、黄苇、张春雷、谢明、郑旭阳。

饲料添加剂　无机酸通用要求

1　范围

本标准规定了饲料无机酸化剂的技术指标、安全卫生指标、检测方法、检验规则、标签、包装、运输和贮存要求。

本标准适用于利用一种或几种无机酸调节剂复合而成的，能够提高配合饲料酸度(pH 值降低)，或者改善青贮饲料品质的添加剂。

2　规范性引用文件

下列文件中的条款通过本标准的引用而成为本标准的条款。凡是注日期的引用文件，其随后所有的修改单(不包括勘误的内容)或修订版均不适用于本标准，然而，鼓励根据本标准达成协议的各方研究是否可使用这些文件的最新版本。凡是不注日期的引用文件，其最新版本适用于本标准。

GB/T 606　化学试剂　水分测定通用方法　卡尔·费休法

GB 3149　食品添加剂　磷酸

GB/T 6439　饲料中水溶性氯化物的测定

GB/T 9728　化学试剂　硫酸盐测定通用方法

GB 10648　饲料标签

GB/T 12456　食品中总酸的测定方法

GB 13078　饲料卫生标准

GB/T 13079　饲料中总砷的测定

GB/T 13080　饲料中铅的测定　原子吸收光谱法

GB/T 13083　饲料中氟的测定　离子选择性电极法

3　技术要求

3.1　感官指标

产品为固体粉末或液体，色泽一致，流散性好。

3.2　产品质量指标

应达到表 1 的要求。

表 1　产品质量指标

项　　目	指　　标
水分	≤10%
细度(粉末状通过 1 000 μm 分析筛)	≥90%
混合均匀度	变异系数(CV)≤5%
磷酸含量	≥30%
注：单一液体磷酸制剂应符合 GB 3149 的技术要求。	

3.3　有毒有害物质和杂质指标

产品应符合 GB 13078 的要求。产品的重金属和游离化合物含量指标应达到表 2 中的指标要求。

表 2　饲料级无机酸化剂重金属和游离化合物含量指标要求

项　　目	允许指标/%
砷(以 As 计)	≤0.001 0
铅(以 Pb 计)	≤0.001 5
氟(以 F 计)	≤0.090 0
氯化物(以 Cl^- 计)	≤0.018 0
硫酸盐(以 SO_4^{2-} 计)	≤0.040 0

4　检测方法

4.1　无机酸化剂产品混合均匀度的测定

每批无机酸化剂至少抽取 10 个样品，分别测定各样品中无机酸的含量，计算平均数和变异系数。无机酸化剂含量的测定方法见 4.4。

4.2　水分含量的测定

按 GB/T 606 执行。

4.3　细度的测定

称取约 10 g 试样(精确至 0.01 g)，置于 1 000 μm 的分析筛中筛分，将筛下物称重(精确至0.01 g)。计算筛下物质量占总样品质量的百分数。两次平行样品测定的结果之差不大于 1%。

4.4　无机酸含量的测定

4.4.1　总酸含量

按 GB/T 12456 执行。

4.4.2　磷酸含量

按 GB 3149 执行。

4.5　杂质和有毒有害物质的测定

4.5.1　砷按 GB/T 13079 执行。

4.5.2　铅按 GB/T 13080 执行。

4.5.3　氟按 GB/T 13083 执行。

4.5.4　氯化物按 GB/T 6439 执行。

4.5.5　硫酸盐按 GB/T 9728 执行。

5　检验规则

5.1　检验

感官指标、细度、水分、混合均匀度为出厂检验项目(交收检验项目)，由生产厂的质检部门进行检验，其余为型式检验项目(例行检验项目)。

型式检验项目包括技术指标要求规定的所有指标、总酸含量以及产品中所添加的各种单一酸制剂含量。

5.2　抽样比例和方法

以同期生产的同一规格产品为一个批次，每批抽样按包装总件数的 10%取样，每包取样不少于 100 g。在保证产品质量的前提下，生产厂可根据工艺、设备、配方、原料等的变化情况，自行确定出厂检验的批量。

5.3　复检

在检测的技术指标中，如果有一项指标不符合标准，应重新取样进行复检，复检中该项仍不合格即判定为不合格。

6 标签、包装、贮存和运输

产品包装、运输和贮存，应符合保质、保量、运输安全和分类、分级贮存的要求，严防污染。

6.1 标签

6.1.1 商品应在包装物上附有标签，标签应符合 GB 10648 中的有关规定。

6.1.2 产品应标明无机酸化剂所采用的单一酸制剂的名称、含量、使用的载体或稀释剂的名称、出厂日期、保质期。若产品中添加含有钙、磷的单一酸制剂及其盐类，应同时注明钙、总磷的含量。

6.2 包装

6.2.1 包装材料应防潮、耐腐蚀、不易破碎、不易撕裂，应采用内衬食品级聚乙烯袋及双层牛皮纸袋、外套编织袋包装。

6.2.2 包装上应附牢固的标签。

6.2.3 包装应完整，防腐蚀，无污染和异味。

6.3 贮存

6.3.1 产品应贮存在阴凉、干燥、通风处，不宜露天堆放，不得与有毒有害物质及碱类混放。

6.3.2 不合格和变质产品应做无害化处理，不应放在合格产品贮存场所内。

6.4 运输

运输作业应防止污染，防雨防潮，保持包装完整无损。

ICS 65.120
B 46

中华人民共和国国家标准

GB/T 22144—2008

天然矿物质饲料通则

General rules of natural mineral feed

2008-06-27 发布　　　　2008-10-01 实施

中华人民共和国国家质量监督检验检疫总局
中国国家标准化管理委员会　发布

前　言

本标准由中华人民共和国农业部提出。

本标准由全国饲料工业标准化技术委员会归口。

本标准负责起草单位:北京市饲料工业协会天然物添加剂委员会。

本标准参加起草单位:中国农业科学院北京畜牧兽医研究所、国家饲料质量监督检验中心(北京)、北京挑战农业科技有限公司、中国农业科学院饲料研究所、中国农业大学、北京农学院。

本标准主要起草人:谢仲权、张军民、董焕程、郑喜梅、徐俊宝、王清兰、韦海涛。

天然矿物质饲料通则

1 范围

本标准规定了天然矿物质饲料的定义、技术要求、试验方法、检验规则及标签、包装、运输和贮存。

本标准适用于天然矿物质饲料。

2 规范性引用文件

下列文件中的条款通过本标准的引用而成为本标准的条款。凡是注日期的引用文件，其随后所有的修改单(不包括勘误的内容)或修订版均不适用于本标准，然而，鼓励根据本标准达成协议的各方研究是否可使用这些文件的最新版本。凡是不注日期的引用文件，其最新版本适用于本标准。

GB/T 6003.1 金属丝编织网试验筛

GB/T 6435 饲料中水分和其他挥发性物质含量的测定

GB 10648 饲料标签

GB 13078 饲料卫生标准

GB/T 13079 饲料中总砷的测定

GB/T 13080 饲料中铅的测定 原子吸收光谱法

GB/T 13081 饲料中汞的测定

GB/T 13082 饲料中镉的测定方法

GB/T 13083 饲料中氟的测定 离子选择性电极法

GB/T 14699.1 饲料 采样

GB/T 16764 配合饲料企业卫生规范

3 术语和定义

下列术语和定义适用于本标准。

3.1

天然矿物质 natural mineral

在地质作用下形成的具有相对固定化学成分和结构的天然物质。

3.2

天然矿物质饲料 natural mineral feed

为满足饲料营养或饲料加工的需要，以可饲用的天然矿物质为原料，经物理加工制得的、在饲料中不以补充矿物元素为主要目的、具有一定功能和作用的物质。

4 要求

4.1 生产企业卫生规范

天然矿物质饲料的生产企业，应符合和遵守 GB/T 16764 的规定。

4.2 技术要求

4.2.1 感官：色泽一致，无结块，无异味，无异物。

4.2.2 粉碎粒度：符合产品标准规定。

4.2.3 水分:符合产品标准规定。

4.3 理化成分指标

天然矿物质饲料产品标准中应规定主要成分及含量。

4.4 卫生指标

天然矿物质饲料卫生指标,应符合 GB 13078 中的有关要求和表 1 的规定。

表 1 卫生指标

序号	项目	指标/(mg/kg)
1	砷(以总砷计)	≤10.0
2	铅(以 Pb 计)	≤30.0
3	汞(以 Hg 计)	≤0.10
4	镉(以 Cd 计)	≤0.75
5	氟(以 F 计)	≤1 000

5 试验方法

5.1 感官测定

采用目测及嗅觉检验。

5.2 粒度测定

5.2.1 方法提要

用筛分法测定筛下物含量。

5.2.2 仪器、设备

试验筛:符合 GB/T 6003.1 中 R40/3 系列的要求,ϕ200 mm×500 mm/900/μm。

5.2.3 分析步骤

称取 50 g 试样(准确至 0.1 g)。置于试验筛中进行筛分,将筛下物称重(称准至 0.1 g)。

5.2.4 分析结果的表述

粒度 ω(以质量分数计,数值以%表示)按式(1)计算:

$$\omega = \frac{m_1}{m} \times 100 \qquad \cdots\cdots(1)$$

式中:

m_1——筛下物的质量,单位为克(g);

m——试样质量,单位为克(g)。

计算结果表示至小数点后一位。

5.2.5 允许差

取平行测定结果的算术平均值为测定结果。平行测定结果的绝对差值不大于 0.5%。

5.3 水分测定

按 GB/T 6435 饲料中水分和其他挥发性物质含量的测定中饲料中水分测定的规定执行。

5.4 主要成分测定

按产品标准中规定的方法进行。

5.5 卫生指标测定

5.5.1 总砷的测定

按 GB/T 13079 执行。

5.5.2 铅的测定

按 GB/T 13080 执行。

5.5.3 汞的测定

按 GB/T 13081 执行。

5.5.4 镉的测定

按 GB/T 13082 执行。

5.5.5 氟的测定

按 GB/T 13083 执行。

6 检验规则

6.1 组批

生产厂家以具有同样工艺条件、批号、规格且经包装的产品为一个批次。

6.2 采样

按 GB/T 14699.1 的规定执行。

6.3 检验

6.3.1 出厂检验

生产企业质检部门应根据本标准规定，选择能快速、准确地反映产品质量的项目，一般为感官指标、水分、粒度等。

每批产品应由生产企业质检部门进行出厂检验，检验合格后，方可签发合格证。

6.3.2 型式检验

本标准规定之各项指标为型式检验项目，有下列情况之一时，应进行型式检验：

a) 审发生产许可证、产品批准文号时；

b) 法定质检部门提出要求时；

c) 原辅材料、工艺过程及主要设备有较大变动时；

d) 停产三个月以上，恢复生产时。

6.3.3 判定规则

样品检验结果有任何一项不合格时，应重新采样进行复检，采样范围或样品数量是第一次的两倍。复检结果仍有指标不合格，则整批产品判为不合格。

7 标签、包装、运输和贮存

7.1 标签内容按 GB 10648 执行。

7.2 产品包装根据产品特性或客户要求执行。

7.3 产品应贮存在阴凉、干燥处，防止雨淋、受潮，不得与有毒有害物混贮。

7.4 产品在运输过程中应有遮盖物，防止雨淋、受潮，不得与有毒有害物品混运，防止污染。

7.5 产品在符合本标准规定的包装、运输和贮存条件下，保质期符合产品规定。

ICS 65.120
B 46

中华人民共和国国家标准

GB/T 22145—2008

饲料添加剂　丙酸

Feed additive—Propionic acid

2008-06-27 发布　　2008-10-01 实施

中华人民共和国国家质量监督检验检疫总局
中国国家标准化管理委员会　发布

前　言

本标准由全国饲料工业标准化技术委员会提出并归口。

本标准起草单位：中国农业科学院农业质量标准与检测技术研究所、国家饲料质量监督检验中心（北京）、北京桑普生物化学技术有限公司。

本标准参加起草单位：南京恩特精细化工厂。

本标准主要起草人：范理、施文娟、田静、李玉芳、高升、马东霞、艾学银。

饲料添加剂　丙酸

1　范围

本标准规定了饲料添加剂丙酸的技术指标、试验方法、检验规则及标签、包装、运输、贮存、保质期等要求。

本标准适用于由工业合成精制而成的丙酸产品，或以丙酸为主要成分，以蛭石、玉米芯粉或珍珠岩为载体制成的粉剂产品。

化学分子式：$C_3H_6O_2$

相对分子质量：74.08(以 $C_3H_6O_2$ 计，按 2005 年国际相对原子质量表计算)

2　规范性引用文件

下列文件中的条款通过本标准的引用而成为本标准的条款。凡是注日期的引用文件，其随后所有的修改单(不包括勘误的内容)或修订版均不适用于本标准，然而，鼓励根据本标准达成协议的各方研究是否可使用这些文件的最新版本。凡是不注日期的引用文件，其最新版本适用于本标准。

GB/T 602　化学试剂　杂质测定用标准溶液的制备

GB/T 603　化学试剂　试验方法中所用制剂及制品的制备

GB/T 606　化学试剂　水分测定通用方法　卡尔·费休法

GB/T 615　化学试剂　沸程测定通用方法

GB/T 4472　化工产品密度、相对密度测定通则

GB 10648　饲料标签

GB/T 13079　饲料中总砷的测定

GB/T 13080　饲料中铅的测定　原子吸收光谱法

3　丙酸

3.1　要求

3.1.1　性状

本品为无色或微黄色液体，有刺激性气味。无杂质，无沉淀。

3.1.2　技术指标

技术指标见表 1。

表 1　技术指标

项　　目	指　　标
丙酸含量/%	≥99.5
相对密度(20 ℃)	0.993～0.997
沸程范围(≥95%)/℃	138.5～142.5
水分/%	≤0.3
铅/%	≤0.001
砷/%	≤0.000 3

3.2　试验方法

除非另有说明，在本分析中仅使用确认为分析纯的试剂和蒸馏水或去离子水或相当纯度的水；试

剂、溶液配制按 GB/T 602、GB/T 603 执行；仪器、设备为一般实验室仪器、设备。

3.2.1 丙酸含量的测定

3.2.1.1 原理

样品中的丙酸经乙酸乙酯溶解，使用带有氢火焰离子化检测器(FID)的气相色谱仪进行测定，用外标对比法定量。

3.2.1.2 试剂和溶液

3.2.1.2.1 乙酸乙酯。

3.2.1.2.2 丙酸标准品(色谱纯)：含量≥99.5%。

3.2.1.2.3 丙酸标准溶液：准确称取丙酸标准品约 0.5 g，精确到 0.000 1 g。置于 100 mL 容量瓶中，用乙酸乙酯稀释至刻度，此溶液每毫升约含 5 mg 丙酸。

3.2.1.3 仪器

3.2.1.3.1 气相色谱仪：配有 FID 检测器。

3.2.1.3.2 分析天平：感量为 0.000 1 g。

3.2.1.4 测定方法

3.2.1.4.1 试样提取

准确称取试样约 0.5 g(精确到 0.000 1 g)，立即用乙酸乙酯 50 mL 溶解于 100 mL 容量瓶中，用乙酸乙酯稀释至刻度(V_1)。

3.2.1.4.2 色谱条件

3.2.1.4.2.1 色谱柱

毛细管柱，Carbowax 20M，长 25 m，内径 0.25 mm，液膜厚 0.25 μm。

3.2.1.4.2.2 气体流速

氮气：1.0 mL/min～2.0 mL/min，补充气 40 mL/min；

氢气：40 mL/min；

空气：400 mL/min。

3.2.1.4.2.3 温度

气化室：170 ℃；

检测器：200 ℃；

柱温：130 ℃。

3.2.1.4.3 进样量

1 μL。

3.2.1.4.4 测定

待仪器稳定后，分别进丙酸标准溶液 1 μL(W，约相当于 5 μg)及样液 1 μL(V_2)，求得标准及样品的峰面积(或峰高)A_1 和 A_2。

3.2.1.5 计算

试样中丙酸含量 X_1 以质量分数计，数值以%表示，按式(1)计算：

$$X_1 = \frac{A_2 \times W \times V_1}{A_1 \times V_2 \times m_1 \times 1\ 000} \times 100 \qquad \cdots\cdots (1)$$

式中：

A_2——与 V_2 相对应的峰面积；

W——从标准溶液中分取的进样量，单位为微克(μg)；

V_1——试样提取定容体积，单位为毫升(mL)；

A_1——与 W 相对应的峰面积；

V_2——从 V_1 中分取的样液进样体积，单位为微升(μL)；

m_1——试样的质量，单位为克(g)。

平行测定结果用算术平均值表示，保留三位有效数字。

3.2.1.6 **重复性**

同一分析者对同一试样同时两次平行测定结果的相对偏差应不大于15.0%。

3.2.2 **相对密度的测定**

按照GB/T 4472规定方法测定。

3.2.3 **沸程范围的测定**

按照GB/T 615规定方法测定。

3.2.4 **水分的测定**

按照GB/T 606规定方法测定。

3.2.5 **砷的测定**

按照GB/T 13079规定方法测定。

3.2.6 **铅的测定**

按照GB/T 13080规定方法测定。

4 丙酸粉剂

4.1 要求

4.1.1 **性状**

按不同载体要求如下：

a) 蛭石类：本品为棕色颗粒，具有闪光、可自由流动，有强烈的丙酸气味，不溶于水。

b) 珍珠岩类：本品为白色粉末，可流动，有强烈的丙酸气味，不溶于水。

c) 玉米芯类：本品为淡黄色粉末，可流动，有强烈的丙酸气味，不溶于水。

4.1.2 **技术指标**

技术指标见表2。

表2 技术指标

项目	指标
丙酸含量(占标示量的)/%	90.0~110.0
铅/%	≤0.003
砷/%	≤0.000 5

4.2 试验方法

同3.2。

4.2.1 **丙酸含量的测定**

4.2.1.1 **原理**

同3.2.1.1。

4.2.1.2 **试剂和溶液**

同3.2.1.2。

4.2.1.3 **仪器**

同3.2.1.3。

4.2.1.4 **测定方法**

4.2.1.4.1 **试样提取**

准确称取试样约1.0 g，精确到0.001 g，立即用乙酸乙酯50 mL溶解于具塞的100 mL三角瓶中，用超声波提取10 min，用中速滤纸过滤，取滤液25 mL于50 mL容量瓶中，用乙酸乙酯稀释至刻度

(V_3)，准备上机检测。

4.2.1.4.2 **色谱条件**

同 3.2.1.4.2。

4.2.1.4.3 **进样量**

1 μL。

4.2.1.4.4 **测定**

待仪器稳定后，分别进丙酸标准溶液 1 μL(W，约相当于 5 μg)及样液 1 μL(V_4)，求得标准及样品的峰面积(或峰高)A_3 和 A_4。

4.2.1.5 **计算**

试样中丙酸含量 X_2 以质量分数计，数值以%表示，按式(2)计算：

$$X_2 = \frac{A_4 \times W \times V_3}{A_3 \times V_4 \times m_2 \times 1\ 000} \times 100 \qquad \cdots\cdots(2)$$

式中：

A_4——与 V_4 相对应的峰面积；

W——从标准液中分取的进样量，单位为微克(μg)；

V_3——试样提取定容体积，单位为毫升(mL)；

A_3——与 W 相对应的峰面积；

V_4——从 V_3 中分取的样液进样体积，单位为微升(μL)；

m_2——试样的质量，单位为克(g)。

平行测定结果用算术平均值表示，保留三位有效数字。

4.2.1.6 **重复性**

同一分析者对同一试样同时两次平行测定结果的相对偏差应不大于 15.0%。

4.2.2 **砷的测定**

按照 GB/T 13079 规定方法测定，试样的处理参照湿消化法中的混合酸消解法。

4.2.3 **铅的测定**

按照 GB/T 13080 规定方法测定，试样溶解参照湿消化法中的高氯酸消化法。

5 检验规则

5.1 **检验分类**

产品检验分为出厂检验和型式检验两类。

5.2 **抽样方法**

抽样时，用清洁适用的抽样工具。将所取样品充分混合，每批样品分成两份，样品量为检验所需试样的三倍。一份供检验，另一份为备份样品。抽样应备有清洁、干燥、具有密闭性和避光的样品瓶，瓶上贴有标签并注明生产厂名称、生产日期、品名、批号及取样日期，送交化验室及时分析。

5.3 **出厂检验**

产品在出厂前，应逐批进行出厂检验，检验合格后，方可允许出厂。丙酸液体出厂检验项目为含量、相对密度、沸程范围、水分；丙酸粉剂出厂检验项目为含量、铅、砷。

出厂检验项目有一项不合格时允许加倍抽样进行复检。若复检仍不合格，则判该批产品为不合格。

5.4 **型式检验**

有下列情况之一时，应进行型式检验：

a) 新产品的试制定型鉴定；

b) 正式生产后如材料及工艺有较大改变，有可能影响产品质量时；

c) 正常生产时，每年应进行一次周期性检验；

d) 产品停产半年以上恢复生产时；

e) 国家质量监督机构提出型式检验要求时。

对标准中规定的全部要求进行检验，即为型式检验。

对产品先按出厂检验进行合格判定，对判定合格的产品再进行其他项目检验，其他项目有一项不合格，则判定该批产品为不合格。

5.5 判定规则

如果在检验中有一项指标不符合标准要求时，应重新抽样检验。产品重新检验仍有一项指标不符合标准要求时，则整批产品不能验收。

6 标签、包装、运输、贮存、保质期

6.1 标签

标签应符合 GB 10648 规定。

6.2 包装

应选择适合的包装材料进行包装。丙酸液体产品采用密封良好的容器；丙酸粉剂产品采用聚乙烯塑编复合膜袋包装，内衬聚丙烯薄膜袋。也可根据用户要求进行包装。

6.3 运输

不得与有毒、有害或其他有污染的物品及具有氧化性的物质混装、合运。

6.4 贮存

应贮存于避光、阴凉、干燥处，密闭保存。

6.5 保质期

按规定包装，原包装保质期为 12 个月（开封后尽快使用）。

ICS 65.120
B 46

中华人民共和国国家标准

GB/T 22146—2008

饲料中洛克沙胂的测定 高效液相色谱法

Determination of roxarsone in animal feeds—High performance liquid chromatography

2008-06-27 发布　　2008-10-01 实施

中华人民共和国国家质量监督检验检疫总局
中国国家标准化管理委员会　发布

前　言

本标准由中华人民共和国农业部提出。

本标准由全国饲料工业标准化技术委员会归口。

本标准负责起草单位：中国农业大学、农业部饲料效价与安全监督检验测试中心(北京)。

本标准主要起草人：张丽英、王金荣、杨文军、王宗义。

饲料中洛克沙胂的测定 高效液相色谱法

1 范围

本标准规定了用高效液相色谱法测定饲料中洛克沙胂的含量。

本标准适用于配合饲料、浓缩饲料和添加剂预混合饲料中洛克沙胂的测定。

本标准定量限为 5 mg/kg。

2 规范性引用文件

下列文件中的条款通过本标准的引用而成为本标准的条款。凡是注日期的引用文件，其随后所有的修改单(不包括勘误的内容)或修订版均不适用于本标准，然而，鼓励根据本标准达成协议的各方研究是否可使用这些文件的最新版本。凡是不注日期的引用文件，其最新版本适用于本标准。

GB/T 6682　分析实验室用水规格和试验方法(GB/T 6682—1992,neq ISO 3696:1987)

GB/T 14699.1　饲料　采样

3 原理

用磷酸氢二钾溶液作为提取液，用复合阴离子交换柱萃取柱净化后，经反相 C_{18} 柱分离，采用紫外检测器检测，根据洛克沙胂的色谱峰保留时间进行定性，以外标法进行定量分析。

4 试剂和溶液

除特殊注明外，本标准所用试剂均为分析纯。水为符合 GB/T 6682 二级用水规定。

4.1　甲醇:色谱纯。

4.2　磷酸氢二钾溶液(20 g/L):称取 20 g 磷酸氢二钾(K_2HPO_4)用水溶解，并定容至 1 000 mL。

4.3　硫酸铜溶液(100 g/L):称取 10 g 硫酸铜($CuSO_4 \cdot 5H_2O$)用水溶解，并定容至 100 mL。

4.4　固相萃取小柱淋洗液与洗脱液

4.4.1　淋洗液 1:6.80 g/L 乙酸钠-甲醇溶液。称取 6.80 g 乙酸钠($Na_2C_2H_3O_2 \cdot 3H_2O$)于烧杯中，加入 800 mL 水溶解，用 10%乙酸调 pH 至 7，加入 53 mL 甲醇，定容至 1 000 mL，4 ℃贮存。

4.4.2　淋洗液 2:无水甲醇。

4.4.3　洗脱液:5%甲酸甲醇溶液，吸取 5 mL 甲酸，用无水甲醇定容至 100 mL。

4.5　流动相

4.5.1　A 液:含 0.1%甲酸的 6.98 g/L 磷酸二氢钾溶液，称取 6.98 g 磷酸二氢钾 (KH_2PO_4)于烧杯中，用水溶解，加入 1 mL 甲酸溶液，并定容至 1 000 mL。

4.5.2　B 液:无水甲醇。

4.6　洛克沙胂标准溶液

4.6.1　标准贮备液:准确称取洛克沙胂标准品(含量≥99%)500 mg，置于 1 000 mL 棕色容量瓶中，用磷酸氢二钾溶液(4.2)超声溶解，配制成 500 μg/mL 标准贮备液，贮于 4 ℃冰箱中。

4.6.2　标准工作液:吸取标准贮备液(4.6.1)0.2、0.4、0.6、0.8、1.0 mL 分别至 50 mL 棕色容量瓶中，并用磷酸氢二钾溶液(4.2)稀释至刻度，摇匀。其浓度分别为 2.0、4.0、6.0、8.0、10.0 μg/mL 的标准工作液。

5 仪器、设备

5.1 分析天平：感量为 0.000 1 g。

5.2 离心机：转速能达 3 000 r/min～4 000 r/min。

5.3 固相萃取(SPE)装置。

5.4 恒温水浴和氮吹仪。

5.5 涡旋混合器。

5.6 复合阴离子固相萃取小柱。

5.7 高效液相仪(配有紫外检测器)。

5.8 超声波仪。

6 试样制备

按照 GB/T 14699.1 规定方法采样，采取样品量至少 500 g，以四分法缩减至 200 g，粉碎过孔径 0.45 mm目筛，充分混匀，装瓶，备用。

7 分析步骤

7.1 试样溶液的准备

7.1.1 提取

准确称取适量试样(配合饲料 5 g，浓缩饲料 2 g，添加剂预混合饲料 1 g，准确至 0.000 1 g)于 50 mL 离心管中，加磷酸氢二钾溶液(4.2)40 mL，盖好管盖，充分振摇后，在 60 ℃ 超声水浴上提取 30 min，然后于离心机以 4 000 r/min 离心 10 min。上清液倒入 100 mL 棕色容量瓶中，残渣再分别用上述提取剂 30 mL、20 mL 重复提取 2 次，每次 15 min，离心后合并上清液于 100 mL 棕色容量瓶中，然后加硫酸铜溶液(4.3)2 mL，并用磷酸氢二钾溶液(4.2)稀释至刻度，摇匀，过滤，滤液待用。

浓缩饲料和添加剂预混合饲料的滤液需分别做 2 倍和 5 倍稀释。

7.1.2 净化

将固相萃取柱(5.6)固定于 SPE 系统(5.3)上，依次用 1.0 mL 甲醇和 1.0 mL 水活化、平衡 SPE 小柱(5.6)。吸取 7.1.1 得到的样品提取滤液 1 mL 加到 SPE 小柱上，控制过柱流速不超过 1.0 mL/min，然后依次用乙酸钠-甲醇溶液(4.4.1)和无水甲醇溶液(4.4.2)各淋洗一次，最后用 1.0 mL 洗脱液(4.4.3)洗脱，洗脱速度不超过 1.0 mL/min。洗脱液于 65 ℃ 水浴中以氮气吹干，准确加入 1.0 mL 磷酸氢二钾溶液(4.2)充分溶解混匀，并转移到样品瓶中，盖好，待用。

7.2 色谱条件

7.2.1 色谱柱：具有 C_{18} 填料的柱子(粒径为 3 μm)，内径 3.9 mm，柱长 150 mm。

7.2.2 流动相：A 液(4.5.1)＋B 液(4.5.2)＝95＋5(体积比)，以 1.0 mL/min 流速洗脱。

7.2.3 进样体积：20 μL。

7.2.4 检测器：紫外检测器(或二极管矩阵检测器)，检测波长 266 nm。

7.3 定量方法

按高效液相色谱仪说明书调整仪器操作参数。向色谱柱中注入洛克沙胂标准工作液(4.6.2)及试样溶液(7.1.2)，得到色谱峰面积响应值，用外标法定量。

8 结果计算与表述

8.1 试样中洛克沙胂含量(w)以质量分数计，数值以毫克每千克(mg/kg)表示，按照式(1)计算。

$$w = \frac{\rho}{m} \times K \quad \cdots\cdots(1)$$

式中：

ρ——根据标准曲线计算的上机试样溶液中洛克沙胂含量，单位为微克每毫升(μg/mL)；

m——试样质量，单位为克(g)；

K——稀释倍数。

8.2 测定结果用平行测定的算术平均值表示，保留3位有效数字。

9 重复性

同一实验室同一操作人员使用同一台仪器完成的两个平行测定的相对偏差不大于10%。

ICS 65.120
B 46

中华人民共和国国家标准

GB/T 22147—2008

饲料中沙丁胺醇、莱克多巴胺和盐酸克仑特罗的测定 液相色谱质谱联用法

Determination of salbutamol, ractopamine and clenbuterol in feeds—Liquid chromatography-mass spectrometry

2008-06-27 发布 2008-10-01 实施

中华人民共和国国家质量监督检验检疫总局
中国国家标准化管理委员会 发布

前　言

本标准由中华人民共和国农业部提出。

本标准由全国饲料工业标准化技术委员会归口。

本标准负责起草单位：中国农业大学、农业部饲料效价与安全监督检验测试中心(北京)。

本标准主要起草人：张丽英、常碧影、贺平丽、董涛、杨文军、王宗义。

饲料中沙丁胺醇、莱克多巴胺和盐酸克仑特罗的测定　液相色谱质谱联用法

1　范围

本标准规定了同步测定饲料中β-激动剂沙丁胺醇、莱克多巴胺和盐酸克仑特罗的液相色谱质谱联用法(LC-MS)法。

本标准适用于配合饲料、浓缩饲料和添加剂预混合饲料中沙丁胺醇、莱克多巴胺和盐酸克仑特罗的测定。本标准中沙丁胺醇、莱克多巴胺和盐酸克仑特罗的检测限均为0.01 mg/kg,定量限均为0.05 mg/kg。

2　规范性引用文件

下列文件中的条款通过本标准的引用而成为本标准的条款。凡是注日期的引用文件,其随后所有的修改单(不包括勘误的内容)或修订版均不适用于本标准,然而,鼓励根据本标准达成协议的各方研究是否可使用这些文件的最新版本。凡是不注日期的引用文件,其最新版本适用于本标准。

GB/T 6682　分析实验室用水规格和试验方法(GB/T 6682—1992,neq ISO 3696:1987)

GB/T 14699.1　饲料　采样

3　原理

试样经磷酸甲醇溶液提取,用固相萃取柱净化后,经反相C_{18}柱梯度洗脱分离,采用质谱检测器以三种物质的质量色谱峰保留时间和特征离子定性、确证,并用外标法定量。

4　试剂和溶液

除特殊注明外,本标准所用试剂均为分析纯。水符合GB/T 6682二级用水规定。

4.1　乙腈:色谱纯。

4.2　甲醇。

4.3　磷酸甲醇提取液:向3.92 g浓磷酸中加入200 mL水,再用甲醇定容到1 000 mL。

4.4　冰乙酸溶液(2%):10 mL冰乙酸用水稀释至500 mL。

4.5　硫化钠溶液(1 g/L):称取0.250 g硫化钠($Na_2S\cdot 9H_2O$)用水溶解,并定容至250 mL。

4.6　SPE小柱淋洗液与洗脱液

4.6.1　淋洗液:移取9 mL浓盐酸于1 000 mL水中,摇匀。

4.6.2　洗脱液:移取10 mL 25%的氨水于100 mL容量瓶中,用甲醇定容。

4.7　流动相

A液:甲酸铵3.65 g溶于500 mL去离子水中,用甲酸调pH至3.80。

B液:乙腈,色谱纯。

4.8　沙丁胺醇、莱克多巴胺和盐酸克仑特罗标准溶液

4.8.1　标准贮备液:称取沙丁胺醇、莱克多巴胺和盐酸克仑特罗(标准品含量均>98 %)各50 mg分别于50 mL棕色容量瓶中,用甲醇溶解,并定容至刻度。于冰箱中4 ℃保存,保存期一个月。

4.8.2　标准工作中间液:移取沙丁胺醇、莱克多巴胺和盐酸克仑特罗标准贮备液(4.8.1)各1 mL于100 mL容量瓶中,用冰乙酸溶液(4.4)定容。

4.8.3 标准工作液:移取沙丁胺醇、莱克多巴胺和盐酸克仑特罗标准工作中间液(4.8.2)各0.5,1,5,10 mL于100 mL容量瓶中,用冰乙酸溶液(4.4)定容。

5 仪器和设备

5.1 分析天平:感量0.000 1 g。
5.2 聚丙烯离心管:50 mL。
5.3 恒温水浴:可保持水温至55 ℃和75 ℃。
5.4 涡旋混合器。
5.5 酸度计:准确至0.001。
5.6 离心机。
5.7 混合型阳离子交换SPE小柱。
5.8 固相萃取(SPE)减压净化系统。
5.9 液相色谱/质谱联用仪。

6 试样制备

按照GB/T 14699.1规定方法采样,采取样品量至少500 g,以四分法缩减至200 g,粉碎过40目筛,充分混匀,装瓶,备用。

7 测定

7.1 试样前处理

7.1.1 试样提取

准确称取适量试样(配合饲料5 g,浓缩饲料2 g,添加剂预混合饲料1 g,准确至0.000 1 g)于50 mL离心管,用磷酸甲醇提取液(4.3)40 mL,振摇提取30 min,然后于离心机上以3 000 r/min离心10 min。上清液倒入100 mL容量瓶,残渣再用上述提取液(4.3)40 mL、20 mL,重复提取2次,每次振摇5 min~10 min,于离心机上以3 000 r/min离心10 min后,合并上清液于100 mL容量瓶中。最后用提取液(4.3)定容,混匀,过滤。

7.1.2 净化

7.1.2.1 配合饲料和浓缩饲料:吸取一定体积试样提取液滤液(配合饲料1 mL,浓缩饲料0.5 mL)于5 mL试管中,置55 ℃水浴中以氮气吹至近干。同时将固相萃取柱(5.7)固定于SPE减压净化系统(5.8)上,依次用1 mL甲醇和1 mL水活化、平衡。向试管中加入冰乙酸溶液(4.4)1 mL,涡旋振荡,然后全部加到小柱上,控制过柱速度不超过的1 mL/min,分别用1 mL淋洗液(4.6.1)和1 mL甲醇淋洗一次,最后用1 mL洗脱液(4.6.2)洗脱,洗脱速度不超过1 mL/min。洗脱液于55 ℃水浴中,用氮气吹干,准确加入1.00 mL冰乙酸溶液(4.4)充分溶解混匀,并转移到上机样品瓶中,盖好,备用。

7.1.2.2 添加剂预混合饲料:取提取液0.2 mL,加硫化钠溶液(4.5)0.1 mL,涡旋振荡,然后加入冰乙酸(4.4)4 mL,涡旋振荡,于离心机上以3 000 r/min离心10 min,再取1 mL上清液按照7.1.2.1步骤过固相萃取柱(5.7)净化。

7.2 测定

7.2.1 色谱条件

色谱柱:C_{18}柱,内径2.1 mm,柱长150 mm,填充物粒度3 μm。

柱温:室温。

流动相:流动相A:甲酸铵缓冲溶液(4.7),流动相B:乙腈(4.1)。

梯度洗脱程序见表1。

表 1 梯度洗脱程序

时间/min	流动相 A/%	流动相 B/%
0	98	2
5	70	30
15	50	50

每次进样间隔用流动相 A+B=98+2,平衡 10 min。

流速:0.20 mL/min。

进样体积:20 μL。

7.2.2 质谱条件

采用电喷雾正离子(ESI+)模式做选择离子检测,选择离子为:

沙丁胺醇:m/z 240,m/z 222,m/z 166;

莱克多巴胺:m/z 302,m/z 284,m/z 164;

盐酸克仑特罗:m/z 277,m/z 259,m/z 203。

源温度:120 ℃。

取样锥孔电压:25 V。

萃取锥孔电压:5 V。

脱溶剂氮气温度:300 ℃。

脱溶剂氮气流速:300 L/h。

7.2.3 定性定量方法

7.2.3.1 定性

通过样品总离子流色谱图上沙丁胺醇(m/z 240,m/z 222,m/z 166)、莱克多巴胺(m/z 302,m/z 284,m/z 164)和盐酸克仑特罗(m/z 277,m/z 259,m/z 203)的保留时间和各色谱峰对应的特征离子,与标准品相应的保留时间和各色谱峰对应的特征离子进行对照定性。样品与标准品保留时间的相对偏差不大于 0.5%。每种药物的 3 个特征离子基峰百分数与标准品允许差分别为:当基峰百分数>50%时,允许差±20%;当基峰百分数 20%~50%时,允许差±25%;当基峰百分数 10%~20%时,允许差±30%;当基峰百分数≤10%时,允许差±50%。

7.2.3.2 定量

采用 M+1 的准分子离子的色谱峰面积做单点校正定量。

8 结果的计算与表述

试样中药物含量(X)以质量分数计,数值以毫克每千克(mg/kg)表示,按式(1)计算:

$$X = \frac{A_x}{A_s \times m} \times n \times c_s \qquad \cdots\cdots (1)$$

式中:

A_x——待测试样测得的特征离子色谱峰面积;

A_s——标准溶液药物的特征离子色谱峰面积;

m——试样质量,单位为克(g);

n——稀释倍数;

c_s——标准溶液中药物的浓度，单位为微克每毫升(μg/mL)。

测定结果用平行测定的算术平均值表示，保留 3 位有效数字。

9 允许差

同一实验室同一操作人员完成的两个平行测定的相对偏差不大于 15%。

ICS 33.100.10
L 06

中华人民共和国国家标准

GB/T 22148—2008/CISPR 30:2001

单端和双端荧光灯用电子镇流器的电磁发射试验方法

Test method on electromagnetic emissions from electronic ballasts for single-and double-capped fluorescent lamps

(CISPR 30:2001,IDT)

2008-07-02 发布　　2009-07-01 实施

中华人民共和国国家质量监督检验检疫总局
中国国家标准化管理委员会　发布

前　言

本标准等同采用 CISPR 30:2001(第1版)《单端和双端荧光灯用电子镇流器的电磁发射试验方法》。

本标准规定了单端和双端荧光灯用电子镇流器电磁发射的试验方法。

本标准由全国无线电干扰标准化技术委员会(SAC/TC 79)提出。

本标准由全国无线电干扰标准化技术委员会归口。

本标准起草单位:上海市照明灯具研究所、中国电器科学研究院。

本标准主要起草人:刘尔立、汪永锡、李秀青、陈超中。

引　言

GB 17743 中明确地规定了照明设备的无线电频率骚扰限值的要求，但只对那些视为成品并计划投放终端用户市场的照明设备作出了规定，例如：灯具、自镇流荧光灯和独立式镇流器。对打算安装在灯具内的部件没有要求。

大部分电子镇流器使用的光源为传统的双端荧光灯和近年来的单端荧光灯。这些管形荧光灯用的电子镇流器，不仅被安装在不同制造商的灯具中，而且被安装在同一制造商的不同种类的灯具中。

虽然某种类型灯具的骚扰数据能在配备相同的镇流器和灯管的其他灯具的测量中被预知，但是所有这些灯具仍须进行检测。

这就引出一个问题，是否设计一个最恶劣情况下的试验灯具来安装受试镇流器，在这种情况下，若该试验灯具符合相关要求，那么内装该镇流器的所有灯具均符合要求，这样可以避免大量多余的试验。这个想法似乎是正确的、简单的而且有趣的，但引出两种意见：

——最恶劣情况的灯具太严格了。预测试表明市场销售的镇流器在最恶劣情况的试验灯具中不能通过某些试验，而在实际灯具中能够通过。

——即使镇流器在最恶劣情况的试验灯具内试验通过了，仍遗留一个问题就是，如果镇流器内装在实际的灯具中不符合标准，由谁来负责。

结论是改变 GB 17743 对于灯具中的内装式部件没有发射要求的基本原则是不明智的。

然而，在无线电频谱内必须要有检测镇流器性能的独立的试验方法。本标准第一次规定了这种方法，它涉及单端和双端荧光灯用的电子镇流器。

单端和双端荧光灯用电子镇流器的电磁发射试验方法

1 范围

与 GB 17743 的要求相对应,本标准在使用基准灯具的基础上,详细描述了Ⅰ类荧光灯具用电子镇流器的无线电骚扰特性的独立测量方法。

本标准覆盖了使用 G5 或 G13 灯头的双端荧光灯和 2G7、2G11、G24q、GX24q 灯头的单端荧光灯用电子镇流器。

本标准专门适用于连接到 220 V/50 Hz 电源网络上的设备。对于其他的电源系统,应进行必要的修改。

注:CISPR 30 原文中为 230 V/50 Hz,本标准根据中国电源网络实际情况,选择 220 V/50 Hz。

2 规范性引用文件

下列文件中的条款通过本标准的引用而成为本标准的条款。凡是注日期的引用文件,其随后所有的修改单(不包括勘误的内容)或修订版均不适用于本标准,然而,鼓励根据本标准达成协议的各方研究是否可使用这些文件的最新版本。凡是不注日期的引用文件,其最新版本适用于本标准。

CISPR 15:2000 电气照明和类似设备的无线电骚扰特性的限值和测量方法

3 符合性判定

与相应的基准灯具相连的镇流器如果符合 CISPR 15:2000 表 2a 端子电压的限值和表 3 辐射骚扰的限值,则被认为是符合 CISPR 15 无线电频率骚扰的限值。由外部装置控制的镇流器的控制端子的骚扰电压应符合 CISPR 15:2000 表 2b 的限值。负载端子骚扰电压的限值不适用。

然而,应该指出的是基准灯具不是一个最恶劣情况的灯具,基准灯具的使用不能准确反映实际灯具的性能。内装受试镇流器的实际灯具,不能自动地满足 CISPR 15 的要求。

4 试验方法

按照第 5 章的规定,将镇流器安装在基准灯具内。

装有一根以上灯管的灯具,所有的灯管应同时工作。

基准灯具应按照 CISPR 15:2000 中 8.1 和 9.1 描述的测量方法进行试验。

试验应装有镇流器设计使用的灯管。

工作条件应用 CISPR 15:2000 中第 6 章的规定。

5 基准灯具

5.1 结构

基准灯具用厚度为 1 mm±0.1 mm 的金属平板制成,外形尺寸如图 1~图 4 所示。金属平板安装在一块稍大于金属板的厚度为 20 mm±2 mm 的绝缘材料上。镇流器和灯座安装在金属平板上。灯座高度应使得灯管与金属平板之间距离满足:标称灯管直径小于或等于 25 mm 的,应为 9 mm±1 mm;标称灯管直径大于 25 mm 的,应为 20 mm±1 mm。单端荧光灯应安装在与金属平板平行的穿过所有灯管中心线的平面上,末端用一块小的绝缘材料支撑。

金属平板的长度应如图所示。对于双端荧光灯,基准灯具的推荐长度为每一种灯管设计的长度。然而,由于某些类型的荧光灯管在长度方面仅有小的差异,则同一基准灯具可以用于一种以上的灯管长度。

5.2 安装和接线布置

——图1给出了装有二根双端荧光灯的基准灯具的安装和接线布置图。

——图2a给出了装有二根单端荧光灯的基准灯具的安装和接线布置图,镇流器的输出端子和输入端子分别在两侧。

——图2b给出了装有二根单端荧光灯的基准灯具的安装和接线布置图,镇流器的输出端子和输入端子在同侧。

——图3给出了装有一根、二根、三根或四根双端荧光灯的基准灯具的安装和接线布置图。

——图4a给出了装有一根、二根、三根或四根单端荧光灯的基准灯具的安装和接线布置图,镇流器的输出端子和输入端子分别在两侧。

——图4b给出了装有一根、二根、三根或四根单端荧光灯的基准灯具的安装和接线布置图,镇流器的输出端子和输入端子在同侧。

5.3 接地

金属平板应与V型网络的基准地相连接。

如果镇流器有接地端子,该端子应用尽可能短的导线与金属平板相连接。具有金属外壳的镇流器应固定到金属平板上,以确保适当的电接触。

5.4 布线

推荐在基准灯具上使用非绞扭且为扁平多股的电缆。图中给出的靠近的电缆线,它们互相之间、与金属板之间应尽可能近的安装。连接线的线径和绝缘应能满足电压和电流的要求。基准灯具与人工电源网络之间的连线,以及到CISPR测量接收机的连线应符合CISPR 15(图5和图6)的要求。

6 灯具设计指南

灯具内含有电子镇流器时,镇流器的安装方法和灯具本身的设计可能影响灯具的无线电骚扰特性。建议由镇流器的制造商向灯具设计者给出影响灯具无线电骚扰特性的指南。

基本设计准则如下:

——灯具内接线最短化;

——把电源线和控制线与灯的接线及灯分开;

——如果不可能分开的话,电源线和控制线用套管屏蔽;

——确保灯具内所有的金属部件和镇流器外壳之间的电接触和/或连接可靠;

——如果灯管周围有金属罩,确保功能接地连接良好。

单位为毫米

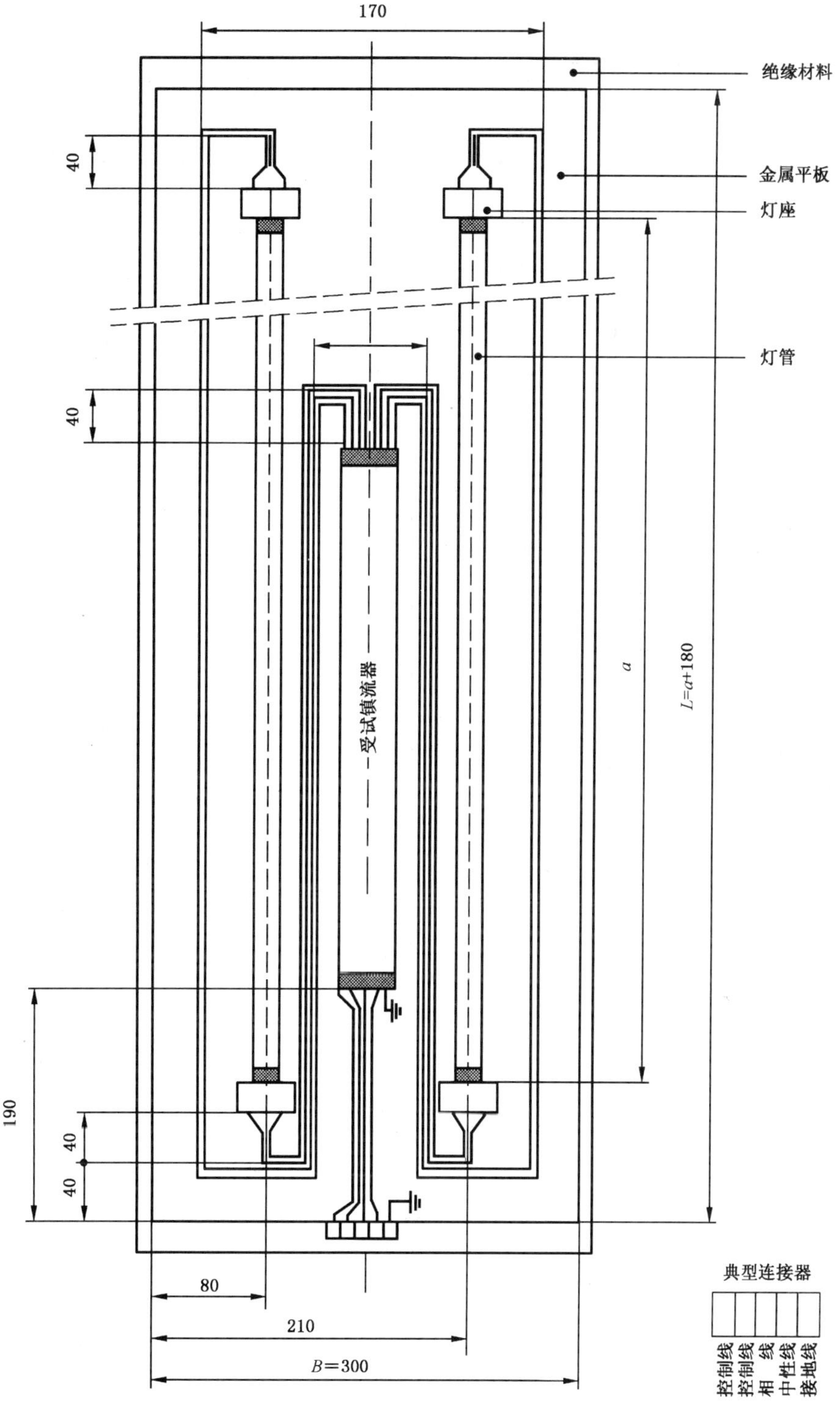

L——金属平板长度；

B——金属平板宽度；

a——灯管长度。

图1 二根双端荧光灯的基准灯具的安装和接线布置图

单位为毫米

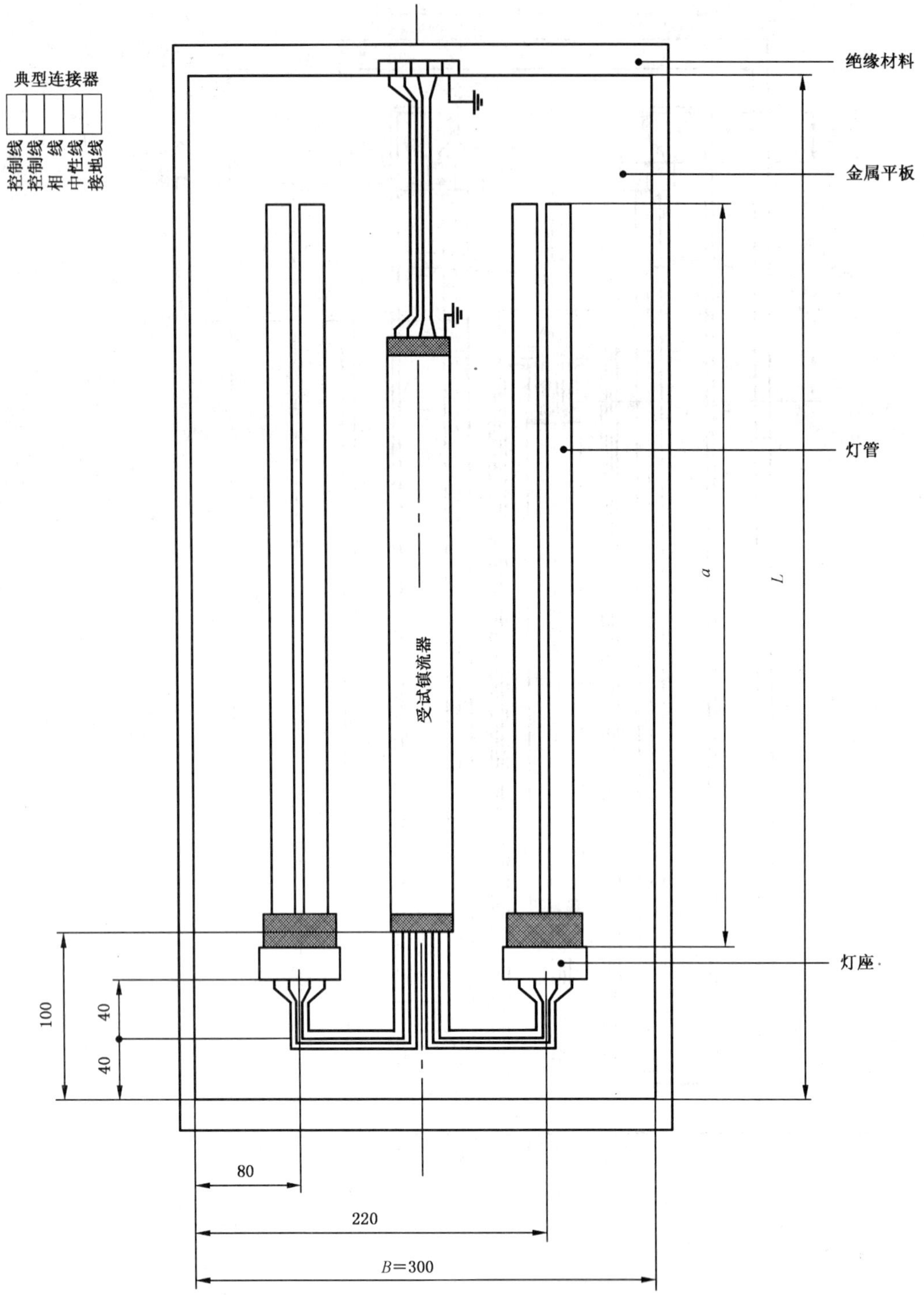

L=700 灯管长度 a>250 mm

L=400 灯管长度 a≤250 mm

图 2a 二根单端荧光灯的基准灯具的安装和接线布置图—镇流器的接线端子分别在两侧

单位为毫米

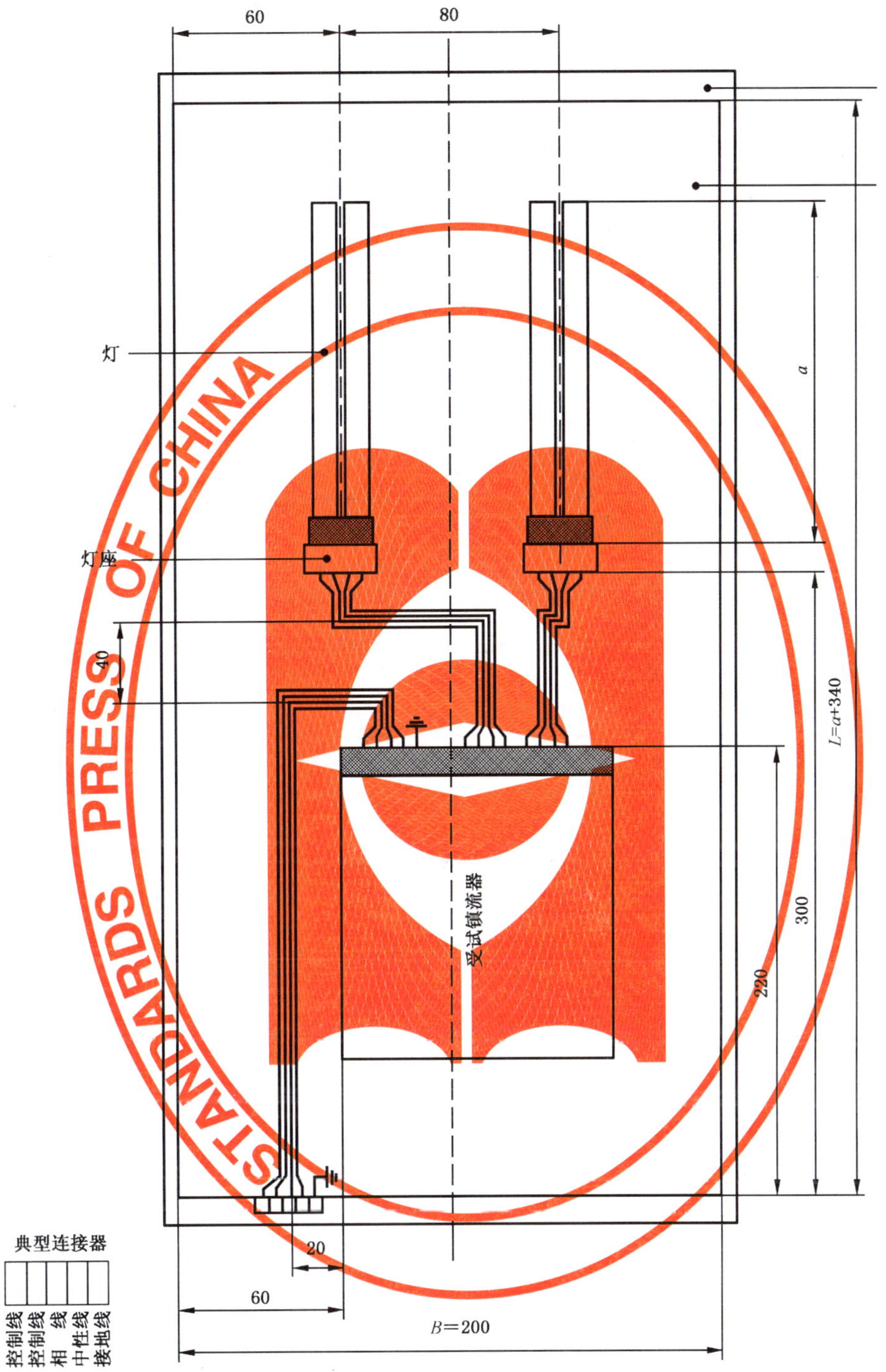

图 2b　二根单端荧光灯的基准灯具的安装和接线布置图——镇流器的接线端子在同侧

单位为毫米

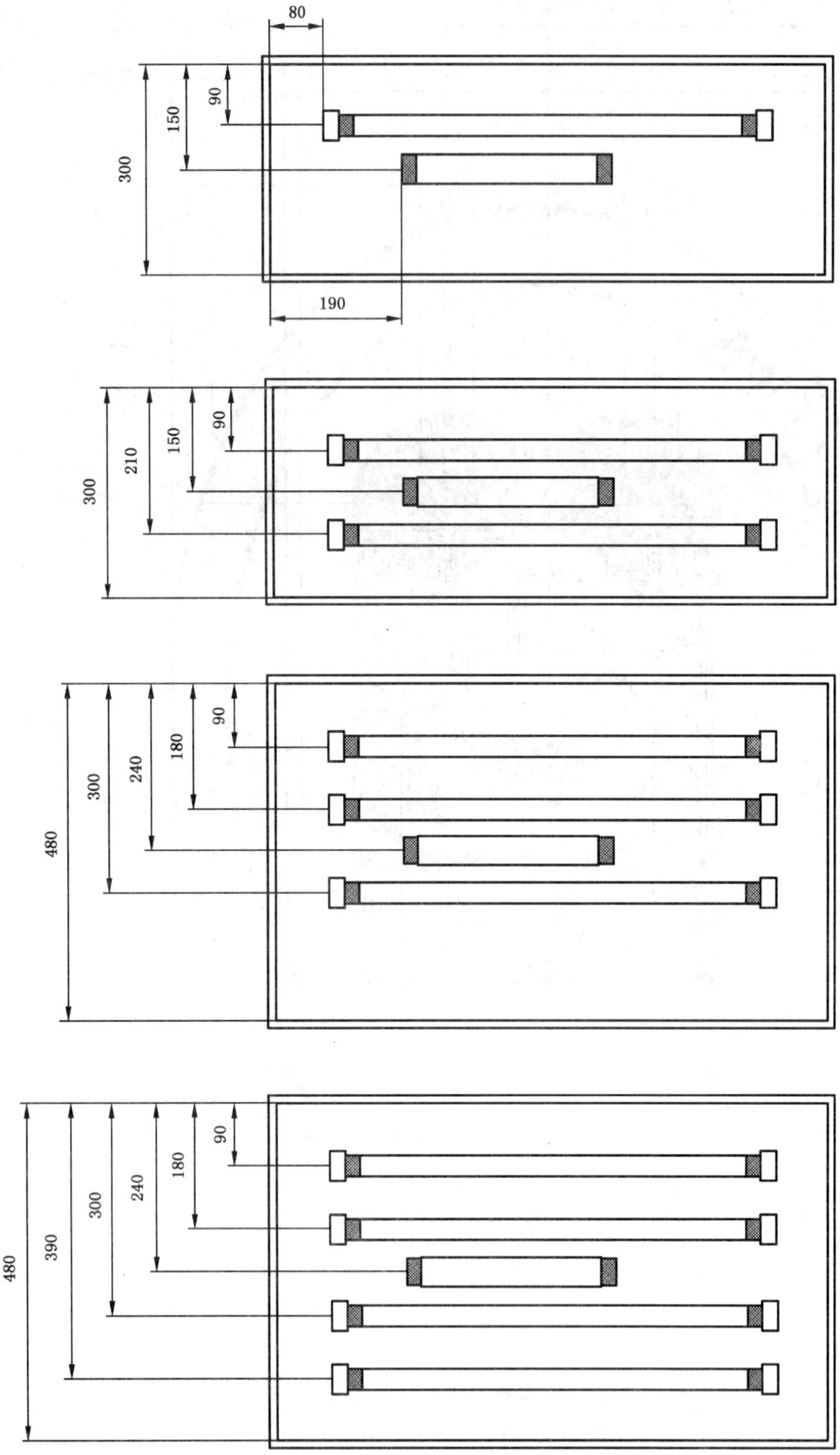

图 3　一根、二根、三根或四根双端荧光灯的基准灯具的安装布置图

单位为毫米

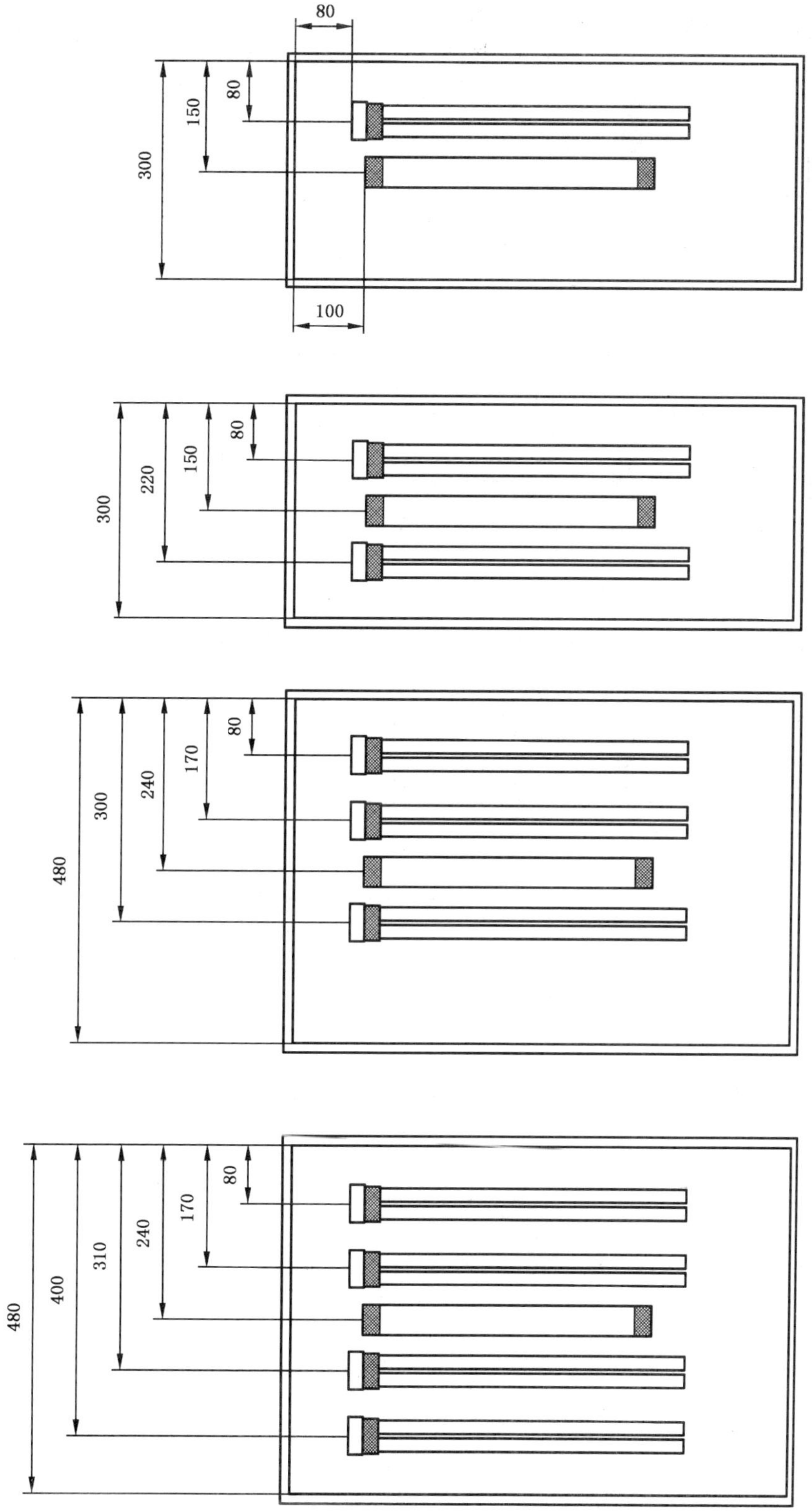

图 4a 一根、二根、三根或四根单端荧光灯的基准灯具的安装布置图——镇流器的接线端子分别在两侧

单位为毫米

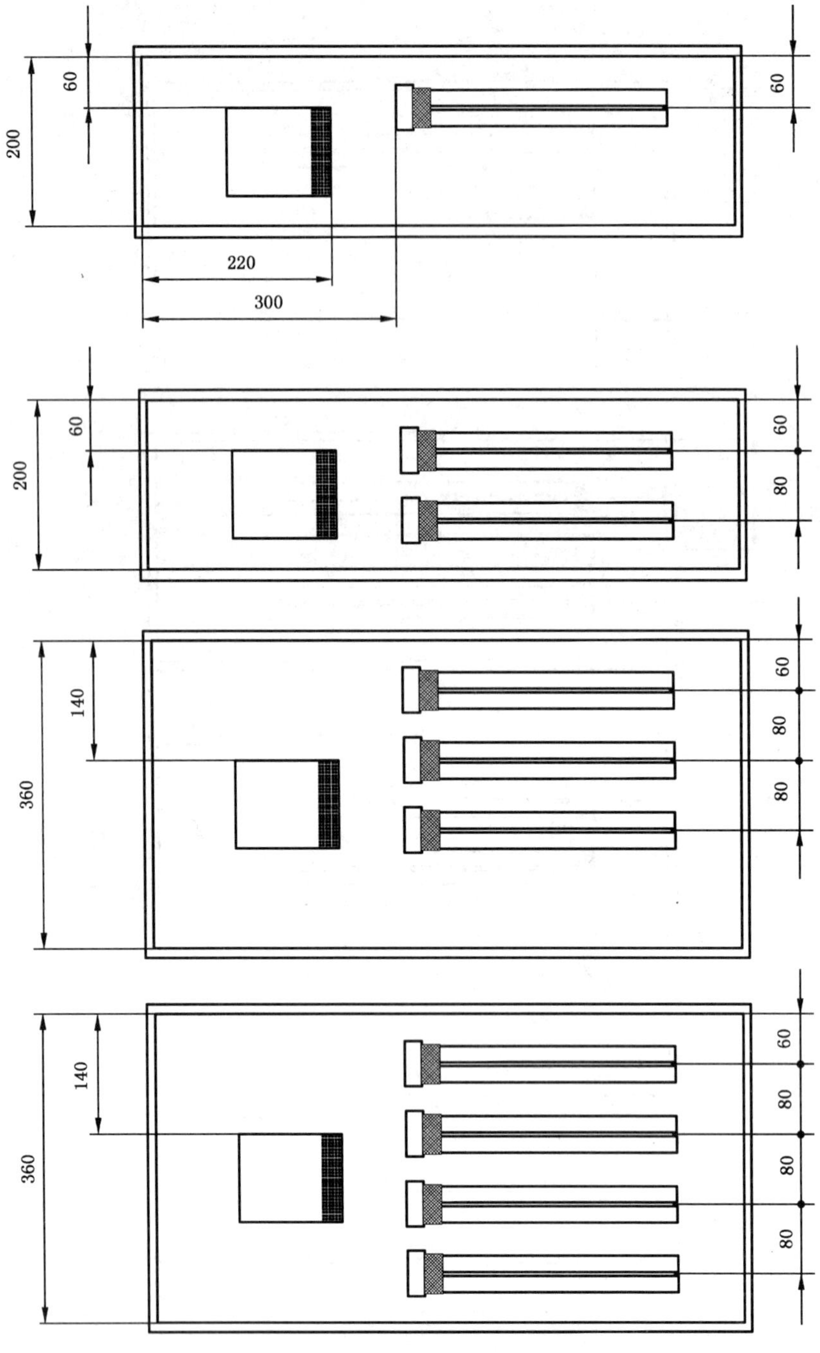

图 4b　一根、二根、三根或四根单端荧光灯的基准灯具的安装布置图——镇流器的接线端子在同侧

ICS 37.040.10
N 45

中华人民共和国国家标准

GB/T 22149—2008

透射式投影器　性能特性测定方法

Overhead projectors—Methods for measuring performance characteristics

(ISO 9767:1990, Photography—Overhead projectors—Methods for measuring and reporting performance characteristics, MOD)

2008-07-02 发布　　　　2009-02-01 实施

中华人民共和国国家质量监督检验检疫总局
中国国家标准化管理委员会　发布

前　　言

本标准修改采用 ISO 9767:1990《摄影　投影器　性能特性测试和记录方法》。

本标准和 ISO 9767:1990 的主要差异为：

——删除了国际标准的前言；

——修改了适用范围的陈述；

——将第 2 章“规范性引用文件”中的三个国际标准改为与之对应的行业标准；

——删除了第 4 章需提供的信息；

——删除了第 11 章性能报告的推荐形式；

本标准由中国机械工业联合会提出。

本标准由机械工业电影和电教机械标准化技术委员会归口。

本标准起草单位:秦皇岛视听机械研究所。

本标准主要起草人:邓荣武。

本标准为首次发布。

透射式投影器　性能特性测定方法

1　范围

本标准规定了透射式投影器的有效光通量、银幕照度均匀度、画面畸变、最大有效投影仰角和投影器台面温升的测定方法。

本标准适用于JB/T 8259.1中所有类型的透射式投影器。不适用于反射式投影器和其他特殊用途的投影器。

2　规范性引用文件

下列文件中的条款通过本标准的引用而成为本标准的条款。凡是注日期的引用文件，其随后所有的修改单(不包括勘误的内容)或修订版均不适用于本标准。然而，鼓励根据本标准达成协议的各方研究是否可使用这些文件的最新版本。凡是不注日期的引用文件，其最新版本适用于本标准。

JB/T 6838　幻灯机　片门温升测试方法(JB/T 6838—2007,ISO 7329:1989,MOD)

JB/T 8259.1　投影器投影台　尺寸(JB/T 8259.1—1998,eqv ISO 7943-1:1987)

JB/T 8259.2　透射式投影器　投影片和投影片框尺寸(JB/T 8259.2—2000 neq ISO 7943-2:1987)

ISO 554:1976　调节和/或试验用标准大气　规格

3　术语和定义

JB/T 8259.1和JB/T 8259.2确立的术语和定义适用于本标准。

4　测试条件

4.1　环境条件

环境温度应为23 ℃±3 ℃。

测试时的环境温度应在试验结果中记录。

如果制造企业有另行规定的大气条件，如更小的环境温度范围或可能包括相关的湿度和大气压力的要求，这些条件应从ISO 554:1976中选择。当制造商有规定时，应在其规定的条件下进行测试，并记录于测试报告中。

4.2　预处理

在开始试验之前，投影器应在符合环境条件的试验室中至少保持24 h。

4.3　供电

4.3.1　投影器应在其额定电源条件下工作。

4.3.2　在投影器有变压器时，供电电压应调整在变压器设定值的0.5%之内；没有配备变压器时，供电电压应调整在投影器额定电压的0.5%之内。

4.3.3　当调整电源时，电压应在与供电线缆连接的插座内测量。

4.3.4　通过配置适应当地电压的灯，可使投影器在没有变压器时超电压范围工作，在试验时应将供电电压调整到灯的额定电压的0.5%之内。如果灯上已经标明了电压范围，供电电压应调整在这个范围的中间值的0.5%之内。

4.4　投影器的试验条件

4.4.1　在试验之前，投影器应放置在一个固定的支架上，离开垂直放置的无光泽白色银幕一合适的距离，除非投影器制造企业已经规定了其他尺寸，应使放映画面区域的高和宽均为1.5 m。当投影台尺寸设计比通用的像大或小时，必须交替变化投影像的尺寸。为了满足投影器的光学条件，放置投影器的支架需要能够水平倾斜(至少 30°，为了支持第 8 章的仰角试验)。

调节投影器的仰角控制器、支架的角度、支架离开银幕的距离，使：

a) 画面区域投影像的水平和垂直边每一边的位置偏差均不大于±0.025 m(见图 1)；

b) 在如上 a)给定的±0.025 m 的公差范围内，有最小的梯形变形；

c) 放映光轴通过物镜组中心。

当投影像大小不是 1.5 m×1.5 m 时，应在报告中注明其尺寸。

4.4.2 本标准要求，灯的校准和灯室的调节应根据投影厂家的要求进行。应用一通用投影片进行调焦，使其整个画面调至最清晰，然后应移走投影片。

4.4.3 为了提高灯的寿命，投影器的灯能在减少光输出的情况下工作，试验应在给定的额定(没有减少)光输出的条件下进行。

注 1：相同型号灯丝的不同样品特性是不同的，在测试有效光通量和温升时，应随机选择至少五只灯泡，计算测试结果的平均值。当使用同型号的灯测试一批投影器时，为了有可比性，在所有试验中希望使用相同的灯。用于测量有效光通量的灯在使用前，应根据制造企业的要求进行时效；一般来说时效时间大约等于灯的平均额定寿命的 2%。

5 有效光通量的测量和计算

5.1 为了计算有效光通量，测量时应使用符合观察者光谱响应特性的照度计。

5.2 照度计的接受器应放在距离银幕不大于 20 mm 的位置，并平行于银幕，以便直接测量入射的投影光束。

5.3 测量时应按 4.4.2 正确调焦，投影台上应不放投影片。

5.4 银幕上的干扰光应控制到最小。当投影器工作而投影台通光孔处用不透明体遮光时，任何测量点的照度应不大于按 5.6 所获得的 9 点中最小值的 1%。

5.5 在正式测量前，投影器应开启灯泡至少工作 20 min。

5.6 测量时应测取如图 1 所示的银幕上 9 点的光，测量单位为勒克斯。有效光通量按公式(1)计算。

单位为米

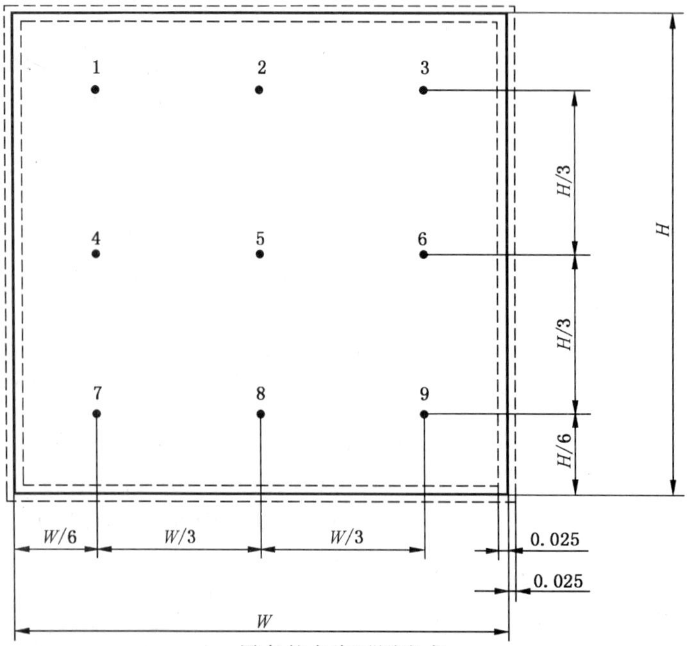

黑色的点表示测光点

图 1 在银幕上的测光点(关于 *H* 和 *W* 值，见 4.4)

$$\phi = E_m \times A \quad \cdots\cdots (1)$$

式中：

ϕ——有效光通量，单位为流明(lm)；

E_m——所测取 9 点读数的照度平均值，单位为勒克斯(lx)；

A——投影画面面积，由投影台面通光孔在银幕上投影画面的全幅宽和全幅高的乘积来计算，单位为平方米(m^2)。

注 2：这里有一个光亮度的电调节开关，对于进行分段测量是有用的。

注 3：不要从计算面积中间去除不透光四角部分的面积。

6 照度均匀度的计算

6.1 为了测量照度均匀度，调整四角各点的亮度使之和中心的亮度达到均衡。

6.2 四角点被定义为点 1、3、7 和 9(见图 1)。

6.3 对每一点分别计算其照度值和中心点 5 的照度值的比值。

6.4 计算四角照度值的平均值和中心点照度值的比值。

6.5 计算照度均匀度的公式为：

$$U_n = \frac{E_n}{E_5} \times 100\% \quad \cdots\cdots (2)$$

$$U_m = \frac{E_{nm}}{E_5} \times 100\% \quad \cdots\cdots (3)$$

式中：

U_n——角点对中心点的照度均匀度，n 为 1，3，7 和 9，单位(%)；

E_n——在角点 n 的照度，单位为勒克斯(lx)；

E_5——中心点 5 的照度，单位为勒克斯(lx)；

U_m——四角点平均值对中心点的照度均匀度，单位(%)；

E_{nm}——四角点的照度平均值，单位为勒克斯(lx)。

7 画面畸变的测量和计算

7.1 对准投影台放置一带有如表 1 所给定尺寸的正方形的透明片，应将正方形的中心与投影台通光孔的中心重合。

表 1　　单位为毫米

A 型投影器(标称 250×250)	B 型投影器(标称 285×285)
200±2.0	230±2.0

7.2 调焦按 4.4.2 的规定进行。

7.3 分别测量正方形像的四边与其在银幕上对应各边的尾端间直线的偏差(见图 2)，偏差为 d_1、d_2、d_3 和 d_4。

7.4 选择最大的偏差 d_{max}，用相应的边长 H 或 W 计算画面畸变，以畸变的百分比表示：

$$画面畸变 = \frac{d_{max}}{W} \times 100\% \quad \cdots\cdots (4)$$

或

$$画面畸变 = \frac{d_{max}}{H} \times 100\% \quad \cdots\cdots (5)$$

式中：

d_{max}——d_1、d_2、d_3 和 d_4 中的最大值，单位为毫米(mm)；

W、H——边长尺寸，单位为毫米(mm)。

单位为毫米

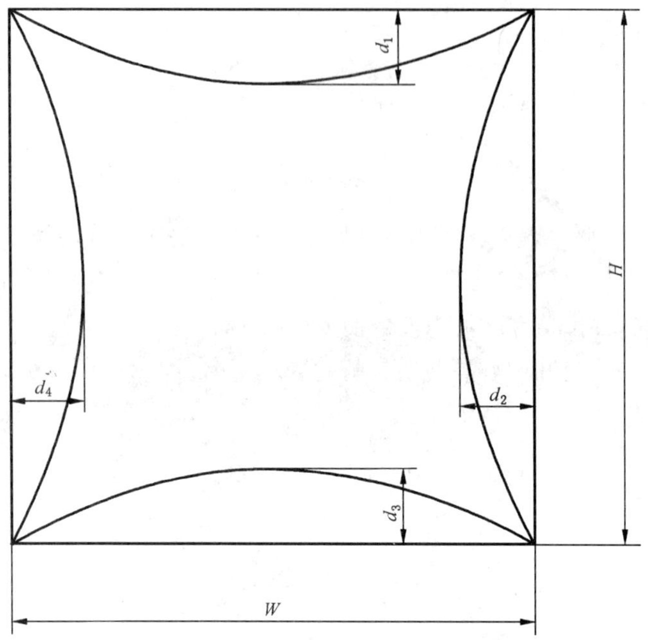

所示投影的正方形画面朝内弯曲是"枕形畸变"；朝外弯曲的是"桶形畸变"。

图 2　包含正方形的投影片在银幕上的像

8　最大有效投影仰角的测量

8.1　将投影器放置在水平支架上，且投影光束的轴线垂直于竖直定位的银幕的中心，按 4.4.2 调焦。

8.2　借助于仰角调节机构，使投影仰角调节到最大有效的位置，这个最大有效仰角应是下列两者中相对较小的那个仰角：

a)　仰角调节机构的最大调节量；或

b)　银幕上画面区未出现因投影仰角过大而产生投影台通光孔图像损失的极限仰角。

8.3　倾斜投影器机体，恢复投影光束的轴到水平位置，即向前倾斜机体直到被投影的像重新像 8.1 一样。

8.4　最大有效投影仰角由测量投影台与相应它在 8.1 中的原始位置的角度而获得。

9　台面温升的测量和计算

9.1　将 JB/T 6838 中规定的温度测试幻灯片可靠的放置在投影器的物面上，在远离光源的投影台孔径的中心与热电偶接合。

注 4：为了确保温度测试幻灯片可靠的放置在物面上，使它的下表面与物面很好的接触，测试幻灯片可用一大约 0.1 kg的压杆压上，其构造如图 3。图 4 举一例子说明如何使用重力。

注 5：如果物面的最热部分不在中心部位并且两部分之间的温度差大于 4 ℃，应在最热部分的区域测量温度。

9.2　以 1 min 的间隔读取测试幻灯片的温度，直到温度升高的速率小于 0.5 ℃/min 为止。

9.3　从测试幻灯片的最后温度读数中减去当时的环境温度即为温升。

单位为毫米

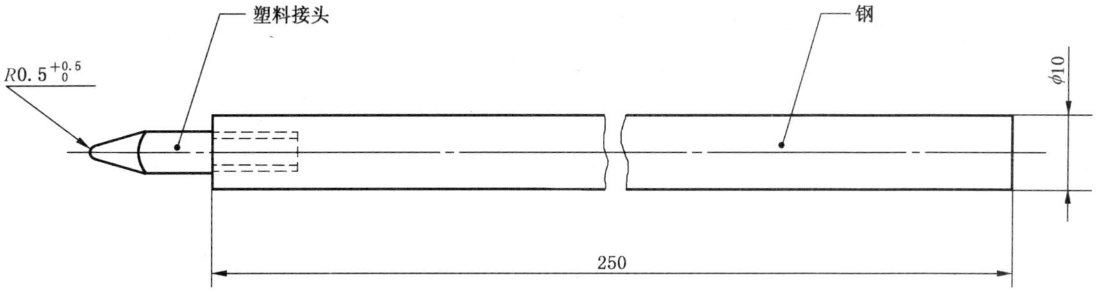

图 3 加在温度测试幻灯片上的约 0.1 kg 的压杆(见第 9 章)

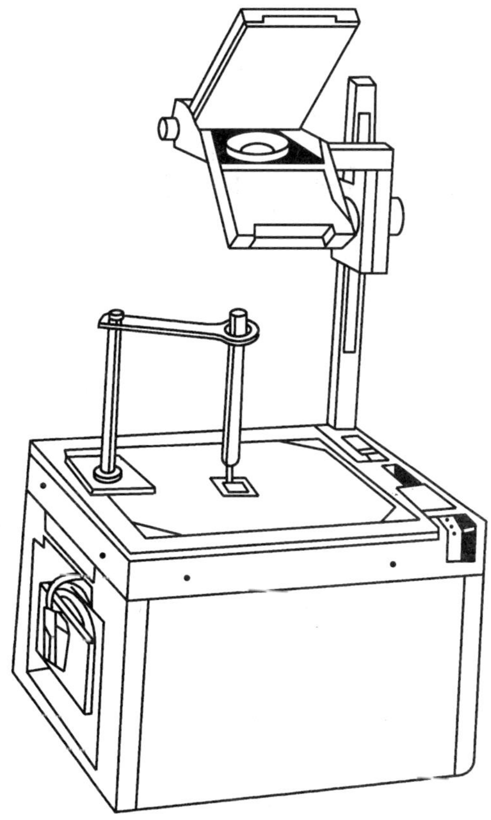

图 4 压杆使用示意图

ICS 33.160
M 61

中华人民共和国国家标准

GB/T 22150—2008

电视广播声音和图像的相对定时

Relative timing of sound and vision for broadcasting

(ITU-R BT.1359-1(1998),MOD)

2008-07-01 发布　　　　2009-01-01 实施

中华人民共和国国家质量监督检验检疫总局
中国国家标准化管理委员会　发布

前　言

本标准修改采用 ITU-R BT.1359-1(1998)建议书《电视广播声音和图像的相对定时》,结合验证性主观评价以及对部分容易引起电视广播声音和图像相对延时的链路和设备的检测结果编制而成。

本标准与 ITU-R BT.1359-1(1998)建议书的主要区别在于:

——增加了“相对定时”定义;

——ITU-R BT.1359-1(1998)建议书中规定声音和图像相对延时时差主观评价观看条件参考 ITU 相关建议书。在本标准中声音和图像相对延时时差主观评价观看条件符合 GY/T 134—1998《数字电视图像质量主观评价方法》的规定;

——ITU-R BT.1359-1(1998)建议书中的规定适用于无线传输链路模式,本标准在实际测试的基础上扩大了链路模式;

——ITU-R BT.1359-1(1998)建议书中规定进行声音和图像相对延时时差主观评价使用的摄像机类型为电子管摄像机,考虑到电子管摄像机已基本退出市场,本标准中去除了该项规定。

本标准的附录 A 为规范性附录,附录 B、附录 C 为资料性附录。

本标准由国家广播电影电视总局提出。

本标准由全国广播电视标准化技术委员会归口。

本标准起草单位:国家广播电影电视总局广播电视规划院。

本标准主要起草人:张建东、肖辉、闫殿来。

引　言

考虑到：

a) 电视信号的声音和图像分量的可察觉的相对延时会影响受众对节目的接受；

b) 电视广播系统中，越来越广泛地采用声音和图像分开处理的方式；

c) 数字制作和分配设备引起声音和图像信号的不同延时；

d) 节目制作可能涉及前后相连的演播室；

e) 在演播室，保证声音和图像的相对定时关系是节目制作人的职责；

f) 发射设备和接收设备可能引入额外的、不定的定时差；

g) 主观评价表明：电视广播声音和图像相对定时的平均可察觉门限大约为＋45 ms 和－125 ms，平均可接受门限大约为＋90 ms 和－185 ms，正值表示声音超前于图像。

建议：

为保证声音和图像信号间的不同步不致影响受众对电视节目的接受，电视节目采编、制作、播出、传输分配、接收和监测等各环节应按照本标准的规定，对声音和图像的相对定时进行调整。

电视广播声音和图像的相对定时

1 范围

本标准规定了从电视节目采集源端到接收端总链路的声音和图像的相对定时技术要求，及部分分链路的相对定时技术要求。

本标准适用于电视节目采编、制作、播出、传输分配、接收、监测等环节相关系统和设备的研发、生产及运行维护。

2 规范性引用文件

下列文件中的条款通过本标准的引用而成为本标准的条款。凡是注日期的引用文件，其随后所有的修改单(不包括勘误的内容)或修订版均不适用于本标准，然而，鼓励根据本标准达成协议的各方研究是否可使用这些文件的最新版本。凡是不注日期的引用文件，其最新版本适用于本标准。

ITU-R BS. 1284-1 General methods for the subjective assessment of sound quality

3 术语和定义

下列术语和定义适用于本标准。

3.1

相对定时 relative timing

以相对时间间隔表示的电视广播声音和图像信号间的时域关系，其值用以描述声音和图像信号的同步程度。

3.2

定时参考点 timing reference

定时参考点位于最后节目源切换点，它作为以后声音和图像相对定时测量的参考点。

注：整个电视广播链路中可能存在多个定时参考点，如在图1所示的电视广播通用链路框图中，点2、3、4均有可能为定时参考点。

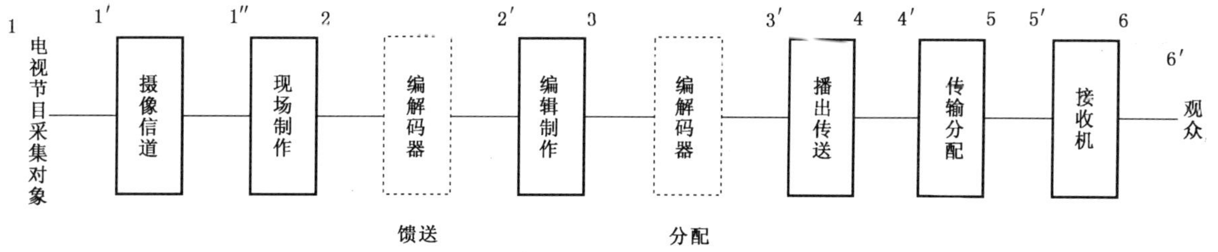

图1 用于电视广播声音和图像相对定时的通用链路框图

4 技术要求

4.1 电视广播声音和图像相对定时的总容限，对应于图1所示的电视广播通用链路框图中的点1′至点6′，应不超过+90 ms和−185 ms，其中，正值表示声音超前于图像，负值表示声音滞后于图像。

4.2 电视节目采集源端(图1中的点1)和定时参考点间的相对定时误差应不超过+25 ms和−100 ms。

4.3 从定时参考点至传输分配的输入端(图1中点4′)之间引入的相对定时误差应不超过+22.5 ms

和－30 ms，如果其中包含一个或多个数字编解码器，则由单个编解码器引入的相对定时误差应在±2 ms以内。

4.4 如果无法对声音和图像的相对定时进行校正，则每一个下行段引入的相对定时误差应在±2 ms以内。

4.5 对声音和图像信号相对定时进行校正的要求见附录A。

4.6 对本标准中推荐的声音和图像相对定时容限值的解释参见附录B；用于声音和图像相对延时时差主观评价测试的通用条件参见附录C。

附　录　A
（规范性附录）
对声音和图像信号相对定时进行校正的要求

当对声音和图像信号的相对定时误差进行校正时，应满足如下要求：

a) 当在线校正声音和图像定时误差时，在校正开始、进行中、结束的整个期间，在声音信号定时校正器输出处，应用基于 ITU-R BS.1284-1 规定的 5 级损伤标度的主观评价方法对声音质量进行主观评价，评价结果应保持 4.5 分或更高。

b) 声音和图像信号相对定时的校正应在信号到达受众之前进行。

c) 用来对定时误差进行离线测量和校正的标准参考信号应可以被看到和听到，而且应可以用特定的设备测量出标准参考信号中视频和音频的时间差。

附 录 B
（资料性附录）
对声音和图像相对定时容限值的解释

B.1 从电影放映多年的经验可知：图像和声音间的相对定时非常重要，并存在一个可以确认的点，从该点开始定时误差会影响受众对节目的接受。ITU-R BR.265 指出声音和图像画面定位的精度应在正负半个帧周期的范围内。对 24 fps 的电影，相对定时可接受的变化约为±22 ms。

B.2 产生源电视信号的不同成像技术不可避免地对实际的声音和图像引入定时误差，其值约为电视场周期的一半。

B.3 本标准规定的电视广播声音和图像相对定时容限是基于 ITU-R BT.1359-1 提供的主观评价的结果得出的，见图 B.1：

声音和图像相对定时的平均可察觉门限大约为＋45 ms 和－125 ms，平均可接受门限大约为＋90 ms 和－185 ms；

可接受门限间的相对定时范围，从声音超前到相对定时为零，再到声音滞后，为 275 ms；

可察觉门限间的相对定时范围，从声音超前到相对定时为零，再到声音滞后，为 170 ms；

可察觉门限和可接受门限间的相对定时范围（对应的主观评价分差值为 1 分），声音超前时为 45 ms，声音滞后时为 60 ms。

B.4 电视广播声音和图像相对定时误差在一定范围内是不可察觉的，因此在节目制作阶段，目前没有推荐的方法确定精确的定时误差，如果演播室输出端的相对定时设置得非常接近于可察觉门限值，则在到达可接受门限之前只有有限的额外误差裕量。

B.5 主观评价表明：

1 个评分等级点（5 级损伤标度）的损伤，对应 60 ms 的声音滞后，见图 B.1 中的 B-A；或对应 45 ms 的声音超前，见图 B.1 中的 B′-A′。

可察觉门限之上的允许误差应控制在主观评价可察觉门限（B-B′）之上 0.5 个评分等级之内，对应声音滞后于图像的相对定时为 30 ms，见图 B.1 中的 B-C；对应声音超前于图像的相对定时为 22.5 ms，见图 B.1 中的 B′-C′。

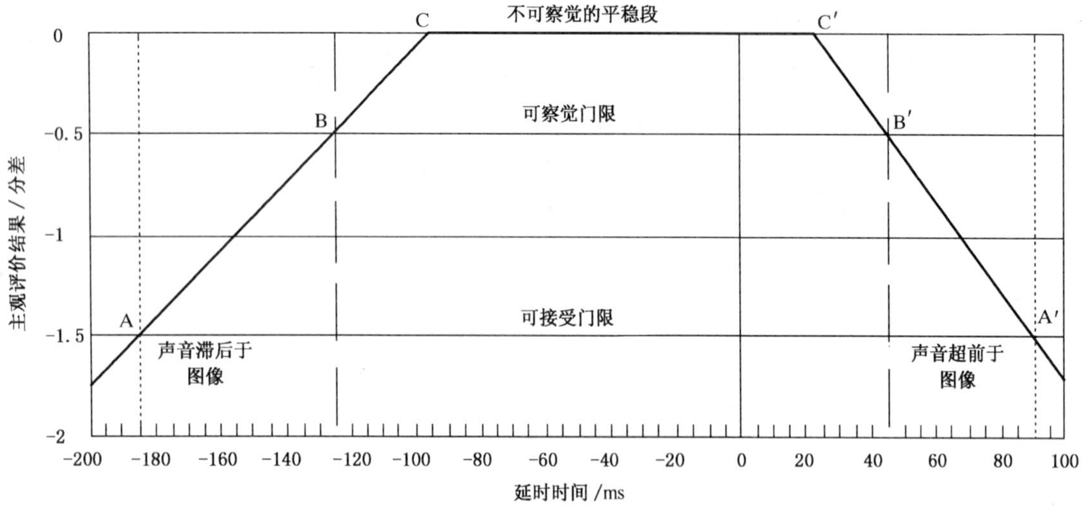

图 B.1 电视广播声音和图像相对定时可察觉和可接受门限

附　录　C
（资料性附录）
声音和图像相对延时时差主观评价测试的通用条件

声音和图像相对延时时差主观评价测试的通用条件见表C.1。

表C.1　声音和图像相对延时时差主观评价测试的通用条件

序号	项　　目	条　　件	备　　注
1	节目源和麦克风间的距离	50 cm	
2	扬声器和评价者间的距离	200 cm	评价者应能容易地看到播音员嘴唇的运动。如果用22″监视器，显示器和扬声器大约于相同位置，视为6倍于图像高度的观看距离
3	测试参数	可接受门限（即双刺激损伤标度中的3.5分）	测试可察觉门限也是很重要的（即双刺激损伤标度中的4.5分）
4	评价方法	双刺激损伤标度方法	
5	观看条件	符合GY/T 134—1998的规定	
6	包含在测试节目源中的声音图像定时时差范围	应包含1分至5分整个范围的损伤	基于瑞士电信局的工作经验，应评价−200 ms～+300 ms。 在“可察觉”门限测试中，为取得精度，可包括测试值集中在可察觉门限点附近的第二个测试节目源
7	测试素材	女新闻播音员	为避免观众的疲劳，应用几个不同的序列和/或播音员
8	测试评价期	不到30 min	如果要精确评估“可接受”和“可察觉”两个门限，需两个评价期
9	评价员的类型	专家和非专家	
10	评价员的数量	至少15人	
11	评价员的视觉敏锐程度	采用GB 11533—1989视力表评价为正常（或经校正后正常）	

参 考 文 献

[1] GY/T 134—1998 数字电视图像质量主观评价方法.

[2] GB 11533—1989 标准对数视力表.

[3] ITU-R BR. 265 Operating practices for the international exchange of programmes on film for television use.